ausgeber

Dr.-Ing. habil. Dr. h. c. *Karl-Friedrich Fischer*, Westsächsische Hoch-
ule Zwickau

oren

Dr.-Ing. habil. *Manfred Dietz*, Westsächsische Hochschule Zwickau
rkstofftechnik

Math. *Friedwald Enders*, Hochschule für Technik, Wirtschaft und
tur Leipzig
thematik

Dr.-Ing. habil. Dr. h. c. *Karl-Friedrich Fischer*, Westsächsische Hoch-
ule Zwickau
chnische Mechanik

Dr.-Ing. *Uwe Gampe*, Technische Universität Dresden, unter Mitwir-
g von Prof. Dr.-Ing. habil. Gotthard Will, Dr.-Ing. Eberhard Kraus und
-Ing. Klaus Koppe
ergietechnik

Dr.-Ing. *Friedrich W. Garbrecht*, Fachhochschule Gießen-Friedberg
gelungstechnik

Dr.-Ing. *Jürgen Griebsch*, Hochschule für Technik und Wirtschaft des
arlandes
tigungstechnik

Dr.-Ing. *Matthias Kröger*, Technische Universität Bergakademie
iberg
Ing. *Rainer Jacobi*, Leipzig
schinenelemente

Dr.-Ing. habil. *Joachim Lämmel*, Fachhochschule Frankfurt am Main
ktrotechnik / Elektronik

Dr.-Ing. *Eckhardt Wiederuh*, Fachhochschule Gießen-Friedberg
chnische Thermodynamik, Wärmetechnik, Fluidmechanik

Dr.-Ing. *Gerd Wöstenkühler*, Hochschule Harz
sstechnik

Dr. rer. nat. habil. *Werner Wuttke*, Westsächsische Hochschule
ickau
ysik, Größen und Einheiten

Taschenbuch der Tec

He

Prof
sc

Au

Prof
W

Dipl
K
M

Prof
sc
T

Prof
k
D
E

Pro
R

Pro
S
F

Pro
F
Dip
M

Pro
E

Pro
T

Pro
M

Pro
Z
P

Taschenbuch der Technischen Formeln

herausgegeben von

Prof. Dr.-Ing. habil. Dr. h. c. Karl-Friedrich Fischer

4., neu bearbeitete Auflage

mit zahlreichen Bildern

Fachbuchverlag Leipzig
im Carl Hanser Verlag

Bibliografische Information der Deutschen Nationalbibliothek

Die Deutsche Nationalbibliothek verzeichnet diese Publikation in der Deutschen Nationalbibliografie; detaillierte bibliografische Daten sind im Internet über <http://dnb.d-nb.de> abrufbar.

ISBN 978-3-446-41760-1

Fachbuchverlag Leipzig im Carl Hanser Verlag

http://www.hanser.de/taschenbuecher

Lektorat: Mirja Werner, M. A.
Herstellung: Dipl.-Ing. Franziska Kaufmann
Satz: Satzherstellung Dr. Steffen Naake, Brand-Erbisdorf
Covergestaltung: Stephan Rönigk
Druck und Binden: Kösel, Krugzell
Printed in Germany

Vorwort

Der schnelle Zugriff zu gesichertem Grundlagenwissen gewährleistet nicht nur dem Studenten in der Ausbildung, sondern auch dem Ingenieur in der Praxis Erfolg bei der Lösung von Fachproblemen. Eine Übersicht zu technischem Grund- und Formelwissen in Buchform hat auch im Zeitalter des rasanten Siegeszuges des Computers ihre Berechtigung.

Der Student des Ingenieurwesens benötigt nicht nur ein zuverlässiges technisches Nachschlagewerk bei der Bewältigung von Klausur- und Belegaufgaben, sondern auch einen Background bei der Anwendung entsprechender Software. Der vor Ort tätige Ingenieur muss vielfach technische Probleme unter dem Aspekt einer Ganzheitsbetrachtung lösen. Anstehende Aufgaben werden interdisziplinär im Team bewältigt. Dies setzt ständig und schnell verfügbare Fakten und Formeln auf vielen Gebieten der Technik voraus.

Das vorliegende „Taschenbuch der Technischen Formeln“ vermittelt Formel- und Faktenwissen in konzentrierter und übersichtlicher Form und ist in Ausbildung und Praxis gleichermaßen ein zuverlässiger Begleiter. Es findet seinen Platz vor allem dort, wo erste und solide Abschätzungen zur Bewertung technischer Probleme erforderlich sind. Seine Stärken sind der vergleichsweise geringe Umfang, die Übersichtlichkeit der Darstellung und die damit verbundene schnelle Verfügbarkeit von Fakten und Formeln.

Das Taschenbuch ist im Anforderungsniveau so angelegt, dass es von Studenten in ingenieurwissenschaftlicher Ausbildung an Fachschulen, Fachhochschulen und Technischen Universitäten und auch von Technikern und Ingenieuren in der Praxis genutzt werden kann. Dies wird dadurch gewährleistet, dass als Autoren namhafte Lehrer aus vielen in der Art unterschiedlichen technischen Bildungseinrichtungen Deutschlands gewonnen werden konnten.

Februar 1996 Herausgeber und Autoren

Vorwort zur 4. Auflage

Nach fünf Jahren wiederum reger Nachfrage nach dem Taschenbuch der Technischen Formeln war eine vierte Auflage erforderlich. Dabei wurde nicht nur das äußere Erscheinungsbild einer Modernisierung unterzogen, sondern es wurden schon fast traditionell auch die Inhalte der einzelnen Kapitel aktualisiert.

Verlag, Herausgeber und alle Autoren haben sich nach Kräften bemüht, erforderliche Aktualisierungen ebenso einzubringen wie auch Fehler zu tilgen. Verlag und Herausgeber haben diese Aufgabe in einigen Kapiteln neuen Autoren anvertraut.

Dezember 2009 — Herausgeber und Autoren

Inhaltsverzeichnis

Fluidmechanik 282

Elektrotechnik/Elektronik 288

Regelungstechnik 336

Maschinenelemente 412

Energietechnik 460

Fertigungstechnik 500

Literaturverzeichnis 529

Sachwortverzeichnis 534

Größen und Einheiten

Physikalische und technische Gesetzmäßigkeiten werden durch mathematische Verknüpfungen der Größen dargestellt. Der Wert jeder physikalischen Größe ist das Produkt aus einem Zahlenwert und einer Einheit.

Wert = Zahlenwert mal Einheit

International wird weitgehend das Internationale Einheitensystem SI (Système International d'Unités) mit sieben Basiseinheiten benutzt. Es ist in der Bundesrepublik Deutschland seit 1969 durch das „Gesetz über Einheiten im Messwesen" verbindlich. Darüber hinaus gibt es Einheiten, die in Spezialgebieten gebräuchlich sind bzw. in älterer Literatur benutzt werden, diese sind mit * gekennzeichnet.

Größe/Symbol	Einheit		Beziehung
Länge x, y, z, s, l, r	**m**	**Meter**	**SI-Basiseinheit**
	AE	Astronomische Einheit*	$1\,\text{AE} = 149{,}600 \cdot 10^9\,\text{m}$
	Lj	Lichtjahr*	$1\,\text{Lj} = 9{,}4605 \cdot 10^{15}\,\text{m}$
	Å	Angström*	$1\,\text{Å} = 10^{-10}\,\text{m}$ (Atomphysik)
	sm	(Internationale) Seemeile*	$1\,\text{sm} = 1852\,\text{m}$
ebener Winkel α, φ	rad	Radiant	$1\,\text{rad} = 1\,\text{m/m}$
	°	Grad	$1° = (\pi/180)\,\text{rad}$
		Vollwinkel	$2\pi\,\text{rad} = 360°$
Raumwinkel Ω	sr	Steradiant	$1\,\text{sr} = 1\,\text{m}^2/\text{m}^2$
Fläche A	m^2	Quadratmeter	
	a	Ar	$1\,\text{a} = 100\,\text{m}^2$
	ha	Hektar	$1\,\text{ha} = 100\,\text{a} = 10^4\,\text{m}^2$
	b	Barn	$1\,\text{b} = 10^{-28}\,\text{m}^2$ (Kernphysik)
Volumen V	m^3	Kubikmeter	
	l	Liter	$1\,\text{l} = 10^{-3}\,\text{m}^3 = 10^3\,\text{cm}^3$
	Fm	Festmeter*	$1\,\text{Fm} = 1\,\text{m}^3$ (Holzwirtschaft)
		Barrel*	1 barrel = 158,9871 (nur Rohöl)
Masse m	**kg**	**Kilogramm**	**SI-Basiseinheit**
	g	Gramm	$1\,\text{g} = 10^{-3}\,\text{kg}$
	t	Tonne	$1\,\text{t} = 10^3\,\text{kg}$
	Ztr	Zentner*	$1\,\text{Ztr} = 50\,\text{kg}$
	Kt	metrisches Karat	$1\,\text{Kt} = 0{,}2\,\text{g}$ (Edelsteine)
Dichte ϱ	kg/m^3		$1\,\text{kg/m}^3 = 10^{-3}\,\text{g/cm}^3$

Größe/Symbol	Einheit		Beziehung
Zeit ***t***	**s**	**Sekunde**	**SI-Basiseinheit**
	min	Minute	1 min = 60 s
	h	Stunde	1 h = 60 min = 3600 s
	d	Tag	1 d = 24 h
Frequenz f, ν	Hz	Hertz	1 Hz = 1/s
Drehzahl n	1/min	1 Umdrehung pro min	1/min = 1/(60 s)
Kreisfrequenz ω	1/s		
Geschwindigkeit v	m/s	1 m/s = 3,6 km/h	
	kn	Knoten*	1 kn = 1 sm/h = 0,5144 m/s
Beschleunigung a	m/s^2		
	g_n	Normfallbeschleunigung	$g = 9{,}80665\ m/s^2$
Winkelgeschwindigkeit ω	rad/s		1 rad/s = 1/s
Winkelbeschleunigung α	rad/s^2		$1\ rad/s^2 = 1/s^2$
Kraft F, Gewichtskraft G, F_G	N	Newton	$1\ N = 1\ kg\ m/s^2$
	dyn	Dyn*	$1\ dyn = 10^{-5}\ N$
	kp	Kilopond*	1 kp = 9,80665 N
Drehmoment M	N m	Newtonmeter	1 N m = 0,102 kp m
Impuls p	N s		1 N s = 1 kg m/s
Drehimpuls L	N m s		$1\ N\ m\ s = 1\ kg\ m^2/s$
Trägheitsmoment J	$kg\ m^2$		
Arbeit W, Energie E, Wärmemenge Q	J	Joule	1 J = 1 N m = 1 W s
	kW h	Kilowattstunde	$1\ kW\ h = 3{,}6 \cdot 10^6\ J$
	eV	Elektronvolt	$1\ eV = 1{,}602 \cdot 10^{-19}\ J$
	erg	Erg*	$1\ erg = 10^{-7}\ J$
	cal	Kalorie*	1 cal = 4,1868 J
Leistung P	W	Watt	1 W = 1 J/s = 1 V A
	PS	Pferdestärke*	1 PS = 735,5 W
Druck p	Pa	Pascal	$1\ Pa = 1\ N/m^2 = 1\ kg/(s^2\ m)$
	bar	Bar	$1\ bar = 10^5\ Pa = 10^3\ mbar$
	mmHg	mm-Quecksilbersäule	1 mmHg = 133,322 Pa (Medizin)
	Torr	Torr*	1 Torr = 1,333224 mbar
	atm	physikalische Atmosphäre*	$1\ atm = 1{,}01325 \cdot 10^5\ Pa$ 1 atm = 760 Torr
	at	technische Atmosphäre*	$1\ at = 1\ kp/cm^2 = 0{,}981\ bar$
	mWS	Meter Wassersäule*	1 mWS = 9806,65 Pa

Größe/Symbol	Einheit		Beziehung
mechanische Spannung σ, Elastizitätsmodul E, Schubmodul G, Kompressionsmodul K	Pa N/m^2	Pascal	$1\,Pa = 1\,N/m^2$ $1\,MPa = 1\,N/mm^2\,Pa$ $1\,MPa = 0{,}102\,kp/mm^2$
Oberflächenspannung σ	N/m		$1\,N/m = 1\,kg/s^2$
dynamische Viskosität η	Pa s P	Pascalsekunde Poise*	$1\,Pa\,s = 1\,kg/(s\,m)$ $1\,P = 0{,}1\,Pa\,s$
kinematische Viskosität ν	m^2/s St	 Stokes*	 $1\,St = 10^{-4}\,m^2/s$
elektrische Stromstärke I	**A**	**Ampere**	**SI-Basiseinheit**
Stromdichte j, J	A/m^2		
elektrische Spannung U, elektrisches Potenzial φ	V	Volt	$1\,V = 1\,W/A$ $1\,V = 1\,kg\,m^2/(A\,s^3)$
elektrischer Widerstand R	Ω	Ohm	$1\,\Omega = 1\,V/A$
elektrischer Leitwert G	S	Siemens	$1\,S = 1\,A/V = 1/\Omega$
spezifischer elektrischer Widerstand ϱ	Ω m	Ohmmeter	$1\,\Omega\,m = 1\,V\,m/A$ $1\,\Omega\,mm^2/m = 10^{-6}\,\Omega\,m$
elektrische Leitfähigkeit κ	S/m		$1\,S/m = 1/(\Omega\,m)$
elektrische Ladung Q	C	Coulomb	$1\,C = 1\,A\,s$
Elektrizitätsmenge Q	A h	Amperestunden	$1\,A\,h = 3600\,C$
Flächenladungsdichte σ, elektrische Flussdichte, Verschiebung D	C/m^2		
elektrische Kapazität C	F	Farad	$1\,F = 1\,C/V = 1\,A\,s/V$
Permittivität ε, Permittivitätskonstante ε	F/m		$1\,F/m = 1\,A\,s/(V\,m)$
elektrische Feldstärke E	V/m		$1\,V/m = 1\,kg\,m/(s^3\,A)$
magnetische Feldstärke H	A/m Oe	 Oersted*	 $1\,Oe = [10^3/(4\pi)]\,A/m$
magnetischer Fluss Φ	Wb M	Weber Maxwell*	$1\,Wb = 1\,V\,s = 1\,T\,m^2$ $1\,M = 10^{-8}\,Wb$
magnetische Flussdichte B, Induktion	T G	Tesla Gauß*	$1\,T = 1\,Wb/m^2 = 1\,V\,s/m^2$ $1\,G = 10^{-4}\,T$
Induktivität L	H	Henry	$1\,H = 1\,Wb/A = 1\,V\,s/A$
Permeabilität μ	H/m		$1\,H/m = 1\,V\,s/(A\,m)$
Temperatur T	**K**	**Kelvin**	**SI-Basiseinheit**
Celsius-Temperatur t, ϑ	°C °F	Grad Celsius Grad Fahrenheit*	$t/°C = T/K - 273{,}15$ $t/°F = 1{,}8t/°C + 32$
Wärmemenge Q (s. a. Arbeit)	J	Joule	$1\,J = 1\,kg\,m^2/s^2 = 1\,W\,s$

Größe/Symbol	Einheit		Beziehung
spezifische Wärmekapazität c	J/(kg K)		
Wärmeleitfähigkeit λ	W/(m K)		
Wärmeübergangskoeffizient α	$W/(m^2 K)$		
Lichtstärke I	**cd**	**Candela**	**SI-Basiseinheit**
Leuchtdichte L	cd/m^2		
	sb	Stilb*	$1\ sb = 10^4\ cd/m^2$
Lichtstrom Φ	lm	Lumen	1 lm = 1 cd sr
Beleuchtungsstärke E	lx	Lux	$1\ lx = 1\ lm/m^2$
Bestrahlungsstärke E_e	W/m^2		
Strahlstärke I_e	W/sr		
Strahldichte L_e	$W/(m^2 sr)$		
Brechkraft D	dpt	Dioptrie	1 dpt = 1/m (optische Systeme)
Aktivität A	Bq	Becquerel	1 Bq = 1/s
	Ci	Curie*	$1\ Ci = 3{,}7 \cdot 10^{10}\ Bq$
Energiedosis D	Gy	Gray	1 Gy = 1 J/kg
	rd	Rad*	1 rd = 0,01 Gy
Äquivalentdosis H	Sv	Sievert	1 Sv = 1 J/kg
	rem	Rem*	1 rem = 0,01 Sv
Energiedosisrate $\dot{D}$	Gy/s		1 Gy/s = 1 W/kg
Ionendosis J	C/kg		1 C/kg = 1 A s/kg
	R	Röntgen*	$1\ R = 258 \cdot 10^{-6}\ C/kg$
Stoffmenge n	**mol**	**Mol SI-Basiseinheit**	
molare Masse M	g/mol		$1\ g/mol = 10^{-3}\ kg/mol$
molares Volumen V_m	l/mol		$1\ l/mol = 10^{-3}\ m^3/mol$
molare Wärmekapazität C_m	J/(mol K)		

SI-Vorsätze

Potenz	Name	Zeichen	Potenz	Name	Zeichen
10^{24}	Yotta	Y	10^{-1}	Dezi	d
10^{21}	Zetta	Z	10^{-2}	Zenti	c
10^{18}	Exa	E	10^{-3}	Milli	m
10^{15}	Peta	P	10^{-6}	Mikro	µ
10^{12}	Tera	T	10^{-9}	Nano	n
10^{9}	Giga	G	10^{-12}	Piko	p
10^{6}	Mega	M	10^{-15}	Femto	f
10^{3}	Kilo	k	10^{-18}	Atto	a
10^{2}	Hekto	h	10^{-21}	Zepto	z
10^{1}	Deka	da	10^{-24}	Yocto	y

► DIN 1301 (Teil 1 – Teil 3) Einheiten
► DIN 1304 (Teil 1 – Teil 8) Formelzeichen

Werkstofftabellen

Feste Stoffe

Substanz	Dichte ϱ in g/cm^3	Linearer Ausdehnungskoeffizient α in $10^{-6}/K$	Schmelztemperatur ϑ_S in °C	Spezifische Wärmekapazität c_p in kJ/(kg K)	Spezifischer elektrischer Widerstand ϱ in $10^{-8}\,\Omega\,m$
Aluminium	2,70	23,8	660	0,896	2,8
Beton	ca. 2,3	7 ... 14		0,84	20,8
Blei	11,39	29,4	327	0,129	
Diamant	3,51	1,0	3 540	0,502	ca. 10^{11}
Fensterglas	2,5	10		0,86	$10^{15} \dots 10^{16}$
Gold	19,3	14,2	1 063	0,129	2,2
Graphit	2,1 ... 2,3	2	3 650		ca. 800
Holz(Eiche)	0,8	8		ca. 2,5	$10^{13} \dots 10^{17}$
Konstantan	8,8	15		0,410	50
Kupfer	8,93	16,8	1 083	0,383	1,7
Magnesium	1,74	26	650	1,017	4,4
Platin	21,5	9,09	1 769	0,133	11
Porzellan	ca. 2,4	3 ... 4		ca. 0,84	ca. 10^{10}
Silber	10,50	19,7	961	0,23	1,6
Stahl	7,7 ... 8,2	10 ... 16	ca. 1 500	0,4 ... 0,5	10 ... 20
Wolfram	19,3	4,3	3 380	0,134	5,5
Zink	7,13	28	419,5	0,385	6,1
Zinn	7,28	27	232	0,227	11

Flüssige Stoffe

Substanz	Dichte ϱ in g/cm^3	Volumen-Ausdehnungskoeffizient γ in $10^{-3}/K$	Schmelztemperatur ϑ_S in °C	Siedetemperatur ϑ_V in °C	Spezifische Wärmekapazität c_p in kJ/(kg K)
Aceton	0,79	1,49	– 95	56,3	2,16
Benzin	0,72 ... 0,8	1,06			
Benzol	0,88	1,24	5,5	80,1	1,725
Diethylether	0,716	1,62	−116	−24,8	2,310
Ethanol	0,789	1,10	−114	78,3	2,43
Glycerin	1,260	0,50	18,5	291	2,39
Methanol	0,792	1,20	−97,7	64,6	2,495
Quecksilber	13,55	1,81	−38,9	356,6	0,139
Schwefelkohlenstoff	1,263	1,18	−85,7	46,3	0,996
Wasser 20 °C	0,998	2,07	0	100	4,182

Gasförmige Stoffe

Substanz	Dichte ϱ in g/cm^3 (bei 1 013 hPa und 0 °C)	Schmelztemperatur ϑ_S in °C	Siedetemperatur ϑ_V in °C	Spezifische Wärmekapazität bei konst. Volumen c_V in kJ/(kg K)	Spezifische Wärmekapazität bei konst. Druck c_P in kJ/(kg K)
H_2	0,09	−259	−253	10,17	14,32
N_2	1,25	−210	−196	0,741	1,038
O_2	1,43	−219	−183	0,656	0,917
Luft	1,29	−213	−193	0,717	1,005
He	0,18		−269	3,21	5,23
NH_3	0,77	−77,7	−33,4	1,655	2,160
Propan	2,01	−190	−42,1	1,412	1,595
CO_2	1,98	−56,6	−78,5	0,647	0,837
CO	1,25	−205	−192	0,744	1,042

Mathematik

1 Elementarmathematik

1.1 Arithmetik

Mengen

Menge – Zusammenfassung von wohlunterschiedenen Objekten, den Elementen, zu einer Gesamtheit.

Bezeichnungen:

$A, B, C, \ldots$	Mengen	$x \in A$	x ist Element von A
$a, b, c, \ldots$	Elemente der Mengen	$x \notin A$	x ist kein Element von A
$\emptyset$	leere Menge, enthält kein Element		

Beschreibung von Mengen:

- verbal — z. B. $\mathbb{N}$ = Menge der natürlichen Zahlen
- Aufzählung der Elemente — z. B. $M = \{a,b,c\}$
- Angabe der Eigenschaften der Elemente — z. B. $M = \{x|x^2 \leqq 1\}$

Rechnen mit Mengen:

$A \subseteq B$	Teilmenge („A Teilmenge von B“)	Jedes Element von A ist auch Element von B.
$A = B$	Mengengleichheit	Jedes Element von A ist auch Element von B und umgekehrt.
$A \cup B$	Vereinigung („A vereinigt B“)	Menge der Elemente, die zu mindestens einer der Mengen A, B gehören, auch „A oder B“.
$A \cap B$	Durchschnitt („A geschnitten B“)	Menge der Elemente, die sowohl zu A als auch zu B gehören, auch „A und B“.
$A \backslash B$	Differenz („A minus B“)	Menge der Elemente, die zu A, aber nicht zu B gehören.
$\overline{A}, A \subseteq M$	Komplementärmenge von A bez. M	Menge der Elemente von M, die nicht zu A gehören.
$\mathfrak{P}(A)$	Potenzmenge von A	Menge der Teilmengen von A.
$A \times B$	Produktmenge („A Kreuz B“)	Menge der geordneten Paare (a, b) mit $a \in A$, $b \in B$.

Zahlenbereiche

Natürliche Zahlen $\mathbb{N} = \{0, 1, 2, 3, 4, \ldots\}$	
Ganze Zahlen $\mathbb{Z} = \{\ldots, -2, -1, 0, 1, 2, \ldots\}$	$\mathbb{Z}$ entsteht durch Erweiterung von $\mathbb{N}$ mit den negativen Zahlen.
Rationale Zahlen $\mathbb{Q}$	$\mathbb{Q}$ entsteht durch Erweiterung von $\mathbb{Z}$ mit den Brüchen $\frac{p}{q}$, $p,q \in \mathbb{Z}$, $q \neq 0$. Rationale Zahlen sind im Dezimalsystem als endliche oder als periodische Dezimalbrüche darstellbar.
Reelle Zahlen $\mathbb{R}$	$\mathbb{R}$ entsteht durch Erweiterung von $\mathbb{Q}$ mit den irrationalen Zahlen, die sich im Dezimalsystem als unendliche nichtperiodische Dezimalbrüche darstellen lassen.
Komplexe Zahlen $\mathbb{C} = \{a + b\,\mathrm{i} \mid a \in \mathbb{R}, b \in \mathbb{R}, \mathrm{i}^2 = -1\}$	$\mathbb{C}$ entsteht durch Erweiterung von $\mathbb{R}$ mit den imaginären Zahlen $b\,\mathrm{i}$ mit $b \in \mathbb{R}$, $\mathrm{i}^2 = -1$, i imaginäre Einheit (in der Technik j).

Fakultät

$n! = n(n-1)\ldots 3 \cdot 2 \cdot 1$ $\qquad n \in \mathbb{N}$, $0! = 1$

Binomialkoeffizient

$$\binom{n}{k} = \frac{n!}{k!(n-k)!} = \frac{n(n-1)\ldots(n-k+1)}{k!} \qquad n, k \in \mathbb{N}$$

$$\binom{\alpha}{k} = \frac{\alpha(\alpha-1)\ldots(\alpha-k+1)}{k!} \qquad \alpha \in \mathbb{R}, k \in \mathbb{N}$$

$$\binom{n}{k} = \binom{n}{n-k}, \qquad \binom{n}{k} + \binom{n}{k+1} = \binom{n+1}{k+1}$$

Binomische Formeln

$$(a+b)^2 = a^2 + 2ab + b^2$$

$$(a-b)^2 = a^2 - 2ab + b^2$$

$$(a+b)(a-b) = a^2 - b^2$$

$$(a+b+c)^2 = a^2 + b^2 + c^2 + 2ab + 2ac + 2bc$$

$$(a \pm b)^3 = a^3 \pm 3a^2b + 3ab^2 \pm b^3$$

$$(a+b)^n = \sum_{k=0}^{n} \binom{n}{k} a^{n-k} b^k$$

$$a^n - b^n = (a-b) \sum_{k=0}^{n-1} a^{n-k-1} b^k$$

Höhere Rechenarten

Potenzieren

$a^n = \underbrace{a \cdot a \ldots a}_{n \text{ Faktoren } a}, n \in \mathbb{N}, n > 0$ — a Basis, n Exponent

Erweiterung

$a^0 = 1, \quad a^{-n} = \frac{1}{a^n}$ — für $a \neq 0$

Potenzgesetze

$a^m a^n = a^{m+n}, \quad a^n b^n = (ab)^n,$ $\quad \frac{a^m}{a^n} = a^{m-n}, \quad \frac{a^n}{b^n} = \left(\frac{a}{b}\right)^n$

$(a^m)^n = a^{mn}$

Radizieren

$x = \sqrt[n]{a}$, falls $x^n = a$, $\quad a \geqq 0, n > 0, n \in \mathbb{N}$

$\sqrt[n]{a} = a^{\frac{1}{n}}, \quad a \geqq 0, n \neq 0, n \in \mathbb{N}$

Das Rechnen mit Wurzeln kann auf das Rechnen mit Potenzen mit rationalen Exponenten zurückgeführt werden.

Wurzelgesetze

$\sqrt[n]{a}\sqrt[n]{b} = \sqrt[n]{ab}, \quad \frac{\sqrt[n]{a}}{\sqrt[n]{b}} = \sqrt[n]{\frac{a}{b}}, \quad \left(\sqrt[n]{a}\right)^m = \sqrt[n]{a^m}, \quad \sqrt[m]{\sqrt[n]{a}} = \sqrt[mn]{a}$

Logarithmieren

$n = \log_b a$, falls $b^n = a, a > 0, n \in \mathbb{R}, b > 1$

b Basis

$b = 10$: dekadischer Logarithmus, $\log_{10} a = \lg a$

$b = \mathrm{e}$: natürlicher Logarithmus, $\log_{\mathrm{e}} a = \ln a$

$b = 2$: dualer Logarithmus, $\log_2 a = \mathrm{ld}\, a$

Logarithmengesetze

$\log_b(xy) = \log_b x + \log_b y$

$\log_b \frac{x}{y} = \log_b x - \log_b y$

$\log_b x^y = y \log_b x$

speziell: $\log_b 1 = 0, \ \log_b b = 1,$ $\log_b b^n = n, \ b^{\log_b a} = a$

Komplexe Zahlen

Darstellung:

arithmetisch

$z = a + b\,\mathrm{i}$, — a Realteil, b Imaginärteil,

i imaginäre Einheit mit $\mathrm{i}^2 = -1$ sowie

$\mathrm{i}^{4n} = 1, \ \mathrm{i}^{4n+1} = \mathrm{i}, \ \mathrm{i}^{4n+2} = -1, \ \mathrm{i}^{4n+3} = -\mathrm{i}, n \in \mathbb{N}$

trigonometrisch

$z = r(\cos\varphi + \mathrm{i}\sin\varphi)$ $\quad r = \sqrt{a^2+b^2}$, $\tan\varphi = \frac{b}{a}$ bzw. $\cos\varphi = \frac{a}{r}$ und $\sin\varphi = \frac{b}{r}$

exponentiell

$z = r\,\mathrm{e}^{\mathrm{i}\varphi}$

Konjugiert komplexe Zahl:

$\bar{z} = a - b\,\mathrm{i}$ konjugiert komplex zu $z = a + b\,\mathrm{i}$, $\quad z\bar{z} = a^2 + b^2$

Euler'sche Formel

$\mathrm{e}^{\mathrm{i}\varphi} = \cos\varphi + \mathrm{i}\sin\varphi$

Folgen

Arithmetische Folge

$\{a_1, a_2, \ldots, a_n, \ldots\}$ mit
$a_k - a_{k-1} = d,\ k = 2, \ldots, n, \ldots$
$a_k = a_1 + (k-1)d$

Die Differenz d zweier aufeinander folgender Elemente der Folge ist konstant.

$$s_n = \sum_{k=1}^{n} a_k = \frac{n}{2}\,[2a_1 + (n-1)d]$$ Partialsumme

---

Geometrische Folge

$\{a_1, a_2, \ldots, a_n, \ldots\}$ mit
$\frac{a_k}{a_{k-1}} = q,\ k = 2, \ldots, n, \ldots$
$a_k = a_1 q^{k-1}$

Der Quotient q zweier aufeinander folgender Elemente der Folge ist konstant.

$$s_n = \sum_{k=1}^{n} a_k = a_1 \frac{q^n - 1}{q - 1}, \quad \text{für } |q| \neq 1$$ Partialsumme

$$s = \sum_{k=1}^{\infty} a_k = a_1 \sum_{k=1}^{\infty} q^{k-1} = \frac{a_1}{1-q}, \quad \text{für } |q| < 1$$ Summe

---

Partialsummen spezieller Folgen

$$1 + 2 + 3 + \ldots + n = \sum_{k=1}^{n} k = \frac{n(n+1)}{2}$$

$$1^2 + 2^2 + 3^2 + \ldots + n^2 = \sum_{k=1}^{n} k^2 = \frac{n(n+1)(2n+1)}{6}$$

$$1^3 + 2^3 + 3^3 + \ldots + n^3 = \sum_{k=1}^{n} k^3 = \frac{n^2(n+1)^2}{4}$$

1.2 Vektoralgebra und lineare Algebra

Vektoren im dreidimensionalen Raum

Dreidimensionaler Vektor: geordnetes Tupel von 3 Elementen (meist Zahlen)

Zeilenvektor $\boldsymbol{a} = (a_x, a_y, a_z)$ Spaltenvektor $\boldsymbol{a} = \begin{pmatrix} a_x \\ a_y \\ a_z \end{pmatrix}$

Basisvektoren: $\boldsymbol{i} = (1, 0, 0)$; $\boldsymbol{j} = (0, 1, 0)$; $\boldsymbol{k} = (0, 0, 1)$

Nullvektor: $\boldsymbol{o} = (0, 0, 0)$

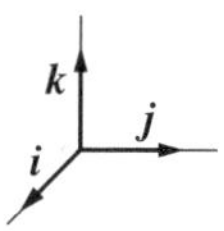

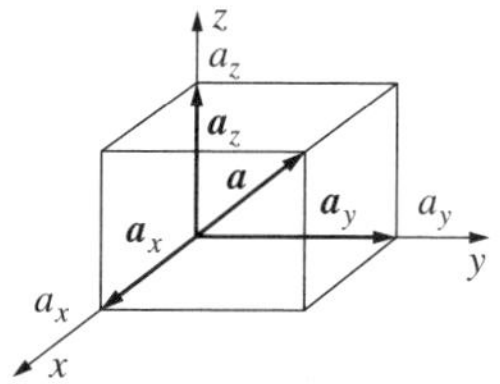

Koordinaten des Vektors $\boldsymbol{a}$: a_x, a_y, a_z

Komponenten des Vektors $\boldsymbol{a}$: $\boldsymbol{a}_x = (a_x, 0, 0)$; $\boldsymbol{a}_y = (0, a_y, 0)$; $\boldsymbol{a}_z = (0, 0, a_z)$

$\boldsymbol{a} = a_x\boldsymbol{i} + a_y\boldsymbol{j} + a_z\boldsymbol{k}$

Betrag (Länge) des Vektors $\boldsymbol{a}$: $|\boldsymbol{a}| = \sqrt{a_x^2 + a_y^2 + a_z^2}$

Richtungscosinus des Vektors $\boldsymbol{a}$: $\cos\alpha = \frac{a_x}{|\boldsymbol{a}|}$, $\cos\beta = \frac{a_y}{|\boldsymbol{a}|}$

$\cos\gamma = \frac{a_z}{|\boldsymbol{a}|}$

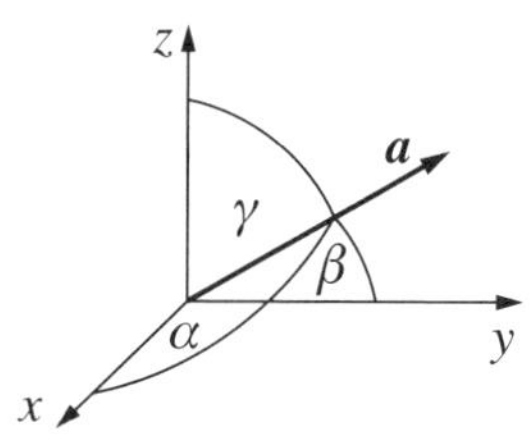

Einheitsvektor in Richtung von $\boldsymbol{a}$

$$\boldsymbol{a}^0 = \frac{\boldsymbol{a}}{|\boldsymbol{a}|}$$

Rechnen mit Vektoren

$\boldsymbol{a} = \boldsymbol{b}$ genau dann, wenn $a_x = b_x$, $a_y = b_y$, $a_z = b_z$

$\boldsymbol{a} + \boldsymbol{b} = (a_x + b_x, a_y + b_y, a_z + b_z)$ mit $\boldsymbol{a} + \boldsymbol{b} = \boldsymbol{b} + \boldsymbol{a}$

$\boldsymbol{a} + (\boldsymbol{b} + \boldsymbol{c}) = (\boldsymbol{a} + \boldsymbol{b}) + \boldsymbol{c}$

$\lambda \boldsymbol{a} = (\lambda a_x, \lambda a_y, \lambda a_z)$, λ Skalar, mit $\lambda(\mu \boldsymbol{a}) = (\lambda \mu)\boldsymbol{a}$

$(\lambda + \mu)\boldsymbol{a} = \lambda \boldsymbol{a} + \mu \boldsymbol{a}$

$\lambda(\boldsymbol{a} + \boldsymbol{b}) = \lambda \boldsymbol{a} + \lambda \boldsymbol{b}$

Lineare Abhängigkeit und Unabhängigkeit von Vektoren

$\boldsymbol{a}, \boldsymbol{b}, \boldsymbol{c}$ sind linear unabhängig, falls $x_1\boldsymbol{a} + x_2\boldsymbol{b} + x_3\boldsymbol{c} = \boldsymbol{o}$ nur die triviale Lösung $x_1 = x_2 = x_3 = 0$ besitzt, sonst sind $\boldsymbol{a}$, $\boldsymbol{b}$, $\boldsymbol{c}$ linear abhängig bzw. komplanar.

Produkte von Vektoren

Skalarprodukt

$\boldsymbol{a} \cdot \boldsymbol{b} = |\boldsymbol{a}||\boldsymbol{b}| \cos \angle(\boldsymbol{a},\boldsymbol{b}) = a_x b_x + a_y b_y + a_z b_z$

mit $\boldsymbol{ab} = \boldsymbol{ba}$, $\boldsymbol{a}(\boldsymbol{b} + \boldsymbol{c}) = \boldsymbol{ab} + \boldsymbol{ac}$,
$\boldsymbol{ab} = 0$, $\boldsymbol{a} \neq \boldsymbol{o}$, $\boldsymbol{b} \neq \boldsymbol{o}$, wenn $\boldsymbol{a} \perp \boldsymbol{b}$.
speziell $\boldsymbol{ii} = \boldsymbol{jj} = \boldsymbol{kk} = 1$, $\boldsymbol{ij} = \boldsymbol{jk} = \boldsymbol{ki} = 0$.

Vektorprodukt

$$\boldsymbol{a} \times \boldsymbol{b} = (a_y b_z - a_z b_y, a_z b_x - a_x b_z, a_x b_y - a_y b_x) = \begin{vmatrix} \boldsymbol{i} & \boldsymbol{j} & \boldsymbol{k} \\ a_x & a_y & a_z \\ b_x & b_y & b_z \end{vmatrix}$$

mit $\boldsymbol{a} \times \boldsymbol{b} = -(\boldsymbol{b} \times \boldsymbol{a})$, $\lambda(\boldsymbol{a} \times \boldsymbol{b}) = (\lambda \boldsymbol{a}) \times \boldsymbol{b} = \boldsymbol{a} \times (\lambda \boldsymbol{b})$
$\boldsymbol{a} \times \boldsymbol{b} = \boldsymbol{o}$, $\boldsymbol{a} \neq \boldsymbol{o}$, $\boldsymbol{b} \neq \boldsymbol{o}$, wenn $\boldsymbol{a}$ parallel zu $\boldsymbol{b}$
$(\boldsymbol{a} \times \boldsymbol{b}) \perp \boldsymbol{a}$, $(\boldsymbol{a} \times \boldsymbol{b}) \perp \boldsymbol{b}$, $|\boldsymbol{a} \times \boldsymbol{b}| = |\boldsymbol{a}||\boldsymbol{b}| \sin \angle(\boldsymbol{a},\boldsymbol{b})$
speziell $\boldsymbol{i} \times \boldsymbol{i} = \boldsymbol{j} \times \boldsymbol{j} = \boldsymbol{k} \times \boldsymbol{k} = \boldsymbol{o}$, $\boldsymbol{i} \times \boldsymbol{j} = \boldsymbol{k}$, $\boldsymbol{j} \times \boldsymbol{k} = \boldsymbol{i}$, $\boldsymbol{k} \times \boldsymbol{i} = \boldsymbol{j}$

Mehrfache Produkte

Spatprodukt $(\boldsymbol{a} \times \boldsymbol{b})\boldsymbol{c} = (\boldsymbol{a},\boldsymbol{b},\boldsymbol{c}) = \begin{vmatrix} a_x & a_y & a_z \\ b_x & b_y & b_z \\ c_x & c_y & c_z \end{vmatrix}$

Dreifaches Vektorprodukt $(\boldsymbol{a} \times \boldsymbol{b}) \times \boldsymbol{c} = (\boldsymbol{ac})\boldsymbol{b} - (\boldsymbol{bc})\boldsymbol{a}$

Matrizen

Matrix – System von $m \cdot n$ Elementen, die in einem rechteckigen Schema von m Zeilen und n Spalten angeordnet sind

Typ einer Matrix: (m, n) =(Anzahl der Zeilen, Anzahl der Spalten)

Bezeichnung:	$\boldsymbol{A}, \boldsymbol{B}, \boldsymbol{C}, \ldots$	Matrizen
	$\boldsymbol{O}$	Nullmatrix, sämtliche Elemente der Matrix sind null

$$\boldsymbol{A} = \boldsymbol{A}_{(m,n)} = \begin{pmatrix} a_{11} & a_{12} & \cdots & a_{1n} \\ a_{21} & a_{22} & \cdots & a_{2n} \\ \vdots & \vdots & \vdots & \vdots \\ a_{m1} & a_{m2} & \cdots & a_{mn} \end{pmatrix} = (a_{ij})_{(m,n)}$$

Hauptdiagonale von $\boldsymbol{A}$: a_{ii}, $i = 1, \ldots, \min(m, n)$

Spezielle Matrizen:

$m = 1$, n beliebig	Zeilenvektor
m beliebig, $n = 1$	Spaltenvektor
$m = n$	quadratische Matrix
$m = n = 1$	Skalar

Spezielle quadratische Matrizen $\boldsymbol{A} = (a_{ij})_{(n,n)}$, $i, j = 1, \ldots, n$:

Obere Dreiecksmatrix

$a_{ij} = 0$ für $i > j$

Untere Dreiecksmatrix

$a_{ij} = 0$ für $i < j$

Diagonalmatrix

$a_{ij} = 0$ für $i \neq j$

Skalarmatrix $\boldsymbol{S}$

$$a_{ij} = \begin{cases} 0 \text{ für } i \neq j \\ s \text{ für } i = j \end{cases}$$

Einheitsmatrix $\boldsymbol{E}$

$$a_{ij} = \delta_{ij} = \begin{cases} 0 \text{ für } i \neq j \\ 1 \text{ für } i = j \end{cases}$$

Reguläre Matrix $\boldsymbol{A}$:	$\boldsymbol{A}$ quadratisch und $\det \boldsymbol{A} \neq 0$
Singuläre Matrix $\boldsymbol{A}$:	$\boldsymbol{A}$ quadratisch und $\det \boldsymbol{A} = 0$

Rechnen mit Matrizen

$\boldsymbol{A} = \boldsymbol{B}$	Gleichheit, setzt Typgleichheit von $\boldsymbol{A}$ und $\boldsymbol{B}$ voraus, $a_{ij} = b_{ij}$ für alle i, j.
$\boldsymbol{C} = \boldsymbol{A} + \boldsymbol{B}$	Addition, setzt Typgleichheit von $\boldsymbol{A}$ und $\boldsymbol{B}$ voraus, $\boldsymbol{C}$ hat denselben Typ wie die Summanden, $c_{ij} = a_{ij} + b_{ij}$ für alle i, j.
$\boldsymbol{C} = \lambda \boldsymbol{A}$	λ-faches von $\boldsymbol{A}$. $\boldsymbol{C}$ hat denselben Typ wie $\boldsymbol{A}$, $c_{ij} = \lambda a_{ij}$ für alle i, j.
$\boldsymbol{C} = \boldsymbol{A}^{\mathrm{T}}$	Transponieren (auch „Spiegeln“ an der Hauptdiagonalen). Hat $\boldsymbol{A}$ den Typ (m, n), so ist $\boldsymbol{C}$ vom Typ (n, m), $c_{ij} = a_{ji}$ für alle i, j.

$\boldsymbol{A} + \boldsymbol{B} = \boldsymbol{B} + \boldsymbol{A}$, $\boldsymbol{A} + (\boldsymbol{B} + \boldsymbol{C}) = (\boldsymbol{A} + \boldsymbol{B}) + \boldsymbol{C}$, $\lambda \boldsymbol{A} = \boldsymbol{A} \lambda$,

$\lambda(\mu \boldsymbol{A}) = (\lambda \mu)\boldsymbol{A}$, $\lambda(\boldsymbol{A} + \boldsymbol{B}) = \lambda \boldsymbol{A} + \lambda \boldsymbol{B}$, $(\lambda + \mu)\boldsymbol{A} = \lambda \boldsymbol{A} + \mu \boldsymbol{A}$, $\lambda, \mu \in \mathbb{R}$

Matrizenmultiplikation

Die Matrizen $\boldsymbol{A}_{(m,n)}$ und $\boldsymbol{B}_{(n,p)}$ (d. h. Spaltenanzahl von $\boldsymbol{A}$ = Zeilenanzahl von $\boldsymbol{B}$) können in dieser Reihenfolge multipliziert werden, das Produkt ist eine Matrix $\boldsymbol{C}_{(m,p)}$.

$$\boldsymbol{C}_{(m,p)} = \boldsymbol{A}_{(m,n)} \cdot \boldsymbol{B}_{(n,p)} = (c_{ik})_{(m,p)}$$

$$\text{mit } c_{ik} = \sum_{j=1}^{n} a_{ij} b_{jk},\ i = 1, \ldots, m;\ k = 1, \ldots, p$$

d. h., das Element c_{ik} der Matrix $\boldsymbol{C}$ ist das Skalarprodukt aus dem i-ten Zeilenvektor von $\boldsymbol{A}$ und dem k-ten Spaltenvektor von $\boldsymbol{B}$.

Schema von Falk

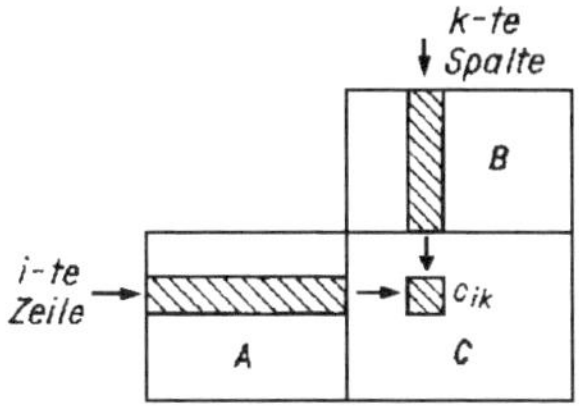

Matrizenmultiplikation nicht kommutativ, d. h. i. Allg. $\boldsymbol{AB} \neq \boldsymbol{BA}$, falls beide Produkte existieren.

$\boldsymbol{A}(\boldsymbol{BC}) = (\boldsymbol{AB})\boldsymbol{C}$

$\boldsymbol{A}(\boldsymbol{B} + \boldsymbol{C}) = \boldsymbol{AB} + \boldsymbol{AC}$ $\qquad$ $(\boldsymbol{A} + \boldsymbol{B})\boldsymbol{C} = \boldsymbol{AC} + \boldsymbol{BC}$

Inverse Matrix

Die inverse Matrix (auch Kehrmatrix) existiert nur für reguläre Matrizen.

$\boldsymbol{A}^{-1}$ ist inverse Matrix zu $\boldsymbol{A}$, falls $\boldsymbol{AA}^{-1} = \boldsymbol{A}^{-1}\boldsymbol{A} = \boldsymbol{E}$

$$\boldsymbol{A}^{-1} = \frac{1}{\det \boldsymbol{A}} \begin{pmatrix} A_{11} & \cdots & A_{n1} \\ \vdots & \vdots & \vdots \\ A_{1n} & \cdots & A_{nn} \end{pmatrix}$$

mit $\boldsymbol{A}_{ij}$ = Adjunkte von $\boldsymbol{A}$ zum Element $a_{ij} = (-1)^{i+j} \det \boldsymbol{U}_{ij}$ und $\boldsymbol{U}_{ij}$ = Untermatrix von $\boldsymbol{A}$, die durch Streichen der i-ten Zeile und der j-ten Spalte von $\boldsymbol{A}$ entsteht.

Rang einer Matrix

r = Rang $(\boldsymbol{A})$ = Anzahl der linear unabhängigen Zeilen- bzw. Spaltenvektoren von $\boldsymbol{A}_{(m,n)}$.

Rang $(\boldsymbol{A})$ = Rang $(\boldsymbol{A}^{\mathrm{T}})$, $0 \leqq$ Rang $(\boldsymbol{A}) \leqq \min(m, n)$

Rang $(\boldsymbol{A}) = 0$, falls $\boldsymbol{A}$ Nullmatrix.

Rangbestimmung: Rang $(\boldsymbol{A})$ ändert sich nicht, wenn

- Zeilenvektoren von $\boldsymbol{A}$ oder Spaltenvektoren von $\boldsymbol{A}$ vertauscht werden,
- das Vielfache eines Zeilenvektors zu einem anderen Zeilenvektor addiert wird.

Durch Nutzung dieser Eigenschaften wird $\boldsymbol{A}$ in eine Matrix $\boldsymbol{T}$ (Trapezmatrix) umgewandelt, indem Spalte für Spalte unterhalb der Hauptdiagonalen von $\boldsymbol{A}$ Nullen erzeugt werden.

Rang ($\boldsymbol{A}$) = Rang ($\boldsymbol{T}$) = Anzahl der vom Nullvektor verschiedenen Zeilenvektoren von $\boldsymbol{T}$.

$$\boldsymbol{A} = \begin{pmatrix} a_{11} & \cdots & a_{1n} \\ \vdots & \vdots & \vdots \\ a_{n1} & \cdots & a_{nn} \end{pmatrix} \to \boldsymbol{T} = \begin{pmatrix} t_{11} & t_{12} & \cdots & \cdots & \cdots & t_{1n} \\ 0 & t_{22} & \cdots & \cdots & \cdots & t_{2n} \\ \vdots & \ddots & \ddots & \cdots & \cdots & \cdots \\ 0 & \cdots & 0 & t_{rr} & \cdots & t_{rn} \\ 0 & \cdots & \cdots & 0 & \cdots & 0 \\ \vdots & \vdots & \vdots & \vdots & \vdots & \vdots \\ 0 & \cdots & \cdots & \cdots & \cdots & 0 \end{pmatrix}$$

Rang ($\boldsymbol{A}$) = Rang ($\boldsymbol{T}$) = r

Determinanten

Die Determinante ist eine ganzrationale Funktion von n^2 Variablen, die einem quadratischen Schema von n Zeilen und n Spalten zugeordnet wird.
Reihe einer Determinante: Zeile oder Spalte der Determinante
Ordnung eine Determinante: Anzahl der Zeilen bzw. Spalten

Determinante 2. Ordnung:

$$D = \begin{vmatrix} a_{11} & a_{12} \\ a_{21} & a_{22} \end{vmatrix} = a_{11}a_{22} - a_{12}a_{21}$$

Determinante 3. Ordnung:

$$D = \begin{vmatrix} a_{11} & a_{12} & a_{13} \\ a_{21} & a_{22} & a_{23} \\ a_{31} & a_{32} & a_{33} \end{vmatrix} = \begin{matrix} a_{11}a_{22}a_{33} + a_{12}a_{23}a_{31} + a_{13}a_{21}a_{32} \\ -a_{13}a_{22}a_{31} - a_{12}a_{21}a_{33} - a_{11}a_{23}a_{32} \end{matrix}$$

Determinante n-ter Ordnung

(Entwicklung nach einer Reihe und damit Zurückführung auf Determinanten $(n-1)$-ter Ordnung)

$$D = \begin{vmatrix} a_{11} & a_{12} & \cdots & a_{1n} \\ a_{21} & a_{22} & \cdots & a_{2n} \\ \vdots & \vdots & \vdots & \vdots \\ a_{n1} & a_{n2} & \cdots & a_{nn} \end{vmatrix} = \sum_{\substack{k=1 \\ 1 \leqq i \leqq n}}^{n} a_{ik}A_{ik} = \sum_{\substack{i=1 \\ 1 \leqq k \leqq n}}^{n} a_{ik}A_{ik}$$

mit Adjunkten $A_{ik} = (-1)^{i+k}D_{ik}$ und Unterdeterminanten $(n-1)$-ter Ordnung D_{ik}, die entstehen, wenn in D die i-te Zeile und die k-te Spalte gestrichen werden.

Eigenschaften von Determinanten

- $D = 0$, falls sämtliche Elemente einer Reihe von D null sind,
- $D = 0$, falls zwei parallele Reihen von D proportional sind,
- D ändert sich nicht, wenn zu einer Reihe von D das Vielfache einer Parallelreihe addiert wird,
- D ändert ihr Vorzeichen, wenn zwei Parallelreihen miteinander vertauscht werden,
- $D = \det \boldsymbol{A} = \det \boldsymbol{A}^{\mathrm{T}}$ ($\boldsymbol{A}$ quadratische Matrix)
- $D = \det \boldsymbol{A} = a_{11}a_{22}\cdots a_{nn}$ falls $\boldsymbol{A}$ Dreiecksmatrix oder speziell Diagonalmatrix.

Lineare Gleichungssysteme

Lineares Gleichungssystem von m Gleichungen mit n Unbekannten $x_1, x_2, \ldots, x_n$:

$$\begin{aligned} a_{11}x_1 + a_{12}x_2 + \cdots + a_{1n}x_n &= b_1 \\ a_{21}x_1 + a_{22}x_2 + \cdots + a_{2n}x_n &= b_2 \\ \vdots \quad\quad \vdots \quad\quad\quad\quad \vdots \quad &\quad \vdots \\ a_{m1}x_1 + a_{m2}x_2 + \cdots + a_{mn}x_n &= b_m \end{aligned}$$

Mit Koeffizientenmatrix $\boldsymbol{A} = (a_{ik})_{(m,n)}$, Vektor der rechten Seiten $\boldsymbol{b}^{\mathrm{T}} = (b_1, \ldots, b_m)$ und dem Vektor der Unbekannten $\boldsymbol{x}^{\mathrm{T}} = (x_1, \ldots, x_n)$ lautet die Matrizendarstellung des linearen Gleichungssystems $\boldsymbol{Ax} = \boldsymbol{b}$.

Ausschlaggebend für die Lösbarkeit von $\boldsymbol{Ax} = \boldsymbol{b}$ ist die lineare Abhängigkeit bzw. lineare Unabhängigkeit des Vektors $\boldsymbol{b}$ von den Spaltenvektoren von $\boldsymbol{A}$. Es wird die erweiterte Koeffizientenmatrix $(\boldsymbol{A}, \boldsymbol{b})$ gebildet, die durch Hinzufügen des Spaltenvektors $\boldsymbol{b}$ zur Matrix $\boldsymbol{A}$ als $(n+1)$-te Spalte entsteht.

Lösbarkeitsbedingung: $r = \mathrm{Rang}(\boldsymbol{A}) = \mathrm{Rang}(\boldsymbol{A}, \boldsymbol{b})$

$r = n$:	$\boldsymbol{Ax} = \boldsymbol{b}$	eindeutig lösbar
$r < n$:	$\boldsymbol{Ax} = \boldsymbol{b}$	mehrdeutig lösbar, die Lösung enthält $n - r$ freie Parameter.
speziell:	$\boldsymbol{Ax} = \boldsymbol{o}$	homogenes lineares Gleichungssystem,
	$\mathrm{Rang}(\boldsymbol{A}) = \mathrm{Rang}(\boldsymbol{A}, \boldsymbol{o})$	ist stets erfüllt, also $\boldsymbol{Ax} = \boldsymbol{o}$ stets lösbar.
$r = n$:	$\boldsymbol{Ax} = \boldsymbol{o}$	hat die eindeutige Lösung $\boldsymbol{x} = \boldsymbol{o}$ (triviale Lösung),
$r < n$:	$\boldsymbol{Ax} = \boldsymbol{o}$	ist mehrdeutig lösbar.

Bestimmung der Lösung:

Die Lösung von $\boldsymbol{Ax} = \boldsymbol{b}$ ändert sich nicht, wenn

- Gleichungen vertauscht werden,
- zu einer Gleichung ein Vielfaches einer anderen Gleichung addiert wird.

Diese Eigenschaften nutzt der Gauß'sche Algorithmus:

1. Es wird $a_{11} \neq 0$ angenommen, ansonsten ist $a_{11} \neq 0$ durch Vertauschen von Gleichungen und Umnummerieren der Variablen zu erreichen. Durch Addieren des $\left(-\frac{a_{i1}}{a_{11}}\right)$-fachen der 1. Gleichung (Eliminationsgleichung) zur i-ten Gleichung, $i = 2,3,\ldots,m$, wird x_1 aus diesen Gleichungen eliminiert.
2. Auf das um die 1. Gleichung reduzierte System von $m-1$ Gleichungen mit $n-1$ Unbekannten wird wieder 1. angewandt.

Nach $(m-1)$-facher Anwendung von 1. bleibt eine Gleichung übrig. Zusammen mit den $m-1$ Eliminationsgleichungen entsteht das gestaffelte lineare Gleichungssystem

$$\begin{aligned}
a_{11}^* x_1 + a_{12}^* x_2 + \cdots + a_{1r}^* x_r + a_{1,r+1}^* x_{r+1} + \cdots + a_{1n}^* x_n &= b_1^* \\
a_{22}^* x_2 + \cdots + a_{2r}^* x_r + a_{2,r+1}^* x_{r+1} + \cdots + a_{2n}^* x_n &= b_2^* \\
\vdots \quad &\quad \vdots \\
a_{rr}^* x_r + a_{r,r+1}^* x_{r+1} + \cdots + a_{rn}^* x_n &= b_r^* \\
0 &= b_{r+1}^* \\
\vdots \quad &\quad \vdots \\
0 &= b_m^*
\end{aligned}$$

Sind alle $b_{r+1}^* = \ldots = b_m^* = 0$, so ist das System lösbar, ansonsten unlösbar. Von unten nach oben wird das gestaffelte System sukzessiv nach $x_r, x_{r-1}, \ldots, x_2, x_1$ aufgelöst. Falls $r < n$, verbleiben $x_{r+1}, x_{r+2}, \ldots, x_n$ als beliebige reelle Parameter in der Lösung.

2 Funktionen

2.1 Algebraische Funktionen

Potenzfunktionen

$y = x^n,\ n \in \mathbb{N},\ -\infty < x < \infty$ und $y = x^{-n},\ n \in \mathbb{N},\ x \neq 0$

bilden für ungerades n ungerade Funktionen, $f(-x) = -f(x)$, für gerades n gerade Funktionen, $f(-x) = f(x)$.

Wurzelfunktionen

$y = \sqrt[n]{x},\ n \in \mathbb{N},\ n > 1,\ x \geqq 0$

sind Umkehrfunktionen der auf $x \geqq 0$ beschränkten Potenzfunktionen.

speziell:

$y = x^2,\ x \geqq 0 \xleftrightarrow{\text{Umkehrfunktion}} y = \sqrt{x}$

$y = x^2,\ x \leqq 0 \xleftrightarrow{\text{Umkehrfunktion}} y = -\sqrt{x}$

$$y = x^3,\ x \geqq 0 \quad \overset{\text{Umkehrfunktion}}{\longleftarrow\text{-----}\longrightarrow} \quad y = \sqrt[3]{x}$$

$$y = x^3,\ x \leqq 0 \quad \overset{\text{Umkehrfunktion}}{\longleftarrow\text{-----}\longrightarrow} \quad y = -\sqrt[3]{-x}$$

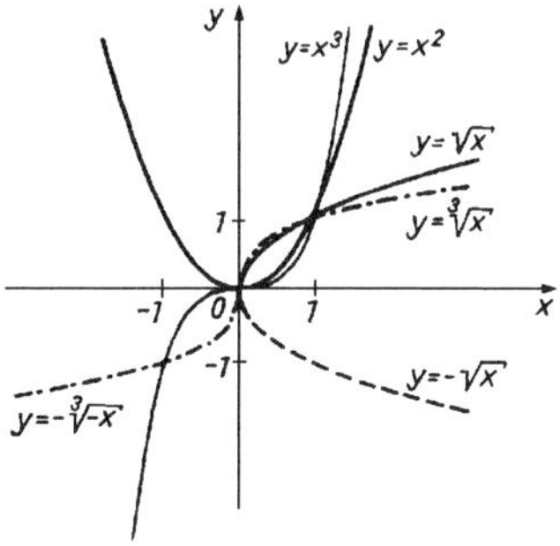

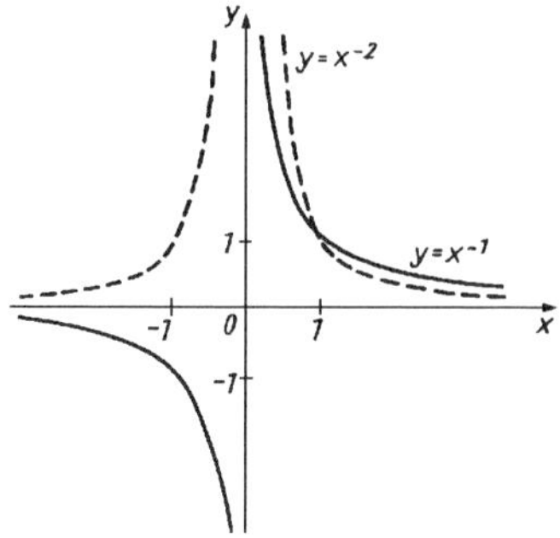

Rationale Funktionen

Ganzrationale Funktionen (Polynome)

Summendarstellung

$y = f(x) = a_n x^n + a_{n-1}\, x^{n-1} + \cdots + a_2 x^2 + a_1 x + a_0,\ a_n \neq 0,\ n \in \mathbb{N},$

$a_i \in \mathbb{R},\ i = 0{,}1, \ldots, n,$

n Grad des Polynoms

Produktdarstellung

$y = f(x) = a_n(x - x_1)(x - x_2)\cdots(x - x_n)$

mit den n Nullstellen $x_1, x_2, \ldots, x_n$ des Polynoms $y = f(x)$. Polynomnullstellen können einfach reell, mehrfach reell, einfach konjugiert komplex oder mehrfach konjugiert komplex sein.

Gebrochenrationale Funktion

$$y = f(x) = \frac{a_n x^n + a_{n-1} x^{n-1} + \cdots + a_1 x + a_0}{b_m x^m + b_{m-1} x^{m-1} + \cdots + b_1 x + b_0}$$

$a_n, b_m \neq 0,\ m, n \in \mathbb{N}$

$n \geqq m$: unecht gebrochenrationale Funktion

$n < m$: echt gebrochenrationale Funktion

Jede unecht gebrochenrationale Funktion kann (durch Polynomdivision) als Summe einer ganzrationalen Funktion und einer echt gebrochenrationalen Funktion dargestellt werden. Jede echt gebrochenrationale Funktion lässt sich als Summe von Partialbrüchen darstellen.

Partialbruchzerlegung

$y = f(x) = \dfrac{P_n(x)}{Q_m(x)}$ $\quad n < m$, $P_n(x)$, $Q_m(x)$ Polynome n-ten bzw. m-ten Grades

- Bestimmung der Nullstellen und der Produktdarstellung des Nennerpolynoms, wobei Faktoren, die zu Paaren konjugiert komplexer Nullstellen gehören, zu quadratischen Polynomen der Form $(x^2 + px + q)$ ausmultipliziert werden.
- Ansatz der Partialbrüche

  $\tilde{x}$ einfache reelle Nullstelle: $\dfrac{A}{x - \tilde{x}}$

  $\tilde{x}$ s-fache reelle Nullstelle: $\dfrac{A_1}{x - \tilde{x}} + \dfrac{A_2}{(x - \tilde{x})^2} + \cdots + \dfrac{A_s}{(x - \tilde{x})^s}$

  $\tilde{x}$ und $\bar{\tilde{x}}$ einfache konjugiert komplexe Nullstellen: $\dfrac{Bx + C}{x^2 + px + q}$, $x^2 + px + q > 0$

  $\tilde{x}$ und $\bar{\tilde{x}}$ r-fache konjugiert komplexe Nullstellen: $\dfrac{B_1 x + C_1}{x^2 + px + q} + \cdots + \dfrac{B_r x + C_r}{(x^2 + px + q)^r}$
- Bestimmung der im Ansatz auftretenden Konstanten $A, A_1, \ldots, A_s$, B, C, $B_1, \ldots, B_r, C_1, \ldots, C_r$ (durch Multiplikation des Ansatzes mit dem Hauptnenner der Partialbrüche und z. B. anschließendem Koeffizientenvergleich der entstehenden Polynomgleichung oder Einsetzen spezieller Werte für x in der Polynomgleichung und Lösen des entstehenden linearen Gleichungssystems).

2.2 Transzendente Funktionen

Exponentialfunktion

$y = f(x) = a^x, a > 0, a \neq 1,$
$-\infty < x < \infty$

Logarithmusfunktion

$y = f(x) = \log_a x, a > 0, a \neq 1, x > 0$

speziell

$y = e^x \xleftarrow{\text{Umkehrfunktion}}\!\!\!\!\xrightarrow{} y = \ln x$

$y = 10^x \xleftarrow{\text{Umkehrfunktion}}\!\!\!\!\xrightarrow{} y = \lg x$

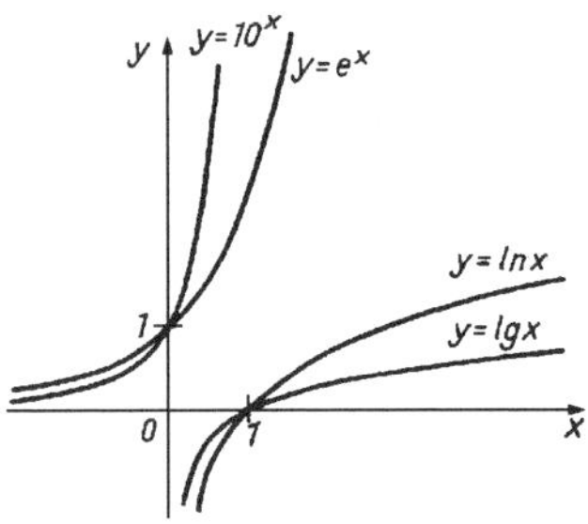

Trigonometrische Funktionen

$y = f(x) = \sin x,\ \ x \in \mathbb{R}$ Sinusfunktion

$y = f(x) = \cos x,\ \ x \in \mathbb{R}$ Kosinusfunktion

$y = f(x) = \tan x,\ \ x \in \mathbb{R}$ Tangensfunktion

$x \neq k\dfrac{\pi}{2},\ k = 0, \pm 1, \pm 2, \ldots$

$y = f(x) = \cot x,\ x \in \mathbb{R}$ Kotangensfunktion

$x \neq (k+1)\dfrac{\pi}{2},\ k = 0, \pm 1, \pm 2, \ldots$

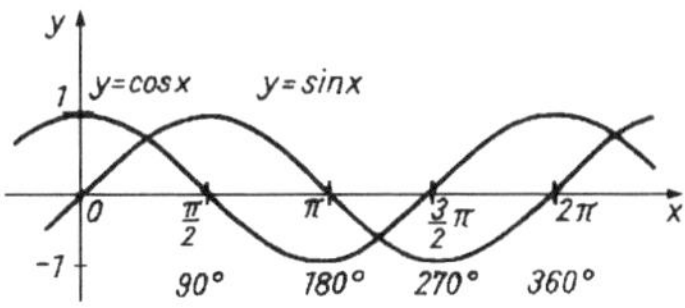

Die trigonometrischen Funktionen sind periodisch mit der Periode 2π. Komplementwinkelbeziehungen zwischen Funktion und Co-Funktion:

$\sin\left(\dfrac{\pi}{2} - x\right) = \cos x,$

$\cos\left(\dfrac{\pi}{2} - x\right) = \sin x,$

$\tan\left(\dfrac{\pi}{2} - x\right) = \cot x,$

$\cot\left(\dfrac{\pi}{2} - x\right) = \tan x$

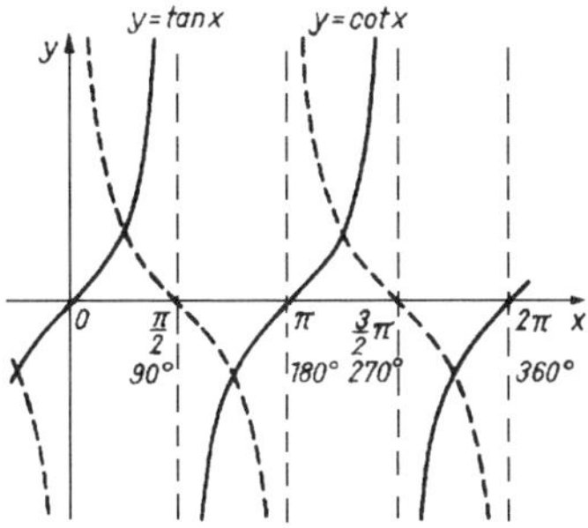

Tabelle der Zurückführung der Argumente $\tilde{x}$ mit $\dfrac{\pi}{2} \leqq \tilde{x} \leqq 2\pi$ auf Werte x mit $0 \leqq x \leqq \dfrac{\pi}{2}$ (im Bild wurde das Gradmaß zur Darstellung gewählt):

$\tilde{x}$	$\sin\tilde{x}$	$\cos\tilde{x}$	$\tan\tilde{x}$	$\cot\tilde{x}$
$\pi - x$	$\sin x$	$-\cos x$	$-\tan x$	$-\cot x$
$\pi + x$	$-\sin x$	$-\cos x$	$\tan x$	$\cot x$
$2\pi - x$	$-\sin x$	$\cos x$	$-\tan x$	$-\cot x$

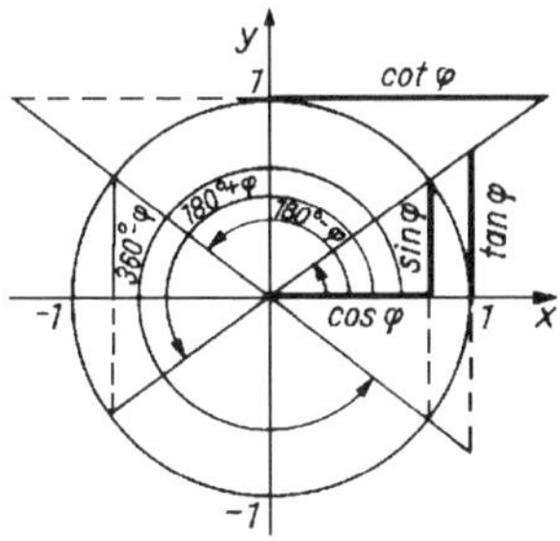

Beziehungen zwischen den trigonometrischen Funktionen bei gleichem Argument

$\sin^2 x + \cos^2 x = 1,$ $\tan x \cot x = 1,$

$$\tan x = \frac{\sin x}{\cos x}, \qquad \cot x = \frac{\cos x}{\sin x}$$

$$\sin^2 x = 1 - \cos^2 x = \frac{\tan^2 x}{1 + \tan^2 x} = \frac{1}{1 + \cot^2 x}$$

$$\cos^2 x = 1 - \sin^2 x = \frac{1}{1 + \tan^2 x} = \frac{\cot^2 x}{1 + \cot^2 x}$$

$$1 + \tan^2 x = \frac{1}{\cos^2 x}, \qquad 1 + \cot^2 x = \frac{1}{\sin^2 x}$$

$$\tan^2 x = \frac{\sin^2 x}{1 - \sin^2 x} = \frac{1 - \cos^2 x}{\cos^2 x} = \frac{1}{\cot^2 x}$$

$$\cot^2 x = \frac{1 - \sin^2 x}{\sin^2 x} = \frac{\cos^2 x}{1 - \cos^2 x} = \frac{1}{\tan^2 x}$$

Additionstheoreme für Summe und Differenz von Argumentwerten

$$\sin(x \pm y) = \sin x \cos y \pm \cos x \sin y,$$
$$\cos(x \pm y) = \cos x \cos y \mp \sin x \sin y$$

$$\tan(x \pm y) = \frac{\tan x \pm \tan y}{1 \mp \tan x \tan y} \qquad \cot(x \pm y) = \frac{\cot x \cot y \mp 1}{\cot y \pm \cot x}$$

Additionstheoreme für doppelten Argumentwert

$$\sin 2x = 2 \sin x \cos x, \qquad \cos 2x = \cos^2 x - \sin^2 x$$

$$\tan 2x = \frac{2 \tan x}{1 - \tan^2 x} \qquad \cot 2x = \frac{\cot^2 x - 1}{2 \cot x}$$

Additionstheoreme für Summe und Differenz trigonometrischer Funktionen

$$\sin x + \sin y = 2 \sin \frac{x+y}{2} \cos \frac{x-y}{2}$$

$$\sin x - \sin y = 2 \cos \frac{x+y}{2} \sin \frac{x-y}{2}$$

$$\cos x + \cos y = 2 \cos \frac{x+y}{2} \cos \frac{x-y}{2}$$

$$\cos x - \cos y = -2 \sin \frac{x+y}{2} \sin \frac{x-y}{2}$$

Sinusfunktion $y = A \sin(\omega t + \varphi)$

A Amplitude, t Zeit, φ Phase

ω Kreisfrequenz, $\omega = 2\pi f = \frac{2\pi}{T}$

(f Frequenz, T Periodendauer),

$t_v = -\frac{\varphi}{\omega}$ Phasenverschiebung

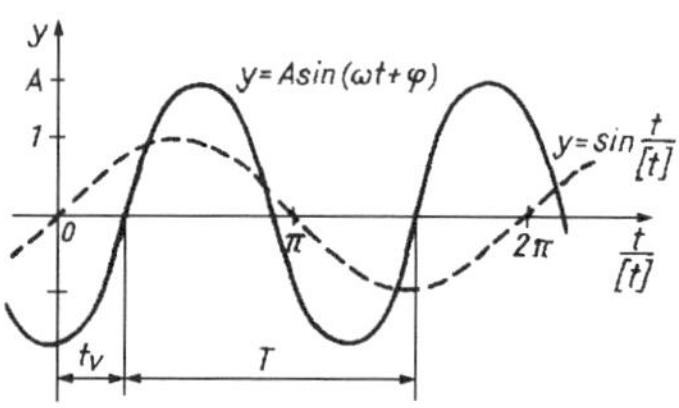

Arcusfunktionen

Die Arcusfunktionen sind die Umkehrfunktionen der auf Hauptintervalle eingeschränkten trigonometrischen Funktionen.

$y = \arcsin x,\ -1 \leqq x \leqq 1 \quad \xleftrightarrow{\text{Umkehrfunktion}} \quad y = \sin x,\ -\frac{\pi}{2} \leqq x \leqq \frac{\pi}{2}$

$y = \arccos x,\ -1 \leqq x \leqq 1 \quad \xleftrightarrow{\text{Umkehrfunktion}} \quad y = \cos x,\ 0 \leqq x \leqq \pi$

$y = \arctan x,\ -\infty \leqq x \leqq \infty \quad \xleftrightarrow{\text{Umkehrfunktion}} \quad y = \tan x,\ -\frac{\pi}{2} < x < \frac{\pi}{2}$

$y = \operatorname{arccot} x,\ -\infty \leqq x \leqq \infty \quad \xleftrightarrow{\text{Umkehrfunktion}} \quad y = \cot x,\ 0 < x < \pi$

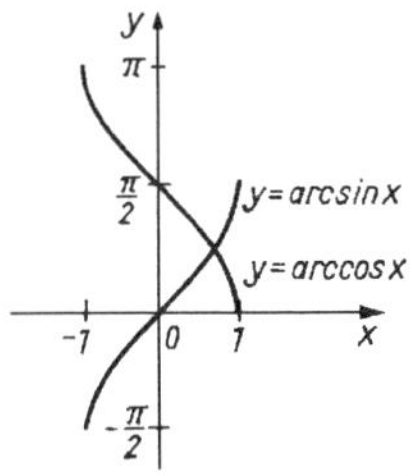

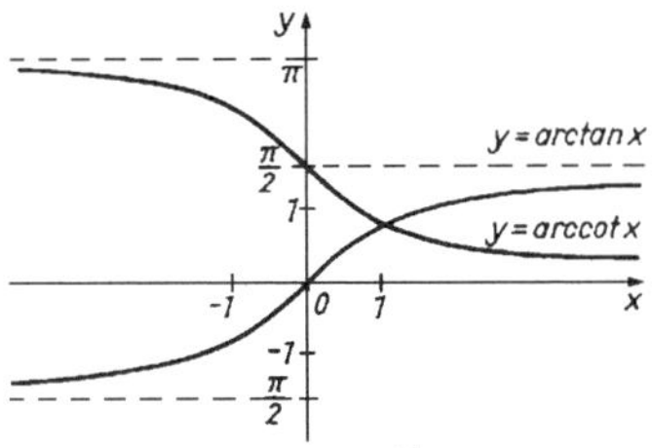

$\arcsin x + \arccos x = \frac{\pi}{2}$

$\arctan x + \operatorname{arccot} x = \frac{\pi}{2}$

Hyperbolische Funktionen und Areafunktionen

$y = \sinh x = \frac{e^x - e^{-x}}{2}$

$y = \cosh x = \frac{e^x + e^{-x}}{2}$

$y = \tanh x = \frac{e^x - e^{-x}}{e^x + e^{-x}}$

$y = \coth x = \frac{e^x + e^{-x}}{e^x - e^{-x}}$

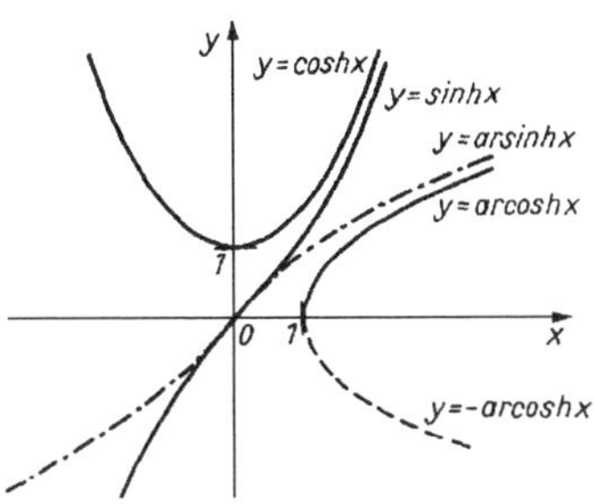

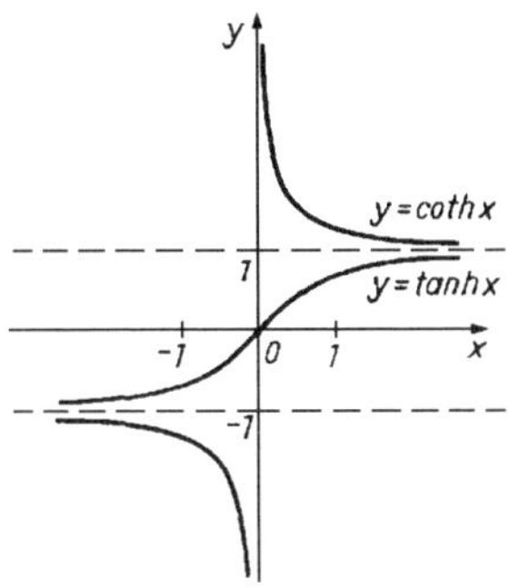

$\cosh^2 x - \sinh^2 x = 1$

$\cosh 2x = \cosh^2 x + \sinh^2 x$

$\sinh 2x = 2 \sinh x \cosh x$

$\tanh x = \frac{1}{\coth x} = \frac{\sinh x}{\cosh x}$

Die Areafunktionen sind die Umkehrfunktionen der hyperbolischen Funktionen.

$y = \operatorname{arsinh} x = \ln\left(x + \sqrt{x^2+1}\right)$ $\overset{\text{Umkehrfunktion}}{\longleftrightarrow}$ $y = \sinh x$

$y = \operatorname{arcosh} x = \ln\left(x + \sqrt{x^2+1}\right), x \geqq 1$ $\overset{\text{Umkehrfunktion}}{\longleftrightarrow}$ $y = \cosh x, x \geqq 0$

$y = -\operatorname{arcosh} x = \ln\left(x - \sqrt{x^2-1}\right), x \geqq 1$ $\overset{\text{Umkehrfunktion}}{\longleftrightarrow}$ $y = \cosh x, x < 0$

$y = \operatorname{artanh} x = \frac{1}{2} \ln \frac{1+x}{1-x}, |x| < 1$ $\overset{\text{Umkehrfunktion}}{\longleftrightarrow}$ $y = \tanh x$

$y = \operatorname{arcoth} x = \frac{1}{2} \ln \frac{x+1}{x-1}, |x| > 1$ $\overset{\text{Umkehrfunktion}}{\longleftrightarrow}$ $y = \coth x$

3 Gleichungen

3.1 Polynomgleichungen, Wurzelgleichungen, transzendente Gleichungen

Polynomgleichungen

Lineare Gleichung: $ax + b = 0, a \neq 0$

Lösung $x = -\frac{b}{a}$

Quadratische Gleichung: $Ax^2 + Bx + C = 0, A \neq 0$

Normalform $x^2 + px + q = 0$

Lösungen $x_{1,2} = -\frac{p}{2} \pm \sqrt{\left(\frac{p}{2}\right)^2 - q}$

Produktform $(x - x_1)(x - x_2) = 0$

Vieta'scher Wurzelsatz $x_1 + x_2 = -p, x_1 x_2 = q$

Polynomgleichung n-ten Grades:

$$a_n x^n + a_{n-1} x^{n-1} + \cdots + a_2 x^2 + a_1 x + a_0 = 0$$

$$a_n \neq 0, a_i \in \mathbb{R}, i = 0, 1, \ldots, n$$

Für $n \geqq 5$ können die Lösungen nicht als analytische Ausdrücke der Koeffizienten angegeben werden. Daher werden die Lösungen i. Allg. mit numerischen Verfahren ermittelt. Da für Polynome die Produktdarstellung existiert, kann die Polynomgleichung in der Form

$$a_n(x - x_1)(x - x_2) \cdots (x - x_n) = 0, \qquad x_i \in \mathbb{C}, i = 1, 2, \ldots, n$$

angegeben werden. Ist eine Lösung $\tilde{x}$ ermittelt, wird durch Division der Polynomgleichung mit $(x - \tilde{x})$ der Grad der Gleichung um eins herabgesetzt und die Gleichung $(n - 1)$-ten Grades wiederum numerisch gelöst.

Polynomgleichungen n-ten Grades mit reellen Koeffizienten besitzen n Lösungen in der Menge der komplexen Zahlen. Komplexe Lösungen treten stets paarweise konjugiert komplex auf. Ist n ungerade, existiert mindestens eine reelle Lösung der Polynomgleichung.

Wurzelgleichungen

Kommt die Unbekannte im Radikand einer Wurzel vor, wird durch eventuell mehrfaches Potenzieren und Umstellen der Gleichung eine Polynomgleichung erzeugt. Durch nichtäquivalente Umformungen (hier Potenzieren der Gleichung) kann die Lösungsmenge der Polynomgleichung gegenüber der der Ausgangsgleichung erweitert sein. Durch Einsetzen der Lösungen der Polynomgleichung in die Wurzelgleichung werden so genannte Scheinlösungen aussortiert.

Transzendente Gleichungen

Die Unbekannte ist im Argument transzendenter Funktionen enthalten. Für transzendente Gleichungen existieren keine allgemeinen Lösungsformeln. Sollte es nicht möglich sein, durch elementare Umformungen oder Substitutionen eine Polynomgleichung zu erhalten, sind numerische Verfahren anzuwenden.

3.2 Numerische Lösungsverfahren

Zu bestimmen ist eine Lösung x_N der Gleichung $f(x) = 0$.

Regula Falsi

Ist $y = f(x)$ stetig, $y_1 = f(x_1)$, $y_2 = f(x_2)$ und gilt für x_1 und x_2 aus der Umgebung von x_N: $f(x_1)f(x_2) < 0$, so liegt x_3 mit

$$x_3 = x_2 - \frac{x_1 - x_2}{f(x_1) - f(x_2)} f(x_2)$$

näher bei x_N als x_1 und x_2.

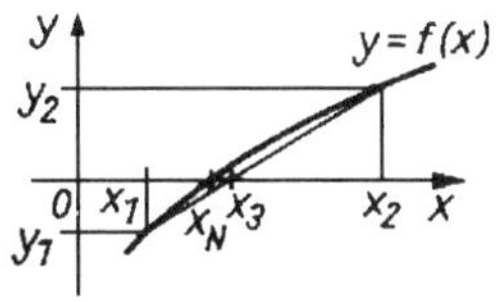

Newton'sches Näherungsverfahren

Ist $y = f(x)$ stetig und differenzierbar, $y_1 = f(x_1)$ und liegt x_1 in der Umgebung von x_N und gilt $f'(x_1) \neq 0$ und $f(x_1)f''(x_1) > 0$, so liegt x_2 mit

$$x_2 = x_1 - \frac{f(x_1)}{f'(x_1)}$$

näher bei x_N als x_1.

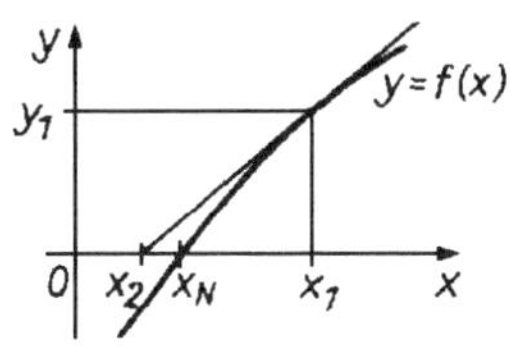

4 Geometrie

4.1 Planimetrie

Ebene Figuren (A Flächeninhalt, U Umfang)

Rechteck

$A = ab$
$U = 2(a + b)$
$d = \sqrt{a^2 + b^2}$

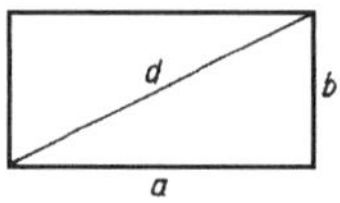

Quadrat

$A = a^2$
$U = 4a$
$d = a\sqrt{2}$

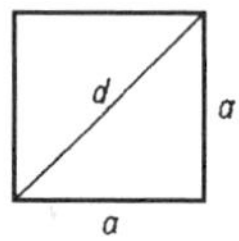

Parallelogramm

$A = ah$
$U = 2(a + b)$

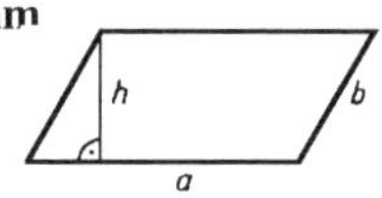

Rhombus

$A = ah = \frac{ef}{2}$
$U = 4a$

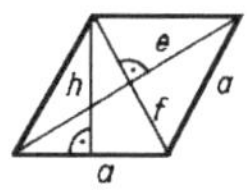

Trapez

$A = \frac{a + c}{2} h = mh$

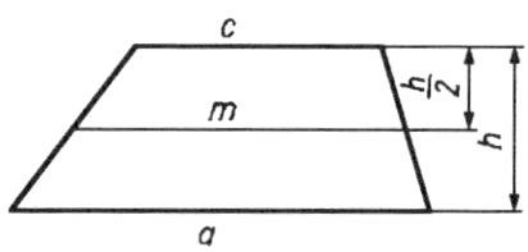

Allgemeines Dreieck

(r_i Inkreisradius, r_u Umkreisradius)

$$A = \frac{abc}{4r_u} = r_i s$$
$$= \sqrt{s(s-a)(s-b)(s-c)}$$
$$U = a + b + c,\ s = \frac{U}{2}$$

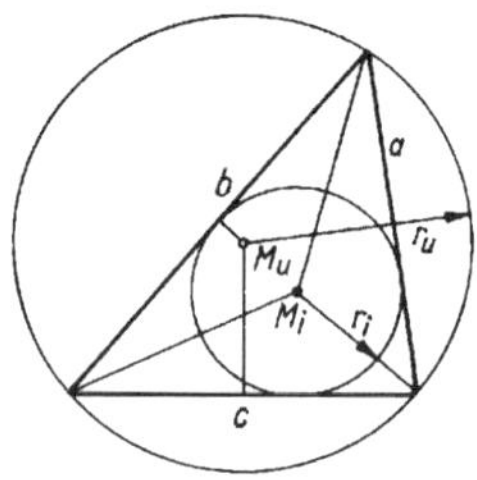

Rechtwinkliges Dreieck

$$A = \frac{ab}{2} = \frac{ch_c}{2}$$

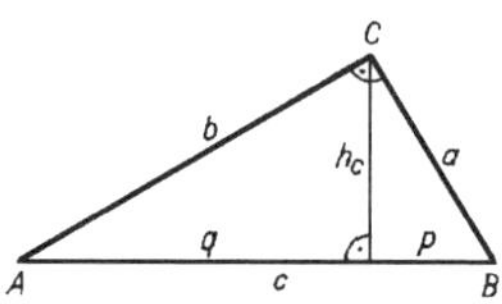

$a^2 + b^2 = c^2$	Satz des Pythagoras
$h_c^2 = pq$	Höhensatz
$a^2 = cp,\ b^2 = cq$	Kathetensatz

Gleichschenkliges Dreieck

$$A = \frac{ch_c}{2} \qquad h_c = \sqrt{s^2 - \frac{c^2}{4}}$$

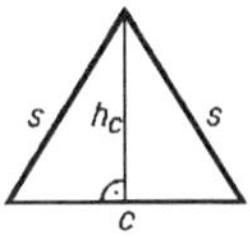

Gleichseitiges Dreieck

$$A = \frac{a^2}{4}\sqrt{3} \qquad h = \frac{a}{2}\sqrt{3}$$
$$r_u = \frac{a}{3}\sqrt{3} \qquad r_i = \frac{a}{6}\sqrt{3} = \frac{r_u}{2}$$

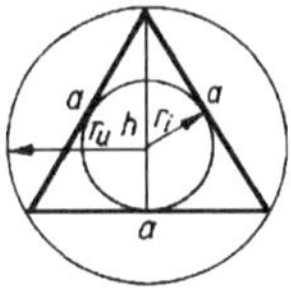

Regelmäßiges Sechseck

$$A = \frac{3a^2\sqrt{3}}{2} = \frac{3r_u^2\sqrt{3}}{2} = 2r_i^2\sqrt{3}$$
$$r_u = a,\ r_i = \frac{a}{2}\sqrt{3}$$

Eckenmaß $e = 2a$

Schlüsselweite $s = a\sqrt{3}$

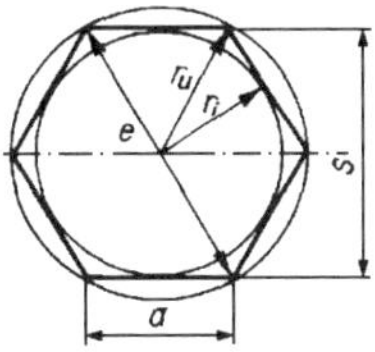

Kreis

$$A = \pi r^2 = \frac{\pi d^2}{4}$$
$$U = 2\pi r = \pi d$$
$$d = 2\sqrt{\frac{A}{\pi}}$$

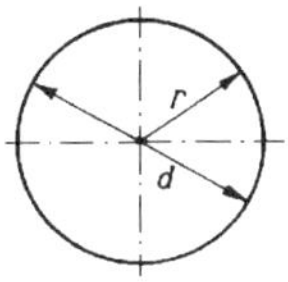

Kreisring

$(D = 2R,\ d = 2r)$

$$A = \pi(R^2 - r^2) = \frac{\pi}{4}(D^2 - d^2)$$
$$= \pi a(d + a)$$
$$a = R - r = \frac{D - d}{2}$$

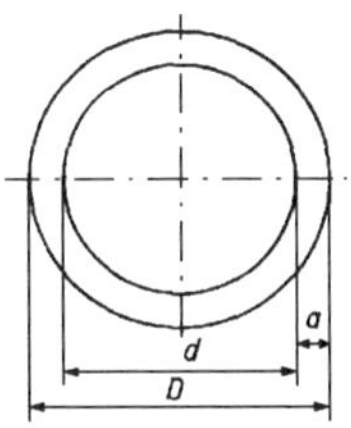

Kreisausschnitt (Kreissektor)

$$A = \frac{\pi r^2 \alpha}{360^\circ} = \frac{br}{2}$$

Länge des ausgeschnittenen Kreisbogens

$$b = \frac{\pi r \alpha}{180^\circ} \approx \sqrt{s^2 + \frac{16}{3}h^2}$$

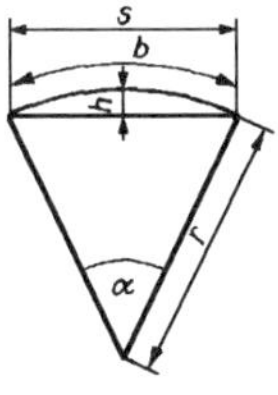

Kreisabschnitt (Kreissegment)

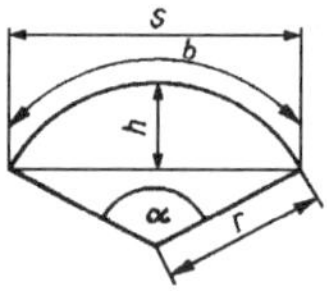

$$A = \frac{1}{2}[br - s(r-h)] \approx \frac{h}{6s}(3h^2+4s^2)$$

$$r = \frac{h}{2} + \frac{s^2}{8h},\ s = 2r\sin\frac{\alpha}{2}$$

$$h = r\left(1-\cos\frac{\alpha}{2}\right) = \frac{s}{2}\tan\frac{\alpha}{4}$$

Ellipse

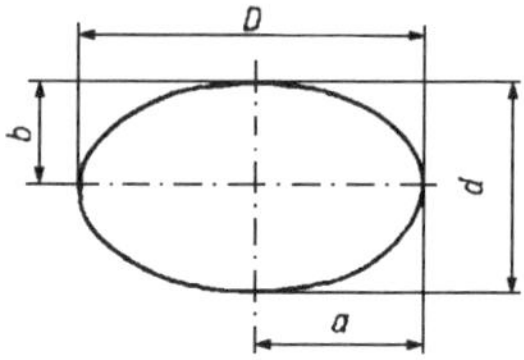

$$A = \pi ab = \frac{\pi}{4}Dd$$

$$U \approx \frac{3\pi}{4}(D+d) - \frac{\pi}{2}\sqrt{Dd} \approx \frac{\pi}{2}(D+d)$$

Strahlensätze

1. Strahlensatz

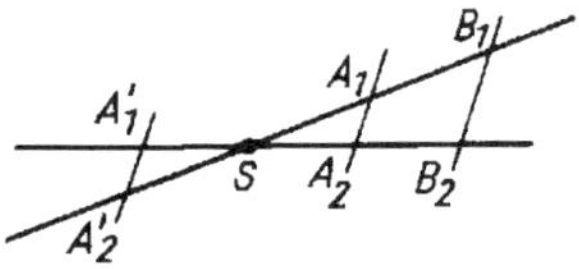

Werden zwei von einem Punkt S ausgehende Strahlen von Parallelen geschnitten, so verhalten sich die Abschnitte auf dem einen Strahl wie die entsprechenden Abschnitte auf dem anderen Strahl.

$$\frac{\overline{SA_1}}{\overline{A_1B_1}} = \frac{\overline{SA_2}}{\overline{A_2B_2}} = \frac{\overline{SA'_1}}{\overline{SB_1}} = \frac{\overline{SA'_2}}{\overline{SB_2}}$$

2. Strahlensatz

Werden zwei von einem Punkt S ausgehende Strahlen von Parallelen geschnitten, so verhalten sich die Abschnitte auf den Parallelen wie die von S aus gemessenen Abschnitte auf einem Strahl.

$$\frac{\overline{A_1A_2}}{\overline{B_1B_2}} = \frac{\overline{SA_1}}{\overline{SB_1}} = \frac{\overline{SA_2}}{\overline{SB_2}}$$

Goldener Schnitt (stetige Teilung)

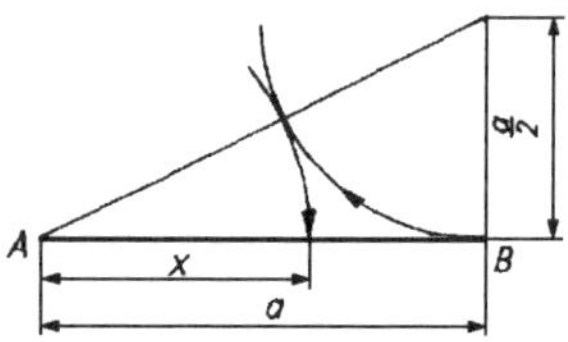

Die stetige Teilung einer Größe ist gleichbedeutend mit der Zerlegung einer Größe a in die Teile x und $a-x$, sodass x geometrisches Mittel von a und $a-x$ ist.

$$a : x = x : (a-x),\ x = \frac{a}{2}\left(\sqrt{5}-1\right) \approx 0{,}618a$$

4.2 Stereometrie

Volumen und Oberflächen von Körpern

(V Volumen, A_O Oberfläche, A_M Mantelfläche des Körpers)

Würfel

$V = a^3$

$A_O = 6a^2$

$D = a\sqrt{3}$

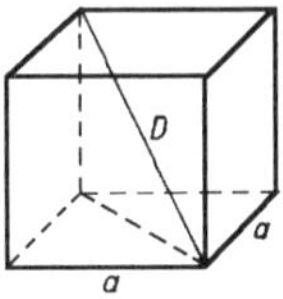

Quader (Rechtkant)

$V = abc$

$A_O = 2(ab + ac + bc)$

$D = \sqrt{a^2 + b^2 + c^2}$

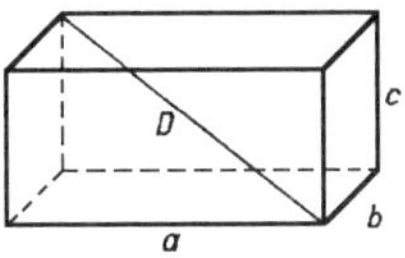

Sechskantsäule

$V = \frac{3}{2}a^2h\sqrt{3}$

$A_O = 3a^2\sqrt{3} + 6ah$

$A_M = 6ah$

$D = \sqrt{4a^2 + h^2}$

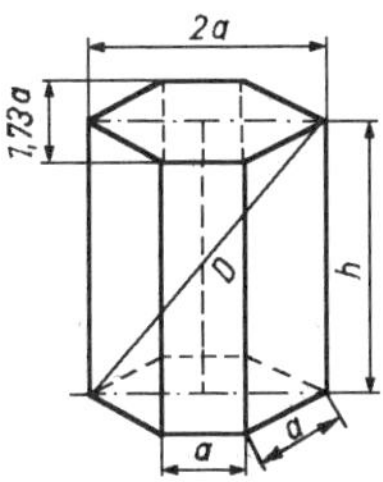

Gerader Kreiszylinder

$V = \pi r^2 h = \frac{1}{4}\pi d^2 h$

$A_O = 2\pi r(r + h) = \pi d\left(\frac{d}{2} + h\right)$

$A_M = 2\pi rh = \pi dh$

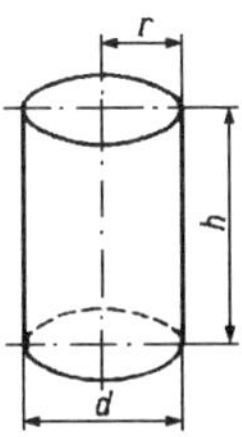

Schief abgeschnittener Kreiszylinder

$V = \pi r^2 \frac{h_1 + h_2}{2} = \pi r^2 h = \frac{1}{4}\pi d^2 h$

$A_M = \pi r(h_1 + h_2) = 2\pi rh$

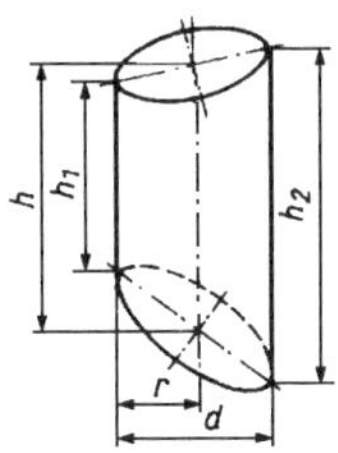

Hohlzylinder

$$V = \pi h(r_1^2 - r_2^2)$$
$$= \frac{1}{4}\pi h(d_1^2 - d_2^2)$$
$$= \pi a h(r_1 + r_2)$$
$$= \frac{\pi}{2}\pi a h(d_1 + d_2)$$

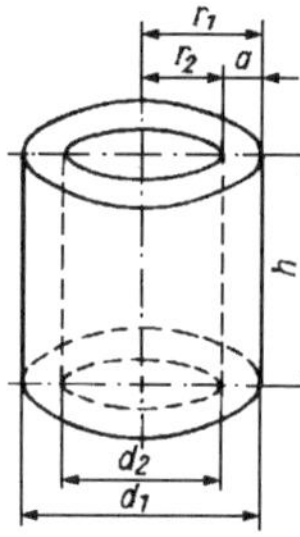

Torus

$(D = 2R,\ d = 2r)$

$$V = 2\pi^2 R r^2 = \frac{1}{4}\pi^2 D d^2$$
$$A_O = 4\pi^2 R r = \pi^2 D d$$

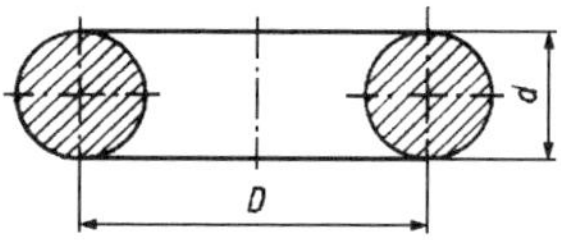

Pyramide

(A_G Grundfläche)

$$V = \frac{1}{3}A_G h$$

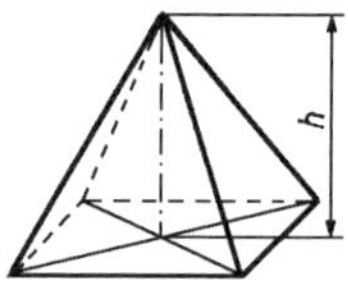

Pyramidenstumpf

(A_G Grundfläche, A_g Deckfläche)

$$V = \frac{1}{3}h\left(A_G + \sqrt{A_G A_g} + A_g\right)$$

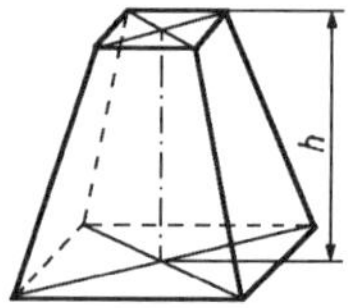

Kreiskegel

$$V = \frac{1}{3}\pi r^2 h$$
$$A_O = \pi r(r + s)$$
$$A_M = \pi r s$$
$$s = \sqrt{h^2 + r^2}$$

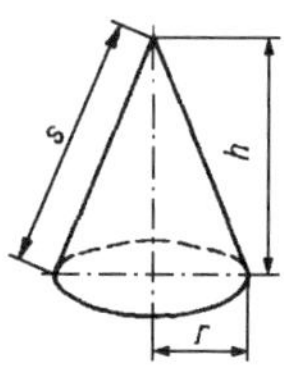

Kreiskegelstumpf

$V = \frac{1}{3}\pi h(R^2 + Rr + r^2)$

Näherungen:

$\frac{1}{4}\pi h(R + r)^2 < V < \frac{1}{2}\pi h(R^2 + r^2)$

$A_O = \pi\left[R^2 + r^2 + s(R + r)\right]$

$A_M = \pi s(R + r)$

$s = \sqrt{h^2 + (R - r)^2}$

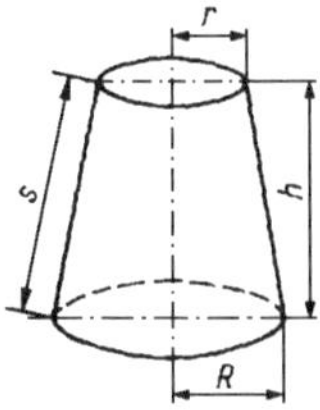

Kugel

$V = \frac{4}{3}\pi r^3$

$A_O = 4\pi r^2$

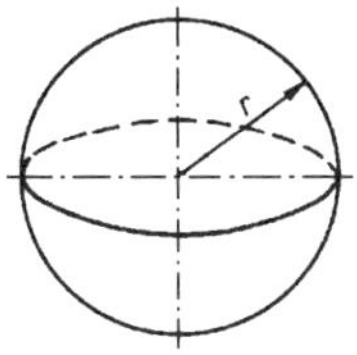

Kugelabschnitt

$V = \frac{1}{3}\pi h^2(3r - h) = \frac{1}{6}\pi h(3\varrho^2 + h^2)$

$A_O = \pi(2\varrho^2 + h^2)$

Fläche der Kugelkappe

$A = 2\pi rh = \pi(\varrho^2 + h^2)$

$\varrho = \sqrt{h(2r - h)}$

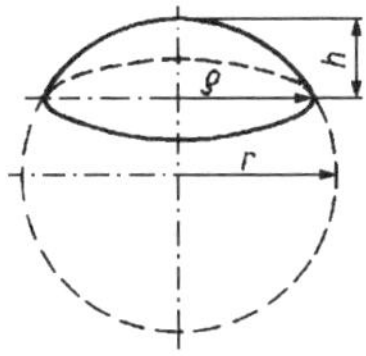

Kugelausschnitt

$V = \frac{2}{3}\pi r^2 h$

$A_O = \pi r(\varrho + 2h)$

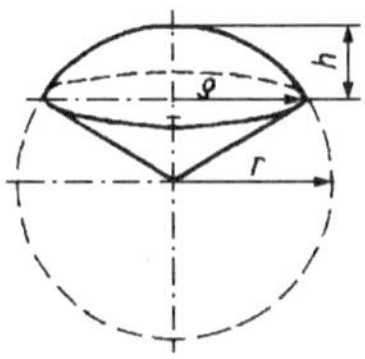

Kugelschicht

$V = \frac{1}{6}\pi h(3\varrho_1^2 + 3\varrho_2^2 + h^2)$

$A_O = \pi(\varrho_1^2 + \varrho_2^2 + 2rh)$

Fläche der Kugelzone $A = 2\pi rh$

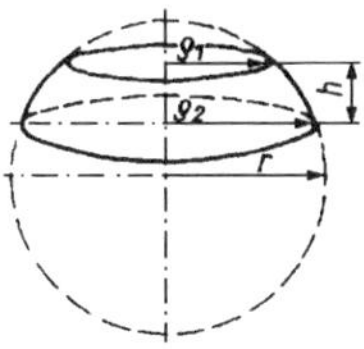

Ellipsoid

$V = \frac{4}{3}\pi abc$

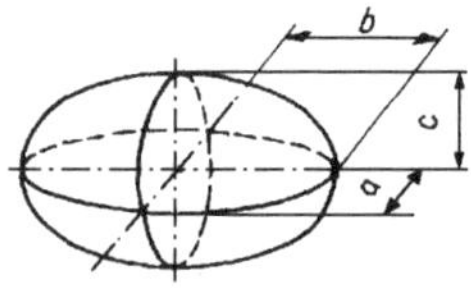

4.3 Trigonometrie

Winkel

Winkel im Gradmaß $\alpha°$:

Vollwinkel = 360°, Einheit Grad

Winkel im Bogenmaß α (Radiant):

$$\text{Vollwinkel} = \frac{\text{Bogenlänge des Kreises vom Radius } r}{\text{Radius } r \text{ des Kreises}} = 2\pi$$
$$= \text{Zahlenwert Bogenlänge des Einheitskreises}$$

Einheit Radiant (Winkel, dessen Bogen gleich dem Radius ist); die Einheitenbezeichnung wird weggelassen, also statt α (Radiant) wird α geschrieben.

Umrechnung: $\alpha° = \frac{180°}{\pi}\alpha$ $\qquad$ $\alpha = \frac{\pi}{180°}\alpha°$

Trigonometrische Funktionen im rechtwinkligen Dreieck

Sinus $\sin\alpha = \frac{\text{Gegenkathete}}{\text{Hypotenuse}} = \frac{a}{c}$

Kosinus $\cos\alpha = \frac{\text{Ankathete}}{\text{Hypotenuse}} = \frac{b}{c}$

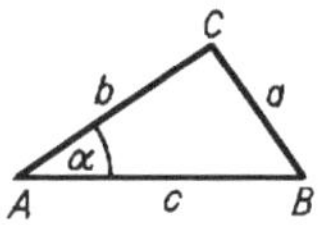

Tangens $\tan\alpha = \frac{\text{Gegenkathete}}{\text{Ankathete}} = \frac{a}{b}$

Kotangens $\cot\alpha = \frac{\text{Ankathete}}{\text{Gegenkathete}} = \frac{b}{a}$

Werte der trigonometrischen Funktionen für Winkel 30°, 45°, 60° können am gleichschenkligen bzw. am gleichseitigen Dreieck abgelesen werden.

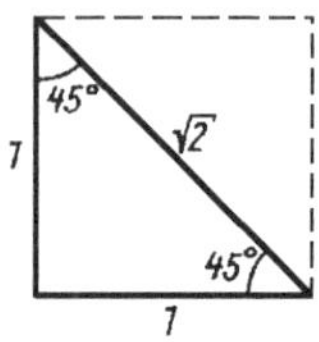

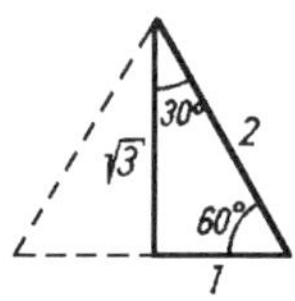

Trigonometrische Funktionen im allgemeinen Dreieck

Sinussatz $\frac{a}{\sin\alpha} = \frac{b}{\sin\beta} = \frac{c}{\sin\gamma}$

Kosinussatz $a^2 = b^2 + c^2 - 2bc\cos\alpha$
$b^2 = a^2 + c^2 - 2ac\cos\beta$
$c^2 = a^2 + b^2 - 2ab\cos\gamma$

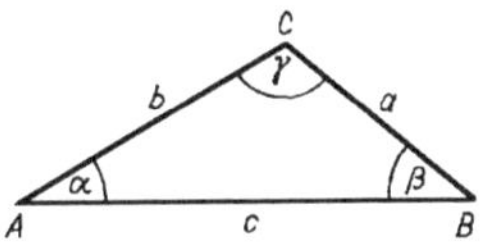

Tangenssatz $$\frac{a+b}{a-b} = \frac{\tan\frac{\alpha+\beta}{2}}{\tan\frac{\alpha-\beta}{2}} = \frac{\cot\frac{\gamma}{2}}{\tan\frac{\alpha-\beta}{2}}$$

Halbwinkelsatz $$\tan\frac{\alpha}{2} = \sqrt{\frac{(s-b)(s-c)}{s(s-a)}} \text{ mit } s = \frac{1}{2}(a+b+c)$$

Radius des Inkreises $$r_\mathrm{i} = \sqrt{\frac{(s-a)(s-b)(s-c)}{s}}$$
$$= s\tan\frac{\alpha}{2}\tan\frac{\beta}{2}\tan\frac{\gamma}{2} = 4r_\mathrm{u}\sin\frac{\alpha}{2}\sin\frac{\beta}{2}\sin\frac{\gamma}{2}$$

Radius des Umkreises $$r_\mathrm{u} = \frac{a}{2\sin\alpha} = \frac{b}{2\sin\beta} = \frac{c}{2\sin\gamma}$$

Flächeninhalt $$A = \frac{1}{2}ab\sin\gamma = \frac{a^2\sin\beta\sin\gamma}{2\sin\alpha}$$
$$= \sqrt{s(s-a)(s-b)(s-c)}$$
$$= r_\mathrm{i}s = \frac{abc}{4r_\mathrm{u}} = 2r_\mathrm{u}^2\sin\alpha\sin\beta\sin\gamma$$

5 Analytische Geometrie

5.1 Analytische Geometrie der Ebene

Transformation des (x, y)-Koordinatensystems

Translation (Verschiebung)
$\tilde{x} = x - x_0$
$\tilde{y} = y - y_0$

$P(x_0, y_0)$ im (x, y)-Koordinatensystem wird Ursprung des $(\tilde{x}, \tilde{y})$-Koordinatensystems

Rotation (Drehung)
$\tilde{x} = x\cos\alpha + y\sin\alpha$
$\tilde{y} = -x\sin\alpha + y\cos\alpha$

Die Achsen des $(\tilde{x}, \tilde{y})$-Koordinatensystems sind gegenüber denen des (x, y)-Koordinatensystems um α gedreht.

Abstand zweier Punkte

$P_1(x_1, y_1)$, $P_2(x_2, y_2)$:

(Länge einer Strecke)

$$|\overline{P_1P_2}| = \sqrt{(x_2 - x_1)^2 + (y_2 - y_1)^2}$$

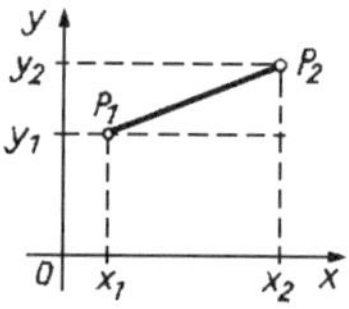

Gerade

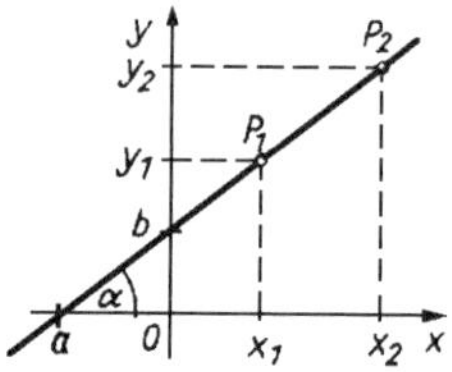

Allgemeine Gleichung

$$Ax + By + C = 0$$

Hesse'sche Normalform

$$\frac{Ax + By + C}{\sqrt{A^2 + B^2}} = 0$$

Normalform

$y = mx + b$ mit

m Anstieg der Geraden,

$$m = \tan\alpha = \frac{y_2 - y_1}{x_2 - x_1}$$

Zweipunkteform

$$\frac{y - y_1}{x - x_1} = \frac{y_2 - y_1}{x_2 - x_1}$$

Punktrichtungsform

$$\frac{y - y_1}{x - x_1} = m$$

Achsenabschnittsform

$$\frac{x}{a} + \frac{y}{b} = 1,\ a \neq 0,\ b \neq 0,$$

In den Punkten $P(a, 0)$, $P(0, b)$ werden die Koordinatenachsen geschnitten.

Schnittwinkel zweier Geraden g_1, g_2:

g_1: $y = m_1x + b_1$, $m_1 = \tan\alpha_1$

g_2: $y = m_2x + b_2$, $m_2 = \tan\alpha_2$

Schnittwinkel β mit

$$\tan\beta = \frac{m_2 - m_1}{1 + m_1m_2}$$

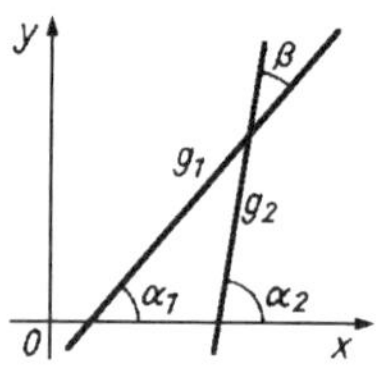

$g_1 \perp g_2$: $m_2 = -\frac{1}{m_1}$

$g_1 \| g_2$: $m_1 = m_2$

Dreieck

Liegen die Punkte $P(x_1, y_1)$, $P(x_2, y_2)$, $P(x_3, y_3)$ nicht alle auf einer Geraden, so bilden sie die Eckpunkte eines Dreiecks.

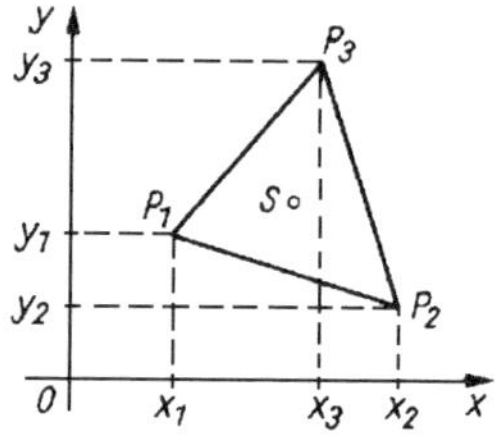

Flächeninhalt

$$A = \frac{1}{2}\begin{vmatrix} x_1 & y_1 & 1 \\ x_2 & y_2 & 1 \\ x_3 & y_3 & 1 \end{vmatrix}$$

Schwerpunkt $S(x_S, y_S)$

$$x_S = \frac{1}{3}(x_1 + x_2 + x_3),\ y_S = \frac{1}{3}(y_1 + y_2 + y_3)$$

Kreis

Mittelpunkt $M(x_m, y_m)$, Radius r

Mittelpunktsgleichung

$(x - x_m)^2 + (y - y_m)^2 = r^2$

speziell $M(0,0)$: $x^2 + y^2 = r^2$

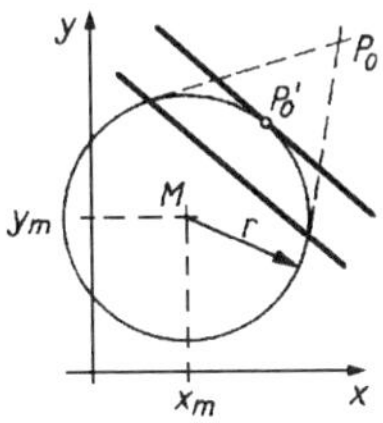

Tangente im Punkt $P'(x_0, y_0)$ des Kreises:

$(x - x_m)(x_0 - x_m) + (y - y_m)(y_0 - y_m) = r^2$

speziell $M(0,0)$: $xx_0 + yy_0 = r^2$

Liegt $P(x_0, y_0)$ außerhalb des Kreises, so ergeben die Formeln die Gleichung der Berührungssehne.

Parabel

Scheitelgleichung mit Scheitelpunkt $S(x_s,y_s)$:

$(y - y_s)^2 = 2p(x - x_s)$

speziell $S(0,0)$: $y^2 = 2px$

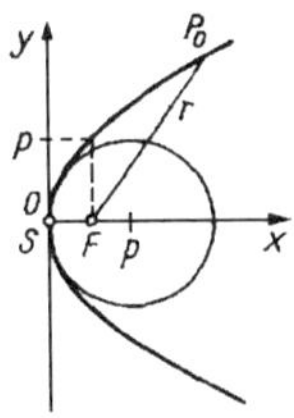

Parabel in x-Richtung geöffnet; andere Hauptlagen:

- in y-Richtung geöffnet $x^2 = 2py$
- in $(-x)$-Richtung geöffnet $y^2 = -2px$
- in $(-y)$-Richtung geöffnet $x^2 = -2py$

Tangente in Punkt $P(x_0, y_0)$ der Parabel: $yy_0 = 2p(x - x_0)$

Brennpunkt $F\left(\frac{p}{2}, 0\right)$, Halbparameter p

Brennstrahl $r = |\overline{FP_0}| = x_0 + \frac{p}{2}$

Scheitelkrümmungskreis: Mittelpunkt $P(0, p)$, Radius p

Ellipse

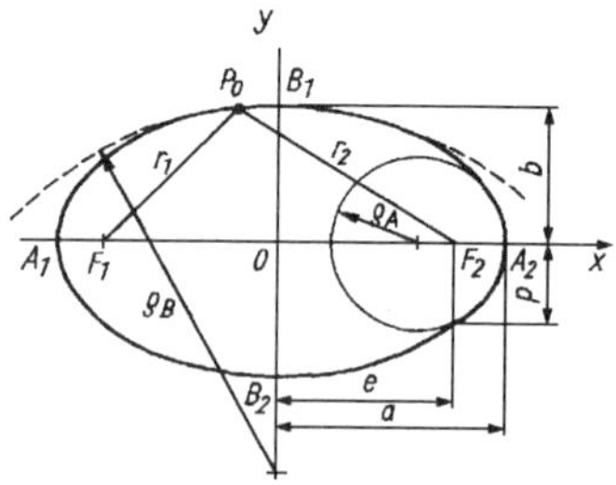

Mittelpunkt $M(x_m, y_m)$,
Halbachsen a, b
Mittelpunktsgleichung

$$\frac{(x-x_m)^2}{a^2}+\frac{(y-y_m)^2}{b^2}=1$$

speziell $M(0,0)$: $\frac{x^2}{a^2}+\frac{y^2}{b^2}=1$

Gleichung der Tangente im Ellipsenpunkt $P(x_0, y_0)$

$$\frac{(x-x_m)(x_0-x_m)}{a^2}+\frac{(y-y_m)(y_0-y_m)}{b^2}=1$$

Scheitelgleichung mit Scheitel $A_1(0,0)$: $y^2 = 2px - \frac{p}{a}x^2$

Halbparameter $p = \frac{b^2}{a}$

Lineare Exzentrizität $e^2 = a^2 - b^2$

numerische Exzentrizität $\varepsilon = \frac{e}{a} < 1$

Brennstrahlen $r_1 = a + \varepsilon x_0$, $r_2 = a - \varepsilon x_0$

Ortseigenschaft $r_1 + r_2 = 2a$

Radien der Krümmungskreise in A_1 bzw. A_2: $\varrho_A = \frac{b^2}{a}$

B_1 bzw. B_2: $\varrho_B = \frac{a^2}{b}$

Hyperbel

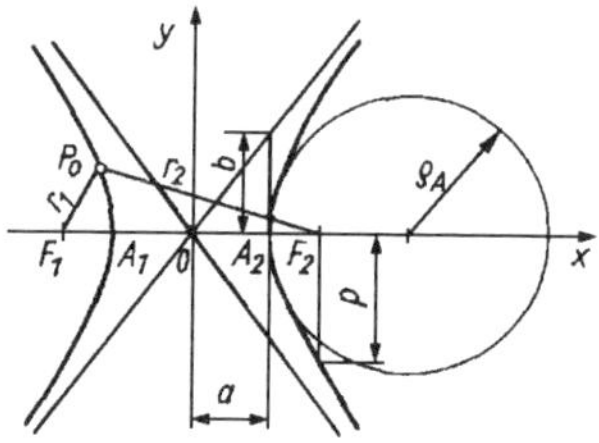

Mittelpunkt $M(x_m, y_m)$,
Halbachsen a, b
Mittelpunktsgleichung

$$\frac{(x-x_m)^2}{a^2}-\frac{(y-y_m)^2}{b^2}=1$$

speziell $M(0,0)$: $\frac{x^2}{a^2}-\frac{y^2}{b^2}=1$

Gleichung der Tangente im Hyperbelpunkt $P(x_0, y_0)$

$$\frac{(x-x_m)(x_0-x_m)}{a^2}-\frac{(y-y_m)(y_0-y_m)}{b^2}=1$$

Scheitelgleichung mit Scheitel $A_2(0,0)$: $y^2 = 2px + \frac{p}{a}x^2$

Halbparameter	$p = \frac{b^2}{a}$
Lineare Exzentrizität	$e^2 = a^2 + b^2$
Numerische Exzentrizität	$\varepsilon = \frac{e}{a} > 1$
Brennstrahlen	$r_1 = a + \varepsilon x_0,\ r_2 = -a + \varepsilon x_0$
Ortseigenschaft	$r_1 - r_2 = 2a$

Radius des Krümmungskreises in A_1 bzw. A_2: $\varrho_A = \frac{b^2}{a}$

Asymptoten	$y = \frac{b}{a}x,\ y = -\frac{b}{a}x$

Kurven 2. Ordnung

Allgemeine Darstellung einer (gegenüber der Hauptlage verschobenen und gedrehten) Kurve 2. Ordnung

$a_{11}x^2 + 2a_{12}xy + a_{22}y^2 + 2a_{13}x + 2a_{23}y + a_{33} = 0$

Aus den Koeffizienten kann durch Untersuchung der Größen

$$\Delta = \begin{vmatrix} a_{11} & a_{12} & a_{13} \\ a_{12} & a_{22} & a_{23} \\ a_{13} & a_{23} & a_{33} \end{vmatrix}, \quad \delta = \begin{vmatrix} a_{11} & a_{12} \\ a_{21} & a_{22} \end{vmatrix}, \quad S = a_{11} + a_{22}$$

die speziell dargestellte Kurve ermittelt werden.

$\Delta \neq 0,\ \delta > 0,$	$\Delta S < 0$: reelle Ellipse
	$\Delta S > 0$: imaginäre Ellipse
$\Delta \neq 0,\ \delta < 0$:	Hyperbel
$\Delta \neq 0,\ \delta = 0$:	Parabel
$\Delta = 0,\ \delta > 0$:	sich schneidendes imaginäres Geradenpaar mit reellem Schnittpunkt
$\delta < 0$:	sich schneidendes reelles Geradenpaar
$\delta = 0$:	Paar paralleler Geraden

5.2 Analytische Geometrie des Raumes

Ebene im Raum

$P_1(x_1, y_1, z_1)$, $P_2(x_2, y_2, z_2)$, $P_3(x_3, y_3, z_3)$ sind Raumpunkte,

$\boldsymbol{x}_i = \begin{pmatrix} x_i \\ y_i \\ z_i \end{pmatrix}$ $\quad i = 1, 2, 3$ deren Ortsvektoren

P_1, P_2, P_3 liegen nicht alle auf einer Geraden.

Dreipunkteform der Ebenengleichung	$\boldsymbol{x} = \boldsymbol{x}_1 + s(\boldsymbol{x}_2 - \boldsymbol{x}_1) + t(\boldsymbol{x}_3 - \boldsymbol{x}_1)$ $s, t \in \mathbb{R}$ Parameter
Allgemeine Gleichung	$Ax + By + Cz + D = 0$
Hesse'sche Normalform	$\dfrac{Ax + By + Cz + D}{\sqrt{A^2 + B^2 + C^2}} = 0$

Gerade im Raum

Zweipunkteform der Geradengleichung	$\boldsymbol{x} = \boldsymbol{x}_1 + t(\boldsymbol{x}_2 - \boldsymbol{x}_1)$ $t \in \mathbb{R}$ Parameter
Parameterfreie Darstellung als Schnittgerade zweier Ebenen E_1, E_2	$A_1x + B_1y + C_1z + D_1 = 0$ $A_2x + B_2y + C_2z + D_2 = 0$

Flächen 2. Ordnung

Allgemeine Darstellung einer (gegenüber der Hauptlage verschobenen und gedrehten) Fläche 2. Ordnung

$$a_{11}x^2 + a_{22}y^2 + a_{33}z^2 + 2a_{12}xy + 2a_{13}xz + 2a_{23}yz$$
$$+2a_{14}x + 2a_{24}y + 2a_{34}z + a_{44} = 0$$

Beispiele:

Ellipsoid mit Halbachsen a,b,c	$\dfrac{x^2}{a^2} + \dfrac{y^2}{b^2} + \dfrac{z^2}{c^2} = 1$
Einschaliges Hyperboloid	$\dfrac{x^2}{a^2} + \dfrac{y^2}{b^2} - \dfrac{z^2}{c^2} = 1$
Zweischaliges Hyperboloid	$\dfrac{x^2}{a^2} + \dfrac{y^2}{b^2} - \dfrac{z^2}{c^2} = -1$
Kegel	$\dfrac{x^2}{a^2} + \dfrac{y^2}{b^2} - \dfrac{z^2}{c^2} = 0$
Elliptischer Zylinder	$\dfrac{x^2}{a^2} + \dfrac{y^2}{b^2} = 1$
Hyperbolischer Zylinder	$\dfrac{x^2}{a^2} - \dfrac{y^2}{b^2} = 1$
Parabolischer Zylinder	$y^2 = 2px$, p const
Elliptisches Paraboloid	$z = \dfrac{x^2}{a^2} + \dfrac{y^2}{b^2}$
Hyperbolisches Paraboloid	$z = \dfrac{x^2}{a^2} - \dfrac{y^2}{b^2}$

6 Differenzialrechnung für Funktionen einer unabhängigen Variablen

6.1 Differenzen- und Differenzialquotient, Differenzial

Differenzenquotient von $y = f(x)$:

$$\frac{\Delta y}{\Delta x} = \frac{f(x+\Delta x) - f(x)}{\Delta x}$$

Differenzialquotient von $y = f(x)$:

$$\frac{\mathrm{d}y}{\mathrm{d}x} = f'(x) = \lim_{\Delta x \to 0} \frac{\Delta y}{\Delta x}$$

$f'(x) = \tan\alpha$ Anstieg der Tangente im Punkt $P(x, f(x))$ der Funktion $y = f(x)$

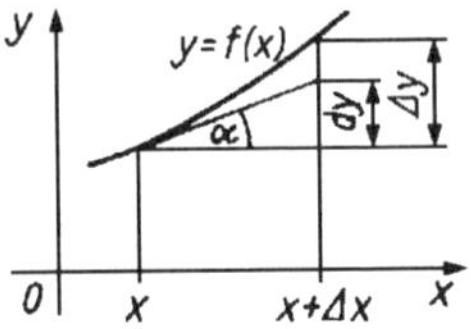

Differenzial von $y = f(x)$:

$\mathrm{d}y = f'(x)\mathrm{d}x$

$\mathrm{d}y$ gibt den linearen Anteil der Änderung von y an, wenn sich x um $\mathrm{d}x = \Delta x$ ändert.

6.2 Differenziationsregeln

Faktorregel	$y = cf(x)$, c const	$y' = cf'(x)$
Summenregel	$y = u(x) + v(x)$	$y' = u'(x) + v'(x)$
Produktregel	$y = u(x)v(x)$	$y' = u'(x)v(x) + u(x)v'(x)$
Quotientenregel	$y = \frac{u(x)}{v(x)}$	$y' = \frac{u'(x)v(x) - u(x)v'(x)}{v^2(x)}$
Kettenregel	$y = f(g(x))$	$y' = \frac{\mathrm{d}f}{\mathrm{d}g}\frac{\mathrm{d}g}{\mathrm{d}x} = f'(g)g'(x)$
	speziell:	
	$y = \ln g(x)$	$y' = \frac{g'(x)}{g(x)}$
	$y = f(x)$, mit Umkehrfunktion $x = \varphi(y)$	$y' = f'(x) = \frac{\mathrm{d}y}{\mathrm{d}x} = \frac{1}{\frac{\mathrm{d}x}{\mathrm{d}y}} = \frac{1}{\varphi'(y)}$

6.3 Tabelle der Ableitungen elementarer Funktionen

Funktion $y = f(x)$	Ableitung $y' = f'(x)$	Funktion $y = f(x)$	Ableitung $y' = f'(x)$
c const	0	$\ln x$	$\frac{1}{x}$
x^n	nx^{n-1}	$\lg x$	$\frac{1}{x} \lg \mathrm{e}$
$\sqrt{x}$	$\frac{1}{2\sqrt{x}}$	$\sin x$	$\cos x$
e^x	e^x	$\cos x$	$-\sin x$
a^x	$a^x \ln a$	$\tan x$	$\frac{1}{\cos^2 x} = 1 + \tan^2 x$
$\cot x$	$-\frac{1}{\sin^2 x} = -1 - \cot^2 x$	$\tanh x$	$\frac{1}{\cosh^2 x} = 1 - \tanh^2 x$
$\arcsin x$	$\frac{1}{\sqrt{1 - x^2}}, \; \lvert x \rvert < 1$	$\coth x$	$-\frac{1}{\sinh^2 x} = 1 - \coth^2 x$
$\arccos x$	$-\frac{1}{\sqrt{1 - x^2}}, \; \lvert x \rvert < 1$	$\operatorname{arsinh} x$	$\frac{1}{\sqrt{1 + x^2}}$
$\arctan x$	$\frac{1}{1 + x^2}$	$\operatorname{arcosh} x$	$\frac{1}{\sqrt{x^2 - 1}}, \; \lvert x \rvert > 1$
$\operatorname{arccot} x$	$-\frac{1}{1 + x^2}$	$\operatorname{artanh} x$	$\frac{1}{1 - x^2}, \; \lvert x \rvert < 1$
$\sinh x$	$\cosh x$	$\operatorname{arcoth} x$	$\frac{1}{1 - x^2}, \; \lvert x \rvert > 1$
$\cosh x$	$\sinh x$		

6.4 Untersuchung von Funktionen

$y = f(x)$, $(n + 1)$-mal differenzierbar, Untersuchung im Punkt $P(x_0, y_0)$, $y_0 = f(x_0)$ bzw. im Intervall I des Definitionsbereiches der Funktion.

Monotonie

$f'(x) > 0$ für $x \in I$, dann $f(x)$ monoton wachsend in I,
$f'(x) > 0$, $f''(x) > 0$ für $x \in I$, dann $f(x)$ progressiv wachsend in I,
$f'(x) > 0$, $f''(x) < 0$ für $x \in I$, dann $f(x)$ degressiv wachsend in I.

$f'(x) < 0$ für $x \in I$, dann $f(x)$ monoton fallend in I,
$f'(x) < 0$, $f''(x) > 0$ für $x \in I$, dann $f(x)$ degressiv fallend in I,
$f'(x) < 0$, $f''(x) < 0$ für $x \in I$, dann $f(x)$ progressiv fallend in I.

Nullstellen

$f(x_0) = f'(x_0) = \ldots = f^{(n)}(x_0) = 0,\ f^{(n+1)}(x_0) \neq 0,$

dann $P(x_0{,}0)$ n-fache Nullstelle

Relative Extrema

$f'(x_0) = f''(x_0) = \ldots = f^{(n)}(x_0) = 0,\ f^{(n+1)}(x_0) \neq 0$

Falls $n + 1$ gerade und $f^{(n+1)}(x_0) < 0$, dann $P(x_0, y_0)$ relatives Maximum,
falls $n + 1$ gerade und $f^{(n+1)}(x_0) > 0$, dann $P(x_0, y_0)$ relatives Minimum,
falls $n + 1$ ungerade, dann $P(x_0, y_0)$ Wendepunkt mit horizontaler Wendetangente.

Wendepunkte

$f''(x_0) = f'''(x_0) = f^{(n)}(x_0) = 0,\ f^{(n+1)}(x_0) \neq 0$

Falls $n + 1$ ungerade, dann $P(x_0{,}y_0)$ Wendepunkt, ansonsten liegt kein Wendepunkt vor.

Krümmungseigenschaften

$f''(x) > 0$ für $x \in I$, dann $f(x)$ konvex (Linkskrümmung) in I, $f''(x) < 0$ für $x \in I$, dann $f(x)$ konkav (Rechtskrümmung) in I.

Krümmung:

$$\varkappa(x) = \left| \frac{f''(x)}{\sqrt{1 + f'^2(x)}^3} \right|,$$

Krümmungsradius:

$$R(x) = \frac{1}{\varkappa(x)}$$

im Punkt $P(x, f(x))$.

7 Differenzialrechnung für Funktionen mehrerer unabhängiger Variablen

Funktion von n Variablen:
$y = f(x_1, x_2, \ldots, x_n)$

speziell $n = 2$:
$y = f(x_1, x_2)$ bzw. $z = f(x, y)$,
(geometrisch: Fläche im R^3)

Partielle Ableitungen

$y = f(x_1, x_2, \ldots, x_n)$ wird nach der Variablen x_i, $1 \leqq i \leqq n$, (partiell) differenziert, indem alle Variablen x_j, $1 \leqq j \leqq n$, $j \neq i$, als Konstanten angesehen werden und die dann betrachtete Funktion der einen Variablen x_i gewöhnlich differenziert wird.

$$\lim_{\Delta x_i \to 0} \frac{f(x_1, \ldots, x_i + \Delta x_i, \ldots, x_n) - f(x_1, \ldots, x_i, \ldots, x_n)}{\Delta x_i}$$

$$= \frac{\partial y}{\partial x_i} = \frac{\partial f}{\partial x_i} = f_{x_i} \text{ („}f\text{ nach } x_i\text{“)}$$

Ordnung einer partiellen Ableitung: Anzahl der aufeinander folgenden Ableitungen (Die Reihenfolge der Differenziation ist beliebig, falls die partiellen Ableitungen im betrachteten Punkt stetig sind).

speziell $n = 2$: $z = f(x, y)$

Partielle Ableitungen 1. Ordnung f_x, f_y

Partielle Ableitungen 2. Ordnung $f_{xx} = \dfrac{\partial^2 f}{\partial x^2}, f_{xy} = \dfrac{\partial^2 f}{\partial x \partial y} = f_{yx}$

$f_{yy} = \dfrac{\partial^2 f}{\partial y^2}$

Partielle Ableitungen 3. Ordnung $f_{xxx}, f_{xxy} = f_{xyx} = f_{yxx}$, $f_{xyy} = f_{yxy} = f_{yyx}, f_{yyy}$

Vollständiges Differenzial von $y = f(x_1, x_2, \ldots, x_n)$

$$\mathrm{d}f = f_{x_1}\mathrm{d}x_1 + f_{x_2}\mathrm{d}x_2 + \cdots + f_{x_n}\mathrm{d}x_n = \sum_{i=1}^{n} f_{x_i}\mathrm{d}x_i$$

Relative Extrema

Notwendig für ein Extremum $y_0 = f(x_{10}, x_{20}, \ldots, x_{n0})$ sind die nebenstehenden Bedingungen:

$$f_{x_1}(x_{10}, x_{20}, \ldots, x_{n0}) = 0$$
$$f_{x_2}(x_{10}, x_{20}, \ldots, x_{n0}) = 0$$
$$\cdots$$
$$f_{x_n}(x_{10}, x_{20}, \ldots, x_{n0}) = 0$$

Werden diese Bedingungen als Gleichungssystem für $x_{10}, x_{20}, \ldots, x_{n0}$ aufgefasst und gelöst, so heißt jede Lösung stationäre Stelle der Funktion. Hinreichende Bedingungen existieren (→ Literatur).

Speziell $n = 2$: $z = f(x, y)$ zu untersuchen in $z_0 = f(x_0, y_0)$

Notwendige Bedingungen:

$f_x(x_0, y_0) = 0, f_y(x_0, y_0) = 0$

Hinreichende Bedingungen:

$f_{xx}(x_0, y_0)f_{yy}(x_0, y_0) - f_{xy}^2(x_0, y_0) > 0, f_{xx}(x_0, y_0) < 0,$

dann ist $z_0 = f(x_0, y_0)$ relatives Maximum.

$f_{xx}(x_0, y_0)f_{yy}(x_0, y_0) - f_{xy}^2(x_0, y_0) > 0, f_{xx}(x_0, y_0) > 0,$

dann ist $z_0 = f(x_0, y_0)$ relatives Minimum.

Falls $f_{xx}(x_0, y_0)f_{yy}(x_0, y_0) - f_{xy}^2(x_0, y_0) < 0$, liegt kein Extremum vor, bei $f_{xx}(x_0, y_0)f_{yy}(x_0, y_0) - f_{xy}^2(x_0, y_0) = 0$ ist mit diesem Kriterium keine Entscheidung möglich.

8 Fehlerrechnung

Die wahre Größe a wird mit dem „Mess"-Wert $\tilde{a}$ angenähert.

Absoluter Fehler: $\delta = \tilde{a} - a$
(In der Technik statt Fehler Abweichung.)

Relativer Fehler: $\frac{\delta}{a}$ bzw.
Prozentualer Fehler $\frac{\delta}{a} \cdot 100\ \%$

Da a und damit δ i. Allg. unbekannt sind, werden Schranken $\underline{\delta}$ und $\overline{\delta}$ mit $\underline{\delta} \leqq \delta \leqq \overline{\delta}$ ermittelt und $\Delta a = \max(|\underline{\delta}|, |\overline{\delta}|)$ gesetzt. Damit gilt $\tilde{a} - \Delta a \leqq a \leqq \tilde{a} + \Delta a$, auch $a = \tilde{a} \pm \Delta a$ geschrieben.

Fehlerfortpflanzung

Die Argumente $x_1, x_2, \ldots, x_n$ von $y = f(x_1, x_2, \ldots, x_n)$ sind fehlerbehaftet, $x_i = \tilde{x}_i \pm \Delta x_i$, $i = 1, 2, \ldots, n$.

Eine gute Näherung der Schranke des absoluten Fehlers Δy von y ist bei

$\Delta x_i \ll |x_i|$ und $\Delta x_i = |\mathrm{d}x_i|$

$$\Delta y \approx |\mathrm{d}y| \leqq \sum_{i=1}^{n} |f_{x_i}(\tilde{x}_1, \ldots, \tilde{x}_n)| \Delta x_i$$

und für den relativen Fehler

$$\frac{\Delta y}{y} \approx \left|\frac{\mathrm{d}y}{\tilde{y}}\right|, \ \tilde{y} = f(\tilde{x}_1, \ldots, \tilde{x}_n).$$

9 Integralrechnung für Funktionen einer unabhängigen Variablen

9.1 Unbestimmtes Integral

Zu gegebener Funktion $y = f(x)$ ist eine Funktion $y = F(x)$ zu bestimmen, so dass gilt

$F'(x) = f(x)$

Eine Funktion $F(x)$, die diese Beziehung erfüllt, heißt Stammfunktion von $f(x)$. Mit $F(x)$ ist stets auch $F(x) + C$ Stammfunktion, C beliebige Konstante, genannt Integrationskonstante.

Unbestimmtes Integral

$F(x) = \int f(x)\,\mathrm{d}x$

Eigenschaften:

$\int c f(x)\,\mathrm{d}x = c \int f(x)\,\mathrm{d}x$ $\qquad c$ const

$\int [f(x) + g(x)]\,\mathrm{d}x = \int f(x)\,\mathrm{d}x + \int g(x)\,\mathrm{d}x$

9.2 Bestimmtes Integral

Das bestimmte Integral

$$\int_a^b f(x)\mathrm{d}x = F(b) - F(a)$$

gibt den Inhalt des von der x-Achse, den Geraden $x = a$ und $x = b$ und der Funktion $y = f(x) \geqq 0$ begrenzten ebenen Flächenstückes an.

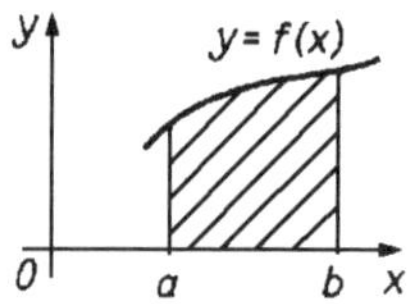

Eigenschaften:

$$\int_a^b f(x)\,\mathrm{d}x = \int_a^{\tilde{x}} f(x)\,\mathrm{d}x + \int_{\tilde{x}}^b f(x)\mathrm{d}x, \quad a < \tilde{x} < b$$

$$\int_a^b f(x)\,\mathrm{d}x = -\int_b^a f(x)\,\mathrm{d}x$$

Falls $y = f(x)$ gerade Funktion, d. h., $f(-x) = f(x)$, gilt

$$\int_{-a}^a f(x)\,\mathrm{d}x = 2\int_0^a f(x)\,\mathrm{d}x.$$

Falls $y = f(x)$ ungerade Funktion, d. h., $f(-x) = -f(x)$, gilt

$$\int_{-a}^a f(x)\,\mathrm{d}x = 0.$$

9.3 Grundintegrale

$$\int x^n \mathrm{d}x = \frac{x^{n+1}}{n+1} + C, n \neq -1$$

$$\int \frac{1}{x}\mathrm{d}x = \ln|x| + C$$

$$\int \mathrm{e}^x \mathrm{d}x = \mathrm{e}^x + C$$

$$\int a^x \mathrm{d}x = \frac{a^x}{\ln a} + C$$

$$\int \sin x\mathrm{d}x = -\cos x + C$$

$$\int \cos x\mathrm{d}x = \sin x + C$$

$$\int \frac{\mathrm{d}x}{\sin^2 x} = -\cot x + C,$$
$$x \neq k\pi, k \in \mathbb{Z}$$

$$\int \frac{\mathrm{d}x}{\cos^2 x} = \tan x + C,$$
$$x \neq (2k+1)\frac{\pi}{2}, k \in \mathbb{Z}$$

$$\int \frac{\mathrm{d}x}{1+x^2}\mathrm{d}x = \arctan x + C$$
$$= \operatorname{arccot} x + C_1$$

$$\int \frac{\mathrm{d}x}{\sqrt{1-x^2}} = \arcsin x + C$$
$$= -\arccos x + C_1$$

$$\int \sinh x \mathrm{d}x = \cosh x + C \qquad \int \cosh x \mathrm{d}x = \sinh x + C$$

$$\int \frac{1}{\sinh^2 x} = -\coth x + C \qquad \int \frac{\mathrm{d}x}{\cosh^2 x} = \tanh x + C$$

$$\int \frac{\mathrm{d}x}{\sqrt{1+x^2}} = \operatorname{arsinh} x + C = \ln\left(x + \sqrt{1+x^2}\right) + C$$

$$\int \frac{\mathrm{d}x}{\sqrt{x^2-1}} = \operatorname{arcosh} x + C = \ln\left(x + \sqrt{1-x^2}\right) + C, x > 1$$

$$\int \frac{\mathrm{d}x}{1-x^2} = \begin{cases} \operatorname{artanh} x + C = \frac{1}{2} \ln \frac{1+x}{1-x} + C, |x| < 1 \\ \operatorname{arcoth} x + C = \frac{1}{2} \ln \frac{x+1}{x-1} + C, |x| > 1 \end{cases}$$

9.4 Integrationsmethoden

Integrationsmethoden haben das Ziel, Integrale auf Grundintegrale oder tabellierte Integrale zurückzuführen.

Partielle Integration

Lässt sich der Integrand als Produkt zweier Funktionen $u(x)$ und $v'(x)$ darstellen und können $u'(x)$ und $v(x) = \int v'(x)\,\mathrm{d}x$ einfach bestimmt werden, kann wie folgt teilweise integriert werden:

$$\int u(x)v'(x)\,\mathrm{d}x = u(x)v(x) - \int u'(x)v(x)\,\mathrm{d}x$$

Die partielle Integration kann auf Rekursionsformeln führen. Ist das rechte Integral komplizierter als das linke Integral, sind andere Methoden zu nutzen.

Methode der Substitution

Wird $x = \varphi(t)$ substituiert, so gilt unter Beachtung von $\frac{\mathrm{d}x}{\mathrm{d}t} = \varphi'(t)$

$$\int f(x)\,\mathrm{d}x = \int f(\varphi(t))\varphi'(t)\,\mathrm{d}t = \int \widehat{f}(t)\,\mathrm{d}t$$

Wird $t = \psi(x)$ substituiert, so entsteht unter Beachtung von

$$x = \psi^{-1}(t) \text{ und } \frac{\mathrm{d}x}{\mathrm{d}t} = \frac{1}{\frac{\mathrm{d}t}{\mathrm{d}x}} = \frac{1}{\psi'(x)} = \frac{1}{\psi'(\psi^{-1}(t))}$$

falls die Umkehrfunktion ψ^{-1} existiert,

$$\int f(x)\,\mathrm{d}x = \int f(\psi^{-1}(t))\frac{1}{\psi'(\psi^{-1}(t))}\,\mathrm{d}t = \int \tilde{f}(t)\,\mathrm{d}t$$

Nach Bestimmung der substituierten Integrale ist die Rücksubstitution durchzuführen.

Spezielle Substitutionen

$\int f(ax+b)\,\mathrm{d}x = \frac{1}{a}\int f(t)\,\mathrm{d}t$ Substitution $t = ax+b$

$\int f(x)f'(x)\,\mathrm{d}x = \int t\,\mathrm{d}t = \frac{1}{2}f^2(x)+C$ Substitution $t = f(x)$

$\int \frac{f'(x)}{f(x)}\,\mathrm{d}x = \int \frac{\mathrm{d}t}{t} = \ln|f(x)|+C$ Substitution $t = f(x)$

$\int R(\sin x, \cos x)\,\mathrm{d}x = \int \tilde{R}(t)\,\mathrm{d}t$ Substitution $t = \tan\frac{x}{2}$ mit $\sin x = \frac{2t}{1+t^2}$, $\cos x = \frac{1-t^2}{1+t^2}$ und $\frac{\mathrm{d}x}{\mathrm{d}t} = \frac{2}{1+t^2}$.

R und $\tilde{R}$ rationale Funktionen der Argumente.

Integration rationaler Funktionen

Rationale Funktionen sind stets geschlossen integrierbar. Eine echt gebrochenrationale Funktion wird als Summe von Partialbrüchen dargestellt, das Integral der Funktion als Summe der integrierten Partialbrüche bestimmt.

Integrale der Partialbrüche:

$$\int \frac{\mathrm{d}x}{x-a} = \ln|x-a|+C,$$

$$\int \frac{\mathrm{d}x}{(x-a)^n} = \frac{1}{(1-n)(x-a)^{n-1}}+C,\ n>1,\ n\in\mathbb{N}$$

$$\int \frac{cx+d}{x^2+px+q}\mathrm{d}x = \frac{c}{2}\ln(x^2+px+q)+\frac{2d-cp}{\sqrt{4q-p^2}}\arctan\frac{2x+p}{\sqrt{4q-p^2}}+C,$$

$x^2+px+q>0$ für alle $x\in\mathbb{R}$

Zur Integration der Partialbrüche, die zu mehrfachen konjugiert komplexen Nullstellen des Nennerpolynoms der rationalen Funktion gehören, wird auf spezielle Integraltabellen verwiesen.

9.5 Einige ausgewählte Integrale

(Die Integrationskonstante ist bei jedem Integral zu addieren.)

$$\int (ax+b)^n\,\mathrm{d}x = \frac{(ax+b)^{n+1}}{a(n+1)}\quad n\neq -1$$

$$\int \frac{\mathrm{d}x}{ax+b} = \frac{1}{a}\ln|ax+b|$$

$$\int \frac{x\,\mathrm{d}x}{ax+b} = \frac{x}{a}-\frac{b}{a^2}\ln|ax+b|$$

$$\int \frac{\mathrm{d}x}{x(ax+b)} = -\frac{1}{b}\ln\left|\frac{ax+b}{x}\right|$$

$$\int \frac{x\,\mathrm{d}x}{(ax+b)^2} = \frac{b}{a^2(ax+b)} + \frac{1}{a^2}\ln|ax+b|$$

$$\int \frac{x\,\mathrm{d}x}{a^2 \pm b^2x^2} = \pm\frac{1}{2b^2}\ln|a^2 \pm b^2x^2|$$

$$\int \sqrt{b^2x^2 \pm a^2}\,\mathrm{d}x = \frac{x}{2}\sqrt{b^2x^2 \pm a^2} \pm \frac{a^2}{2b}\ln\left|bx + \sqrt{b^2x^2 \pm a^2}\right|$$

$$\int \sqrt{a^2 - b^2x^2}\,\mathrm{d}x = \frac{a^2}{2b}\arcsin\frac{bx}{a} + \frac{x}{2}\sqrt{a^2 - b^2x^2}$$

$$\int x\sqrt{a^2 \pm b^2x^2}\,\mathrm{d}x = \pm\frac{1}{3b^2}\sqrt{a^2 \pm b^2x^2}^3$$

$$\int \frac{\mathrm{d}x}{\sqrt{b^2x^2 \pm a^2}} = \frac{1}{b}\ln\left|bx + \sqrt{b^2x^2 \pm a^2}\right|$$

$$\int \frac{\mathrm{d}x}{\sqrt{a^2 - b^2x^2}} = \frac{1}{b}\arcsin\frac{bx}{a}$$

$$\int \frac{x\,\mathrm{d}x}{\sqrt{a^2 \pm b^2x^2}} = \mp\frac{1}{b^2}\sqrt{a^2 \pm b^2x^2}$$

$$\int x\sin x\,\mathrm{d}x = \sin x - x\cos x$$

$$\int x\cos x\,\mathrm{d}x = \cos x + x\sin x$$

$$\int x\,\mathrm{e}^x\,\mathrm{d}x = (x-1)\,\mathrm{e}^x$$

$$\int \ln x\,\mathrm{d}x = (\ln|x| - 1)x$$

$$\int x\ln x\,\mathrm{d}x = (2\ln|x| - 1)\frac{x^2}{4}$$

$$\int \frac{\mathrm{d}x}{x\ln x} = \ln|\ln x|$$

$$\int x^n\ln x\,\mathrm{d}x = \frac{x^{n+1}}{n+1}\left(\ln x - \frac{1}{n+1}\right),\ n \neq -1$$

$$\int \frac{\ln x}{x}\,\mathrm{d}x = \frac{1}{2}(\ln|x|)^2$$

$$\int \sin^2 x\,\mathrm{d}x = \frac{1}{2}\left(x - \frac{1}{2}\sin 2x\right)$$

$$\int \cos^2 x\,\mathrm{d}x = \frac{1}{2}\left(x + \frac{1}{2}\sin 2x\right)$$

$$\int \tan x\,\mathrm{d}x = -\ln|\cos x|$$

$$\int \cot x\,\mathrm{d}x = \ln|\sin x|$$

$$\int \frac{\mathrm{d}x}{\sin x} = \ln\left|\tan\frac{x}{2}\right|$$

$$\int \frac{\mathrm{d}x}{\cos x} = \ln\left|\tan\left(\frac{x}{2} + \frac{\pi}{4}\right)\right|$$

$$\int \sin x\cos x\,\mathrm{d}x = \frac{1}{2}\sin^2 x$$

$$\int \frac{\mathrm{d}x}{\sin x\cos x} = \ln|\tan x|$$

$$\int \sin ax \sin bx \, \mathrm{d}x = \frac{1}{2}\left(\frac{\sin(a-b)x}{a-b} - \frac{\sin(a+b)x}{a+b}\right), \ |a| \neq |b|$$

$$\int \sin ax \cos bx \, \mathrm{d}x = -\frac{1}{2}\left(\frac{\cos(a+b)x}{a+b} + \frac{\cos(a-b)x}{a-b}\right), \ |a| \neq |b|$$

$$\int \cos ax \cos bx \, \mathrm{d}x = \frac{1}{2}\left(\frac{\sin(a+b)x}{a+b} + \frac{\sin(a-b)x}{a-b}\right), \ |a| \neq |b|$$

$$\int \mathrm{e}^{ax} \sin bx \, \mathrm{d}x = \frac{\mathrm{e}^{ax}}{a^2+b^2}(a \sin bx - b \cos bx)$$

$$\int \mathrm{e}^{ax} \cos bx \, \mathrm{d}x = \frac{\mathrm{e}^{ax}}{a^2+b^2}(b \sin bx + a \cos bx)$$

Rekursionsformeln ($n > 0, n \in \mathbb{N}$)

$$\int x^n \mathrm{e}^x \, \mathrm{d}x = x^n \mathrm{e}^x - n \int x^{n-1} \mathrm{e}^x \, \mathrm{d}x$$

$$\int x^n \sin x \, \mathrm{d}x = -x^n \cos x + n \int x^{n-1} \cos x \, \mathrm{d}x$$

$$\int x^n \cos x \, \mathrm{d}x = x^n \sin x - n \int x^{n-1} \sin x \, \mathrm{d}x$$

$$\int (\ln x)^n \, \mathrm{d}x = x(\ln x)^n - n \int (\ln x)^{n-1} \, \mathrm{d}x$$

$$\int \sin^n x \, \mathrm{d}x = -\frac{1}{n} \sin^{n-1} x \cos x + \frac{n-1}{n} \int \sin^{n-2} x \, \mathrm{d}x$$

$$\int \cos^n x \, \mathrm{d}x = \frac{1}{n} \cos^{n-1} x \sin x + \frac{n-1}{n} \int \cos^{n-2} x \, \mathrm{d}x$$

9.6 Numerische Integration

In den hier angegebenen Formeln wird die Fläche zwischen x-Achse, $y = f(x)$, $x = a$, $x = b$ in eine gerade Anzahl $n = 2m$ Streifen derselben Breite $h = \dfrac{b-a}{n}$ zerlegt. Die Begrenzung $y = f(x)$ wird in jeweils 2 aufeinander folgenden Streifen durch eine Parabel ersetzt. Im Integrationsintervall $a \leqq x \leqq b$ wird $y_i = f(x_i)$ berechnet an den Stellen x_i, $i = 1, 2, \ldots, n$ mit $x_0 = a$, $x_i = x_0 + ih$, $x_n = b$.

Kepler'sche Fassregel
($n = 2m = 2$)

$$\int_a^b f(x)\mathrm{d}x \approx \frac{b-a}{6}(y_0 + 4y_1 + y_2)$$

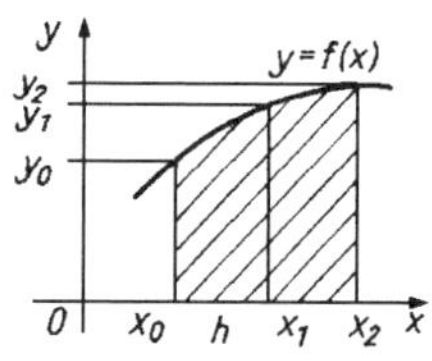

Simpson'sche Regel ($n = 2m$)

$$\int_a^b f(x)\mathrm{d}x \approx \frac{b-a}{6m}(y_0 + y_{2m} + 4[y_2 + y_4 + \cdots + y_{2m-2}] + 2[y_1 + y_3 + \cdots + y_{2m-1}])$$

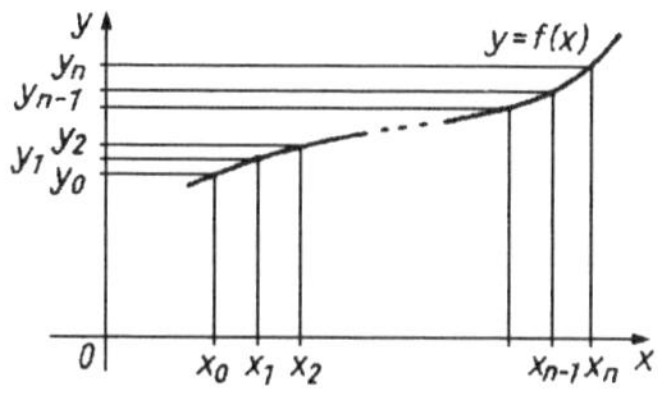

9.7 Anwendungen der Integralrechnung

Ebenes Flächenstück
begrenzt von

$y = f_1(x)$, $y = f_2(x)$

$x = a$, $x = b$

Flächeninhalt

$$A = \int_a^b |f_2(x) - f_1(x)|\,\mathrm{d}x$$

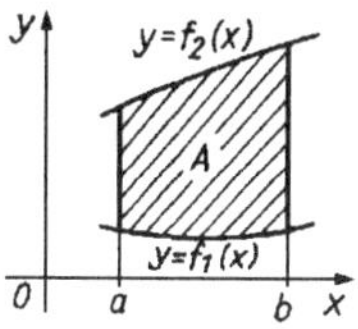

Im Folgenden sei

$0 \leqq f_1(x) \leqq f_2(x)$, d. h. $|f_2(x) - f_1(x)| = (f_2(x) - f_1(x))$

Statisches Moment

bez. x-Achse

$$M_x = \frac{1}{2}\int_a^b \left(f_2^2(x) - f_1^2(x)\right)\mathrm{d}x$$

bez. y-Achse

$$M_y = \int_a^b x\,(f_2(x) - f_1(x))\,\mathrm{d}x$$

Schwerpunkt (homogenes Flächenstück) $S(x_S, y_S)$

$$x_S = \frac{M_y}{A}, \quad y_S = \frac{M_x}{A}$$

Trägheitsmomente

Axiales Trägheitsmoment

bez. x-Achse

$$I_x = \frac{1}{3}\int_a^b \left(f_2^3(x) - f_1^3(x)\right)\mathrm{d}x$$

bez. y-Achse

$$I_y = \int_a^b x^2\,(f_2(x) - f_1(x))\,\mathrm{d}x$$

Polares Trägheitsmoment $I_p = I_x + I_y$

Ebenes Kurvenstück $y = f(x)$ $\quad a \leqq x \leqq b$

Bogenlänge $s = \int_a^b \sqrt{1 + f'^2(x)}\mathrm{d}x$

Statisches Moment

bez. x-Achse

$$M_x = \int_a^b f(x)\sqrt{1+f'^2(x)}\,\mathrm{d}x$$

bez. y-Achse

$$M_y = \int_a^b x\sqrt{1+f'^2(x)}\,\mathrm{d}x$$

Schwerpunkt (homogenes Kurvenstück) $S(x_S, y_S)$

$$x_S = \frac{M_y}{s}, \quad y_S = \frac{M_x}{s}$$

Rotationskörper

$y = f(x)$, $a \leqq x \leqq b$ rotiert um die x-Achse.

Mantelfläche des Rotationskörpers

$$A_\mathrm{M} = 2\pi \int_a^b f(x)\sqrt{1+f'^2(x)}\,\mathrm{d}x = 2\pi y_S s$$

(1. Guldin'sche Regel)

Volumen des Rotationskörpers

$$V = \pi \int_a^b f^2(x)\,\mathrm{d}x = 2\pi y_S A$$

$$\text{mit } A = \int_a^b f(x)\,\mathrm{d}x$$

(2. Guldin'sche Regel)

10 Unendliche Reihen

10.1 Potenzreihen

$$P(x) = a_0 + a_1 x + a_2 x^2 + \cdots + a_n x^n + \cdots = \sum_{i=0}^{\infty} a_i x^i,$$

$a_i \in \mathbb{R}$, heißt Potenzreihe, ihr Konvergenzbereich ist ein zu null symmetrisches Intervall $|x| < r$, r heißt Konvergenzradius. Für x mit $|x| > r$ divergiert die Potenzreihe.

$$r = \lim_{i\to\infty} \left|\frac{a_i}{a_{i+1}}\right| \text{ bzw.}$$

$$r = \frac{1}{\lim\limits_{i\to\infty} \sqrt[i]{|a_i|}}$$

Potenzreihen können innerhalb ihres gemeinsamen Konvergenzbereiches gliedweise addiert und subtrahiert werden.

Eine Potenzreihe kann innerhalb ihres Konvergenzbereiches gliedweise differenziert und integriert werden.

Taylor'sche Reihe

$$f(x) = f(a) + \frac{f'(a)}{1!}(x-a) + \frac{f''(a)}{2!}(x-a)^2 + \cdots + \frac{f^{(n)}(a)}{n!}(x-a)^n + \cdots$$

wird zur Entwicklung einer Funktion $y = f(x)$ an der gegebenen Stelle $x = a$ in eine Potenzreihe genutzt.

Für $a = 0$ geht die Taylor'sche Reihe in die Mac Laurin'sche Reihe über:

$$f(x) = f(0) + \frac{f'(0)}{1!}x + \frac{f''(0)}{2!}x^2 + \cdots + \frac{f^{(n)}(0)}{n!}x^n + \cdots$$

Häufig genutzte Potenzreihen und ihr Konvergenzbereich:

$$(a+x)^n = a^n + \binom{n}{1} a^{n-1}x + \binom{n}{2} a^{n-2}x^2 + \binom{n}{3} a^{n-3}x^3 + \cdots \qquad |x| < a$$

$$e^x = 1 + \frac{x}{1!} + \frac{x^2}{2!} + \frac{x^3}{3!} + \cdots \qquad |x| < \infty$$

$$a^x = 1 + \frac{x \ln a}{1!} + \frac{x^2(\ln a)^2}{2!} + \frac{x^3(\ln a)^3}{3!} + \cdots \qquad |x| < \infty$$

$$\ln x = 2\left[\frac{x-1}{x+1} + \frac{1}{3}\left(\frac{x-1}{x+1}\right)^2 + \frac{1}{5}\left(\frac{x-1}{x+1}\right)^5 + \cdots\right] \qquad x > 0$$

$$\sin x = x - \frac{x^3}{3!} + \frac{x^5}{5!} - \frac{x^7}{7!} + - \cdots \qquad |x| < \infty$$

$$\cos x = 1 - \frac{x^2}{2!} + \frac{x^4}{4!} - \frac{x^6}{6!} + - \cdots \qquad |x| < \infty$$

$$\tan x = x + \frac{1}{3}x^3 + \frac{2}{15}x^5 + \frac{17}{315}x^7 + \cdots \qquad |x| < \frac{\pi}{2}$$

$$\cot x = \frac{1}{x} - \frac{1}{3}x - \frac{1}{45}x^3 - \frac{2}{945}x^5 - \cdots \qquad |x| < \pi$$

$$\arcsin x = x + \frac{1}{2}\frac{x^3}{3} + \frac{1 \cdot 3}{2 \cdot 4}\frac{x^5}{5} + \frac{1 \cdot 3 \cdot 5}{2 \cdot 4 \cdot 6}\frac{x^7}{7} + \cdots \qquad |x| < 1$$

$$\arctan x = x - \frac{x^3}{3} + \frac{x^5}{5} - + \cdots \qquad |x| \leqq 1$$

$$\sinh x = x + \frac{x^3}{3!} + \frac{x^5}{5!} + \cdots \qquad |x| < \infty$$

$$\cosh x = 1 + \frac{x^2}{2!} + \frac{x^4}{4!} + \cdots \qquad |x| < \infty$$

10.2 Fourier-Reihen

Jede periodische Funktion $y = f(x)$, Periode T, $\omega = \frac{2\pi}{T}$, kann unter bestimmten Voraussetzungen durch eine Fourier-Reihe dargestellt werden.

$$\begin{aligned} f(x) &= \frac{a_0}{2} + a_1 \cos \omega x + a_2 \cos 2\omega x + a_3 \cos 3\omega x + \cdots \\ &\quad + b_1 \sin \omega x + b_2 \sin 2\omega x + b_3 \sin 3\omega x + \cdots \\ &= \frac{a_0}{2} + \sum_{n=1}^{\infty} (a_n \cos n\omega x + b_n \sin n\omega x) \end{aligned}$$

Berechnung der Koeffizienten a_n $n = 0,1,2,\ldots$, b_n, $n = 1,2,\ldots$:

$$a_n = \frac{2}{T}\int_0^T f(x)\cos n\omega x\,\mathrm{d}x \qquad b_n = \frac{2}{T}\int_0^T f(x)\sin n\omega x\,\mathrm{d}x$$

Vereinfachung durch Nutzen von Symmetrien von $y = f(x)$:

Ist $y = f(x)$ eine gerade Funktion, d. h., $f(-x) = f(x)$, so gilt $b_n = 0$, $n = 1, 2, \cdots$,

$$f(x) = \frac{a_0}{2} + \sum_{n=1}^{\infty} a_n \cos n\omega x$$

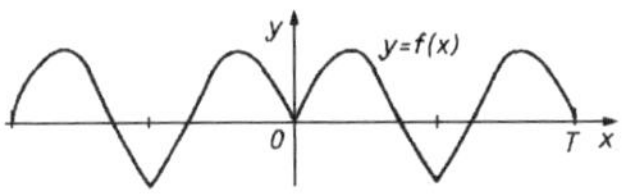

Ist $y = f(x)$ eine ungerade Funktion, d. h., $f(-x) = -f(x)$, so gilt $a_n = 0$, $n = 0, 1, 2, \cdots$,

$$f(x) = \sum_{n=1}^{\infty} b_n \sin n\omega x$$

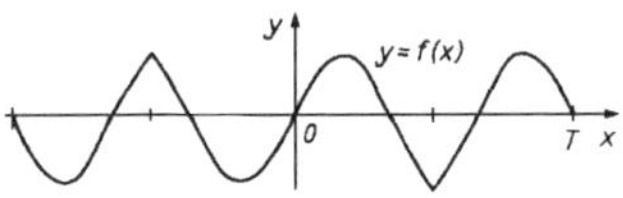

Häufig genutzte Fourier-Reihen (hier $\omega = 1$ bzw. $T = 2\pi$):

Rechteckkurven

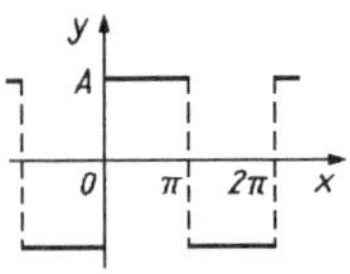

$$f(x) = \frac{4A}{\pi}\left(\sin x + \frac{1}{3}\sin 3x + \frac{1}{5}\sin 5x + \cdots\right)$$

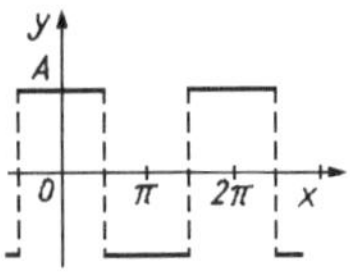

$$f(x) = \frac{4A}{\pi}\left(\cos x - \frac{1}{3}\cos 3x + \frac{1}{5}\cos 5x - + \cdots\right)$$

Rechteckimpuls

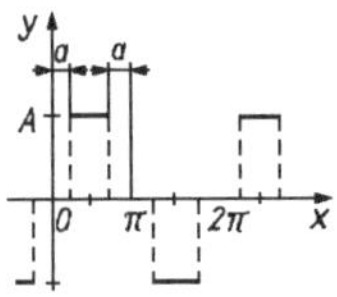

$$f(x) = \frac{4A}{\pi}\left(\cos a \sin x + \frac{\cos 3a \sin 3x}{3} + \frac{\cos 5a \sin 5x}{5} + \cdots\right)$$

Dreieckkurven

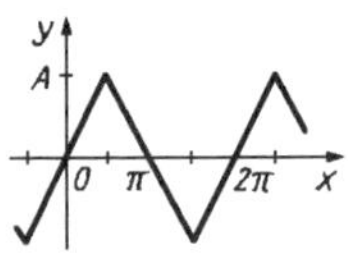

$$f(x) = \frac{8A}{\pi^2}\left(\sin x - \frac{\sin 3x}{3^2} + \frac{\sin 5x}{5^2} - + \cdots\right)$$

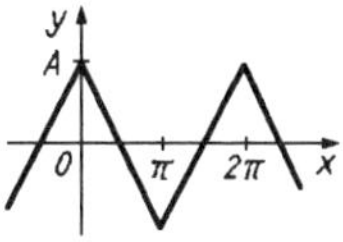

$$f(x) = \frac{8A}{\pi^2}\left(\cos x + \frac{\cos 3x}{3^2} + \frac{\cos 5x}{5^2} + \cdots\right)$$

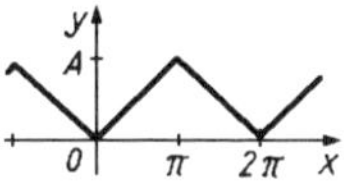

$$f(x) = \frac{A}{2} - \frac{4A}{\pi^2}\left(\cos x + \frac{\cos 3x}{3^2} + \frac{\cos 5x}{5^2} + \cdots\right)$$

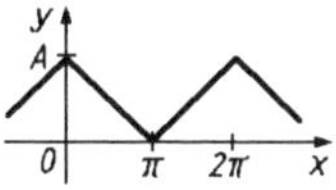

$$f(x) = \frac{A}{2} + \frac{4A}{\pi^2}\left(\cos x + \frac{\cos 3x}{3^2} + \frac{\cos 5x}{5^2} + \cdots\right)$$

Sägezahnkurven

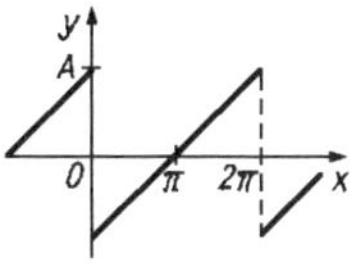

$$f(x) = -\frac{2A}{\pi}\left(\sin x + \frac{\sin 2x}{2} + \frac{\sin 3x}{3} + \cdots\right)$$

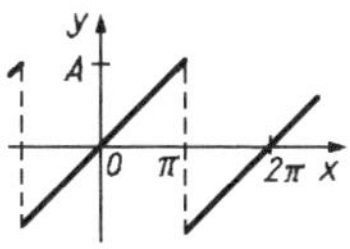

$$f(x) = +\frac{2A}{\pi}\left(\sin x - \frac{\sin 2x}{2} + \frac{\sin 3x}{3} - + \cdots\right)$$

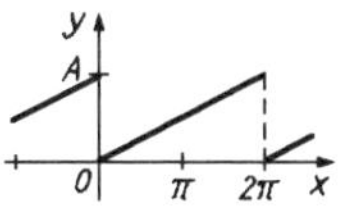

$$f(x) = \frac{A}{2} - \frac{A}{\pi}\left(\sin x + \frac{\sin 2x}{2} + \frac{\sin 3x}{3} + \cdots\right)$$

Trapezkurve

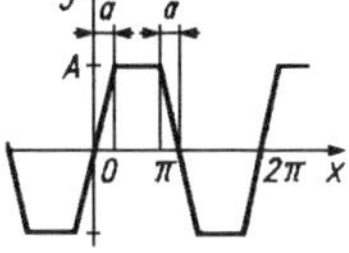

$$f(x) = \frac{4A}{a\pi}\left(\sin a \sin x + \frac{\sin 3a \sin 3x}{3^2} + \frac{\sin 5a \sin 5x}{5^2} + \cdots\right)$$

Parabelbögen

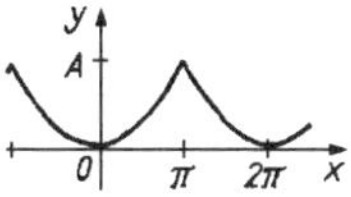

$$f(x) = \frac{A}{3} - \frac{4A}{\pi^2}\left(\cos x - \frac{\cos 2x}{2^2} + \frac{\cos 3x}{3^2} - + \cdots\right)$$

Sinusimpuls (Einweggleichrichtung)

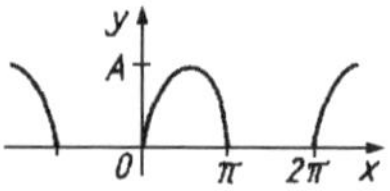

$$f(x) = \frac{A}{\pi} + \frac{A}{2}\sin x - \frac{2A}{\pi}\left(\frac{\cos 2x}{1\cdot 3} + \frac{\cos 4x}{3\cdot 5} + \frac{\cos 6x}{5\cdot 7} + \cdots\right)$$

Gleichgerichtete Sinuskurve (Zweiweggleichrichtung)

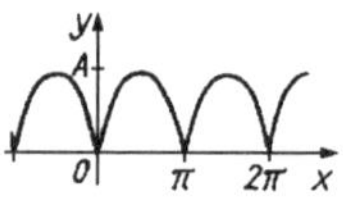

$$f(x) = \frac{2A}{\pi} - \frac{4A}{\pi}\left(\frac{\cos 2x}{1\cdot 3} + \frac{\cos 4x}{3\cdot 5} + \frac{\cos 6x}{5\cdot 7} + \cdots\right)$$

Gleichgerichteter Drehstrom

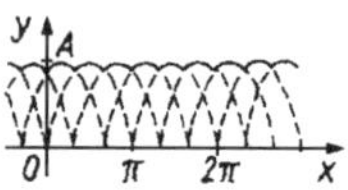

$$f(x) = \frac{3A}{\pi} - \frac{6A}{\pi}\left(\frac{\cos 6x}{5\cdot 7} + \frac{\cos 12x}{11\cdot 13} + \frac{\cos 18x}{17\cdot 19} + \cdots\right)$$

11 Gewöhnliche Differenzialgleichungen

11.1 Differenzialgleichungen 1. Ordnung

Differenzialgleichung in trennbaren Variablen $y' = g(x)h(y)$

Die allgemeine Lösung wird durch die Trennung der Variablen und Integration bestimmt.

$$\int g(x)\mathrm{d}x - \int \frac{\mathrm{d}y}{h(y)} = C$$

Differenzialgleichung $y' = f\left(\frac{x}{y}\right)$

Die Substitution $u = \frac{x}{y}$ führt auf die Differenzialgleichung 1. Ordnung in trennbaren Variablen für u, mit deren allgemeiner Lösung und Rücksubstitution die allgemeine Lösung erhalten wird:

$$u' = \frac{f(u) - u}{x}$$

Differenzialgleichung $y' = f(ax + by + c)$

Die Substitution $u = ax + by + c$ führt auf die Differenzialgleichung 1. Ordnung in trennbaren Variablen für u:

$$u' = a + bf(u)$$

Lineare Differenzialgleichung 1. Ordnung $y' + f(x)y = h(x)$

Allgemeine Lösung:
$y = y_h + y_p$

y_h allgemeine Lösung der homogenen Differenzialgleichung $y' + f(x)y = 0$

y_p partikuläre Lösung der inhomogenen Differenzialgleichung $y' + f(x)y = h(x)$

Bestimmung von y_h:
$y' + f(x)y = 0$
ist Differenzialgleichung 1. Ordnung in trennbaren Variablen, allgemeine Lösung

$$y_h = C\,e^{-\int f(x)\,dx} = CY(x)$$

Bestimmung von y_h: Methode der Variation der Konstanten
Ansatz $y_p = C(x)Y(x)$ führt auf die Differenzialgleichung 1. Ordnung in trennbaren Variablen für $C(x)$:

$$C'(x) = \frac{h(x)}{Y(x)}$$

Anfangswertaufgabe $y' = f(x,y)$, $y_0 = f(x_0)$

Es ist die spezielle Lösung zu bestimmen, für die $y_0 = f(x_0)$ gilt. Dazu wird die allgemeine Lösung der Differenzialgleichung ermittelt, in diese werden x_0, y_0 eingesetzt und die entstehende Bestimmungsgleichung für C wird gelöst. Mit diesem C geht die allgemeine Lösung über in die gesuchte spezielle Lösung.

11.2 Lineare Differenzialgleichungen n-ter Ordnung mit konstanten Koeffizienten

$y^{(n)} + a_{n-1}y^{(n-1)} + \cdots + a_2y'' + a_1y' + a_0y = h(x)$, $n \in \mathbb{N}$,

mit Konstanten $a_i \in \mathbb{R}$, $i = 0, 1, \ldots, n-1$

Für $h(x) = 0$ heißt die Differenzialgleichung homogen, sonst inhomogen.

Allgemeine Lösung:
$y = y_h + y_p$

y_h allgemeine Lösung der homogenen Differenzialgleichung

y_p partikuläre Lösung der inhomogenen Differenzialgleichung

Bestimmung von y_h:
$y_h = C_1y_1 + C_2y_2 + \cdots + C_ny_n$

mit n linear unabhängigen Lösungen $y_1, y_2, \ldots, y_n$ der homogenen Differenzialgleichung.

Bestimmung der y_i, $i = 1, 2, \ldots, n$:
Ansatz $y = e^{\lambda x}$ führt zur charakteristischen Gleichung

$$P(\lambda) = \lambda^n + a_{n-1}\lambda^{n-1} + \cdots + a_2\lambda^2 + a_1\lambda + a_0 = 0$$

In Abhängigkeit von den Lösungen von $P(\lambda) = 0$ werden als Funktionen y_i, $i = 1, 2, \ldots, n$ gewählt:

1. $\tilde{\lambda}$ einfache reelle Lösung von $P(\lambda) = 0$:
   $y = e^{\tilde{\lambda} x}$
2. $\tilde{\lambda}$ m-fache reelle Lösung von $P(\lambda) = 0$:
   $y = e^{\tilde{\lambda} x}$
   $y = x e^{\tilde{\lambda} x}, \ldots, y = x^{m-1} e^{\tilde{\lambda} x}$
3. $\tilde{\lambda} = a + bi$, $\overline{\tilde{\lambda}} = a - bi$ einfache konjugiert komplexe Lösungen von $P(\lambda) = 0$: $y = e^{ax} \sin bx$, $y = e^{ax} \cos bx$
4. $\tilde{\lambda} = a + bi$, $\overline{\tilde{\lambda}} = a - bi$ m-fache konjugiert komplexe Lösungen von $P(\lambda) = 0$:
   $y = e^{ax} \sin bx, y = x e^{ax} \sin bx, \ldots, y = x^{m-1} e^{ax} \sin bx$
   $y = e^{ax} \cos bx, y = x e^{ax} \cos bx, \ldots, y = x^{m-1} e^{ax} \cos bx$

Bestimmung von y_p:
y_p wird in der Funktionenklasse gesucht, zu der $h(x)$ gehört.

Tabelle einiger ausgewählter Ansätze für y_p
($P_n(x)$, $R_m(x)$ sind gegebene, $Q_n(x)$, $Q_k(x)$, $S_k(x)$ zu bestimmende Polynome.)

$h(x)$	λ	Ansatz für y_p	durch Einsetzen in die Differenzialgleichung zu bestimmen
$P_n(x)$	0	$x^S Q_n(x)$	Koeffizienten von $Q_n(x)$
$P_n(x) e^{\alpha x}$	α	$x^S Q_n(x) e^{\alpha x}$	Koeffizienten von $Q_n(x)$
$P_n(x) \sin \beta x + R_m(x) \cos \beta x$	βi	$x^S (Q_k(x) \sin \beta x + S_k(x) \cos \beta x)$ $k = \max(m,n)$	Koeffizienten von $Q_k(x)$, $S_k(x)$

Dabei ist s wie folgt zu wählen:

$$s = \begin{cases} 0 & \text{falls } \lambda \text{ keine Lösung von } P(\lambda) = 0 \\ \nu & \text{falls } \lambda\ \nu\text{-fache Lösung von } P(\lambda) = 0 \end{cases}$$

Superpositionsprinzip:

Ist $h(x)$ Summe mehrerer Funktionen, so wird der Ansatz für y_p aus der Summe der Ansätze für jeden Summanden von $h(x)$ gebildet.

12 Wahrscheinlichkeitsrechnung und Statistik

12.1 Ereignisse, Ereignisalgebra

Zufälliges Ereignis (kurz Ereignis) – Ergebnis eines Versuches (gekennzeichnet durch seine Wiederholbarkeit und gewisse erfüllte Bedingungen), das eintreten kann, aber nicht muss.

Bezeichnungen:
$A, B, C, \ldots$ Ereignisse
E sicheres Ereignis – Ereignis, das bei einem Versuch stets eintritt
$\emptyset$ unmögliches Ereignis – Ereignis, das bei einem Versuch nie eintritt

Elementarereignisse – die möglichen sich einander ausschließenden Ergebnisse eines Versuches

Rechnen mit Ereignissen:

$A \supseteq B$	B zieht A nach sich, mit B ist auch A eingetreten.
$A \cup B$	tritt ein, wenn mindestens eines der Ereignisse A, B (auch: A oder B) eintritt.
$A \cap B$	tritt ein, wenn sowohl A als auch B (auch: A und B) eintreten.
$\overline{A}$	tritt ein, wenn A nicht eintritt – Komplement von A.

$E \cup \emptyset = E, E \cap \emptyset = \emptyset, \overline{E} = \emptyset, A \cup \overline{A} = E;\ A \cap \overline{A} = \emptyset, \overline{\overline{A}} = A$
Ereignisse A, B unvereinbar, falls $A \cap B = \emptyset$.

Vollständiges Ereignissystem $A_1, \ldots, A_n$:

$$\bigcup_{i=1}^{n} A_i = E \text{ und } A_i \cap A_j = \emptyset \text{ für } i \neq j, \quad i, j = 1, 2, \ldots, n$$

12.2 Wahrscheinlichkeit

Relative Häufigkeit von A, wenn A bei n Versuchen m mal eintritt:

$$h_n(A) = \frac{m}{n} \qquad 0 \leqq h_n(A) \leqq 1$$

Wahrscheinlichkeit $P(A)$ von A

Klassische Definition: Anzahl der Elementarereignisse sei endlich, Elementarereignisse seien gleichwahrscheinlich.

$$P(A) = \frac{m}{n}$$

n Anzahl der Elementarereignisse
m Anzahl der für A günstigen Elementarereignisse

Statistische Definition: $P_n(A) = h_n(A)$ schwankt bei größer werdendem n um eine Konstante und nähert sich dieser an. Diese Konstante heißt statistische Wahrscheinlichkeit.

Axiomatische Einführung der Wahrscheinlichkeit
1. $0 \leqq P(A) \leqq 1$
2. $P(E) = 1$
3. $P(A \cup B) = P(A) + P(B)$, falls $A \cap B = \emptyset$

Ergänzungssatz $P(A) + P(\overline{A}) = 1$
Additionssatz $P(A \cup B) = P(A) + P(B) - P(A \cap B)$ bzw.
$P(A \cup B) = P(A) + P(B)$, falls $A \cap B = \emptyset$

Bedingte Wahrscheinlichkeit $P(A/B)$: Wahrscheinlichkeit für das Eintreten von A unter der Bedingung, dass B ($P(B) > 0$) bereits eingetreten ist

$$P(A/B) = \frac{P(A \cap B)}{P(B)}$$

Unabhängige Ereignisse:

$$P(A/B) = P(A),\ P(B/A) = P(B)$$

Multiplikationssatz für unabhängige Ereignisse:

$$P(A \cap B) = P(A)P(B)$$

Totale Wahrscheinlichkeit

$$P(B) = \sum_{i=1}^{n} P(B/A_i)P(A_i)$$

$A_1, \ldots, A_n$ vollständiges Ereignissystem
B beliebiges Ereignis mit $P(B) > 0$

Bayes'sche Formel: $P(A_j/B) = \dfrac{P(A_j)P(B/A_j)}{\sum\limits_{i=1}^{n} P(A_i)P(B/A_i)}$, $j = 1, 2, \ldots, n$

12.3 Zufallsvariable und Verteilungsfunktion

Zufallsvariable X: X ist eine Abbildung der Ereignisse in die Menge der reellen Zahlen. Sie dient zur numerischen Beschreibung der Ereignisse.

Diskrete Zufallsvariable: X kann endlich viele reelle Werte $x_1, \ldots, x_n$ oder abzählbar unendlich viele reelle Werte $x_1, \ldots, x_n, \ldots$ annehmen

Stetige Zufallsvariable: X kann jeden Wert eines Intervalls der reellen Zahlen annehmen

Verteilungsfunktion $F(x)$ einer Zufallsvariablen X

$F(x) = P(X \leqq x)$ — Wahrscheinlichkeit, dass X einen Wert kleiner als oder gleich x annimmt.

Eigenschaften:

$0 \leqq F(x) \leqq 1$

$\lim\limits_{x \to \infty} F(x) = 1, \quad \lim\limits_{x \to -\infty} F(x) = 0$

$P(a < X \leqq b) = F(b) - F(a)$

Parameter einer Verteilungsfunktion — EX Erwartungswert von X, $D^2X = E[(EX - X)^2]$ Varianz von X

Verteilungsfunktion einer diskreten Zufallsvariablen

$$F(x) = P(X \leqq x) = \sum_{x_i \leqq x} P(X = x_i) = \sum_{x_i \leqq x} p_i$$

mit Einzelwahrscheinlichkeiten $P(X = x_i) = p_i$, $i = 1, \ldots, n$ und $\sum\limits_{i=1}^{n} p_i = 1$.

$$EX = \sum_{i=1}^{n} x_i p_i,$$

$$D^2X = \sum_{i=1}^{n} (x_i - EX)^2 p_i = EX^2 - (EX)^2 = \sum_{i=1}^{n} x_i^2 p_i - (EX)^2$$

Verteilungsfunktion einer stetigen Zufallsvariablen

$$F(x) = P(X \leqq x) = \int_{-\infty}^{x} f(t)\mathrm{d}t$$

mit Wahrscheinlichkeitsdichte $f(x) \geqq 0, \quad \int\limits_{-\infty}^{\infty} f(x)\mathrm{d}x = 1$

$$EX = \int_{-\infty}^{\infty} x f(x)\mathrm{d}x, \quad D^2X = \int_{-\infty}^{\infty} (x - EX)^2 f(x)\mathrm{d}x$$

12.4 Spezielle diskrete Verteilungen

Binomialverteilung

n voneinander unabhängige Versuche mit Ergebnis A oder $\overline{A}$, $P(A) = p$, $P(\overline{A}) = 1 - p = q$. Zufallsvariable X gibt Anzahl k des Eintretens von A an.

Einzelwahrscheinlichkeiten $P(X = k) = \binom{n}{k} p^k q^{n-k}$

Verteilungsfunktion
$$F(x) = \begin{cases} 0 & x \leqq 0 \\ \sum\limits_{k \leqq x} \binom{n}{k} p^k q^{n-k} & 0 < x \leqq n \\ 1 & x > n \end{cases}$$

$$EX = np, \; D^2X = npq$$

Poissonverteilung

X kann abzählbar unendlich viele Werte $0, 1, 2, \ldots$ annehmen.

Einzelwahrscheinlichkeiten $P(X = k) = \frac{\lambda^k}{k!}\,\mathrm{e}^{-\lambda}$, $\lambda > 0$ Parameter

Verteilungsfunktion $$F(x) = \begin{cases} 0 & x \leqq 0 \\ \sum\limits_{k \leqq x} \frac{\lambda^k}{k!}\,\mathrm{e}^{-\lambda} & x > 0 \end{cases}$$

$$EX = \lambda,\ D^2X = \lambda$$

12.5 Spezielle stetige Verteilungen

Exponentialverteilung

Wahrscheinlichkeitsdichte $f(x) = \begin{cases} 0 & x < 0 \\ \lambda\,\mathrm{e}^{-\lambda x} & x \geqq 0 \end{cases}$, $\lambda > 0$ Parameter

Verteilungsfunktion $$F(x) = \begin{cases} 0 & x < 0 \\ 1 - \mathrm{e}^{-\lambda x} & x \geqq 0 \end{cases}$$

$$EX = \frac{1}{\lambda},\ D^2X = \frac{1}{\lambda^2}$$

Normalverteilung

Wahrscheinlichkeitsdichte $$\varphi(x; \mu, \sigma^2) = \frac{1}{\sigma\sqrt{2\pi}}\,\mathrm{e}^{-\frac{(x-\mu)^2}{2\sigma^2}}$$

$$-\infty < x < \infty$$

Verteilungsfunktion $$\Phi(x; \mu, \sigma^2) = \frac{1}{\sigma\sqrt{2\pi}} \int\limits_{-\infty}^{x} \mathrm{e}^{-\frac{(t-\mu)^2}{2\sigma^2}}\,\mathrm{d}t$$

$$-\infty < x < \infty$$

$$EX = \mu,\ D^2X = \sigma^2$$

σ-Regeln:

$P(|X - \mu| < \sigma) = 0{,}6827$

$P(|X - \mu| < 2\sigma) = 0{,}9545$

$P(|X - \mu| < 3\sigma) = 0{,}9973$

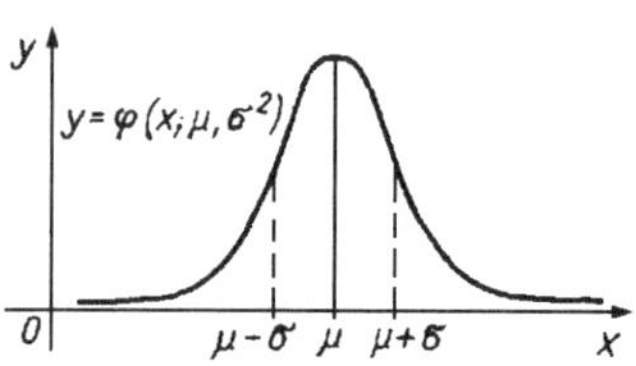

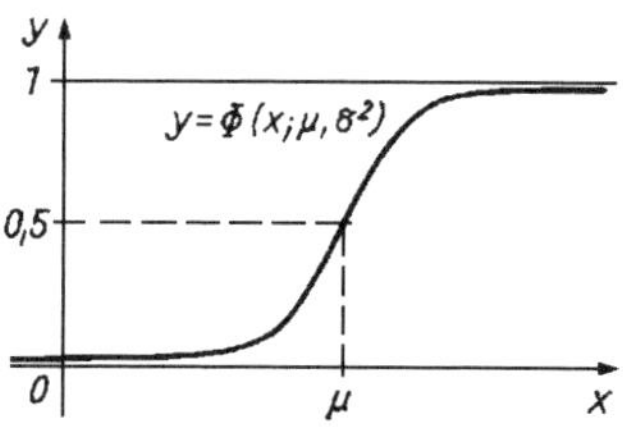

Standardisierte Normalverteilung: $\mu = 0,\ \sigma^2 = 1$

$$\varphi(x;\,0{,}1) = \varphi(x) = \frac{1}{\sqrt{2\pi}}\,\mathrm{e}^{-\frac{x^2}{2}} \qquad -\infty < x < \infty$$

$$\Phi(x;\,0{,}1) = \Phi(x) = \frac{1}{\sqrt{2\pi}}\int_{-\infty}^{x} \mathrm{e}^{-\frac{t^2}{2}}\,\mathrm{d}t \quad -\infty < x < \infty$$

$$\Phi(x;\,\mu,\sigma^2) = \Phi\left(\frac{x-\mu}{\sigma}\right) \qquad \Phi(-x) = 1 - \Phi(x)$$

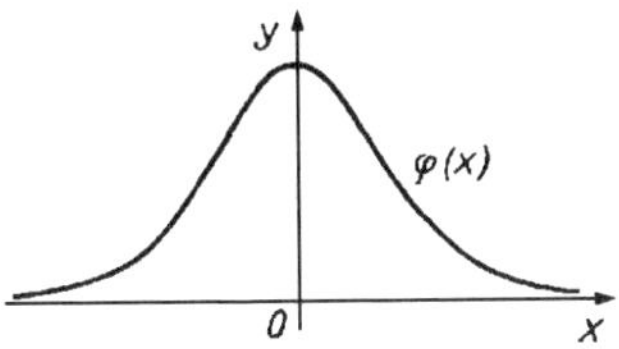

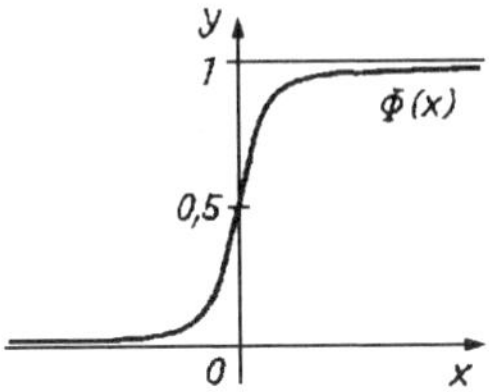

Wertetabelle der Verteilungsfunktion der standardisierten Normalverteilung

x	0	1	2	3	4	5	6	7	8	9
0,0	0,5000	5040	5080	5120	5160	5199	5239	5279	5319	5359
0,1	5398	5438	5478	5517	5557	5596	5636	5675	5714	5753
0,2	5793	5832	5871	5910	5948	5987	6026	6064	6103	6141
0,3	6179	6217	6255	6293	6331	6368	6406	6443	6480	6517
0,4	6554	6591	6628	6664	6700	6736	6772	6808	6844	6879
0,5	0,6915	6950	6985	7019	7054	7088	7123	7157	7190	7224
0,6	7257	7291	7324	7357	7389	7422	7454	7486	7517	7549
0,7	7580	7611	7642	7673	7704	7734	7764	7794	7823	7852
0,8	7881	7910	7939	7967	7995	8023	8051	8078	8106	8133
0,9	8159	8186	8212	8238	8264	8289	8315	8340	8365	8389
1,0	0,8413	8438	8461	8485	8508	8531	8554	8577	8599	8621
1,1	8643	8665	8686	8708	8729	8749	8770	8790	8810	8830
1,2	8849	8869	8888	8907	8925	8944	8962	8980	8997	9015
1,3	9032	9049	9066	9082	9099	9115	9131	9147	9162	9177
1,4	9192	9207	9222	9236	9251	9265	9279	9292	9306	9319
1,5	0,9332	9345	9357	9370	9382	9394	9406	9418	9429	9441
1,6	9452	9463	9474	9484	9495	9505	9515	9525	9535	9545
1,7	9554	9564	9573	9582	9591	9599	9608	9616	9625	9633
1,8	9641	9649	9656	9664	9671	9678	9686	9693	9699	9706
1,9	9713	9719	9726	9732	9738	9744	9750	9756	9761	9767
2,0	0,9772	9821	9861	9893	9918	9938	9953	9965	9974	9981
3,0	0,9987	9990	9993	9995	9997	9998	9998	9999	9999	1,0000

12.6 Elementare Statistik

Aus einer Gesamtheit von Elementen (Grundgesamtheit) werden n Elemente (Stichprobe) entnommen, an denen das Merkmal X gemessen wird. Somit sind Messwerte der Zufallsvariablen X ermittelt, die diese im konkreten Fall angenommen hat. Aus diesen Werten werden statistische Maßzahlen gewonnen, aus denen auf die wahren Werte der Maßzahlen und die Verteilung der Zufallsvariablen X in der Grundgesamtheit geschlossen wird.

Stichprobe: Stichprobenumfang n
größter Messwert $x_{\max}$,
kleinster Messwert $x_{\min}$
Variationsbreite $R = x_{\max} - x_{\min}$

Schätzwert für den Erwartungswert der Zufallvariablen X

Arithmetisches Mittel $$\bar{x} = \frac{1}{n}\sum_{i=1}^{n} x_i$$

Weitere Mittelwerte:

Geometrisches Mittel $$\bar{x}_g = \sqrt[n]{x_1 \cdot x_2 \cdot \ldots \cdot x_n}$$

Quadratisches Mittel $$\bar{x}_q = \sqrt{\frac{1}{n}\sum_{i=1}^{n} x_i^2}$$

Harmonisches Mittel $$\bar{x}_h = \frac{n}{\sum_{i=1}^{n} \frac{1}{x_i}}$$

Schätzwert für die Varianz der Zufallsvariablen X

Empirische Varianz (Streuung) $$s_X^2 = \frac{1}{n-1}\sum_{i=1}^{n} (x_i - \bar{x})^2 = \frac{1}{n-1}\left(\sum_{i=1}^{n} x_i^2 - n\bar{x}^2\right)$$

Empirische Standardabweichung der Einzelmessung $$s_X = \sqrt{\frac{1}{n-1}\sum_{i=1}^{n}(x_i - \bar{x})^2}$$

Empirische Standardabweichung des Mittelwertes $\bar{x}$ $$s_{\bar{x}} = \frac{s_X}{\sqrt{n}}$$

Variationskoeffizient (Vergleich des Zahlenwertes von s_X mit $\bar{x}$) $$v = \frac{s_X}{\bar{x}} 100\,\%$$

Vertrauensbereiche für $\bar{x}$ und s_X ► Storm

Ausgleich von Messwerten

Zwischen zwei Merkmalen X und Y bestehe ein funktionaler Zusammenhang $Y = f(X)$, in der Praxis wird meist auf Polynome oder Exponentialfunktionen eingeschränkt.

Es liegt eine Stichprobe vom Umfang n in Form von Wertepaaren (x_i, y_i), $i = 1, \ldots, n$ vor.

Bei vorgegebenem Funktionstyp f werden Parameter $a_0, a_1, \ldots, a_k$ für $y = f(x, a_0, a_1, \ldots, a_k)$ so gewählt, dass die Summe der quadratischen Abweichungen der Funktionswerte von den Messwerten minimal wird

$$Q(a_0, a_1, \ldots, a_k) = \sum_{i=1}^{n} (y_i - f(x_i, a_0, a_1, \ldots, a_k))^2 \to \min$$

Die dafür notwendigen Bedingungen ergeben die Normalengleichungen zur Bestimmung der Parameterwerte $a_0, a_1, \ldots, a_k$

$$\frac{\partial Q(a_0, a_1, \ldots, a_k)}{\partial a_j} = 0, \quad j = 1, \ldots, k$$

Linearer Ausgleich

$$y = f(x, a_0, a_1) = a_0 + a_1 x$$

$$a_0 = \frac{\overline{x^2}\,\overline{y} - \overline{x}\,\overline{xy}}{\overline{x^2} - \overline{x}^2}, \quad a_1 = \frac{\overline{xy} - \overline{x}\,\overline{y}}{\overline{x^2} - \overline{x}^2}$$

mit den Mittelwerten

$$\overline{x} = \frac{1}{n}\sum_{i=1}^{n} x_i, \quad \overline{y} = \frac{1}{n}\sum_{i=1}^{n} y_i, \quad \overline{x^2} = \frac{1}{n}\sum_{i=1}^{n} x_i^2, \quad \overline{xy} = \frac{1}{n}\sum_{i=1}^{n} (x_i \cdot y_i)$$

a_0, a_1 können auf Messunsicherheit untersucht werden ► Storm

---

Korrelationskoeffizient r_{XY}

Grad der linearen Abhängigkeit der Merkmale X und Y

$$r_{XY} = \frac{s_{XY}}{s_X \cdot s_Y}, \quad -1 \leqq r_{XY} \leqq 1$$

mit $s_{XY} = \frac{1}{n-1}\sum_{i=1}^{n} (x_i - \overline{x})(y_i - \overline{y})$,

$$s_X = \sqrt{\frac{1}{n-1}\sum_{i=1}^{n} (x_i - \overline{x})^2},$$

$$s_Y = \sqrt{\frac{1}{n-1}\sum_{i=1}^{n} (y_i - \overline{y})^2}$$

$r_{XY} = \pm 1$ 100 %ige lineare Abhängigkeit

$r_{XY} = 0$ keine lineare Abhängigkeit

Ausgleich für andere Funktionstypen ► Storm

Physik

1 Kinematik

1.1 Geradlinige Bewegung

Grundbeziehungen der geradlinigen Bewegung

$x = x(t)$	$x = \int v \mathrm{d}t$	zurückgelegter Weg
$v = \dfrac{\Delta x}{\Delta t}$		mittlere Geschwindigkeit
$v = \dfrac{\mathrm{d}x}{\mathrm{d}t} = \dot{x}$	$v = \int a \mathrm{d}t$	momentane Geschwindigkeit
$a = \dfrac{\Delta v}{\Delta t}$		mittlere Beschleunigung
$a = \dfrac{\mathrm{d}v}{\mathrm{d}t} = \dot{v}$		momentane Beschleunigung

Spezielle Bewegungsformen

$a = 0,\ v = v_0 = \text{const}$ $x = v_0 t + x_0 \quad v_0 = \dfrac{\Delta x}{t}$	gleichförmige Bewegung
$a = a_0 = \text{const}$	gleichmäßig beschleunigte Bewegung
$v = a_0 t + v_0$	a_0 konstante Beschleunigung v_0 Anfangsgeschwindigkeit
$x = \dfrac{a_0}{2} t^2 + v_0 t + x_0$	x_0 Anfangsort

Grafische Darstellung im x-t-Diagramm

Gleichförmige Bewegung:

Kurve 1: $x_0 = 0,\ v_0 > 0$

Gleichmäßig beschleunigte Bewegung:

Kurve 2: $x_0 = 0,\ v_0 = 0,\ a > 0$

Kurve 3: $x_0 > 0,\ v_0 > 0,\ a < 0$

Kurve 4: $x_0 > 0,\ v_0 = 0,\ a < 0$

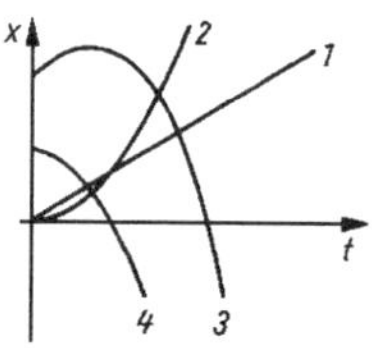

Grafische Darstellung im v-t-Diagramm

Gleichförmige Bewegung:
Kurve 1: $v_0 > 0$
Gleichmäßig beschleunigte Bewegung:
Kurve 2: $v_0 = 0, a > 0$
Kurve 3: $v_0 > 0, a < 0$

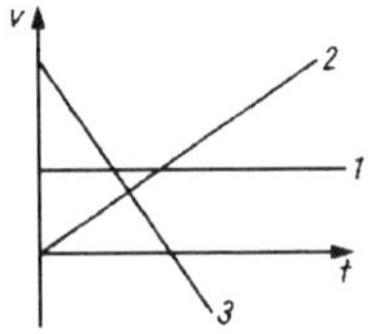

Freier Fall / Senkrechter Wurf

Gleichmäßig beschleunigte Bewegung mit $a = g = 9{,}81\ \frac{\mathrm{m}}{\mathrm{s}^2}$ (Fallbeschleunigung)

$s = \frac{g}{2}t^2$ Fallstrecke

$v = gt,\ v = \sqrt{2gs}$ Fallgeschwindigkeit

$h = v_0 t - \frac{g}{2}t^2$ Steighöhe

v_0 Abwurfgeschwindigkeit
$v_0 > 0$ Wurf nach oben
$v_0 < 0$ Wurf nach unten

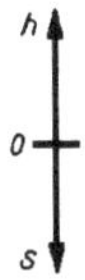

1.2 Bewegung in der Ebene

Beschreibungsgrößen

Ortsvektor:
$\vec{r}(t) = x(t)\vec{e}_x + y(t)\vec{e}_y$
Geschwindigkeitsvektor:
$\vec{v}(t) = v_x\vec{e}_x + v_y\vec{e}_y$
Beschleunigungsvektor:
$\vec{a}(t) = a_x\vec{e}_x + a_y\vec{e}_y$

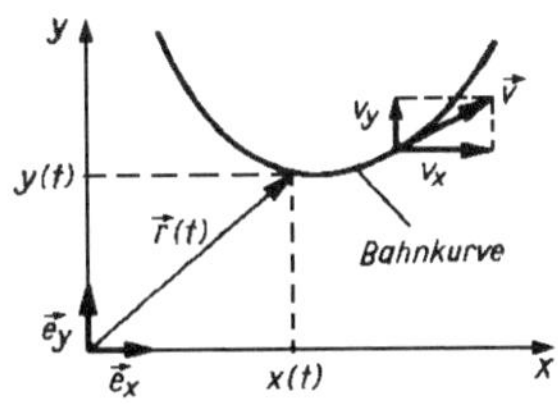

$\vec{e}_x$, $\vec{e}_y$ Einheitsvektoren in x- und y-Richtung $\left(|\vec{e}_x| = 1\right)$

Dabei gilt:

$$v_x = \frac{\mathrm{d}x}{\mathrm{d}t} \quad v_y = \frac{\mathrm{d}y}{\mathrm{d}t}$$

$$a_x = \frac{\mathrm{d}v_x}{\mathrm{d}t} \quad a_y = \frac{\mathrm{d}v_y}{\mathrm{d}t}$$

Superpositionsprinzip:

Die Komponenten von Bewegungen stören sich gegenseitig nicht. Sie können getrennt berechnet und nach der Vektorrechnung zu einer resultierenden Bewegung zusammengesetzt werden. Ebenso können komplizierte Bewegungen in Komponenten zerlegt und getrennt berechnet werden.

Schräger Wurf

Setzt sich aus einer horizontalen Bewegung $x(t)$ und einer Fallbewegung $y(t)$ zusammen.

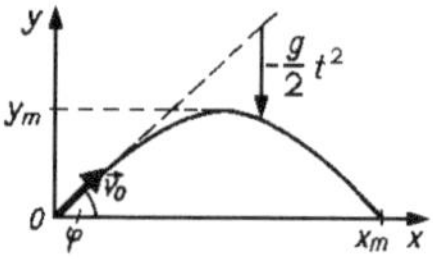

$x = v_0 \cos \varphi \, t$

$y = v_0 \sin \varphi \, t - \frac{g}{2} t^2$

Wurfparabel:

$y = x \tan \varphi - \frac{g x^2}{2 v_0^2 \cos^2 \varphi}$

φ Abwurfwinkel
v_0 Abwurfgeschwindigkeit

$x_m = \frac{v_0^2 \sin 2\varphi}{g}$ — Wurfweite (maximal bei $\varphi = 45°$)

$y_m = \frac{v_0^2 \sin^2 \varphi}{2g}$ — Steighöhe

$t_{y_m} = \frac{v_0 \sin \varphi}{g}$ — Steigzeit

Waagerechter Wurf:

$\varphi = 0 \quad y = -\frac{g}{2 v_0^2} x^2$

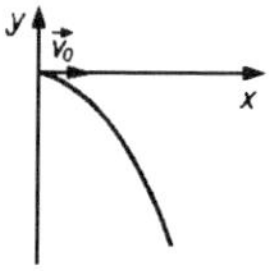

Bewegung auf dem Kreis (Rotation)

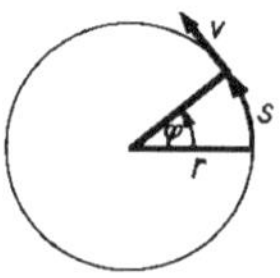

$s = r\varphi$ — Weg auf der Kreisbahn, r Bahnradius, φ Drehwinkel

$v = r\omega$ — Bahngeschwindigkeit, ω Winkelgeschwindigkeit

$a = r\alpha$ — Bahnbeschleunigung, α Winkelbeschleunigung

$\varphi_{\text{Bogen}} = \varphi_{\text{Grad}} \frac{2\pi}{360}$ — Winkelangabe erfolgt im Bogenmaß!

$\omega = \frac{d\varphi}{dt}$ — Winkelgeschwindigkeit

$\alpha = \frac{d\omega}{dt}$ — Winkelbeschleunigung

Die Kreisbewegung kann in periodische Bewegungen in x- und y-Richtung zerlegt werden:

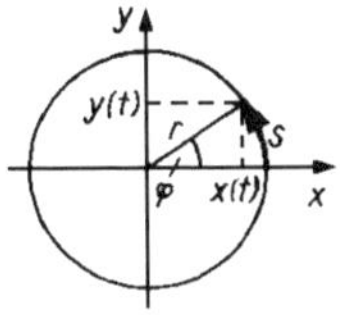

$x = r \cos \varphi(t)$

$y = r \sin \varphi(t)$

$r = \sqrt{x^2 + y^2} = \text{const}$

Spezielle Kreisbewegungen (Rotation)

Gleichförmige Kreisbewegung: $\alpha = 0$

$\omega = \frac{\varphi}{t} = \text{const} \quad \varphi = \omega t + \varphi_0$

$\omega = 2\pi f$ — f Frequenz

$\omega = 2\pi n$ — n Drehzahl

$T = \frac{2\pi}{\omega} = \frac{1}{f}$ — T Umlaufzeit

Gleichmäßig beschleunigte Kreisbewegung: $\alpha = \text{const}$

$\varphi = \frac{\alpha}{2} t^2 + \omega_0 t + \varphi_0$ — ω_0 Anfangswinkelgeschwindigkeit, φ_0 Anfangswinkel

Radialbeschleunigung

Bei gleichförmiger und bei ungleichförmiger Kreisbewegung muss eine Beschleunigung zum Mittelpunkt hin erfolgen, damit die Bewegung in die Kreisbahn gezwungen wird.

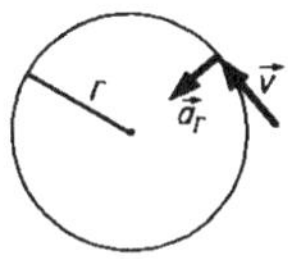

$a_r = \frac{v^2}{r} = \omega^2 r$ — Radialbeschleunigung

2 Dynamik

2.1 Newton'sche Axiome

1. Newton'sches Axiom

Ein kräftefreies Teilchen bleibt in Ruhe oder gleichförmig geradliniger Bewegung.

2. Newton'sches Axiom

Wirkt eine Kraft $\vec{F}$ auf eine Punktmasse m, so gilt die Newton'sche Bewegungsgleichung

$\vec{F} = m\vec{a}$ — Kraft = Masse mal Beschleunigung

$\vec{F} = F_x\vec{e}_x + F_y\vec{e}_y + F_z\vec{e}_z$ — Kraft als vektorielle Größe mit den Komponenten F_x, F_y, F_z; $\vec{e}_x, \vec{e}_y, \vec{e}_z$ Einheitsvektoren

Kräfte können in Komponenten in vorgegebenen Richtungen zerlegt werden. Wirken mehrere Kräfte gleichzeitig auf den Körper ein, können diese vektoriell zu einer resultierenden Kraft zusammengesetzt werden (Kräfteparallelogramm). Die Newton'sche Bewegungsgleichung gilt für die resultierende Kraft.

Speziell: schiefe Ebene

Die Gewichtskraft F_G wird zerlegt:

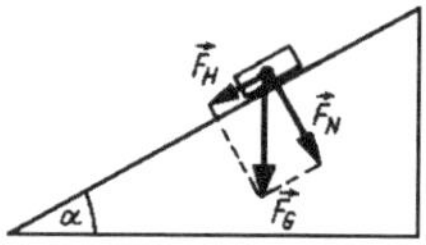

$F_H = F_G \sin\alpha$ — Hangabtriebskraft

$F_N = F_G \cos\alpha$ — Normalkraft

α Neigungswinkel

---

3. Newton'sches Axiom

Die von zwei Körpern aufeinander ausgeübten Kräfte sind stets gleich groß und einander entgegengerichtet.

$F_{12} = -F_{21}$ — Kraft = Gegenkraft. Kräfte treten nur paarweise auf.

Kräfte der Mechanik

$F = -kx$ — Federkraft (rücktreibende Kraft)
k Federkonstante

$F_G = mg$ — Gewichtskraft (Kraft im Schwerefeld der Erde)
g Fallbeschleunigung, m Masse

$F_R = \mu F_N$, $F_R = \mu_0 F_N$ — Reibungskraft, Wechselwirkung zwischen Flächen
μ Gleitreibungszahl
μ_0 Haftreibungszahl
F_N Normalkraft senkrecht zur Fläche

$F = G\dfrac{m_1 m_2}{r^2}$ — Gravitationskraft (Massenanziehung)
m_1, m_2 Massen der Körper, r Abstand der Körperschwerpunkte, G Gravitationskonstante

Neben diesen Wechselwirkungskräften treten in rotierenden Systemen **Trägheitskräfte** auf:

$F_Z = m\frac{v^2}{r} = m\omega^2 r$	Zentrifugalkraft (vom Drehpunkt weg gerichtet, muss bei Kreisbewegung durch eine Radialkraft kompensiert werden)
$F_C = 2mv\omega\,\sin(v,\omega)$	Coriolis-Kraft (wirkt auf den mit v bewegten Körper senkrecht zu v und senkrecht zur Rotationsachse) ω Winkelgeschwindigkeit

2.2 Translation

Grundgesetz der Translation

$\vec{F} = m\vec{a}$	Die Beschleunigung a zeigt in Richtung der Kraft F. m Masse

Arbeit

$W = \int_1^2 \vec{F}\,\mathrm{d}\vec{s}$	Arbeit der Kraft F längs des Weges s von 1 nach 2
Speziell gilt:	
$W = mgh$	Hubarbeit beim Anheben der Masse m auf die Höhe h g Fallbeschleunigung
$W = \mu F_N s$	Reibarbeit längs des Weges s μ Reibungszahl F_N Normalkraft
$W = \frac{1}{2}kx^2$	Arbeit zum Spannen einer Feder um x k Federkonstante

Energie

Energie bedeutet Arbeitsvermögen.

$E_k = \frac{1}{2}mv^2$	kinetische Energie (Energie der Bewegung) m Masse, v Geschwindigkeit
$E_p = -\int_1^2 \vec{F}\,\mathrm{d}\vec{s}$	potenzielle Energie, entspricht der Arbeit gegen die Kraft F beim Verschieben des Körpers von 1 nach 2

Speziell gilt:

$E_p = mgh$ — Änderung von E_p beim Anheben eines Körpers um h

$E_p = \frac{1}{2}kx^2$ — Änderung von E_p beim Spannen einer Feder um x

Energieerhaltungssatz der Mechanik

$$E_{k_1} + E_{p_1} = E_{k_2} + E_{p_2} = E_0 = \text{const}$$

Die Summe aus kinetischer und potenzieller Energie ist in einem System konstant. Der Energieerhaltungssatz gilt, wenn nur konservative Kräfte wirken. Bei diesen ist die verrichtete Arbeit nur vom Anfangs- und Endpunkt 1 und 2, nicht vom speziellen Weg von 1 nach 2 abhängig. Die Reibungskraft ist daher keine konservative Kraft.

Leistung, Wirkungsgrad

$P = \frac{\mathrm{d}W}{\mathrm{d}t}$ — Leistung P ist die auf die Zeit t bezogenen Arbeit W.

$P = Fv$ — Leistung, wenn die Kraft F den Körper mit der Geschwindigkeit v bewegt.

$\eta = \frac{P_{ab}}{P_{zu}}$ — Wirkungsgrad, Verhältnis von abgegebener zu zugeführter Leistung

Impuls, Impulserhaltungssatz

$\vec{p} = m\vec{v}$ — Impuls, Bewegungsgröße der Translation
Vektor in Richtung der Geschwindigkeit $\vec{v}$

In einem abgeschlossenen System, d. h., wenn keine äußeren Kräfte wirken, ist die Summe der Impulse konstant.

$\sum_i m_i\vec{v}_i = \vec{p}_0 = \text{const}$ — wenn $\sum_i \vec{F}_i^{\text{äußere}} = 0$

$\vec{p}_1 + \vec{p}_2 = \vec{p}_1' + \vec{p}_2'$ — Beispiel bei zwei Körpern

Anwendung: Rückstoßprinzip beim Raketenantrieb

Wirkt eine äußere Kraft F, gilt:

$\Delta\vec{p} = \int \vec{F}\mathrm{d}t$ — Änderung des Impulses = Kraftstoß

Gerader zentraler Stoß zweier Körper

Elastischer Stoß

Erhaltung des Impulses:
$m_1\vec{v}_1 + m_2\vec{v}_2 = m_1\vec{v}_1' + m_2\vec{v}_2'$
Erhaltung der kinetischen Energie:

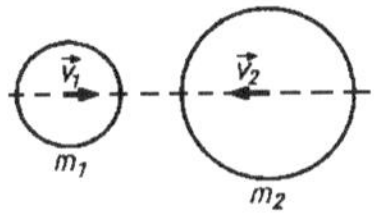

$$\frac{1}{2}m_1v_1^2 + \frac{1}{2}m_2v_2^2 = \frac{1}{2}m_1v_1'^2 + \frac{1}{2}m_2v_2'^2$$

$$v_1' = \frac{(m_1 - m_2)v_1 + 2m_2v_2}{m_1 + m_2}$$ Geschwindigkeit nach dem Stoß

$$v_2' = \frac{(m_2 - m_1)v_2 + 2m_1v_1}{m_1 + m_2}$$ Geschwindigkeit nach dem Stoß

Voll unelastischer Stoß

Erhaltung des Impulses:
$m_1v_1 + m_2v_2 = (m_1 + m_2)v'$

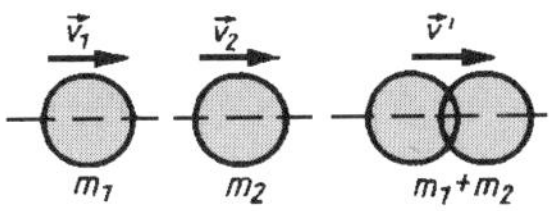

Verlust an kinetischer Energie:
$$\Delta E_k = \frac{m_1m_2}{2(m_1 + m_2)}(v_1 - v_2)^2$$

$$v' = \frac{m_1v_1 + m_2v_2}{m_1 + m_2}$$ gemeinsame Geschwindigkeit nach dem Stoß

2.3 Rotation

Grundgesetz der Rotation

$\vec{M} = J\vec{\alpha}$ — Drehmoment = Trägheitsmoment J mal Winkelbeschleunigung α

$\vec{M} = \vec{r} \times \vec{F}$

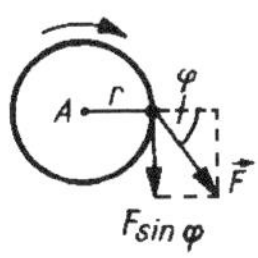

Drehmoment, ruft die Rotation hervor. Wirken mehrere Drehmomente, ist das resultierende Drehmoment einzusetzen.

$M = Fr\sin\varphi$ — Wirksam ist die Kraftkomponente senkrecht zum Radius r.
φ Winkel zwischen Kraft und Radius

Trägheitsmoment

$J = \int r^2 \mathrm{d}m$ — Trägheitsmoment, erfasst die Trägheit des starren, ausgedehnten Körpers gegen Rotation
r Abstand des Massenelements $\mathrm{d}m$ von der Drehachse

Spezielle Trägheitsmomente um Schwerpunktachsen

$J_\mathrm{S} = mr^2$ — dünner Kreisring 

$J_\mathrm{S} = \frac{1}{2}mr^2$ — Vollzylinder 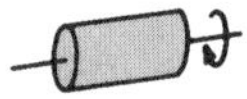

$J_\mathrm{S} = \frac{2}{5}mr^2$ — Vollkugel 

$J_\mathrm{S} = \frac{1}{12}ml^2$ — dünner Stab 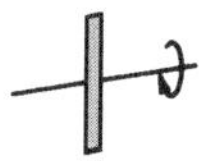

Satz von Steiner:

$J_\mathrm{A} = J_\mathrm{S} + ms^2$

Berechnung des Trägheitsmoments um eine Achse A im Abstand s, parallel zur Schwerpunktachse S

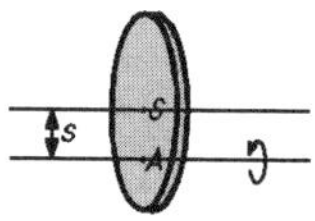

Arbeit, Leistung, Energie bei Rotation

$W = \int M \mathrm{d}\varphi$ — Arbeit des Drehmomentes M bei Drehung um den Winkel φ

$P = \frac{\mathrm{d}W}{\mathrm{d}t} = M\omega$ — Leistung, wenn das Drehmoment M die Winkelgeschwindigkeit ω bewirkt

$E_\mathrm{k} = \frac{J_\mathrm{A}}{2}\omega^2$ — kinetische Energie der Rotation

$\frac{m}{2}v^2 + \frac{J_\mathrm{A}}{2}\omega^2 + E_\mathrm{p} = \mathrm{const}$ — Energieerhaltungsatz bei Rotation mit Translation

Der Energieerhaltungssatz gilt, wenn nur konservative Kräfte wirken (s. Energieerhaltung bei Translation).

Drehimpuls, Drehimpulserhaltungssatz

$\vec{L} = J_\mathrm{A}\vec{\omega}$ — Drehimpuls, Bewegungsgröße der Rotation

$\frac{\mathrm{d}\vec{L}}{\mathrm{d}t} = \vec{M}$ — Änderung des Drehimpulses bei Wirkung eines Drehmoments M

$\sum_i \vec{L}_i = \vec{L}_0 = \text{const}$

Der Drehimpuls bleibt erhalten, wenn kein Drehmoment wirkt. Das bedeutet auch: Die Lage der Drehachse bleibt erhalten.

$J_1\omega_1 + J_2\omega_2 = J_1\omega_1' + J_2\omega_2'$

Drehstoß, Kupplungsvorgang
J_i Trägheitsmomente
ω_i Winkelgeschwindigkeiten

Präzession des Kreisels

Ein rotierender Kreisel sucht seine Richtung beizubehalten. Wirkt ein Moment, so drängt die Achse senkrecht zur beabsichtigten Schwenkrichtung davon.

$$\omega_\text{p} = \frac{M}{L \sin\alpha} = \frac{mgs}{J_\text{S}\omega}$$

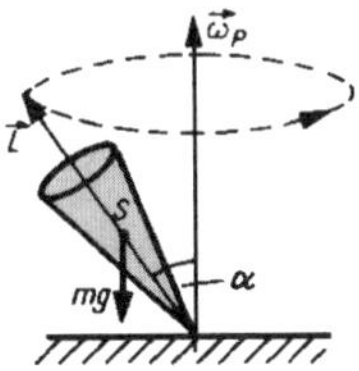

Präzessionsfrequenz eines Kreisels im Schwerefeld der Erde
ω Rotationsfrequenz des Kreisels,
α Neigungswinkel, s Abstand Schwerpunkt – Unterstützungspunkt

Kepler'sche Gesetze

1. Kepler'sches Gesetz:

Jeder Planet bewegt sich auf einer Ellipsenbahn, in deren einem Brennpunkt die Sonne steht.

2. Kepler'sches Gesetz:

Ein von der Sonne zum Planeten gezogener Leitstrahl überstreicht in gleichen Zeiten gleiche Flächen.

$$\frac{\Delta A}{\Delta t} = \text{const}$$

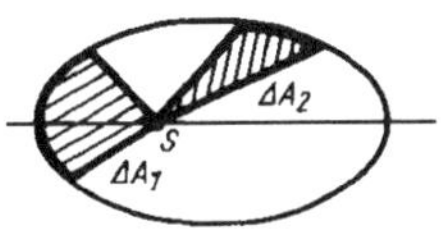

3. Kepler'sches Gesetz:

$$\frac{T_1^2}{T_2^2} = \frac{a_1^3}{a_2^3}$$

Die Quadrate der Umlaufzeiten T zweier Planeten verhalten sich wie die Kuben der großen Halbachsen a ihrer Bahnen.

Kosmische Geschwindigkeiten

$$v_{\text{k}_1} = \sqrt{\frac{Gm_\text{Erde}}{r}} \approx \sqrt{gr_\text{Erde}} = 7{,}9\,\frac{\text{km}}{\text{s}}$$

1. kosmische Geschwindigkeit eines Satelliten auf einer Kreisbahn im Abstand r vom Erdmittelpunkt

$$v_{k_2} = \sqrt{\frac{2Gm_{\mathrm{Erde}}}{r_{\mathrm{Erde}}}} = 11{,}2\,\frac{\mathrm{km}}{\mathrm{s}}$$

2. kosmische Geschwindigkeit, die ein Satellit haben muss, um der Erdanziehung zu entkommen
G Gravitationskonstante, m_{Erde} Erdmasse, r_{Erde} Erdradius

3 Schwingungen und Wellen

3.1 Freie ungedämpfte Schwingungen

Harmonische Schwingungen

Harmonische Schwingungen folgen Kosinus- bzw. Sinus-Funktionen.

$$x = x_{\mathrm{m}} \cos(\omega_0 t + \alpha)$$

Orts-Zeit-Funktion

- x Elongation, momentane Auslenkung
- x_{m} Amplitude, maximale Auslenkung
- ω_0 Kreisfrequenz, Winkelgeschwindigkeit, Eigenkreisfrequenz des Systems
- α Nullphasenwinkel bei $t = 0$
- $\omega_0 t + \alpha$ Phasenwinkel zur Zeit t

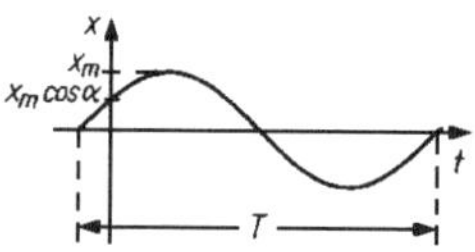

$$\ddot{x} + \omega_0^2 x = 0$$

Differenzialgleichung einer Schwingung. Die Beschleunigung $\ddot{x}$ ist gegen die Auslenkung x gerichtet.

Es gilt:

$$\omega_0 = 2\pi f = \frac{2\pi}{T}$$

f Frequenz
T Periodendauer, Schwingungsdauer mit $x(t) = x(t + T)$

Harmonische Oszillatoren (Schwinger)

1. Linearer Federschwinger

$$F_x = -kx$$

rücktreibende Federkraft
k Federkonstante
m Masse des Schwingers

$$\omega_0^2 = \frac{k}{m} \quad T = 2\pi\sqrt{\frac{m}{k}}$$

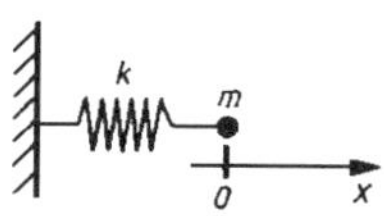

2. Drehpendel

$M_A = -D\varphi$

rücktreibendes Moment

D Richtmoment der Spiralfeder (Drehfederkonstante)

J_A Trägheitsmoment

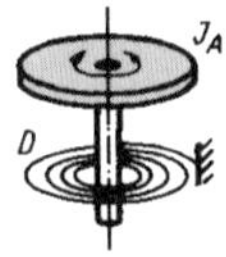

$\omega_0^2 = \frac{D}{J_A} \quad T = 2\pi\sqrt{\frac{J_A}{D}}$

3. Physikalisches Pendel:

starrer Körper, um feste Achse A gelagert

$M = -mgs\sin\varphi \approx -mgs\varphi$

rücktreibendes Moment für kleine Winkel ($\varphi \ll 1$)

$\omega_0^2 = \frac{mgs}{J_A} \quad T = 2\pi\sqrt{\frac{J_A}{mgs}}$

J_A Trägheitsmoment

s Abstand Drehachse – Schwerpunkt

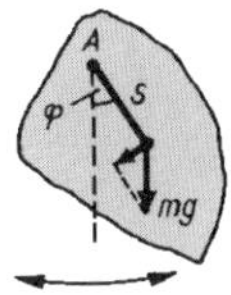

$l^* = \frac{J_A}{ms} \quad T = 2\pi\sqrt{\frac{l^*}{g}}$

l^* reduzierte Pendellänge

m Masse des Pendelkörpers

g Fallbeschleunigung

4. Mathematisches Pendel:

Punktmasse am masselosen Faden

$\omega_0^2 = \frac{g}{l} \quad T = 2\pi\sqrt{\frac{l}{g}}$

l Pendellänge

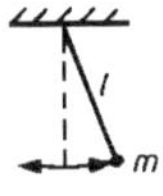

Zeigerdarstellung

Die Projektion einer gleichförmigen Kreisbewegung stimmt mit einer harmonischen Schwingung überein. Es können gleichzeitig mehrere Schwingungen und ihre Überlagerung dargestellt werden.

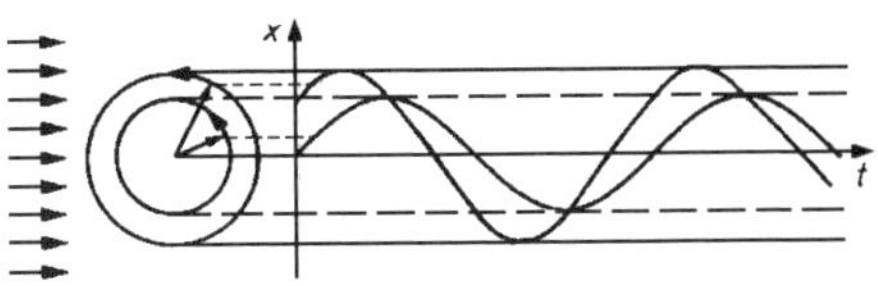

3.2 Gedämpfte Schwingungen

Orts-Zeit-Funktion
$x = x_m \mathrm{e}^{-\delta t} \cos \omega t$

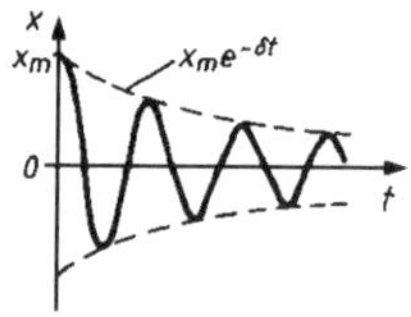

Differenzialgleichung
$\ddot{x} + 2\delta \dot{x} + \omega_0^2 x = 0$

Winkelgeschwindigkeit
$\omega = \sqrt{\omega_0^2 - \delta^2}$

ω_0 Eigenkreisfrequenz des ungedämpften Systems

Für den Federschwinger gilt:
$\omega_0^2 = \frac{k}{m} \quad \delta = \frac{r}{2m}$

k Federkonstante
r Reibungskonstante
m Masse
δ Abklingkoeffizient

$\frac{x(t+T)}{x(t)} = \mathrm{e}^{-\delta T}$

Abklingen der Elongation in einer Periode T

$\Lambda = \ln \frac{x(t)}{x(t+T)} = \delta T$

logarithmisches Dekrement der gedämpften Schwingung

Je nach der Größe der Dämpfung unterscheidet man:

$\omega_0^2 > \delta^2$ Schwingfall (Kurve 1)
$\omega_0^2 = \delta^2$ aperiodischer Grenzfall, exponentielle Rückkehr in die Ausgangslage (Kurve 2)
$\omega_0^2 < \delta^2$ Kriechfall (Kurve 3)

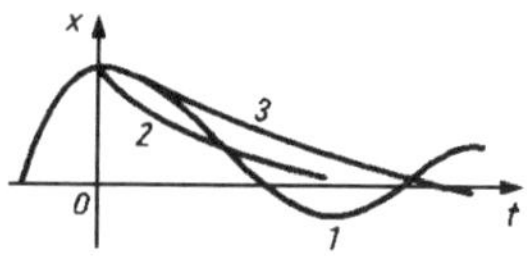

3.3 Erzwungene Schwingungen

Ein gedämpftes Schwingungssystem (Resonator) wird einer harmonisch veränderlichen Kraft ausgesetzt (Erreger, z. B. $F = k y_m \cos \omega t$). Nach einer Einschwingzeit schwingt das System nicht mehr mit der Eigenkreisfrequenz ω_0, sondern mit der Frequenz ω des Erregers.

Im stationären, d. h. im eingeschwungenen Zustand, gilt:

$x = x_m \cos(\omega t - \alpha)$

Orts-Zeit-Funktion
ω Frequenz des Erregers

$$\tan\alpha = \frac{2\omega\delta}{\omega_0^2 - \omega^2}$$

α Phasendifferenz zwischen Resonator- und Erregerschwingung
ω_0 Eigenkreisfrequenz des Systems

Amplitudenverhältnis Resonator – Erreger

$$\frac{x_m}{y_m} = \frac{\omega_0^2}{\sqrt{(\omega_0^2 - \omega^2)^2 + (2\omega\delta)^2}}$$

Für den Federschwinger gilt:

$$\omega_0^2 = \frac{k}{m} \qquad \delta = \frac{r}{2m}$$

m Masse
k Federkonstante
δ Abklingkoeffizient
r Reibungskonstante

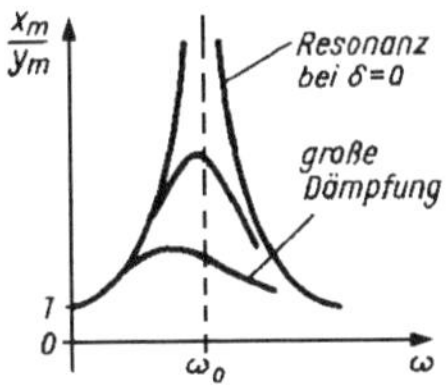

Resonanz

$\omega = \omega_0$

Eigenfrequenz des Systems und Erregerfrequenz stimmen überein. Bei schwachgedämpften Systemen kann es zur Resonanzkatastrophe kommen.

3.4 Überlagerung von Schwingungen

Schwingungsfähige Systeme führen häufig mehrere Schwingungen gleichzeitig aus, wobei sich die Schwingungen durch Richtung, Amplitude, Phase und Frequenz unterscheiden können.

Überlagerung zueinander senkrechter Schwingungen

$x = x_m \cos\omega_1 t$

$y = y_m \cos(\omega_2 t + \Delta\varphi)$

x, y Elongationen
x_m, y_m Amplituden
ω_1, ω_2 Kreisfrequenzen
$\Delta\varphi$ Phasenwinkeldifferenz

Bei $\omega_1 = \omega_2$ ergeben sich je nach Amplituden- und Phasenbeziehungen Geraden, Kreise oder Ellipsen. Unterscheiden sich auch die Frequenzen, ergeben sich die Lissajous-Figuren.

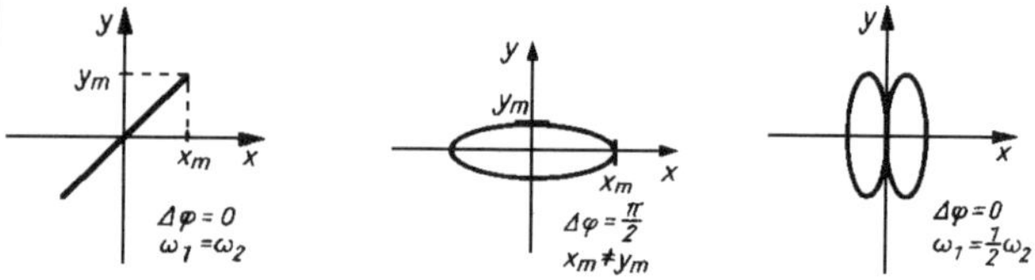

Überlagerung von Schwingungen gleicher Richtung

$x_1 = x_m \cos(\omega_1 t + \varphi_1)$ $\quad$ $x_2 = x_m \cos(\omega_2 t + \varphi_2)$

$$x_{res} = 2x_m \cos\left(\frac{\omega_1 - \omega_2}{2}t + \frac{\varphi_1 - \varphi_2}{2}\right)\cos\left(\frac{\omega_1 + \omega_2}{2}t + \frac{\varphi_1 + \varphi_2}{2}\right)$$

Bei $\omega_1 = \omega_2$ gilt: $x_{res} = 2x_m \cos\frac{\Delta\varphi}{2}\cos\left(\omega t + \frac{\varphi_1 + \varphi_2}{2}\right)$

$2x_m \cos\frac{\Delta\varphi}{2}$ — neue Amplitude der resultierenden Schwingung

$\Delta\varphi = 0, \pm 2\pi, \pm 4\pi, \ldots$ — Phasendifferenzen für maximale Verstärkung

$\Delta\varphi = \pm\pi, \pm 3\pi, \pm 5\pi, \ldots$ — Phasendifferenzen für Auslöschung

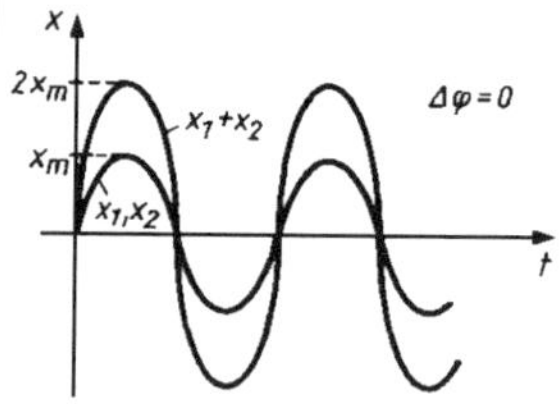

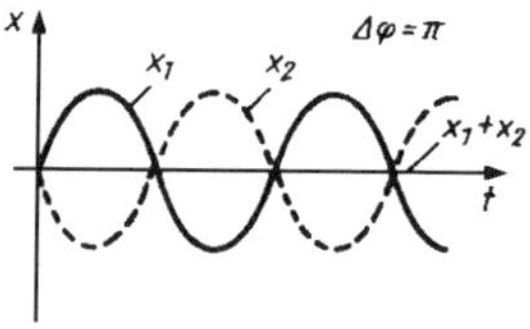

Schwebung

Schwingungen mit periodisch anschwellender oder abklingender Amplitude bei $\omega_1 \approx \omega_2$

$$x_{res} = 2x_m \cos\frac{\Delta\omega}{2}t \cos\frac{\omega_1 + \omega_2}{2}t$$

$T_S = \frac{2\pi}{\Delta\omega}$ Schwebungsdauer

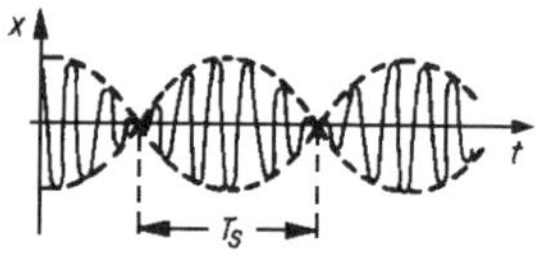

3.5 Wellenausbreitung

In der Welle erfolgt eine Kopplung der schwingenden Elemente und damit eine Übertragung des Schwingungsvorganges auf benachbarte Elemente. Die Welle kann von Teilchen (mechanische Wellen) oder von Feldern (elektromagnetische Wellen) getragen werden.

Longitudinal- und Transversalwellen

Longitudinalwellen:

Schwingungsrichtung $\vec{u}$ und Ausbreitungsrichtung $\vec{c}$ der Welle fallen zusammen

Beispiel: Schallwellen

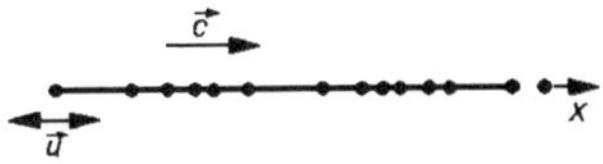

Transversalwellen:

Schwingungsrichtung $\vec{u}$ und Ausbreitungsrichtung $\vec{c}$ der Welle stehen senkrecht aufeinander

Beispiel: Seilwellen, elektromagnetische Wellen

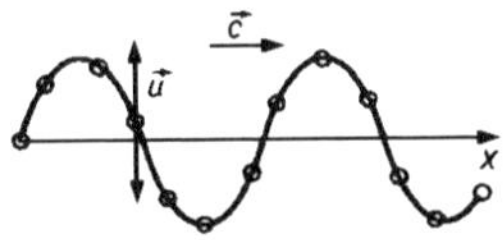

Beschreibungsgrößen einer Welle

$u = u_m \cos(\omega t \mp kx)$

Orts-Zeit-Funktion einer Welle
− bedeutet Ausbreitung nach rechts
+ bedeutet Ausbreitung nach links

$u = u_m \cos 2\pi \left(\frac{t}{T} \mp \frac{x}{\lambda}\right)$

andere Darstellung der Orts-Zeit-Funktion

$\omega = \frac{2\pi}{T}$ Kreisfrequenz, Winkelgeschwindigkeit

$\omega = 2\pi f$, f Frequenz

$k = \frac{2\pi}{\lambda}$ Wellenzahl, gibt als Wellenzahlvektor $\vec{k}$ die Ausbreitungsrichtung der Welle an

$u = u(x,t)$ Elongation, Auslenkung an der Stelle x zum Zeitpunkt t

u_m Amplitude, maximale Auslenkung

λ Wellenlänge, kleinster räumlicher Abstand zweier Punkte gleicher Phase

T Periodendauer, kleinste Zeitdifferenz zwischen zwei gleichen Phasen am Ort x

Darstellung einer harmonischen Welle

Zeitabhängigkeit für einen festen Ort x_0:

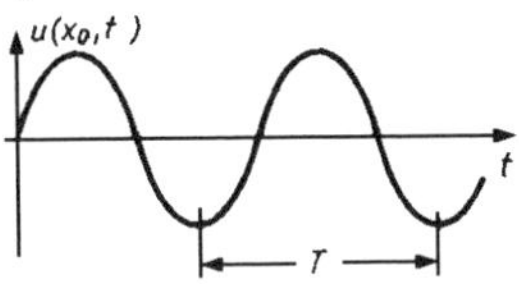

Ortsabhängigkeit für eine feste Zeit t_0:

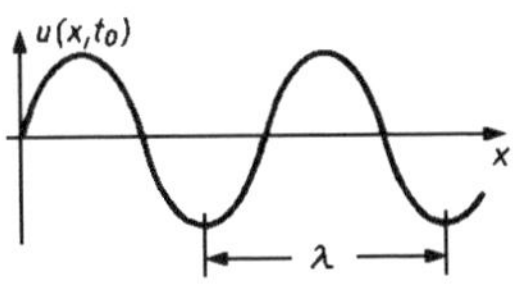

Die Darstellung erfolgt auch mittels Wellenfronten, das sind Flächen gleicher Phase, z. B. bei Kugelwellen sind das Kugelflächen, bei ebenen Wellen sind es Ebenen.

Phasengeschwindigkeit c — → 4.1 Schallwellen

$c = \lambda f = \frac{\omega}{k}$ — Ausbreitungsgeschwindigkeit der Phase

$\frac{1}{c^2}\frac{\partial^2 u}{\partial t^2} - \frac{\partial^2 u}{\partial x^2} = 0$ — Differenzialgleichung einer Welle, $c^2 = \frac{\omega^2}{k^2}$

$c = \sqrt{\frac{\sigma}{\varrho}}$ — Seilwelle (transversal), σ Seilspannung, ϱ Dichte

$c = \sqrt{\frac{E}{\varrho} \cdot \frac{1-\nu}{(1+\nu)(1-2\nu)}}$ — Longitudinalwelle im ausgedehnten Körper, E Elastizitätsmodul, ϱ Dichte, ν Querkontraktionsszahl (→ Technische Mechanik)

$c = \sqrt{\frac{E}{\varrho}}$ — Longitudinalwellen in Stäben, E Elastizitätsmodul, ϱ Dichte

$c = \sqrt{\frac{G}{\varrho}}$ — Transversalwellen in Stäben, G Schubmodul, ϱ Dichte

$I = \frac{1}{2} c \varrho \omega^2 u_{\mathrm{m}}^2$ — **Intensität** einer mechanischen Welle (Energie bezogen auf Zeit und Fläche)

3.6 Überlagerung von Wellen

Superpositionsprinzip: Wellen überlagern sich ungestört in einem linearen Medium.

Interferenz

Überlagerung von Wellen. Die resultierende Welle ist in jedem Punkt die Summe der Auslenkungen aller beteiligten Wellen (Beweis für die Wellennatur einer Erscheinung).

Für zwei harmonische Wellen gleicher Amplitude und gleicher Frequenz gilt:

$$u_{\mathrm{res}} = u_{\mathrm{m}} \cos(\omega t - kx) + u_{\mathrm{m}} \cos(\omega t - kx + \varphi)$$
$$= \underbrace{2u_{\mathrm{m}} \cos\frac{\varphi}{2}}_{\text{neue Amplitude}} \cos\left(\omega t - kx + \frac{\varphi}{2}\right)$$

φ	Phasendifferenz der Wellen, kann durch einen Gangunterschied δ bedingt sein
$\delta = \dfrac{\varphi}{2\pi}\lambda$	Umrechnung zwischen Gangunterschied und Phasendifferenz
$\varphi = m2\pi$ $\delta = m\lambda$	maximale Verstärkung (konstruktive Interferenz)
$\varphi = \left(m + \dfrac{1}{2}\right)2\pi$ $\delta = \left(m + \dfrac{1}{2}\right)\lambda$	Auslöschung (destruktive Interferenz) $m = 0, \pm 1, \pm 2, \pm 3, \ldots$

Schwebung

Periodisch anschwellende und abklingende Amplitude. Tritt ein bei Überlagerung zweier Wellen mit schwach unterschiedlicher Frequenz ($f' \approx f$, Abb. s. bei Schwebung weiter vorn):

$$u_{\mathrm{res}} = \underbrace{2u_{\mathrm{m}}\cos\left[2\pi\frac{f'-f}{2}\left(\frac{x}{c}-t\right)\right]}_{\text{langsam veränderliche Amplitude}}\cos\left[2\pi\frac{f'+f}{2}\left(\frac{x}{c}-t\right)\right]$$

$c_{\mathrm{gr}} = \dfrac{\mathrm{d}\omega}{\mathrm{d}k} = c - \lambda\dfrac{\mathrm{d}c}{\mathrm{d}\lambda}$	Gruppengeschwindigkeit einer Wellengruppe bei Schwebung

Stehende Wellen treten auf bei Überlagerung von einlaufenden und reflektierten Wellen

Bei Reflexionen können Phasensprünge eintreten:

Phasensprung π	Reflexion am festen Ende oder am dichteren Medium
Phasensprung 0	Reflexion am losen Ende oder dünneren Medium

Reflexion am festen Ende:

$$\begin{aligned} u_{\mathrm{res}} &= u_{\mathrm{m}}\cos(\omega t - kx) + u_{\mathrm{m}}\cos(\omega t + kx + \pi) \\ &= -2u_{\mathrm{m}}\sin kx \sin \omega t \end{aligned}$$

Knoten bilden sich bei:

$\sin kx = \sin\dfrac{2\pi}{\lambda}x = 0,$

d. h., bei $x = 0, \dfrac{\lambda}{2}, \lambda, \dfrac{3}{2}\lambda, \ldots$

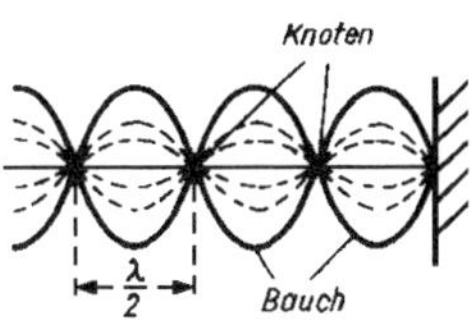

4 Schallwellen/Akustik

4.1 Beschreibung von Schallwellen

Schallwellen sind Wellen in elastischen Medien.

16 Hz … 20 kHz	Hörschall
< 16 Hz	Infraschall (Gebäudeschwingungen, Verkehrserschütterungen)
> 20 kHz	Ultraschall

Schallgeschwindigkeit

Schallgeschwindigkeit in Festkörpern

→ Wellenausbreitung; 3.5	Bei 20 °C: Blei 1300 m/s, Glas 5500 m/s, Stahl 5000 m/s

Schallgeschwindigkeit in Flüssigkeiten

$c = \sqrt{\dfrac{K}{\varrho}}$	K Kompressionsmodul, ϱ Dichte Bei 20 °C: Wasser 1485 m/s, Benzol 1320 m/s, Glycerin 1923 m/s

Schallgeschwindigkeit in Gasen

$c = \sqrt{\dfrac{\varkappa p}{\varrho}}$	$\varkappa = c_p/c_v$ Adiabatenexponent, p Druck, ϱ Dichte Bei 0 °C: Luft 332 m/s, Helium 971 m/s, Kohlendioxid 258 m/s

Die Schallgeschwindigkeiten sind über die Dichte temperaturabhängig. Für Luft gilt:

$c = (331{,}6 + 0{,}6\vartheta)\,\mathrm{m/s}$	Schallgeschwindigkeit in Luft ϑ in °C

4.2 Schallfeldgrößen

Die Schallwellen in Luft sind Longitudinalwellen (→ oben).

$s(x,t) = s_0 \cos(\omega t - kx)$	Orts-Zeit-Funktion der Welle s Auslenkung eines Teilchens

Es gelten die oben eingeführten Beziehungen zwischen den Beschreibungsgrößen:

$c = \lambda f = \dfrac{\omega}{k}$ — λ Wellenlänge, f Frequenz; ω Winkelgeschwindigkeit; k Wellenzahl

Kammerton a (Normstimmton): $f = 440$ Hz, $\lambda = 0{,}777$ m

$v = \dfrac{\mathrm{d}s}{\mathrm{d}t} = -\omega s_0 \sin(\omega t - kx) = v_0 \sin(\omega t - kx)$ — Schallschnelle, Verschiebungsgeschwindigkeit

$p = \varrho c^2 k s_0 \sin(kx - \omega t)$ — Schalldruck, ϱ Dichte

$p = \varrho c v$ — Schalldruck

$I = \dfrac{1}{2}\varrho(\omega s_0)^2 c$ — Schallintensität, Schallstärke (Leistung pro Fläche)

4.3 Bewertung der Schallintensität

$L = 10 \lg \dfrac{I}{I_0} = 20 \lg \dfrac{p}{p_0}$ — Schallpegel, gemessen in dB (Dezibel)
$I_0 = 1 \cdot 10^{-12}\ \mathrm{W/m^2}$ Hörschwelle
$p_0 = 2 \cdot 10^{-5}\ \mathrm{N/m^2}$ Bezugsschalldruck

$L_N = 10 \lg \dfrac{I_{sub}}{I_{0,sub}}$ — Lautstärkepegel, gemessen in Phon
Maß für das subjektive Schallempfinden
Bei 1000 Hz gilt: $L_N = L$

4.4 Doppler-Effekt

Bei Relativbewegung von Schallquelle und Schallempfänger tritt eine Frequenzänderung ein, bei Annäherung Frequenzerhöhung, bei Entfernung Frequenzerniedrigung.

Ruhende Schallquelle, mit v bewegter Empfänger

$f' = f_0 \left(1 \pm \dfrac{v}{c}\right)$

- $+$ bei Annäherung
- $-$ bei Entfernung
- f' empfangene Frequenz
- f_0 abgestrahlte Frequenz
- c Schallgeschwindigkeit

Mit v bewegte Schallquelle, ruhender Empfänger

$$f' = f_0 \frac{1}{1 \mp \frac{v}{c}}$$

$-$ bei Annäherung
$+$ bei Entfernung

► DIN 1320 Akustik; Begriffe

5 Mechanik der Flüssigkeiten und Gase

5.1 Ruhende Flüssigkeiten und Gase

Druck in Flüssigkeiten und Gasen

$$p = \frac{F}{A}$$

Druck (Kraft F pro Fläche A)

$$p = \frac{F_1}{A_1} = \frac{F_2}{A_2} = \text{const}$$

Allseitigkeit des Druckes: An jeder Stelle der Wand und im Inneren der Flüssigkeit ist der Druck gleich. ($\rightarrow$ hydraulische Presse)

$$p = \varrho g h$$

Schweredruck, hängt nur von der Höhe h der Flüssigkeitssäule, nicht von der Grundfläche oder der Form des Gefäßes ab. (hydrostatisches Paradoxon)

$$p = p_0 \, \mathrm{e}^{-\frac{\varrho_0 g h}{p_0}}$$

Barometrische Höhenformel für den Abfall des Atmosphärendrucks mit der Höhe h

ϱ_0, p_0 Dichte und Druck am Boden
g Fallbeschleunigung

Auftrieb (Archimedisches Prinzip)

$$F_\mathrm{A} = m_\mathrm{Fl} g = \varrho_\mathrm{Fl} g V$$

Ein in eine Flüssigkeit eingetauchter Körper erfährt eine Auftriebskraft F_A, die gleich der Gewichtskraft der verdrängten Flüssigkeitsmenge ist.
$\varrho = m/V$ Dichte, V Volumen

$\rightarrow$ Dichtebestimmung:

$$\varrho = \frac{\varrho_\mathrm{Fl} G}{G - G_\mathrm{F}}$$

ϱ Dichte des festen Körpers
ϱ_Fl Dichte der Flüssigkeit
G Gewichtskraft an Luft
G_F Gewichtskraft in der Flüssigkeit

5.2 Strömende Flüssigkeiten und Gase

$q_m = \frac{\mathrm{d}m}{\mathrm{d}t} = \varrho v A$ — Massenstrom durch die Fläche A; ϱ Dichte, v Geschwindigkeit

$q_V = \frac{\mathrm{d}V}{\mathrm{d}t} = Av$ — Volumenstrom durch die Fläche A

Kontinuitätsgleichung

für inkompressible Flüssigkeiten

$A_1 v_1 = A_2 v_2 = q_V = \text{const}$

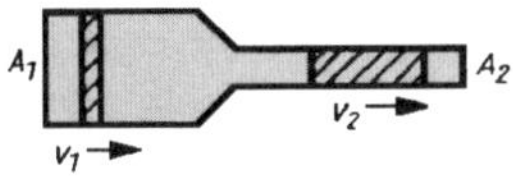

Bernoulli-Gleichung

$$p + \frac{1}{2}\varrho v^2 + \varrho g h = p_0 = \text{const}$$

p	statischer Druck
$\frac{1}{2}\varrho v^2$	dynamischer Druck (Staudruck)
$\varrho g h$	Schweredruck
p_0	Gesamtdruck

Die Bernoulli-Gleichung gilt für ideale Flüssigkeiten (inkompressibel, keine innere Reibung), aber auch angenähert für reale Flüssigkeiten und Gase.

Hydrodynamisches Paradoxon

Aus $p_1 - p_2 = \frac{\varrho}{2}(v_2^2 - v_1^2)$ und der Kontinuitätsgleichung ($v_2 > v_1$) folgt, dass an einer Verengung ein Unterdruck ($p_2 < p_1$) herrscht.

Anwendungen: Vergaserdüsen, Zerstäuber usw.

Ausflussgesetz (Ausströmen aus einem Loch)

Ausströmgeschwindigkeit

$$v = \sqrt{\frac{2(p - p_a)}{\varrho} + 2gh}$$

p Druck auf die Flüssigkeitsoberfläche, p_a Außendruck

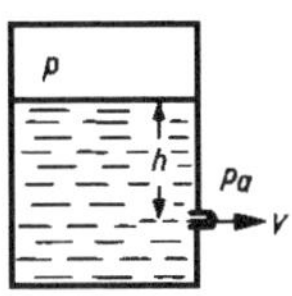

Torricellis Gesetz

$v = \sqrt{2gh}$ — Ausströmgeschwindigkeit bei $p = p_a$

$q_m = \mu \varrho v A$ — q_m Massenstrom, μ Ausflusszahl ($\mu = 0{,}62$ bei Kreisloch)

Innere Reibung bei laminarer Strömung (Schichtströmung)

Newton'sches Reibungsgesetz

$$F_R = \eta A \frac{dv}{dz}$$

η dynamische Viskosität (Zähigkeit)

$\frac{dv}{dz}$ Geschwindigkeitsabfall senkrecht zur Strömung

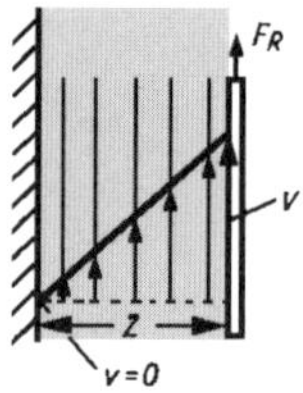

Stokes'sches Gesetz

$F_R = -6\pi\eta v r$ — Reibung einer laminaren Strömung um eine Kugel mit dem Radius r

Gesetz von Hagen-Poiseuille

$$\frac{dV}{dt} = \frac{\pi(p_1 - p_2)}{8\eta l} R^4$$

Volumenstrom durch ein Rohr
l Rohrlänge, R Rohrradius
η dynamische Viskosität
$p_1 - p_2$ Druckdifferenz zwischen den Rohrenden

Strömungswiderstand bei turbulenter (Wirbel-)Strömung

$$F_R = c_w \frac{\varrho}{2} v^2 A$$

c_w Widerstandsbeiwert, abhängig von der Form des Körpers (Kugel 0,1…0,4; Stromlinienkörper 0,05)

$$Re = \frac{\varrho l v}{\eta}$$

Reynolds'sche Zahl

Körper mit gleicher Reynolds'scher Zahl zeigen gleiche Strömungsverhältnisse.

$Re < 2000$ laminare Strömung
$Re > 3000$ turbulente Strömung

6 Wärme

6.1 Wärme und Temperatur

Wärme Q (in J oder W s) ist die Energie, die von einem Körper höherer Temperatur auf einen niederer Temperatur übergeht. Sie ist die Energie der Bewegung der atomaren bzw. molekularen Teilchen (Schwingungen in Festkörpern und Flüssigkeiten, Translationen in Gasen). Sie ist als *innere Energie* U im System gespeichert.

Temperatur T oder t (in K oder °C) ist die qualitative Größe der Wärme und ein Maß für die mittlere Bewegungsenergie der Teilchen.

Absolute Temperaturskala nach Kelvin:	0 K bedeuten keine Wärmebewegung der Teilchen; absoluter Nullpunkt
Celsius-Skala:	0 °C entspricht dem Eispunkt, 100 °C dem Siedepunkt des Wassers, −273,15 °C entspricht dem absoluten Nullpunkt
$t/°\mathrm{C} = T/\mathrm{K} - 273{,}15$	Umrechnung zwischen Celsius- und Kelvin-Skala
$\Delta T/\mathrm{K} = \Delta t/°\mathrm{C}$	Temperaturdifferenzen sind in beiden Skalen gleich

Achtung: In vielen Gleichungen der Wärme (bes. in 6.3) ist die Kelvin-Temperatur einzusetzen!

Thermische Ausdehnung

$l_2 = l_1(1 + \alpha\Delta t)$	Längenausdehnung fester Körper α Längenausdehnungskoeffizient
$V_2 = V_1(1 + \beta\Delta t)$	Volumenausdehnung fester und flüssiger Körper $\beta \approx 3\alpha$ Volumenausdehnungskoeffizient
$\varrho_2 = \varrho_1/(1 + \beta\Delta t)$	Dichteänderung bei Temperaturänderung
$V_1 = V_0(1 + \gamma\Delta t)$	Volumenausdehnung der Gase V_0 Gasvolumen bei 0 °C γ Volumenausdehnungskoeffizient
$\gamma = 0{,}003\,661\ \mathrm{K}^{-1}$	gilt für ideale Gase und näherungsweise für reale Gase

6.2 Kalorimetrie

$\Delta Q = mc\Delta T$	zu- oder abgeführte Wärme
$c = \frac{1}{m} \cdot \frac{\Delta Q}{\Delta T}$	spezifische Wärmekapazität, sie gibt die Wärme an, die erforderlich ist, um 1 kg eines Stoffes um 1 K zu erwärmen
$c_m = \frac{c_1 m_1 + c_2 m_2 + \ldots}{m_1 + m_2 + \ldots}$	spezifische Wärmekapazität bei Stoffgemischen

$C = mc$	Wärmekapazität eines Körpers (z. B. eines Kalorimeters), sie gibt die Wärme an, um den Körper um 1 K zu erwärmen
Für *Gase* ist zu unterscheiden:	
c_V	spezifische Wärmekapazität bei konstantem Volumen
c_p	spezifische Wärmekapazität bei konstantem Druck, ist größer als c_V, da zusätzlich Volumenarbeit verrichtet wird
$c_p - c_V = R/M$	R allgemeine Gaskonstante, M molare Masse (→ 6.3)
$C_m = Mc$	molare Wärmekapazität, sie gibt die Wärme an, die erforderlich ist, um 1 mol eines Stoffes um 1 K zu erwärmen

Richmann'sche Mischungsregel für zwei Körper

$c_1 m_1(t_1 - t_m) = c_2 m_2(t_m - t_2)$	abgegebene Wärme = aufgenommene Wärme
$t_m = \dfrac{c_1 m_1 t_1 + c_2 m_2 t_2}{c_1 m_1 + c_2 m_2}$	t_m Mischungstemperatur

Kalorimeterformel

$$m_w c_w(t_m - t_w) + C_K(t_m - t_w) = m_2 c_2(t_2 - t_m)$$

C_K Wärmekapazität des Kalorimeters
m_w, c_w, t_w Werte des Wassers
t_m Mischungstemperatur
m_2, c_2, t_2 Werte des 2. Körpers

Speziell: Bestimmung der spezifischen Wärmekapazität des Körpers 2

$$c_2 = \frac{(m_w c_w + C_K)(t_m - t_w)}{m_2(t_2 - t_m)}$$

6.3 1. Hauptsatz und Zustandsänderungen idealer Gase

Zustandsgleichungen, Volumenarbeit

$$\frac{p_1 V_1}{T_1} = \frac{p_2 V_2}{T_2}$$

allgemeine Zustandsgleichung des idealen Gases (1. Form)
p, V, T Zustandsgrößen

$pV = nRT$

allgemeine Zustandsgleichung des idealen Gases (2. Form)
n Stoffmenge in mol (→ 8.1)
$R = 8{,}314\,\mathrm{J/(mol\,K)}$ allgemeine Gaskonstante

$pV = mR^*T$

$R^* = R/M$ spezielle Gaskonstante,
M molare Masse (→ 8.1)

Normbedingungen, Molvolumen (molares Volumen)

$p_n = 101{,}325\,\mathrm{kPa}$ Normdruck

$T_n = 273{,}15\,\mathrm{K}$ Normtemperatur

$V_{mol} = 22{,}41$
$= 22{,}410^{-3}\,\mathrm{m^3}$

Molvolumen, Volumen für 1 mol eines idealen Gases unter Normbedingungen

$$W = -\int_{V_1}^{V_2} p\,\mathrm{d}V$$

Ausdehnungsarbeit, Volumenarbeit eines Gases
Prozessgröße, hängt vom Verlauf der Zustandsänderung ab
Beachte: Im Allgemeinen ist p veränderlich und muss als Funktion $p = p(V)$ eingesetzt werden. W entspricht der Fläche unter der Kurve $p(V)$ im p, V-Diagramm (→ unten bei isobaren Zustandsänderungen)

1. Hauptsatz

$\mathrm{d}U = \mathrm{d}Q - p\,\mathrm{d}V$

Die Änderung der inneren Energie U ist gleich der Differenz aus zugeführter Wärme und vom Gas verrichteter Arbeit

Festlegung: Zugeführte Energie und am System verrichtete Arbeit werden positiv gezählt, vom System abgegebene Energie und vom System verrichtete Arbeit zählen negativ.

Zustandsänderungen des idealen Gases

Isobare Zustandsänderung

$p = p_0 = \text{konstant}$

Realisierung: Gefäß mit beweglichem Deckel, auf den der äußere Luftdruck wirkt

$$\frac{V_1}{T_1} = \frac{V_2}{T_2}; \quad \frac{V}{T} = \frac{nR}{p_0}$$

Zustandsgleichung
(Gay-Lussac'sches Gesetz)

$Q = mc_p \Delta T$ — zugeführte Wärme

$W = p_0(V_1 - V_2) = nR(T_1 - T_2)$ — verrichtete Arbeit

Aussagen des 1. Hauptsatzes: Bei isobarer Arbeit wird Wärme ausgetauscht und die innere Energie ändert sich.

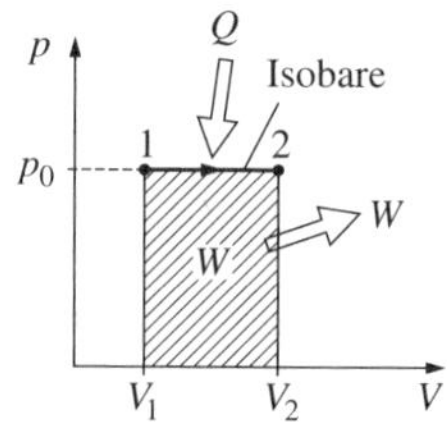

Isochore Zustandsänderung

$V = V_0 = \text{konstant}$ — Realisierung: Gefäß mit verschraubtem Deckel

$$\frac{p_1}{T_1} = \frac{p_2}{T_2}; \quad \frac{p}{T} = \frac{nR}{V_0}$$ Zustandsgleichung

$Q = mc_V \Delta T$ — zugeführte Wärme

$W = 0$ — Es wird keine Arbeit verrichtet.

Aussagen des 1. Hauptsatzes: Die zugeführte Wärme ist gleich der Änderung der inneren Energie.

Isotherme Zustandsänderung

$T = T_0 = \text{konstant}$ — Realisierung: Das System ist einem Wärmebad angeschlossen, das die Temperatur konstant hält.

$p_1V_1 = p_2V_2,\ pV = nRT_0$ — Zustandsgleichung (Boyle-Mariotte'sches Gesetz)

$$W = nRT_0 \ln\left(\frac{V_1}{V_2}\right)$$ verrichtete Arbeit

Aussagen des 1. Hauptsatzes: Die innere Energie U bleibt konstant, da die Temperatur konstant ist. Verrichtet das System Arbeit, wird der entsprechende Energiebetrag dem Wärmebad entzogen. Wird am System Arbeit verrichtet (das Gas wird komprimiert), wird Wärme an das Wärmebad abgegeben.

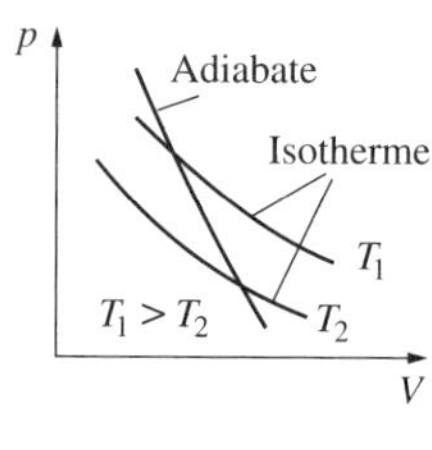

Adiabatische Zustandsänderung (isentrope Zustandsänderung)

$\Delta Q = 0$ — Es erfolgt kein Wärmeaustausch mit der Umgebung.

$\Delta S = 0$ — Die Entropie (→ Technische Thermodynamik) des Systems ändert sich nicht.
Realisierung: Wärmeisolation oder schnelle Prozessführung

$p_1 V_1^{\varkappa} = p_2 V_2^{\varkappa}$ — Poisson'sche Gleichungen, Adiabatengleichungen

$$\frac{T_1}{T_2} = \left(\frac{V_2}{V_1}\right)^{\varkappa-1}; \quad \frac{T_1}{T_2} = \left(\frac{p_1}{p_2}\right)^{\frac{\varkappa-1}{\varkappa}}$$

$\varkappa = c_p/c_V$ Adiabatenexponent

$W = mc_V\,(T_2 - T_1)$ — verrichtete Arbeit

$$W = \frac{p_2 V_2 - p_1 V_1}{\varkappa - 1}$$

$$W = \frac{p_1 V_1}{\varkappa - 1}\left[\left(\frac{V_1}{V_2}\right)^{\varkappa-1} - 1\right]$$

Aussagen des 1. Hauptsatzes: Die vom Gas verrichtete Arbeit geht auf Kosten der inneren Energie. Bei adiabatischer Expansion sinkt die Temperatur, bei adiabatischer Kompression steigt die Temperatur.

Polytrope Zustandsänderung

Liegt zwischen isothermer und adiabatischer Zustandsänderung.

$p_1 V_1^{\nu} = p_2 V_2^{\nu}$ — Zustandsgleichung
ν Polytropenexponent, liegt zwischen 1 und $\varkappa$
→ Technische Thermodynamik

Kreisprozess

Bei einem Kreisprozess erfolgen mehrere Zustandsänderungen nacheinander so, dass der Ausgangszustand wieder erreicht wird. Periodisch arbeitende Wärmekraftmaschinen führen Kreisprozesse aus. Aus dem Verhältnis von verrichteter Arbeit und zugeführter Wärme lassen sich theoretische Wirkungsgrade η berechnen.

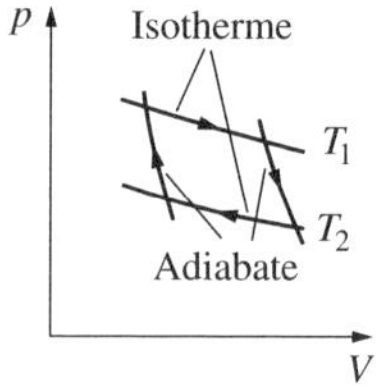

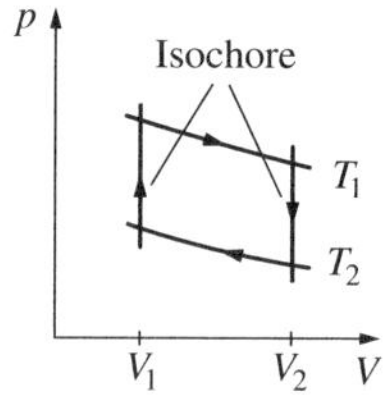

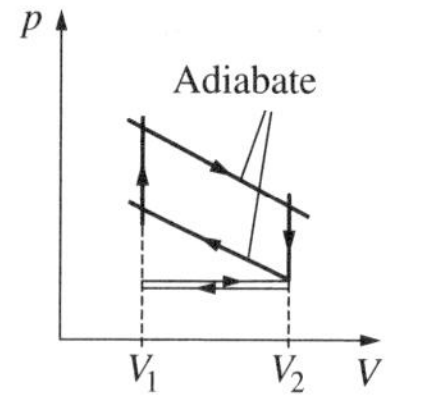

$$\eta = \frac{T_1 - T_2}{T_1}$$

Carnot-Kreisprozess

$$\eta = \frac{T_1 - T_2}{T_1}$$

Stirling-Motor

$$\eta = 1 - \left(\frac{V_1}{V_2}\right)^{\varkappa - 1}$$

Otto-Motor

7 Optik

7.1 Ausbreitung des Lichtes

Licht ist elektromagnetische Strahlung.

$c_0 = 299\,792\,458\ \mathrm{m/s}$ — Lichtgeschwindigkeit im Vakuum

Für den sichtbaren Bereich gilt:

$0{,}39 \ldots 0{,}77\,\mu\mathrm{m}$ — Wellenlängenbereich

$4 \cdot 10^{14} \ldots 8 \cdot 10^{14}$ Hz — Frequenzbereich

Wellenoptik

Man betrachtet das Licht als Welle.

Huygens-Fresnel'sches Prinzip

Jeder Punkt einer Welle ist ein Streuzentrum, von dem Kugelwellen ausgehen, die sich zu neuen Wellenfronten überlagern.

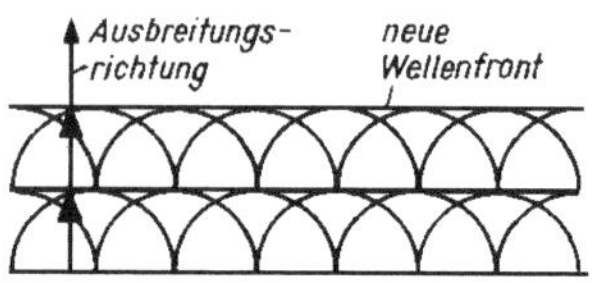

Geometrische Optik

Man betrachtet das Licht als Strahl. Die Ausbreitung kann mit dem **Fermat'schen Prinzip** behandelt werden: Ein Lichtstrahl befolgt den Weg, für dessen Überbrückung die kürzeste Zeit benötigt wird.

$$L = \int_P^{P'} n\,\mathrm{d}s = \text{Minimum}$$

L optische Weglänge zwischen P und P' ist ein Minimum

n Brechzahl

7.2 Reflexion und Brechung

Reflexionsgesetz

$\alpha = \alpha'$

Einfallswinkel = Reflexionswinkel
Einfallender und reflektierter Strahl liegen mit dem Einfallslot in einer Ebene.

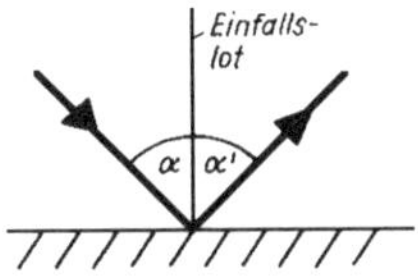

Brechungsgesetz

$n = \frac{c_0}{c}$

Brechzahl (Vakuumlichtgeschwindigkeit c_0 durch Lichtgeschwindigkeit c im Medium)

Brechungsgesetz nach Snellius beim Übergang von Medium 1 zu 2:

$\frac{\sin \alpha_1}{\sin \alpha_2} = \frac{n_2}{n_1}$

α_1 Einfallswinkel
α_2 Brechungswinkel

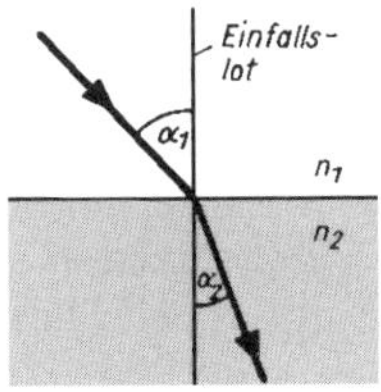

$\frac{\sin \alpha_1}{\sin \alpha_2} = n$

Brechungsgesetz bei Ausgangsmedium Vakuum

Totalreflexion

Tritt ein beim Übergang vom optisch dichteren zum optisch dünneren Medium (z. B. von Wasser in Luft), d. h. bei

$n_1 > n_2$ und $\alpha_1 \geqq \alpha_T$

$\sin \alpha_T = \frac{n_2}{n_1}$

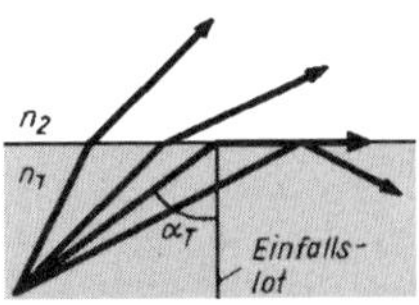

α_T Grenzwinkel der Totalreflexion

Planparallele Platte

Der Lichtstrahl erfährt durch die Brechung an den Grenzflächen eine Parallelverschiebung a:

$$a = \frac{\delta \sin(\alpha - \beta)}{\cos \beta}$$

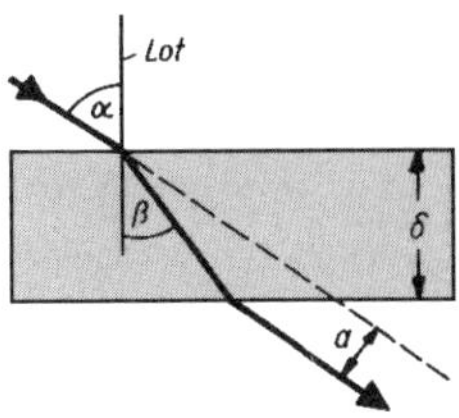

Prisma

Für einen kleinen brechenden Winkel γ gilt:

$\delta = (n - 1)\gamma$

δ Gesamtablenkung
n Brechzahl

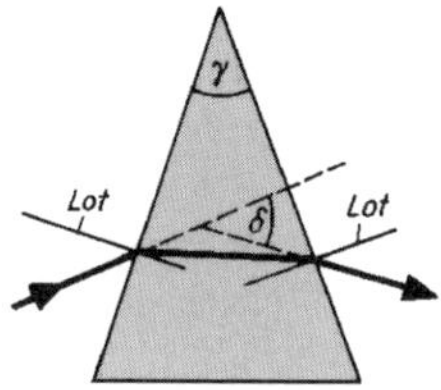

Dispersion

Licht unterschiedlicher Wellenlänge wird unterschiedlich stark gebrochen $n = n(\lambda)$.

$\vartheta = n_F - n_C$ mittlere Dispersion

$$\nu = \frac{n_D - 1}{n_F - n_C}$$ Abbe'sche Zahl

n_F, n_C, n_D Brechzahl der F-, C-, D-Linien des Frauenhoferspektrums

Das Frauenhofer-Spektrum entsteht durch Zerlegen des Sonnenspektrums, es enthält schwarze Linien, die chemischen Elementen entsprechen und mit Buchstaben bezeichnet werden.

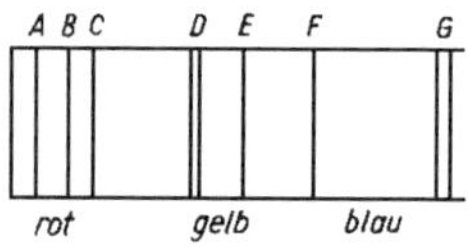

7.3 Optische Abbildung

Reelles Bild:

entsteht am Ort, an dem sich die Strahlen selbst schneiden

Virtuelles Bild:

entsteht am Ort, an dem sich Verlängerungen der Strahlen schneiden (nicht mit einem Schirm auffangbar) z. B. ebener Spiegel

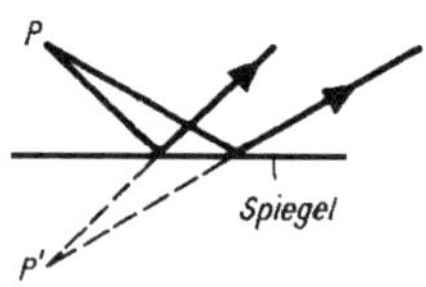

Hohlspiegel (Konkavspiegel)

Achsennahe Strahlen, parallel zur optischen Achse, werden vom Hohlspiegel im Brennpunkt gesammelt.

$$f = \frac{r}{2}$$

f Brennweite
r Krümmungsradius des Hohlspiegels

Bildkonstruktion mit Hauptstrahlen:

1 Parallelstrahl,
wird zum Brennpunktstrahl

2 Brennpunktstrahl,
wird zum Parallelstrahl

3 Mittelpunktstrahl,
wird in sich zurückgeworfen

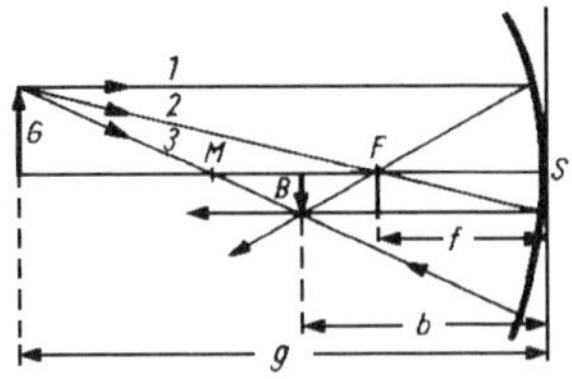

Abbildungsgleichung

$$\frac{1}{f} = \frac{1}{g} + \frac{1}{b}$$

f Brennweite
g Gegenstandsweite
b Bildweite

f, g, b werden vom Spiegelscheitelpunkt S nach links positiv gerechnet.

Abbildungsmaßstab

$$\beta = \frac{B}{G} = \frac{b}{g} = \frac{f}{g-f} = \frac{b-f}{f}$$

B, G Bild- bzw. Gegenstandsgröße

Wölbspiegel (Konvexspiegel)

Der Wölbspiegel erzeugt stets virtuelle, aufrechte und verkleinerte Bilder.
Beispiel: Rückspiegel

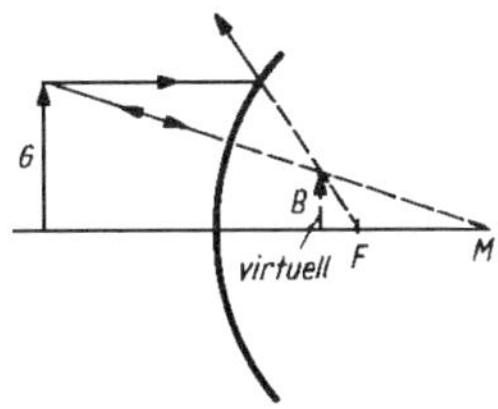

Abbildung durch Linsen

Das Licht wird an Kugelflächen mit den Radien r_1 und r_2 gebrochen.

Berechnung der Brennweite

Dünne Linse:

$$\frac{1}{f} = \left(\frac{n_0}{n} - 1\right)\left(\frac{1}{r_1} - \frac{1}{r_2}\right)$$

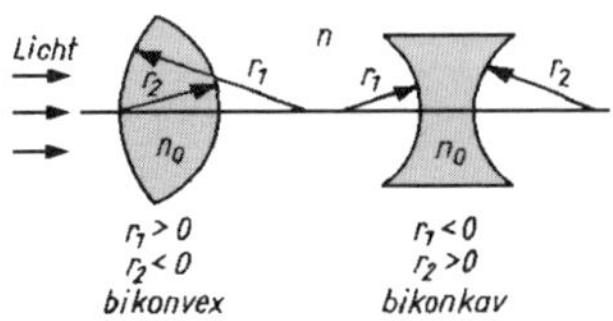

n_0 Brechzahl der Linse
n Brechzahl des Umgebungsmediums

Für das Vorzeichen gilt:

Ist die Kugelfläche zum einfallenden Licht hin gewölbt (konvex), so ist r positiv, ist sie vom einfallenden Licht weg gewölbt (konkav), so ist r negativ.

Entsprechend gilt für das Vorzeichen der Brennweite f:

$f > 0$ Sammellinse, bikonvex
$f < 0$ Zerstreuungslinse, bikonkav

Bildkonstruktion mit Hauptstrahlen

1 Parallelstrahl,
wird zum Brennpunktstrahl

2 Brennpunktstrahl,
wird zum Parallelstrahl

3 Mittelpunktstrahl,
geht durch den Hauptpunkt H

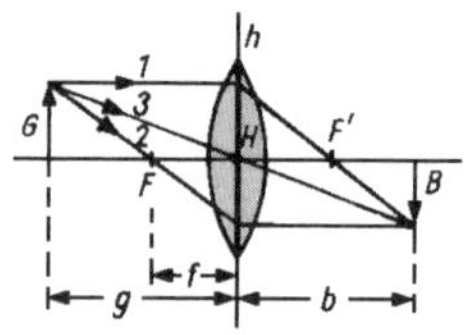

Abbildungsgleichung

$$\frac{1}{f} = \frac{1}{g} + \frac{1}{b}$$

f Brennweite
g Gegenstandsweite
b Bildweite

f, g werden von der Hauptebene h nach links positiv gerechnet. b wird von der Hauptebene h nach rechts positiv gerechnet.

Abbildungsmaßstab

$$\beta = \frac{B}{G} = \frac{b}{g} = \frac{f}{g - f}$$

Brennweite der Kombination zweier dünner Linsen

$$\frac{1}{f} = \frac{1}{f_1} + \frac{1}{f_2} - \frac{d}{f_1 f_2}$$

d Abstand beider Linsen

Brechwert

$$D = \frac{1}{f}$$

gemessen in Dioptrie
($1\ \text{dpt} = 1\ \text{m}^{-1}$)

Sammellinse: Die Mitte ist dicker als der Linsenrand, D ist positiv.

Zerstreuungslinse: Die Mitte ist dünner als der Linsenrand, D ist negativ.

7.4 Interferenz

Interferenz ist die Überlagerung von Wellen (→ Wellen). Bedingung für das Beobachten von Interferenzerscheinungen ist die Kohärenz des Lichtes. Kohärentes Licht hat feste Phasenbeziehungen bei der Überlagerung. Das ist erfüllt bei Laserstrahlung und bei Licht, das durch Aufspaltung eines Wellenzuges entstanden ist.

Interferenzbedingungen

Verstärkung (Maxima): Wellenberg auf Wellenberg/Tal zu Tal
Gangunterschied: $\Delta L = m\lambda$
Phasendifferenz: $\Delta\varphi = m \cdot 2\pi$,
$m = 0, 1, 2, \ldots$
m Ordnung der Interferenz

Schwächung (Minima): Wellenberg auf Wellental

Gangunterschied:

$$\Delta L = \left(m + \frac{1}{2}\right)\lambda$$

Phasendifferenz:

$$\Delta\varphi = \left(m + \frac{1}{2}\right)2\pi$$

$m = 0, 1, 2, \ldots$

$$\Delta\varphi = 2\pi\frac{\Delta L}{\lambda}$$

Umrechnung Gangunterschied – Phasendifferenz

$$\Delta L = n\Delta s$$

Änderung der optischen Weglänge
n Brechzahl
Δs geometrischer Weg

Zusätzlich treten beim Übergang zwischen Medien Phasensprünge auf:

$$\Delta\varphi = \pi$$

Phasensprung beim Übergang zum dichteren Medium (z. B. Luft zu Glas)

$$\Delta\varphi = 0$$

Phasensprung beim Übergang zum dünneren Medium (z. B. Glas zu Luft)

Interferenz am Doppelspalt und am Gitter

$\Delta L = d \sin \alpha$

Gangunterschied bei senkrechtem Einfall
d Spaltabstand
α Beugungswinkel

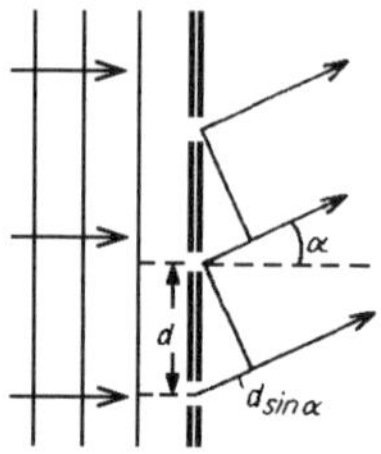

Interferenz an planparallelen Platten

$$\Delta L = 2d\sqrt{n^2 - \sin^2 \alpha} + \frac{\lambda}{2}$$

Interferenzen gleicher Neigung
ΔL Gangunterschied
α Einfallswinkel
d Schichtdicke
Beispiel: Farben dünner Blättchen

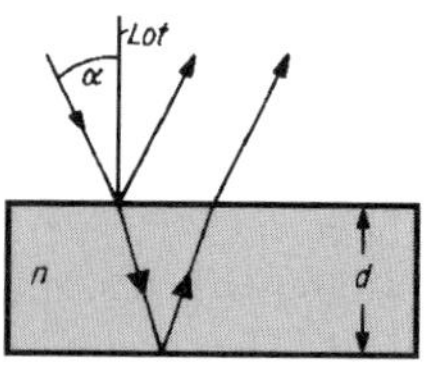

Newton'sche Ringe

$$2d - \frac{\lambda}{2} = m\lambda$$

$$r_{\max}^2 = \left(m + \frac{1}{2}\right)\lambda R$$

Maxima im reflektierten Licht
$m = 0, 1, 2, \ldots$
$r_{\max}$ Radius eines Maximum-Ringes (Helligkeit)
R Krümmungsradius der Linse

Im reflektierten Licht ist infolge des Phasensprungs π an der Plattenoberfläche in der Mitte immer Dunkelheit. Im durchgehenden Licht ist in der Mitte Helligkeit (doppelter Phasensprung).

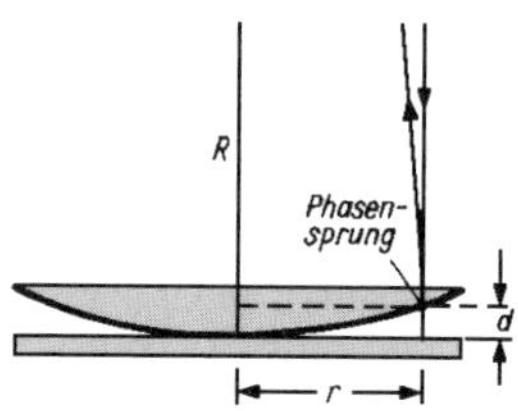

Interferenzspektrograph

Bestimmung der Wellenlänge λ von Licht mittels Strichgitter oder Fabry-Perot-Platte

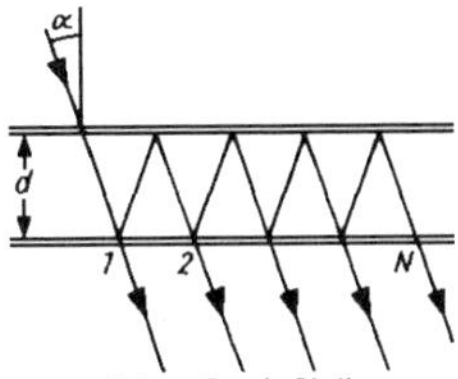

$$2d \cos \alpha = m\lambda$$

Lage der Hauptmaxima bei der Fabry-Perot-Platte
d Plattenabstand
α Einfallswinkel
m Ordnung der Interferenz

$$\frac{\lambda}{\mathrm{d}\lambda} = Nm$$

Auflösungsvermögen
(λ und $\lambda + \mathrm{d}\lambda$ erscheinen als getrennte Linien)
N Zahl der interferierenden Lichtbündel

$$\frac{\lambda}{\Delta\lambda} = m$$

Dispersionsgebiet
(Trennung der Maxima m-ter und $(m+1)$-ter Ordnung)

7.5 Beugung

Abweichungen vom geraden geometrischen Strahlengang, die Abweichungen vom scharfen Bild verursachen, werden Beugungserscheinungen genannt.

Beugung am Einzelspalt

Lage der Beugungsminima:

$$\sin \alpha_{\mathrm{m}} = m\frac{\lambda}{b}$$

b Spaltbreite

$m = \pm 1, \pm 2, \ldots$

Bei $b \gg \lambda$ scharfe Schatten.
Bei $b \approx \lambda$ oder $b < \lambda$ kein Minimum.

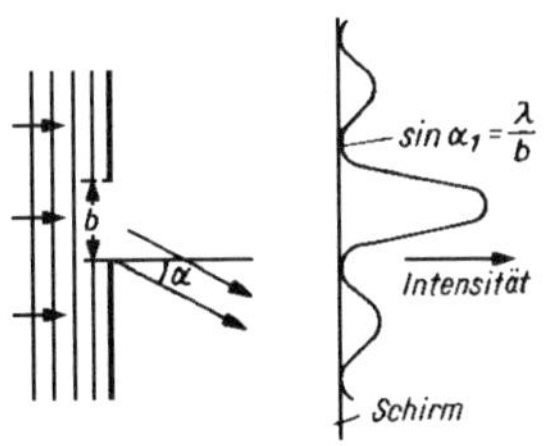

Beugung an der Kreis- oder Lochblende

Die Beugungsfigur sind konzentrische Ringe mit einem Mittelmaximum.

$$\sin \alpha_1 = 0{,}610\frac{\lambda}{r}$$

1. Beugungsminimum, r Radius des Loches

$$\sin \alpha_2 = 1{,}116\frac{\lambda}{r}$$

2. Beugungsminimum

Diese Beugungserscheinung begrenzt das Auflösungsvermögen optischer Geräte, da durch die Beugung an Linsenrändern oder Blenden jeder Punkt als Beugungsscheibchen abgebildet wird, das sich mit dem des Nachbarpunktes nicht überlappen darf (→ nächster Abschnitt).

7.6 Optische Instrumente

Abbildungsmaßstab, Vergrößerung

$\beta = \dfrac{\text{Bildgröße } B}{\text{Gegenstandsgröße } G}$ — Abbildungsmaßstab

$\Gamma = \dfrac{\tan\sigma}{\tan\sigma_0} \approx \dfrac{\sigma}{\sigma_0}$ — Vergrößerung
σ Sehwinkel mit optischem System
σ_0 Sehwinkel ohne optisches System

Auflösungsvermögen

x_{min} — kleinster Abstand zweier Punkte des Objektes, die noch unterschieden werden

σ_{min} — kleinster Winkel, unter dem zwei Punkte des Objekts erscheinen müssen, um getrennt wahrgenommen zu werden

Lupe

Es erfolgt eine Vergrößerung des Sehwinkels. Das Bild B ist virtuell.

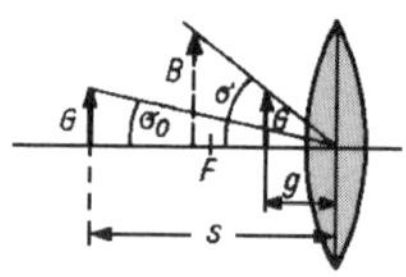

$\Gamma = \dfrac{s}{g}$ — Vergrößerung
s deutliche Sehweite (25 cm)
g Gegenstandsweite

$\Gamma_{\text{n}} = \dfrac{s}{f}$ — Normalvergrößerung, der Gegenstand im Brennpunkt F (f Brennweite), Auge auf ∞ eingestellt

Mikroskop

Das Objektiv Ob entwirft vom Gegenstand G ein reelles vergrößertes Bild, das mit dem Okular Ok als Lupe betrachtet wird.

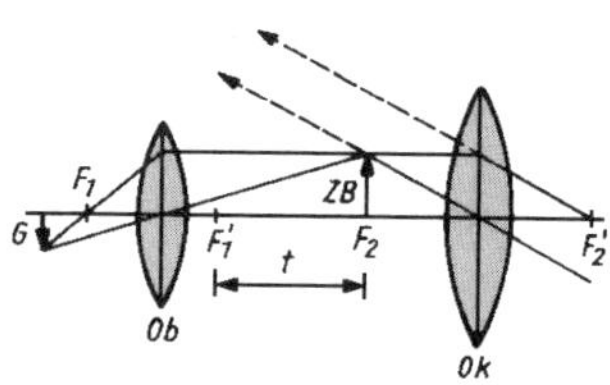

$V = \beta_{Ob} \Gamma_{Ok} = \frac{ts}{f_{Ob} f_{Ok}}$

Gesamtvergrößerung
t Tubuslänge
f Brennweite
s deutliche Sehweite (25 cm)

$x_{min} = 0{,}61 \frac{\lambda}{n \sin \alpha}$

Auflösungsvermögen
x_{min} kleinster auflösbarer Abstand
λ Wellenlänge des Lichtes

$A = n \sin \alpha$

numerische Apertur
n Brechzahl des Mediums zwischen Objekt und Objektiv
α halber Öffnungswinkel des Objektivs zum Objektpunkt

Kepler'sches (astronomisches) Fernrohr

Es erfolgt eine Vergrößerung des Sehwinkels weit entfernter Objekte. Der gezeichnete Strahlengang gilt für unendlich entfernte Objekte.

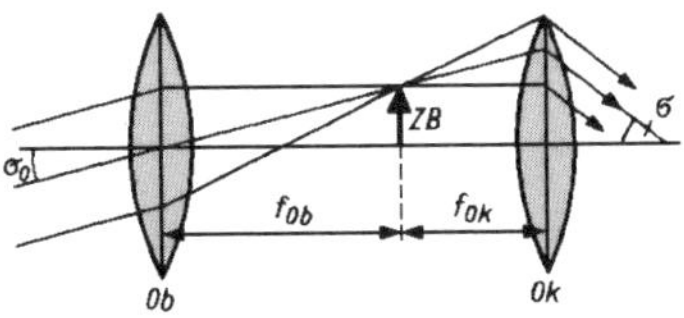

$\Gamma = \frac{f_{Ob}}{f_{Ok}}$

Vergrößerung

$\sigma_{min} = 1{,}22 \frac{\lambda}{d}$

Auflösungsvermögen
λ Wellenlänge des Lichtes
d Durchmesser der beugenden Öffnung (z. B. des Objektivs)

7.7 Polarisation

Licht ist eine transversale Welle, der Vektor des elektrischen Feldes schwingt senkrecht zur Ausbreitungsrichtung. Bei natürlichem Licht ist dabei keine Richtung bevorzugt, es ist unpolarisiert.

Linear polarisiertes Licht

Der Feldvektor $\vec{E}$ schwingt nur in einer Richtung senkrecht zur Ausbreitungsrichtung.

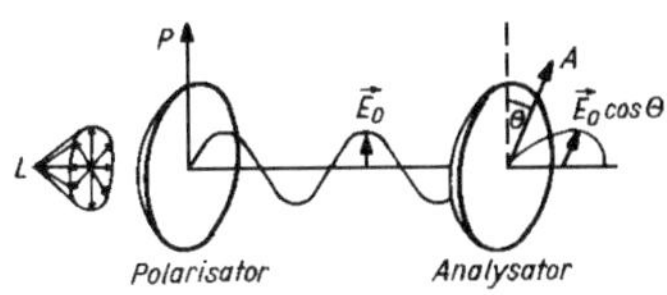

Polarisator: Stellt polarisiertes Licht aus natürlichem Licht her.

Analysator: Stellt die Polarisation von Licht fest.

$I = I_0 \cos^2 \Theta$ Intensität hinter dem Analysator
Θ Drehwinkel zwischen Polarisator und Analysator

Sind Polarisator und Analysator um 90° verdreht, d. h. gekreuzt, dann tritt kein Licht durch.

Zirkular polarisiertes Licht

Der Vektor der elektrischen Feldstärke $\vec{E}$ läuft bei seinen Schwingungen auf einer Spirale in Ausbreitungsrichtung.

Polarisation durch Reflexion und Brechung

Beim Übergang zwischen zwei Medien sind sowohl der reflektierte als auch der gebrochene Strahl teilweise polarisiert.

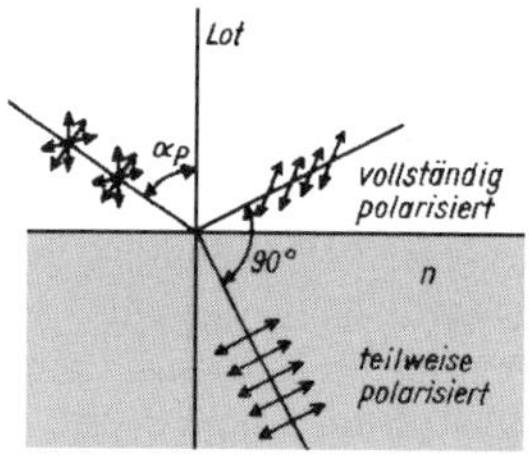

Brewster'sches Gesetz

$\tan \alpha_p = n$

α_p Einfallswinkel, bei dem der reflektierte Strahl vollständig polarisiert ist (bei Glas gilt $\alpha_p = 57°$)
n Brechzahl

Polarisation durch Doppelbrechung

In bestimmten optisch anisotropen Stoffen (z. B. Kalkspat) wird ein auftreffender Lichtstrahl in einen ordentlichen und einen außerordentlichen Strahl aufgespalten Diese laufen in unterschiedlichen Richtungen und sind senkrecht zueinander linear polarisiert.

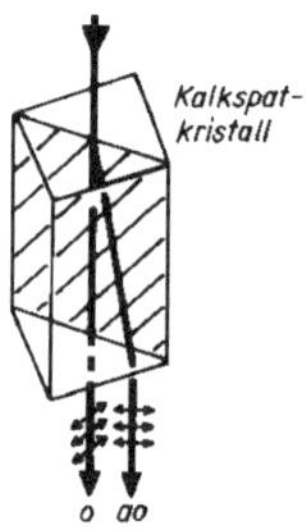

Bestimmte Substanzen (z. B. Turmalin) absorbieren einen dieser Strahlen, sodass das durchgehende Licht polarisiert ist. (Kann als Polarisator und als Analysator genutzt werden.)

Spannungsdoppelbrechung

Viele durchsichtige Stoffe werden durch elastische Verformung (Druck, Zug) doppelbrechend und können zwischen gekreuzten Polarisationsfiltern hinsichtlich der Spannungsverläufe untersucht werden.

Drehung der Schwingungsebene

So genannte optisch aktive Substanzen (z. B. Zuckerarten, Milchsäure, Weinsäure) drehen die Schwingungsrichtung des durch sie hindurchtretenden linear polarisierten Lichtes. Das gilt auch bei Lösungen fester aktiver Stoffe. Mit diesem Prinzip lassen sich Konzentrationen bestimmen.

$$\alpha = \alpha_s \frac{lm}{V}$$

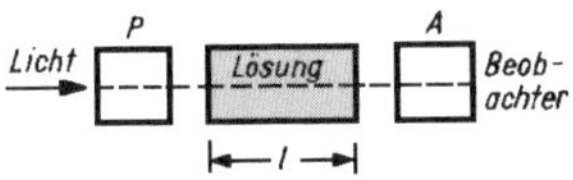

α Drehwinkel der Polarisationsrichtung
α_s spezifische Drehung
l Länge der Flüssigkeitssäule
m Masse des optisch aktiven Stoffes
V Volumen der Lösung

7.8 Strahlung und Fotometrie

Man unterscheidet physikalische und visuelle Strahlungsgrößen. Visuelle oder lichttechnische Größen der Fotometrie (Index v) bewerten die Lichtempfindung entsprechend der Empfindlichkeit des Auges. Strahlungsphysikalische Größen (Index e) bewerten die Strahlungsenergie.

Strahlungsphysikalische Größen

Strahlungsfluss $\Phi_e = \dfrac{\mathrm{d}Q_e}{\mathrm{d}t}$

$\mathrm{d}Q_e$ abgestrahlte Energie

$[\Phi_e] = 1$ Watt W

Strahlstärke $I_e(\vartheta) = \dfrac{\mathrm{d}\Phi_e}{\mathrm{d}\Omega}$

$[I_e] = 1 \dfrac{\mathrm{W}}{\mathrm{sr}}$

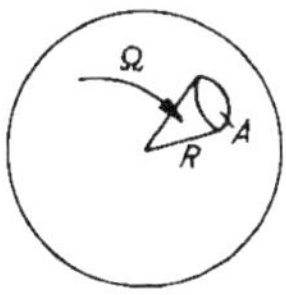

Ω Raumwinkel (s. unten)

Lichttechnische Größen

Lichtstrom $\Phi_v = \dfrac{\mathrm{d}Q}{\mathrm{d}t}$

$\mathrm{d}Q$ abgestrahlte Lichtmenge

$[\Phi_v] = 1$ Lumen lm

Lichtstärke $I_v(\vartheta) = \dfrac{\mathrm{d}\Phi_v}{\mathrm{d}\Omega}$

$[I_v] = 1 \dfrac{\mathrm{lm}}{\mathrm{sr}} = 1$ Candela cd

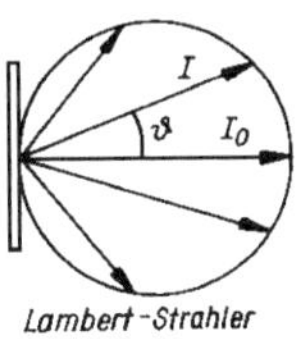

ϑ Raumrichtung, Winkel zur Flächennormalen

Speziell gilt für **Lambert-Strahler**:

$I = I_0 \cos \vartheta$

Strahldichte $L_e = \frac{\mathrm{d}I_e}{\cos\vartheta\,\mathrm{d}A}$

$[L_e] = 1\frac{\mathrm{W}}{\mathrm{m^2\,sr}}$

Leuchtdichte $L_v = \frac{\mathrm{d}I_v}{\cos\vartheta\,\mathrm{d}A}$

$[L_v] = 1\frac{\mathrm{lm}}{\mathrm{m^2\,sr}}$

Bestrahlungsstärke

$E_e = \frac{\mathrm{d}\Phi_e}{\mathrm{d}A}$

A Empfängerfläche

$[E_e] = \frac{\mathrm{W}}{\mathrm{m^2}}$

$\Omega = \frac{A}{R^2}$ Raumwinkel

$[\Omega] = 1\,\frac{\mathrm{m^2}}{\mathrm{m^2}} = 1$ Steradiant sr

Beleuchtungsstärke

$E_v = \frac{\mathrm{d}\Phi_v}{\mathrm{d}A}$

$[E_v] = \frac{\mathrm{lm}}{\mathrm{m^2}} = 1$ Lux lx

Fotometrisches Strahlungsäquivalent

Umrechnung zwischen strahlungsphysikalischen und lichttechnischen Größen.

Für das Maximum der Empfindlichkeit des Auges bei $\lambda = 555$ nm gilt:
$\Phi_v = K_{\max}\Phi_e$ mit
$K_{\max} = 683\,\mathrm{lm/W}$.

Fotometrisches Grundgesetz der Beleuchtungsstärke

$E_v = \frac{I_v \cos\alpha}{r^2}$

r Entfernung Empfänger – Sender
α Winkel zwischen der Normalen der Empfängerfläche und der Richtung zum Sender

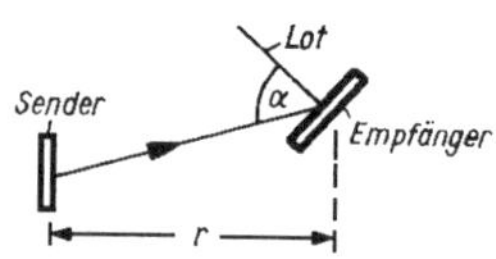

► DIN 5031 Strahlungsphysik im optischen Bereich und Lichttechnik

8 Atomphysik

8.1 Beschreibungsgrößen

Atommasse

$u = 1{,}66054 \cdot 10^{-27}$ kg

atomare Masseneinheit
u ist $\frac{1}{12}$ der Masse eines Atoms des Kohlenstoffisotops C 12.

$A_r = \frac{m_A}{u}$

relative Atommasse
m_A Masse des Atoms

A_r gibt an, wie vielmal größer die Masse eines Atoms ist als 1/12 der Masse eines Atoms C 12.

$M_r = \frac{m_M}{u}$ relative Molekülmasse
m_M Masse des Moleküls

Stoffmenge (Mol)

Mol SI-Basiseinheit zur Mengenangabe
n Anzahl der Mole

1 mol ist diejenige Stoffmenge, die ebenso viel gleichartige Teilchen (Atome, Moleküle) enthält, wie Atome in 12 g Kohlenstoff C 12 enthalten sind, nämlich $6{,}022 \cdot 10^{23}$ Teilchen.

$N_A = 6{,}022 \cdot 10^{23}\ \text{mol}^{-1}$ Avogadro-Konstante

M molare Masse (Molmasse)
relative Atommasse bzw. relative Molekülmasse in Gramm

$N = \frac{m}{M} N_A = n N_A$ Anzahl der Teilchen in der Masse m

Elektronvolt

$1\ \text{eV} = 1{,}6 \cdot 10^{-19}\ \text{J}$ Elektronvolt, in der Atomphysik gebräuchliche Energieeinheit;
ist gleich der Energie, die ein Elektron aufnimmt, wenn es die Spannungsdifferenz 1 V durchläuft.

$1\ \text{MeV} = 10^6\ \text{eV}$ in der Kernphysik gebräuchliche Energieeinheit

8.2 Welle-Teilchen-Dualismus

Licht hat neben den Welleneigenschaften (→ Interferenz, Polarisation) auch Eigenschaften, die Teilchen entsprechen. Diese treten bei Emissions-, Absorptions- und Streuprozessen auf.

Teilchen des Mikrokosmos (Elektronen, Protonen, Neutronen usw.) haben neben den Teilcheneigenschaften auch Welleneigenschaften. Insbesondere zeigen sie Beugungseffekte.

De-Broglie-Wellenlänge eines Teilchens

$\lambda = \frac{h}{p} = \frac{h}{mv}$

$p = mv$ Impuls des Teilchens
m Masse
v Geschwindigkeit des Teilchens
$h = 6{,}626 \cdot 10^{-34}\ \text{J s}$ Planck'sches Wirkungsquantum

Photon

Lichtteilchen, Lichtquant

$$E = hf = \frac{hc}{\lambda}$$

Energie des Photons

$$p = \frac{h}{\lambda} = \frac{hf}{c}$$

Impuls des Photons

$$m = \frac{hf}{c^2}$$

Masse des Photons (Die Ruhemasse ist null!)

c, f, λ Geschwindigkeit, Frequenz und Wellenlänge des Lichtes

Fotoeffekt

Lichtelektrischer Effekt: Beim äußeren Fotoeffekt werden Elektronen durch Einfall von Photonen herausgeschlagen.

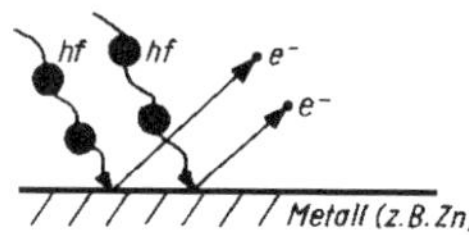

Einstein'sche Gleichung des Fotoeffekts

$$hf = \frac{m_e}{2} v^2 + W_a$$

Bedingung für den Fotoeffekt

$$hf > W_a$$

f Frequenz des einfallenden Lichtes
v Geschwindigkeit der ausgelösten Elektronen
m_e Masse des Elektrons
W_a Austrittsarbeit der Elektronen

Compton-Effekt

Stoß eines Photons mit einem ruhenden Elektron. Das Photon verliert Energie, die Wellenlänge wird größer.

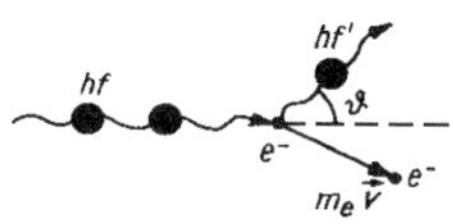

$$\Delta\lambda = \frac{h}{m_e c}(1 - \cos\vartheta)$$

Wellenlängenänderung beim Streuwinkel ϑ

Anwendung der Teilchenwellen

Elektronen- oder Neutronenbeugung zur Strukturuntersuchung

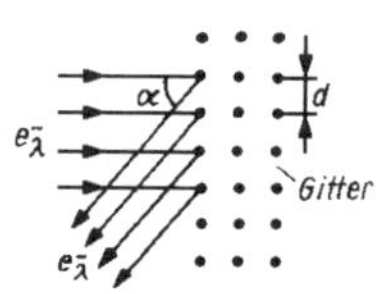

Lage der Beugungsmaxima:

$$d \sin\alpha_{max} = \lambda = \frac{h}{p}$$

d Netzebenenabstand
λ Wellenlänge der Elektronen oder Neutronen

Heisenbergsche Unschärferelation

$$\Delta x \Delta p \geqq \frac{h}{2\pi}$$

Unbestimmtheit von Ort x und Impuls p eines Teilchens

Ort und Impuls eines Teilchens können nicht gleichzeitig mit beliebiger Genauigkeit angegeben werden. Das gilt prinzipiell und bedeutet keine Messungenauigkeit.

8.3 Atommodelle

Rutherford'sches Modell (Planetenmodell, klassisches Modell)

Der Atomkern enthält fast die gesamte Masse. Er wird von Elektronen auf Ellipsenbahnen umkreist. Das Modell ist nach der klassischen Physik nicht stabil, denn das Elektron müsste als beschleunigte Ladung Strahlung abgeben und in den Atomkern stürzen.

Bohr'sches Atommodell (quantenmechanisches Modell)

Bohr'sche Postulate:

- Das Atom hat strahlungslose Zustände für die Elektronen mit bestimmten Energiewerten E_n
- Beim Übergang zwischen diesen Zuständen werden diskrete Energiemengen abgegeben bzw. aufgenommen.
  $hf = E_m - E_n$ Frequenzbedingung für den Übergang $m \rightarrow n$
- Die strahlungslosen Zustände werden durch Quantenbedingungen bestimmt.

Wasserstoffatom
(Ein-Elektron-System):

$$m_e \omega r^2 = n\frac{h}{2\pi}, n = 1, 2, \ldots$$

Quantelung des Drehimpulses

$$\frac{1}{4\pi\varepsilon_0}\frac{ee}{r^2} = m_e \omega^2 r$$

Bahngleichung
(Coulomb-Kraft = Radialkraft)

m_e Elektronenmasse
ω Winkelgeschwindigkeit des Elektrons
r Radius der Elektronenbahn
ε_0 elektrische Feldkonstante
e elektrische Elementarladung

Bohr'scher Elektronenbahnradius:

$$r_n = \frac{h^2 \varepsilon_0}{m_e e^2 \pi} n^2 = a_0 n^2$$

$$a_0 = 0{,}53 \cdot 10^{-10}\ \text{m}$$

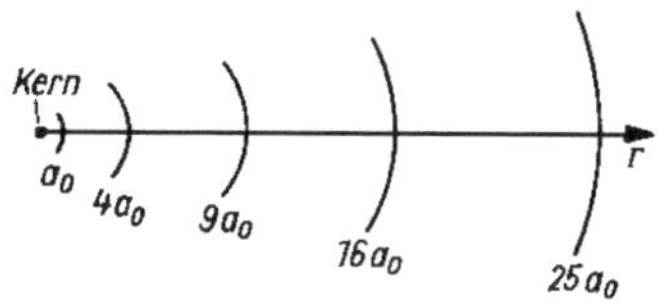

Energieterm:

$$E_n = -\frac{e^4 m_e}{8h^2 \varepsilon_0^2} \frac{1}{n^2} = E_1 \frac{1}{n^2}$$

$$E_1 = -13{,}6\ \text{eV}$$

Frequenzbedingung für den Übergang $m \to n$:

$$f = R\left(\frac{1}{n^2} - \frac{1}{m^2}\right)$$

$R = 3{,}290 \cdot 10^{15}$ Hz
Rydberg-Frequenz

Übergang $m \to 1$
Lyman-Serie (ultraviolett)

Übergang $m \to 2$
Balmer-Serie (sichtbar)

Übergang $m \to 3$
Paschen-Serie (infrarot)

Übergang $m \to 4$
Brackett-Serie (infrarot)

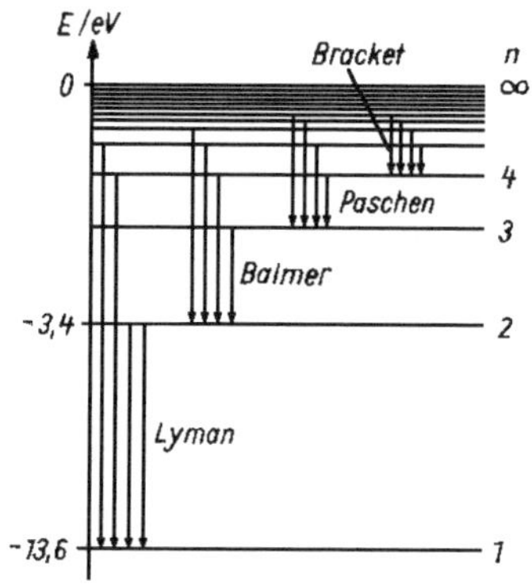

Quantenzahlen

Die Elektronen in der Elektronenhülle der Atome werden mit Quantenzahlen beschrieben.

Hauptquantenzahl
$n = 1, 2, 3, \ldots$

beschreibt die Schale (Bezeichnung K, L, M, N, ...) und ist maßgebend für die Energie.

Nebenquantenzahl
$l = 0, 1, 2, \ldots, n-1$

Kennzeichnet die Bahnform (Bezeichnung $s, p, d, f, \ldots$), wobei $l = (n-1)$ die Kreisbahn und $l = 0$ die Ellipse mit der größten Exzentrizität ergibt.

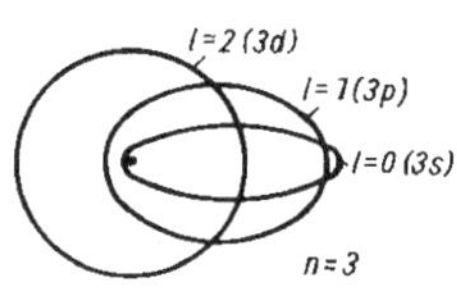

Magnetische Quantenzahl
$m = 0, \pm 1, \pm 2, \ldots, \pm l$

Kennzeichnet die räumliche Lage der Ebene einer Elektronenbahn. Sie kann $(2l+1)$ verschiedene Stellungen einnehmen.

Spinquantenzahl
$s = \pm\frac{1}{2}$

Kennzeichnet den Eigendrehsinn des Elektrons bezüglich seiner Umlaufbahn.

Die Elektronenschalen werden nach folgenden Gesetzmäßigkeiten besetzt:

1. Jedes Elektron nimmt den geringstmöglichen Energiezustand ein.
2. Zwei Elektronen eines Atoms müssen sich mindestens in einer Quantenzahl unterscheiden (Pauli-Prinzip).

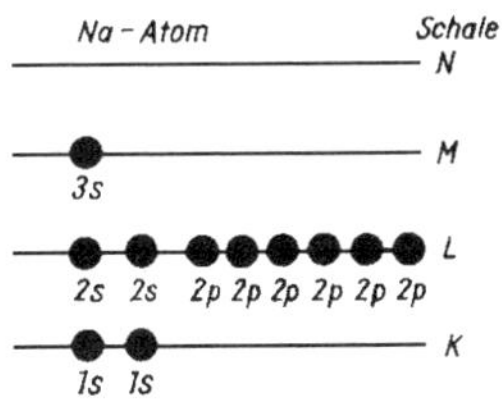

Pro Schale beträgt die maximale Elektronenzahl $z = 2n^2$. Die Bezeichnung eines Elektrons erfolgt mittels Haupt- und Nebenquantenzahl.

Beispiel: 3d-Elektron → Elektron der dritten Schale (M-Schale) mit $n = 3$, $l = 2$

Die Anzahl der Elektronen erscheint als Exponent der Nebenquantenzahl.

Beispiel: $1s^2 2s^2 2p^6 3s$ Elektronenkonfiguration von Natrium

Im Periodensystem PS sind die Elemente nach wachsender Elektronenzahl angeordnet. Die Ordnungszahl Z gibt die Stellung im PS und damit die Elektronenzahl an.

Strahlungsemission

Elektronen können durch Energiezufuhr (Anregung) auf ein höheres Energieniveau gehoben werden.

- Erwärmung (thermische Stöße zwischen den Atomen)
- Photoanregung (Absorption einfallender Photonen)
- elektrische Anregung (Elektronenstoß bei Gasentladung)

Beim Übergang auf ein niedrigeres Niveau wird entsprechend obiger Frequenzbedingung ein Strahlungsquant emittiert.

Wellenmechanisches Atommodell

Im atomaren Bereich werden die Welleneigenschaften der Elektronen wirksam. Ein Elektronenzustand wird als räumliche stehende Welle beschrieben.

Über den Aufenthaltsort eines Elektrons werden Wahrscheinlichkeitsaussagen getroffen.

$$\mathrm{d}w = \Psi^2 \mathrm{d}V$$

Wahrscheinlichkeit, das Elektron im Volumenelement $\mathrm{d}V$ anzutreffen
Ψ Wellenfunktion des Elektrons

$$\frac{\mathrm{d}^2\Psi}{\mathrm{d}x^2} + \frac{8\pi^2 m_\mathrm{e}}{h^2}(E - E_\mathrm{pot})\Psi = 0$$

Schrödinger-Gleichung zur Berechnung von Ψ
E Gesamtenergie des Elektrons
E_pot potenzielle Energie des Elektrons

Die durch durch die Schrödinger-Gleichung berechneten Aufenthaltsräume für die Elektronen nennt man Orbitale. Ihre Form ist für das Bindungsverhalten der Atome wichtig.

8.4 Röntgenstrahlen

Röntgenstrahlen sind kurzwellige ($\lambda = 10^{-12}$ bis 10^{-8} m) elektromagnetische Wellen, die aufgrund ihrer hohen Energie ein großes Durchdringungsvermögen haben. Sie entstehen bei Beschuss von Materie mit energiereichen Elektronen. Die Elektronen werden von der Glühkatode emittiert und mit Hochspannung zur Anode beschleunigt.

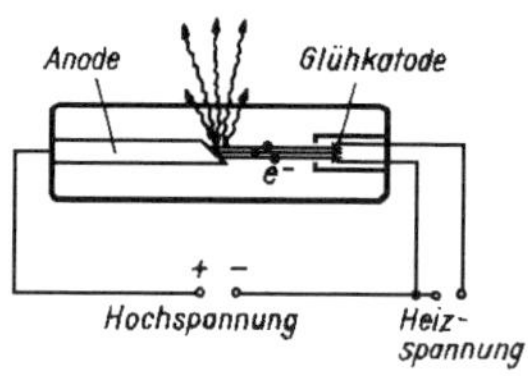

Röntgenbremsstrahlung

Energiereiche Elektronen werden im Coulomb-Feld der Atomkerne des Anodenmaterials abgebremst und geben ihre Energie als Röntgenstrahlung ab. Es entsteht ein kontinuierliches Spektrum.

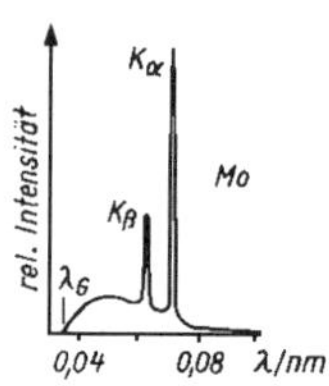

Grenzwellenlänge

$$\lambda_\mathrm{G} = \frac{hc}{eU}$$

U Beschleunigungsspannung
h Planck'sches Wirkungsquantum
c Lichtgeschwindigkeit

Charakteristische Röntgenstrahlung

Energiereiche Elektronen schlagen Hüllenelektronen aus den inneren Schalen (K, L) heraus. Die freien Plätze werden unter Abgabe von Röntgenstrahlung von Elektronen höherer Schalen aufgefüllt. Diese Strahlung ist elementspezifisch und wird zur Elementanalyse benutzt. Es entsteht ein Linienspektrum, das sich dem kontinuierlichen Bremsspektrum überlagert (s. o.)

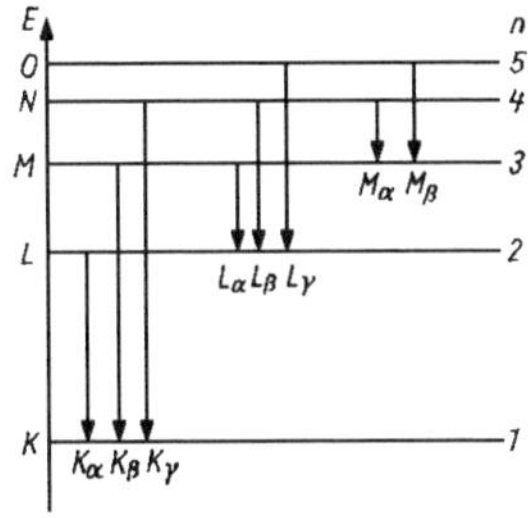

Für die K-Strahlung gilt (Moseley-Gesetz):

$$f = (Z-1)^2 R \left(\frac{1}{1^2} - \frac{1}{n^2} \right)$$

Frequenz der emittierten Strahlung
Z Ordnungszahl des Elements,
$n = 2, 3, \ldots$
R Rydberg-Frequenz ($3{,}290 \cdot 10^{15}$ Hz)

Absorption von Röntgenstrahlung

$$J = J_0 \, e^{-\mu d}$$

Schwächungsgesetz
J_0 Intensität vor der Probe
d Dicke der Probe
μ Schwächungskoeffizient

Der Schwächungskoeffizient ist materialspezifisch → Anwendungen in Medizin und Materialprüfung

Röntgenbeugung am Kristallgitter

Bragg'sche Gleichung:

$$2d \sin \Theta = n\lambda$$

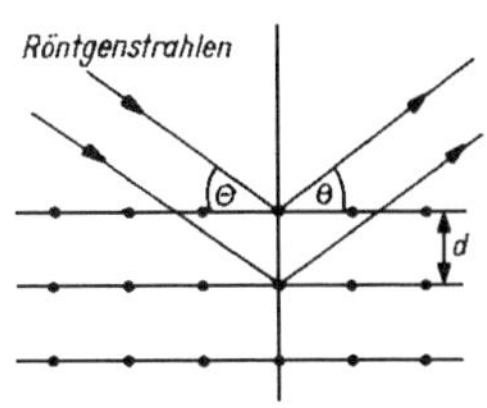

Θ Glanzwinkel, bei dem Röntgenreflexe auftreten
d Netzebenenabstand
λ Röntgenwellenlänge
$n = 1, 2, \ldots$

→ Bestimmung von Gitterparametern bzw. der Feinstruktur des Gitters

8.5 Laser

Verstärkung von elektromagnetischer Strahlung durch induzierte Emission (**L**ight **a**mplification by **s**timulated **e**mission of **r**adiation)

Elektronen werden durch Energiezufuhr (Pumpen) in ein Anregungsniveau gehoben. Das kann z. B. in einem Cr-dotierten Rubinkristall mittels einer Blitzlampe erfolgen.

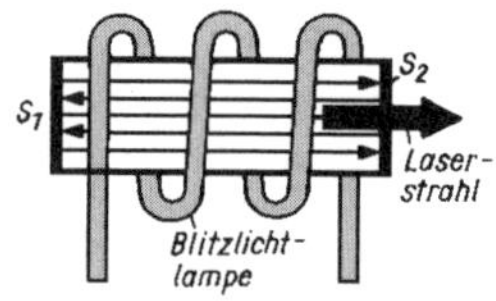

S_1 Spiegel
S_2 halbdurchlässiger Spiegel

Spontane und stimulierte Emission

Spontane Emission: Das Elektron kehrt spontan unter Emission eines Photons in den Grundzustand zurück.
Stimulierte Emission (Laser): Befindet sich das Elektron in einem metastabilen Zustand, verweilt es dort länger und wird durch ein einfallendes Photon zum Übergang in den Grundzustand angeregt und verstärkt so das einfallende Licht.

Laserbedingungen

1. Laserbedingung: $N_2 > N_1$:

Das Anregungsniveau muss stärker besetzt sein als das Grundniveau → erfordert optisches Pumpen mit Lampen.

2. Laserbedingung: Rückkopplung

Die erzeugten Photonen durchlaufen das gepumpte Gebiet mehrmals → das aktive Material ist in einem Resonator mit zwei Spiegeln eingebaut.

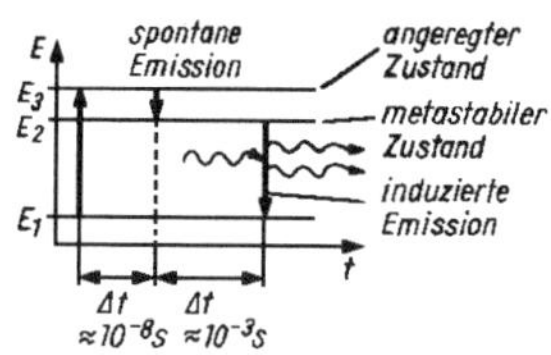

Eigenschaften von Laserlicht: monochromatisch, kohärent, scharf gebündelt, energiereich → zahlreiche Anwendungen in Naturwissenschaften, Technik und Medizin

9 Radioaktivität

9.1 Atomkerne

Beschreibungsgrößen

Nuklid	Atomkern, bestehend aus: Z Protonen (positiv geladen) N Neutronen (ohne Ladung)

Nukleonen	gemeinsame Bezeichnung für Protonen und Neutronen
$A = Z + N$	A Massenzahl = Nukleonenzahl Z Kernladungszahl = Ordnungszahl im Periodensystem = Protonenzahl = Zahl der Hüllenelektronen
$N = A - Z$	N Neutronenzahl

Es gibt 267 stabile Atomkerne (Nuklide) mit unterschiedlichen Protonen- und Neutronenzahlen.

$^{A}_{Z}X$	Kennzeichnung des Atomkerns X Symbol des chemischen Elements
Beispiele:	$^{238}_{92}U$, $^{60}_{27}Co$, $^{1}_{1}p$ (Proton), $^{1}_{0}n$ (Neutron), $^{4}_{2}\alpha$ (α-Teilchen) (verkürzt auch ^{60}Co, Co^{60}, Co 60)

Kernmodelle

Tröpfchenmodell	Anordnung der Nukleonen wie Moleküle im Wassertropfen
Schalenmodell	Anordnung der Nukleonen in Schalen analog der Elektronenhülle Magische Zahlen: 2, 8, 20, 50, 82, 126
$R = R_0 \sqrt[3]{A}$	Radius des Atomkerns
$R_0 = 1{,}4 \cdot 10^{-15}$ m	Nukleonenradius

Isotope, Isobare, Isotone

Isotope:	Nuklide mit gleicher Ordnungszahl Z und unterschiedlicher Neutronenzahl N gleiches chemisches Element, gleiches chemisches Verhalten Isotope des Siliciums: $^{28}_{14}Si$, $^{29}_{14}Si$, $^{30}_{14}Si$ Isotope des Wasserstoffs: $^{1}_{1}H$ (p Proton), $^{2}_{1}D$ (Deuterium), $^{3}_{1}T$ (Tritium)
Isobare:	Nuklide mit gleicher Massenzahl A z. B. $^{54}_{24}Cr$, $^{54}_{26}Fe$
Isotone:	Nuklide mit gleicher Neutronenzahl N z. B. $^{15}_{7}N$, $^{16}_{8}O$

Relative Atommasse	Die relativen Atommasse A_r wird in der Kernphysik für ein Isotop angegeben, in der Chemie für das natürliche Isotopengemisch.
Beispiel: Kupfer	
$A_r({}^{63}_{29}\mathrm{Cu}) = 62{,}929\,6$ $A_r({}^{65}_{29}\mathrm{Cu}) = 64{,}927\,8$ $A_r(\mathrm{Chemie}) = 63{,}546$	69,2 % bzw. 30,8 % Anteil am natürlichen Gemisch
$m_A = A_r u$	Masse des Atoms u atomare Masseneinheit (→ Abschnitt 8 Atomphysik)
Proton	$A_r = 1{,}007\,28$ $m = 1{,}672\,623\,1 \cdot 10^{-27}$ kg
Neutron	$A_r = 1{,}008\,66$ $m = 1{,}674\,928\,6 \cdot 10^{-27}$ kg
Elektron	$A_r = 0{,}548\,58 \cdot 10^{-3}$ $m = 9{,}109\,389\,7 \cdot 10^{-31}$ kg
${}^4_2\mathrm{He}$-Kern	$A_r = 4{,}001\,51$ $m = 6{,}644\,661\,5 \cdot 10^{-27}$ kg

9.2 Massendefekt und Bindungsenergie

Massendefekt

Die Masse des Atomkerns ist stets kleiner als die Summe der Massen seiner Bestandteile. Der Massendefekt entspricht nach der Einstein'schen Beziehung der Bindungsenergie der Nukleonen im Kern.

$\Delta m = \sum m_i - m_{\mathrm{Kern}}$	Δm Massendefekt
$E = mc^2$	Einstein'sche Beziehung zwischen Masse m und Energie E c Lichtgeschwindigkeit
$\Delta E = \Delta mc^2$	Bindungsenergie eines Kerns entsprechend der Einstein'schen Formel
Beispiel: Helium	
$\Delta m = 2m_p + 2m_n - m_{\mathrm{He}}$ $= 0{,}030\,4u$	u atomare Masseneinheit → Bindungsenergie 28,3 MeV

Bindungsenergie

Die Bindungsenergie pro Kernbaustein beträgt im Mittel 8 MeV. Sie ist von der Massenzahl abhängig und steigt bis zu Massenzahlen von etwa 60 an und wird dann wieder langsam geringer.

→ Bei Kernfusion leichter Kerne zu schwereren wird Bindungsenergie frei.

→ Bei der Spaltung schwerer Kerne in mittlere wird Bindungsenergie frei.

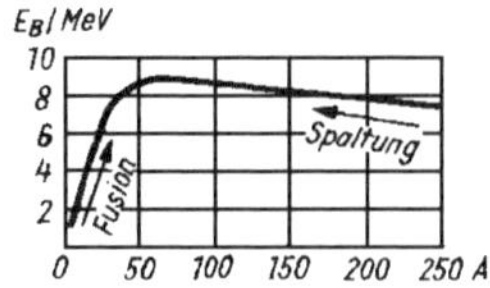

E_B Bindungsenergie pro Kernbaustein

9.3 Radioaktivität

Natürliche und künstliche Radioaktivität

Radioaktivität bedeutet Umwandlung (Zerfall) von Atomkernen ohne äußere Einwirkung.

→ dabei erfolgt eine Emission charakteristischer Strahlen α, β, γ.

→ der Zerfall ist ein zufälliger Prozess, der sich von außen nicht beeinflussen lässt.

Natürliche Radioaktivität:	Zerfallsreihen aus der Erdentstehung (z. B. Uran-Radium-Reihe) Radioaktivität durch kosmische Strahlung (z. B. ^{14}C)
Künstliche Radioaktivität:	Durch künstliche Kernumwandlung (z. B. durch Neutronenbeschuss) erzeugte Radioaktivität. Von jedem stabilen Element lassen sich radioaktive Isotope erzeugen.

Gesetz des radioaktiven Zerfalls

$N = N_0\, e^{-\lambda t}$

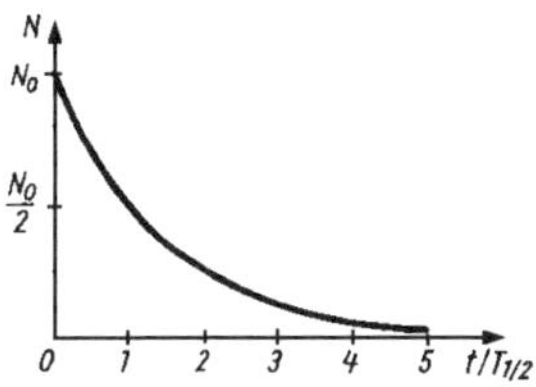

N Zahl der radioaktiven Kerne zur Zeit t

N_0 Zahl der radioaktiven Kerne zu Beginn ($t = 0$)

λ Zerfallskonstante

Halbwertszeit

$$T_{\frac{1}{2}} = \frac{\ln 2}{\lambda} = \frac{0{,}693}{\lambda}$$

Halbwertszeit; Zeit, in der die Hälfte der Kerne zerfallen ist.

Halbwertszeiten: J 131: 8,08 d; Co 60: 5,26 a; C 14: 5 730 a; Sr 90: 29,5 a; U 238: $4{,}5 \cdot 10^9$ a; Ra 226: 1 600 a; (a Jahre, d Tage)

Aktivität

$$A = -\frac{\mathrm{d}N}{\mathrm{d}t} = N\lambda = \frac{N \ln 2}{T_{1/2}}$$

Aktivität = Anzahl der Zerfälle pro Sekunde

N Anzahl der instabilen Kerne in der Probe

λ Zerfallskonstante

$N = \frac{m}{M} N_A$ (Zahl der Atome, → 8.1)

Beispiel: 1 g Radium $A = 3{,}7 \cdot 10^{10}$ Zerfälle/Sekunde $= 3{,}7 \cdot 10^{10}$ Bq

9.4 Radioaktive Strahlung

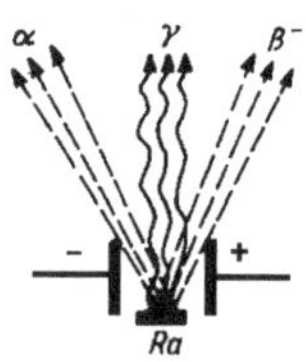

α-, β-, γ-Strahlen im elektrischen Feld

α-Strahlen

doppelt positiv geladene Kerne des Heliumatoms

Bei α-Strahlung erniedrigt sich die Ordnungszahl Z im Periodensystem um 2, die Massenzahl wird um 4 gesenkt.

α-Strahlen sind eine Folge der hohen Bindungsenergie des Heliumkerns, sie entstehen bei Kernen mit Massenzahlen über 200.

Eigenschaften: Werden im elektrischen Feld zum −Pol abgelenkt. Starke ionisierende Wirkung → sehr geringe Reichweite in festen Stoffen, geringe Reichweite in Luft

Beispiel:	$^{226}_{88}\text{Ra} \rightarrow {}^{222}_{86}\text{Rn} + {}^{4}_{2}\alpha$
β⁻-Strahlen	schnelle Elektronen Bei β-Strahlung erhöht sich die Ordnungszahl im Periodensystem um 1, die Massenzahl bleibt erhalten. Tritt bei Kernen mit relativem Neutronenüberschuss auf. Außerdem entsteht beim β^--Zerfall noch ein Antineutrino, das keine Ladung und keine Ruhemasse besitzt → die entstehenden β-Teilchen haben keine einheitliche Energie.
Eigenschaften:	Werden im elektrischen Feld zum +Pol abgelenkt. Geringe Reichweite in Stoffen. Wechselwirkung in Stoffen durch ▪ Ionisation ▪ Strahlungsbremsung ▪ Streuung
$I = I_0\,\mathrm{e}^{-\mu x}$	Absorptionsgesetz I Anzahl der β-Teilchen hinter der Probe I_0 Anzahl der β-Teilchen vor der Probe μ linearer Absorptionskoeffizient x Dicke der durchstrahlten Probe
Beispiel:	$^{90}_{38}\text{Sr} \rightarrow {}^{90}_{39}\text{Y} + {}^{0}_{-1}\text{e}$
β⁺-Strahlen	positiv geladene Elektronen (Positronen) Treten bei Kernen mit relativem Protonenüberschuss auf. Außerdem entsteht noch ein Neutrino, das keine Ladung und keine Ruhemasse besitzt. Werden im elektrischen Feld zum −Pol abgelenkt.
Beispiel:	$^{22}_{11}\text{Na} \rightarrow {}^{22}_{10}\text{Ne} + {}^{0}_{+1}\text{e}$

γ-Strahlen

sehr energiereiche elektromagnetische Wellen (wie Röntgenstrahlen)
Angeregte Atomkerne gehen in einen niederenergetischeren Zustand über.
Die Anregung erfolgt durch andere Kernumwandlungen.
Die Stellung im Periodensystem ändert sich nicht.

Eigenschaften:

Werden im elektrischen Feld nicht abgelenkt. Großes Durchdringungsvermögen in Stoffen.
Die Wechselwirkung in Stoffen erfolgt durch
- Fotoeffekt (→ 8 Atomphysik)
- Compton-Effekt (→ 8 Atomphysik)
- Paarbildung (Bildung von Elektron/Positron-Paaren bei $E_\gamma > 1{,}02$ MeV)

$I = I_0\,\mathrm{e}^{-\mu x}$

Absorptionsgesetz
I Intensität der γ-Strahlen hinter der Probe
I_0 Intensität vor der Probe
μ linearer Schwächungskoeffizient
x Dicke der durchstrahlten Probe

Die Schwächung in Luft ist gering, die Intensität nimmt mit dem Quadrat der Entfernung ab.
→ Abstand ist der beste Strahlenschutz!

Beispiel:

Co 60 wandelt sich durch einen β^--Zerfall in Ni 60, das durch Emission zweier γ-Quanten in den Grundzustand übergeht.

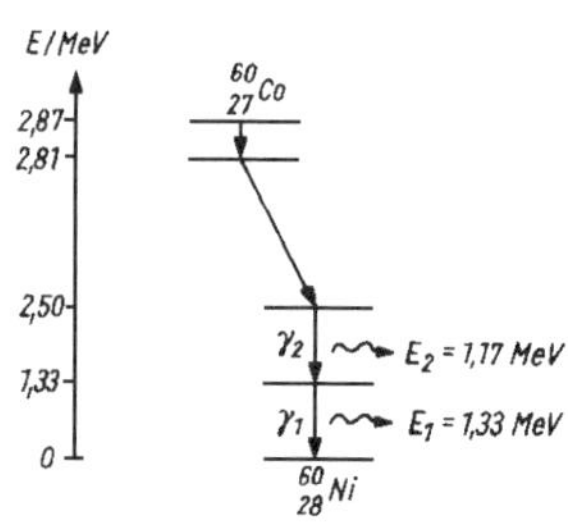

Nachweis radioaktiver Strahlen

Szintillationszähler:

Die in einem Leuchtstoff ausgelösten Lichtblitze werden registriert.

Zählrohr: Die zwischen zwei Elektroden ausgelöste Entladung wird registriert.

Ionisationskammer: Die im elektrischen Feld durch Ionisation erzeugten Ladungen werden registriert.

Nebelkammer: Die von α- und β-Teilchen im übersättigten Wasserdampf erzeugten Kondensspuren werden ausgemessen.

Filmdosimeter: Die Schwärzung fotografischer Schichten wird gemessen.

9.5 Dosimetrie

Beschreibungsgrößen absorbierter Strahlung

Die Wirksamkeit ionisierender Strahlung (bes. radioaktive Strahlen, Röntgenstrahlen, Neutronenstrahlen) wird über die absorbierte Energie (Dosis) erfasst.

Energiedosis

$D = \frac{\mathrm{d}E}{\mathrm{d}m}$ absorbierte Energie durch Masse des absorbierenden Stoffes

$[D] = 1\frac{\mathrm{J}}{\mathrm{kg}} = 1\ \mathrm{Gray} = 1\ \mathrm{Gy}$

$\dot{D} = \frac{D}{t}$ Energiedosisrate

Äquivalentdosis

$H = QD$ (biologische Dosis)

$[H] = 1\frac{\mathrm{J}}{\mathrm{kg}} = 1\ \mathrm{Sievert} = 1\ \mathrm{Sv}$

Q Qualitätsfaktor

Mit dem Qualitätsfaktor Q wird die relative biologische Wirksamkeit einer Energiedosis auf lebendes Gewebe erfasst. Für β-, γ- und Röntgenstrahlung ist $Q = 1$, für α-Strahlung ist $Q = 20$, für langsame Neutronen ist $Q = 3 \ldots 5$.

Da die wichtigsten Verfahren der Dosimetrie auf der Messung der Ionisation in Luft beruhen, definiert man:

Ionendosis

$J = \frac{Q}{m}$ $[J] = 1\frac{\mathrm{C}}{\mathrm{kg}}$

Q die durch Ionisierung in Luft gebildete Ladung

m Masse der durchstrahlten Luft

Für punktförmige γ-Strahler gilt:

$$J = \frac{\Gamma A t}{r^2}$$

Γ Gammastrahlenkonstante, ermöglicht die schnelle Bestimmung der Ionendosis
A Aktivität der Probe
t Bestrahlungsdauer, r Abstand

Γ ist tabelliert. *Beispiele*: Γ(Co 60) = 2,54; Γ(Cs 137) = 0,60; Γ(Ra 226) = 1,60

Strahlenschutz

Die mittlere effektive Äquivalentdosis pro Kopf der Bevölkerung beträgt, bedingt durch natürliche und medizinische Strahlenbelastung etwa 3 mSv pro Jahr.

Der Grenzwert der beruflich bedingten effektiven Körperdosis pro Person, der nicht überwachungspflichtig ist, beträgt 0,3 mSv im Kalenderjahr. Für strahlenexponierte Personen, die einer personendosimetrischen Überwachung unterliegen, beträgt der Grenzwert der effektiven Dosis 50 mSv im Jahr.

► DIN 6814 Begriffe und Benennungen in der radiologischen Technik
DIN 25 401 Begriffe der Kerntechnik

10 Physikalische Konstanten

Gravitationskonstante	$G = 6{,}6726 \cdot 10^{-11}\ \mathrm{Nm^2\,kg^{-2}}$
Fallbeschleunigung (Normwert)	$g_n = 9{,}80665\ \mathrm{m\,s^{-2}}$
Erdradius	$R_E = 6370\ \mathrm{km}$
Masse der Erde	$m_E = 5{,}97 \cdot 10^{24}\ \mathrm{kg}$
Masse der Sonne	$m_S = 1{,}99 \cdot 10^{30}\ \mathrm{kg}$
Masse des Mondes	$m_M = 7{,}36 \cdot 10^{22}\ \mathrm{kg}$
Abstand Erde - Mond	$d_{EM} = 3{,}84 \cdot 10^{8}\ \mathrm{m}$
Abstand Erde - Sonne (mittlerer Wert)	$d_{ES} = 1{,}50 \cdot 10^{11}\ \mathrm{m}$
Lichtgeschwindigkeit	$c = 2{,}99792458 \cdot 10^{8}\ \mathrm{m\,s^{-1}}$
Avogadro-Konstante	$N_A = 6{,}02214 \cdot 10^{23}\ \mathrm{mol^{-1}}$
Loschmidt-Konstante	$N_L = 2{,}68676 \cdot 10^{25}\ \mathrm{m^{-3}}$
Normbedingungen	$p_n = 1013{,}25\ \mathrm{hPa}$ $T_n = 273{,}15\ \mathrm{K} \mathrel{\widehat{=}} 0\ ^\circ\mathrm{C}$

Molvolumen (Normbedingungen)	$V_m = 22{,}414 \cdot 10^{-3}\ m^3\ mol^{-1}$
Universelle Gaskonstante	$R = 8{,}314\,51\ J\ mol^{-1}\ K^{-1}$
Boltzmann-Konstante	$k = 1{,}380\,66 \cdot 10^{-23}\ J\ K^{-1}$
Elementarladung	$e = 1{,}602\,177 \cdot 10^{-19}\ C$
Spezifische Ladung des Elektrons	$e/m_e = 1{,}758\,82 \cdot 10^{11}\ C\ kg^{-1}$
Elektrische Feldkonstante	$\varepsilon_0 = 8{,}854\,188 \cdot 10^{-12}\ A\,s/(V\,m)$
Magnetische Feldkonstante	$\mu_0 = 1{,}256\,637 \cdot 10^{-6}\ V\,s/(A\,m)$
Faraday-Konstante	$F = 9{,}648\,53 \cdot 10^{4}\ C\ mol^{-1}$
Atomare Masseneinheit	$u = 1{,}660\,54 \cdot 10^{-27}\ kg$
Relative Atommasse des Elektrons	$A_{re} = 5{,}485\,799 \cdot 10^{-4}$
Relative Atommasse des Protons	$A_{rp} = 1{,}007\,276\,5$
Relative Atommasse des Neutrons	$A_{rn} = 1{,}008\,664\,9$
Planck'sches Wirkungsquantum	$h = 6{,}626\,08 \cdot 10^{-34}\ J\,s$
Bohr'scher Atomradius	$a_0 = 5{,}292 \cdot 10^{-11}\ m$

Technische Mechanik

1 Statik

1.1 Ebenes, zentrales Kraftsystem

Ebenes, zentrales Kraftsystem liegt dann vor, wenn die Wirkungslinien (WL) aller Kräfte eine gemeinsame Ebene aufspannen und einen gemeinsamen Schnittpunkt besitzen.

Zerlegung einer Kraft $\vec{F}$ in zwei rechtwinklige Komponenten im kartesischen Koordinatensystem x, y:

$$\vec{F} = F_x \vec{e}_x + F_y \vec{e}_y$$

wobei

$$F_x = F \cos\alpha, \quad F_y = F \sin\alpha$$

$$F_x = F \sin\beta, \quad F_y = F \cos\beta$$

F_x, F_y rechtwinklige Komponenten der Kraft $\vec{F}$

α Winkel zwischen der Abszisse (x-Achse) und dem Kraftpfeil im mathematisch positiven Drehsinn

$\beta = 90° - \alpha$ Komplementärwinkel zu α

$\vec{e}_x, \vec{e}_y$ Einheitsvektoren in Richtung der Koordinatenachsen x, y

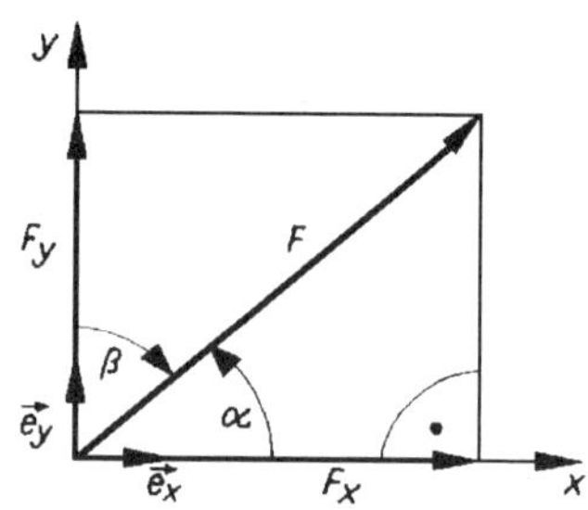

Betrag einer Kraft in Abhängigkeit ihrer zwei rechtwinkligen Komponenten:

$$F = |\vec{F}| = \sqrt{F_x^2 + F_y^2}$$

Zusammensetzen von Kräften – Ermittlung der Resultierenden

Resultierende $\vec{F}_R$ von n Einzelkräften $\vec{F}_i$ ergibt sich aus Vektoraddition; Einzelkräfte F_i werden jeweils in ihre rechtwinkligen Komponenten F_{ix}, F_{iy} zerlegt, Zusammenfassung in Richtung x, y ergibt rechtwinklige Komponenten der Resultierenden F_{Rx}, F_{Ry} (vgl. Bild mit $n = 2$, Parallelogrammsatz):

Resultierende

$\vec{F}_R = F_{Rx}\vec{e}_x + F_{Ry}\vec{e}_y$

Komponenten

$F_{Rx} = \sum_{i=1}^{n} F_{ix} = \sum_{i=1}^{n} F_i \cos \alpha_i$

$F_{Ry} = \sum_{i=1}^{n} F_{iy} = \sum_{i=1}^{n} F_i \sin \alpha_i$

$\tan \alpha_R = \frac{F_{Ry}}{F_{Rx}}$ Richtung

Betrag der Resultierenden

$F_R = \sqrt{F_{Rx}^2 + F_{Ry}^2}$

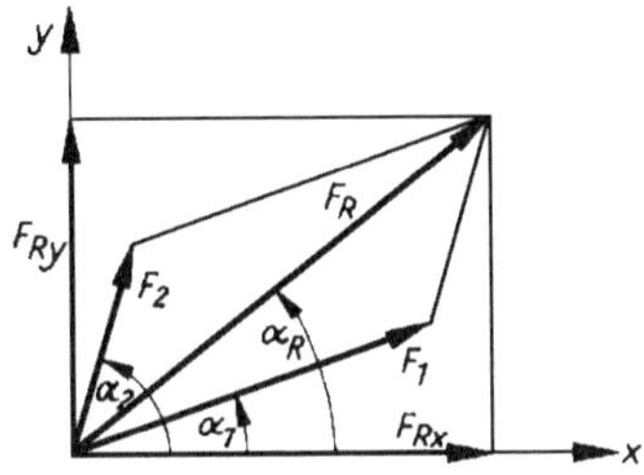

α_R Winkel zwischen positiver Abszisse und Kraftpfeil $\vec{F}_R$

Gleichgewicht – Gleichgewichtsbedingungen

Ebenes, zentrales Kraftsystem ist im Gleichgewicht, wenn die Resultierende zu null wird.

Gleichgewichtsbedingung:

$\vec{F}_R = \vec{0}$ (Nullvektor)

Komponentenschreibweise:

$\sum_{i=1}^{n} F_{ix} = 0, \quad \sum_{i=1}^{n} F_{iy} = 0$

1.2 Ebenes, allgemeines Kraftsystem

Ebenes, allgemeines Kraftsystem liegt dann vor, wenn die Wirkungslinien aller Kräfte eine gemeinsame Ebene aufspannen und keinen gemeinsamen Schnittpunkt besitzen.

Moment einer Kraft

Momentenvektor (freier Vektor)

$\vec{M} = \vec{r} \times \vec{F}$ bzw.

$$\vec{M} = \begin{vmatrix} \vec{e}_x & \vec{e}_y & \vec{e}_z \\ r_x & r_y & 0 \\ F_x & F_y & 0 \end{vmatrix} = \left(r_x F_y - r_y F_x\right) \vec{e}_z = M_z \vec{e}_z$$

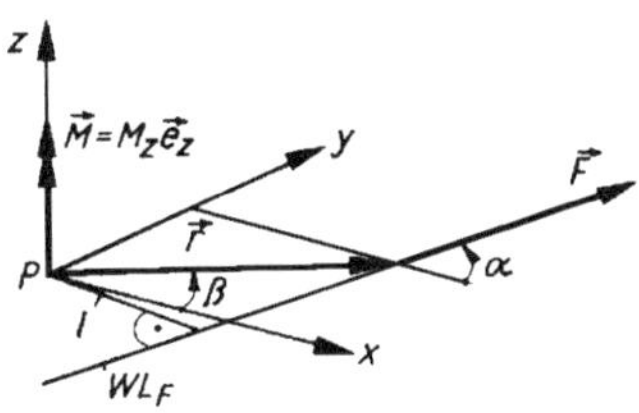

$\vec{F} = F_x\vec{e}_x + F_y\vec{e}_y$ Kraftvektor

$\vec{r} = r_x\vec{e}_x + r_y\vec{e}_y$ Ortsvektor, beschreibt Lage des Kraftangriffspunktes in Bezug auf den gewählten Bezugspunkt (hier: Bezugspunkt im Ursprung P).

$M_z = r_x F_y - r_y F_x$ Komponente M_z des Momentes der Kraft F bez. P ($M_x = M_y = 0$); Vorzeichen von $M = M_z$ positiv, wenn Moment bez. P mathematisch positive Drehung ↶ in der x, y-Ebene bewirkt.

Betrag des Vektorproduktes

$M = |\vec{M}| = |\vec{r}||\vec{F}| \sin(\alpha - \beta) = Fl$

Symbole für die Momentendarstellung: Doppelpfeil für Momentenvektor ↠, Drehpfeil für Momentendrehrichtung ↶

Rechte-Hand-Regel: Zeigen die gekrümmten Finger der rechten Hand in die vom Moment bewirkte Drehrichtung (Drehpfeil), dann zeigt der abgespreizte Daumen in Richtung des Momentenvektors (Doppelpfeil).

Parallelverschiebung einer Kraft

Kraft kann parallel zu ihrer Wirkungslinie um einen Abstand l_v verschoben werden, wenn veränderte Momentenwirkung durch Versetzungs- oder Verschiebungsmoment M_v kompensiert wird:

$M_v = F l_v$

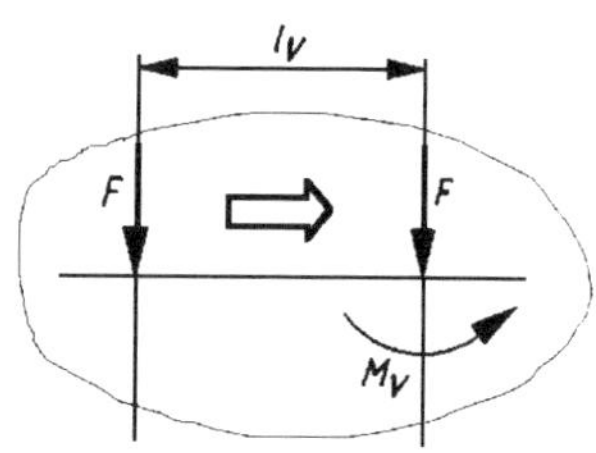

Resultierendes Moment aus n Einzelkräften

$$\vec{M}_R = \sum_{i=1}^{n} \vec{M}_i = \sum_{i=1}^{n} \vec{r}_i \times \vec{F}_i = \sum_{i=1}^{n} M_{iz} \vec{e}_z = \sum_{i=1}^{n} \left(r_{ix} F_{iy} - r_{iy} F_{ix}\right) \vec{e}_z$$

$\vec{M}_R = M_{Rz} \vec{e}_z$ resultierendes Moment, abhängig vom Bezugspunkt P

$\vec{F}_i = F_{ix} \vec{e}_x + F_{iy} \vec{e}_y$ Kraftvektoren

$\vec{r}_i = r_{ix} \vec{e}_x + r_{iy} \vec{e}_y$ Ortsvektoren für jeweils gleichen Bezugspunkt P

Ermittlung der Resultierenden $\vec{F}_R$

Resultierende muss gleiche Kraft- und Momentenwirkung besitzen wie alle Einzelkräfte zusammen (statische Äquivalenz); Parallelverschiebung aller Kräfte in Momentenbezugspunkt P mit Berücksichtigung der Verschiebungsmomente; Ermittlung der Resultierenden nach Betrag, Richtung und Lage:

- Betrag und Richtung, Gln. siehe ebenes, zentrales Kraftsystem.
- Lage aus Satz der statischen Momente ($F_R > 0$):

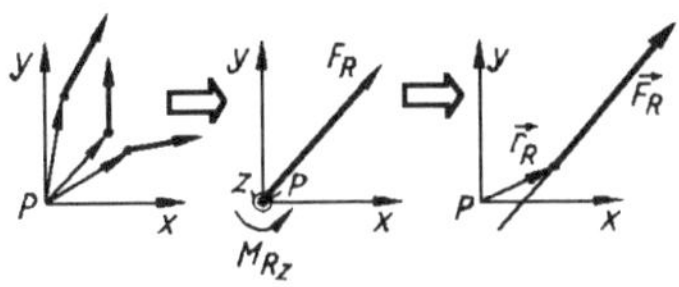

Resultierendes Moment ist gleich dem Vektorprodukt aus Ortsvektor der resultierenden Kraft $\vec{r}_R$ und $\vec{F}_R$:

$\vec{M}_R = \vec{r}_R \times \vec{F}_R$

$\vec{F}_R = F_{Rx}\vec{e}_x + F_{Ry}\vec{e}_y$ Resultierende

$\vec{r}_R = r_{Rx}\vec{e}_x + r_{Ry}\vec{e}_y$ Ortsvektor der Resultierenden bez. P

Geradengleichung der Wirkungslinie von $\vec{F}_R$ für $F_R > 0$:

$$y = \frac{F_{Ry}}{F_{Rx}}x - \frac{M_{Rz}}{F_{Rx}}$$

Sonderfall: $F_R = 0$, Moment infolge Kräftepaar

Gleichgewicht – Gleichgewichtsbedingungen

Ebenes, allgemeines Kraftsystem ist im Gleichgewicht, wenn die resultierende Kraft und das resultierende Moment null werden.

Gleichgewichtsbedingungen	$\vec{F}_R = \vec{0}$, $\vec{M}_R = \vec{0}$
Komponentenschreibweise	$\sum_{i=1}^{n} F_{ix} = 0$, $\sum_{i=1}^{n} F_{iy} = 0$
	$\sum_{i=1}^{n} M_i = 0$, $M_i = M_{iz}$
Kurzsymbole für Gleichgewichtsbedingungen	$\rightarrow : 0 =$, $\uparrow : 0 =$, $\circlearrowleft P: 0 =$ P frei wählbarer Momentenbezugspunkt

1.3 Räumliches Kraftsystem

Räumliches, zentrales Kraftsystem

Resultierende Kraft von n Kräften F_i

$\vec{F}_R = F_{Rx}\vec{e}_x + F_{Ry}\vec{e}_y + F_{Rz}\vec{e}_z$

$$F_{Rx} = \sum_{i=1}^{n} F_i \cos\alpha_i,$$

$$F_{Ry} = \sum_{i=1}^{n} F_i \cos\beta_i,$$

$$F_{Rz} = \sum_{i=1}^{n} F_i \cos\gamma_i$$

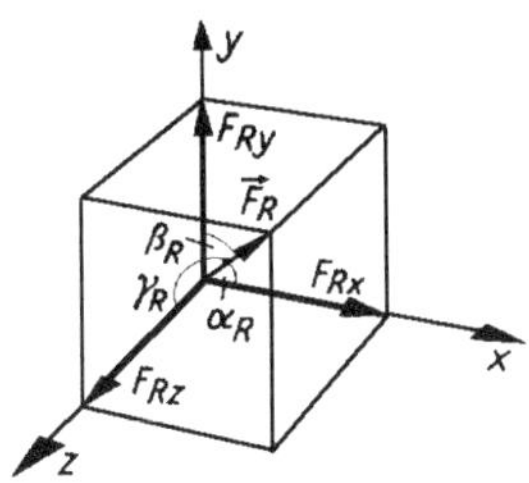

Betrag

$F_R = |\vec{F}_R| = \sqrt{F_{Rx}^2 + F_{Ry}^2 + F_{Rz}^2}$

$\alpha_i, \beta_i, \gamma_i$ Winkel der Wirkungslinie von F_i zu den Achsen

Richtung jeder Kraft ist durch jeweils zwei Richtungskosinus ihrer Wirkungslinie zu den Achsen des kartesischen Koordinatensystems festgelegt (Beispiel $\vec{F}_R$):

$$\cos\alpha_R = \frac{F_{Rx}}{F_R}, \quad \cos\beta_R = \frac{F_{Ry}}{F_R}$$

$$\cos\gamma_R = \frac{F_{Rz}}{F_R}$$

Gleichgewicht, wenn Gleichgewichtsbedingung $\vec{F}_R = \vec{0}$ erfüllt ist.

Komponentenschreibweise:

$$\sum_i F_{ix} = 0, \quad \sum_i F_{iy} = 0, \quad \sum_i F_{iz} = 0$$

Räumliches, allgemeines Kraftsystem

Moment einer Kraft

$$\vec{M} = \vec{r} \times \vec{F} = \begin{vmatrix} \vec{e}_x & \vec{e}_y & \vec{e}_z \\ r_x & r_y & r_z \\ F_x & F_y & F_z \end{vmatrix}$$

Komponenten:

$M_x = r_y F_z - r_z F_y$

$M_y = r_z F_x - r_x F_z$

$M_z = r_x F_y - r_y F_x$

$$\vec{M} = M_x \vec{e}_x + M_y \vec{e}_y + M_z \vec{e}_z$$

Resultierendes Moment aus n Einzelkräften

$$\vec{M}_R = \sum_{i=1}^{n} \vec{M}_i = \sum_{i=1}^{n} \vec{r}_i \times \vec{F}_i$$

$\vec{F}_i = F_{ix}\vec{e}_x + F_{iy}\vec{e}_y + F_{iz}\vec{e}_z$ Kraftvektoren

$\vec{r}_i = r_{ix}\vec{e}_x + r_{iy}\vec{e}_y + r_{iz}\vec{e}_z$ Ortsvektoren für jeweils gleichen Bezugspunkt P

Ermittlung der Resultierenden:

$\vec{F}_R$ nach Betrag und Richtung wie beim räumlichen, zentralen Kraftsystem. Im Gegensatz zum ebenen, allgemeinen Kraftsystem stehen Vektoren $\vec{F}_R$ und $\vec{M}_R$ i. Allg. nicht senkrecht aufeinander; Satz der statischen Momente des ebenen Kraftsystems dann nicht übertragbar; Lage von $\vec{F}_R$ ermittelt man durch Einführung eines Momentes, das parallel zur Wirkungslinie von $\vec{F}_R$ verläuft, s. weiterführende Literatur (Dyname/Kraftschraube).

Gleichgewicht, falls Gleichgewichtsbedingungen $\vec{F}_R = \vec{0}$, $\vec{M}_R = \vec{0}$ erfüllt sind.

Komponentenschreibweise:

$$\sum_i F_{ix} = 0, \quad \sum_i F_{iy} = 0, \quad \sum_i F_{iz} = 0$$

$$\sum_i M_{ix} = 0, \quad \sum_i M_{iy} = 0, \quad \sum_i M_{iz} = 0$$

1.4 Modelle starrer Körper

Modell	Skizze	Merkmale
Einachsiges Modell **Stab**	Ausdehnung in einer Raumrichtung/Längsrichtung sehr viel größer als die maximale Ausdehnung in den anderen beiden Raumrichtungen	
Fachwerk-stab		überträgt nur Kräfte in Richtung der Stabachse
Balken/ Träger	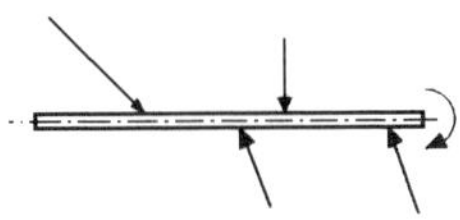	überträgt beliebige Kräfte und Momente
Zweiachsige Modelle	Dicke h sehr viel kleiner als Ausdehnung in anderen Raumrichtungen	
Scheibe	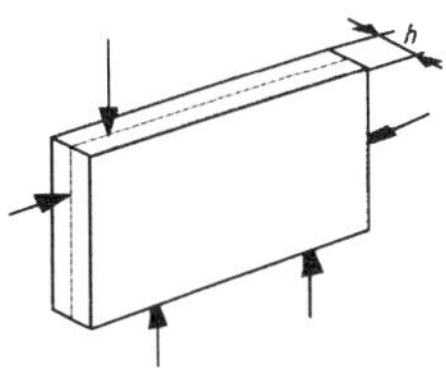	Belastungen in der Mittelebene
Platte	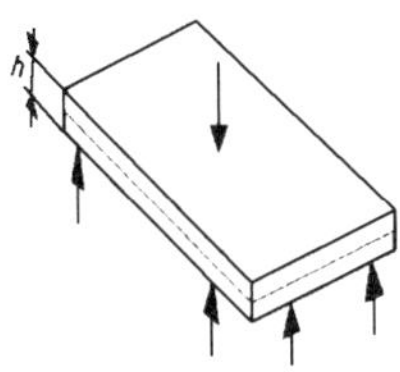	Belastungen senkrecht zur Mittelebene
Schale	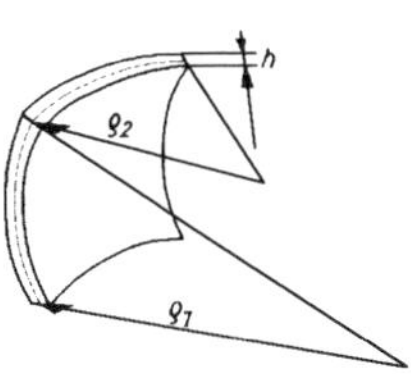	i. Allg. doppelt gekrümmte Mittelebene, ϱ_1, ϱ_2 Radien der Hauptkrümmungskreise der Schalenmittelfläche
Dreiachsige Modelle (3D-Modelle)	z. B. Vollraum, Halbraum, Quader, Zylinder, Kugel	

1.5 Modelle von Lager- und Verbindungsarten

Modell	Symbol/Skizze	freigeschnittenes Modell
Modelle ebener Lagerarten		
Einwertige Lager		
Pendelstütze	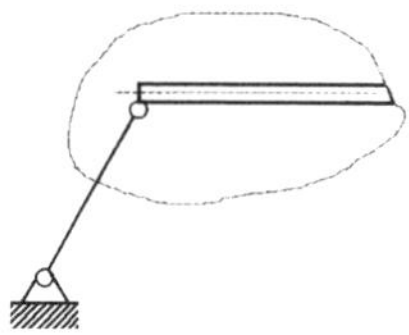	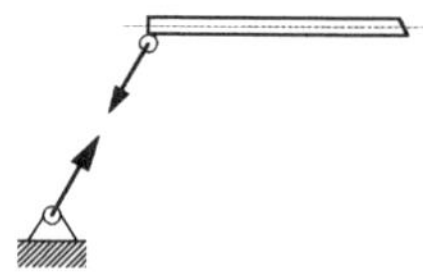
Rollenlager/ Loslager	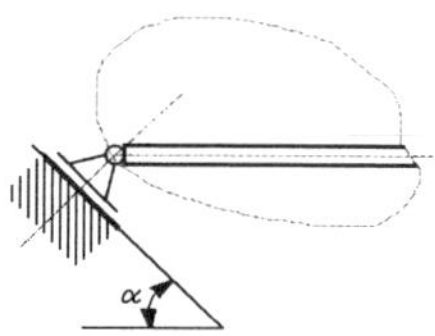	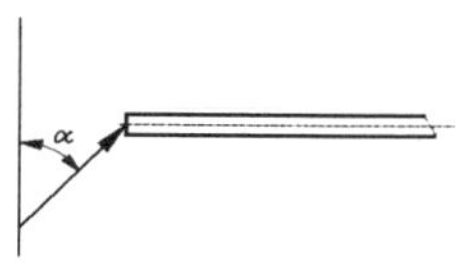
Zweiwertige Lager		
Festlager	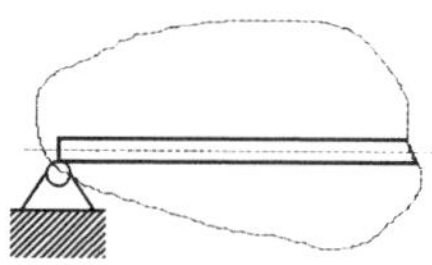	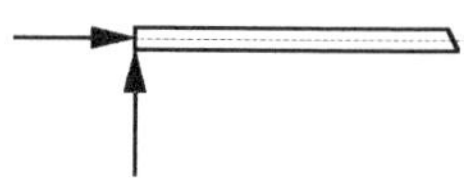
Gleithülse	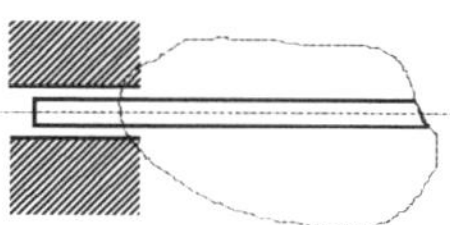	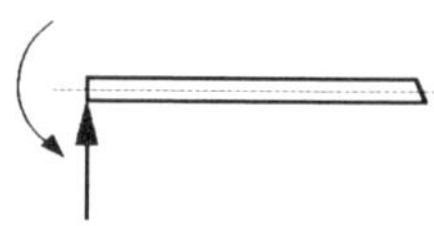
Ebenes Gelenk (reibungsfrei)	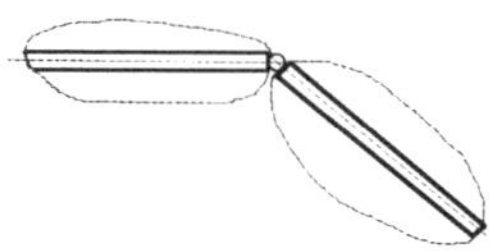	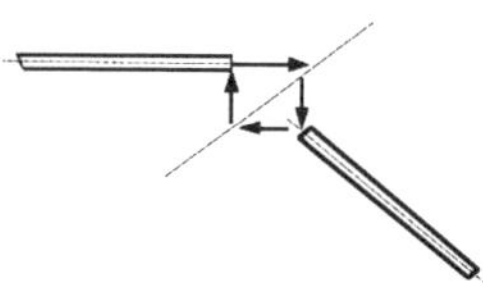
Dreiwertiges Lager		
Einspannung	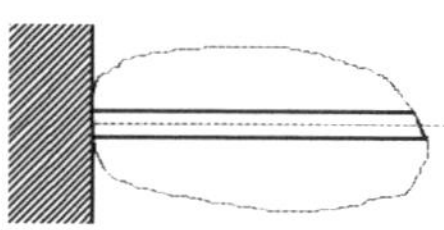	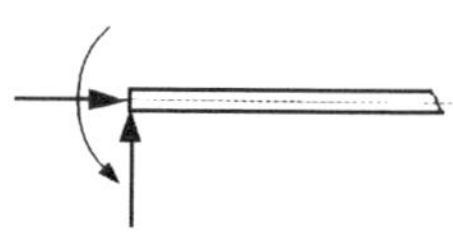

Modell	Symbol/Skizze	freigeschnittenes Modell
Modelle räumlicher Lagerarten		
Rollenlager (einwertig)	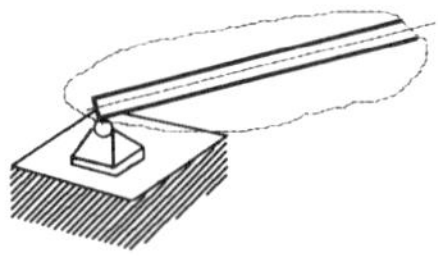	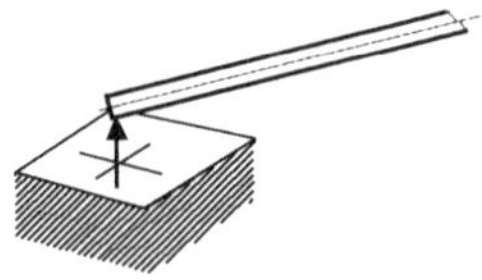
Festlager (dreiwertig)	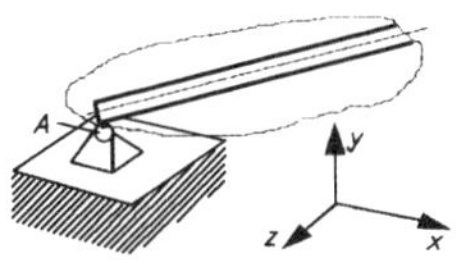	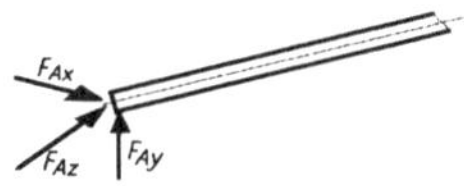
Einspannung (sechswertig)	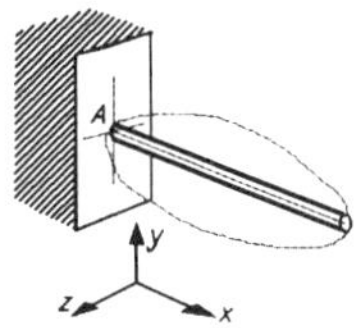	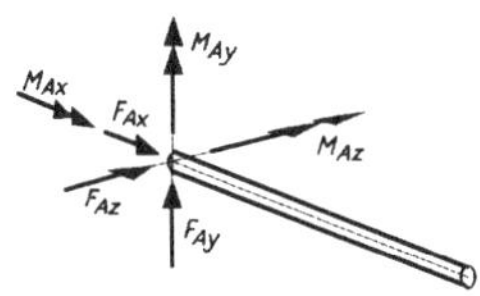

1.6 Modelle der Belastung

Einteilung nach der Ausdehnung bzw. Geometrie des Gebietes der mechanischen Wechselwirkung:

Einzelkraft (Punktlast)

Streckenlast (Linienkraft, z. B. auf Länge bezogenes Eigengewicht von Stäben)

Darstellung einer Streckenlast erfolgt mittels der Intensität $q(s)$ entlang der Strecke l. Sie kann durch eine statisch äquivalente Ersatzkraft (Einzelkraft) wie folgt erfasst werden:

Betrag

$$F_q = \int_0^l q(s)\,\mathrm{d}s$$

Lage der Wirkungslinie

$$s_q = \frac{1}{F_q}\int_0^l q(s)s\,\mathrm{d}s$$

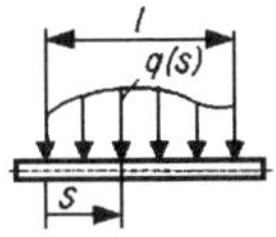

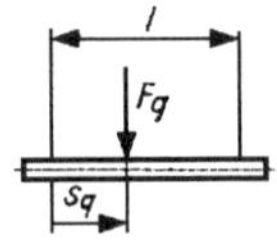

Anmerkung: Verbal gilt für die Ermittlung von Betrag (Richtung ist durch Richtung der Intensität vorgegeben) und Lage von F_q:

F_q entspricht der Fläche der Streckenlast über der Länge l, Wirkungslinie von F_q verläuft durch den Schwerpunkt dieser Fläche

Sonderfälle:

Rechtecklast über Strecke l,
$q = \text{const}$:

$F_q = ql, \quad s_q = \frac{1}{2}l$

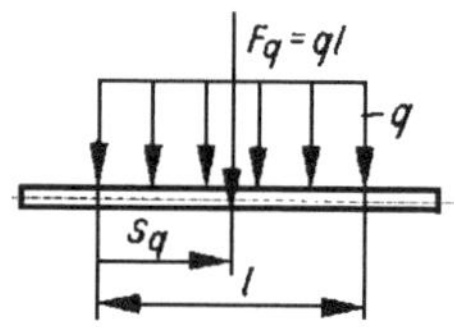

Dreieckslast über Strecke l
$q(s) = q_0\frac{s}{l}$, $F_q = \frac{1}{2}q_0 l$, $s_q = \frac{2}{3}l$
$q(s)$ Intensitätsfunktion

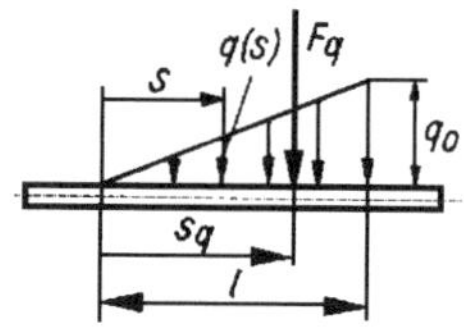

q_0 maximale Intensität

Flächenlast (Schneelasten auf Flächentragwerken/Dächern, Druckverteilung an Stauwerken, Behälter unter Innen- und Außendruck, umströmte zweiachsige und dreiachsige Konstruktionen, z. B. Karosserien)

Volumenlast (Trägheitskräfte, z. B. Fliehkräfte in rotierenden Konstruktionen/Rotoren infolge Radialbeschleunigung)

1.7 Ebene Tragwerke

Bezeichnungen

Einfaches Tragwerk: Modellierung aus einem starren Körper und Lagern

Zusammengesetztes Tragwerk: Modellierung aus mehreren starren Körpern, Verbindungen und Lagern, z. B.: Fachwerk ist System aus Fachwerksstäben, die in Gelenken, den sog. Knoten, reibungsfrei miteinander verbunden sind; Stabwerk ist System aus miteinander verbundenen Stäben.

Statische Bestimmtheit

Sämtliche Lager-, Verbindungs- bzw. Gelenk- und Schnittreaktionen (siehe Abschnitt 1.8) des ggf. aus mehreren starren Körpern zusammengesetzten Tragwerkes lassen sich aus den Gleichgewichtsbedingungen ermitteln. Notwendige Bedingung für statische Bestimmtheit ist $n = 0$, wobei:

Stabwerke: $n = 3k - a - v$

- k Anzahl der starren Körper
- a Anzahl der Lagerreaktionen
- v Anzahl der Verbindungsreaktionen

Fachwerke: $n = 2g - s - t$

- g Anzahl der Gelenke/Knoten des Fachwerkes
- s Anzahl der Fachwerkstäbe
- t Anzahl der Stützstäbe/Lagerreaktionen

Es gilt: $n > 0$ Mechanismus/Getriebe mit n Freiheitsgraden

$n < 0$ Tragwerk ist $|n|$-fach statisch unbestimmt

Berechnung von Lager- und Verbindungsreaktionen

Lösungsprinzip: Ein Tragwerk ist dann im Gleichgewicht, wenn jeder starre Körper (Teilsystem) für sich im Gleichgewicht ist.

Hinweise zu Ermittlung der Stabkräfte/Längskräfte in Fachwerken

- Knotenschnittverfahren, Freischneiden und Gleichgewichtsbedingungen an jedem Gelenk/Knoten als zentrales Kraftsystem
- Schnittverfahren nach Ritter, geeignete Schnittführung so, dass allgemeine Kraftsysteme entstehen; z. B. Schnitt dreier Stäbe, deren Wirkungslinien keinen gemeinsamen Schnittpunkt besitzen
- Bei statisch unbestimmten Fachwerken sind vorzugsweise energetische Verfahren (z. B. Satz von Castigliano, siehe dort) heranzuziehen

---

Hinweis zu räumlichen Tragwerken

Lösungsprinzip und Vorgehensweise analog zu ebenen Tragwerken; wegen Anschaulichkeit der Lösung empfiehlt es sich in vielen Fällen, das räumliche Modell in drei senkrecht aufeinander stehenden Ebenen zu betrachten; dann Behandlung der drei ebenen Aufgaben.

1.8 Schnittreaktionen

Schnittreaktionen im eben beanspruchten Stab

F_L; (N)	Längs- bzw. Normalkraft
F_Q; (Q)	Querkraft
M; (M_b)	Schnittmoment (Biegemoment)

Definition der Schnittreaktionen

Richtungen der Schnittreaktionen am Schnittufer z:

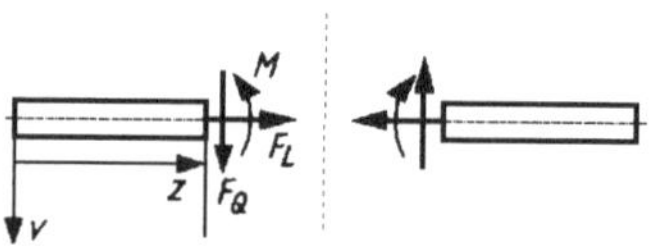

z Koordinate der Schnittstelle
v Koordinate der Durchsenkung (→ 2.5)
F_L, F_Q und M sind i. Allg. Funktionen der Koordinate z.

Beziehungen zwischen Intensität der Streckenlast, Querkraft und Schnittmoment

$$\frac{dF_Q}{dz} = -q(z), \quad \frac{dM}{dz} = F_Q$$

$$\frac{d^2M}{dz^2} = -q(z)$$

$q(z)$ Intensität der Streckenlast (senkrecht zur z-Achse)

Schlussfolgerungen:

- In Bereichen ohne Streckenlastbelastung sind die Schnittkräfte konstant.
- Querkraftnullstellen bedingen einen Momentenextremwert.

Schnittreaktionen im räumlich beanspruchten Stab

z Koordinate der Schnittstelle

Schnittkräfte

F_L; (N)	Längskraft
F_{Qx}, F_{Qy}; (Q_x, Q_y)	Querkräfte

Schnittmomente

$M_x = M_{bx}, M_y = M_{by}$	Biegemomente
$M_t = M_z$	Torsionsmoment

Beziehungen zwischen Querkräften und Biegemomenten

$$F_{Qy} = \frac{dM_x}{dz}, \quad F_{Qx} = -\frac{dM_y}{dz}$$

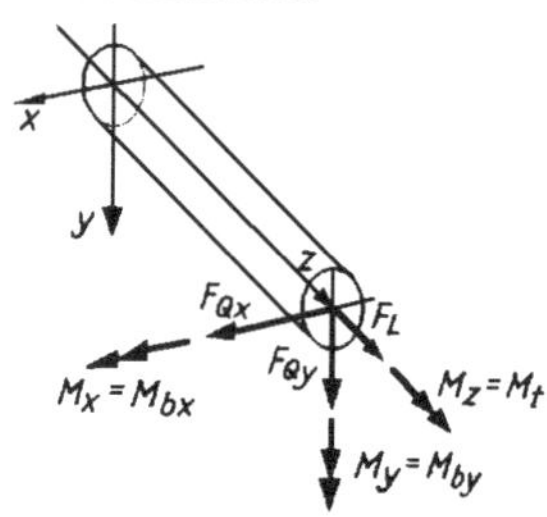

Querkraft- und Momentenverlauf für ausgewählte Tragwerke

Tragwerk	Verläufe der Schnittreaktionen
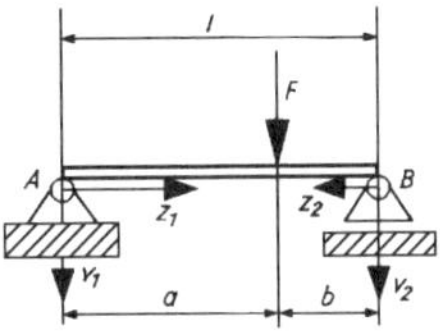	$F_A = F\frac{b}{l}$, $F_B = F\frac{a}{l}$ $M_1 = F_A z_1$, $M_2 = F_B z_2$ $M_{max} = F\frac{ab}{l}$ 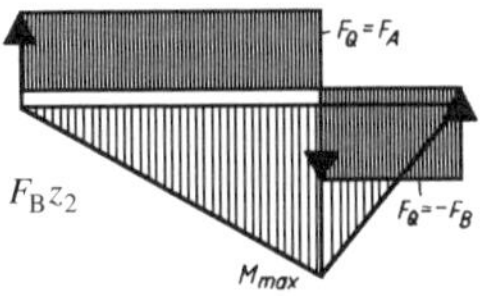
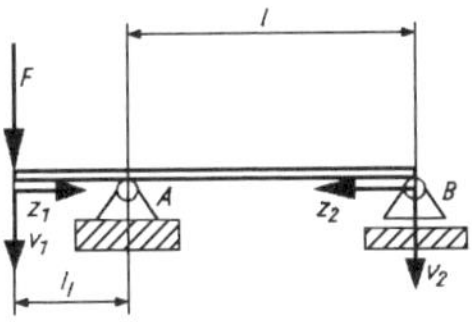	$F_A = F\left(1+\frac{l_l}{l}\right)$, $F_B = F\frac{l_l}{l}$ $M_1 = -Fz_1$, $M_2 = F_B z_2$ $\lvert M\rvert_{max} = Fl_l$ 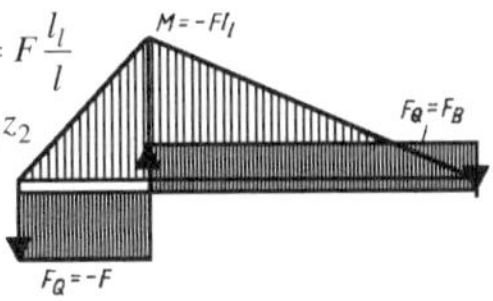
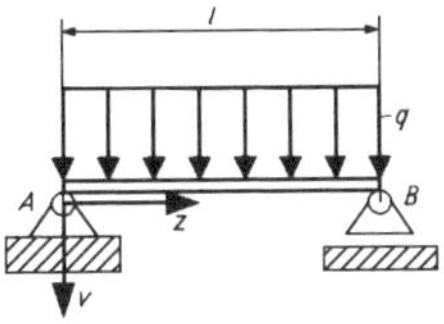	$F_A = F_B = \frac{1}{2}ql$ $F_Q = ql\left(\frac{1}{2}-\frac{z}{l}\right)$ $M = \frac{1}{2}qz(l-z)$ $M_{max} = \frac{1}{8}ql^2$ 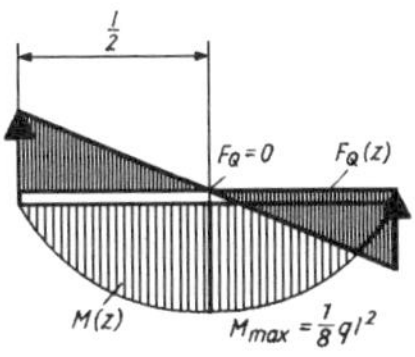
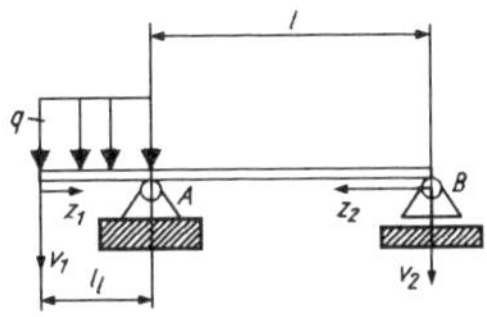	$F_A = ql_l\left(1+\frac{l_l}{2l}\right)$ $F_B = ql_l\frac{l_l}{2l}$ $\lvert M\rvert_{max} = \frac{1}{2}ql_l^2$ 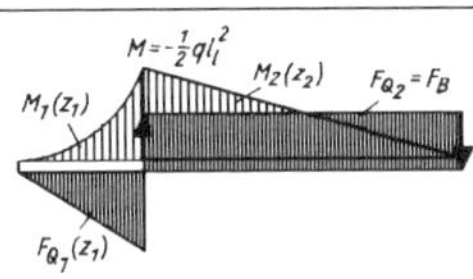 $F_{Q1} = -qz_1$, $M_1 = -\frac{1}{2}qz_1^2$, $F_{Q2} = F_B$, $M_2 = -F_B z_2$
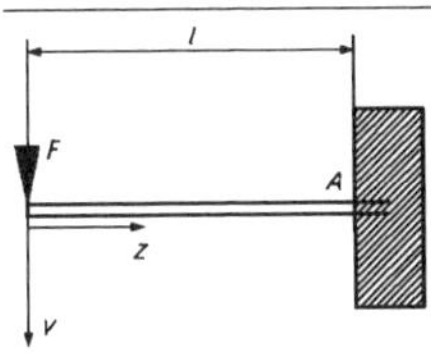	$F_A = F$, $M_A = Fl$, $F_Q = -F$, $M = -Fz$ $\lvert M\rvert_{max} = Fl$ 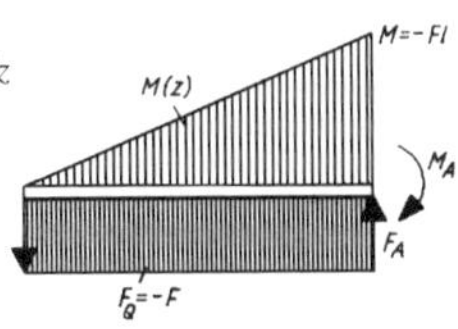
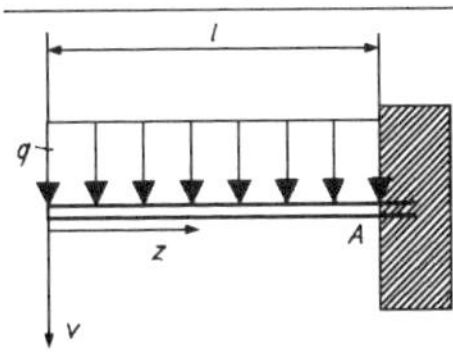	$F_A = ql$, $M_A = \frac{1}{2}ql^2$ $F_Q = -qz$, $M = -\frac{1}{2}qz^2$ $\lvert M\rvert_{max} = \frac{1}{2}ql^2$ 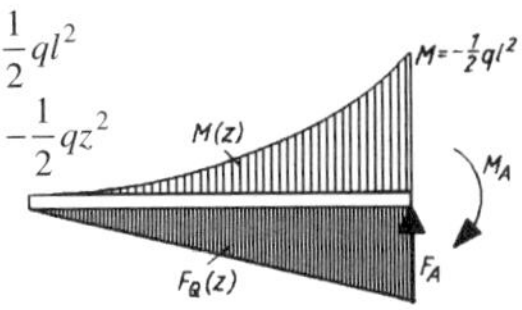

Hinweise:
- Schnittreaktionen sind i. Allg. nur innerhalb bestimmter Stabbereiche stetig.
- Bereichsgrenzen sind bedingt durch Geometrie (Stabende, Knick, Verzweigung, unstetige Krümmungsänderung) und Belastung (Einleitungsstellen von Kräften- und Momenten, Beginn und Ende von Streckenlasten mit jeweils stetiger Intensität).

1.9 Reibung

Miteinander im Kontakt stehende Körper (Reibpartner) lassen sich gegeneinander nur bewegen, wenn Widerstandskräfte/Reibungskräfte überwunden werden.

Haftreibung bzw. Haftung: Widerstand bis zum Einsetzen der Bewegung

Haftreibungsgesetz (empirisch)

$F_R \leqq \mu_0 F_N$

F_R Reibungskraft (Reaktionskraft), tangiert Kontaktebene, ist entgegen der möglichen Relativbewegung des jeweiligen Reibpartners anzutragen.

F_N Normalkraft (Reaktionskraft), steht senkrecht auf Kontaktebene (und damit F_R), ist auf jeweiligen Reibpartner einwirkend anzutragen.

μ_0 Haftreibungskoeffizient/-zahl

Gleitreibung: Widerstand bei Relativbewegung der Reibpartner

Gleitreibungsgesetz (nach Coulomb)

$F_R = \mu F_N$

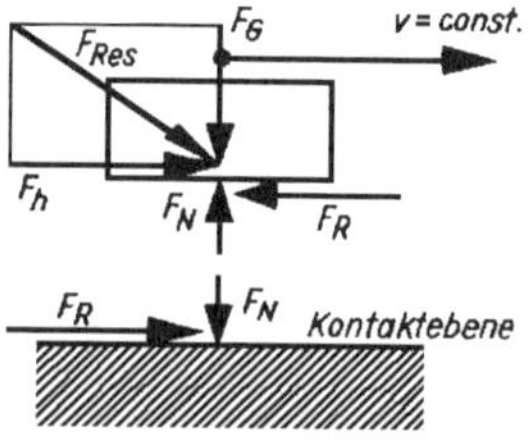

μ Gleitreibungskoeffizient/-zahl, wobei $\mu < \mu_0$

F_R Reibungskraft, eingeprägte Kraft, entgegengesetzt der Relativbewegung des jeweiligen Reibpartners; gültig für nicht zu großes F_N und kleine konstante Geschwindigkeiten v

Ermittlung von F_R, F_N erfolgt mittels Vorgehensweise der Statik (Freischneiden, Gleichgewichtsbedingungen).

Zusammenhang zwischen maximaler Neigung von F_{Res} und Reibungskoeffizienten:
Reibungskegel (gebildet aus Grenz-Wirkungslinie von F_{Res})

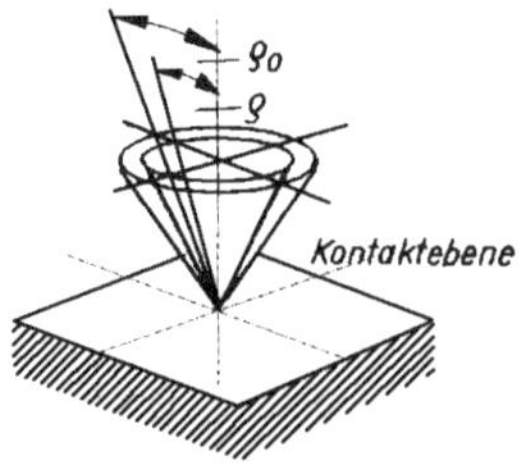

$\mu_0 = \tan \varrho_0$, $\mu = \tan \varrho$, $\varrho < \varrho_0$

ϱ_0, ϱ halber Öffnungswinkel des Haft- bzw. Gleitreibungskegels

Liegt die Wirkungslinie von F_{Res} innerhalb des Kegels ϱ_0, herrscht Selbsthemmung.

Haft- und Gleitreibungszahlen (Auswahl)

Werkstoffpaar	Haftreibungszahl μ_0		Gleitreibungszahl μ	
	trocken	geschmiert	trocken	geschmiert
Stahl-Stahl	0,15 ... 0,4	0,1	0,1 ... 0,2	0,05 ... 0,1
Stahl-Grauguss	0,18 ... 0,24	0,1	0,17 ... 0,2	0,02 ... 0,1
Holz-Metall	0,5 ... 0,65	0,1	0,2 ... 0,5	0,02 ... 0,1
Holz-Holz	0,4 ... 0,65	0,16 ... 0,2	0,2 ... 0,4	0,04 ... 0,16
Gummireifen-Fahrbahn	0,7		0,3 ... 0,5	0,15 ... 0,2 (mit Wasser)
Stahl-Eis	0,027		0,014	

Reibung in Führungen

$F_A = \mu' F_Q$

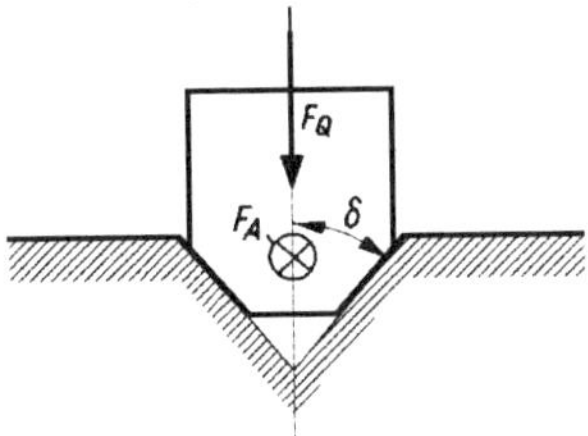

$\mu' = \mu$ Flachbahnführung
$\mu' = \mu / \sin \delta$ Prismenführung
F_A Vorschubkraft
F_Q Betriebslast der Führung
δ Neigungswinkel der Prismenwange zur Vertikalen

Reibung in Gewinden

Zusammenhang zwischen Moment zum Anziehen bzw. Lösen und der axialen Kraft einer Verbindung Gewindebolzen-Mutter.

Bewegungsgewinde (Flachgewinde):
$M_A = F_Q r_m \tan(\varrho + \alpha)$
$M_L = F_Q r_m \tan(\varrho - \alpha)$
Befestigungsgewinde:
Anstelle ϱ ist zu setzen ϱ',
$\tan \varrho' = \dfrac{\mu}{\cos \beta}$

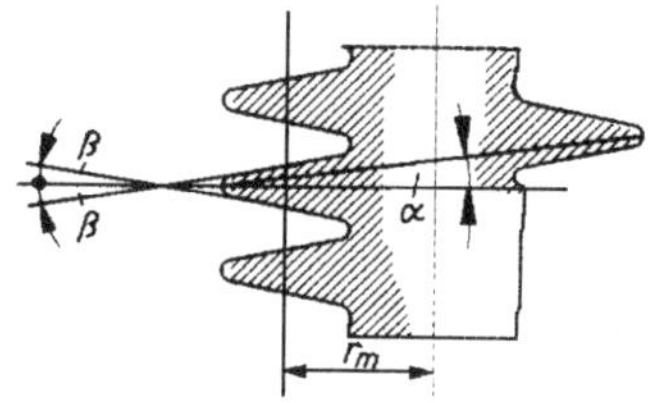

F_Q axiale Kraft
M_A Moment zum Heben der Last; Anzugsmoment
M_L Moment zum Absenken der Last; Lösemoment
r_m mittlerer Gewinderadius
α Neigungswinkel des Gewindes
β halber Öffnungswinkel der Gewindeflanken

Seilreibung

Seilreibungsgesetz für Haftung
$F_{S2} = F_{S1}\, e^{\mu_0 \alpha}$, $F_{S2} > F_{S1}$

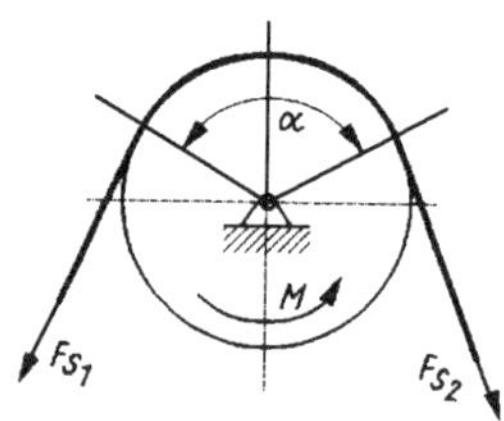

F_{S1},F_{S2} Seilkräfte
α Umschlingungswinkel $[\alpha] = \text{rad}$

Rollreibung

Rollreibungsgesetz
$F_R = \dfrac{f}{R} F_N$
Fallunterscheidung Gleiten oder Rollen:
$\mu_0 < f/R$ für Gleiten,
$\mu_0 > f/R$ für Rollen

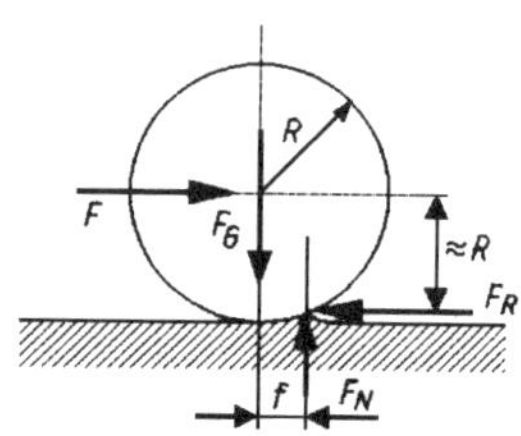

F_R Rollwiderstand
f Hebelarm der Rollreibung
R Radius des Rades

2 Festigkeitslehre

2.1 Schwerpunktsberechnung

$S(\bar{x}_S, \bar{y}_S, \bar{z}_S)$ Schwerpunktskoordinaten,

$\bar{x}, \bar{y}, \bar{z}$ Bezugskoordinatensystem

Körper-/Volumenschwerpunkt (homogener Körper)

$$\bar{x}_S = \frac{1}{V}\int_{(V)} \bar{x}\,\mathrm{d}V, \quad \bar{y}_S = \frac{1}{V}\int_{(V)} \bar{y}\,\mathrm{d}V$$

$$\bar{z}_S = \frac{1}{V}\int_{(V)} \bar{z}\,\mathrm{d}V$$

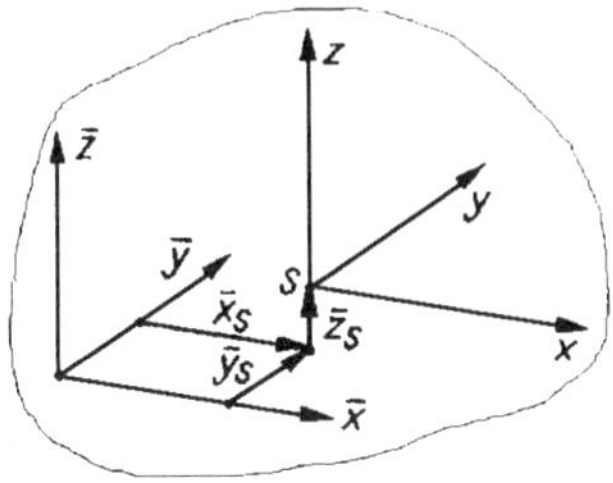

Flächenschwerpunkt

$$\bar{x}_S = \frac{1}{A}\int_{(A)} \bar{x}\,\mathrm{d}A, \quad \bar{y}_S = \frac{1}{A}\int_{(A)} \bar{y}\,\mathrm{d}A$$

Schwerpunktsberechnung bei zusammengesetzten Flächen

$$\bar{x}_S = \frac{1}{A}\sum_{i=1}^{n} \bar{x}_{Si} A_i, \quad \bar{y}_S = \frac{1}{A}\sum_{i=1}^{n} \bar{y}_{Si} A_i$$

$$A = \sum_{i=1}^{n} A_i$$

n Anzahl der Teilflächen,

A_i Flächeninhalt der i-ten Teilfläche

$\bar{x}_{Si}, \bar{y}_{Si}$ Schwerpunktskoordinaten der i-ten Teilfläche

Praktische Berechnung:

- Festlegung des Bezugskoordinatensystems
- Einteilung in Teilflächen mit jeweils bekannter Schwerpunktslage (Demonstration im Bild für 2 Teilflächen)
- Rechengang mit nachfolgender Tabelle

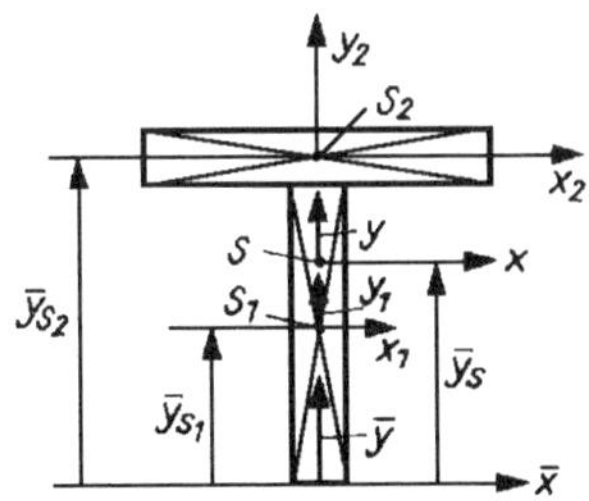

Tabelle zur Ermittlung der Koordinaten des Flächenschwerpunktes

i	A_i	$\bar{x}_{Si}$	$\bar{y}_{Si}$	$A_i\bar{x}_{Si}$	$A_i\bar{y}_{Si}$
1	A_1	$\bar{x}_1$	$\bar{y}_1$	$A_1\bar{x}_{S1}$	$A_1\bar{y}_{S1}$
n	A_n	$\bar{x}_n$	$\bar{y}_n$	$A_n\bar{x}_{Sn}$	$A_n\bar{y}_{Sn}$
$\sum_i$	$\sum_i A_i$			$\sum_i A_i\bar{x}_{Si}$	$\sum_i A_i\bar{y}_{Si}$

Linienschwerpunkt

$$\bar{x}_S = \frac{1}{L}\int_{(L)} \bar{x}\,\mathrm{d}s, \quad \bar{y}_S = \frac{1}{L}\int_{(L)} \bar{y}\,\mathrm{d}s$$

s Koordinate entlang der Linie
$\mathrm{d}s$ Linienelement
L Linienlänge

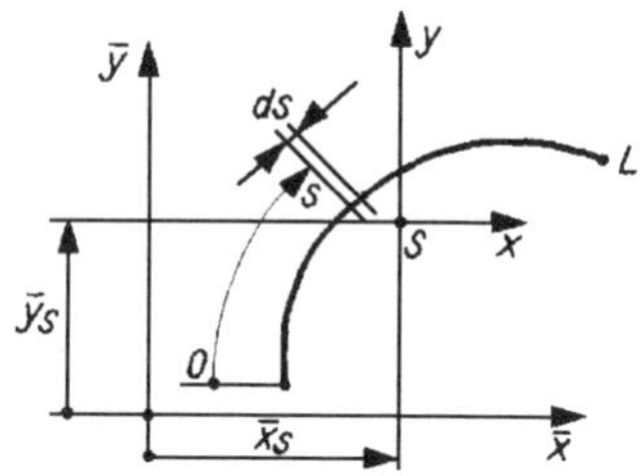

2.2 Flächenträgheitsmomente

Voraussetzungen und Definitionen

Parallele kartesische Koordinatensysteme:

x, y Ursprung im Flächenschwerpunkt S
$\bar{x}, \bar{y}$ beliebig

Flächenmoment n-ter Ordnung:

$$\int_{(A)} (x^s y^t)\,\mathrm{d}A, \quad n = s + t, \quad n, s, t \in \mathbb{N}$$

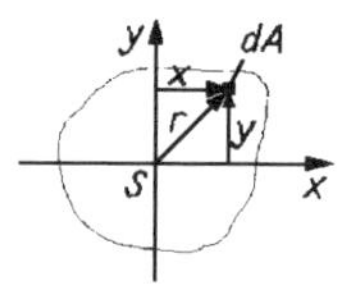

0. Ordnung: Flächeninhalt

$$A = \int_{(A)} \mathrm{d}A$$

1. Ordnung: statische Momente

$$S_x := \int_{(A)} y\,\mathrm{d}A, \quad S_y := \int_{(A)} x\,\mathrm{d}A, \quad S_x = S_y = 0$$

2. Ordnung: Flächenträgheitsmomente

$$I_{xx} := \int_{(A)} y^2\,\mathrm{d}A, I_{yy} := \int_{(A)} x^2\,\mathrm{d}A$$

$$I_{xy} := -\int_{(A)} xy\,\mathrm{d}A$$

$$I_\mathrm{p} := I_{xx} + I_{yy} = \int_{(A)} r^2\,\mathrm{d}A$$

I_{xx}, I_{yy} axiale Flächenträgheitsmomente
I_{xy} Deviations- oder Zentrifugalmoment
I_p polares Trägheitsmoment
(Beispiele für einfache Flächen → nachfolgende Tabelle)

Schwerpunktslagen und Flächenträgheitsmomente ausgewählter Flächen

Querschnitt	Schwerpunktslage	Flächenträgheitsmomente	Widerstandsmomente
Quadratisches Kastenprofil 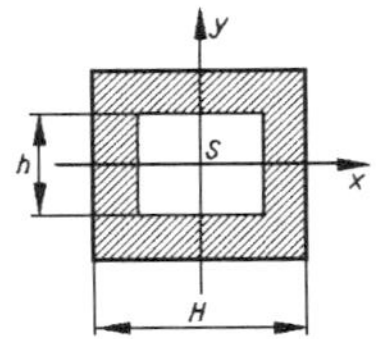		$I_{xx} = I_{yy} = \frac{1}{12}\left(H^4 - h^4\right)$	$W_x = W_y =$ $\frac{H^3}{6}\left[1 - \left(\frac{h}{H}\right)^4\right]$
Rechteck 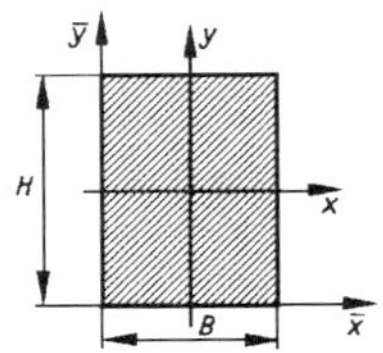	$\bar{x}_S = \frac{B}{2}$ $\bar{y}_S = \frac{H}{2}$	$I_{xx} = \frac{BH^3}{12}, I_{yy} = \frac{HB^3}{12}$ $I_{\bar{x}\bar{x}} = \frac{BH^3}{3}, I_{\bar{y}\bar{y}} = \frac{HB^3}{3}$ $I_{\bar{x}\bar{y}} = -\frac{B^2H^2}{4}$	$W_x = \frac{BH^2}{6}$ $W_y = \frac{HB^2}{6}$
Beliebiges Dreieck 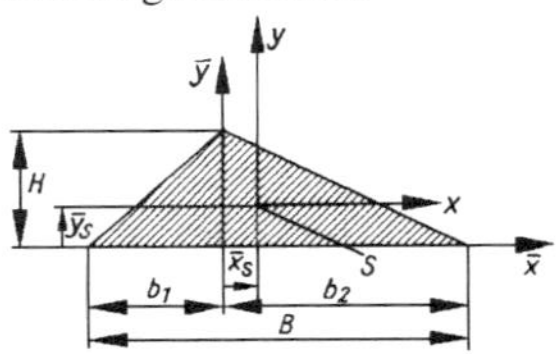	$\bar{x}_S = \frac{1}{3}(b_2 - b_1)$ $\bar{y}_S = \frac{1}{3}H$ $B = b_1 + b_2$	$I_{xx} = \frac{BH^3}{36}, I_{yy} = \frac{HB}{36}(B^2 - b_1 b_2)$ $I_{xy} = \frac{H^2}{72}(b_2^2 - b_1^2)$ $I_{\bar{x}\bar{x}} = \frac{BH^3}{12}, I_{\bar{y}\bar{y}} = \frac{H}{12}(b_1^3 + b_2^3)$ $I_{\bar{x}\bar{y}} = -\frac{H^2}{72}(b_1^2 - b_2^2)$	

Sonderfall: Rechtwinkliges Dreieck 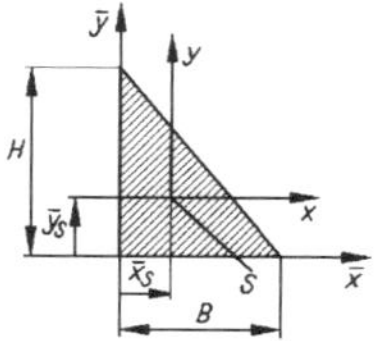	$\bar{x}_S = \frac{B}{3}$ $\bar{y}_S = \frac{H}{3}$	$I_{xx} = \frac{BH^3}{36}, I_{yy} = \frac{HB^3}{36}, I_{xy} = \frac{B^2H^2}{72}$ $I_{\overline{xx}} = \frac{BH^3}{12}, I_{\overline{yy}} = \frac{HB^3}{12}, I_{\overline{xy}} = -\frac{B^2H^2}{24}$	
Kreisringsektor 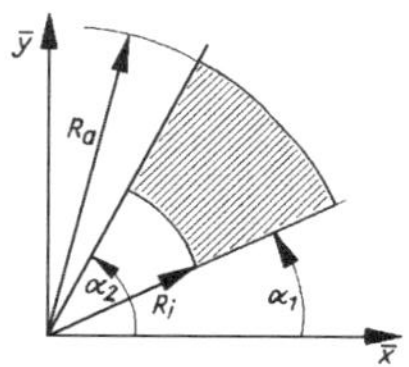		$I_{\overline{xx}} = \frac{\varkappa}{8}\left[(\alpha_2 - \alpha_1) - \frac{1}{2}(\sin 2\alpha_2 - \sin 2\alpha_1)\right]$ $I_{\overline{yy}} = \frac{\varkappa}{8}\left[(\alpha_2 - \alpha_1) + \frac{1}{2}(\sin 2\alpha_2 - \sin 2\alpha_1)\right]$ $I_{\overline{xy}} = \frac{\varkappa}{16}(\cos \alpha_2 - \cos \alpha_1)$ $\varkappa = R_a^4 - R_i^4, \quad \alpha_1, \alpha_2$ in rad	
Sonderfälle: Kreis/Kreisring 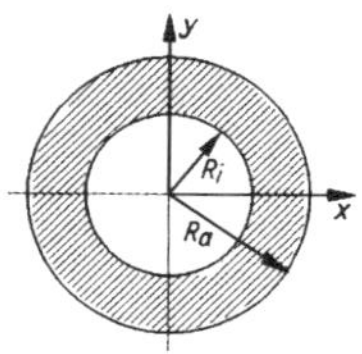		Kreis $I_{xx} = I_{yy} = \frac{\pi}{4}R^4 = \frac{\pi}{64}D^4$ Kreisring $I_{xx} = I_{yy} = \frac{\pi}{4}R_a^4(1 - \lambda^4)$ $I_{xx} = I_{yy} = \frac{\pi}{64}D_a^4(1 - \lambda^4)$ $\lambda = \frac{R_i}{R_a} = \frac{D_i}{D_a}$	$W_x = W_y$ $= \frac{\pi R^3}{4} = \frac{\pi D^3}{32}$ $W_x = \frac{\pi R_a^3}{4}(1 - \lambda^4)$ $W_y = W_x$

Halbkreis 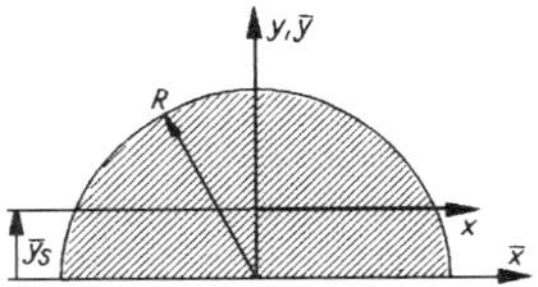	$\overline{y}_S = \frac{4R}{3\pi}$	$I_{xx} = R^4\left(\frac{\pi}{8} - \frac{8}{9\pi}\right) \approx 0{,}11R^4$ $I_{yy} = \frac{\pi}{8}R^4$ $I_{\overline{xx}} = I_{\overline{yy}} = \frac{\pi}{8}R^4$	$W_x = \frac{R^3}{24}\left(\frac{9\pi^2 - 64}{3\pi - 4}\right)$ $W_x \approx 0{,}191R^3$ $W_y = \frac{\pi}{8}R^3$
Viertelkreis 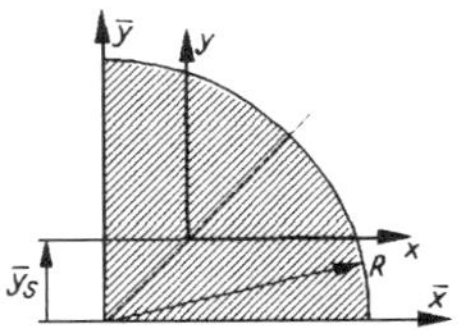	$\overline{x}_S = \overline{y}_S = \frac{4R}{3\pi}$	$I_{xx} = I_{yy} = R^4\left(\frac{\pi}{16} - \frac{4}{9\pi}\right) \approx 0{,}0549R^4$ $I_{xy} = R^4\left(\frac{4}{9\pi} - \frac{1}{8}\right) \approx 0{,}0165R^4$ $I_{\overline{xx}} = I_{\overline{yy}} = \frac{\pi}{16}R^4,\ I_{\overline{xy}} = -\frac{R^4}{8}$	
Dünnwandiger Kreisring 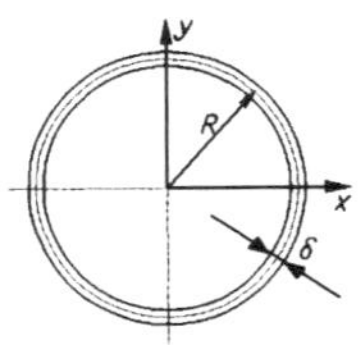		$I_{xx} = I_{yy} \approx \pi R^3\delta,\ \delta \ll R$	$W_x = W_y \approx \pi R^2\delta$

Ellipse 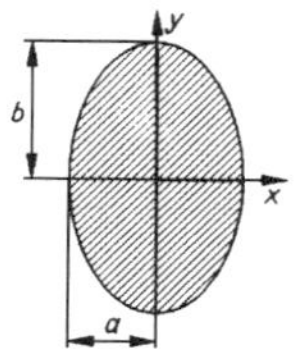		$I_{xx} = \frac{\pi}{4}ab^3,\ I_{yy} = \frac{\pi}{4}ba^3$	$W_x = \frac{\pi}{4}ab^2$ $W_y = \frac{\pi}{4}ba^2$
Zusammengesetzte Querschnitte ⌶-Profil 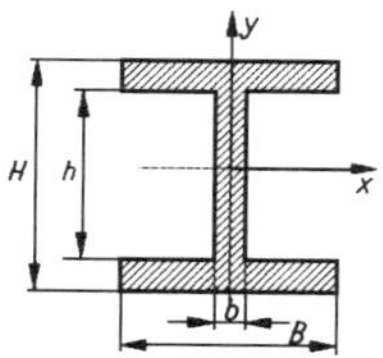		$I_{xx} = \frac{1}{12}\left[BH^3 - (B-b)h^3\right]$ $I_{yy} = \frac{1}{12}\left[B^3(H-h) + b^3h\right]$	$W_x = 2\frac{I_{xx}}{H}$ $W_y = 2\frac{I_{yy}}{B}$
⊔-Profil 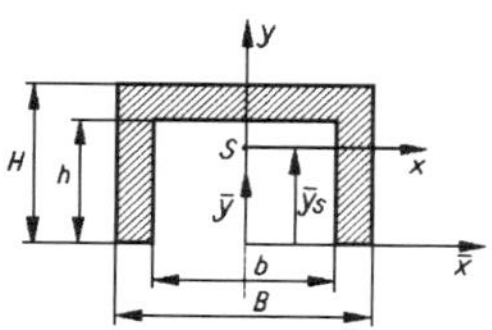	$\bar{y}_S = \frac{BH^2 - bh^2}{2A}$ $A = BH - bh$	$I_{xx} = I_{\overline{xx}} - A\bar{y}_S^2,\ I_{yy} = \frac{1}{12}(B^3H - b^3h)$ $I_{\overline{xx}} = \frac{1}{3}(BH^3 - bh^3),\ I_{\overline{yy}} = I_{yy}$	$W_x = \frac{I_{xx}}{\bar{y}_S}$ $W_y = 2\frac{I_{yy}}{B}$

T-Profil 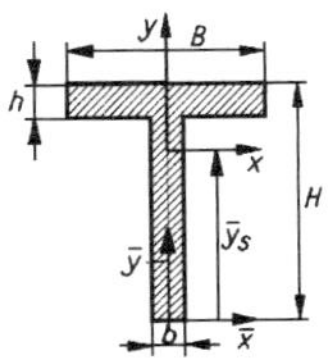	$\overline{y}_S = \dfrac{BH^2 - (B-b)(H-h)^2}{2A}$ $A = Bh + b(H-h)$	$I_{xx} = I_{\overline{xx}} - A\overline{y}_S^2,$ $I_{yy} = \dfrac{1}{12}\left[B^3 h + b^3(H-h)\right]$ $I_{\overline{xx}} = \dfrac{1}{3}\left[BH^3 - (B-b)(H-h)^3\right]$ $I_{\overline{yy}} = I_{yy}$	$W_x = \dfrac{I_{xx}}{\overline{y}_S}$ $W_y = 2\dfrac{I_{yy}}{B}$

Hinweise:

- Für Koordinatensysteme, bei denen mindestens eine Achse eine Symmetrieachse ist (Hauptträgheitsachse), nimmt das Deviations- bzw. Zentrifugalmoment den Wert null an.
- Die Widerstandsmomente beziehen sich auf die Beanspruchungsart Biegung. Sie werden hier nur für die eingezeichneten Hauptträgheitsachsen angegeben.

Transformation von Flächenträgheitsmomenten zwischen parallelen Koordinatensystemen

(Satz von Steiner)

$I_{\overline{xx}} = I_{xx} + \overline{y}_S^2 A$

$I_{\overline{yy}} = I_{yy} + \overline{x}_S^2 A$

$I_{\overline{xy}} = I_{xy} - \overline{x}_S \overline{y}_S A$

Vorgehensweise zur Ermittlung von Flächenträgheitsmomenten zusammengesetzter Flächen:

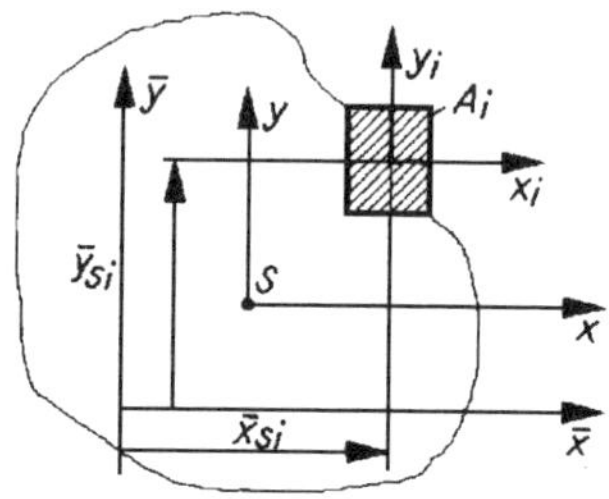

- Flächenträgheitsmomente verschiedener Flächen dürfen dann addiert (bzw. subtrahiert) werden, wenn sie bezüglich des gleichen Koordinatensystems vorliegen.
- Ermittlung der Flächenträgheitsmomente der n Teilflächen bezüglich ihrer Teilschwerpunktskoordinatensysteme, Bezeichnung: $I_{x_ix_i}$, $I_{y_iy_i}$, $I_{x_iy_i}$
- Transformation dieser Flächenträgheitsmomente auf das Koordinatensystem x, y mittels Satz von Steiner:

  $I_{xx_i} = I_{x_ix_i} + (\overline{y}_S - \overline{y}_{Si})^2 A_i$

  $I_{yy_i} = I_{y_iy_i} + (\overline{x}_S - \overline{x}_{Si})^2 A_i$

  $I_{xy_i} = I_{x_iy_i} - (\overline{x}_S - \overline{x}_{Si})(\overline{y}_S - \overline{y}_{Si}) A_i$
- Summation der Flächenträgheitsmomente der Teilflächen (ausgesparte Flächen mit umgekehrtem Vorzeichen)

Flächenträgheitsmomente bei Drehung des kartesischen Koordinatensystems

Drehtransformation der kartesischen Koordinaten

$u = \quad x\cos\varphi + y\sin\varphi$

$v = -x\sin\varphi + y\cos\varphi$

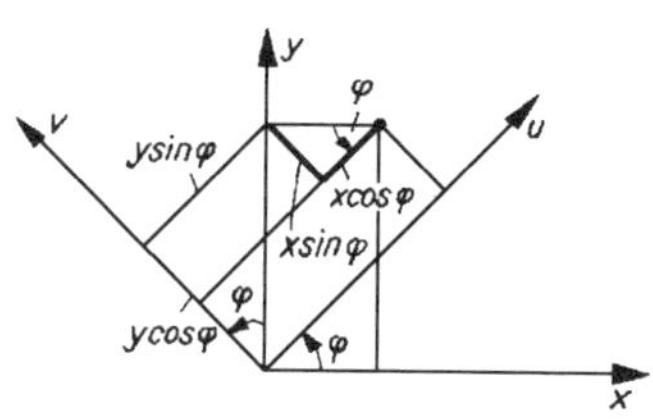

$$I_{uu} = \frac{I_{xx}+I_{yy}}{2} + \frac{I_{xx}-I_{yy}}{2}\cos 2\varphi + I_{xy}\sin 2\varphi$$
$$I_{vv} = \frac{I_{xx}+I_{yy}}{2} - \frac{I_{xx}-I_{yy}}{2}\cos 2\varphi - I_{xy}\sin 2\varphi$$
$$I_{uv} = -\frac{I_{xx}-I_{yy}}{2}\sin 2\varphi + I_{xy}\cos 2\varphi$$

Hauptträgheitsmomente und Hauptträgheitsachsen

Extremwerte der axialen Flächenträgheitsmomente heißen Hauptträgheitsmomente I_1, I_2. Dabei nimmt I_1 ein Maximum und I_2 ein Minimum an:

$$I_{1,2} = \frac{I_{xx}+I_{yy}}{2} \pm \sqrt{\left(\frac{I_{xx}-I_{yy}}{2}\right)^2 + I_{xy}^2}$$

Die dazugehörigen Achsen heißen Hauptträgheitsachsen. Für sie verschwindet das Deviationsmoment, $I_{uv}(\varphi_0) = 0$. Die Hauptträgheitsachsen ergeben sich bei folgenden Drehwinkeln φ_0:

$$\tan 2\varphi_0 = \frac{2I_{xy}}{I_{xx}-I_{yy}}$$
$$\tan \varphi_0 = \frac{I_{xy}}{I_{xx}-I_2}$$

Hinweise:
- Symmetrieachsen sind stets Hauptträgheitsachsen.
- Gilt für eine Fläche $I_{xx} = I_{yy}$, $I_{xy} = 0$, dann sind alle Schwerpunktsachsen Hauptträgheitsachsen bzw. die Flächenträgheitsmomente sind invariant gegenüber Drehung des Koordinatensystems.
- Flächenträgheitsmomente sind Komponenten des Trägheitstensors.

2.3 Grundlagen

Voraussetzungen

Verformbarer, fester Körper

Lineare Theorie	Gültigkeit des Überlagerungsprinzips (Gesamtwirkung ist Summe der Einzelwirkungen), lineare Gleichungen, Formänderungen klein gegenüber Bauteilabmessungen

Kontinuumstheorie/Kontinuumsmodell: Werkstoffeigenschaften bleiben bei beliebiger Teilung unverändert, Vernachlässigung des Struktureinflusses, Gesetze beschreiben die Erscheinungen (Phänomene) und nicht die Ursachen

Isotropie, Homogenität: Werkstoffeigenschaften sind unabhängig von Orientierung und Ort

---

Spannungsbegriff – Spannungszustand (ebene Betrachtung)

Mechanische Spannung als Maß der Beanspruchung

Spannungsvektor

$$\vec{S} := \frac{\mathrm{d}\vec{F}}{\mathrm{d}A} = \sigma\vec{e}_\mathrm{n} + \tau\vec{e}_\mathrm{t}$$

$$\sigma := \frac{\mathrm{d}F_\mathrm{n}}{\mathrm{d}A}, \ \tau := \frac{\mathrm{d}F_\mathrm{t}}{\mathrm{d}A}$$

Komponente des Spannungsvektors σ in Normalenrichtung heißt Normalspannung, Komponente τ in Tangentenrichtung heißt Schubspannung.

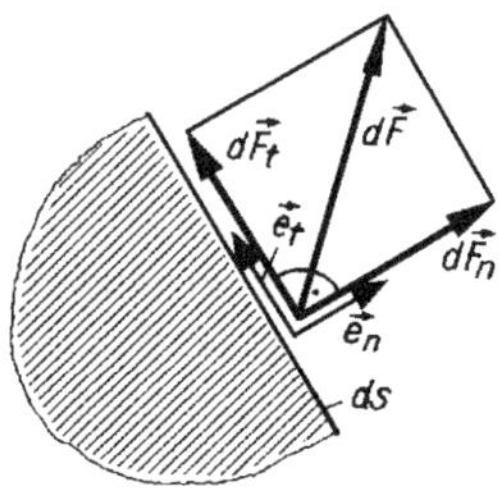

Spannungskomponenten sind Komponenten des sog. Spannungstensors, beschreiben insgesamt den Spannungszustand.

Einachsiger Spannungszustand

Spannungskomponenten am schrägen Schnitt eines Stabes:

$$\sigma(\varphi) = \frac{F_\mathrm{n}(\varphi)}{A(\varphi)} = \frac{1}{2}\sigma_0(1 + \cos 2\varphi)$$

$$\tau(\varphi) = \frac{F_\mathrm{t}(\varphi)}{A(\varphi)} = \frac{1}{2}\sigma_0 \sin 2\varphi$$

$$\sigma_0 := \frac{F}{A}$$

bzw.

$$\left[\sigma(\varphi) - \frac{1}{2}\sigma_0\right]^2 + \tau^2(\varphi) = \left(\frac{1}{2}\sigma_0\right)^2$$

Kreisgleichung in der σ, τ-Ebene,
Radius $\sigma_0/2$,
Mittelpunkt $M(\sigma_0/2;\,0)$,
Mohr'scher Spannungskreis.

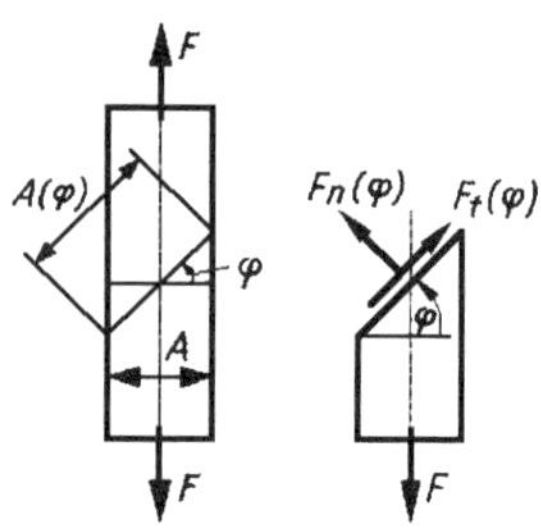

σ_0 Nennspannung, gleichförmige/homogene Normalspannungsverteilung im glatten Stab mit ungestörtem Querschnitt

Gesetz der Gleichheit zugeordneter Schubspannungen:

$$\tau\left(\varphi+\frac{\pi}{2}\right)=-\tau(\varphi)$$

Schubspannungen an zueinander senkrechten Schnittflächen sind vom gleichen Betrag und besitzen unterschiedliche Richtung in Bezug auf die Flächentangente.

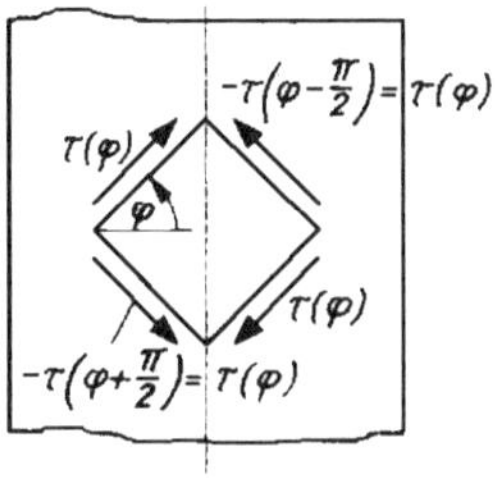

Zweiachsiger Spannungszustand

Überlagerung einachsiger Zug und ebener Schub mit σ_0, τ_0

$$\sigma(\varphi)=\frac{1}{2}\sigma_0+\frac{1}{2}\sigma_0\cos 2\varphi-\tau_0\sin 2\varphi$$

$$\tau(\varphi)=\frac{1}{2}\sigma_0\sin 2\varphi+\tau_0\cos 2\varphi$$

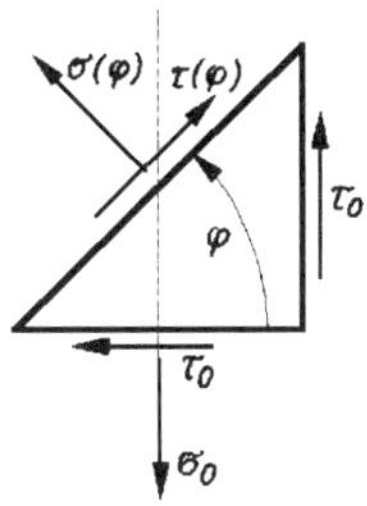

Mohr'scher Spannungskreis

$$\left[\sigma(\varphi)-\frac{1}{2}\sigma_0\right]^2+\tau^2(\varphi)=\left(\frac{1}{2}\sigma_0\right)^2+\tau_0^2$$

Hauptnormalspannungen – Hauptspannungen

$\sigma_1 > \sigma_2$: Extremale Normalspannungen an senkrecht aufeinander stehenden Schnittflächen, die schubspannungsfrei sind.

$$\sigma_{1,2}=\frac{1}{2}\sigma_0\pm\sqrt{\left(\frac{1}{2}\sigma_0\right)^2+\tau_0^2}$$

$$\tan(2\varphi_0)=-\frac{2\tau_0}{\sigma_0}$$

φ_0 Neigungswinkel der schubspannungsfreien Schnittflächen (Bezeichnung des Spannungszustandes nach Anzahl der von null verschiedenen Hauptnormalspannungen)

Hauptschubspannung

$$\tau_{\max}=\sqrt{\left(\frac{1}{2}\sigma_0\right)^2+\tau_0^2}$$

$$\tan 2\varphi_1=\frac{\sigma_0}{2\tau_0}$$

φ_1 Neigungswinkel der Schnittflächen mit $\tau_{\max}$

Kerbwirkung

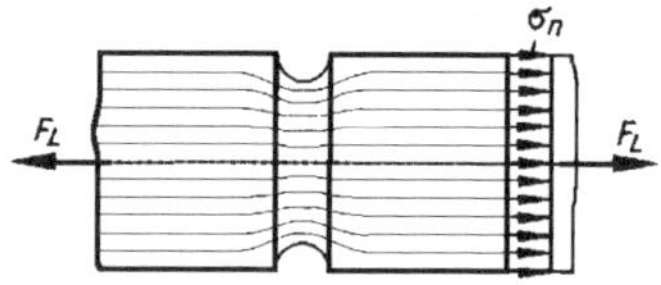

Geometrische Ursachen:

Sprunghafte Querschnittsänderung wie Kerben, Bohrungen, Einsprünge, Ausbuchtungen, Einstiche usw.

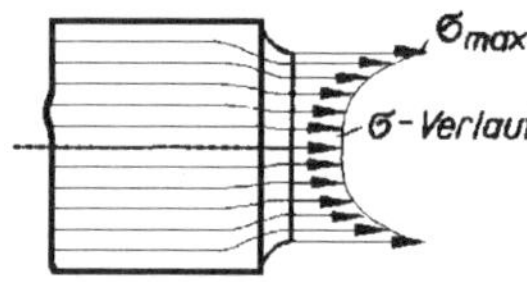

Erhöhung der Beanspruchung durch:

- Maximalspannung (σ_{max}) liegt in örtlich begrenzten Bereichen deutlich höher als die Nennspannung σ_{n}; α_{K} Formzahl oder Kerbfaktor:

  $\sigma_{\text{max}} = \alpha_{\text{K}} \sigma_{\text{n}}$
- Spannungszustand ist im Bereich mehrachsig

Formzahlen liegen tabelliert vor (siehe Maschinenelemente); für $\alpha_{\text{K}} > 10$ (Risse) versagt die Spannung als Beanspruchungsmaß, Anwendung von Methoden der Bruchmechanik.

Verschiebungen und Verzerrungen

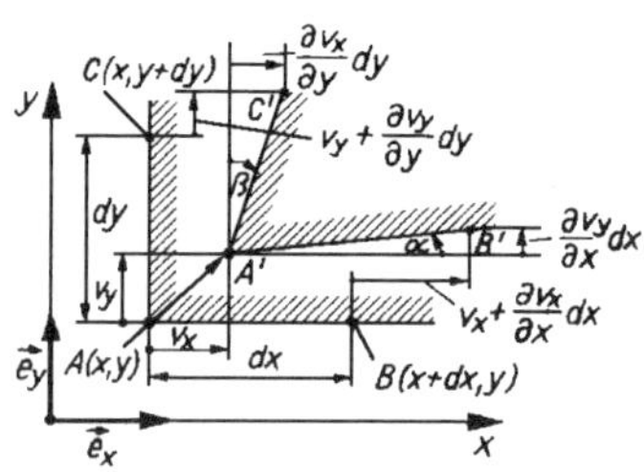

Verschiebungsvektor (ebene Betrachtung)

$\vec{v}(x, y) = v_x(x, y)\vec{e}_x + v_y(x, y)\vec{e}_y$

Verzerrungen (Dehnungen, Gleitungen oder Schiebungen)

Dehnungen

$$\varepsilon_x = \frac{\overline{A'B'} - \overline{AB}}{\overline{AB}} = \frac{\partial v_x}{\partial x}$$

$$\varepsilon_y = \frac{\overline{A'C'} - \overline{AC}}{\overline{AC}} = \frac{\partial v_y}{\partial y}$$

Gleitung

$$\gamma_{xy} = \measuredangle BAC - \measuredangle B'A'C' = \alpha + \beta \approx \frac{\partial v_y}{\partial x} + \frac{\partial v_x}{\partial y}$$

Verzerrungen sind Komponenten des Verzerrungstensors, beschreiben den Verzerrungszustand.

Drehung des Koordinatensystems um φ

$$\varepsilon(\varphi) = \frac{\varepsilon_x + \varepsilon_y}{2} - \frac{\varepsilon_x - \varepsilon_y}{2} \cos 2\varphi + \frac{1}{2}\gamma_{xy} \sin 2\varphi$$

$$\frac{1}{2}\gamma(\varphi) = -\frac{\varepsilon_x - \varepsilon_y}{2} \sin 2\varphi - \frac{1}{2}\gamma_{xy} \cos 2\varphi$$

Hauptdehnungen für Richtungen verschwindender Gleitung φ_0

$$\varepsilon_{1,2} = \frac{\varepsilon_x + \varepsilon_y}{2} \pm \sqrt{\left(\frac{\varepsilon_x - \varepsilon_y}{2}\right)^2 + \left(\frac{\gamma_{xy}}{2}\right)^2}, \quad \tan 2\varphi_0 = \frac{\gamma_{xy}}{\varepsilon_x - \varepsilon_y}$$

Stoffgesetz

Aus der Erfahrung (→ Werkstofftechnik, z. B. Zugversuch ⇒ Spannungs-Dehnungs-Diagramm, Beispiel Baustahl → Bild) gewonnener Zusammenhang zwischen Komponenten des Spannungs- und Verzerrungstensors;

Linear elastisches Werkstoffverhalten: linear umkehrbar eindeutiger Zusammenhang zwischen Spannung und Verzerrung

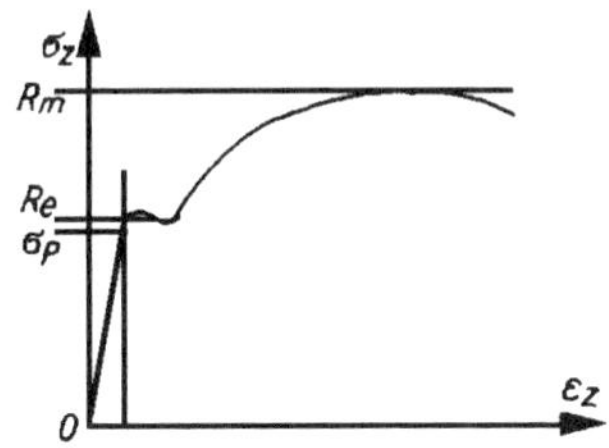

Hooke'sches Gesetz

$$\sigma_z = E\varepsilon_z, \; 0 \leqq \sigma_z \leqq \sigma_P$$

$$\sigma_z = \frac{F_L}{A_0}, \; \varepsilon_z = \frac{\Delta l}{l_0}$$

E Elastizitätsmodul (Werkstoffkenngröße)
F_L Längskraft im Probestab
Δl Längenänderung
l_0 Ausgangslänge
A_0 Ausgangsquerschnitt
σ_P Proportionalitätsgrenze
R_e Streckgrenze
R_m Zugfestigkeit

Kenngrößen des Zugversuches (Fortsetzung)

$$\varepsilon_q = -\nu\varepsilon_z, \; \varepsilon_q = \frac{\Delta d}{d_0} < 0$$

Querdehnung, Querdehnung beim Rundstab
d_0 Ausgangsdurchmesser
Δd Durchmesseränderung

$$\nu := \left|\frac{\varepsilon_q}{\varepsilon_z}\right|, \; 0 < \nu < 0{,}5$$

Querkontraktionszahl (Werkstoffkenngröße)

$$e := \frac{\Delta V}{V_0} = \varepsilon_x + \varepsilon_y + \varepsilon_z = \varepsilon_z(1 - 2\nu)$$

Volumendehnung (inkompressibler Werkstoff $e = 0 \Rightarrow \nu = 0{,}5$)

Hooke'sches Gesetz für Schub

$$\tau = G\gamma, \; G := \frac{E}{2(1+\nu)}$$

G Gleit- oder Schubmodul (Werkstoffkenngröße)

Thermische Dehnung (bei Temperaturänderung)

$\varepsilon_{th} = \alpha_{th}\Delta T,\ \Delta T = T_{End} - T_{Anf}$

α_{th} linearer thermischer Ausdehnungskoeffizient (Werkstoffkenngröße)
T_{End}, T_{Anf} Temperaturen des End- bzw. Anfangszustandes

Gesamtdehnung

$\varepsilon_{ges} = \varepsilon_{el} + \varepsilon_{th}$

Beispiel Zugstab

$\varepsilon_{zges} = \frac{\sigma_z}{E} + \alpha_{th}\Delta T$

Temperaturspannung, thermische Spannung bei vollständiger Dehnungsbehinderung

$\sigma_z = \sigma_{th} = -E\alpha_{th}\Delta T$

Werkstoffkenngrößen E, G, α_{th} ausgewählter Werkstoffe

Werkstoff	E/GPa	G/GPa	$\alpha_{th}/10^{-6}\ K^{-1}$
Stahl, Stahlguss	210	81	13
Grauguss	90	40	10
Aluminium	72	28	23
Kupfer	125	48	16
Bronze	115	44	18
Holz	11	5,5	8
Aluminiumoxid-Keramik	380	145	8

Grundlagen der Bauteilbewertung

$\sigma_{vorh} \leqq \sigma_{zul},\ \tau_{vorh} \leqq \tau_{zul}$

Maximale vorhandene Spannung ($\sigma_{vorh}, \tau_{vorh}$) darf zulässige Spannung (σ_{zul}, τ_{zul}) nicht übersteigen.

Zulässige Spannungen aus geeigneten Werkstoffkenngrößen unter Verwendung von Sicherheitsfaktoren; für Normalspannungen gilt bei statischer Belastung:

$\sigma_{zul} = \frac{R_m}{S_m},\ S_m > 1$ oder

$\sigma_{zul} = \frac{R_e}{S_e},\ S_e > 1$

Zugfestigkeit R_m bei spröden Werkstoffen, Streckgrenze R_e bei zähen (duktilen) Werkstoffen, S_m, S_e Sicherheitsbeiwerte (siehe Maschinenelemente)

Ingenieurgemäße Grundaufgaben

Gegeben	Gesucht	Aufgabe
Belastung, Werkstoffkennwerte	Abmessungen	Entwurfsrechnung bzw. Dimensionierung
Abmessungen, Werkstoffkennwerte	Belastung	Belastbarkeitsrechnung
Belastung, Abmessungen, Werkstoffkennwerte	Spannungen Formänderungen	Spannungsnachweis Formänderungsnachweis

Lösung statisch unbestimmter Aufgaben:

Zusätzlich zu den Gleichgewichtsbedingungen der Statik werden Zwangsbedingungen ($|n|$-fach statisch unbestimmt $\Rightarrow$ $|n|$ Zwangsbedingungen) in Form von Aussagen über die Formänderung z. B. an Auflagern und Verbindungen formuliert.

2.4 Zug/Druck-Beanspruchung

Schnittreaktion: Längskraft F_L ($F_\mathrm{L} > 0$ Zug-, $F_\mathrm{L} < 0$ Druckbeanspruchung)

Voraussetzungen: Gerade oder schwach gekrümmte Stäbe mit konstantem oder stetig veränderlichem Querschnitt $A(z)$, Längskoordinate z

Spannungsverteilung (homogen, d. i. const über $A(z)$)

$$\sigma_z(z) = \frac{F_\mathrm{L}(z)}{A(z)}$$

Hinweise:

- Kerbwirkungen sind gesondert zu berücksichtigen.
- Druckbeanspruchte Stäbe sind knickgefährdet (→ Stabilitätsprobleme).

Reißlänge

$$l_\mathrm{Rei} = \frac{R_\mathrm{m}}{\varrho g}$$

R_m Zugfestigkeit
g Erdbeschleunigung
ϱ Dichte
(Länge, die bei vertikaler Aufhängung infolge Eigengewicht zum Zerreißen führt)

Formänderungen

Fall: Stab mit konstantem Querschnitt und konstanter Längskraft

$$\Delta l = \left[\frac{F_\mathrm{L}}{EA} + \alpha_\mathrm{th}\Delta T\right] l_0$$

Änderung der Stablänge
- l_0 Anfangslänge des Stababschnittes
- EA Zugsteifigkeit
- α_th linearer thermischer Ausdehnungskoeffizient
- ΔT Temperaturänderung

$$\Delta l_i = \frac{F_{\mathrm{S}i} l_i}{(EA)_i}$$

isotherme Längenänderung des i-ten Fachwerkstabes

$$\varepsilon_\mathrm{q} = -\nu\varepsilon_z = -\nu\left[\frac{F_\mathrm{L}}{EA} + \alpha_\mathrm{th}\Delta T\right]$$

Querdehnung

$$\Delta d = -\nu\frac{F_\mathrm{L} d_0}{EA}$$

isotherme Durchmesseränderung beim Kreisquerschnitt

Fall: Stab mit veränderlicher Längskraft $F_\mathrm{L}(z)$ und stetig veränderlichem Querschnitt $A(z)$

$$v_z(z) - v_z(0) = \int_0^z \left[\frac{F_\mathrm{L}(\bar{z})}{EA(\bar{z})} + \alpha_\mathrm{th}\Delta T\right] \mathrm{d}\bar{z}$$

Längenänderung des Stababschnittes zwischen den Stellen 0 und z

Sonderfall: prismatischer Stab unter Eigengewicht

$$v_z(z) = \frac{\varrho g l^2}{E}\left[\frac{z}{l} - \frac{1}{2}\left(\frac{z}{l}\right)^2\right]$$

$$\Delta l = v_z(l) = \frac{F_\mathrm{G} l}{2EA}, \quad F_\mathrm{G} = mg$$

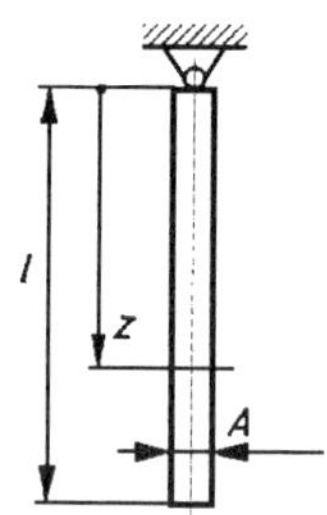

- g Fallbeschleunigung
- ϱ Dichte
- m Stabmasse

Flächenpressung

Druckspannungsverteilung in der Berührungsfläche zweier Körper, die gegeneinander gepresst werden.

$$p = \frac{F_\mathrm{N}}{A}$$

Näherung für Flächenpressung an ebenen Berührungsflächen
- F_N Normalkraft
- A Berührungsfläche

Mittlere Flächenpressung an gekrümmten Kontaktflächen:

- Zapfen-Lager, Beanspruchung Flächenpressung p
- Bolzen/Schraubenschaft/Niet-Bohrung, Beanspruchung Lochleibung $\sigma_L = p$

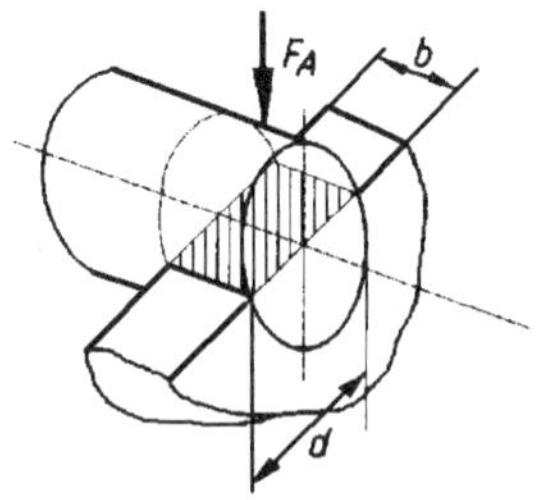

$$p = \frac{F_A}{A_{proj}}$$

$A_{proj} = bd$ auf Ebene projizierte Kontaktfläche (Zylindermantel)
b Lagerbreite, Schaftlänge
d Lager- bzw. Bolzendurchmesser

Genauere Beschreibung der Spannungsverteilung bei derartigen Kontaktproblemen erfolgt mittels Theorie der Hertz'schen Pressung.

Näherungslösungen für maximale Flächenpressung bei Anpresskraft F:

Maximale Flächenpressung nach Hertz

Körperkombination	p_{max}	Bemerkungen	
Punktkontakt: Kugel gegen Ebene Kugel 1 gegen Kugel 2	$0{,}388\sqrt[3]{\frac{FE^2}{R^2}}$	$R = \frac{R_1 R_2}{R_1 + R_2}$	Kugel: Radius R, E_1 Ebene: E_2 Kugel 1: R_1, E_1 Kugel 2: R_2, E_2
Linienkontakt: Walze gegen Ebene Walze 1 gegen Walze 2 Walzenlängen l	$0{,}418\sqrt{\frac{FE}{lR}}$	$E = \frac{2E_1 E_2}{E_1 + E_2}$	Walze 1: R_1, E_1 Ebene: E_2 Walze 1: R_1, E_1 Walze 2: R_2, E_2

Abscherung

Vorrangige Stabbelastung durch Querkraft (paarweise Kräfte auf parallelen Wirkungslinien senkrecht bzw. quer zur Stab- bzw. Bauteillängsachse)

Beispiele: Abscherung von Bolzen, Trennen bzw. Stanzen von Blechen

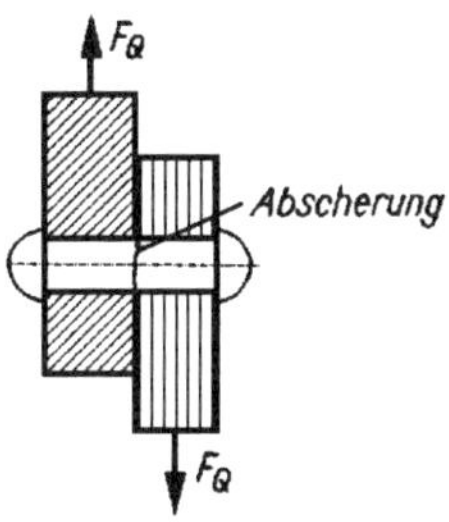

Abscherspannung (mittlere)

$$\tau_a = \frac{F_Q}{A}$$

A Fläche über die F_Q übertragen wird (zylindr. Bolzen: Kreisquerschnitt, auszuscherende Ronde: $A = Uh$,
U Umfang der Ronde
h Blechdicke

Näherung für Abscherfestigkeit:

$$\tau_{aB} \approx 0{,}8 R_m$$

2.5 Biegung

Schnittreaktion

$$M_b = \sqrt{M_x^2 + M_y^2}$$

resultierendes Biegemoment des Stabes M_b (reine Biegung)

Bei $F_Q = \mathrm{d}M_b/\mathrm{d}z \neq 0$ spricht man von Querkraftbiegung.

Voraussetzungen:
Die Stabachse ist gerade oder schwach gekrümmt. Die Stabquerschnitte bleiben bei Biegebeanspruchung eben (Hypothese von Bernoulli); nur erfüllt bei reiner Biegung, mit ausreichender Genauigkeit erfüllt bei Querkraftbiegung. Damit sind Dehnung und Spannung $\sigma_b = \sigma_z$ (Normalspannung in z-Richtung) linear über den Querschnitt verteilt. Es gibt im Stab eine dehnungsfreie, die neutrale Schicht. Deren Spur mit dem Querschnitt heißt neutrale Faser bzw. Spannungsnulllinie.

Spannungsverteilung (allgemeine, schiefe oder zweiachsige Biegung; x, y beliebiges Schwerpunktskoordinatensystem):

$$\sigma_b(x, y) = \frac{1}{I_{xx} I_{yy} - I_{xy}^2} \left[(M_x I_{yy} - M_y I_{xy}) y + (M_x I_{xy} - M_y I_{xx}) x \right]$$

Diskussion: Betragsmäßig größte Spannung in dem Punkt (oder in den Punkten) der Querschnittskontur mit dem größten Abstand zur Spannungsnulllinie, Punkt $P_0(x_0, y_0)$.

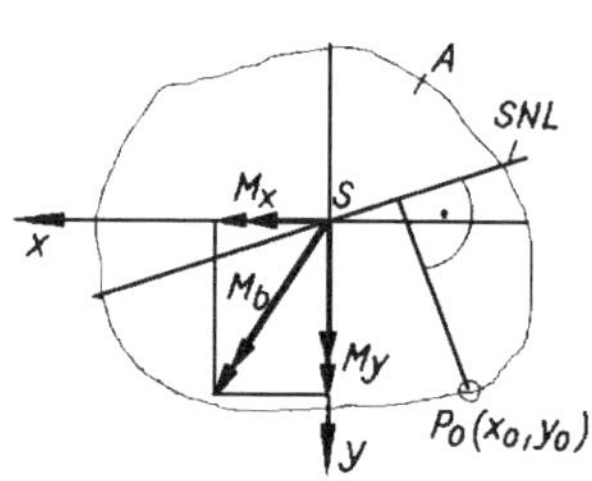

Geradengleichung der Spannungsnulllinie:

$$y = \frac{-M_x I_{xy} + M_y I_{xx}}{M_x I_{yy} - M_y I_{xy}} x$$

Spannungsnulllinie (SNL) wird bei praktischer Rechnung in den Querschnitt eingetragen und der Punkt P_0 ermittelt, wobei

$$|\sigma_b|_{\max} = |\sigma_b(x_0, y_0)|.$$

Sonderfälle:

1. Biegung um zwei Hauptträgheitsachsen ($M_x \neq 0$, $M_y \neq 0$, x, y-Hauptträgheitsachsen, $I_{xy} = 0$)

$$\sigma_b(x, y) = \frac{M_x}{I_{xx}} y - \frac{M_y}{I_{yy}} x$$ Biegespannung

$$y = \frac{M_y I_{xx}}{M_x I_{yy}} x$$ Spannungsnulllinie (Überlagerung der Spannungsverteilungen für gerade Biegung um x- und y-Achse)

Hinweis: Jede schiefe Biegung kann bei Kenntnis der Lage der Hauptträgheitsachsen und Hauptträgheitsmomente als Biegung um zwei Hauptträgheitsachsen behandelt werden.

2. Gerade Biegung (liegt vor, wenn der resultierende Biegemomentenvektor mit einer Hauptträgheitsachse des Querschnittes zusammenfällt)

Biegung um Hauptträgheitsachse	x	y
Biegemoment	$M_x \neq 0, M_y = 0$	$M_y \neq 0, M_x = 0$
Spannungsverteilung	$\sigma_b(y) = \frac{M_x}{I_{xx}} y$	$\sigma_b(x) = -\frac{M_y}{I_{yy}} x$
Spannungsnulllinie	$y = 0$ (x-Achse)	$x = 0$ (y-Achse)

Maximale Biegespannung bei gerader Biegung um x-Achse

$$|\sigma_b|_{\max} = \frac{|M_b|_{\max}}{I_{xx}} |y|_{\max} = \frac{|M_b|_{\max}}{W_b}$$

$$W_b = W_x := \frac{I_{xx}}{|y|_{\max}}$$

W_b Widerstandsmoment gegen Biegung (liegen wie Flächenträgheitsmomente für Halbzeuge tabelliert vor)

Formänderungsberechnung

Bezeichnungen:

$v = v(z)$ — Verschiebung senkrecht zur z-Achse (Durchsenkung bzw. Durchbiegung); Richtung wie im Abschnitt Schnittreaktionen am ebenen Stab.

$v' := \dfrac{\mathrm{d}v}{\mathrm{d}z}$ — Neigung der Stabachse

1. Differenzialgleichung der Biegelinie bzw. Differenzialgleichung der elastischen Linie:

$EIv'' = -M_\mathrm{b}, \quad [EIv'']'' = q(z)$ — Formulierung für gerade Biegung um x-Achse, wobei $I := I_{xx}$, $M_\mathrm{b} = M_x$; Funktionen EI (Biegesteifigkeit) und M_b stetig im Bereich

Gewöhnliche, lineare, inhomogene Differenzialgleichung, Lösung durch unbestimmte Integration für jeden Bereich $\Rightarrow$ allgemeine Lösung für $EI = \mathrm{const}$

$$EIv(z) = -\int \left[\int M_\mathrm{b}(z)\,\mathrm{d}z\right]\mathrm{d}z + C_1 z + C_2$$

Beispiel für Dgl. 2. Ordnung

Integrationskonstanten sind über die Randbedingungen der Formänderungen (kinematische Randbedingungen) und der Schnittreaktionen (dynamische Randbedingungen) zu ermitteln $\Rightarrow$ spezielle Lösung, vgl. folgende Tabelle.

Formänderung bei schiefer Biegung: Überlagerung zweier Hauptachsenbiegungen unter Beachtung der Vorzeichen.

2. Überlagerungsverfahren

Formänderung an einer Stelle im Tragwerk infolge einer zusammengesetzten Belastung ergibt sich aus Addition der Formänderungen infolge der Einzelbelastungen (Superpositionsprinzip).

$$v_j = \sum_{i=1}^{m} v_{ji}, \quad v'_j = \sum_{i=1}^{m} v'_{ji}$$

j Stelle der Formänderung
i Bezeichnung des Einzellastfalles
m Anzahl der Einzellastfälle

3. Weitere Verfahren $\Rightarrow$ Satz von Castigliano

Träger aus inhomogenem Werkstoff, Schichtbalken

Spannungsnulllinie und Schwerpunktsachse fallen bei gerader Biegung eines Stabes aus inhomogenem Werkstoff i. Allg. nicht mehr zusammen.

$M_\mathrm{b} = M_x,\ F_\mathrm{L} = 0,\ E = E(\bar{y})$ — gerade Biegung um x-Achse

Spannungsverteilung

$$\sigma_\mathrm{b}(\bar{y}) = \frac{M_\mathrm{b}}{I(\bar{y})}\bar{y} \qquad I(\bar{y}) = \frac{1}{E(\bar{y})}\int_{(A)} E(\bar{y})\bar{y}^2\,\mathrm{d}A$$

Gleichungen der elastischen Linie für ausgewählte Tragwerke

	Tragwerk	Gleichungen der elastischen Linie
1	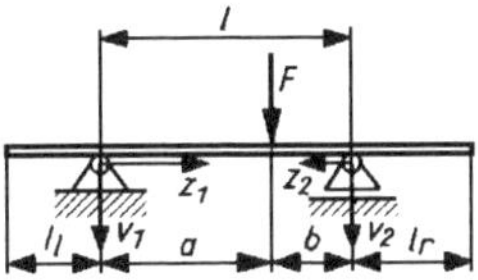	$v=\frac{Fab}{6EIl}\begin{cases} bz_1\left(1+\frac{l}{b}\right); & -l_\mathrm{l} \leqq z_1 \leqq 0 \\ bz_1\left(1+\frac{l}{b}-\frac{z_1^2}{ab}\right); & 0 \leqq z_1 \leqq a \\ az_2\left(1+\frac{l}{a}-\frac{z_2^2}{ab}\right); & 0 \leqq z_2 \leqq b \\ az_2\left(1+\frac{l}{a}\right); & -l_\mathrm{r} \leqq z_2 \leqq 0 \end{cases}$
2	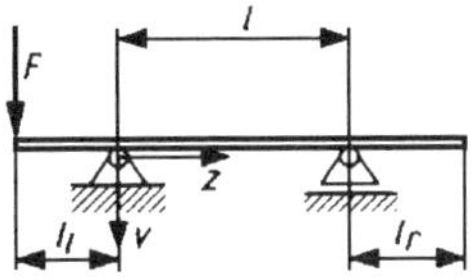	$v=\frac{-Fzl_\mathrm{l}^2}{6EI}\begin{cases} 2\frac{l}{l_\mathrm{l}}-3\frac{z}{l_\mathrm{l}}-\left(\frac{z}{l_\mathrm{l}}\right)^2; & -l_\mathrm{l} \leqq z \leqq 0 \\ 2\frac{l}{l_\mathrm{l}}-3\frac{z}{l_\mathrm{l}}+\frac{z^2}{ll_\mathrm{l}}; & 0 \leqq z \leqq l \\ \frac{l}{l_\mathrm{l}}\left(\frac{l}{z}-1\right); & l \leqq z \leqq (l+l_\mathrm{r}) \end{cases}$
3	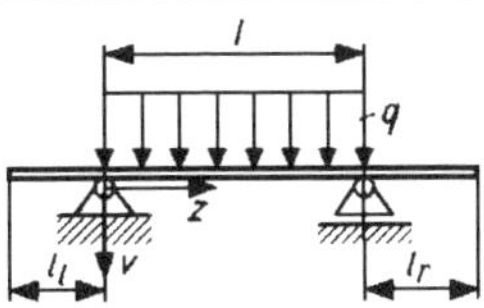	$v=\frac{ql^4}{24EI}\begin{cases} \lambda; & -l_\mathrm{l} \leqq z \leqq 0 \\ \lambda-2\lambda^3+\lambda^4; & 0 \leqq z \leqq l \\ 1-\lambda; & l \leqq z \leqq (l+l_\mathrm{r}) \end{cases}$ $\lambda := \frac{z}{l}$
4	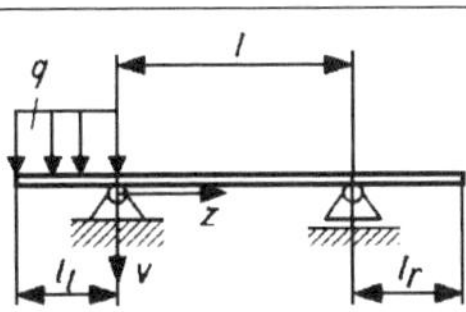	$v=\frac{ql^2l_\mathrm{l}^2}{24EI}\begin{cases} \varrho^2(1+\varkappa)^4-4(1+\varrho)\lambda-\varrho^2; & l_\mathrm{l} \leqq z \leqq 0 \\ 2[(1-\lambda)^3+\lambda-1]; & 0 \leqq z \leqq l \\ 2(\lambda-1); & l \leqq z \leqq (l+l_\mathrm{r}) \end{cases}$ $\lambda := \frac{z}{l};\ \varkappa := \frac{z}{l_\mathrm{l}};\ \varrho := \frac{l_\mathrm{l}}{l}$
5	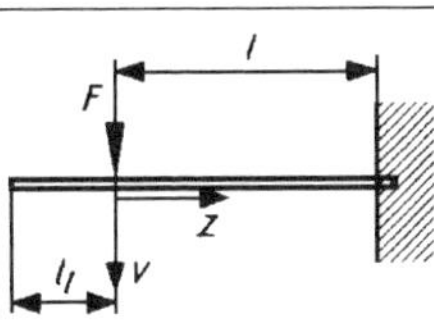	$v=\frac{Fl^3}{3EI}\begin{cases} 1-\frac{3}{2}\lambda; & -l_\mathrm{l} \leqq z \leqq 0 \\ 1-\frac{3}{2}\lambda+\frac{1}{2}\lambda^3; & 0 \leqq z \leqq l \end{cases}$ $\lambda := \frac{z}{l}$
6	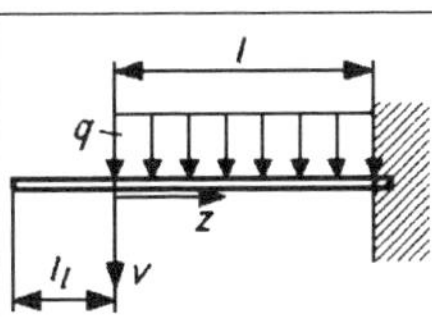	$v=\frac{ql^4}{24EI}\begin{cases} 3-4\lambda; & -l_\mathrm{l} \leqq z \leqq 0 \\ 3-4\lambda+\lambda^4; & 0 \leqq z \leqq l \end{cases}$ $\lambda := \frac{z}{l}$

Zwei-Schichtbalken mit Rechteckquerschnitt

Lage der Spannungsnulllinie (Koordinate a)

$$a = \frac{E_2 h_2^2 - E_1 h_1^2}{2(E_1 h_1 + E_2 h_2)}$$

Spannungsverteilung über Schichthöhen (mit Spannungssprung an Schichtgrenze)
($i = 1$: Schicht 1
$i = 2$: Schicht 2):

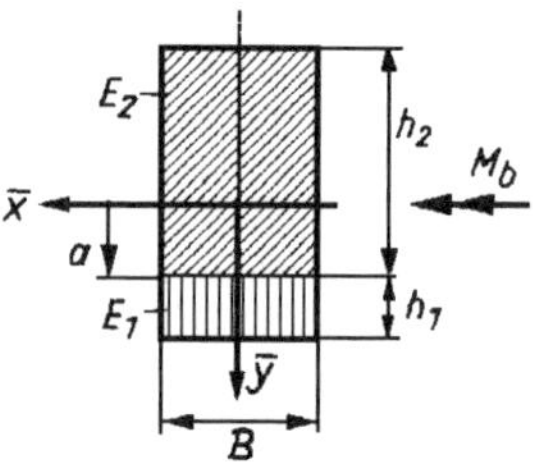

$$\sigma_{bi} = \frac{M_b}{I_i(\bar{y})}\bar{y}, \quad I_i(\bar{y}) = \frac{1}{E_i}\int\limits_{(A)} E(\bar{y})\bar{y}^2 \,\mathrm{d}A$$

$$\int\limits_{(A)} E(\bar{y})\bar{y}^2 \,\mathrm{d}A = \frac{B}{3}\left[E_2(h_2^3 + 3ah_2^2 + 3a^2h_2)\right.$$
$$\left. + E_1(h_1^3 + 3h_1^2 a + 3h_1 a^2)\right]$$

Schicht 2: $-(h_2 - a) \leqq \bar{y} \leqq a$ Schicht 1: $a \leqq \bar{y} \leqq a + h_1$

Stark gekrümmter Stab, Träger

Voraussetzungen: $h \lessapprox R$, Radius der Schwerpunktsschicht R, Profilhöhe h, Querschnitt des Profilstabes A, Schwerpunktskoordinaten x, y sind Hauptträgheitsachsen, Schnittreaktionen F_L, $M_b = M_x$

Spannungsverteilung

$$\sigma_z(y) = \frac{F_L}{A} + \frac{M_b}{AR} + \frac{M_b R}{Z}\frac{y}{R+y}$$

$$Z := \int\limits_{(A)} \frac{y^2}{1 + \frac{y}{R}} \,\mathrm{d}A$$

(Spannungsnulllinie und Schwerpunktsachse x stimmen auch bei $F_L = 0$ nicht überein, der Verlauf ist nichtlinear)

$$y_N = \frac{F_L R^2 Z + M_b Z R}{F_L R Z + M_b Z + M_b R^2 A}$$

Koordinate der Spannungsnulllinie

Werte für Z-Integral

$$Z = \begin{cases} -AR^2 + BR^3 \ln \dfrac{1+\varkappa}{1-\varkappa}, & \varkappa := \dfrac{H}{2R}, \text{ Rechteck} \\ AR^2\left[2\lambda(\lambda - \sqrt{\lambda^2 - 1}) - 1\right], & \lambda := \dfrac{R}{r_0}, \text{ Kreis} \end{cases}$$

Rechteck: Breite B, Höhe H; Kreis: Radius r_0

2.6 Torsion

Schnittreaktion: Torsionsmoment M_t des Stabes (z. B. Modell einer Welle); Ermittlung siehe Schnittreaktionen oder bei Wellen aus

$P = M_t\omega = M_t(2\pi n_D)$

P Leistung
ω Winkelgeschwindigkeit
n_D Drehzahl

Voraussetzungen: Der Stab setzt sich (gedanklich) aus infinitesimal schmalen Scheiben zusammen, die die ursprüngliche Querschnittsform beibehalten (Hypothese von de Saint Venant). Bei Kreis- oder Kreisringquerschnitten und dünnwandigen geschlossenen Profilen in Form von Tangentenpolygonen bleiben diese außerdem eben bzw. wölbfrei. Verwölbungen (örtliche Verschiebung in Richtung der Stablängsachse) werden nicht behindert.

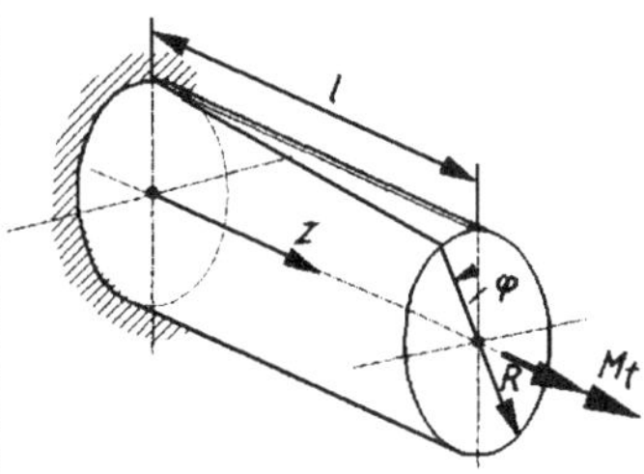

φ Verdrehwinkel des Querschnittes
$\vartheta := \dfrac{d\varphi}{dz}$ Drillung, relativer oder spezifischer Verdrehwinkel
τ_t, τ_{tmax} Torsionsschubspannung/Maximalwert
I_p polares Trägheitsmoment
I_t Torsionsträgheitsmoment, Drillwiderstand, $I_t < I_p$ (Kreis- oder Kreisringquerschnitt $I_t = I_p$)
GI_t Torsionssteifigkeit
W_t Widerstandsmoment gegen Torsion

Hinweise:

- Lineare Spannungsverteilung im Kreis- oder Kreisringquerschnitt:

$$\tau_t(r) = \frac{M_t}{I_p} r$$

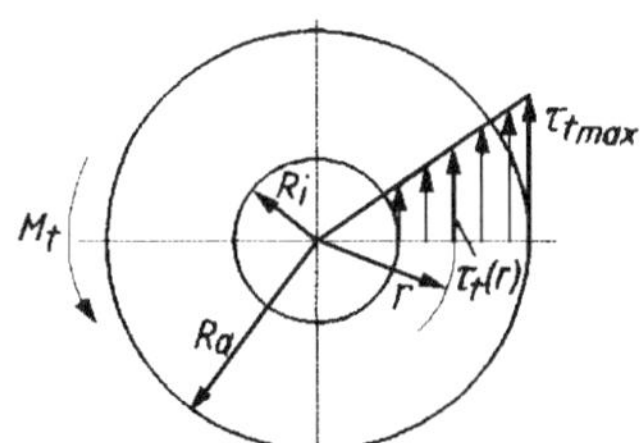

Dünnwandige Querschnitte:

- Wanddicke $\delta(s)$ ist vernachlässigbar klein im Vergleich zur Länge der mittleren Wandungslinie
- Lage auf der Kontur wird durch die Koordinate s beschrieben
- Beanspruchungskenngröße Schubfluss:

$$t(s) := \tau_t(s)\delta(s)$$

(in geschlossenen Profilen über δ konstant, in offenen Profilen über δ veränderlich)

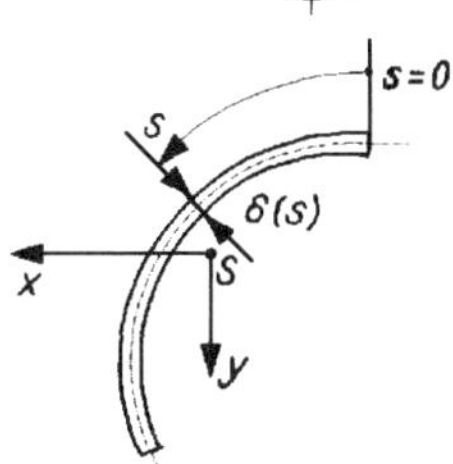

Torsionsträgheitsmoment und Torsionswiderstandsmoment ausgewählter Querschnitte

Querschnitt	Torsionsträgheitsmoment I_t	Torsionswiderstandsmoment W_t	Bemerkungen
Kreis- oder Kreisringquerschnitt 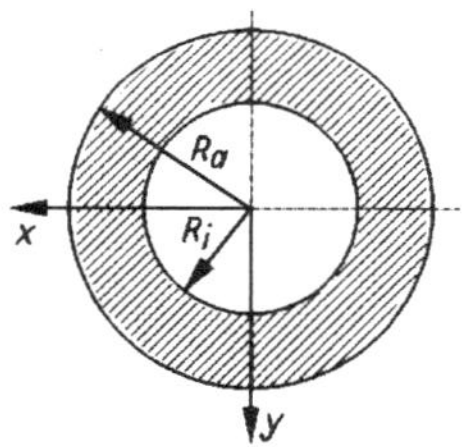	$\frac{\pi D_a^4}{32}(1-\lambda^4) = \frac{\pi R_a^4}{2}(1-\lambda^4)$, $\lambda := \frac{D_i}{D_a} = \frac{R_i}{R_a}$	$\frac{\pi D_a^3}{16}(1-\lambda^4)$ $= \frac{\pi R_a^3}{2}(1-\lambda^4)$	Querschnitte bleiben wölbfrei, D_a, D_i, R_a, R_i Außen- bzw. Innendurchmesser, -radius $\lambda = 0 \Rightarrow$ Kreisquerschnitt
Dünnwandig, geschlossene Profile (einzellig) 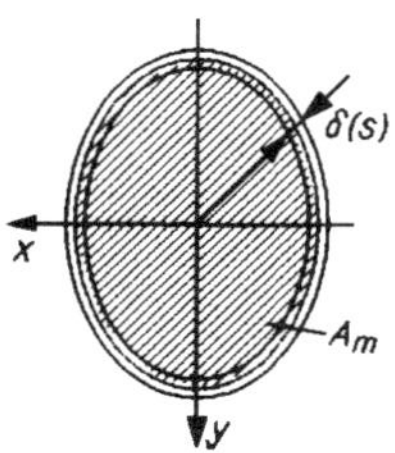	$\frac{4A_m^2}{\oint \frac{ds}{\delta(s)}}$ (2. Bredt'scher Satz) n Wandstücke jeweils konstanter Wanddicke δ_i: $\oint \frac{ds}{\delta(s)} = \sum_{i=1}^{n} \frac{L_i}{\delta_i}$	$2A_m\delta_{min}$ (1. Bredt'scher Satz)	Schubfluss $t = \frac{M_t}{2A_m} = \text{const}$ A_m von mittlerer Wandungslinie umschlossene Fläche, δ_{min} minimale Wanddicke, L_i Längen der Wandstücke mit δ_i

Torsionsträgheitsmoment und Torsionswiderstandsmoment ausgewählter Querschnitte (Fortsetzung)

Querschnitt	Torsionsträgheitsmoment I_t	Torsionswiderstandsmoment W_t	Bemerkungen
Dünnwandig, offene Profile 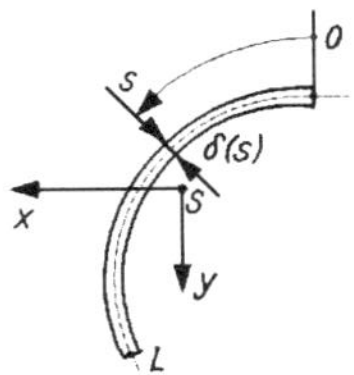	n Wandstücke jeweils konstanter Dicke δ_i: $\frac{1}{3}\varkappa\sum_{i=1}^{n} L_i\delta_i^3$	$\frac{I_t}{\delta_{max}}$	L_i Längen der Wandstücke mit δ_i; geometrieabhängiger Korrekturfaktor $\varkappa$ berücksichtigt Torsionsbehinderung.
	$\varkappa = \begin{cases} 1 \text{ Rechteck; } 1{,}3\ \text{I-Profil;} \\ 1{,}12\ \text{T-/⊔-Profil} \end{cases}$		Für vergleichbare Profile gilt: $I_{toffen} \ll I_{tgeschl}$
Nichtkreisförmige Vollquerschnitte 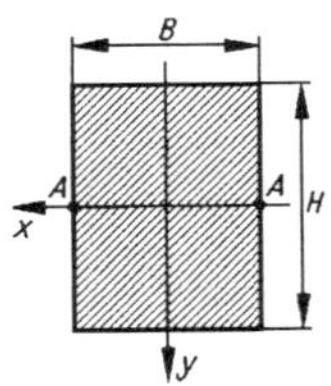 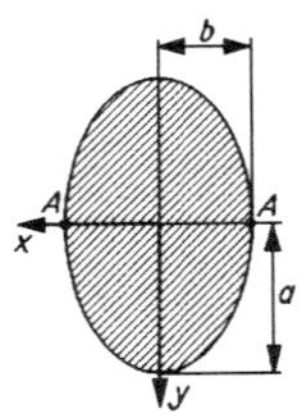	Ellipse: $\pi\frac{a^3b^3}{a^2+b^2}$	$\frac{\pi}{2}ab^2$	a, b große und kleine Halbachse der Ellipse
	Rechteck: $\approx c_1 nb^4$ $c_1 = \frac{1}{3}\left(1 - \frac{0{,}63}{n} + \frac{0{,}052}{n^5}\right)$	$\approx \frac{c_1}{c_2}nb^3$ $c_2 = 1 - \frac{0{,}65}{1+n^3}$	B, H Breite, Höhe $n := H/B \geqq 1$ τ_{max} tritt jeweils in Mitte der „längeren Ränder" von Ellipse und Rechteck auf, Punkte A.

Maximale Torsionsschubspannung

$$\tau_{\max} = \frac{M_t}{W_t}$$

Drillung, Verdrehwinkel eines Stabbereiches

$$\vartheta = \frac{M_t}{GI_t},\ \varphi = \int\limits_{(z)} \frac{M_t(z)}{GI_t(z)}\,dz$$

(Angaben zu I_t, W_t in vorstehender Tabelle)

$$\varphi_{ges} = \sum_{i=1}^{n} \frac{M_{ti} l_i}{(GI_t)_i}$$

Gesamtverdrehwinkel im Wellenstrang mit n Bereichen der Längen l_i und jeweils konstantem $(GI_t)_i$ und M_{ti}

2.7 Querkraftschub

Schnittreaktion:

Nachfolgende Angaben für Querkraft $F_Q = F_{Qy}$ als verursachende Schnittreaktion, Vorgehensweise für $F_Q = F_{Qx}$ analog.

Voraussetzungen: Geometrie siehe Biegung; gerade Querkraftbiegung um x-Achse mit $M_b = M_x \neq 0$; x, y Hauptträgheitsachsen; Querschnitt wird infolge Gleitung (Bezeichnung: $\gamma_S := \gamma_{zy} = \gamma_{yz}$) verwölbt; diese führt auf Schubspannung (Bezeichnung: $\tau_s := \tau_{zy} = \tau_{yz}$), die sowohl zwischen den Schichten als auch tangential zum Querschnitt auftritt. Ober- und Unterkante des Querschnittes sind schubspannungsfrei.

Einfach zusammenhängende Vollquerschnitte

Schubspannungsverteilung im Querschnitt

$$\tau_s(y_R) = \frac{F_Q S_{xRest}}{I_{xx} b(y_R)}$$

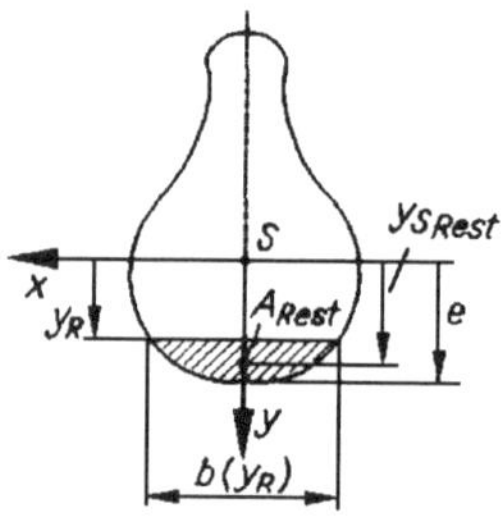

y_R Koordinate der Schicht, in der τ_s wirkt

$b(y_R)$ Schichtbreite

y_{SRest} y-Koordinate des Schwerpunktes der Restfläche

$$S_{xRest} = \int\limits_{(A_{Rest})} y\,dA = \int\limits_{y_R}^{e} b(y) y\,dy$$

S_{xRest} statisches Moment der Restfläche A_{Rest} bez. x-Achse

$$S_{xRest} = y_{SRest} A_{Rest}$$

Sonderfall Rechteck mit $A = HB$

Statisches Moment der Restfläche

$$S_{x\mathrm{Rest}}(y_\mathrm{R}) = B \int_{y_\mathrm{R}}^{\frac{1}{2}H} y \,\mathrm{d}y = \frac{1}{2}B\left[\left(\frac{H}{2}\right)^2 - y_\mathrm{R}^2\right]$$

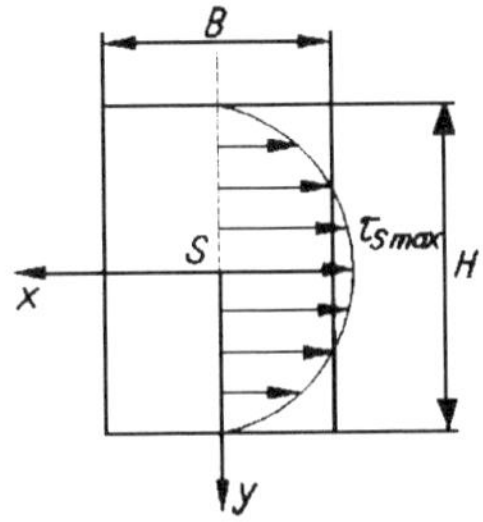

Schubspannungsverteilung

$$\tau_\mathrm{s}(y_\mathrm{R}) = \frac{3F_\mathrm{Q}}{2A}\left[1 - \left(\frac{2y_\mathrm{R}}{H}\right)^2\right]$$

$$-\frac{1}{2}H \leqq y_\mathrm{R} \leq \frac{1}{2}H$$

$$\tau_\mathrm{smax} = \frac{3}{2}\tau_\mathrm{sm},\ \tau_\mathrm{sm} = \frac{F_\mathrm{Q}}{A}$$

Parabolischer Verlauf (Schubspannung in y-Richtung, in Skizze geklappt dargestellt); für neutrale Schicht wird Schubspannung maximal

Formänderung

$$\gamma_\mathrm{S}(y_\mathrm{R}) = \frac{F_\mathrm{Q} S_{x\mathrm{Rest}}}{G I_{xx} b(y_\mathrm{R})}$$

Gleitung in der Schicht y_R

Einfluss auf die Durchsenkung bei Stäben ist zumeist vernachlässigbar klein.

Dünnwandige Profile

Beanspruchungskenngröße Schubfluss (→ Torsion)

$$t(s) := \tau_\mathrm{s}\delta(s)$$

$\delta(s)$ Wanddicke

s Koordinate entlang der mittleren Wandungslinie

Dünnwandig, geschlossene Profile

Schubflussverteilung (einzellige Profile)

$$t(s) = -\frac{F_\mathrm{Q}}{I_{xx}}\left[S_x(s) - \frac{\oint \frac{S_x(s)}{\delta(s)}\mathrm{d}s}{\oint \frac{\mathrm{d}s}{\delta(s)}}\right]$$

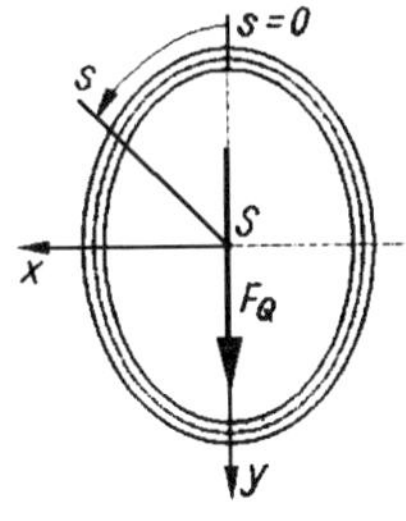

$$S_x(s) := \int_{(s)} \delta(s) y \,\mathrm{d}s$$

$S_x(s)$ statisches Moment der Restfläche bez. der x-Achse

Dünnwandig, offene Profile

Schubflussverteilung

$$t(s) = -\frac{F_Q}{I_{xx}} S_x(s)$$

(Näherungsweise für schmalen Steg der Höhe h: $t \approx F_Q/h$)

Schubmittelpunkt

Torsionsmoment tritt bei Querkraftbiegung nicht auf, wenn die Wirkungslinie der Querkraft durch sog. Schubmittelpunkt $T(x_T, y_T)$ verläuft. Lage von T wird durch Geometrie des Querschnittes bestimmt; T liegt auf der bzw. den Symmetrieachsen des Querschnittes.

Berücksichtigung vorzugsweise bei Profilen mit geringer Torsionssteifigkeit (z. B. dünnwandig offen) so, dass Wirkungslinie der äußeren Belastung durch T verläuft. Koordinaten von T bei dünnwandig offenen Profilen

$$x_T = -\frac{1}{I_{xx}} \int_0^L S_x(s) r(s) \, \mathrm{d}s$$

$$y_T = \frac{1}{I_{yy}} \int_0^L S_y(s) r(s) \, \mathrm{d}s$$

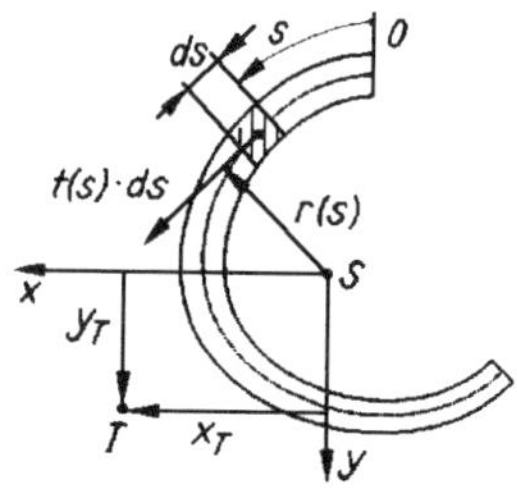

L Länge der mittleren Wandungslinie

$S_x(s), S_y(s)$ statische Momente der Restfläche bez. x- und y-Achse

Dünnwandiges ⊔-Profil (Wanddicke $h = \text{const}$)

$$x_T = \frac{4B^2(3B + H)}{(2B + H)(6B + H)}$$

Im Bild ist die Lage von T und qualitativer Schubflussverlauf bei Querkraft $F_Q = F_{Qy}$ eingezeichnet.

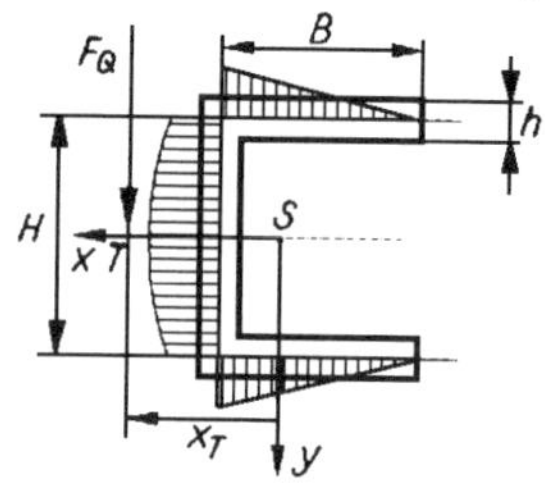

2.8 Zusammengesetzte Beanspruchung

Bauteile unterliegen zumeist einer Beanspruchung durch mehrere gleichzeitig auftretende Schnittreaktionen, d. h. zusammengesetzter Beanspruchung.

Technische Forderung für Bauteilbewertung:

Die zusammengesetzte Beanspruchung ist kleiner als eine zulässige einachsige Referenz- bzw. Vergleichsbeanspruchung. Vergleichsbeanspruchung ist zumeist eine zulässige Spannung σ_{zul}.

Erläuterung der Vorgehensweise für den Stab.

Überlagerung Zug/Druck und Biegung um zwei Hauptträgheitsachsen

Spannungsverteilung

$$\sigma_{\text{zus}}(x, y) = \frac{F_\text{L}}{A} + \left[\frac{M_x}{I_{xx}} y - \frac{M_y}{I_{yy}} x\right]$$

Spannungsnulllinie

$$y = \left(\frac{M_y I_{xx}}{M_x I_{yy}}\right) x - \frac{F_\text{L} I_{xx}}{M_x A}$$

Spannungsnulllinie ist i. Allg. gegen die Hauptträgheitsachsen geneigt und verläuft nicht durch den Schwerpunkt.

Überlagerung Torsion und Querkraftschub

Zusammenfassung von τ_t und τ_s im Querschnitt unter Beachtung der jeweiligen Schubspannungsverteilung.

Beispiel: Kreisquerschnitt
Auf dem Rand ergeben sich in den vier ausgewiesenen Punkten die nachfolgenden zusammengesetzten Schubspannungen:

$\tau_{\text{zus}1} = \tau_\text{t} + \tau_\text{s}, \quad \tau_{\text{zus}2} = \tau_\text{t}$

$\tau_{\text{zus}3} = \tau_\text{t} - \tau_\text{s}, \quad \tau_{\text{zus}4} = \tau_\text{t}$

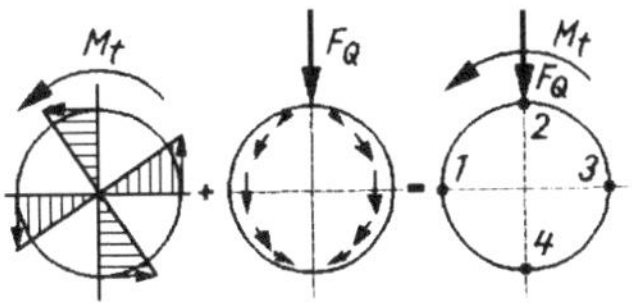

Zusammengesetzte Normal- und Tangentialbeanspruchung

Bauteilbeanspruchung bzw. -schädigung erfolgt durch mehrachsigen Spannungszustand (→ 2.11).
Ermittlung einer beanspruchungs- bzw. schädigungsäquivalenten einachsigen Vergleichsspannung σ_v mittels geeigneter Festigkeits-, Bruch- oder Versagenshypothesen.

Spannungskomponenten im Stabquerschnitt

$\sigma = \sigma_z$ — Spannung infolge Längskraft und/oder Biegung

$\tau = \tau_{yz}$ — Spannung infolge Torsion und/oder Querkraft

Ausgewählte Festigkeitshypothesen und Vergleichsspannungen
(Formeln für Stäbe; Verallgemeinerung → 2.11)

Hauptnormalspannungshypothese

$$\sigma_{\text{v}1} := \sigma_1 = \frac{1}{2}\sigma + \sqrt{\left(\frac{\sigma}{2}\right)^2 + \tau^2}$$

(maßgebend für Versagen ist Hauptnormalspannung σ_1, geeignet für sprödbruchgefährdete Bauteile)

Hauptdehnungshypothese

$\sigma_{v2} := E\varepsilon_1$

$= (1-\nu)\dfrac{\sigma}{2} + (1+\nu)\sqrt{\left(\dfrac{\sigma}{2}\right)^2 + \tau^2}$

(maßgebend für das Versagen ist die maximale Hauptdehnung ε_1)

Hauptschubspannungshypothese

$\sigma_{v3} := 2\tau_{max} = \sqrt{\sigma^2 + 4\tau^2}$

(maßgebend für Versagen ist τ_{max}, geeignet für verformungsbruchgefährdete Bauteile)

Gestaltänderungsenergiehypothese (nach Huber, v. Mises, Hencky)

$\sigma_{v4} = \sqrt{\sigma^2 + 3\tau^2}$

(maßgebend für Versagen ist Gestaltänderungsenergie als Anteil an der Formänderungsenergie; verbreitete und vorzugsweise Anwendung im Maschinenbau)

Erfassung des Spannungszustandes „reiner Schub“ durch Einführung des Anstrengungsverhältnisses α_0

$\alpha_0 := \dfrac{\sigma_{zul}}{\sqrt{3}\tau_{zul}}$

$\sigma_{v4} = \sqrt{\sigma^2 + 3(\alpha_0\tau)^2}$

Grafische Interpretation als Bruchgrenzkurve

$\left(\dfrac{\sigma}{\sigma_{zul}}\right)^2 + \left(\dfrac{\tau}{\tau_{zul}}\right)^2 = 1$

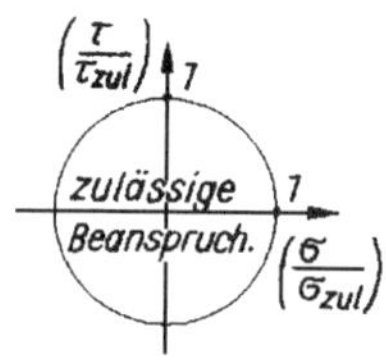

Bewertung von Wellen mit Kreis- oder Kreisringquerschnitt

Schnittreaktionen:

Biegemoment

$M_b = \sqrt{M_{bx}^2 + M_{by}^2}$

und Torsionsmoment M_t

(max. Beanspruchung auf dem Rand des Querschnittes an der höchstbeanspruchten Stelle in z-Richtung, ggf. Fallunterscheidung, → Maschinenelemente)

Vergleichsspannung

$\sigma_{v4} = \dfrac{1}{W_b}\sqrt{M_b^2 + \dfrac{3}{4}(\alpha_0 M_t)^2}$

$W_b = \dfrac{\pi}{32}D_a^3(1-\lambda^4),\ \lambda := \dfrac{D_i}{D_a}$

(Ausdruck $M_v := \sqrt{M_b^2 + \dfrac{3}{4}(\alpha_0 M_t)^2}$ wird auch als Vergleichsmoment bezeichnet.)

$D_{\text{aerf}} \geqq \sqrt[3]{\dfrac{32\sqrt{M_b^2 + \frac{3}{4}(\alpha_0 M_t)^2}}{(1-\lambda^4)\pi\sigma_{\text{zul}}}}$	Anwendung für Dimensionierung

2.9 Formänderungsenergien

Voraussetzungen: linear elastisches Werkstoffverhalten, l Bereichslänge

Formänderungsenergiedichte

$$W_F^* = \int_{(\varepsilon)} \sigma(\varepsilon)\,d\varepsilon = \frac{\sigma^2}{2E}$$

$$W_F^* = \int_{(\gamma)} \tau(\gamma)\,d\gamma = \frac{\tau^2}{2G}$$

(jeweils für einzelne Normal- und Schubspannungskomponente)

Formänderungsenergie

$$W_F = \int_{(V)} W_F^*\,dV$$

Formänderungsenergien bei Grundbeanspruchungen im Stab

Grundbeanspruchung	Formänderungsenergiedichte	Formänderungsenergie
Zug/Druck	$W_{F_{z/d}}^* = \dfrac{\sigma_{z/d}^2}{2E} = \dfrac{F_L^2}{2A(z)EA(z)}$	$W_{F_{z/d}} = \int_{(l)} \dfrac{F_L^2}{2EA(z)}\,dz$ Für $A = \text{const}$, $F_L = \text{const}$: $W_{F_{z/d}} = \dfrac{F_L^2 l}{2EA}$
Biegung (reine)	gerade Biegung: $W_{F_b}^* = \dfrac{\sigma_b^2}{2E} = \dfrac{M_b^2}{2I_{xx}EI_{xx}}y^2$	gerade Biegung: $W_{F_b} = \int_{(l)} \dfrac{M_b^2}{2EI_{xx}}\,dz$ Biegung um 2 Hauptträgheitsachsen: $W_{F_b} = \int_{(l)} \left(\dfrac{M_x^2}{2EI_{xx}} + \dfrac{M_y^2}{2EI_{yy}}\right)dz$
Torsion	$W_{F_t}^* = \dfrac{\tau_t^2}{2G}$	$W_{F_t} = \int_{(l)} \dfrac{M_t^2}{2GI_t}\,dz$
Querkraftschub	$F_Q = F_{Qy}$ $W_{F_s}^* = \dfrac{\tau_s^2}{2G}$	$W_{F_s} = \varkappa \int_{(l)} \dfrac{F_Q^2}{2GA}\,dz$; $\varkappa := \dfrac{A}{I_{xx}^2}\int_{(A)} \left(\dfrac{S_{x\text{Rest}}}{b(y_R)}\right)^2 dA$ Schubverteilungszahl $\varkappa = 6/5$ (Rechteck) und $10/9$ (Kreis)

Hinweis:

In Stabtragwerken sind vorzugsweise Biege- und Torsionsarbeiten zu berücksichtigen, in Fachwerkstäben und Seilen die Längskraftarbeit.

2.10 Satz von Castigliano

$$\frac{\partial W_\mathrm{a}}{\partial F_j} = v_j, \quad \frac{\partial W_\mathrm{a}}{\partial M_j} = v_j' = \varphi_j$$

Partielle Ableitung der äußeren Arbeit W_a nach einer Einzelkraft ergibt Verschiebung des Stabes an der Kraftangriffsstelle in Richtung dieser Kraft und partielle Ableitung der äußeren Arbeit nach einem Moment ergibt Neigung des Stabes am Angriffspunkt in Richtung des Momentes.

Praktische Durchführung mittels Äquivalenz von $W_\mathrm{a} = W_\mathrm{F}$.

Ermittlung von Verschiebung und Neigung an der Stelle j mit x, y-Hauptträgheitsachse, isotherme Belastung:

$$v_j = \frac{\partial W_\mathrm{F}}{\partial F_j} = \sum_{i=1}^{m} \int_{(l_i)} \left[\frac{F_{\mathrm{L}i}}{(EA)_i} \frac{\partial F_{\mathrm{L}i}}{\partial F_j} + \frac{M_{xi}}{(EI_{xx})_i} \frac{\partial M_{xi}}{\partial F_j} + \frac{M_{yi}}{(EI_{yy})_i} \frac{\partial M_{yi}}{\partial F_j} + \frac{M_{\mathrm{t}i}}{(GI_\mathrm{t})_i} \frac{\partial M_{\mathrm{t}i}}{\partial F_j} \right] \mathrm{d}z_i$$

$$v_j' = \frac{\partial W_\mathrm{F}}{\partial M_j} = \sum_{i=1}^{m} \int_{(l_i)} \left[\frac{F_{\mathrm{L}i}}{(EA)_i} \frac{\partial F_{\mathrm{L}i}}{\partial M_j} + \frac{M_{xi}}{(EI_{xx})_i} \frac{\partial M_{xi}}{\partial M_j} + \frac{M_{yi}}{(EI_{yy})_i} \frac{\partial M_{yi}}{\partial M_j} + \frac{M_{\mathrm{t}i}}{(GI_\mathrm{t})_i} \frac{\partial M_{\mathrm{t}i}}{\partial M_j} \right] \mathrm{d}z_i$$

m Anzahl der Bereiche
l_i Bereichslängen

Bei notwendiger Berücksichtigung der Querkraftarbeit ist Formänderungsenergie aus voriger Tabelle entsprechend zu verwenden.

Sollen Formänderungen an Stellen berechnet werden, an denen keine Einzelkraft bzw. kein Moment angreift, dann sind an diesen Stellen Hilfskräfte mit $F_\mathrm{H} = 0$ bzw. Hilfsmomente mit $M_\mathrm{H} = 0$ (Hilfsbelastungen) anzutragen. Hilfsbelastungen müssen in den Lager- und Schnittreaktionen bis zur Ermittlung der partiellen Ableitungen berücksichtigt werden.

Berechnung statisch unbestimmter Tragwerke
(Satz von Menabrea)

$$\frac{\partial W_a}{\partial X_p} = \frac{\partial W_F}{\partial X_p} = 0$$

$1 \leqq p \leqq |n|$

$|n|$ Grad der statischen Unbestimmtheit (→ 1.7)

X_p statisch Unbestimmte; unbekannte Lager-, Fesselungsoder Schnittreaktionen, die sich nicht durch alleinige Anwendung der Gleichgewichtsbedingungen ermitteln lassen

Partielle Ableitung der äußeren Arbeit bzw. der Formänderungsenergie nach den statisch Unbestimmten ergibt null.

2.11 Mehrachsige Spannungszustände

Komponenten des Spannungstensors

$$\begin{pmatrix} \sigma_x & \tau_{xy} & \tau_{xz} \\ \tau_{yx} & \sigma_y & \tau_{yz} \\ \tau_{zx} & \tau_{zy} & \sigma_z \end{pmatrix}$$

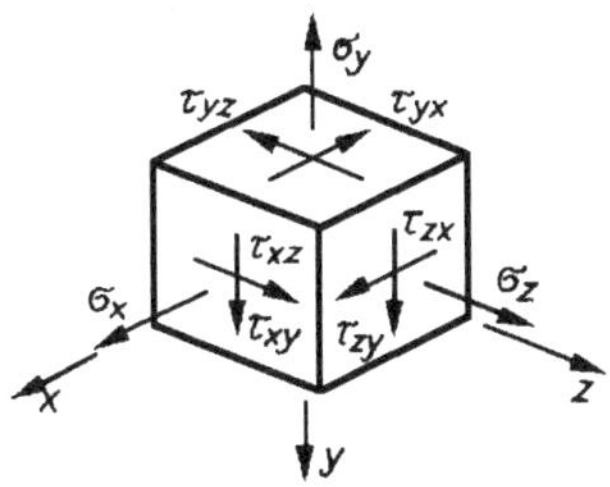

Gesetz der Gleichheit zugeordneter Schubspannungen
(Symmetrie des Spannungstensors)

$\tau_{ij} = \tau_{ji}, (i, j = x, y, z)$ wobei $i \neq j$

Vergleichsspannung nach der Gestaltänderungsenergiehypothese

$$\sigma_{v4} = \sqrt{\frac{1}{2}\left[(\sigma_x - \sigma_y)^2 + (\sigma_x - \sigma_z)^2 + (\sigma_y - \sigma_z)^2\right] + 3(\tau_{xy}^2 + \tau_{xz}^2 + \tau_{yz}^2)}$$

$$\sigma_{v4} = \sqrt{\frac{1}{2}\left[(\sigma_1 - \sigma_2)^2 + (\sigma_1 - \sigma_3)^2 + (\sigma_2 - \sigma_3)^2\right]}$$

$\sigma_1 > \sigma_2 > \sigma_3$ Hauptnormalspannungen

Komponenten des (symmetrischen) Verzerrungstensors

$$\begin{pmatrix} \varepsilon_x & \frac{1}{2}\gamma_{xy} & \frac{1}{2}\gamma_{xz} \\ \frac{1}{2}\gamma_{yx} & \varepsilon_y & \frac{1}{2}\gamma_{yz} \\ \frac{1}{2}\gamma_{zx} & \frac{1}{2}\gamma_{zy} & \varepsilon_z \end{pmatrix}$$

Verzerrungs-Verschiebungs-Beziehungen

$$\varepsilon_i = \frac{\partial v_i}{\partial i},\ \gamma_{ij} = \frac{\partial v_i}{\partial j} + \frac{\partial v_j}{\partial i} \qquad (i, j = x, y, z)$$

Verallgemeinertes Hooke'sches Gesetz $(i, j, k = x, y, z)$

$$\varepsilon_i = \frac{1}{E}[\sigma_i - \nu(\sigma_j + \sigma_k)] + \alpha_{\text{th}}\Delta T \qquad \gamma_{ij} = \frac{1}{G}\tau_{ij}$$

$$\sigma_i = \frac{E}{(1+\nu)}\left(\varepsilon_i + \frac{\nu}{(1-2\nu)}e\right) - \frac{E}{(1-2\nu)}\alpha_{\text{th}}\Delta T$$

$e = \varepsilon_x + \varepsilon_y + \varepsilon_z$ Volumendehnung

Aufgabe der Elastostatik:

Lösung der 15 Feldgleichungen (3 Gleichgewichtsbedingungen, 6 Verzerrungs-Verschiebungs-Beziehungen, 6 Hooke'sches Gesetz) für die 15 Feldgrößen (3 Verschiebungen, 6 Spannungen, 6 Verzerrungen) unter Beachtung der Randbedingungen i. Allg. nur über Näherungsverfahren lösbar ⇒ numerische Methoden.

Vereinfachte Modellierung:

- Ebener Spannungszustand (ESZ), Scheibenzustand — Spannungskomponenten senkrecht zur Scheibenebene sind vernachlässigbar klein
- Ebener Verzerrungszustand (EVZ) — Verzerrungskomponenten senkrecht zu parallelen Ebenen sind vernachlässigbar klein
- Rotationssymmetrischer Zustand — Geometrie, Randbedingungen und Belastung sind rotationssymmetrisch zu einer Achse, unabhängig von Polarwinkel

Dünnwandige Behälter unter Innendruck (Membrantheorie)

Voraussetzungen: Geschlossener Behälter unter isothermer Innendruckbelastung, Wanddicke klein gegenüber Krümmungsradien, der Einheitsvektor in Normalenrichtung der Schalenmittelfläche $\vec{e}_n$ ist stets nach außen gerichtet, Radialspannung vernachlässigbar.

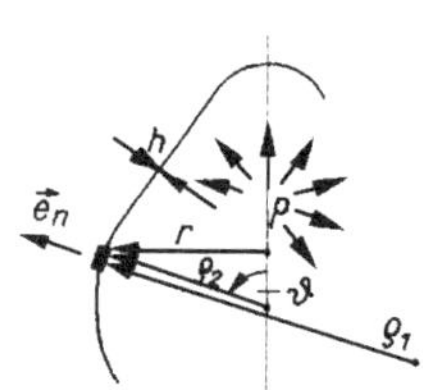

Kesselgleichung, -formel

$$\frac{\sigma_\varphi}{\varrho_2} + \frac{\sigma_\vartheta}{\varrho_1} = \frac{p}{h}$$

p Innendruck
h Wanddicke
ϱ_1, ϱ_2 Radien der Hauptkrümmungskreise
σ_ϑ Meridianspannung
σ_φ Umfangsspannung (Ringspannung)

Fall: Behälter über Rotationsachse geschlossen

$$\sigma_\vartheta = \frac{pr}{2h\sin\vartheta} = \frac{p\varrho_2}{2h}$$

$$\sigma_\varphi = \frac{p\varrho_2}{2h}\left(2 - \frac{\varrho_2}{\varrho_1}\right)$$

Membranspannungen in ausgewählten geschlossenen Behältern

Bezeichnung	ϱ_1	ϱ_2	σ_ϑ	σ_φ	Bemerkungen
Kugelkessel (Radius R)	R	R	$\frac{pR}{2h}$	$\frac{pR}{2h}$	$\sigma_\vartheta = \sigma_\varphi$
Zylinderkessel (Radius R)	∞	R	$\sigma_l = \frac{pR}{2h}$	$\frac{pR}{h}$	$\sigma_\varphi = 2\sigma_l$ σ_l Längsspannung
Kegelkessel $\varkappa = \frac{\tan\alpha}{\cos\alpha}$ α halber Öffnungswinkel des Kegels, z Koordinate von der Spitze	∞	$\varkappa z$	$\frac{p\varkappa z}{2h}$	$\frac{p\varkappa z}{h}$	$\sigma_\varphi = 2\sigma_\vartheta$

Fall: Behälter über Rotationsachse offen (Torusbehälter)

$$\sigma_\vartheta = \frac{p(r^2 - R_0^2)}{2rh\sin\vartheta} = \frac{p\varrho_2}{2h}\left[1 - \left(\frac{R_0}{r}\right)^2\right]$$

$$\sigma_\varphi = \frac{p\varrho_2}{2h}\left\{2 - \frac{\varrho_2}{r_0}\left[1 - \left(\frac{R_0}{r}\right)^2\right]\right\}$$

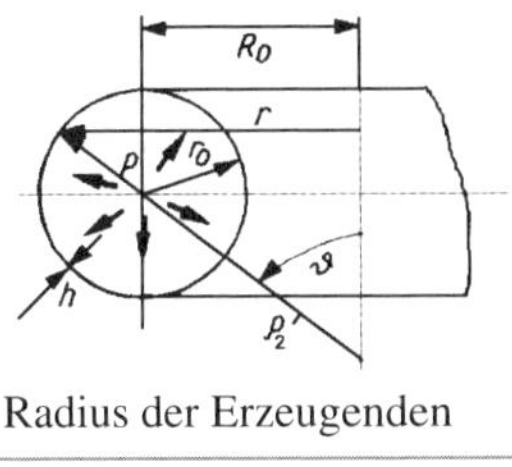

R_0 Radius der Erzeugenden

Rotationssymmetrische Probleme

Verwendung von Zylinderkoordinaten — r, φ, z

Bezeichnung der partiellen Ableitung: — $(\,)_{,i} := \frac{\partial}{\partial i}(\,)$

Feldgrößen

Verschiebungen — v_r, v_φ, v_z

Spannungen (Hauptnormalspannungen) — $\sigma_r, \sigma_\varphi, \sigma_z$

Verzerrungen (Dehnungen) $\varepsilon_r, \varepsilon_\varphi, \varepsilon_z$

Vergleichsspannung

$$\sigma_{v4} = \sqrt{\sigma_r^2 + \sigma_\varphi^2 + \sigma_z^2 - (\sigma_r\sigma_\varphi + \sigma_r\sigma_z + \sigma_\varphi\sigma_z)}$$

Verzerrungs-Verschiebungs-Beziehungen

$$\varepsilon_r = v_{r,r}, \quad \varepsilon_\varphi = \frac{v_r}{r}, \quad \varepsilon_z = v_{z,z}$$

Hooke'sches Gesetz

$$\begin{Bmatrix} \varepsilon_r \\ \varepsilon_\varphi \\ \varepsilon_z \end{Bmatrix} = \frac{1}{E} \begin{Bmatrix} \sigma_r - \nu(\sigma_\varphi + \sigma_z) + E\alpha_{\text{th}}\Delta T \\ \sigma_\varphi - \nu(\sigma_r + \sigma_z) + E\alpha_{\text{th}}\Delta T \\ \sigma_z - \nu(\sigma_r + \sigma_\varphi) + E\alpha_{\text{th}}\Delta T \end{Bmatrix} \text{ bzw.}$$

$$\begin{Bmatrix} \sigma_r \\ \sigma_\varphi \\ \sigma_z \end{Bmatrix} = \frac{E}{(1+\nu)(1-2\nu)} \begin{Bmatrix} \varepsilon_r(1-\nu) + \nu(\varepsilon_\varphi + \varepsilon_z) - (1+\nu)\alpha_{\text{th}}\Delta T \\ \varepsilon_\varphi(1-\nu) + \nu(\varepsilon_z + \varepsilon_r) - (1+\nu)\alpha_{\text{th}}\Delta T \\ \varepsilon_z(1-\nu) + \nu(\varepsilon_r + \varepsilon_\varphi) - (1+\nu)\alpha_{\text{th}}\Delta T \end{Bmatrix}$$

Rotierende Scheibe (ebener Spannungszustand mit $\sigma_z = 0$)

ϱ	Dichte
ω	Winkelgeschwindigkeit
$h(r) = h_0 r^n$	Profilfunktion der Scheibendicke
h_0	Scheibendicke am Innenrand

Allgemeine Lösung für Radialverschiebung

$$v_r = A_1 r^{\lambda_1} + A_2 r^{\lambda_2} - \frac{\varrho\omega^2(1-\nu^2)}{E(8+3n+\nu n)} r^3 \qquad \lambda_{1,2} = -\frac{n}{2} \pm \sqrt{\left(\frac{n}{2}\right)^2 - \nu n + 1}$$

Fall: Scheibe konstanter Dicke ($n = 0$, $h = h_0$):

$$v_r = A_1 r + \frac{A_2}{r} - \frac{\varrho\omega^2(1-\nu^2)}{8E} r^3$$

Spannungsverteilung

$$\begin{Bmatrix} \sigma_r \\ \sigma_\varphi \end{Bmatrix} = \frac{\varrho\omega^2}{8} \begin{Bmatrix} B_1 - \dfrac{B_2}{r^2} - (3+\nu)r^2 \\ B_1 + \dfrac{B_2}{r^2} - (1+3\nu)r^2 \end{Bmatrix}$$

$$B_1 = \frac{8E}{\varrho\omega^2(1-\nu)} A_1$$

$$B_2 = \frac{8E}{\varrho\omega^2(1+\nu)} A_2$$

Integrationskonstanten A_1, A_2, bzw. B_1, B_2 aus Randbedingungen

Sonderfall: rotierende Vollscheibe (Radius R)

$$\begin{Bmatrix} \sigma_r \\ \sigma_\varphi \end{Bmatrix} = \frac{\varrho\omega^2(3+\nu)}{8} R^2 \begin{Bmatrix} 1 - \left(\frac{r}{R}\right)^2 \\ 1 - \frac{1+3\nu}{3+\nu}\left(\frac{r}{R}\right)^2 \end{Bmatrix}$$

(Skizze mit $\overline{\sigma}_{r,\varphi} = \sigma_{r,\varphi}\left[\frac{1}{8}R^2\varrho\omega^2(3+\nu)\right]^{-1}$, $\nu = \frac{1}{3}$)

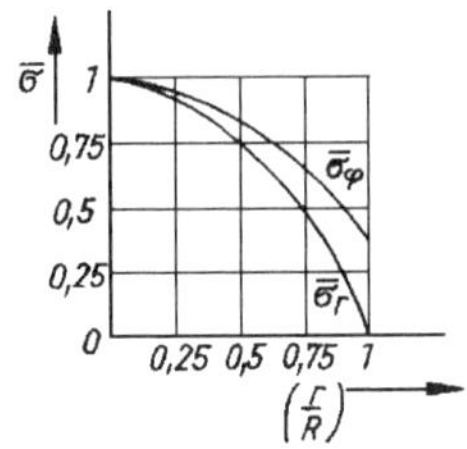

Rotierende Scheibe gleicher Festigkeit (Laval'sche Scheibe)

$$h(r) = h_0\,\mathrm{e}^{-\frac{\varrho\omega^2}{2\sigma_0}(r^2 - R_\mathrm{i}^2)}$$

Profilfunktion so, dass $\sigma_r(r) = \sigma_\varphi(r) = \sigma_0 = \text{const}$, $R_i \leqq r \leqq R_\mathrm{a}$

Dickwandiges langes Rohr

Belastungen: p_i Innendruck; p_a Außendruck

Abmessungen: R_i, R_a Innen-, Außenradius, $\lambda = \frac{R_\mathrm{i}}{R_\mathrm{a}}$

Radialverschiebung für ebenen Verzerrungszustand mit $\varepsilon_z = 0$

$$v_r = \frac{(1+\nu)R_\mathrm{a}\lambda}{E(1-\lambda^2)}\left\{p_\mathrm{i}\lambda\left[\left(\frac{R_\mathrm{a}}{r}\right) + (1-2\nu)\left(\frac{r}{R_\mathrm{a}}\right)\right] - p_\mathrm{a}\left[\left(\frac{R_\mathrm{i}}{r}\right) + (1-2\nu)\left(\frac{r}{R_\mathrm{i}}\right)\right]\right\}$$

Spannungsverteilung

$$\sigma_r = \frac{\lambda^2}{1-\lambda^2}\left\{p_\mathrm{i}\left[1 - \left(\frac{R_\mathrm{a}}{r}\right)^2\right] - \frac{p_\mathrm{a}}{\lambda^2}\left[1 - \left(\frac{R_\mathrm{i}}{r}\right)^2\right]\right\}$$

$$\sigma_\varphi = \frac{\lambda^2}{1-\lambda^2}\left\{p_\mathrm{i}\left[1 + \left(\frac{R_\mathrm{a}}{r}\right)^2\right] - \frac{p_\mathrm{a}}{\lambda^2}\left[1 + \left(\frac{R_\mathrm{i}}{r}\right)^2\right]\right\}$$

Lagerung hat nur auf Axialspannung bzw. Längsspannung σ_z Einfluss:

$$\sigma_z = \nu(\sigma_r + \sigma_\varphi) = \frac{2\nu}{1-\lambda^2}(\lambda^2 p_\mathrm{i} - p_\mathrm{a})$$

Fall beidseitig eingespannter Rohrenden (ebener Verzerrungszustand mit $\varepsilon_z = 0$)

Sonderfall:

Rohr unter Innendruck mit $R_\mathrm{i} = R$, $R_\mathrm{a} = 2R$, $\lambda = 1/2$

$$\sigma_r = \frac{p_\mathrm{i}}{3}\left[1 - \left(\frac{2R}{r}\right)^2\right]$$

$$\sigma_\varphi = \frac{p_\mathrm{i}}{3}\left[1 + \left(\frac{2R}{r}\right)^2\right]$$

$$v_r = \frac{p_\mathrm{i}R(1+\nu)}{3E}\left[\left(\frac{4R}{r}\right) + (1-2\nu)\left(\frac{r}{R}\right)\right]$$

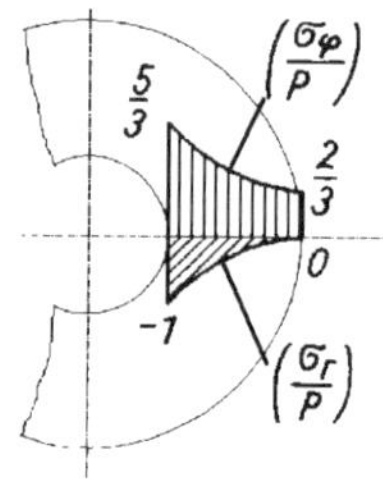

Press- bzw. Schrumpfverbindung zweier Rohre mit gleichem Elastizitätsmodul und gleicher Querkontraktionszahl

Abmessungen:

Rohr 1 (innen), R_i1, R_a1
Rohr 2 (außen), R_i2, R_a2

Übermaß (vor Montage)

$$\Delta R = R_\mathrm{a1} - R_\mathrm{i2}, \quad R_\mathrm{a1} > R_\mathrm{i2}$$

Schrumpfmaß

$$\epsilon = \frac{\Delta R}{R}, \quad R \approx R_\mathrm{a1} \approx R_\mathrm{i2}$$

Zusammenhang zwischen Schrumpfmaß und Pressdruck p

$$\epsilon = \frac{p}{E}\left(\frac{R_\mathrm{a2}^2 + R^2}{R_\mathrm{a2}^2 - R^2} + \frac{R^2 + R_\mathrm{i1}^2}{R^2 - R_\mathrm{i1}^2}\right)$$

2.12 Stabilitätsprobleme

Technisch wichtige Stabilitätsprobleme
(Versagen durch instabiles Gleichgewicht):

- Knicken von Stäben (s. u.), Belastung: axiale Druckkraft (Knickkraft)
- Drillknicken von dünnwandigen Stäben,
  Belastung: Moment um Stablängsachse

- Kippen von Trägern, Belastung: Kippmoment z. B. infolge Belastung in Ebene aus Trägerlängsachse und Hauptträgheitsachse s_2, wobei $I_{xx} = I_1 > I_{yy} = I_2$, → Bild
- Beulen von Scheiben (Druckbelastung in der Scheibenmittelebene) und Schalen (z. B. axiale Druckbelastung bei Zylinderschalen)

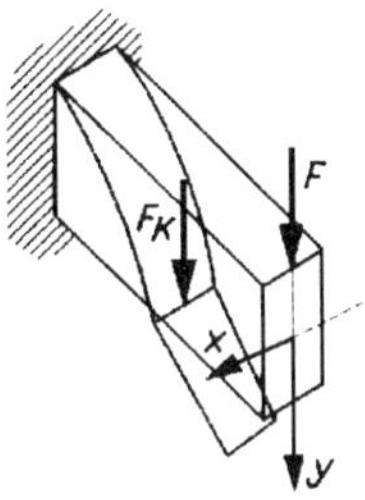

Knicken von Stäben (prismatisch, gerade oder schwach gekrümmt)

Elastisches Knicken

Knickkraft F_K (Knickfälle nach Euler):

$$F_K = \frac{EI_{min}\pi^2}{l_K^2}$$

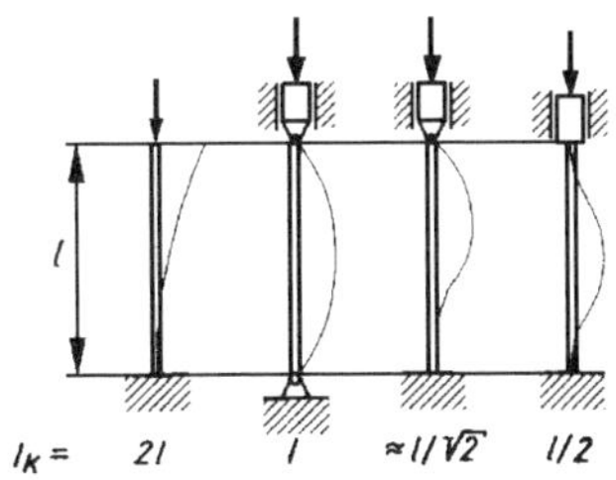

$I_{min} = I_2$ minimales Hauptträgheitsmoment

l_K Knicklänge

A Stabquerschnitt

Gültigkeit für $\sigma_K < \sigma_P$, → Diagramm, wobei:

Knickspannung

$$\sigma_K := \frac{F_K}{A} = \frac{E\pi^2}{\lambda^2}$$

Proportionalitätsgrenze σ_P Schlankheitsgrad

$$\lambda := l_K\sqrt{\frac{A}{I_{min}}}$$

Grenzschlankheitsgrad

$$\lambda_P := \pi\sqrt{\frac{E}{\sigma_P}}$$

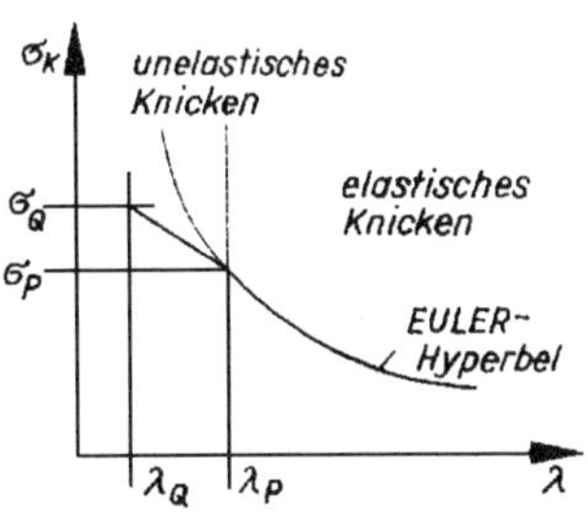

Unelastisches Knicken (nach Tetmajer)

Knickkraft F_K aus σ_K für $\sigma_Q < \sigma_K < \sigma_P$:

$$\sigma_K = a\lambda^2 + b\lambda + c,$$
$$\lambda_Q < \lambda < \lambda_P$$

a, b, c Werkstoffkennwerte (→ Tabelle)
σ_Q Quetschgrenze

$$\lambda_Q := \pi\sqrt{\frac{E}{\sigma_Q}}$$

Kennwerte für unelastisches Knicken

Werkstoff	a/MPa	b/MPa	c/MPa	λ_P
St 37	0	− 1,14	310	104
St 50	0	− 0,62	335	88
GG	0,053	− 12	776	80
Bauholz	0	− 0,194	29,3	100

Entscheidung, ob elastisches oder unelastisches Knicken vorliegt, wird nach dem Schlankheitsgrad des Stabes getroffen. Bei $\lambda < \lambda_Q$ erfolgt kein Knicken.

3 Kinematik

3.1 Kinematik des Punktes

Bewegung in kartesischen Koordinaten

Ortsvektor $\vec{r}(t)$ in Abhängigkeit der Zeit t (Punktbahn/Weg)

$$\vec{r}(t) = x(t)\vec{e}_x + y(t)\vec{e}_y + z(t)\vec{e}_z$$

Drei Koordinaten x, y, z beschreiben die drei Bewegungsmöglichkeiten oder Freiheitsgrade des frei beweglichen Punktes.

Besitzt ein Punkt bzw. Körper n Freiheitsgrade, dann sind n unabhängige Koordinaten erforderlich, um seine Bewegung zu beschreiben.

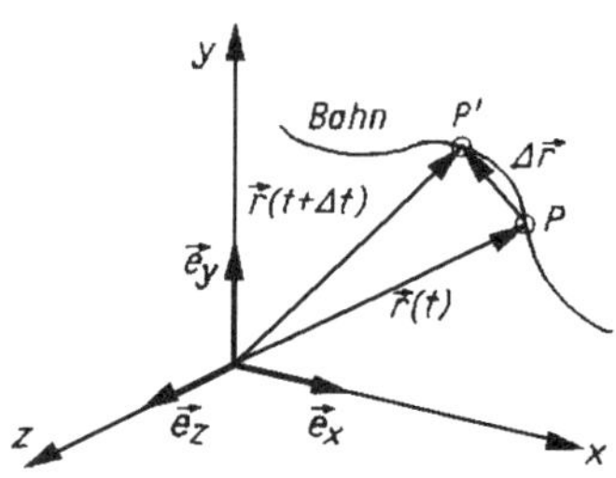

Geschwindigkeit als zeitliche Änderung des Ortsvektors

$$\vec{v}(t) := \lim_{\Delta t \to 0} \frac{\vec{r}(t + \Delta t) - \vec{r}(t)}{\Delta t} = \lim_{\Delta t \to 0} \frac{\Delta \vec{r}}{\Delta t} = \frac{d\vec{r}}{dt} = \dot{\vec{r}}$$

$$\vec{v} = \dot{\vec{r}} = v_x\vec{e}_x + v_y\vec{e}_y + v_z\vec{e}_z$$
$$= \dot{x}(t)\vec{e}_x + \dot{y}(t)\vec{e}_y + \dot{z}(t)\vec{e}_z$$

Komponenten

$v = \sqrt{v_x^2 + v_y^2 + v_z^2}$ Betrag

$= \sqrt{\dot{x}^2 + \dot{y}^2 + \dot{z}^2}$

Beschleunigung als zeitliche Änderung des Geschwindigkeitsvektors

$$\vec{a}(t) := \lim_{\Delta t \to 0} \frac{\vec{v}(t + \Delta t) - \vec{v}(t)}{\Delta t} = \lim_{\Delta t \to 0} \frac{\Delta \vec{v}}{\Delta t} = \frac{\mathrm{d}\vec{v}}{\mathrm{d}t} = \dot{\vec{v}} = \ddot{\vec{r}}$$

$\vec{a} = \dot{\vec{v}} = a_x\vec{e}_x + a_y\vec{e}_y + a_z\vec{e}_z$ Komponenten

$= \ddot{x}(t)\vec{e}_x + \ddot{y}(t)\vec{e}_y + \ddot{z}(t)\vec{e}_z$

$a = \sqrt{a_x^2 + a_y^2 + a_z^2}$ Betrag

$= \sqrt{\ddot{x}^2 + \ddot{y}^2 + \ddot{z}^2}$

Ebene Bewegung in Polarkoordinaten r, φ

Ortsvektor

$\vec{r}(t) = r(t)\vec{e}_r(t)$

Geschwindigkeit

$\vec{v}(t) = \dot{\vec{r}}(t) = \dot{r}\vec{e}_r + r\dot{\varphi}\vec{e}_\varphi$

Winkelgeschwindigkeit

$\omega := \dot{\varphi}$

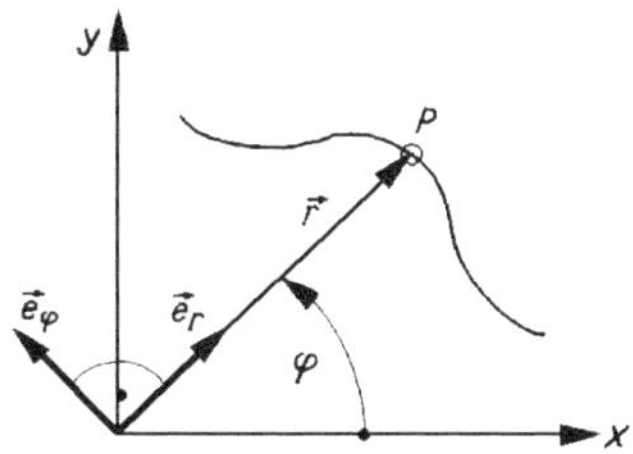

$v_r = \dot{r}$ radiale Komponente

$v_\varphi = r\dot{\varphi} = r\omega$ zirkulare Komponente

Beschleunigung

$\vec{a}(t) = (\ddot{r} - r\dot{\varphi}^2)\vec{e}_r + (2\dot{r}\dot{\varphi} + r\ddot{\varphi})\vec{e}_\varphi$

Komponenten:

$a_r = \ddot{r} - r\dot{\varphi}^2$ radiale Komponente

$a_\varphi = 2\dot{r}\dot{\varphi} + r\ddot{\varphi}$ zirkulare Komponente

Winkelbeschleunigung

$\ddot{\varphi} = \dot{\omega}$

Zentripetalbeschleunigung

$-r\dot{\varphi}^2 = -r\omega^2$

Coriolis-Beschleunigung

$2\dot{r}\dot{\varphi} = 2\dot{r}\omega$

Sonderfall Kreisbahnbewegung

$(r(t) = r = \mathrm{const})$

Ortsvektor, Geschwindigkeit, Beschleunigung

$\vec{r} = r\vec{e}_r, \vec{v} = r\dot{\varphi}\vec{e}_\varphi = r\omega\vec{e}_\varphi$

$\vec{a} = -r\omega^2\vec{e}_r + r\dot{\omega}\vec{e}_\varphi$

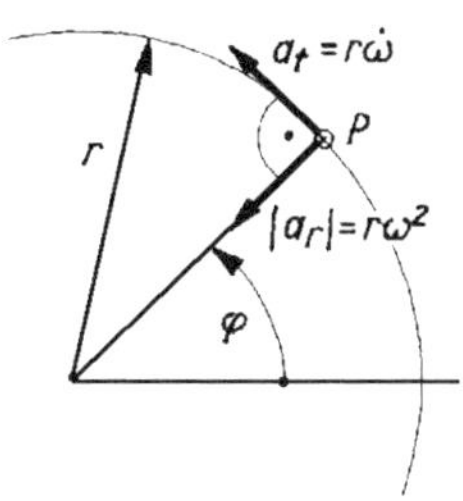

Komponente der Geschwindigkeit

$v_\varphi = v_t = r\omega$ Tangentialgeschwindigkeit

Komponenten der Beschleunigung

$a_r = -r\omega^2$ Zentripetalbeschleunigung

$a_\varphi = a_t = r\dot{\omega}$ Tangentialbeschleunigung

Beschreibung der Bewegung in anderen Koordinaten

Punktbewegung in Zylinderkoordinaten r, φ, z

$\vec{r} = r\vec{e}_r + z\vec{e}_z$

$\vec{v} = \dot{r}\vec{e}_r + r\dot{\varphi}\vec{e}_\varphi + \dot{z}\vec{e}_z$

$\vec{a} = (\ddot{r} - \dot{r}\dot{\varphi}^2)\vec{e}_r + (2\dot{r}\dot{\varphi} + r\ddot{\varphi})\vec{e}_\varphi + \ddot{z}\vec{e}_z$

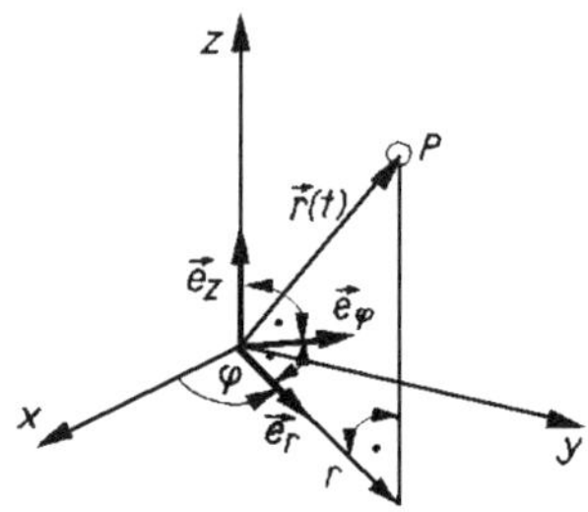

Punktbewegung in natürlichen Koordinaten

Koordinatensystem bewegt sich mit dem Punkt längs der Bahn.

Geschwindigkeit (in Richtung Bahntangente)

$\vec{v} = v(t)\vec{e}_t$

Beschleunigung

$\vec{a} = \dot{v}\vec{e}_\mathrm{t} + v\dot{\varphi}\vec{e}_\mathrm{n}$

Winkelgeschwindigkeit bez. des momentanen Drehpols M

$\dot{\varphi} = \omega = \dfrac{v}{\varrho}$

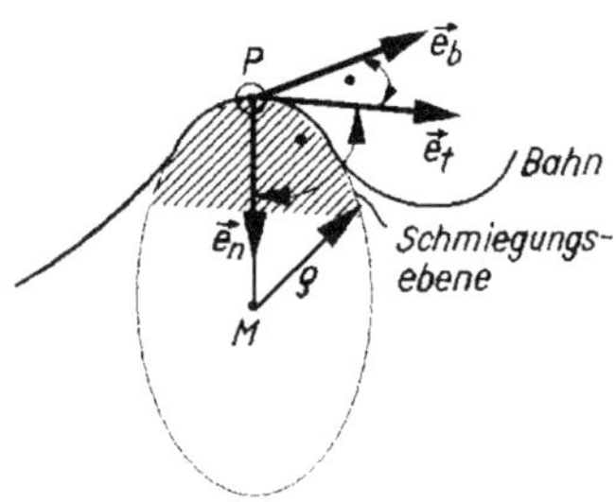

Tangential- und Normalkomponente der Beschleunigung

$a_\mathrm{t} = \dot{v}, \quad a_\mathrm{n} = \dfrac{v^2}{\varrho}$

ϱ augenblicklicher Krümmungsradius der Bahn

3.2 Kinematik des starren Körpers

Bewegungsarten

Translation: Alle Körperpunkte bewegen sich auf kongruenten Bahnen und besitzen damit zu gleichen Zeiten gleiche Geschwindigkeiten und Beschleunigungen → Beschreibung mittels Kinematik des Punktes.

Rotation (um eine Achse): Alle Körperpunkte bewegen sich auf konzentrischen Kreisbahnen um die Achse und besitzen damit zu allen Zeiten die gleichen Winkelgeschwindigkeiten und -beschleunigungen.

Ebene Bewegung:	Die Bahnen aller Körperpunkte liegen in zueinander parallelen Ebenen.
Allgemeine Bewegung:	Überlagerung von Translation und Rotation (z. B. Translation des Körperschwerpunktes und Rotation um eine Achse durch den Schwerpunkt).

Kinematik der Rotation um eine feste Achse

Geschwindigkeit und Beschleunigung eines Körperpunktes P

$\vec{v}_\mathrm{P} = \vec{\omega} \times \vec{r}_\mathrm{P}$

$\vec{a}_\mathrm{P} = \dot{\vec{\omega}} \times \vec{r}_\mathrm{P} + \vec{\omega} \times (\vec{\omega} \times \vec{r}_\mathrm{P})$

Darstellung in Zylinderkoordinaten

$\vec{v}_\mathrm{P} = \omega r_\mathrm{MP} \vec{e}_\varphi$

$\vec{a}_\mathrm{P} = \dot{\omega} r_\mathrm{MP} \vec{e}_\varphi - \omega^2 r_\mathrm{MP} \vec{e}_r$

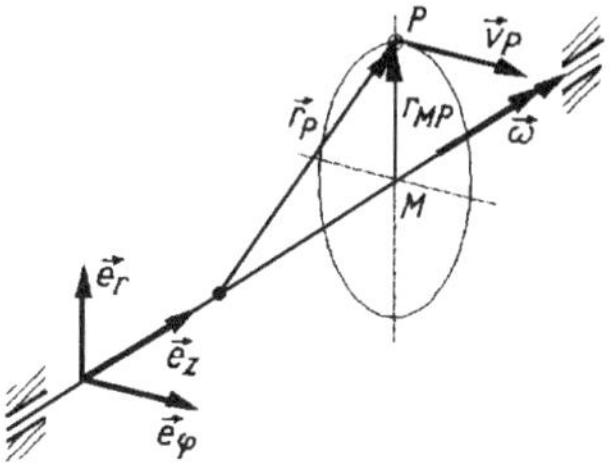

Kinematik der allgemeinen Bewegung

Translation mit $\vec{v}_\mathrm{A}$, $\vec{a}_\mathrm{A}$ und Rotation um momentane Drehachse mit $\vec{\omega}$ (Grundformeln der Starrkörperdynamik, Euler'sche Beziehungen), wobei

$\vec{r}_\mathrm{P} = \vec{r}_\mathrm{A} + \vec{r}_\mathrm{AP}$

$\vec{v}_\mathrm{P} = \vec{v}_\mathrm{A} + \vec{\omega} \times \vec{r}_\mathrm{AP}$

$\vec{a}_\mathrm{P} = \vec{a}_\mathrm{A} + \dot{\vec{\omega}} \times \vec{r}_\mathrm{AP} + \vec{\omega} \times (\vec{\omega} \times \vec{r}_\mathrm{AP})$

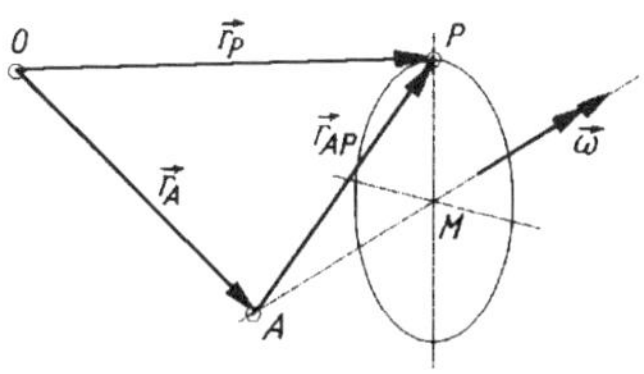

Sonderfall ebene Bewegung

Drehtransformation der Einheitsvektoren

$\vec{e}_r = \cos\varphi \vec{e}_x + \sin\varphi \vec{e}_y$

$\vec{e}_\varphi = -\sin\varphi \vec{e}_x + \cos\varphi \vec{e}_y$

Komponenten des Ortsvektors zum körperfesten Punkt P gegenüber dem raumfesten Koordinatensystem

$\vec{r}_\mathrm{P} = (x_\mathrm{A} + r_\mathrm{AP}\cos\varphi)\vec{e}_x + (y_\mathrm{A} + r_\mathrm{AP}\sin\varphi)\vec{e}_y$

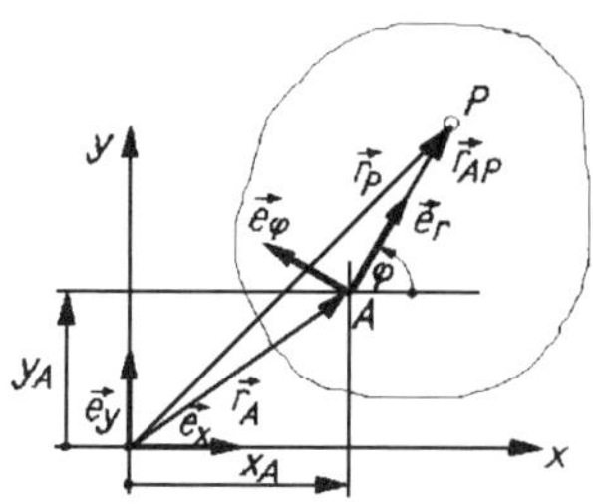

Gesamtgeschwindigkeit und Gesamtbeschleunigung im Punkt P

$\vec{v}_P = (\dot{x}_A - r_{AP}\omega \sin\varphi)\vec{e}_x + (\dot{y}_A + r_{AP}\omega \cos\varphi)\vec{e}_y$

$$\vec{a}_P = (\ddot{x}_A - r_{AP}\omega^2 \cos\varphi - r_{AP}\dot{\omega} \sin\varphi)\vec{e}_x$$
$$+(\ddot{y}_A - r_{AP}\omega^2 \sin\varphi + r_{AP}\dot{\omega} \cos\varphi)\vec{e}_y$$

Relativbewegung eines Punktes P

Raumfestes Koordinatensystem x, y, z

Körperfestes Koordinatensystem x', y', z'

Beschreibung der Absolutbahn (gegenüber x, y, z)

Ortsvektor

$\vec{r} = \vec{R} + \vec{r}'$

Führungsgeschwindigkeit

$\vec{v}_F = \dot{\vec{R}} + \vec{\omega} \times \vec{r}'$

Relativgeschwindigkeit

$$\vec{v}_{rel} = \frac{d'\vec{r}}{dt}$$

Absolutgeschwindigkeit
(Geschwindigkeit gegenüber x, y, z)

$\vec{v} = \vec{v}_F + \vec{v}_{rel} = \dot{\vec{R}} + \omega \times \vec{r}' + \vec{v}_{rel}$

Absolutbeschleunigung

$\vec{a} = \vec{a}_F + \vec{a}_{rel} + \vec{a}_c$

Führungsbeschleunigung

$\vec{a}_F = \ddot{\vec{R}} + \dot{\vec{\omega}} \times \vec{r}' + \vec{\omega} \times (\vec{\omega} \times \vec{r}')$

Relativbeschleunigung

$$\vec{a}_{rel} = \frac{d'\vec{v}_{rel}}{dt} = \frac{d'^2\vec{r}'}{dt^2}$$

Coriolis-Beschleunigung

$\vec{a}_c = 2(\vec{\omega} \times \vec{v}_{rel})$

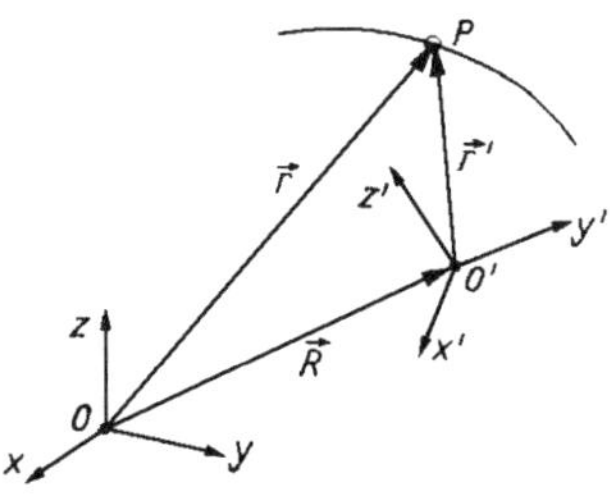

$\vec{r}'$ Relativbahn (gegenüber x', y', z')

$\vec{R}$ Führungsbahn

$\frac{d'}{dt}$ Zeitableitung gegenüber dem bewegten Koordinatensystem

4 Kinetik

4.1 Kinetik des Massenpunktes

Kinetisches Grundgesetz

Bewegungsgröße, Impuls

$\vec{p} = m\vec{v}$ — m Masse des Massenpunktes

Trägheitsgesetz (1. Newton'sches Axiom)

$\vec{p} = m\vec{v} = \text{const}$

Bewegungsgesetz (2. Newton'sches Axiom)

$$\vec{F} = \frac{\mathrm{d}(m\vec{v})}{\mathrm{d}t} = \frac{\mathrm{d}\vec{p}}{\mathrm{d}t}$$

Masse $m = \text{const}$ (kinetisches Grundgesetz)

$$\vec{F} = m\frac{\mathrm{d}\vec{v}}{\mathrm{d}t} = m\vec{a}$$

Kinetostatische Methode („Überführung" des dynamischen Problems in ein statisches)

$\vec{F} + \vec{F}_\mathrm{T} = \vec{0}$

d'Alembert'sche Trägheitskraft, wobei $F_\mathrm{T} = -ma$

Vorgehensweise:

- Einführung geeigneter Bewegungskoordinaten
- Freischneiden (→ Statik) des betrachteten Massenpunktes (Körpers) und Antragen aller Kräfte (äußere Kräfte und d'Alembert'sche Trägheitskräfte, letztere entgegen den Koordinatenrichtungen)
- Aufstellen der Gleichgewichtsbedingungen/Bewegungsgleichungen
- Lösung der Bewegungsgleichungen nach den gesuchten Größen

Arbeitssatz 1. Fassung:

$$W = \int_{\vec{r}_1}^{\vec{r}_2} \vec{F} \cdot \mathrm{d}\vec{r} = E_\mathrm{kin2} - E_\mathrm{kin1}$$

Die Arbeit, die bei einer Verschiebung des Massenpunktes von den eingeprägten Kräften verrichtet wird, ist gleich der Änderung der kinetischen Energie.

Kinetische Energie $E_\mathrm{kin} := \frac{m}{2}v^2$

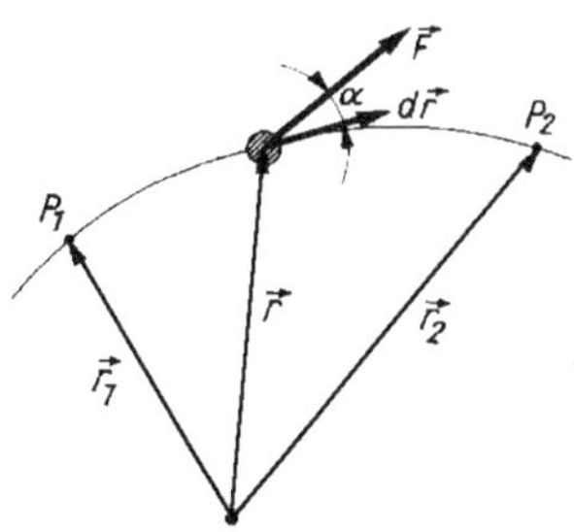

Leistung

$$P = \frac{\mathrm{d}W}{\mathrm{d}t}$$

bei konstanter Kraft gilt:
$P = \vec{F} \cdot \vec{v}$

Potenzial

Falls Arbeit der eingeprägten Kräfte vom Weg unabhängig ist, besitzen diese ein Potenzial E_pot.

$$F_x = -\frac{\partial E_{pot}}{\partial x}, \quad F_y = -\frac{\partial E_{pot}}{\partial y}$$

$$F_z = -\frac{\partial E_{pot}}{\partial z}$$

Bedingung für Kräfte, die ein Potenzial besitzen (Potenzialkräfte, konservative Kräfte)

Arbeitssatz (2. Fassung)

$$W_{oP} = \int_{\vec{r}_1}^{\vec{r}_2} \vec{F}_{oP} \cdot d\vec{r} = (E_{kin2} + E_{pot2}) - (E_{kin1} + E_{pot1})$$

W_{oP} Arbeit der Kräfte ohne Potenzial
$\vec{F}_{oP}$ (z. B. Reibungskräfte)
E_{pot1}, E_{pot2} potenzielle Energien

Die Arbeit, die bei einer Verschiebung eines Massenpunktes von den nichtkonservativen Kräften verrichtet wird, ist gleich der Änderung der mechanischen Energie, die sich aus der potenziellen und kinetischen Energie zusammensetzt.

Energiesatz

$\vec{F}_{oP} = \vec{0}$, konservatives Kraftfeld:

$$E_{kin2} + E_{pot2} = E_{kin1} + E_{pot1} = \text{const}$$

Bei Bewegung eines Massenpunktes im konservativen Kraftfeld bleibt die mechanische Energie, die Summe aus kinetischer und potenzieller Energie, konstant.

Potenzielle Energien

potenzielle Energie der Schwerkraft

$$E_{pot} = mgh$$

g Fallbeschleunigung
h Höhendifferenz

potenzielle Energie der Feder

$$E_{pot} = \frac{c}{2}x^2$$

c Federkonstante/Federsteifigkeit
x Federweg

Impulssatz, Kraftstoß für Zeitintervall $t_2 - t_1$

$$\int_{t_1}^{t_2} \vec{F}\,dt = m\vec{v}_2 - m\vec{v}_1 = \vec{p}_2 - \vec{p}_1$$

Impulserhaltungssatz für verschwindenden Kraftstoß
$\vec{p} = m\vec{v} = \text{const}$

Drehimpuls (bez. beliebigem Punkt 0)

$$\vec{L}_0 = \vec{r}_0 \times \vec{p} = \vec{r}_0 \times (m\vec{v})$$

Drehimpulssatz

$$\vec{M}_0 = \frac{\mathrm{d}}{\mathrm{d}t}(\vec{r}_0 \times m\vec{v}) = \frac{\mathrm{d}}{\mathrm{d}t}(\vec{r}_0 \times \vec{p}) = \frac{\mathrm{d}}{\mathrm{d}t}\vec{L}_0 = \dot{\vec{L}}_0$$

Das Moment der am Massenpunkt angreifenden resultierenden Kraft bezüglich des raumfesten Punktes 0 ist gleich der zeitlichen Änderung des Gesamtdrehimpulses, bezogen auf denselben Punkt 0.

Drehimpulserhaltungssatz für $\vec{M}_0 = 0$

$$\vec{L}_0 = \vec{r}_0 \times \vec{p} = \text{const}$$

4.2 Kinetik des Massenpunktsystems

Voraussetzung: System von N Massenpunkten

$$m = \sum_{i=1}^{N} m_i$$

Massenmittelpunkt

$$\vec{r}_S := \frac{1}{m}\sum_{i=1}^{N} m_i\vec{r}_i$$

Ortsvektor des Massenmittelpunktes, Schwerpunktes

Schwerpunktsatz (Bewegungsgleichung des Massenpunktsystems)

$$\sum_{i=1}^{N} \vec{F}_{ia} = m\frac{\mathrm{d}^2\vec{r}_S}{\mathrm{d}t^2} = m\ddot{\vec{r}}_S$$

$\vec{F}_{ia}$ äußere Gesamtkraft an m_i

Arbeitssatz

$$W_{oP} = \sum_{i=1}^{N} W_{oPi} = (E_{kin2} + E_{pot2}) - (E_{kin1} + E_{pot1})$$

Die Summe der Arbeiten, die von allen äußeren und inneren Kräften ohne Potenzial an den Massenpunkten verrichtet wird, ist gleich der Änderung der gesamten mechanischen Energie des Systems, bestehend aus kinetischer und potenzieller Energie.

Energiesatz bei $W_{oP} = 0$

$$E_{kin2} + E_{pot2} = E_{kin1} + E_{pot1} = \text{const}$$

Die mechanische Energie als Summe aus kinetischer und potenzieller Energie bleibt bei einem konservativen Massenpunktsystem während der Bewegung konstant.

Gesamtimpuls

$$\vec{p} = \frac{\mathrm{d}}{\mathrm{d}t}\sum_{i=1}^{N} m_i\vec{r}_i = \frac{\mathrm{d}}{\mathrm{d}t}(m\vec{r}_\mathrm{S}) = m\frac{\mathrm{d}\vec{r}_\mathrm{S}}{\mathrm{d}t} = m\vec{v}_\mathrm{S}$$

Impulssatz

$$\int_{t_1}^{t_2} \vec{F}_\mathrm{a}\,\mathrm{d}t = m\vec{v}_{\mathrm{S}2} - m\vec{v}_{\mathrm{S}1} = \vec{p}_2 - \vec{p}_1$$

wobei $\sum_{i=1}^{N} \vec{F}_{i\mathrm{a}} = \vec{F}_\mathrm{a} = m\dot{\vec{v}}_\mathrm{S} = \frac{\mathrm{d}\vec{p}}{\mathrm{d}t}$

Impulserhaltungssatz ($\vec{F}_\mathrm{a} = 0$)

$$\vec{p} = m\vec{v}_\mathrm{S} = \mathrm{const}$$

Der Schwerpunkt bewegt sich gleichförmig und geradlinig.

Drehimpuls bez. Punkt 0

$$\vec{L}_0 = \sum_{i=1}^{N} \vec{L}_{i0} = \sum_{i=1}^{n} (\vec{r}_{i0} \times m_i\vec{v}_i)$$

Drehimpulssatz

$$\vec{M}_0 = \sum_{i=1}^{N} \vec{M}_{i0} = \sum_{i=1}^{N} (\vec{r}_{i0} \times \vec{F}_{i\mathrm{a}}), \quad \vec{M}_0 = \frac{\mathrm{d}\vec{L}}{\mathrm{d}t} = \dot{\vec{L}}_0$$

Drehimpulserhaltungssatz

$\vec{M}_0 = \vec{0}$ bzw. $\vec{L}_0 = \mathrm{const}$

Der Drehimpuls bleibt konstant.

4.3 Rotation des starren Körpers um feste Achse

Kinetisches Grundgesetz

$$M_z = J_z\dot{\omega} = J_z\ddot{\varphi}$$

M_z äußeres Moment um feste z-Achse

$$J_z := \int_{(m)} r^2\,\mathrm{d}m = \int_{(m)} (x^2 + y^2)\,\mathrm{d}m$$

axiales Massenträgheitsmoment bezüglich der Drehachse z, vgl. Massenträgheitsmomente

---

Kinetostatische Methode

$M_z + M_\mathrm{T} = 0$, wobei $M_\mathrm{T} = -J_z\ddot{\varphi}$

M_T Moment der Trägheit (d'Alembert'sches Trägheitsmoment)

Arbeitssatz

$$\int_{\varphi_1}^{\varphi_2} M_z \, \mathrm{d}\varphi = E_{\mathrm{kin}2} - E_{\mathrm{kin}1}$$

Bei Drehung eines starren Körpers um eine feste Achse bewirkt die von dem resultierenden Moment verrichtete Arbeit eine Änderung der kinetischen Energie zwischen Anfangs- und Endlage.

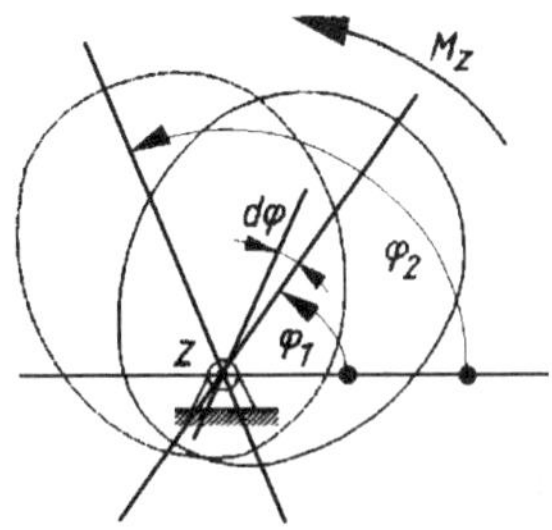

Kinetische Energie bei Rotation

$$E_{\mathrm{kin}} := \frac{1}{2} J_z \omega^2$$

Leistung für $M_z = \mathrm{const}$

$$P = \frac{\mathrm{d}W}{\mathrm{d}t} = M_z \omega, \; M_z = \frac{P}{2\pi n_{\mathrm{D}}}$$

n_{D} Drehzahl

Drehimpuls

$$\vec{L}_0 = \omega J_{xz} \vec{e}_x + \omega J_{yz} \vec{e}_y + \omega J_z \vec{e}_z$$

für körperfestes kartesisches Koordinatensystem mit Ursprung 0

Drehimpulssatz

$$\vec{M}_0 = \frac{\mathrm{d}\vec{L}_0}{\mathrm{d}t} = \frac{\mathrm{d}'\vec{L}_0}{\mathrm{d}t} + \vec{\omega} \times \vec{L}_0$$

bez. des körperfesten (sich drehenden) Bezugssystems

Komponenten

$$M_{0x} = J_{xz} \dot{\omega} - J_{yz} \omega^2$$

$$M_{0y} = J_{yz} \dot{\omega} + J_{xz} \omega^2$$

$$M_{0z} = J_z \dot{\omega}$$

(Euler-Gleichungen für die Rotation eines starren Körpers um die feste z-Achse, vgl. auch Massenträgheitsmomente)

M_{0x}, M_{0y} Kreiselmomente (senkrecht zur Drehachse)

Fall:

$$\vec{M}_z = J_z \dot{\omega} \vec{e}_z$$

$$\vec{L}_z = J_z \omega \vec{e}_z = J_z \vec{\omega}$$

Drehachse z gleich Hauptträgheitsachse

4.4 Massenträgheitmomente

Voraussetzungen:

r Radiuskoordinate senkrecht zur Bezugsachse; x, y, z Schwerpunktskoordinatensystem des Körpers; ϱ Dichte

Axiale Massenträgheitsmomente

$$J_x := \int_{(m)} (y^2 + z^2)\,\mathrm{d}m$$

$$J_y := \int_{(m)} (x^2 + z^2)\,\mathrm{d}m$$

$$J_z := \int_{(m)} (x^2 + y^2)\,\mathrm{d}m$$

Massenträgheitsmoment für Bezugsachsen x, y, z
m Körpermasse

(Massenträgheitsmomente einfacher Körper siehe nachfolgende Tabelle)

Deviationsmomente

$$J_{xy} := -\int_{(m)} xy\,\mathrm{d}m,\ J_{xz} := -\int_{(m)} xz\,\mathrm{d}m,\ J_{yz} := -\int_{(m)} yz\,\mathrm{d}m$$

Transformation zwischen parallelen Koordinatensystemen
(Satz von Steiner, → Flächenträgheitsmomente, Abschnitt 2.2)

$$J_{\bar{x}} = J_x + (\bar{y}_S^2 + \bar{z}_S^2)m$$
$$J_{\bar{y}} = J_y + (\bar{x}_S^2 + \bar{z}_S^2)m$$
$$J_{\bar{z}} = J_z + (\bar{x}_S^2 + \bar{y}_S^2)m$$
$$J_{\bar{x}\bar{y}} = J_{xy} - \bar{x}_S\bar{y}_S m$$
$$J_{\bar{y}\bar{z}} = J_{yz} - \bar{y}_S\bar{z}_S m$$
$$J_{\bar{z}\bar{x}} = J_{zx} - \bar{z}_S\bar{y}_S m$$

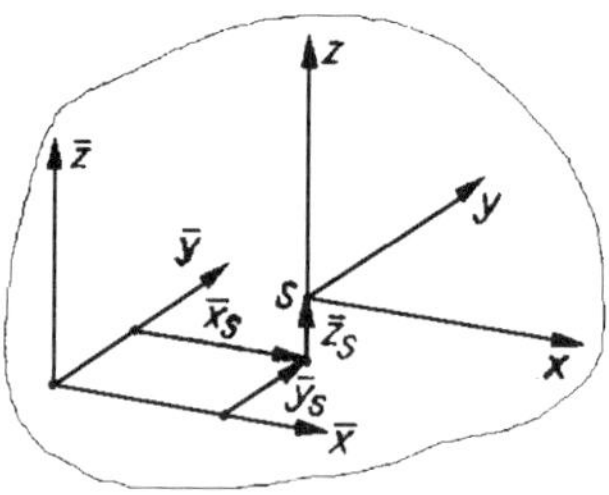

Bezugskoordinatensystem (beliebig): $\bar{x}$, $\bar{y}$, $\bar{z}$
Schwerpunktskoordinaten: $\bar{x}_S$, $\bar{y}_S$, $\bar{z}_S$

Trägheitstensor

$$\boldsymbol{J} = \begin{pmatrix} J_x & J_{xy} & J_{xz} \\ J_{xy} & J_y & J_{yz} \\ J_{xz} & J_{yz} & J_z \end{pmatrix}$$

Axiale Massenträgheitsmomente und Deviationsmomente bilden die Komponenten des symmetrischen Trägheitstensors (Tensor 2. Stufe, → Flächenträgheitsmomente)

Die Komponenten ändern sich bei Drehung des Koordinatensystems nach den gleichen Gesetzen wie die Flächenträgheitsmomente.

Für jeden Bezugspunkt (Ursprung) existieren drei aufeinander senkrecht stehende Achsen, für die alle Deviationsmomente verschwinden. Diese Achsen nennt man Hauptträgheitsachsen. Die dazugehörigen axialen Massenträg-

Massenträgheitsmomente ausgewählter Körper

Körper	Hauptträgheitsmomente
Zylinder/Scheibe 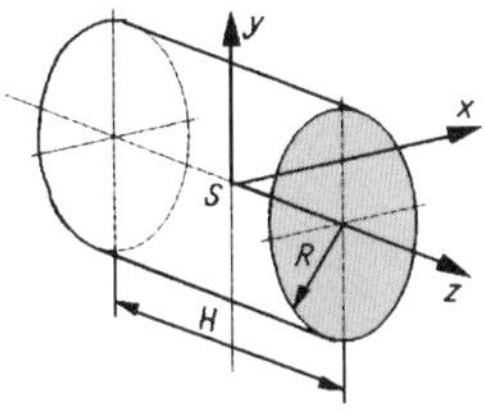	$J_x = J_y = \frac{1}{4}m\left(R^2 + \frac{1}{3}H^2\right)$ $J_z = \frac{1}{2}mR^2$ $m = \varrho\pi R^2 H$
Rohr/Hohlzylinder 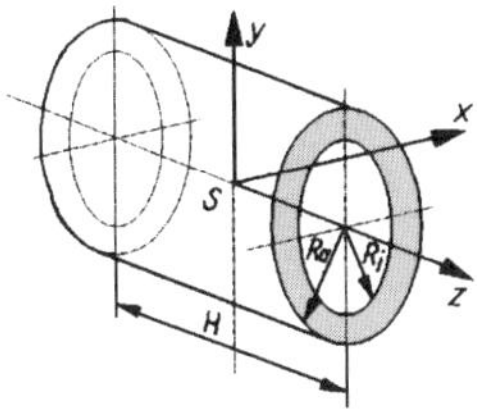	$J_x = J_y = \frac{1}{4}mR_a^2\left[(1+\lambda^2) + \frac{1}{3}\left(\frac{H}{R_a}\right)^2\right]$ $J_z = \frac{1}{2}mR_a^2(1+\lambda^2)$ $m = \varrho\pi R_a^2 H(1-\lambda^2),\ \lambda = \frac{R_i}{R_a}$
dünner Reifen 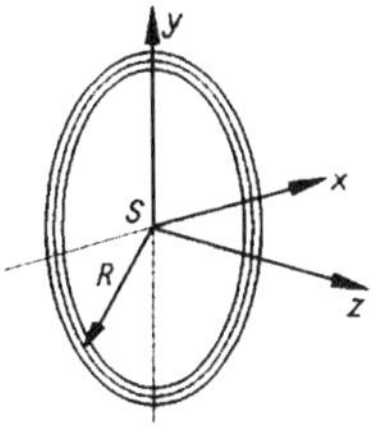	$J_x = J_y = \frac{1}{2}mR^2$ $J_z = mR^2$ $m = \varrho 2\pi RA$ A Querschnitt des Reifens
Kugel 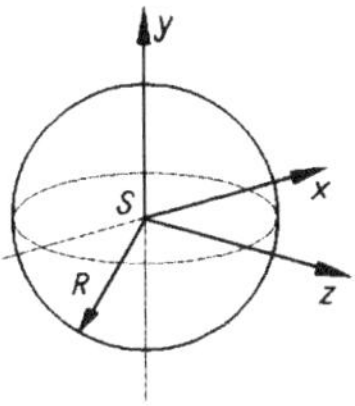	$J_x = J_y = J_z = \frac{2}{5}mR^2$ $m = \varrho\frac{4}{3}\pi R^3$

Massenträgheitsmomente ausgewählter Körper (Fortsetzung)

Körper	Hauptträgheitsmomente
Stab 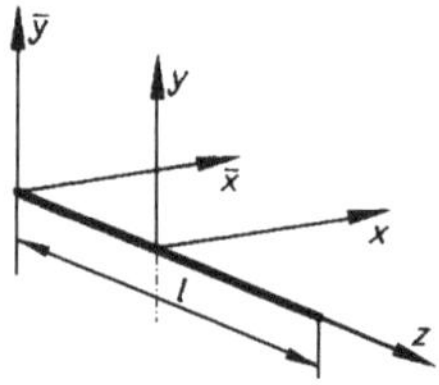	$J_x = J_y = \frac{1}{12}ml^2,\ J_z = 0$ $J_{\bar{x}} = J_{\bar{y}} = \frac{1}{3}ml^2$
Quader 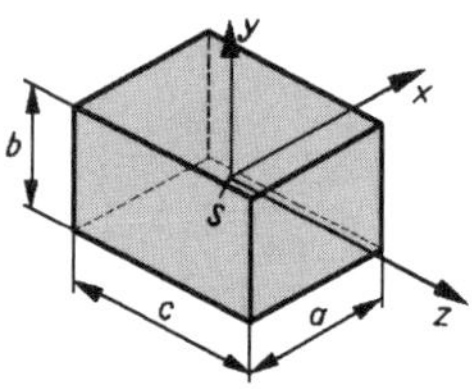	$J_x = \frac{1}{12}m(b^2 + c^2)$ $J_y = \frac{1}{12}m(a^2 + c^2)$ $J_z = \frac{1}{12}m(a^2 + b^2)$ $m = \varrho abc$
prismatischer Körper 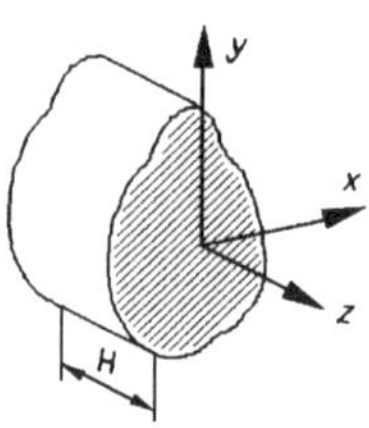	Hauptträgheitsmoment um z-Achse: $J_z = \frac{m}{A}(I_{xx} + I_{yy})$ $J_z = \varrho H(I_{xx} + I_{yy})$ $m = \varrho AH$ A Querschnitt des Körpers
Gerader Kreiskegel 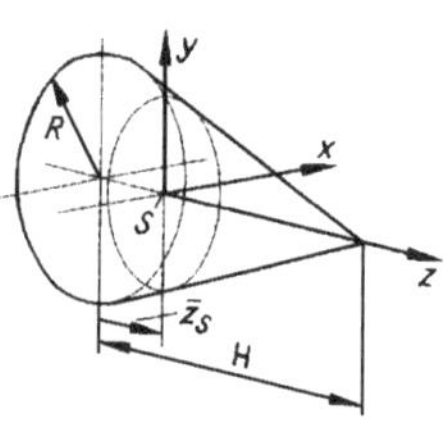	$J_x = J_y = \frac{3}{5}m\left(\frac{1}{4}R^2 + \frac{H^2}{16}\right)$ $J_z = \frac{3}{10}mR^2$ $m = \varrho\frac{1}{3}\pi R^2 H,\ \ \bar{z}_S = \frac{1}{4}H$

heitsmomente nehmen Extremwerte an und werden als Hauptträgheitsmomente ($J_1 > J_2 > J_3$) bezeichnet.

Für homogene Körper sind Symmetrieachsen immer Hauptachsen!

4.5 Mechanische Größen bei Translation und Rotation

Geradlinige Bewegung (Translation, hier in x-Richtung) und Rotation eines starren Körpers um eine feste z-Achse sind Bewegungen mit einem Freiheitsgrad ($n = 1$) → Analogie zwischen wichtigen Größen und Gesetzmäßigkeiten der beiden Bewegungen:

Translation in x-Richtung	**Rotation um die feste Achse z**
Weg x	Winkel φ
Geschwindigkeit $v = \dot{x}$	Winkelgeschwindigkeit $\omega = \dot{\varphi}$
Beschleunigung $a = \dot{v} = \ddot{x}$	Winkelbeschleunigung $\dot{\omega} = \ddot{\varphi}$
Kraft F_x	Moment M_z
Masse m	Massenträgheitsmoment J_z
Kinetisches Grundgesetz	
$F_x = m\ddot{x}$	$M_z = J_z\ddot{\varphi}$
Kinetostatische Methode	
$F_x + F_\mathrm{T} = 0$	$M_z + M_\mathrm{T} = 0$
d'Alembert'sche Trägheitskraft	d'Alembert'sches Trägheitsmoment
$\lvert F_\mathrm{T}\rvert = m\ddot{x}$	$\lvert M_\mathrm{T}\rvert = J_z\ddot{\varphi}$
Kinetische Energie	
$E_\mathrm{kin} = \frac{1}{2}mv^2$	$E_\mathrm{kin} = \frac{1}{2}J_z\omega^2$
Arbeitssatz	
$W = \int_{x_1}^{x_2} F_x\,\mathrm{d}x = E_\mathrm{kin2} - E_\mathrm{kin1}$	$W = \int_{\varphi_1}^{\varphi_2} M_z\,\mathrm{d}\varphi = E_\mathrm{kin2} - E_\mathrm{kin1}$
Leistung $P = F_x v$	$P = M_z\omega$
Impuls $p = mv$	Drehimpuls $L_z = J_z\omega$
Impulssatz $F_x = \frac{\mathrm{d}p}{\mathrm{d}t}$	Drehimpulssatz $M_z = \frac{\mathrm{d}L_z}{\mathrm{d}t}$

4.6 Ebene Bewegung eines starren Körpers

Voraussetzungen: Bewegung des starren Körpers (Masse m, axiales Massenträgheitsmoment J_S) als Überlagerung von Translation des Schwerpunktes S (Geschwindigkeit v_S) und Rotation um die Schwereachse (Winkelgeschwindigkeit $\dot{\varphi}$).

Komponenten der resultierenden äußeren Kraft: $F_{\text{Res}x}$, $F_{\text{Res}y}$, resultierendes äußeres Moment um z-Achse: $M_{\text{Res}z}$

Kinetostatische Methode (kinetische Gleichgewichtsbedingungen)

$\rightarrow: 0 = F_{\text{Res}x} - m\ddot{x}_S$

$\uparrow\ : 0 = F_{\text{Res}y} - m\ddot{y}_S$

$\circlearrowleft S: 0 = M_{\text{Res}z} - J_S\ddot{\varphi}$

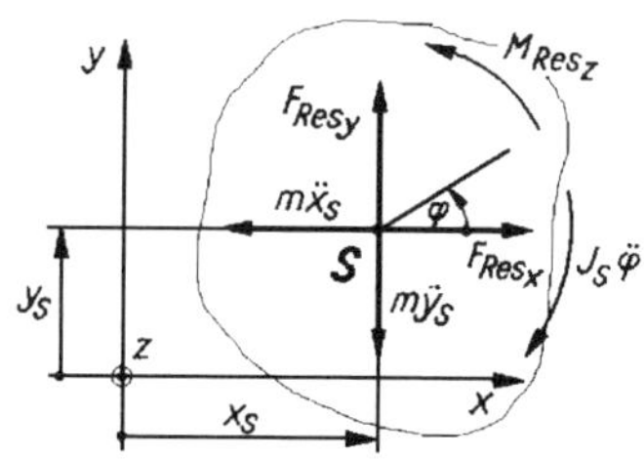

Kinetische Energie

$$E_{\text{kin}} = \frac{1}{2}mv_S^2 + \frac{1}{2}J_S\omega^2$$

Arbeit

$$W = \int_{\vec{r}_{S1}}^{\vec{r}_{S2}} \vec{F}_{\text{Res}}\,\mathrm{d}\vec{r} + \int_{\varphi_1}^{\varphi_2} M_{\text{Res}z}\,\mathrm{d}\varphi$$

Bewegung von Ausgangslage 1 ($\vec{r}_{S1}, \varphi_1$) in Endlage 2 ($\vec{r}_{S2}, \varphi_2$)

Arbeitssatz

1. Fassung:

$$W = E_{\text{kin2}} - E_{\text{kin1}}$$

2. Fassung:

$$W_{\text{oP}} = (E_{\text{kin2}} + E_{\text{pot2}}) - (E_{\text{kin1}} + E_{\text{pot1}})$$

W_{oP} Arbeit der Kräfte und Momente ohne Potenzial

Energiesatz ($W_{\text{oP}} = 0$):

$$(E_{\text{kin2}} + E_{\text{pot2}}) = (E_{\text{kin1}} + E_{\text{pot1}}) = E_{\text{kin}} + E_{\text{pot}} = \text{const}$$

Impuls- und Drehimpulssatz

Für Zeitintervall $t_2 - t_1$ und mit $\dot{x}_{Si} = \dot{x}_S(t_i)$, $\dot{y}_{Si} = \dot{y}_S(t_i)$, $\dot{\varphi}_i = \dot{\varphi}(t_i)$ gilt:

$$\int_{t_1}^{t_2} F_{\text{Res}x}(t)\,\mathrm{d}t = m\dot{x}_{S2} - m\dot{x}_{S1}$$

$$\int_{t_1}^{t_2} F_{\text{Res}y}(t)\,\mathrm{d}t = m\dot{y}_{S2} - m\dot{y}_{S1}$$

$$\int_{t_1}^{t_2} M_{\text{Res}z}(t)\,\mathrm{d}t = J_\text{S}\dot{\varphi}_2 - J_\text{S}\dot{\varphi}_1$$

Zeitintegrale der Kraftkomponenten bzw. des Moments kennzeichnen die Kraftstöße bzw. den Momentenstoß.

4.7 Ebene Bewegung eines Systems starrer Körper

Voraussetzungen:

System/Getriebe mit N starren Körpern/Gliedern (Massen m_i, axiale Massenträgheitsmomente um Schwerpunktsachsen $J_{\text{S}i}$)
Bewegungskoordinaten des i-ten Körpers: $x_{\text{S}i}$, $y_{\text{S}i}$, φ_i

Zwangsbedingungen

Zwangslauf des Systems schränkt Bewegungsfreiheit ein; geometrische Bindungen führen auf Zwangsbedingungen.
Anzahl der Zwangsbedingungen ergibt sich aus Anzahl der gewählten Bewegungskoordinaten vermindert um die Anzahl der Freiheitsgrade n.

Beispiele zu Zwangsbedingungen:

$x_\text{S} = \varphi R$ — Rollbedingung eines Rades mit Radius R

$\varphi_1 R_1 = \varphi_2 R_2$ — Abrollen zweier Räder im Eingriff mit R_1, R_2 ohne Schlupf

$x_{\text{S}1} = x_{\text{S}2}$ — Starre Verbindung zweier geradlinig bewegter Körper

Kinetostatische Methode

Formulierung der kinetischen Gleichgewichtsbedingungen an jedem starren Körper.

Kinetische Energie

$$E_\text{kin} = \sum_{i=1}^{N} \left(\frac{1}{2} m_i v_{\text{S}i}^2 + \frac{1}{2} J_{\text{S}i} \omega_i^2 \right)$$

Arbeitssatz

1. Fassung:

$$W = \sum_{i=1}^{N} \left(\int_{\vec{r}_{\text{S}i1}}^{\vec{r}_{\text{S}i2}} \vec{F}_{\text{Res}i}\,\mathrm{d}\vec{r}_i + \int_{\varphi_{i1}}^{\varphi_{i2}} \vec{M}_{\text{Res}i}\,\mathrm{d}\vec{\varphi}_i \right) = E_\text{kin2} - E_\text{kin1}$$

Die Arbeit, die bei der Bewegung eines Mehrkörpersystems von einer Ausgangslage 1 bis zu einer Endlage 2 von den eingeprägten Kräften und Momenten verrichtet wird, ist gleich der Änderung der kinetischen Energie des Systems.

2. Fassung

$$W_{oP} = (E_{kin2} + E_{pot2}) - (E_{kin1} + E_{pot1})$$

W_{oP} Arbeit der Kräfte ohne Potenzial

4.8 Stoßprobleme

Stoß

Plötzliches Aufeinandertreffen zweier (oder mehrerer Körper), Kontakt in zwei Phasen: Kompression (Zunahme der Formänderung), Restitution (vollkommener oder teilweiser Rückgang der Formänderung).

Gerader zentrischer Stoß (Stoß bei translativer Bewegung zweier Punktmassen entlang einer Geraden)

Geschwindigkeiten nach dem Stoß

$$v_1^* = v_1 - \frac{m_2}{m_1 + m_2}(k+1)(v_1 - v_2)$$

$$v_2^* = v_2 + \frac{m_1}{m_1 + m_2}(k+1)(v_1 - v_2)$$

m_1, m_2 Massen

v_1, v_2 Geschwindigkeiten vor dem Stoß

k Stoßzahl (Verhältnis der Impulsverluste während Restitution und Kompression, sog. Newton'sche Stoßhypothese, wobei $k = 1$ ideal elastischer Stoß, $k = 0$ ideal plastischer Stoß)

Geschwindigkeitsdifferenz nach dem Stoß

$$v_2^* - v_1^* = k(v_1 - v_2)$$

$$k = \frac{v_2^* - v_1^*}{v_1 - v_2}$$

Energieverlust

$$\Delta E = \frac{1-k^2}{2}\frac{m_1 m_2}{m_1 + m_2}(v_1 - v_2)^2$$

Dissipation durch plastische Formänderungen mit Erwärmung

Sonderfälle:

Ideal elastischer Stoß ($k = 1$, keine bleibenden Formänderungen, Kompression gleich Restitution), Geschwindigkeiten nach dem Stoß:

$$v_1^* = v_1 - \frac{2m_2}{m_1 + m_2}(v_1 - v_2)$$

$$v_2^* = v_2 + \frac{2m_1}{m_1 + m_2}(v_1 - v_2)$$

Geschwindigkeitsdifferenzen der Körper sind dem Betrage nach vor und nach dem Stoß gleich groß:

$$v_2^* - v_1^* = v_1 - v_2$$

Fall $m_1 = m_2$:

$v_1^* = v_2, v_2^* = v_1$ „Austausch" der Geschwindigkeiten

Ideal plastischer Stoß ($k = 0$, Annahme des starr plastischen Werkstoffmodells → keine Restitution), beide Körper bewegen sich nach Stoß mit gemeinsamer Geschwindigkeit v^*:

$$v_1^* = v_2^* = v^* = \frac{1}{(m_1 + m_2)}(m_1 v_1 + m_2 v_2)$$

Drehstoß, Kupplungsstoß mit $k = 0$

Gemeinsame Winkelgeschwindigkeit nach Drehstoß

$$\omega^* = \frac{J_1\omega_1 + J_2\omega_2}{J_1 + J_2}$$

Energieverlust

$$\Delta E = \frac{1}{2}\frac{J_1 J_2}{J_1 + J_2}(\omega_1 - \omega_2)^2$$

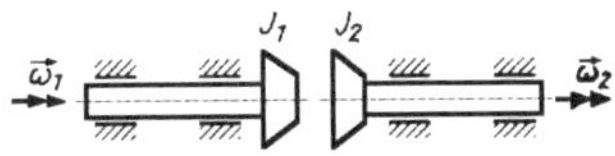

4.9 Mechanische Schwingungen

Periodische Schwingung

Schwingungsgröße

$q(t + T) = q(t)$

Frequenz der Schwingung

$$f = \frac{1}{T}$$

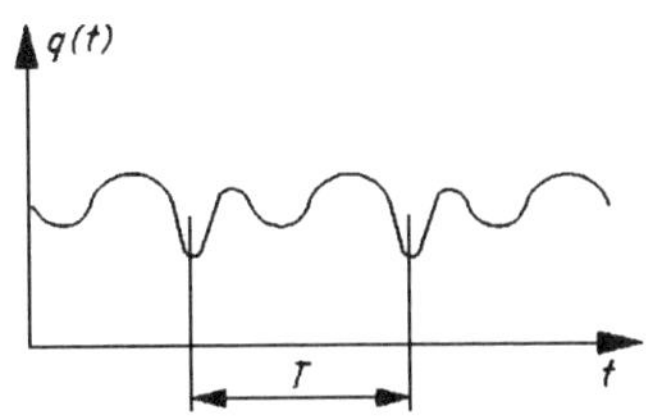

T Schwingungsdauer, Periodendauer

Harmonische Schwingung

Schwingungsgröße

$q(t) = \widehat{q}\sin(\omega t + \alpha)$ bzw.

$q(t) = A_1\cos(\omega t) + A_2\sin(\omega t)$

mit

$$\widehat{q} = \sqrt{A_1^2 + A_2^2}, \quad \tan\alpha = \frac{A_1}{A_2}$$

$\widehat{q}$ Amplitude
ω Kreisfrequenz
$\omega t + \alpha$ Phasenwinkel
α Nullphasenwinkel

Zusammenhang zwischen Kreisfrequenz und Frequenz

$$\omega = \frac{2\pi}{T} = 2\pi f$$

Freie ungedämpfte Schwingung mit einem Freiheitsgrad

Allgemeine Bewegungsgleichung, Schwingungsdifferenzialgleichung

$$\ddot{q} + \omega_0^2 q = 0$$

q Schwingungsgröße; Weg beim Translations- bzw. Längsschwinger, Winkel beim Dreh-, Torsions- bzw. Pendelschwinger
$\ddot{q}$ zweite Zeitableitung der Schwingungsgröße (Beschleunigung)
ω_0 Eigenkreisfrequenz der freien ungedämpften Schwingung

Eigenkreisfrequenzen von ungedämpften Schwingern mit einem Freiheitsgrad

Längsschwinger:

$$\omega_0 = \sqrt{\frac{c}{m}}$$

c Federkonstante
m Masse

Torsionsschwinger:

$$\omega_0 = \sqrt{\frac{c_t}{J}}$$

c_t Torsionsfederkonstante
J Massenträgheitsmoment der Drehmasse bez. Drehachse

Mathematisches Pendel:

$$\omega_0 = \sqrt{\frac{g}{l}}$$

l Pendellänge

Physikalisches Pendel:

$$\omega_0 = \sqrt{\frac{mgl}{J_A}}$$

J_A Massenträgheitsmoment bez. Drehachse A
l Abstand zwischen Drehachse und Schwerpunkt

Allgemeine Lösung der Schwingungsdifferenzialgleichung

$q(t) = \widehat{q}\sin(\omega_0 t + \alpha)$ bzw.
$q(t) = A_1\cos(\omega_0 t) + A_2\sin(\omega_0 t)$

Integrationskonstanten $\widehat{q}$, α, bzw. A_1, A_2 aus Anfangsbedingungen

Ersatzsteifigkeit bei Schwinger mit mehreren Federn:
(gilt analog auch für Torsionsfederkonstanten)

$$c = \sum_k c_k$$

Parallelschaltung (gleiche Federwege)

$$\frac{1}{c} = \sum_k \frac{1}{c_k}$$

Reihenschaltung (gleiche Federkräfte)

Freie gedämpfte Schwingung mit einem Freiheitsgrad

Dämpfungsart: Dämpfungskraft F_W der Geschwindigkeit proportional

$F_W = kv$ — k Dämpfungskonstante

Allgemeine Bewegungsgleichung

$\ddot{q} + 2\delta\dot{q} + \omega_0^2 q = 0$ — δ Abklingkonstante; ω_0 Eigenkreisfreqenz der ungedämpften Schwingung

Sonderfall Längsschwinger

$\delta = \frac{k}{2m}, \quad \omega_0 = \sqrt{\frac{c}{m}}$

Lösungsfälle in Abhängigkeit vom (Lehr'schen) Dämpfungsmaß $D = \frac{\delta}{\omega_0}$

1. $D > 1$, starke Dämpfung:

$q(t) = \mathrm{e}^{-\delta t}(B_1\,\mathrm{e}^{\varkappa t} + B_2\,\mathrm{e}^{-\varkappa t})$ — keine Schwingung (aperiodischer Vorgang)

wobei

$\varkappa = \sqrt{\delta^2 - \omega_0^2} = \omega_0\sqrt{D^2 - 1}$

2. $D = 1$, Grenzfall:

$q(t) = \mathrm{e}^{-\delta t}(B_1 + B_2 t)$ — exponentiell abklingende Bewegung (aperiodischer Grenzfall)

3. $D < 1$, schwache Dämpfung:

$q(t) = \mathrm{e}^{-\delta t}(A_1\cos\omega t + A_2\sin\omega t)$

$q(t) = \mathrm{e}^{-\delta t}C\sin(\omega t + \alpha)$

Schwingung mit exponentiell abnehmender Amplitude, Graphen der Funktionen $\pm C\,\mathrm{e}^{-\delta t}$ hüllen Ausschwingkurve ein (Hüllkurven)

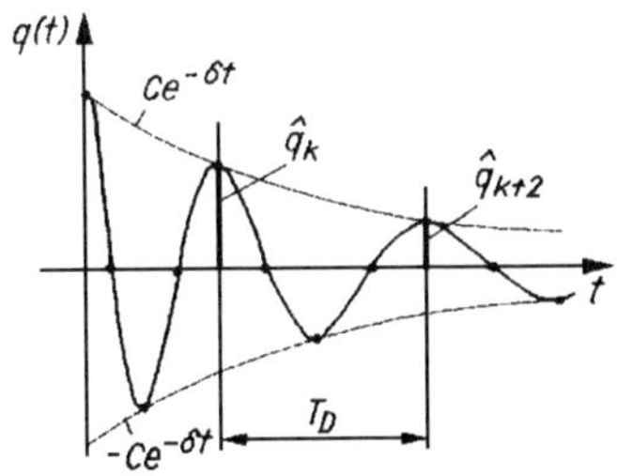

Schwingungsdauer T_D

$T_D = \frac{2\pi}{\omega} = \frac{2\pi}{\omega_0\sqrt{1 - D^2}}, \; T_D > T$

Logarithmisches Dekrement

$\vartheta = \ln\frac{\widehat{q}_k}{\widehat{q}_{k+2}} = \delta T_D = \frac{2\pi D}{\sqrt{1 - D^2}}$

Dämpfungsmaß

$D = \frac{\vartheta}{\sqrt{4\pi^2 + \vartheta^2}}$

Erzwungene gedämpfte Schwingung mit einem Freiheitsgrad

Allgemeine Bewegungsgleichung bei harmonischer Erregung

$\ddot{q} + 2\delta\dot{q} + \omega_0^2 q = q_0\sin\Omega t$

Koeffizienten für nachfolgende Erregerarten beim Längsschwinger:

Erregerart	Kraft	Federfußpunkt	Unwucht
δ	$\frac{k}{2m}$	$\frac{k}{2m}$	$\frac{k}{2(m+m_1)}$
ω_0	$\sqrt{\frac{c}{m}}$	$\sqrt{\frac{c}{m}}$	$\sqrt{\frac{c}{m+m_1}}$
q_0	$\frac{\widehat{F}}{m}$	$\frac{c\widehat{u}}{m}$	$\frac{m_1}{m+m_1} r_0 \Omega^2$

m Schwingermasse, c Federkonstante, k Dämpfungskonstante, $\widehat{F}$ Amplitude der Krafterregung, Ω Erregerkreisfrequenz, $\widehat{u}$ Amplitude der Wegerregung am Federfußpunkt, m_1 Unwuchtmasse, r_0 Unwuchtradius

Lösung der Bewegungsgleichung für obige Erregerarten

Überlagerung aus allgemeiner Lösung q_h der homogenen Dgl. (freie gedämpfte Schwingung) und partikulärer Lösung q_p der inhomogenen Dgl. (Dauerschwingung, stationäre Schwingung): $q = q_h + q_p$

Partikuläre Lösung $\quad q_p = \widehat{q}_p \sin(\Omega t - \psi)$

$$\widehat{q}_p = \frac{q_0}{\sqrt{(\omega_0^2 - \Omega^2)^2 + (2\delta\Omega)^2}} = \frac{q_0}{\omega_0^2} \frac{1}{\sqrt{(1-\eta^2)^2 + (2D\eta)^2}} = \frac{q_0}{\omega_0^2} V_1$$

$\widehat{q}_p$ Amplitude

$$\tan\psi = \frac{2\delta\Omega}{\omega_0^2 - \Omega^2} = \frac{2D\eta}{1-\eta^2}$$

ψ Phasenwinkel

$$\eta = \frac{\Omega}{\omega_0}$$

Frequenzverhältnis, Abstimmungsverhältnis

$$V_1 := \frac{1}{\sqrt{(1-\eta^2)^2 + (2D\eta)^2}}$$

Vergrößerungsfunktion

Vergrößerungsfunktion V_1 charakterisiert bei Kraft- und Federfußpunkterregung das Verhältnis der Ausgangsgröße (Schwingungsamplitude) zur Eingangsgröße (Erregeramplitude)

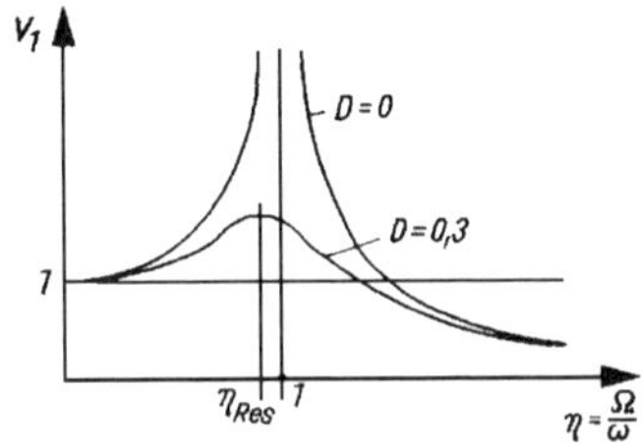

Resonanzamplitude für $0 < D < 0{,}5$:

$$V_{1\max} = V_1(\eta = \eta_{\text{res}}) = \frac{1}{2D\sqrt{1 - D^2}}$$

$$\eta_{\text{res}} = \sqrt{1 - 2D^2}$$

Werkstofftechnik

1 Grundlagen

1.1 Übersicht zu den Werkstoffgruppen

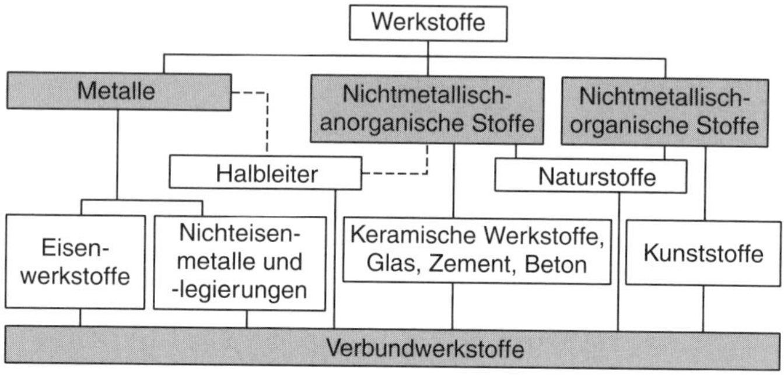

1.2 Festkörperstrukturen als Basis der Werkstoffeigenschaften

Festkörpereigenschaften ergeben sich aus der Struktur:

Art der Bausteine	Atome, Ionen, Moleküle
Anordnung der Bausteine	amorph (ungeordnet) kristallin (geordnet)
Chemische Bindung	Metallbindung, Atombindung, Ionenbeziehung, van-der-Waals'sche Bindung

Charakterisierung der kristallinen Struktur

Elementarzelle (EZ)	kleinste räumliche Einheit des Kristallgitters
Kenngrößen zur Charakterisierung der Elementarzelle	a) Gitterkonstanten: a, b, c b) Winkel des Kristallgitters: α, β, γ c) Besetzungszahl (BZ): Anzahl der Atome je EZ d) Koordinationszahl (KZ): Anzahl der nächsten Nachbaratome e) Packungsdichte (PD): Verhältnis von Volumen der Atome je EZ und Volumen der EZ

Kristallsysteme

kubisch, tetragonal, hexagonal, monoklin, rhombisch, rhomboedrisch, triklin

1.3 Struktur und Eigenschaften der Metalle

Metalleigenschaften

z. B. kristalline Struktur; Glanz und Undurchsichtigkeit; gute Wärme- und elektrische Leitfähigkeit; plastisch verformbar mit Verfestigung; unterschiedliche Eigenschaften bezüglich Festigkeit, Härte, Elastizitätsmodul, Magnetismus, Schmelzpunkt; Salzbildung in Säuren

Idealstruktur

Charakterisierung ausgewählter Kristallgitter

Gittertyp	kubisch raumzentriert (krz)	kubisch flächenzentriert (kfz)	hexagonal dichteste Packung (hdP)
EZ	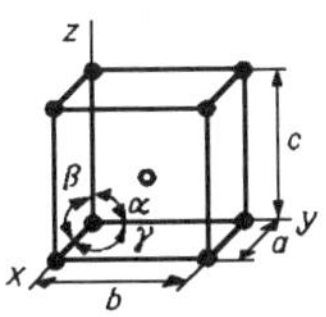	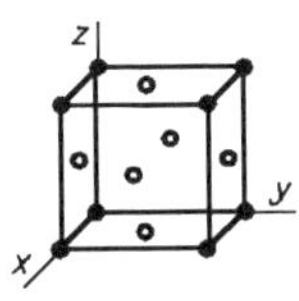	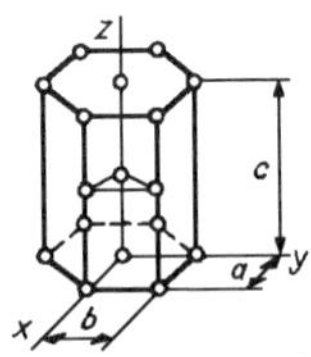
Achsenabschnitte	$a = b = c$	$a = b = c$	$a = b \neq c$
Winkel	$\alpha = \beta = \gamma = 90°$	$\alpha = \beta = \gamma = 90°$	$\alpha = \beta = 90°$, $\gamma = 120°$
BZ	2	4	6
PD	0,68	0,74	0,74
KZ	8	12	12
Beispiele	α-Fe, δ-Fe, Cr, Mo, V, Ta	γ-Fe, Al, Cu, Ag, Au, Pb	Mg, Zn, Cd, α-Ti

Reale Kristallstrukturen (Gitterfehler)

Nulldimensionale Gitterfehler (Punktfehler)	Leerstelle, Zwischengitteratom, Fremdatom (eingelagert, substituiert)

Eindimensionale Gitterfehler (Linienfehler)	Versetzungen (Grundlage der plastischen Verformung)
Stufenversetzung 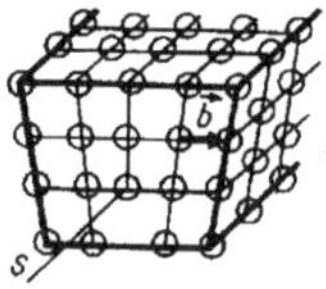	Schraubenversetzung 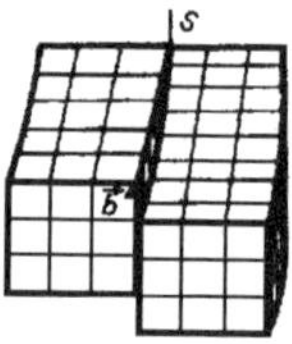
s Versetzungslinie; $\vec{b}$ Burgers-Vektor	
Zweidimensionale Gitterfehler (Flächenfehler)	Korngrenzen (Groß- und Kleinwinkelkorngrenzen), Zwillingsgrenzen, Phasengrenzen, Stapelfehler

1.4 Struktur und Eigenschaften der Kunststoffe

Synthesereaktionen

Erzeugen von Makromolekülen durch Synthesereaktionen

Synthesereaktion	Merkmal/Beispiel
Polymerisation	Verknüpfen von Monomeren, die Doppelbindungen enthalten, zu kettenförmigen Makromolekülen ohne Abspaltung von Nebenprodukten, *Beispiel*: Polyethylen
Polykondensation	Verknüpfen von Monomeren (mit funktionellen Gruppen) zu einem Makromolekül unter Abspaltung eines niedermolekularen Nebenprodukts (H_2O, NH_3); *Beispiel*: Reaktion von Phenol mit Formaldehyd zu Phenolharz unter Abspaltung von Wasser
Polyaddition	Zusammenlagerung von verschiedenartigen Monomeren (mit funktionellen Gruppen) zum Makromolekül ohne Abspaltung von Nebenprodukten; *Beispiel*: Polyurethan

Polymerwerkstoffklassen

Struktur der Polymere

Werkstoff	Struktur/Beispiele
Plastomere	unvernetzte, fadenförmige Makromoleküle (amorph, teilkristallin); *Beispiele*: PVC, PS, PC, PE, PP, PA
Duromere	räumlich engmaschig vernetzte Makromoleküle; *Beispiele*: PF, UF, MF, UP, EP
Elastomere	räumlich weitmaschig vernetzte Makromoleküle; *Beispiele*: BR, SBR, NBR, PUR, SI

Temperaturabhängigkeit der Eigenschaften (schematisch)

Plastomere

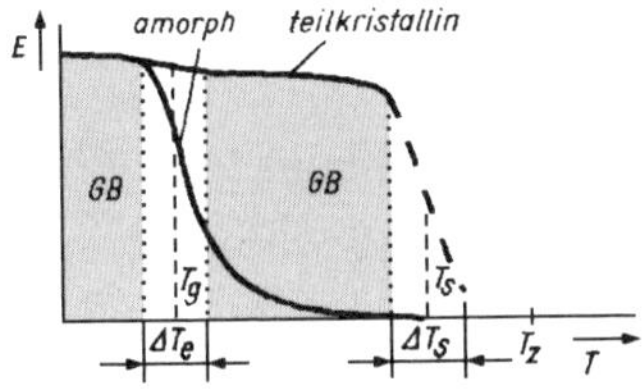

Duromere

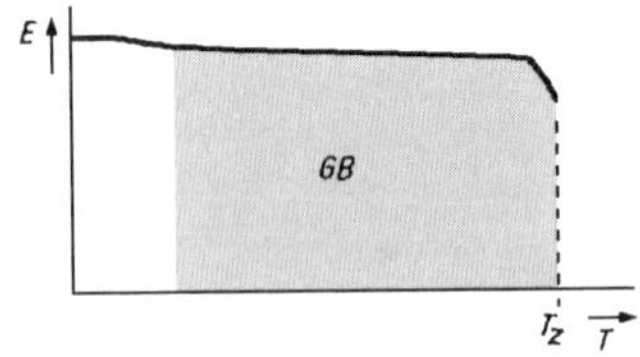

Elastomere

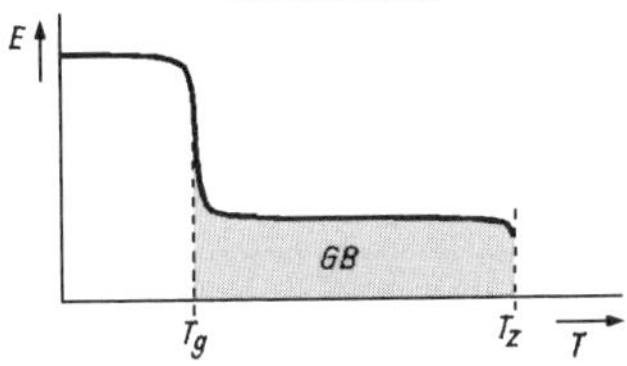

ΔT_e	Einfrier- bzw. Erweichungstemperaturbereich
T_g	Glastemperatur
T_S	Schmelztemperatur
ΔT_S	Schmelztemperaturbereich
T_z	Zersetzungstemperatur
E	Eigenschaft (z. B. Festigkeit)
GB	Gebrauchsbereich

1.5 Struktur und Eigenschaften der Keramiken und Gläser

Keramik

Herstellung durch Sintern von Pulvern, bestehend aus stabilen Verbindungen von Metallen mit Nichtmetallen: Oxide, Carbide, Nitride, Boride (z. B. SiO_2, SiC, Si_3N_4, Al_2O_3, BN, WC)

Glaswerkstoffe

Gläser sind aus unregelmäßig angeordneten SiO_4-Tetraedern aufgebaut und damit amorph. Gläser sind eine Mischung aus Metalloxiden und anderen chemischen Elementen und Verbindungen.

SiO_4-Tetraeder:

Grundbaustein der Glas- und vieler Keramikwerkstoffe, Entstehung durch Polykondensation der Orthokieselsäure

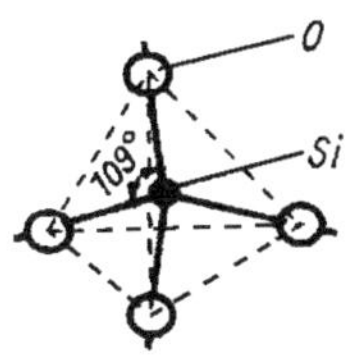

Verknüpfungen von SiO_4-Tetraedern führen zu Ketten, Bändern, Schichten und räumlichen Strukturen

1.6 Legierungsbildung von Metallen (kristalliner Aufbau)

Mischkristalle (MK)

Komponenten A und B mischbar, bilden feste atomare Lösung, homogenes Gefüge

Arten der MK:

Einlagerungsmischkristall (EMK) — *Bedingung*: $r_B/r_A \leqq 0{,}58$; $r_{A,B}$ Atomradien von A, B

Austauschmischkristall (AMK) — *Bedingungen*:
- gleicher Gittertyp der Komponenten
- $0{,}85 \leqq r_A/r_B \leqq 1{,}15$
- geringe chemische Affinität

Nichtlineare Änderung der Eigenschaften

Kristallgemische (KG)

Gefügebestandteile (Komponenten A und B, MK, MK und IMP) liegen als verschiedene Kristallarten nebeneinander vor, Eigenschaften ändern sich proportional der Zusammensetzung, heterogenes Gefüge.

Intermetallische Phasen (IMP)

Komponenten bilden eine neue Phase mit anderem kompliziertem Gitter, IMP sind hart und spröde. Von Bedeutung ist z. B. im System Fe-C die IMP Fe_3C (6,67 % C).

1.7 Zustandsschaubilder binärer Systeme

Grunddiagramme

a) System mit völliger Mischbarkeit

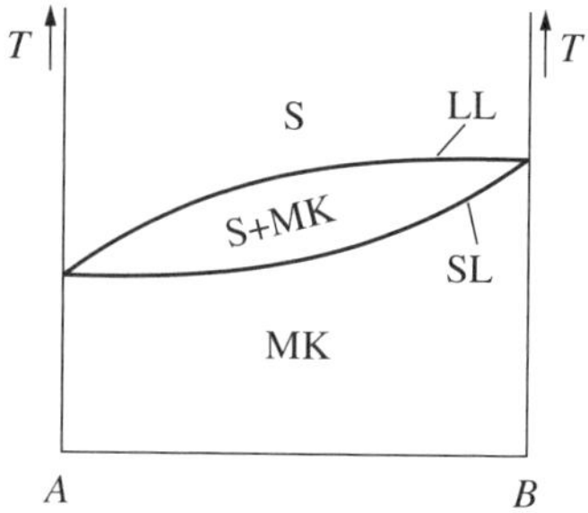

b) System mit Nichtmischbarkeit

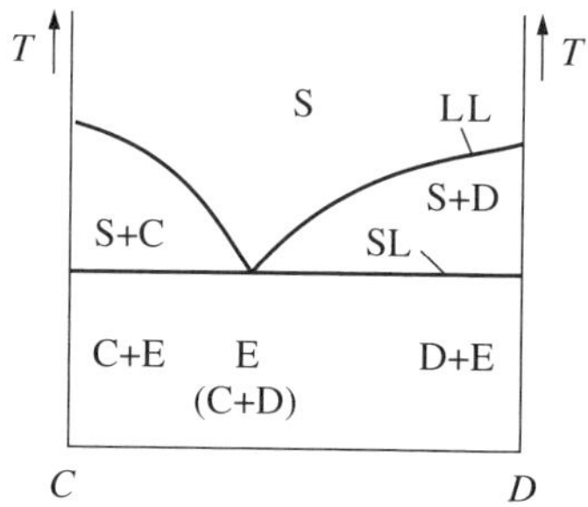

c) System mit teilweiser Mischbarkeit

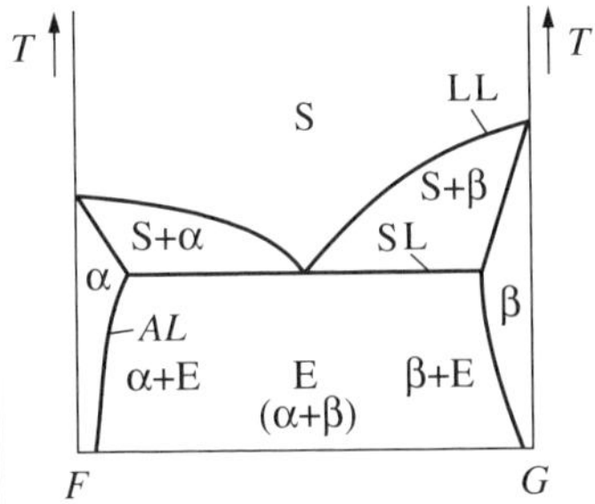

d) System mit intermetallischer Phase (Nichtmischbarkeit)

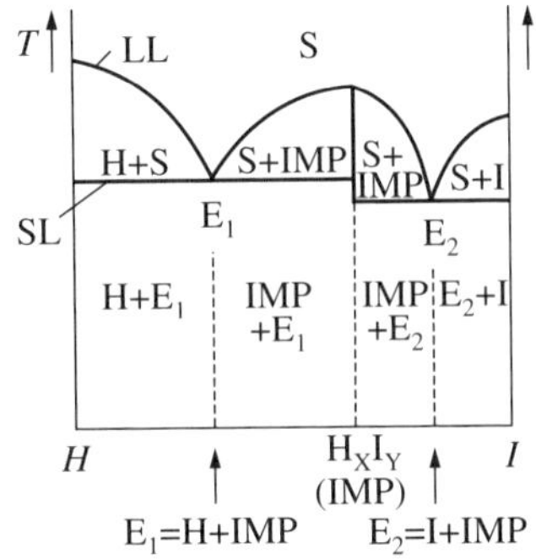

e) System mit teilweiser Mischbarkeit und eutektoider Umwandlung

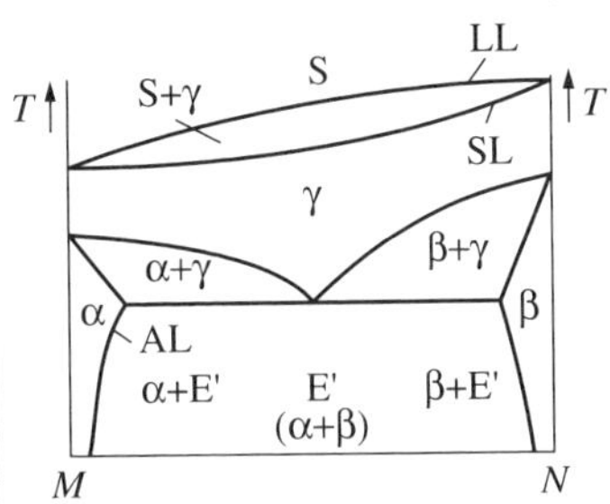

f) System mit Peritektikum

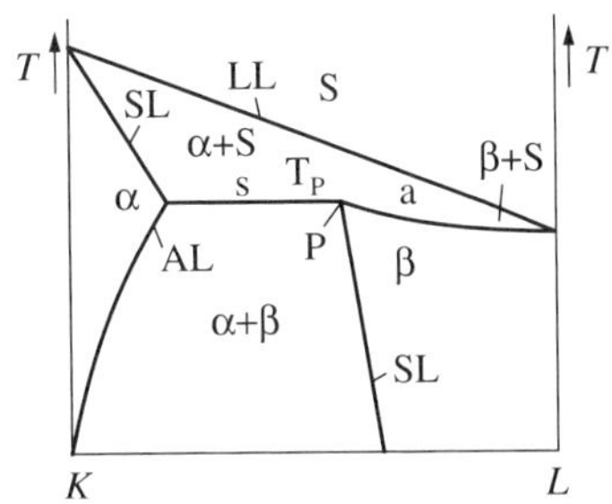

LL Liquiduslinie, SL Soliduslinie, AL Ausscheidungslinie, E Eutektikum, S Schmelze, E′ Eutektoid, P Peritektikum

---

System Eisen-Kohlenstoff

Stabiles System	Kohlenstoff liegt in elementarer Form als Graphit vor.
Metastabiles System	Kohlenstoff liegt in gebundener Form als intermetallische Phase (Fe_3C) vor.

Zustandsschaubild des Systems Eisen-Kohlenstoff (metastabil)

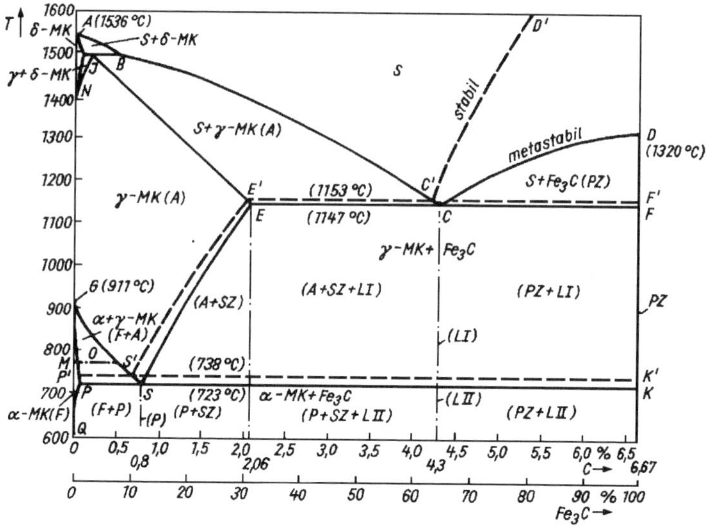

Gefüge des Systems Eisen-Kohlenstoff

Gefügename	Phasenbezeichnung	Charakterisierung, Löslichkeit (% C)
Ferrit (F)	α-MK	Pkt. P: 0,02
		Pkt. Q: $10^{-4} \ldots 10^{-6}$
Austenit (A)	γ-MK	Pkt. E: 2,06
		Pkt. S: 0,8
Zementit (Z)	Fe_3C	Pkt. D: 6,67 (IMP)
Primär-Z. (PZ)		C-D } Ausscheidungslinien
Sekundär-Z. (SZ)		E-S } Ausscheidungslinien
Tertiär-Z. (TZ)		P-Q } Ausscheidungslinien
Perlit (P)	α-MK + Fe_3C	Pkt. S: 0,8 (Eutektoid)
Ledeburit I (LI)	γ-MK + Fe_3C	Pkt. C: 4,3 (Eutektikum)
Ledeburit II (LII)	α-MK + Fe_3C	Pkt. C: 4,3 (Eutektikum)

2 Wärmebehandlung

2.1 Technologischer Ablauf der Wärmebehandlung

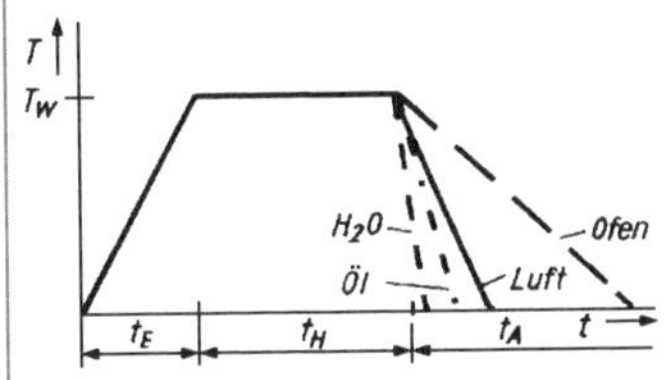

T_W Temperatur der Wärmebehandlung (z. B. Glüh-, Härte-, Anlasstemperatur)
t_E Erwärmungsdauer
t_H Haltedauer
t_A Abkühldauer (medienabhängig)

2.2 Wärmebehandlung der Stähle

Wärmebehandlung mit langsamer Abkühlung (Glühverfahren)

Normalglühen	Beseitigen von grobkörnigem, unregelmäßigem Gefüge, $T \approx A_{c3}+50\,°C$ (untereutektoide Stähle) und A_{c1} + 50 °C bzw. A_{cm} + 50 °C (übereutektoide Stähle)
Grobkornglühen	Verbesserung der Spanbarkeit untereutektoider Stähle durch Grobkornbildung, $T \approx 1050\,°C \ldots 1300\,°C$
Spannungsarmglühen	Reduzierung der Eigenspannungen, $T \approx 550\,°C$
Glühen auf kugelige Carbide	Zementiteinformung, Verbesserung der Span- und Umformbarkeit, $T \lessapprox 723\,°C$
Rekristallisationsglühen (gilt für alle Metalle und Legierungen)	Abbau der Verfestigung nach Kaltumformung, Richtwert: $T_R = 0{,}4 T_S$ (T_S Schmelztemperatur)

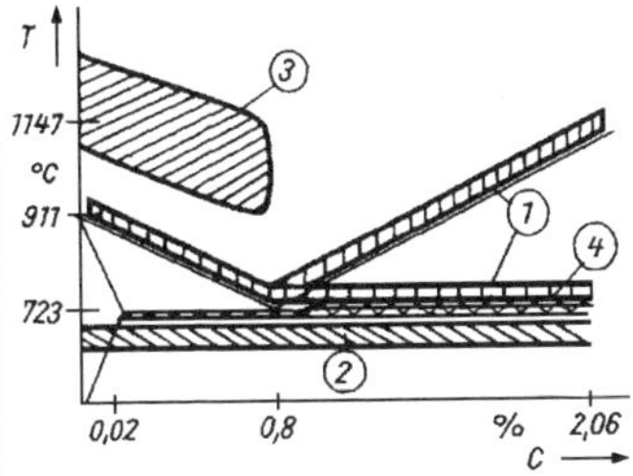

① Normalglühen
② Spannungsarmglühen
③ Grobkornglühen
④ Glühen auf kugelige Carbide

Wärmebehandlung bei beschleunigter Abkühlung mit Austenitumwandlung (Härten)

Beschleunigte Abkühlung aus dem Austenitgebiet (z. B. H_2O, Öl) hat zur Folge:

- Ungleichgewichtszustand, da keine Diffusion des Kohlenstoffs möglich, d. h. keine Bildung von Fe_3C, stattdessen
- Bildung von Martensit (mit Kohlenstoff übersättigter, tetragonal verzerrter α-Mischkristall mit hoher Härte und Eigenspannungen) bzw. Bainit (α-Mischkristall mit eingelagerten Carbiden)
- Verschiebung der γ-α-Umwandlung zu niedrigeren Temperaturen, Umwandlungsverhalten wird charakterisiert durch ZTU-(Zeit-Temperatur-Umwandlungs-)Schaubilder

---

Arten der ZTU-Schaubilder (schematisch)

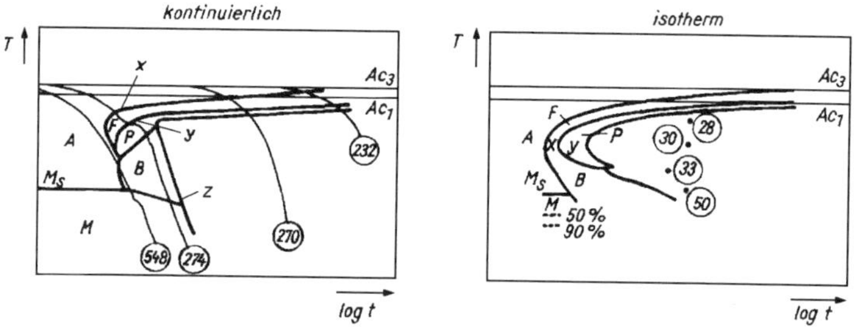

A Austenit, F Ferrit, P Perlit, B Bainit (Zwischenstufe), M Martensit, M_S Beginn der Martensitbildung; 28, . . . ,232 Härtewerte in HRC bzw. HV; x, y, z-Gefügeanteile in %

Reduzierung des Ungleichgewichtszustandes durch Anlassen (vier Anlassstufen); eine spezielle Form des Anlassens nach dem Härten oberhalb 550 °C ist das Vergüten.

2.3 Wärmebehandlung der Nichteisenmetalle (Ausscheidungshärten)

Voraussetzung:	Legierungssystem mit teilweiser Mischbarkeit (Löslichkeit) im festen Zustand, abnehmende Löslichkeit mit fallender Temperatur

Ablauf des Ausscheidungshärtens:

a) Lösungsglühen	→	homogener Mischkristall durch Auflösen der Segregationen (Ausscheidungen)
b) Abschrecken	→	übersättigter Mischkristall
c) Auslagern	→	warm oder kalt, Bildung von Ausscheidungen (meist intermetallische Phasen), Härte-, Festigkeitssteigerung

3 Werkstoffkennzeichnung

3.1 Bezeichnung der Stähle mit Kurznamen

▶ DIN EN 10 027-1

Wenn erforderlich vorangestellt: G Stahlguss
PM Pulvermetallurgie

Kurzname nach Verwendung und Eigenschaften

Hauptsymbole:

Kennbuchstabe für Verwendung	Mechanische/physikalische Eigenschaften
S Stähle für den Stahlbau E Maschinenbau B Betonstahl M Elektroblech	Mindeststreckgrenze, -zugfestigkeit, Härte, Magnetisierungsverluste
Zusatzsymbole für besondere Merkmale	Eignung zur Verwendung bei hohen und niedrigen Temperaturen, Oberflächen- und Behandlungszustand, Art der Desoxidation
Beispiel:	Stahl EN 10 025-2 – S235JR Stahl für den Stahlbau, Streckgrenze $R_{eH} \geqq 235\,N/mm^2$; Kerbschlagarbeit bei Raumtemperatur $K \geqq 27\,J$

Kurzname nach der chemischen Zusammensetzung

Faktoren zur Ermittlung des Gehaltes an Legierungselementen

Faktor	Element
1000	B
100	C, N, P, S, Ce
10	Al, Cu, Mo, Ta, Ti, V, Nb, Be, Zr
4	W, Si, Mn, Cr, Co, Ni

Unlegierte Stähle (Mn-Gehalt < 1 %)

Hauptsymbole: C Kohlenstoff (C-Gehalt: 100 × mittlerer prozentualer C-Gehalt)

Zusatzsymbole: z. B. E: max. S-Gehalt

Beispiel: C35 (mittlerer C-Gehalt 0,35 %)

Unlegierte Stähle (Mn > 1 %), legierte Stähle (Gehalt der einzelnen Legierungselemente < 5 %)

Hauptsymbole: C-Gehalt: 100 × mittlerer prozentualer C-Gehalt
Legierungselemente: Symbol, Gehalt der Elemente (Faktoren)

Beispiel: 28Mn6 (mittlere Gehalte: C 0,28 %, Mn 1,5 %)

Nicht rostende und andere legierte Stähle (Gehalt mindestens eines Legierungselementes > 5 %)

Hauptsymbole: X mittlerer Gehalt eines Legierungselementes > 5 %,
C-Gehalt: 100 × mittlerer prozentualer C-Gehalt, Legierungselemente; Symbol, Gehalt der Elemente

Beispiel: X10CrNi18-8
(mittlere Gehalte: C 0,10 %, Cr 18 %, Ni 8 %)

Schnellarbeitsstähle

Hauptsymbole: HS Schnellarbeitsstahl, prozentualer Gehalt der Legierungselemente W, Mo, V, Co

3.2 Bezeichnung der Stähle mit Werkstoffnummern

▶ DIN EN 10 027-2

(z. Z. fünfstellig)

Werkstoffhauptgruppennummer (1 Stahl)	Stahlgruppennummer	Zählnummer (Klammerwerte für künftigen Bedarf)
1.	XX	XX(XX)

Beispiel: 1.0038 = S235JR

3.3 Bezeichnung für Gusseisen (Kurzzeichen, Werkstoffnummern)

▶ DIN EN 1560

Gusseisen mit Lamellengraphit	z. B. GJL-200 ($R_m \geqq 196$ N/mm^2) GJL-X300CrNiSi9-5-2
Gusseisen mit Kugelgraphit	z. B. GJS-400-15 ($R_m \geqq 392$ N/mm^2, $A \geqq 15$ %)
Temperguss (W: weiß, B: schwarz)	z. B. GJMW-350-4 ($R_m \geqq 343$ N/mm^2, A $\geqq$ 4 %) GJMB-350-10

3.4 Bezeichnung der Nichteisenmetalle (Kurznamen, Werkstoffnummern)

Reine Metalle	Al99,8 (Reinheitsgrad: 99,8 %)
Legierungen	MgAl14Si1 (mittlere Gehalte: Al 14 %, Si 1 %, Rest Mg)

3.5 Bezeichnung der Polymerwerkstoffe (Kurzzeichen)

▶ DIN EN ISO 1043-1

Beispiele:

PVC-P	Polyvinylchlorid, weichmacherhaltig
PE-LD	Polyethylen, niedrige Dichte
PMMA	Polymethylmethacrylat
PTFE	Polytetrafluorethylen
UP	Ungesättigtes Polyester-Harz
EP	Epoxidharz

3.6 Bezeichnung der Keramiken und Gläser (Kurzzeichen)

► DIN EN 60 672

Keramikisolierstoffe	Kennbuchstabe C, Kennzahl (z. B. C 110)
Technische Keramik	z. B. HPSN heißgepresstes Siliciumnitrid, SSiC gesintertes Siliciumcarbid
Glasisolierstoffe	Kennbuchstabe G, Kennzahl (z. B. G 100)

4 Ausgewählte Werkstoffgruppen

Nachfolgende Tabellen beinhalten ausgewählte Beispiele mit entsprechenden Werkstoffkenngrößen (Benennung und Ermittlung → Werkstoffprüfung; 5), welche z. T. abhängig sind von der Nenndicke und der Probenlage (längs, quer) bzw. dem Behandlungszustand.

4.1 Eisenwerkstoffe

Warmgewalzte Erzeugnisse aus unlegierten Baustählen

► DIN EN 10 025-2

Verwendung für geschweißte, genietete und geschraubte Bauteile bei Umgebungstemperatur, nicht für eine Wärmebehandlung vorgesehen

Stahlsorte/ Werkstoffnummer	R_{eH} (min.) N/mm²	R_m N/mm²	A (min.) %	K (min.) J	CEV (max.) %
S235JR 1.0038	175 ... 235	340 ... 510	21 ... 26	27	0,35 ... 0,40
S235J0 1.0114	175 ... 235	340 ... 510	21 ... 26	27	0,35 ... 0,40
S355JO 1.0553	275 ... 355	450 ... 680	17 ... 22	27	0,45 ... 0,49
S355K2 1.0596	275 ... 355	450 ... 680	17 ... 20	33 ... 40	0,45 ... 0,49
E295 1.0050	225 ... 295	440 ... 660	14 ... 20	—	—
E360 1.0070	285 ... 360	640 ... 900	6 ... 11	—	—

R_{eH} obere Streckgrenze, R_m Zugfestigkeit, A Bruchdehnung, K Kerbschlagarbeit, CEV Kohlenstoffäquivalent

Wetterfeste Baustähle

► DIN EN 10 025-5

Erhöhter Widerstand gegen atmosphärische Korrosion durch Bildung von Oxidschichten (Zusatz von P, Cu, Cr, Ni, Mo, ...)

Stahlsorte	Werkstoffnr.	R_{eH} (min.) N/mm^2	R_m N/mm^2	A (min.) %	K (min.) J
S235J0W	1.8958	195...235	350...510	22...26	27
S235J2W	1.8961	195...235	350...510	22...26	27
S355J0W	1.8959	295...355	450...680	18...22	27
S355J2W	1.8965				27
S355K2W	1.8967				40

R_{eH} obere Streckgrenze, R_m Zugfestigkeit, A Bruchdehnung, K Kerbschlagarbeit, W Kennbuchstabe für Wetterfestigkeit

Schweißgeeignete Feinkornstähle

► DIN EN 10 025-3 (normalgeglüht, normalisierend gewalzt)
► DIN EN 10 025-4 (thermomechanisch gewalzt)

Festigkeitssteigerung durch Feinkornbildung (Zugabe von V, Nb, Ti, Al, N fördert Keimbildung), Kombination mit Aushärtung (Bildung von Carbiden, intermetalische Phasen) bzw. thermomechanische Behandlung ist möglich

Gruppen von schweißgeeigneten Feinkornbaustählen:

- normalgeglüht: $R_{eH} \leqq 500\,N/mm^2$
- vergütetet: $R_{eH} \leqq 960\,N/mm^2$
- thermomechanisch behandelt: $R_{eH} \leqq 700\,N/mm^2$

Stahlsorte/ Werkstoffnummer	R_{eH} (min.) N/mm^2	R_m N/mm^2	A (min.) %	CEV (max.) %	K (min.) J
S275N 1.0490	205 ...275	350 ...510	23 ...24	0,40 ...0,42	−20 °C: quer: 20, längs: 40 −10 °C: quer: 24, längs: 43 0 °C: quer: 27, längs: 47 20 °C: quer: 31, längs: 55
S355N 1.0545	295 ...335	450 ...630	21 ...22	0,43 ...0,45	
S420N 1.8902	340 ...420	500 ...680	18 ...19	0,48 ...0,52	

R_{eH} obere Streckgrenze, R_m Zugfestigkeit, A Bruchdehnung, CEV Kohlenstoffäquivalent, K Kerbschlagarbeit

Vergütungsstähle

► DIN EN 10 083

Maschinenbaustähle, aufgrund der chemischen Zusammensetzung zum Härten geeignet (auch Oberflächenhärten durch Flamm- bzw. Induktionshärtung), im Vergütungszustand gute Zähigkeit bei gegebener Zugfestigkeit, beruhigt vergossen

Ausgewählte Beispiele: vergüteter Zustand (+QT)

Stahlsorte	Werkstoffnr.	R_e, $R_{p0,2}$ (min.) N/mm²	R_m N/mm²	A (min.) %	Z (min.) %	K (min.) J
C35E C35R	1.1181 1.1180	320 ... 430	550 ... 780	17 ... 20	40 ... 50	35
C60E C60R	1.1221 1.1223	450 ... 580	750 ... 1000	11 ... 14	25 ... 35	—
41Cr4	1.7035	560 ... 800	800 ... 1200	11 ... 14	30 ... 40	30 ... 35
50CrMo4	1.7228	550 ... 900	800 ... 1300	9 ... 13	40 ... 50	30
51CrV4	1.8159	600 ... 900	800 ... 1300	9 ... 13	40 ... 50	30

$R_{p0,2}$ 0,2-%-Dehngrenze, R_m Zugfestigkeit, A Bruchdehnung, Z Brucheinschnürung, K Kerbschlagarbeit; Buchstabe E: S-Gehalt max. 0,035 %; R: S-Gehalt max. 0,02 ... 0,04 %

Einsatzstähle

► DIN EN 10 084

Stähle mit verhältnismäßig niedrigem Kohlenstoffanteil, die zum Aufkohlen oder Carbonitrieren und anschließendem Härten vorgesehen sind. Nach dem Härten in der Randschicht eine hohe Härte und gute Verschleißbeständigkeit, Kernwerkstoff gute Zähigkeit, Reinheitsgrad entspricht Edelstahlgüte

Stahlsorten (Auswahl): C10E, C15E, C15R, C16E, C16R,17Cr3, 17CrS3, 16MnCr5, 16MnCrS5, 16MnCrB5, 18CrMo4, 18CrMoS4, 20MoCr3, 20MoCr4, 20MoCrS4, 20NiCrMo2-2, 20NiCrMoS2-2, 20NiCrMoS6-4

Besondere Härteforderungen:
+H: normale Härtbarkeitsforderungen
+HH oder HL: eingeengte Härtbarkeitsforderungen.

Nitrierstähle

► DIN EN 10 085

Stähle, die zwei oder mehr Nitridbildner (Al, Cr, Mo, V) enthalten, Randschicht wird mit Stickstoff angereichert (max. 0,1 % in α-Eisen), Bildung von Sondernitriden, Nitriertemperatur: 500 ... 590 °C

Ausgewählte Beispiele: vergüteter Zustand

Stahlsorte	Werkstoffnr.	$R_{p0,2}$ (min.) N/mm²	R_m N/mm²	A (min.) %	K (min.) J	$HV1$
24CrMo13-6	1.8516	650 ... 800	850 ... 1200	10 ... 13	25 ... 30	—
31CrMo12	1.8515	675 ... 835	880 ... 1230	10 ... 12	25 ... 30	800
34CrAlNi7-10	1.8550	600 ... 680	900 ... 1350	10 ... 13	30 ... 35	950
40CrMoV13-9	1.8507	600	800 ... 1000	14	35	—

$R_{p0,2}$ 0,2-%-Dehngrenze, R_m Zugfestigkeit, A Bruchdehnung, K Kerbschlagarbeit, $HV1$ Härte nach Vickers (9,81 N Prüfkraft)

Automatenstähle

► DIN EN 10 087

Stähle mit (im Allgemeinen) einem Mindestgehalt an Schwefel von 0,1 %

Stahlsorte	Werkstoffnr.	HBW	R_m N/mm²	R_m N/mm²	R_{eH} (min.) N/mm²	A (min.) %
		unbehandelt		vergütet		
11SMn30 [1]	1.0715	107 ... 169	360 ... 570	—	—	—
11SMnPb37	1.0737	107 ... 169	360 ... 570	—	—	—
10S20 [2]	1.0721	105 ... 156	350 ... 530	—	—	—
10SPb20	1.0722	105 ... 156	350 ... 530	—	—	—
15SMn13	1.0725	125 ... 178	420 ... 610	—	—	—
35S20 [3]	1.0726	149 ... 201	500 ... 720	550 ... 780	320 ... 430	15 ... 17
38SMn28	1.0760	163 ... 216	550 ... 780	630 ... 850	380 ... 480	15 ... 16
46SPb20	1.0757	166 ... 225	560 ... 800	630 ... 850	370 ... 490	12 ... 14

HBW Härte nach Brinell, R_m Zugfestigkeit, R_{eH} obere Streckgrenze, A Bruchdehnung;
[1] ohne Wärmebehandlung, [2] Einsatzstähle, [3] Vergütungsstähle

Kaltgewalzte Flacherzeugnisse aus weichen Stählen zum Kaltumformen

► DIN EN 10 130

Kaltgewalzte Flacherzeugnisse (ohne Überzug): z. B. Blech, Breitband
Walzbreite $\geqq$ 600 mm, $s = 0{,}35 \ldots 3$ mm

Bezeichnung	Werkstoffnr.	% C (max.)	R_{eH} (max.) N/mm²	R_m N/mm²	A_{80} (min.) %	r_{90} (min.)	n_{90} (min.)
DC01	1.0330	0,12	280	270 ... 410	28	—	—
DC03	1.0347	0,10	240	270 ... 370	34	1,3	—
DC04	1.0338	0,08	210	270 ... 350	38	1,6	0,18
DC05	1.0312	0,06	180	270 ... 330	40	1,9	0,20
DC06	1.0873	0,02	170	270 ... 350	41	2,1	0,22
DC07	1.0898	0,01	150	250 ... 310	44	2,5	0,23

R_{eH} obere Streckgrenze, R_m Zugfestigkeit, A_{80} Bruchdehnung (Messlänge von 80 mm diente zur Ermittlung der Bruchdehnung), r senkrechte Anisotropie, n Verfestigungsexponent (Index 90: r und n wurden senkrecht zur Walzrichtung (90°), d. h. Querrichtung, ermittelt)

Desoxidationsart: DC01 – nach Wahl des Herstellers, außer DC02 voll beruhigt

Geltungsdauer der mechanischen Eigenschaften: DC01 ohne, außer DC02 6 Monate

Freiheit von Fließfiguren: DC06 und DC07 keine Fließfiguren, kalt nachgewalzt – DC03, DC04, DC05 (6 Monate für Oberflächenart A und B); DC01 (3 Monate bei Oberflächenart B), nicht kalt nachgewalzt – Fließfiguren zulässig

Nicht rostende Stähle

► DIN EN 10 088

Stähle mit mindestens 10,5 % Cr, höchstens 1,2 % C, Unterteilung in korrosionsbeständige, hitzebeständige und warmfeste Stähle

Stahlsorte	Werkstoffnr.	Gefüge	$R_{p0,2}$ (min.) N/mm^2	R_m N/mm^2	A (min.) %
X6Cr13	1.4000	ferri-	220 … 250	400 … 600	19
X6CrMo17-1	1.4113	tisch	260 … 280	450 … 630	18
X12Cr13	1.4006	marten-	400 … 450	550 … 850	12 … 20
X50CrMoV15	1.4116	sitisch	—	$\leqq$ 850	12
X10CrNi18-8	1.4310	austeni-	250	600 … 950	40
X6CrNiTi18-10	1.4541	tisch	200 … 220	500 … 720	40
X2CrNiMo17-12-3	1.4432		220 … 240	520 … 700	40 … 45
X2CrNiN23-4	1.4362	ferrit. –	400 … 450	600 … 850	20 … 25
X2CrNiMoN25-7-4	1.4410	austen.	530 … 550	730 … 1000	20

$R_{p0,2}$ 0,2-%-Dehngrenze, R_m Zugfestigkeit, A Bruchdehnung

Werkzeugstähle

► DIN EN ISO 4957

Stahlsorte	Werkstoffnummer	*HBW* (+A) (max.)	*HRC* (+Q + T) (min.)
C80U	1.1525	192	58
C105U	1.1545	212	62
90MnCrV8	1.2842	229	60
102Cr6	1.2067	223	60
X210Cr12	1.2080	248	62
X153CrMoV12	1.2379	255	61
HS3-3-2	1.3333	255	62
HS10-4-3-10	1.3207	302	66

(+A): weichgeglüht → *HBW* (+A) bedeutet also Härte nach Brinell im weichgeglühten Zustand; (+Q+T): gehärtet und angelassen → *HRC* (+Q+T) bedeutet Härte nach Rockwell C im Zustand gehärtet und angelassen

Stahlguss (allgemeine Anwendungen)

► E DIN 10 293

Stahlgusssorte	Werk-stoffnr.	$R_{p0,2}$ (min.) N/mm²	R_m N/mm²	A (min.) %	KV (min.) J
GE200+N	1.0420	200	380 ... 530	25	27 (RT)
GE300+N	1.0558	300	520 ... 750	15 ... 18	27 ... 31 (RT)
G20Mo5+QT	1.5419	245	440 ... 590	22	27 (RT)
G17CrMo5-5+QT	1.7357	315	490 ... 690	20	27 (RT)
G42CrMo4+QT	1.7231	350 ... 700	650 ... 1000	10 ... 12	16 ... 31 (RT)
GX4CrNi13-4+QT	1.4317	550	760 ... 960	15	50 (RT)

$R_{p0,2}$ 0,2-%-Dehngrenze, R_m Zugfestigkeit, A Bruchdehnung, KV Kerbschlagarbeit

Eisengusswerkstoffe (Grauguss)

Kohlenstoff liegt elementar als Graphit in lamellarer (GJL) bzw. globularer (GJS) Ausbildung vor.

Begleitelemente (Si, P, Mn) beeinflussen die Lage des Eutektikums.

Sättigungsgrad S_C charakterisiert das Abweichen von der eutektischen Zusammensetzung ($S_C < 1$: untereutektisch, $S_C = 1$: eutektisch, $S_C > 1$: übereutektisch)

$$S_C = \frac{C_{gesamt}}{C_{eutektisch}} = \frac{\%\,C}{4{,}23\,\% - 0{,}312\,\%\,Si - 0{,}33\,\%\,P + 0{,}066\,\%\,Mn}$$

Gusseisenschaubild nach Maurer (Wandstärke 30mm)

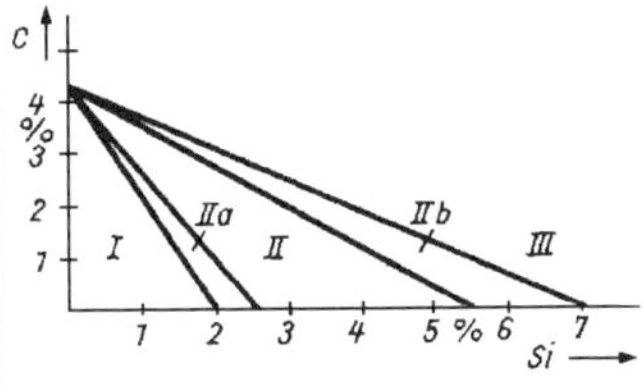

I weißes Gusseisen (metastabiles System)
II perlitisches Gusseisen (graues Gusseisen)
III ferritisches Gusseisen (graues Gusseisen)
IIa und IIb Übergangsgebiete

Temperguss erstarrt nach dem metastabilen System, Zerfall des Zementit durch Wärmebehandlung (Tempern) in neutraler (GJMB – schwarzer) bzw. entkohlender (GJMW – weißer) Atmosphäre

Gusseisen mit Lamellengraphit

▶ DIN EN 1561

Gusseisen-sorte	Werk-stoffnr.	E GPa	R_m N/mm^2	$R_{p0,1}$ N/mm^2	K_{Ic} N/mm$^{3/2}$
EN-GJL-150	EN-JL1020	78 ... 103	150 ... 250	98 ... 165	320
EN-GJL-200	EN-JL1030	88 ... 113	200 ... 300	130 ... 195	400
EN-GJL-250	EN-JL1040	103 ... 118	250 ... 350	165 ... 228	480
EN-GJL-300	EN-JL1050	108 ... 137	300 ... 400	195 ... 260	560
EN-GJL-350	EN-JL1060	123 ... 143	350 ... 450	228 ... 285	650

R_m Zugfestigkeit, $R_{p0,1}$ 0,1-%-Dehngrenze, K_{Ic} Bruchzähigkeit

Gusseisen mit Kugelgraphit

▶ DIN EN 1563

Gusseisensorte	Werk-stoffnr.	R_m (min.) N/mm^2	$R_{p0,2}$ (min.) N/mm^2	A (min.) %	K (min.) J
EN-GJS-350-22-LT	EN-JS1015	350	220	22	12 (−40 °C)
EN-GJS-350-22-RT	EN-JS1014	350	220	22	17 (RT)
EN-GJS-400-18-LT	EN-JS1025	400	250	18	12 (−20 °C)
EN-GJS-400-18-RT	EN-JS1024	400	250	18	14 (RT)
EN-GJS-500-7	EN-JS1050	500	320	7	
EN-GJS-600-3	EN-JS1060	600	370	3	
EN-GJS-700-2	EN-JS1070	700	420	2	
EN-GJS-800-2	EN-JS1080	800	480	2	
EN-GJS-900-2	EN-JS1090	900	500	2	

R_m Zugfestigkeit, $R_{p0,2}$ 0,2-%-Dehngrenze, A Bruchdehnung, K Kerbschlagarbeit
LT garantierte Kerbschlagarbeit bei tiefer Temperatur (−20 °C bzw. −40 °C)
RT garantierte Kerbschlagarbeit bei Raumtemperatur

Temperguss

▶ DIN EN 1562

Tempergusssorte	Werkstoff-nummer	R_m (min.) N/mm^2	$R_{p0,2}$ (min.) N/mm^2	A (min.) %
Schwarzer Temperguss (Durchmesser 12 oder 15 mm)				
EN-GJMB-350-10	EN-JM1130	350	200	10
EN-GJMB-450-6	EN-JM1140	450	270	6
EN-GJMB-550-4	EN-JM1160	550	340	4
EN-GJMB-650-2	EN-JM1180	650	430	2
EN-GJMB-800-1	EN-JM1200	800	600	1
Weißer Temperguss (Durchmesser 12 mm)				
EN-GJMW-350-4	EN-JM1010	350	—	4
EN-GJMW-360-12	EN-JM1020	360	190	12
EN-GJMW-450-7	EN-JM1040	450	260	7
EN-GJMW-550-4	EN-JM1050	550	340	4

R_m Zugfestigkeit, $R_{p0,2}$ 0,2-%-Dehngrenze, A Bruchdehnung

4.2 Nichteisenmetalle

Aluminiumlegierungen (Knetlegierungen)

► DIN EN 485

Ausgewählte Beispiele: Probendicke: 6,0 ... 12,5 mm, *t* Probendicke

Werkstoff	Zustand	R_m N/mm²	$R_{p0,2}$ (min.) N/mm²	*A* (min.) %	*R* (90°) mm	*HBW*
Al99,0	H14	115 ... 155	≧ 90	≧ 6	2,5*t*	37
AlCu4SiMg	T4	≧ 400	≧ 250	≧ 14	8,0*t*	112
	T6	≧ 450	≧ 395	≧ 7	10,0*t*	135
AlCu4Mg1	T42	≧ 425	≧ 260	≧ 12	4,0*t*	119
AlMg4	H14	300 ... 360	≧ 240	≧ 4	—	90
AlSi1MgMn	T4	≧ 205	≧ 110	≧ 14	4,0*t*	58
	T6	≧ 300	≧ 255	≧ 9	6,0*t*	91
AlZn4,5Mg1	T4	≧ 320	≧ 210	≧ 14	5,0*t*	92
	T6	≧ 350	≧ 280	≧ 10	8,0*t*	104

R_m Zugfestigkeit, $R_{p0,2}$ 0,2-%-Dehngrenze, *A* Bruchdehnung, *R* Biegeradius, *HBW* Härte nach Brinell, H14 kaltverfestigt, T4 lösungsgeglüht und kaltausgelagert, T6 lösungsgeglüht und warmausgelagert

Aluminiumlegierungen (Gussstücke)

► DIN EN 1706

Legierungs-Gruppe	Werkstoff	Zustand	$R_{p0,2}$ (min.) N/mm²	R_m (min.) N/mm²	$A_{50\,mm}$ (min.) %	*HBW* (min.)
AlSi	AlSi12(a)	F	70	150	5	50
AlMg	AlMg5	F	90	160	3	55
AlSi10Mg	AlSi10Mg(a)	F	80	150	2	50
	AlSi10Mg(a)	T6	180	220	1	75

$R_{p0,2}$ 0,2-%-Dehngrenze, R_m Zugfestigkeit, *A* Bruchdehnung, *HBW* Härte nach Brinell
F Herstellungszustand, T6 lösungsgeglüht und warmausgelagert

Kupferlegierungen

Werkstoff	R_m N/mm²	$R_{p0,2}$ (min.) N/mm²	*A* (min.) %	*HBW* (min.)
Gusslegierungen (C) DIN EN 1982				
CuSn12-C-GS	≧ 260	140	7	80
CuSn7Zn4Pb7-C-GS	≧ 230	120	15	60
CuZn15As-C-GS	≧ 160	70	20	45
CuZn39Pb1Al-C-GM	≧ 280	120	10	70
CuZn37Al1-C-GM	≧ 450	170	25	105
CuZn16Si4-C-GS	≧ 400	230	10	100

Werkstoff	R_m N/mm²	$R_{p0,2}$ (min.) N/mm²	A (min.) %	HBW (min.)
Knetlegierungen DIN EN 1652				
CuSn4 – R480	480 ... 570	420	4 ... 5	
CuSn3Zn9 – R430	430 ... 520	330	6 ... 8	
CuAl8Fe3 – R480	≧ 480	210	30	
CuNi25 – R290	≧ 290	100	—	
CuNi9Sn2 – R500	500 ... 580	450	2	
CuNi18Zn27 – R540	540 ... 630	450	3	
CuZn5 – R270	270 ... 350	200	12 ... 19	
CuZn20 – R320	320 ... 400	200	20 ... 28	
CuZn37 – R410	410 ... 490	300	8 ... 12	

R_m Zugfestigkeit, $R_{p0,2}$ 0,2-%-Dehngrenze, A Bruchdehnung, HBW Härte nach Brinell
GS Sandguss, GM Kokillenguss

Magnesiumlegierungen (Gussstücke)

► DIN EN 1753

Beispiel: Legierungsgruppe MgAlZn

Werkstoff	Wärme-behand-lung	R_m (min) N/mm²	$R_{p0,2}$ (min) N/mm²	A (min) %	HBW
EN-MCMgAl9Zn1-S	F	160	110	2	50 ... 65
	T4	240	120	6	55 ... 70
	T6	240	150	2	60 ... 90
EN-MCMgAl9Zn1-K	F	160	110	2	55 ... 70
	T4	240	120	6	55 ... 70
EN-MCMgAl9Zn1-D	F	200 ... 260	140 ... 170	1 ... 6	65 ... 85

R_m Zugfestigkeit, $R_{p0,2}$ 0,2-%-Dehngrenze, A Bruchdehnung, HBW Härte nach Brinell
S Sand-, K Kokillen-, D Druckguss, F Gusszustand, T4 lösungsgeglüht und kaltausgelagert, T6 lösungsgeglüht und warmausgelagert

Nickellegierungen
► DIN 17 741 ... DIN 17 745

z. B. NiCu30Al,
NiCr15Fe

Titan und Titanlegierungen

► DIN 17 850, DIN 17 851, DIN 17 869

Eigenschaften (Beispiel): TiAl6V4 F90

Temperatur °C	E GPa	R_m N/mm²	$R_{p0,2}$ N/mm²	A %	$R_{p0,1/300}$ N/mm²
500		590			350 °C: 450
400	84	640			400 °C: 255
300		715			450 °C: 85
200	98	775			
100		885			
20	110	930 (1000)	865	13	
−196		1500	1390	13	
−253		1810	1710	6	
−269		1590	1530	6	

R_m Zugfestigkeit, $R_{p0,2}$ 0,2-%-Dehngrenze, A Bruchdehnung, $R_{p0,1/300}$ 0,1-%-Zeitdehngrenze für 300 h

4.3 Technische Keramik

Eigenschaften	Oxidkeramik			Nichtoxidkeramik			
	Al_2O_3 (> 99 %)	ZrO_2		Si_3N_4		SiC	
		Stab.	PSZ	SSN	HPSN	SSiC	HPSiC
ϱ in g/cm³	3,98	5,4	6,0	3,08	3,18	3,10	3,21
σ_{bB} (RT) in N/mm²	350	186	1020	650	845	400	930
σ_{bB} (1000 °C) in N/mm²	340	—	400	470	680	475	820
E in GPa	360	160	205	230	310	395	440
K_{Ic} in MN/m$^{-3/2}$	4,5	11	> 10	5,3	7,0	3,0	4,4
m (min.)	10	20	20	10	20	10	15

4.4 Kunststoffe

Thermoplaste

Werkstoffsorte	ϱ g/cm³	σ_s N/mm²	σ_B N/mm²	ε_s %	ε_r %	E N/mm²	a_k kJ/m² 23 °C	a_k kJ/m² −30 °C
PE-HD	0,957	28	—	10	> 50	1200	2,1	3
PP	0,905	33	—	10	> 50	1400	2	1,3
ABS	1,04	53	—	2,7	—	2800	17	7
PVC	1,4	60	—	6	20	2750	3,5	—
PA66	1,13	80	—	4	> 50	3200	20	—
PS	1,05	—	50	—	2	3200	2	2
PMMA	1,17	—	70	—	4,5	330	2	—

σ_s Streckspannung, σ_B Zugfestigkeit, ε_s Streckdehnung, ε_r Reißdehnung, a_k Kerbschlagzähigkeit

Duroplaste

Werkstoffsorte	ϱ g/cm³	σ_B N/mm²	σ_{bB} N/mm²	E N/mm²	a_n kJ/m²
UP	1,22 ... 1,27	50 ... 80	70 ... 120	3000 ... 4800	5 ... 10
UP-GF (Gewebe 55 ... 60 %)	1,76	320	320	20 000	370
UP-GF (Rovings 70 ... 75 %)	1,98	630 ... 1100	420 ... 1100	33 000	390
EP	1,20 ... 1,22	55 ... 80	90 ... 120	3500	10 ... 22
EP-GF (Gewebe 60 %)	1,6 ... 1,8	390	400 ... 600	28 000	150 ... 200
EP-GF (Rovings 70 ... 75 %)	1,55	900	800	150 000	12

σ_B Zugfestigkeit, σ_{bB} Biegefestigkeit, a_n Schlagzähigkeit

5 Werkstoffprüfung

5.1 Ermittlung von Festigkeits- und Zähigkeitskenngrößen

Festigkeit

Widerstand eines Werkstoffs gegen Verformung bzw. Bruch durch äußere bzw. innere Spannungen

Arten der Formänderung

reversibel (elastisch)	Formänderung ist der angelegten Spannung proportional (Hooke'sches Gesetz)
irreversibel (plastisch)	Formänderung durch Abgleiten von Gitterblöcken auf Gleitebenen und Gleitrichungen (dichtest mit Atomen besetzt). Im realen Kristallgitter erfolgt die Formänderung durch Bewegung von Versetzungen.

Brucharten

Gewaltbruch (zäh, spröde)	durch statische oder schlagartige Beanspruchung (Überbelastung)
Schwingbruch	(zyklische Beanspruchung)

Kenngrößen und Werkstoffverhalten bei statischer Beanspruchung – Zugversuch

▶ DIN EN 10 002, DIN EN ISO 527

Formen des Spannungs-Dehnungs-Diagramms (schematisch)

sprödes Verhalten — z. B. GJL, Glas, Keramik

duktiles Verhalten — z. B. Al, Cu, Stahl (im vergüteten Zustand); Sonderfall: z. B. C-Stahl (untereutektoid, normalisiert), allgemeiner Baustahl

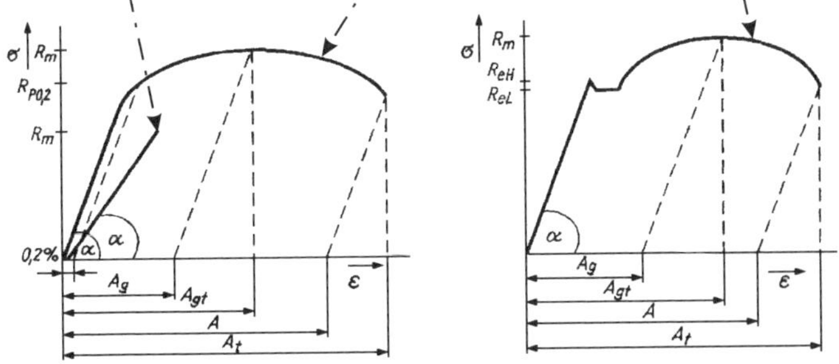

$$\sigma = \frac{F}{S_o}$$

σ Zugspannung
S_o Ausgangsquerschnitt
F Zugkraft

$$\varepsilon = \frac{L - L_o}{L_o}$$

ε Dehnung
L_o Ausgangslänge der Probe
L aktuelle Probenlänge

Werkstoffkenngrößen

Elastisches Verhalten (Hooke'sches Gesetz)

$$\sigma = E\varepsilon_e$$

E Elastizitätsmodul
ε_e elastische, proportionale Dehnung

$$E = \frac{F L_o}{S_o(L - L_o)} \text{ bzw.}$$

$E = \tan\alpha$ (s. σ-ε-Diagramm)

Übergang vom elastischen zum plastischen Zustand

a) diskontiniuierlicher Übergang

$R_{eH} = \dfrac{F_{eH}}{S_o}$ R_{eH} obere Streckgrenze

$R_{eL} = \dfrac{F_{eL}}{S_o}$ R_{eL} untere Streckgrenze

b) kontinuierlicher Übergang

$R_{p0,2} = \dfrac{F_{p0,2}}{S_o}$ $R_{p0,2}$ 0,2-%-Dehngrenze
$F_{p0,2}$ Kraft zum Erreichen von $R_{p0,2}$

Maximal ertragbare Spannung

$R_m = \dfrac{F_m}{S_o}$ R_m Zugfestigkeit
F_m Höchstzugkraft

Verformungskenngrößen

$Z = \dfrac{S_o - S_u}{S_o}$

$A = \dfrac{L_u - L_o}{L_o}$

Z Brucheinschnürung
S_u Bruchquerschnitt
A Bruchdehnung
L_u Probenlänge nach dem Bruch

Proportionale Proben: $L_o = k\sqrt{S_o}$ mit $k = 5{,}65$ (11,3)
Rundproben: $L_o = 5$ bzw. $10d_o$

Kenngrößen und Werkstoffverhalten bei schwingender Beanspruchung

Spannungs-Zeit-Schaubild des Dauerschwingversuches

► DIN 50 100

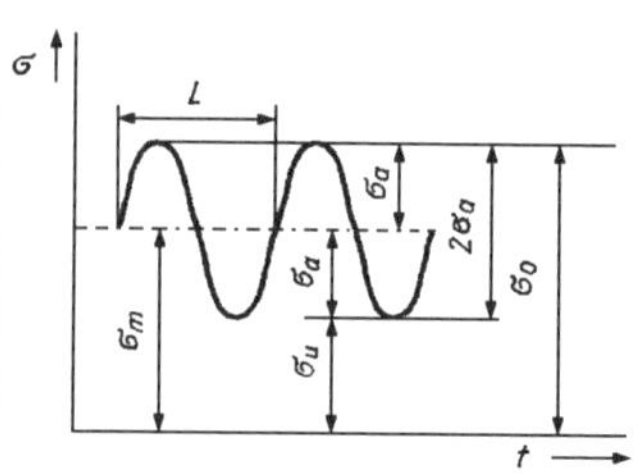

$\sigma_m = 0{,}5\,(\sigma_o + \sigma_u)$ Mittelspannung
$\sigma_a = \pm 0{,}5\,(\sigma_o - \sigma_u)$ Spannungsamplitude
σ_o Oberspannung
σ_u Unterspannung
$2\sigma_a = \sigma_o - \sigma_u$ Schwingbreite
L Schwingspiel
$s = \sigma_u/\sigma_o$ Spannungsverhältnis
$r = \sigma_m/\sigma_o$ Ruhegrad der Beanspruchung

Beanspruchungsfälle:

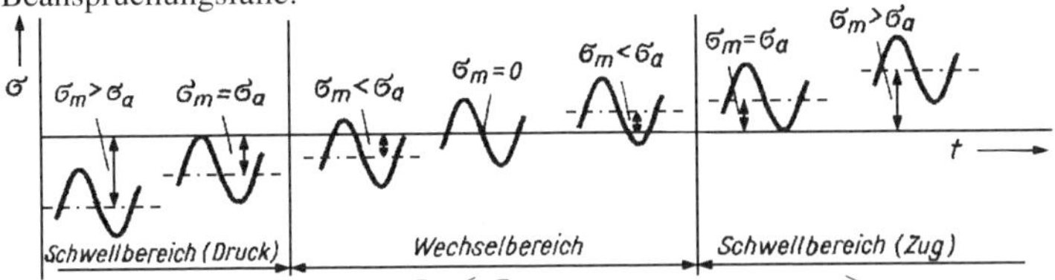

Schwellbereich (Druck)	Wechselbereich	Schwellbereich (Zug)
$\sigma_m \geqq \sigma_a$	$\sigma_m < \sigma_a$	$\sigma_m \geqq \sigma_a$
$\sigma_m < 0$	$\sigma_m \lesseqqgtr 0$	$\sigma_m > 0$
$0 \leqq s \leqq 1$	$0 > s \geqq -1$	$0 \leqq s \leqq 1$
$0{,}5 \leqq r \leqq 1$	$0{,}5 > r \geqq 0$	$0{,}5 \leqq r \leqq 1$

Dauerschwingfestigkeit σ_D

Spannungsausschlag um eine Mittelspannung, der beliebig oft, mindestens jedoch bis Erreichen einer festgelegten Bruchschwingspielzahl N ohne Bruch und ohne unzulässige Verformung ertragen wird

Sonderfälle:

Wechselfestigkeit
$\sigma_W(\sigma_m = 0, \sigma_W = \sigma_A)$

Schwellfestigkeit
$\sigma_{Sch}(\sigma_m = \sigma_A, \sigma_{Sch} = 2\sigma_A)$

σ_{zSch}, σ_{dSch} Zug- bzw. Druckschwellfestigkeit,

σ_A Spannungsamplitude der Dauerfestigkeit bei vorgegebener Mittelspannung

$$\sigma_{D(N_G)} = \sigma_m \pm \sigma_A$$

N_G (Stahl) $= 2 \cdot 10^6$
N_G (Leichtmetalle) $= 50 \cdot 10^6$

Beispiel: $\sigma_{D(10^7)} = (80 \pm 100)\ \text{N/mm}^2$

Wöhlerkurve

$\sigma_m = \text{const}$

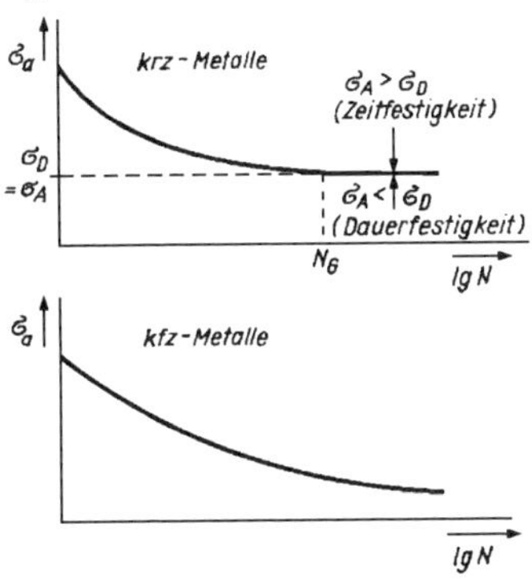

Dauerfestigkeitsschaubild (Smith-Diagramm)

σ_m = variabel

Grenzlinien für σ_o bzw. σ_u charakterisieren den Bereich der Dauerschwingfestigkeit

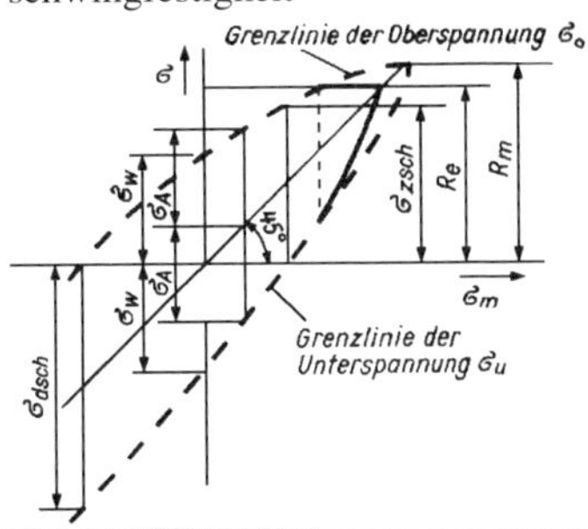

Kenngrößen und Werkstoffverhalten bei schlagartiger Beanspruchung

Kerbschlagbiegeversuch ► DIN EN 10 045, DIN 50 115

Probenform (Normalprobe) Länge: 55 mm; Breite, Höhe: 10 mm

Kerbform U-Kerb (Tiefe: 5 mm, Radius: 1 mm)
V-Kerb (Tiefe: 2 mm, Winkel: 45°, Radius: 0,25 mm)

Kerbschlagarbeit K

$$K = W_1 - W_2 = F_G h_1 - F_G h_2 = F_G(h_1 - h_2)$$

Normalbedingung: Arbeitsvermögen des Pendelschlagwerkes
$W_1 = (300 \pm 10)$ J

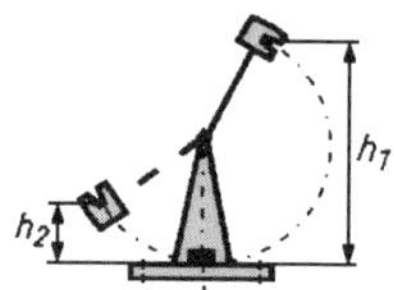

Beispiele:

$KU = 120$ J — Normalprobe mit U-Kerb, $W_1 = 300$ J, beim Bruch verbrauchte Schlagarbeit: 120 J

$KV = 100$ J — Normalprobe mit V-Kerb, $W_1 = 300$ J, beim Bruch verbrauchte Schlagarbeit: 100 J

Nachweis der Sprödbruchneigung:

Kerbschlagarbeit-Temperatur-Kurven

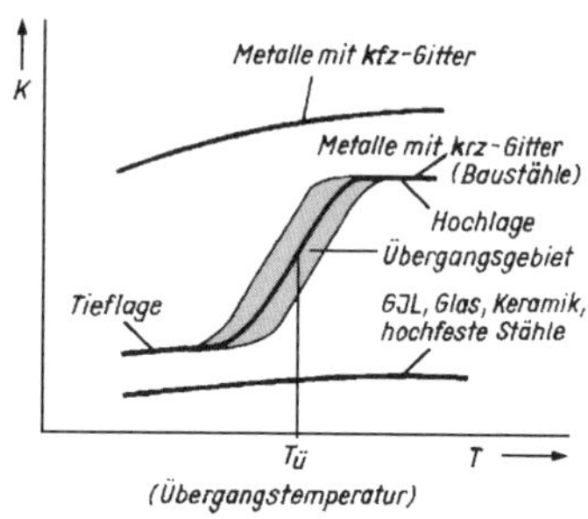

5.2 Härtemessung

Härte Widerstand eines Werkstoffes gegenüber dem Eindringen eines anderen (härteren) Körpers in seine Oberfläche

Statische Härtemessverfahren

Verfahren	Brinell	Vickers
Norm	▶ DIN EN ISO 6506	▶ DIN EN ISO 6507
Eindringkörper		
▪ Form	Kugel (poliert)	gerade Pyramide, quadratische Grundfläche
▪ Werkstoff	Hartmetall (HBW)	Diamant
▪ Abmessungen	$D = 10; 5; 2{,}5; 1$ mm	Spitzenwinkel 136°
Messprinzip	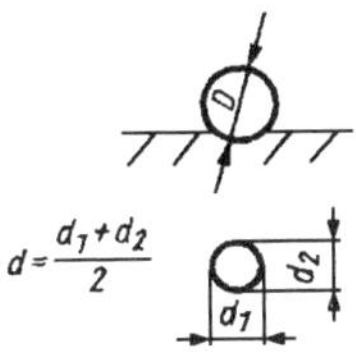	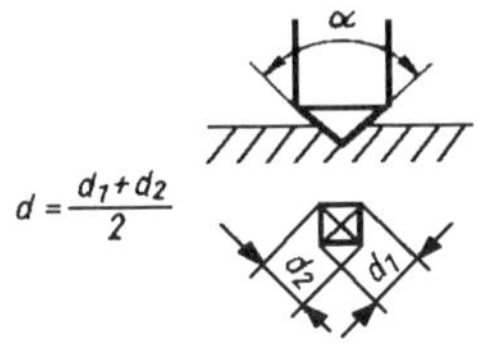
Prüfkenngrößen		
▪ Prüfkraft	Beanspruchungsgrad: $x = 0{,}102F/D^2$ x(Stahl, Ni, Ti): 30 x(Cu): 5 . . . 30 $0{,}24D \leqq d \leqq 0{,}6D$	Prüfkraftbereiche: $F \geqq 49{,}03$ N $1{,}961 \leqq F \leqq 49{,}03$ $0{,}098\,07 \leqq F \leqq 1{,}961$ $0{,}020 \leqq d \leqq 1{,}400$
▪ Krafthaltedauer	$t = 10 \ldots 15$ s	$t = 10 \ldots 15$ s
Prüfbedingungen		
▪ Randabstand	$\geqq 2{,}5d$	$\geqq 2{,}5d$ } Stahl, Cu
▪ Abstand zw. den Eindrücken	$\geqq 3{,}0d$	$\geqq 3{,}0d$ } Stahl, Cu
▪ zulässige Eindringtiefe h	$s \geqq 8h$ (s Proben-/Schichtdicke)	$s \geqq 1{,}5d$
Ermittlung des Härtewertes	$H = \dfrac{0{,}102 \cdot 2F}{\pi D(D - \sqrt{D^2 - d^2})}$	$H = \dfrac{0{,}102 \cdot 1{,}854F}{d^2}$
Bezeichnung des Prüfergebnisses (Angabe der Einwirkdauer t entfällt für $t = 10 \ldots 15$ s)	H HBW . . . $D/0{,}102F/t$ z. B. 600 HBW 1/30/20 350 HBW 5/750	H HV $0{,}102F/t$ z. B. 640 HV 30/20 720 HV 30
Anwendung	$\leqq 650$ HBW Stahl: $R_m \approx 3{,}5$ HBW	universell anwendbar

Statische Härtemessverfahren

Verfahren	Rockwell C	Rockwell B
Norm	► DIN EN ISO 6508	► DIN EN ISO 6508
Eindringkörper		
▪ Form	Kegel (cone)	Kugel (ball)
▪ Werkstoff	Diamant	Hartmetall (W), Stahl (S)
▪ Abmessungen	Kegelwinkel: 120°	$D = 1{,}59\text{ mm} = 1/16''$
Messprinzip	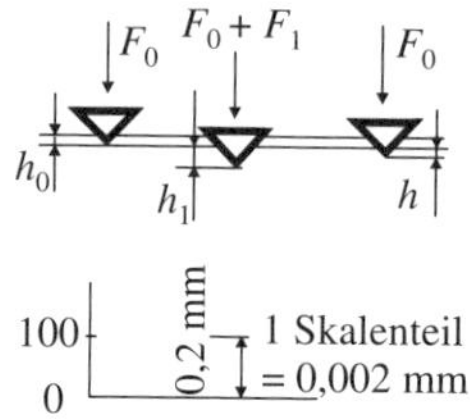	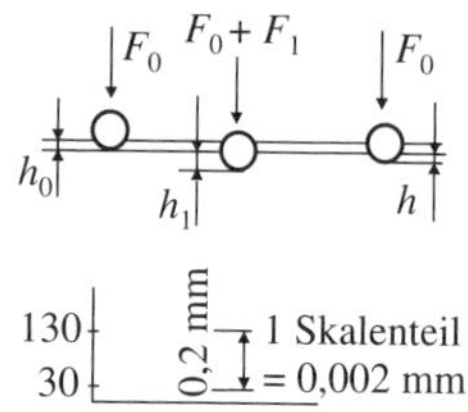
Prüfkenngrößen	Prüfvorkraft $F_0 = 98{,}07$ N	Prüfvorkraft $F_0 = 98{,}07$ N
▪ Prüfkraft	Prüfkraft $F_1 = 1373$ N	Prüfkraft $F_1 = 882{,}6$ N
	h_0 Eindringtiefe bei F_0, h_1 Eindringtiefe bei F_1 h bleibende Eindringtiefe bei Kraftminderung von F_1 auf F_0	
▪ Krafthaltedauer	$t = 4 \pm 2$ s	
Prüfbedingungen		
▪ Randabstand	$\geqq 2{,}5d$, mind. 1 mm	$\geqq 2{,}5d$, mind. 1 mm
▪ Abstand zw. den Eindrücken	$\geqq 4{,}0d$, mind. 2 mm	$\geqq 4{,}0d$, mind. 2 mm
▪ zulässige Eindringtiefe h	$s \geqq 10h$	$s \geqq 15h$
Ermittlung des Härtewertes	$\text{HRC} = 100 - h/0{,}002$	$\text{HRB} = 130 - h/0{,}002$
Bezeichnung des Prüfergebnisses	H HRC z. B. 60 HRC	H HRB (S; W) z. B. 80 HRBW
Anwendung	20 ... 70 HRC	20 ... 100 HRB
	Hinweis: weitere Rockwell-Skalen mit modifizierten Kräften	
	HRA, HRD, HRN	HRE, HRF, HRG, HRH, HRK, HRT

Statische Verfahren

Beispiele: Brinell-, Vickers-, Rockwellhärte (→ Tabelle), Knoop-Härte
▶ DIN EN ISO 14 577: instrumentierte Eindringprüfung,
▶ DIN ISO 2039: Kugeldruckhärte (Härtemessung an Kunststoffen),
▶ DIN EN ISO 868: Shore-Härte (Härtemessung an Elastomeren)

Dynamische Verfahren

Beispiele:
dynamisch-plastische Verfahren: Schlaghärteprüfung
dynamisch-elastische Verfahren: Rücksprunghärteprüfung

5.3 Bruchmechanik

Konzept der linear-elastischen Bruchmechanik (LEBM)

▶ DIN EN ISO 12 737

Voraussetzung: linear-elastisches Werkstoffverhalten, d. h. kein Abbau von Spannungsspitzen durch plastische Verformung (spröde Werkstoffe)

Spannungsintensitätsfaktor K_I

Spannungszustand vor der Rissspitze eines elastisch verformten Körpers (Index gibt den Rissöffnungsmodus an, I bedeutet Rissöffnung senkrecht zur Normalspannung)

$$K_\mathrm{I} = \sigma_\mathrm{n}\sqrt{\pi a y}$$

Bruchkriterium

$$K_\mathrm{I} > K_\mathrm{Ic} = \sigma_\mathrm{nc}\sqrt{\pi a y}$$

σ_n Nennspannung
a Risslänge, y Rissformfaktor
K_Ic kritischer Spannungsintensitätsfaktor, Bruchzähigkeit (Widerstand gegen instabile Rissausbreitung)

Kraft-Kerbaufweitungs-Diagramm (F-v)

3-Punkt-Biegeprobe Kompaktzug-(CT-)Probe

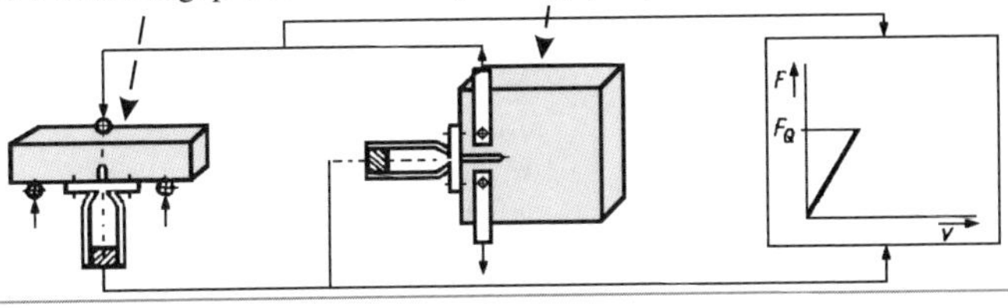

$$K_Q = \frac{F_Q s}{BW^{3/2}} Y(a/W)$$

K_Q vorläufiger Wert der Bruchzähigkeit
B Probenbreite
W Probenhöhe
s Abstand der Auflager

Unter der Voraussetzung

$a, \quad W-a, \quad B \geqq 2{,}5(K_Q/R_{p0,2})^2$ gilt $K_Q = K_{Ic}$

5.4 Technologische Prüfverfahren

Ziel: Untersuchung der Eignung des Werkstoffs für ein bestimmtes Fertigungsverfahren oder einen speziellen Verwendungszweck, z. B. Prüfung der Umform-, Span-, Schweiß-, Härtbarkeit.

Prüfung der Kaltumformbarkeit

Fließkurve:
Zusammenhang zwischen Formänderungsfestigkeit k_f und der logarithmischen bleibenden Formänderung

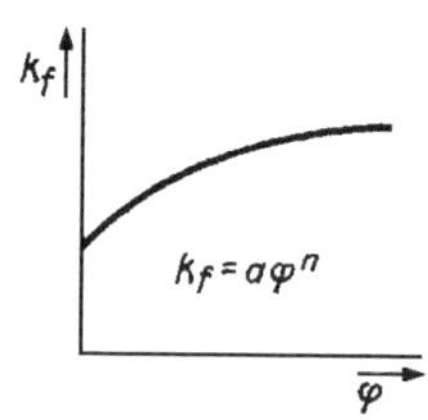

$$k_f = \frac{F}{S}$$

$$\varphi = \int_{L_0}^{L} \frac{dL}{L_0} = \ln\frac{L}{L_0} = \ln(1+\varepsilon)$$

S aktuell vorhandener Probenquerschnitt
n Verfestigungsexponent
a Konstante
L Probenlänge
ε Dehnung

Verfahren zur Prüfung des Umformverhaltens von Feinblechen:

Biegeversuch ► DIN EN ISO 7438
Doppelfaltversuch
Hin- und Herbiegeversuch
► DIN EN ISO 7799
Tiefungsversuch nach Erichsen
► DIN EN ISO 20 482
Näpfchenziehversuch
► DIN EN 1669

$$r = \frac{\varphi_b}{\varphi_s}$$

Zugversuch mit umformspezifischen Kenngrößen:
n Verfestigungsexponent
r senkrechte Anisotropie
φ_b Umformgrad in der Probenbreite
φ_s Umformgrad in der Blechdicke

Prüfung der Härtbarkeit-Stirnabschreckversuch

► DIN EN ISO 642

Härtbarkeit: Fähigkeit eines Stahles, nach Austenitisieren in Martensit und/oder Bainit überzugehen

Aufnahme des Härteverlaufes einer Rundprobe in Abhängigkeit vom Abstand zur abgeschreckten Stirnfläche (Aufhärtung, Einhärtung)

Beispiel: J35-15

Härte: 35 HRC, Abstand von der abgeschreckten Stirnfläche: 15 mm

5.5 Ultraschallprüfung

► DIN EN 583

Ultraschall, Wellenarten: → Physik

Ultraschallgeschindigkeit v

$$v = \lambda f$$

$$v_L = \sqrt{\frac{E(1-\mu)}{\varrho(1+\mu)(1-2\mu)}}$$

$$v_T = \sqrt{\frac{E}{2\varrho(1+\mu)}}$$

λ Wellenlänge
f Frequenz
v_L Longitudinalwellengeschwindigkeit
v_T Transversalwellengeschwindigkeit
ϱ Dichte
μ Querkontraktionszahl
E Elastizitätsmodul

Beispiele für Ultraschallgeschwindigkeiten

	Al	Pb	Fe	Cu	Ni	H_2O	Luft	
v_L	6320	2160	5900	4730	5894	1481	330	m/s
v_T	3130	700	3230	2300	3219	–	–	m/s

Impuls-Laufzeit-Verfahren

Echogramm

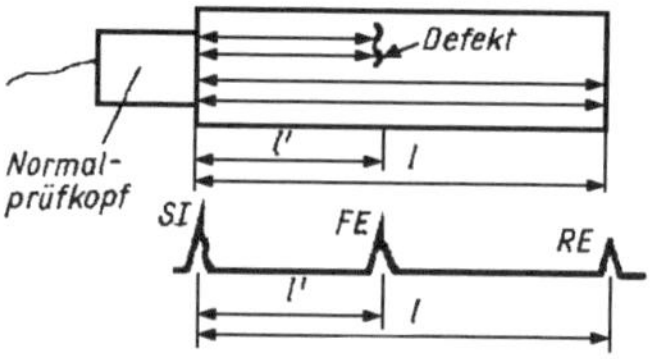

SI Sendeimpuls
FE Fehlerecho
RE Rückwandecho
l Probenlänge, Abstand Sendeimpuls-Rückwandecho
l' Abstand Sendeimpuls-Fehler-echo

Prüffrequenz

Optimum zwischen Schwächung und Empfindlichkeit (Stahl: 2 . . . 6 MHz)

Schrägeinschallung

Schräg im Werkstück liegende Fehler erfordern für senkrechtes Anschallen Winkelprüfköpfe, z. B. Schweißnahtprüfung.

Sprungabstand

$S = 2d \tan \beta$

Zone der Prüfkopfbewegung

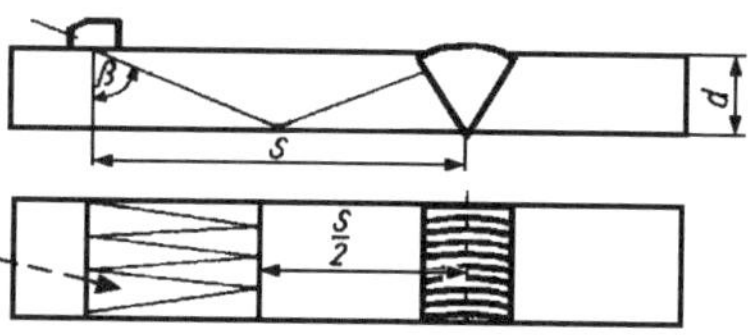

5.6 Wirbelstromprüfung

► DIN 12 084

Prüfprinzip

Bauteile (elektrisch leitfähig) werden in den Wirkungsbereich des magnetischen Feldes einer von Wechselstrom durchflossenen Spule gebracht (Änderung der Spulendaten, Scheinwiderstand).

Prüfverfahren

a) Tastspulverfahren (z. B. Schichtdicke)

b) Durchlaufspulverfahren (z. B. Stangenmaterial)

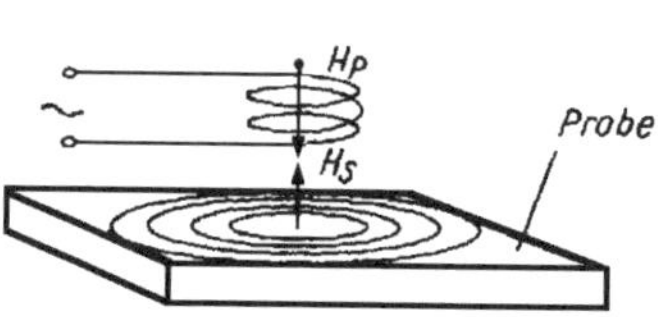

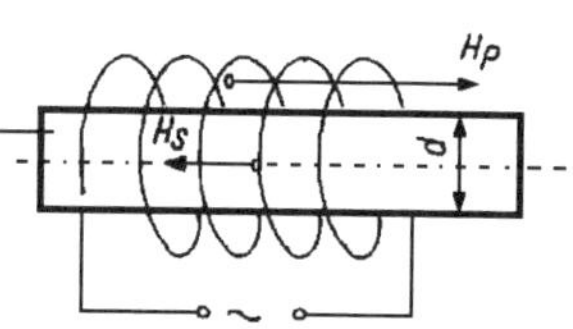

H_p magnetische Felstärke der Spule ohne Probe (Primärfeld)
H_s magnetische Feldstärke des Gegenfeldes (Sekundärfeld)

H_s hängt z. B. von der chemischen Zusammensetzung, dem Gefügezustand sowie der Schichtdicke ab.

c) Gabelspulverfahren (z. B. Bleche)
d) Innenspulverfahren (Rohrprüfung)

Eindringtiefe der Wirbelströme ist frequenzabhängig (Skin-Effekt)

Volumenprüfung: $f \approx 50$ Hz
Oberflächenprüfung: $f \approx 1 \ldots 5$ MHz

5.7 Magnetpulverprüfung

▶ DIN EN ISO 9934-1

Prüfprinzip

Ermittlung von Oberflächen- bzw. oberflächennahen Defekten (z. B. Risse, Lunker, Poren, Schlackezeilen) durch Nachweis der Störungen der magnetischen Feldlinien (Streufluss) in **ferromagnetischen Werkstoffen**.

Basis:
$\mu_r(\text{Luft}) \ll \mu_r(\text{Fe,Fe-Leg.})$

μ_r relative Permeabilität

Nachweis des Streuflusses

Öl niedriger Viskosität + Fe-Pulver + Farbstoff (fluoreszierend)
Auswertung/Betrachtung im UV-Licht
Induktionsspule (Spannungsinduzierung durch Schneiden der Kraftlinien)

Magnetisierungsarten

Nachweis von Längsrissen (radialer Kraftlinienverlauf)

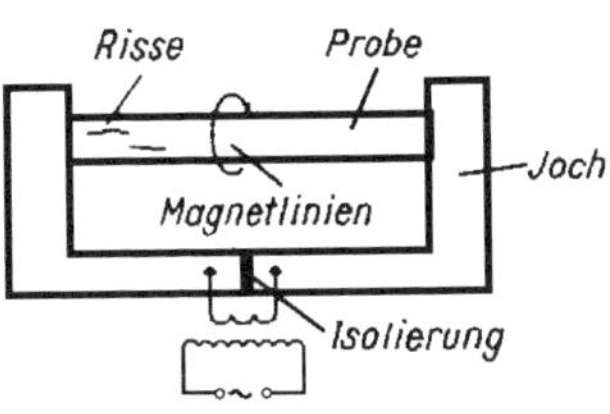

Kreismagnetisierung (Selbstdurchflutung)

Nachweis von Querrissen (axialer Kraftlinienverlauf)

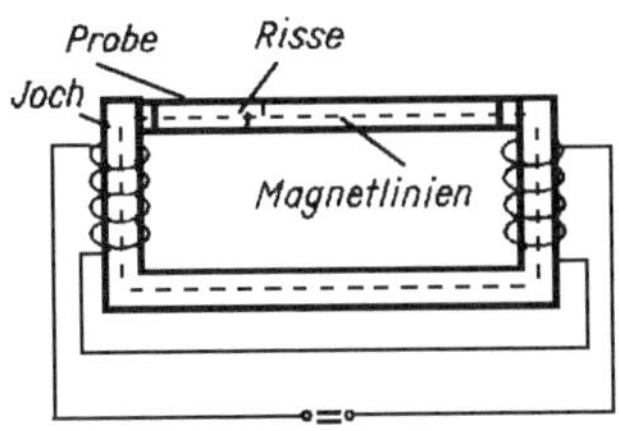

Längsmagnetisierung (Jochmagnetisierung oder (Spulenmagnetisierung)

5.8 Radiographische Prüfverfahren

► DIN EN 444, DIN EN 462

Prüfprinzip

Nachweis von innen liegenden makroskopischen Defekten bzw. Werkstoffinhomogenitäten mittels Röntgen- bzw. Gammastrahlen durch Schwächungsmessung.

$$I = I_0\,e^{-\mu d}$$

I Intensität der austretenden Strahlen
I_0 Intensität der auftreffenden Strahlen
d Werkstoffdicke
μ Schwächungskoeffizient
$\mu_{\text{Luft}} < \mu_{\text{Stahl}}$

Nachweis der Intensitätsverteilung z. B. mittels Filmmethode

Die Bildgüte wird beeinflusst von der Unschärfe U

U_g geometrische Unschärfe
U_i innere Unschärfe der Aufnahme (filmbedingt, Einfluss der Strahlungsenergie, Materialdicke, $U_i \approx 0{,}2 \ldots 0{,}6$ mm)

Strahler-Film-Abstand

Der Abstand zwischen Strahler und Film (FFA) wird so festgelegt, dass $U_g = U_i$ ist, wobei gilt

$$f_{\min} = \frac{b \cdot d}{U_i}$$

f Strahler-Prüfobjekt-Abstand
U_g geometrische Unschärfe
b Prüfobjekt-Film-Abstand

1 Strahlenquelle (Brennfleckdurchmesser d)
2 Fehler
3 Prüfobjekt (Nenndicke t)
4 Film
5 Bildgüteprüfkörper (Drahtsteg)

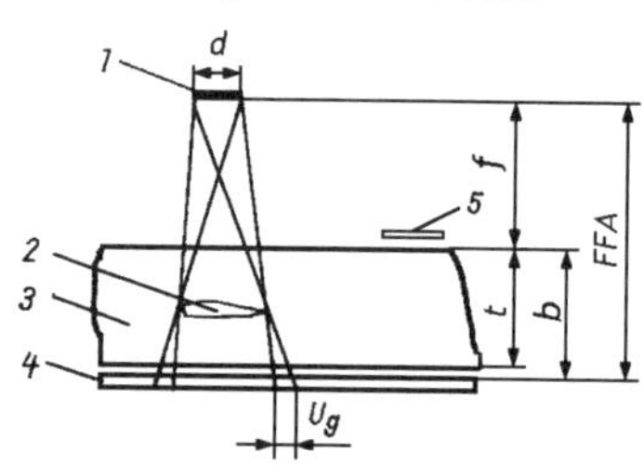

5.9 Eindringprüfung

► DIN EN 571

Prüfprinzip

Nachweis offener Oberflächenfehler (Risse, Poren, Bindefehler, Falten, Überlappungen) auf der Grundlage von Kapillarwirkung (nicht an elektrische oder magnetische Eigenschaften gebunden).

Eindringsystem

Kombination von Eindringmittel, Zwischenreiniger und Entwickler

Verfahrensschritte

- Vorbereitung und Vorreinigung (Entfetten, Rost, Zunder und Lack mechanisch oder chemisch beseitigen)
- Aufbringen (Sprühen, Streichen, Übergießen, Eintauchen) und Einwirken des Eindringmittels (farbige oder fluoreszierende Eindringmittel)
- Zwischenreinigung (Wasser, Lösemittel, Emulgator)
- Trocknen der Oberfläche
- Entwicklungsvorgang (Trocken- oder Nassentwickler)
- Bewertung (fluoreszierende Eindringmittel: UV-Licht; Farbeindringmittel: Tageslicht, künstliches Licht)
- Nachreinigung und Schutzmaßnahmen (sofern erforderlich)

5.10 Elektrische Prüfverfahren (Potenzialsondenverfahren)

Risstiefenmessung (Vierspitzenverfahren)

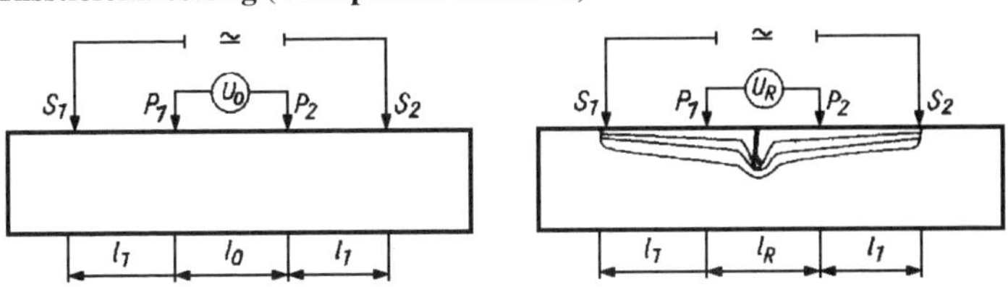

S_1, S_2 Strompole, P_1, P_2 Spannungspole, A Fläche, d Probendicke, l_1 Abstand zwischen Strompolen und Spannungspolen, l_0 Abstand zwischen den Spannungspolen, Länge der Stromlinien (fehlerfreier Werkstoff), l_R Länge der Stromlinien (rissbehafteter Werkstoff)

$\Delta U = U_R - U_0 = I(l_R - l_0)/(A\varkappa) \sim$ Risstiefe

Einflussfaktoren	Rissbreite, Risslage, Rissfelder, Werkstoff, Randeffekt

5.11 Gefügeuntersuchung (Metallographie, Polymerographie, Keramographie)

► DIN EN 10 247, DIN EN ISO 643, DIN 50 602

Makroskopische Untersuchungsmethoden

Visuelle und/oder mikroskopische Bewertung (bis 30 : 1) unbearbeiteter bzw. bearbeiteter (z. B. geschliffener), ungeätzter bzw. geätzter Flächen.

Nachweis von Seigerungen, Rissen, Lunkern, Einschlüssen, Gasblasen, Faserverläufen an Umformteilen, chemisch-thermischer (z. B. Einsatzzone) und lokaler Wärmebehandlung (z. B. Flammen-, Induktionshärten), Bewertung von Schweißverbindungen (Wärmeeinflusszone bzw. Bindefehler)

Mikroskopische Untersuchungsmethoden

lichtmikroskopisch	Vergrößerung ca. 50 : 1 bis 2000 : 1, qualitative und quantitative Gefügebewertung
elektronenmikroskopisch	Durchstrahlungselektronenmikroskop (bis 10^6 : 1), Rasterelektronenmikroskop (bis 10^5 : 1)

Lichtmikroskopische Untersuchungen

Arbeitsschritte: Probennahme, Einfassen, Planschleifen, Feinschleifen, Polieren (Diamantpaste, Tonerde), Ätzen (Eisenwerkstoffe z. B. 3 ... 5 %ige alkoholische HNO_3)	unterschiedlicher Angriff des Ätzmittels: Kornflächen- bzw. Korngrenzenätzung

Bewerten des Gefüges

- qualitativ: z. B. Art, Anordnung, Form, Verteilung der Gefügebestandteile, Einschlüsse
- quantitativ: Größe, Menge von Gefügebestandteilen (z. B. Korngröße, Phasenanteile)

Methoden

Punktanalyse, Linearanalyse, Flächenanalyse, Richtreihen (z. B. Korngröße, nichtmetallische Einschlüsse)

Technische Thermodynamik

1 Umrechnungen und Stoffwerte

1.1 Umrechnungen, Konstanten

$T/\mathrm{K} = t/°\mathrm{C} + 273{,}15$	Umrechnung von °C in Kelvin
$t/°\mathrm{C} = \frac{5}{9}(t/°\mathrm{F} - 32)$	Umrechnung von Grad Fahrenheit in Grad Celsius
$R_\mathrm{m} = 8{,}3145$ J/(mol K)	universelle Gaskonstante
$R = R_\mathrm{m}/M$	spezielle Gaskonstante, M molare Masse
ϱ_n	Normdichte ($t_\mathrm{n} = 0$ °C, $p_\mathrm{n} = 1{,}013\,25$ bar)
$V_\mathrm{m\,n} = 22{,}414\,1\ \mathrm{m^3/kmol}$	molares Volumen idealer Gase im Normzustand

1.2 Stoffwerte wichtiger technischer Gase

	Molare Masse M in g/mol	Normdichte ϱ_n in kg/m³	Spezifische Wärmekapazität c_p^0 (25 °C) in J/(gK)
Ammoniak NH_3	17,03	0,77	2,16
Argon Ar	39,95	1,78	0,52
Ethan C_2H_6	30,07	1,35	1,75
Helium He	4,00	0,18	5,20
Kohlendioxid CO_2	44,01	1,98	0,85
Kohlenoxid CO	28,01	1,25	1,04
Luft	28,96	1,29	1,005
Methan CH_4	16,04	0,72	2,23
Propan C_3H_8	44,10	2,01	1,67
Sauerstoff O_2	32,00	1,43	0,92
Schwefeldioxid SO_2	64,06	2,92	0,61
Stickstoff N_2	28,01	1,25	1,04
Stickstoffdioxid NO_2	46,01	–	0,81
Stickstoffmonoxid NO	30,01	1,34	0,97
Wasser H_2O, gasförmig	18,02	–	1,86
Wasserstoff H_2	2,02	0,09	14,34

2 Thermisches Verhalten idealer und perfekter Gase

Als **ideale Gase** können Gase behandelt werden, deren Realgasfaktor $Z = pv/(RT)$ nicht zu weit vom Wert eins abweicht.

Perfekte Gase sind ideale Gase, bei denen zusätzlich die spezifischen Wärmekapazitäten konstant gesetzt sind.

Zustandsgleichung für das thermische Verhalten idealer und perfekter Gase in den verschiedenen Schreibweisen:

$pV = mRT$
in absoluter Form

p Druck
V Volumen
m Masse

$pV = nR_\mathrm{m}T$
mit der Stoffmenge n

n Stoffmenge (Molzahl)

$pv = RT$
in der spezifischen Form

$v = \frac{V}{m}$ spezifisches Volumen

$\frac{p}{\varrho} = RT$
mit der Dichte $\varrho = \frac{1}{v}$

T absolute Temperatur

$pV_\mathrm{m} = R_\mathrm{m}T$
in der molaren Form (gültig für ein Mol eines Stoffes)

V_m Molvolumen

3 Erster Hauptsatz der Thermodynamik

3.1 Erster Hauptsatz für das geschlossene, ruhende System

Beim geschlossenen, ruhenden System geht während der Zustandsänderung keine Masse über die Systemgrenze. Die Systemgrenze ist massedicht.

$Q_{12} + W_{12} = U_2 - U_1$

in absoluter Form
U innere Energie

$q_{12} + w_{12} = u_2 - u_1$

in spezifischer Form

Wärme Q_{12}

$Q_{12} = mq_{12}$ — q_{12} spezifische Wärme, m Masse

Q_{12} positiv bei Wärmezufuhr
Q_{12} negativ bei Wärmeabgabe
$Q_{12} = 0$ bei adiabaten Systemen

Arbeit W_{12}

$W_{12} = W_{V12} + W_{W12} + W_{el12}$
$W_{12} = mw_{12}$

W_{V12} Volumenänderungsarbeit
W_{W12} Wellenarbeit
W_{el12} elektrische Arbeit

Volumenänderungsarbeit W_{V12} im reversiblen Fall

$$W_{V12rev} = -\int_1^2 p\mathrm{d}V = -m\int_1^2 p\mathrm{d}v$$

p Druck
V Volumen
v spezifisches Volumen

Die Auswertung des Integrals hängt von der entsprechenden Zustandsänderung $p = f(v)$ ab (isobar, isochor, isotherm usw.).

Wellenarbeit W_{W12}

$$W_{W12} = \int_1^2 M_w \omega \mathrm{d}\tau$$

M_w Moment
ω Winkelgeschwindigkeit
τ Zeit

Elektrische Arbeit W_{el12}

$$W_{el12} = \int_1^2 U_{el} I \mathrm{d}\tau$$

U_{el} Spannung
I Stromstärke
τ Zeit

Berechnung der inneren Energie U

Für das perfekte Gas

$U_2 - U_1 = mc_V^\infty (T_2 - T_1)$
$U = mu$

c_V^∞ konstante isochore spezifische Wärmekapazität
m Masse
T Temperatur

Für das ideale Gas

$$U_2 - U_1 = m\int_1^2 c_V^\infty(T)\mathrm{d}T$$

Oft reicht bei idealen Gasen eine mittlere, konstante isochore spezifische Wärmekapazität $\overline{c}_V^\infty$.

3.2 Erster Hauptsatz für das durchströmte System

Beim durchströmten System überschreiten ein Massenstrom oder mehrere Massenströme die Systemgrenze.

Kontinuitätsgleichung

$$\dot{m} = \varrho_1 c_1 A_1 = \varrho_2 c_2 A_2$$

A Fläche
c Geschwindigkeit
ϱ Dichte

Erster Hauptsatz für das durchströmte System

in absoluter Form

$$\dot{Q}_{12} + P_{12} = \dot{m}\left[(h_2 - h_1) + \left(\frac{c_2^2}{2} - \frac{c_1^2}{2}\right) + g(z_2 - z_1)\right]$$

$\dot{m}$ Massenstrom
h spezifische Enthalpie
c Geschwindigkeit
g Fallbeschleunigung ($= 9{,}81\ \mathrm{m/s^2}$)
z geodätische Höhe

in spezifischer Form

$$q_{12} + w_{t12} = (h_2 - h_1) + \left(\frac{c_2^2}{2} - \frac{c_1^2}{2}\right) + g(z_2 - z_1)$$

in der Form für mehrere Massenströme

$$\dot{Q}_{12} + P_{12} = \sum_{\text{aus}=1}^{n} \dot{m}_{\text{aus}}\left(h + \frac{c^2}{2} + gz\right)_{\text{aus}} - \sum_{\text{ein}=1}^{k} \dot{m}_{\text{ein}}\left(h + \frac{c^2}{2} + gz\right)_{\text{ein}}$$

Wärmestrom $\dot{Q}_{12}$

$$\dot{Q}_{12} = \dot{m} q_{12}$$

q_{12} spezifische Wärme
$\dot{m}$ Massenstrom

$\dot{Q}_{12}$ positiv bei Wärmezufuhr
$\dot{Q}_{12}$ negativ bei Wärmeabgabe
$\dot{Q}_{12} = 0$ bei adiabaten Systemen

Leistung P_{12} und spezifische technische Arbeit w_{t12}

$$P_{12} = P_{W12} + P_{el12}$$

P_{W12} Leistung an der Welle
P_{el12} elektrische Leistung

$$P_{12} = \dot{m} w_{t12}$$

w_{t12} spezifische technische Arbeit

Spezifische technische Arbeit im reversiblen Fall ($P_{\mathrm{el}} = 0$)

$$w_{\mathrm{t12rev}} = \int_1^2 v\,\mathrm{d}p + \left(\frac{c_2^2}{2} - \frac{c_1^2}{2}\right) + g(z_2 - z_1)$$

- c Geschwindigkeit
- v spezifisches Volumen
- p Druck
- g Fallbeschleunigung
- z geodätische Höhe

Die Auswertung des Integrals hängt von der entsprechenden Zustandsänderung $v = f(p)$ ab (Druckänderungsarbeit).

Berechnung der spezifischen Enthalpie h

$$h = u + pv$$
$$\mathrm{d}h = \mathrm{d}u + p\,\mathrm{d}v + v\,\mathrm{d}p$$

- u innere Energie
- p Druck
- v spezifisches Volumen

Für das perfekte Gas

$$h_2 - h_1 = c_{\mathrm{p}}^0(T_2 - T_1)$$

- c_{p}^0 konstante isobare spezifische Wärmekapazität
- T Temperatur

Für das ideale Gas

$$h_2 - h_1 = \int_1^2 c_{\mathrm{p}}^0(T)\,\mathrm{d}T$$

Oft reicht bei idealen Gasen eine mittlere, konstante isobare spezifische Wärmekapazität $\bar{c}_{\mathrm{p}}^0$.

4 Zweiter Hauptsatz der Thermodynamik

Alle natürlichen Prozesse sind nicht umkehrbar und damit verlustbehaftet. Die Größe, mit der die Verluste bewertet werden, ist die Entropie $S = ms$.

Entropie als Zustandsgröße eines Systems

$$\mathrm{d}s = \frac{\mathrm{d}h - v\,\mathrm{d}p}{T}, \quad \mathrm{d}s = \frac{\mathrm{d}u + p\,\mathrm{d}v}{T}$$

Beide Beziehungen sind gleichwertig.

- s spezifische Entropie
- h spezifische Enthalpie
- u spezifische innere Energie
- v spezifisches Volumen
- p Druck
- T absolute Temperatur

Für das perfekte Gas folgt daraus

$$s_2 - s_1 = c_{\mathrm{p}}^0 \ln\frac{T_2}{T_1} - R\ln\frac{p_2}{p_1}$$
$$s_2 - s_1 = c_{\mathrm{V}}^{\infty} \ln\frac{T_2}{T_1} + R\ln\frac{v_2}{v_1}$$

Oft reichen bei idealen Gasen mittlere spezifische Wärmekapazitäten.

Beeinflussung der Entropie

Beeinflussung der Entropie eines geschlossenen Systems ist möglich durch Wärmetransport über die Systemgrenze oder Irreversibilitäten im System.

$$\Delta s = \Delta s_q + \Delta s_{irr}$$

Wärme und Entropie

Wärme und Entropie sind unmittelbar miteinander verknüpft.

$$\Delta s_q = \int \frac{\mathrm{d}q_{rev}}{T}, \quad \Delta S_Q = \int \frac{\mathrm{d}Q_{rev}}{T}$$

Wärmezufuhr bedingt Entropiezunahme
Wärmeabgabe bedingt Entropieabnahme

Irreversibilität und Entropie

Da Verluste nicht umkehrbar sind, kann die Entropieänderung aufgrund von Irreversibilitäten nur positiv sein.

$$\Delta s_{irr} \geqq 0$$

Adiabate und isentrope Zustandsänderungen

Beim adiabaten System mit $q = 0$ folgt:

$\Delta s_q = 0$ und damit
$\Delta s = \Delta s_{irr} \geqq 0$

$\Delta s = 0$ — bei adiabater und reversibler, d. h. isentroper Zustandsänderung

$\Delta s > 0$ — bei adiabater, irreversibler Zustandsänderung

Exergie und Anergie

Energie kann aus einem vollständig umwandelbaren Anteil und einem nicht umwandelbaren Anteil bestehen.

$$\text{Energie} = \text{Exergie} + \text{Anergie} = E + B$$

Exergie E ist vollständig umwandelbar.
Anergie B ist nicht umwandelbar.

$$E = Q\left(1 - \frac{T_u}{T}\right)$$

Exergieanteil der Wärme $Q(T)$
T_u Umgebungstemperatur

Exergie als maximale Arbeitsfähigkeit eines Systems

$E = [(u - u_u) - T_u(s - s_u)]m$ beim geschlossenen System

$\dot{E} = \left[(h - h_u) - T_u(s - s_u) + \frac{c^2}{2} + gz\right]\dot{m}$ beim durchströmten System

u Umgebungszustand
s spezifische Entropie

Exergieverlust

$e_v = T_u \Delta s_{irr} \Rightarrow E_v = m e_v$
$\dot{E}_v = \dot{m} e_v$

T_u Umgebungstemperatur

5 Zustandsänderungen perfekter und idealer Gase

Viele der hier angegebenen Gleichungen gelten exakt nur für perfekte Gase, eine Anwendung auf ideale Gase ist aber in vielen Fällen möglich, wenn man mit mittleren konstanten spezifischen Wärmekapazitäten rechnet.

$c_p^0 - c_V^\infty = R$ gilt für perfekte und ideale Gase

5.1 Isobare Zustandsänderung ($p = \text{const}, \mathrm{d}p = \Delta p = 0$)

$$\frac{T_2}{T_1} = \frac{V_2}{V_1} = \frac{v_2}{v_1}$$

$$\Delta s = s_2 - s_1 = c_p^0 \ln \frac{T_2}{T_1} = c_p^0 \ln \frac{v_2}{v_1} = c_p^0 \ln \frac{V_2}{V_1}$$

T absolute Temperatur
V Volumen
v spezifisches Volumen
R Gaskonstante
s spezifische Entropie
c_p^0 spezifische Wärmekapazität

Geschlossenes System (→ 3.1)

Spezifische Volumenänderungsarbeit

$$w_{v12rev} = -\int_1^2 p\,\mathrm{d}v = -p(v_2 - v_1) = -R(T_2 - T_1)$$

Spezifische Wärme

Wenn $W_W = W_{el} = 0$, gilt:

$$q_{12} = u_2 - u_1 + p(v_2 - v_1) = c_V^\infty(T_2 - T_1) + R(T_2 - T_1) = c_p^0(T_2 - T_1)$$

q_{12} spezifische Wärme
u spezifische innere Energie

Durchströmtes System (→ 3.2)

$$\int_1^2 v\,\mathrm{d}p = 0$$ Druckänderungsarbeit

Wenn $P_{el} = 0$, gilt: h spezifische Enthalpie

$$q_{12} = (h_2 - h_1) = c_p^0(T_2 - T_1)$$

5.2 Isotherme Zustandsänderung ($T = \text{const}, \mathrm{d}T = \Delta T = 0$)

$$pv = RT = \text{const} \Rightarrow \frac{p_2}{p_1} = \frac{V_1}{V_2} = \frac{v_1}{v_2}$$

$$\Delta s = s_2 - s_1 = -R\ln\frac{p_2}{p_1} = R\ln\frac{v_2}{v_1} = R\ln\frac{V_2}{V_1}$$

Geschlossenes System (→ 3.1)

Spezifische Volumenänderungsarbeit

$$w_{v12\mathrm{rev}} = -\int_1^2 p\,\mathrm{d}v = RT_1\ln\frac{p_2}{p_1} = RT_1\ln\frac{v_1}{v_2}$$

$$w_{v12\mathrm{rev}} = p_1v_1\ln\frac{p_2}{p_1} = p_1v_1\ln\frac{v_1}{v_2}$$

Spezifische Wärme

Wenn $W_W = W_{el} = 0$, gilt:

$$q_{12} = -w_{v12} \quad \text{oder} \quad q_{12\mathrm{rev}} = \int_1^2 T\,\mathrm{d}s = T_1(s_2 - s_1)$$

Durchströmtes System (→ 3.2)

$$\int_1^2 v\,\mathrm{d}p = RT_1\ln\frac{p_2}{p_1} = RT_1\ln\frac{v_1}{v_2}$$

$$\int_1^2 v\,\mathrm{d}p = p_1v_1\ln\frac{p_2}{p_1} = p_1v_1\ln\frac{v_1}{v_2}$$

Wenn $P_{el} = 0$, gilt:

$$q_{12\mathrm{rev}} = -RT_1\ln\frac{p_2}{p_1} = -p_1v_1\ln\frac{p_2}{p_1} = -RT_1\ln\frac{v_1}{v_2} = -p_1v_1\ln\frac{V_1}{V_2}$$

5.3 Isochore oder inkompressible Zustandsänderung ($v = \frac{1}{\varrho} = \text{const}, \mathrm{d}v = \Delta v = 0$)

$$\frac{T_2}{T_1} = \frac{p_2}{p_1}$$

$$\Delta s = s_2 - s_1 = c_V^\infty \ln \frac{T_2}{T_1} = c_V^\infty \ln \frac{p_2}{p_1}$$

T absolute Temperatur
p Druck
R Gaskonstante
s spezifische Entropie
c_V^∞ spezifische Wärmekapazität

Geschlossenes System (→ 3.1)

Spezifische Volumenänderungsarbeit

$$w_{v12\mathrm{rev}} = -\int_1^2 p\mathrm{d}v = 0$$

Spezifische Wärme

Wenn $W_W = W_{el} = 0$, gilt:

$$q_{12} = u_2 - u_1 = c_V^\infty (T_2 - T_1)$$

q_{12} spezifische Wärme
u spezifische innere Energie

Durchströmtes System (→ 3.2)

$$\int_1^2 v\mathrm{d}p = v(p_2 - p_1) = \frac{1}{\varrho}(p_2 - p_1)$$

Druckänderungsarbeit

Wenn $P_{el} = 0$, gilt:

$$q_{12} = c_p^0 (T_2 - T_1) - v(p_2 - p_1) = c_V^\infty (T_2 - T_1)$$

q_{12} spezifische Wärme

5.4 Isentrope Zustandsänderung ($s = \text{const}, \mathrm{d}s = \Delta s = 0$)

$$\varkappa = \frac{c_p^0}{c_V^\infty}$$

$\varkappa$ Isentropenexponent

Bei perfekten Gasen ist $\varkappa$ konstant, bei idealen Gasen ist $\varkappa = f(T)$; oft reicht es, mit einem Mittelwert $\overline{\varkappa}$ zu rechnen.

$$\frac{p_{2\text{is}}}{p_1} = \left(\frac{V_2}{V_1}\right)^{-\varkappa} = \left(\frac{v_2}{v_1}\right)^{-\varkappa}$$

$$\frac{T_{2\text{is}}}{T_1} = \left(\frac{V_2}{V_1}\right)^{1-\varkappa} = \left(\frac{v_2}{v_1}\right)^{1-\varkappa}$$

$$\frac{T_{2\text{is}}}{T_1} = \left(\frac{p_2}{p_1}\right)^{\frac{\varkappa-1}{\varkappa}}$$

$$\Delta s = s_2 - s_1 = 0$$

p Druck
V Volumen
v spezifisches Volumen
T Temperatur in K
s spezifische Entropie

Geschlossenes System (→ 3.1)

Spezifische Volumenänderungsarbeit

$$w_{v12\text{rev}} = -\int_1^2 p\,\mathrm{d}v = \frac{R}{\varkappa - 1}(T_{2\text{is}} - T_1) = c_{\mathrm{V}}^{\infty}(T_{2\text{is}} - T_1)$$

$$w_{v12\text{rev}} = -\int_1^2 p\,\mathrm{d}v = \frac{RT_1}{\varkappa - 1}\left[\left(\frac{v_2}{v_1}\right)^{1-\varkappa} - 1\right] = \frac{p_1 v_1}{\varkappa - 1}\left[\left(\frac{v_2}{v_1}\right)^{1-\varkappa} - 1\right]$$

$$w_{v12\text{rev}} = -\int_1^2 p\,\mathrm{d}v = \frac{RT_1}{\varkappa - 1}\left[\left(\frac{p_2}{p_1}\right)^{\frac{\varkappa-1}{\varkappa}} - 1\right]$$

Spezifische Wärme

$$q_{12} = 0$$

Durchströmtes System (→ 3.2)

$$\int_1^2 v\,\mathrm{d}p = \frac{\varkappa}{\varkappa - 1} p_1 v_1 \left[\left(\frac{p_2}{p_1}\right)^{\frac{\varkappa-1}{\varkappa}} - 1\right] = \frac{\varkappa}{\varkappa - 1} RT_1 \left[\left(\frac{p_2}{p_1}\right)^{\frac{\varkappa-1}{\varkappa}} - 1\right]$$

$$\int_1^2 v\,\mathrm{d}p = \frac{\varkappa}{\varkappa - 1} R(T_{2\text{is}} - T_1) = c_{\mathrm{p}}^{0}(T_{2\text{is}} - T_1)$$

$$q_{12} = 0$$

5.5 Polytrope Zustandsänderung

Polytrope Zustandsänderung

$$pv^n = \text{const}$$

p Druck
v spezifisches Volumen
n Polytropenexponent

Damit gilt:

$n = 0$	$\Rightarrow p = \text{const}$	isobare Zustandsänderung
$n = 1$	$\Rightarrow T = \text{const}$	isotherme Zustandsänderung
$n = \varkappa$	$\Rightarrow s = \text{const}$	isentrope Zustandsänderung
$n \to \infty$	$\Rightarrow v = \text{const}$	isochore Zustandsänderung

Der Polytropenexponent lässt sich aus Messwerten berechnen. Die polytrope Zustandsänderung dient dann zur Beschreibung realer Prozesse.

$$n = \frac{\ln \frac{p_2}{p_1}}{\ln \frac{v_1}{v_2}} = \frac{\ln \frac{p_2}{p_1}}{\ln \frac{T_1}{T_2} + \ln \frac{p_2}{p_1}}$$

p, T, v Messwerte für Druck, Temperatur, (spezifisches) Volumen

Thermische Zustandsgrößen

$$\frac{p_2}{p_1} = \left(\frac{V_2}{V_1}\right)^{-n} = \left(\frac{v_2}{v_1}\right)^{-n}$$

$$\frac{T_2}{T_1} = \left(\frac{V_2}{V_1}\right)^{1-n} = \left(\frac{v_2}{v_1}\right)^{1-n}$$

$$\frac{T_2}{T_1} = \left(\frac{p_2}{p_1}\right)^{\frac{n-1}{n}}$$

Entropieänderung

$$\Delta s = s_2 - s_1 = c_\mathrm{p}^0 \ln \frac{T_2}{T_1} - R \ln \frac{p_2}{p_1} = c_\mathrm{V}^\infty \ln \frac{T_2}{T_1} + R \ln \frac{v_2}{v_1}$$

Geschlossenes System (→ 3.1)

Spezifische Volumenänderungsarbeit

$$w_{v12\mathrm{rev}} = \frac{p_1 v_1}{n-1}\left[\left(\frac{v_2}{v_1}\right)^{1-n} - 1\right] = \frac{RT_1}{n-1}\left[\left(\frac{v_2}{v_1}\right)^{1-n} - 1\right]$$

$$w_{v12\mathrm{rev}} = \frac{RT_1}{n-1}\left[\left(\frac{p_2}{p_1}\right)^{\frac{n-1}{n}} - 1\right] = \frac{R}{n-1}(T_2 - T_1)$$

p Druck
v spezifisches Volumen
n Polytropenexponent
R Gaskonstante
T absolute Temperatur
c_v^∞ spezifische Wärmekapazität

Wenn $W_\mathrm{W} = W_\mathrm{el} = 0$, dann folgt:

Spezifische Wärme

$$q_{12} = \left(c_\mathrm{V}^\infty - \frac{1}{n-1} R\right)(T_2 - T_1)$$

$\neq 0$, wenn $n \neq \varkappa$

Durchströmtes System (→ 3.2)

$$\int_1^2 v \,\mathrm{d}p = \frac{n}{n-1} p_1 v_1 \left[\left(\frac{p_2}{p_1}\right)^{\frac{n-1}{n}} - 1\right] = \frac{n}{n-1} RT_1 \left[\left(\frac{p_2}{p_1}\right)^{\frac{n-1}{n}} - 1\right] = \frac{n}{n-1} R(T_2 - T_1)$$

Wenn $P_{el} = 0$:

Spezifische Wärme

$$q_{12} = \left(c_p^0 - \frac{n}{n-1}R\right)(T_2 - T_1) \qquad \neq 0, \text{ wenn } n \neq \varkappa$$

6 Zustandsbeschreibung im Nassdampfgebiet

h', u', v', s' — Zustandsgrößen auf der Siedelinie

h'', u'', v'', s'' — Zustandsgrößen auf der Taulinie

Die gestrichenen Größen müssen Dampftafeln entnommen werden.

$$x = \frac{m_d}{m_d + m_{fl}} = \frac{m''}{m' + m''}$$ Dampfanteil

$p_s = f(T_s)$ — Siededruck, Siedetemperatur

Zustandsgrößen im Nassdampfgebiet

$v_x = v' + x(v'' - v')$ — v spezifisches Volumen
$u_x = u' + x(u'' - u')$ — u spezifische innere Energie
$h_x = h' + x(h'' - h')$ — h spezifische Enthalpie
$s_x = s' + x(s'' - s')$ — s spezifische Entropie

$\Delta h_v(T_s) = h'' - h'$ — Verdampfungsenthalpie

$h = h'' + \Delta h = h'' + \overline{c}_p(t - t_s)$ — Enthalpie des überhitzten Dampfes in der Nähe der Taulinie, wenn $p = \text{const.}$

$$s = s'' + \Delta s = s'' + \overline{c}_p \ln \frac{T}{T_s}$$ Entropie des überhitzten Dampfes in der Nähe der Taulinie

Der Wert $\overline{c}_p$ ist ein Mittelwert für die spezifische Wärmekapazität im Temperaturintervall $t - t_s$.

7 Arbeitsprozesse

7.1 Adiabate Expansion in einer Gasturbine

Turbinenleistung und spezifische Arbeit

Abgegebene Turbinenleistung

$P_T = \dot{m}|w_{tT}|$ — $\dot{m}$ Massenstrom; w_{tT} spezifische technische Arbeit

Geht man von einer adiabaten Expansion aus und vernachlässigt man die Änderungen der kinetischen und potenziellen Energien, dann folgt aus dem 1. Hauptsatz:

Reale Arbeit

$w_{tT} = h_2 - h_1$ — h spezifische Enthalpie

Für ein perfektes Gas:

$w_{tT} = h_2 - h_1 = c_p^0(T_2 - T_1)$ — T_2 reale Endtemperatur

Isentrope spezifische technische Arbeit für ein perfektes Gas

$w_{tTis} = h_{2is} - h_1 = c_p^0(T_{2is} - T_1)$ mit $T_{2is} = T_1 \left(\frac{p_2}{p_1}\right)^{\frac{\varkappa-1}{\varkappa}}$

oder

$$w_{tTis} = \frac{\varkappa}{\varkappa - 1} R T_1 \left[\left(\frac{p_2}{p_1}\right)^{\frac{\varkappa-1}{\varkappa}} - 1\right]$$

$\varkappa$ Isentropenexponent

Isentroper Turbinenwirkungsgrad

$$\eta_{Tis} = \frac{|w_{tT}|}{|w_{tTis}|} = \frac{P_T}{P_{Tis}}$$

P_T Turbinenleistung
P_{Tis} isentrope Turbinenleistung
w_{tTis} isentrope spezifische technische Turbinenarbeit

Polytroper Turbinenwirkungsgrad

$$\eta_{Tpol} = \frac{|w_{tT}|}{|w_{tTpol}|} = \frac{P_T}{P_{Tpol}} \text{ mit}$$

P_{Tpol} polytrope Turbinenleistung

$$w_{tTpol} = \frac{n}{n - 1} R T_1 \left[\left(\frac{p_2}{p_1}\right)^{\frac{n-1}{n}} - 1\right]$$

für perfektes Gas
n Polytropenexponent
p Druck

7.2 Verdichtungsprozess eines Gases

$P_V = \dot{m} w_{tV}$ — Antriebsleistung des Verdichters

Geht man von einer adiabaten Verdichtung aus und vernachlässigt man die Änderungen der kinetischen und potenziellen Energien, dann folgt aus dem 1. Hauptsatz:

Reale Arbeit

$w_{tV} = h_2 - h_1$ — h spezifische Enthalpie

Für ein perfektes Gas:

$w_{tV} = h_2 - h_1 = c_p^0(T_2 - T_1)$ — T_2 reale Endtemperatur

Für eine Stufe oder eine ungekühlte, mehrstufige Maschine ist ein Vergleich mit der isentropen Verdichtung üblich.

Isentrope Verdichtungsarbeit für ein perfektes Gas

$$w_{\mathrm{tVis}} = h_{2\mathrm{is}} - h_1 = c_p^0(T_{2\mathrm{is}} - T_1) \qquad \text{mit } T_{2\mathrm{is}} = T_1 \left(\frac{p_2}{p_1}\right)^{\frac{\varkappa-1}{\varkappa}}$$

oder

$$w_{\mathrm{tVis}} = \frac{\varkappa}{\varkappa - 1} R T_1 \left[\left(\frac{p_2}{p_1}\right)^{\frac{\varkappa-1}{\varkappa}} - 1\right]$$

p Druck
$\varkappa$ Isentropenexponent
R Gaskonstante

Isentroper Verdichterwirkungsgrad

$$\eta_{\mathrm{Vis}} = \frac{w_{\mathrm{tVis}}}{w_{\mathrm{tV}}} = \frac{P_{\mathrm{Vis}}}{P_{\mathrm{V}}}$$

P_{Vis} isentrope Verdichterleistung
P_{V} reale Verdichterleistung

Polytroper Verdichterwirkungsgrad

$$\eta_{\mathrm{Vpol}} = \frac{w_{\mathrm{tVpol}}}{w_{\mathrm{tV}}} = \frac{P_{\mathrm{Vpol}}}{P_{\mathrm{V}}}$$

P_{Vpol} polytrope Verdichterleistung

$$w_{\mathrm{tVpol}} = \frac{n}{n - 1} R T_1 \left[\left(\frac{p_2}{p_1}\right)^{\frac{n-1}{n}} - 1\right]$$

für perfektes Gas
n Polytropenexponent

Isothermer Verdichterwirkungsgrad

Der isotherme Verdichtungsprozess ist der energetisch optimale Verdichtungsprozess.

$$\eta_{\mathrm{Visoth}} = \frac{w_{\mathrm{tVisoth}}}{w_{\mathrm{tV}}} = \frac{P_{\mathrm{Visoth}}}{P_{\mathrm{V}}}$$

P_{Visoth} isotherme Verdichterleistung

$$w_{\mathrm{tVisoth}} = R T_1 \ln \frac{p_2}{p_1}$$

für perfektes Gas

8 Kreisprozesse

Nach dem 2. Hauptsatz ist es nicht möglich, durch Kreisprozesse Wärme vollständig in Arbeit umzuwandeln; ein Teil der zugeführten Wärme muss wieder als Wärme abgegeben werden.

Entscheidend für die Beurteilung eines Kreisprozesses sind die Nutzarbeit und der Wirkungsgrad bzw. die Leistungszahl.

8.1 Carnot-Prozess

Der Carnot-Prozess liefert bei vorgegebener Minimal- und Maximaltemperatur den maximal erreichbaren Wirkungsgrad oder die maximal erreichbare Leistungszahl.

Carnot-Prozess als Wärmekraftmaschine

Spezifische Nutzarbeit

$$w_N = q_{zu} - |q_{ab}| = T_o \Delta s_{23} - |T_u \Delta s_{41}|$$

Für perfektes Gas:

$$w_N = R(T_o - T_u) \ln \frac{p_2}{p_3}$$

Wirkungsgrad

$$\eta_C = \frac{|w_N|}{q_{zu}} = \frac{q_{zu} - |q_{ab}|}{q_{zu}} = \frac{T_o - T_u}{T_o} = 1 - \frac{T_u}{T_o}$$

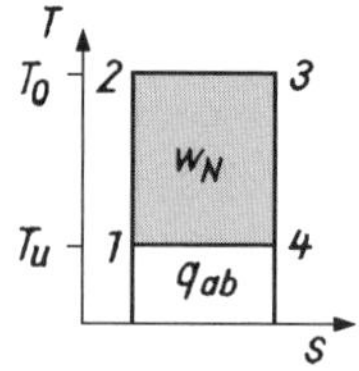

$q_{zu} = w_N + |q_{ab}|$

Δs_{23}, Δs_{41} Entropiedifferenzen

R Gaskonstante

p Druck

Betrachtung als Kältemaschine

Zuzuführende spezifische Arbeit

$$w_N = |q_{ab}| - q_{zu}$$

Leistungszahl

$$\varepsilon_K = \frac{q_{zu}}{w_N} = \frac{T_u}{T_o - T_u}$$

$$\varepsilon_{WP} = \varepsilon_K + 1$$

$$q_{ab} = q_{zu} + w_N$$

Betrachtung als Wärmepumpe

$$w_N = |q_{ab}| - q_{zu}$$

$$\varepsilon_{WP} = \frac{|q_{ab}|}{w_N} = \frac{T_o}{T_o - T_u}$$

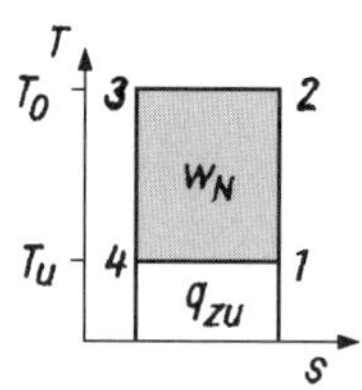

8.2 Idealer Otto-Prozess

Der ideale Otto-Prozess setzt sich aus zwei Isentropen und zwei Isochoren zusammen.

$$\frac{V_1}{V_2} = \frac{V_H + V_c}{V_c} = \varepsilon$$

ε Verdichtungsverhältnis

V_H Hubvolumen

V_c Kompressionsvolumen

Spezifische Nutzarbeit

$$w_N = q_{zu} - |q_{ab}| = c_V^{\infty}[(T_3 - T_2) - (T_4 - T_1)]$$

$$w_N = c_V^{\infty}(T_3 - T_2)(1 - \varepsilon^{1-\varkappa})$$

c_V^{∞} spezifische Wärmekapazität

q_{zu}, q_{ab} spezifische Wärmen

Wirkungsgrad

$$\eta_O = \frac{|w_N|}{q_{zu}} = 1 - \frac{T_1}{T_2} = 1 - \frac{1}{\varepsilon^{\varkappa-1}}$$

mit $\frac{T_2}{T_1} = \frac{T_3}{T_4} = \varepsilon^{\varkappa-1}$

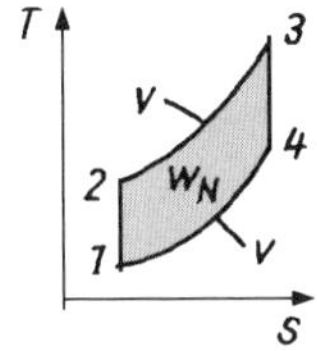

8.3 Idealer Diesel-Prozess

Der ideale Diesel-Prozess setzt sich aus zwei Isentropen, einer isobaren Wärmezufuhr und einer isochoren Wärmeabgabe zusammen.

$$\frac{V_1}{V_2} = \frac{V_H + V_c}{V_c} = \varepsilon$$

ε Verdichtungsverhältnis
V_H Hubvolumen
V_c Kompressionsvolumen

Einspritzverhältnis

$$\varphi = \frac{V_3}{V_2} = \frac{T_3}{T_2}$$

Nutzarbeit

$$|W_N| = Q_{zu} - |Q_{ab}|$$
$$= mc_p^0(T_3 - T_2) - mc_V^\infty(T_4 - T_1)$$
$$W_N = \frac{p_1 V_1}{1-\varkappa}\left[\varkappa\varepsilon^{\varkappa-1}(\varphi - 1) - (\varphi^\varkappa - 1)\right]$$

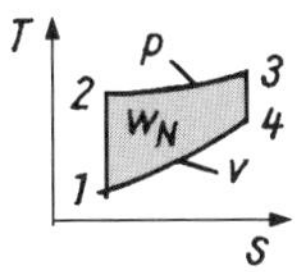

Wirkungsgrad

$$\eta_D = \frac{|W_N|}{Q_{zu}}$$
$$= \frac{c_p^0(T_3 - T_2) - c_V^\infty(T_4 - T_1)}{c_p^0(T_3 - T_2)}$$
$$= 1 - \frac{1}{\varkappa\varepsilon^{\varkappa-1}}\frac{\varphi^\varkappa - 1}{\varphi - 1}$$

Q Wärme
m Masse
c_p^0, c_V^∞ spezifische Wärmekapazitäten
$\varkappa$ Isentropenexponent
φ Einspritzverhältnis

8.4 Idealer Joule-Prozess

Der ideale Joule- oder Gasturbinenprozess setzt sich aus zwei Isentropen und zwei Isobaren zusammen.

Spezifische Nutzarbeit

$$|w_N| = q_{zu} - |q_{ab}|$$
$$= c_p^0[(T_3 - T_2) - (T_4 - T_1)]$$
$$w_N = c_p^0 T_1\left[\frac{T_3}{T_1}\left(1 - \frac{1}{\lambda}\right) - (\lambda - 1)\right]$$

q spezifische Wärme
c_p^0 spezifische Wärmekapazität
$\varkappa$ Isentropenexponent
p Druck

$$\lambda = \left(\frac{p_2}{p_1}\right)^{\frac{\varkappa-1}{\varkappa}}$$

Es gibt für jedes Temperaturverhältnis $\frac{T_3}{T_1}$ ein optimales Druckverhältnis und damit eine maximale Nutzarbeit:

$$\lambda_{\text{opt}} = \sqrt{\frac{T_3}{T_1}}$$

Wirkungsgrad

$$\eta_{\text{J}} = \frac{|w_{\text{N}}|}{q_{\text{zu}}} = 1 - \frac{T_4 - T_1}{T_3 - T_2}$$
$$= 1 - \frac{1}{\left(\frac{p_2}{p_1}\right)^{\frac{\varkappa-1}{\varkappa}}}$$

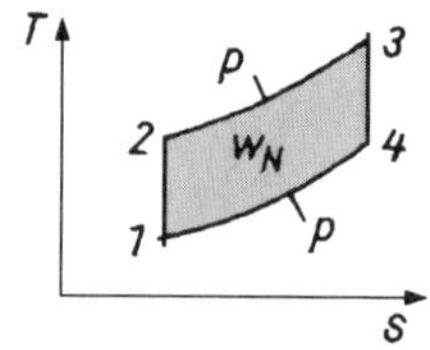

8.5 Idealer Stirling-Prozess

Der ideale Stirling-Prozess setzt sich aus zwei Isothermen und zwei Isochoren zusammen.

Nutzarbeit

$$|w_{\text{N}}| = q_{\text{zu}} - |q_{\text{ab}}|$$
$$= T_{\text{o}}\Delta s_{34} - |T_{\text{u}}\Delta s_{12}|$$
$$|w_{\text{N}}| = (T_{\text{o}} - T_{\text{u}})R\ln\frac{p_3}{p_4}$$
$$|w_{\text{N}}| = (T_{\text{o}} - T_{\text{u}})R\ln\frac{v_4}{v_3}$$

q spezifische Wärme
$T_{\text{u}} = T_1 = T_2$; $T_{\text{o}} = T_3 = T_4$
s Entropie
R Gaskonstante
p Druck
v spezifisches Volumen

Wirkungsgrad

$$\eta_{\text{St}} = \frac{|w_{\text{N}}|}{q_{\text{zu}}} = 1 - \frac{T_{\text{u}}}{T_{\text{o}}} = \eta_{\text{C}}$$

$\eta_{\text{St}} \mathrel{\widehat{=}}$ Carnot-Wirkungsgrad

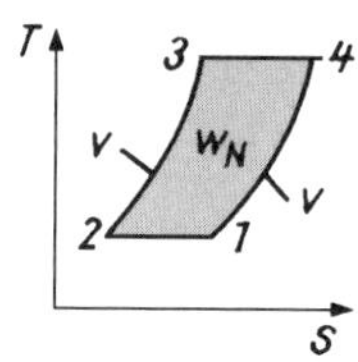

8.6 Clausius-Rankine-Prozess

Der Clausius-Rankine- oder Dampfkraftprozess ist der dominierende Prozess bei der Stromerzeugung.

Nutzarbeit

$$|w_{\text{N}}| = q_{\text{zu}} - |q_{\text{ab}}|$$
$$= (h_5 - h_2) - (h_6 - h_1)$$

q spezifische Wärme
h spezifische Enthalpie

Wirkungsgrad

$$\eta_R = \frac{|w_N|}{q_{zu}} = 1 - \frac{h_6 - h_1}{h_5 - h_2}$$

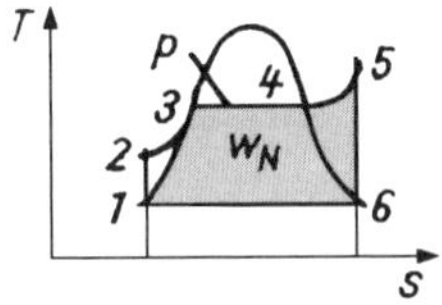

Enthalpiewerte sind der Wasserdampftafel zu entnehmen.

8.7 Kombinierter Gas-Dampf-Prozess

Eine deutliche Wirkungsgradverbesserung ergibt sich durch die Kombination eines Gasturbinenprozesses mit einem Dampfturbinenprozess. Die Abwärme des Gasturbinenprozesses wird im Dampfturbinenprozess genutzt.

Leistung des Gesamtprozesses
(G: Gas-, D: Dampfprozess)

$$P_{GD} = P_G + P_D$$

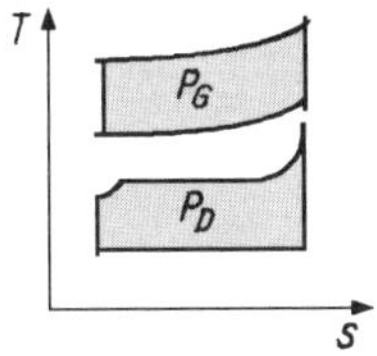

Gesamtwirkungsgrad

$$\eta_{GD} = \frac{P_G + P_D}{\dot{Q}_{zuG} + \dot{Q}_Z}$$

$\dot{Q}_Z$ optionale Wärme durch Zusatzfeuerung im Dampfkraftprozess

Zusammenhang der Einzelwirkungsgrade mit dem Gesamtwirkungsgrad

$$\eta_G = \frac{P_G}{\dot{Q}_{zuG}} \text{ und } \eta_D = \frac{P_D}{\dot{Q}_{zuD}}$$

Einzelwirkungsgrade

$$\dot{Q}_{zuD} = \eta_K \left[(1 - \eta_G)\dot{Q}_{zuG} + \dot{Q}_Z\right]$$

dem Dampfprozess zugeführte Wärme

η_K Ausnutzungsgrad des Abhitzkessels bzw. Dampferzeugers

$$\eta_{GD} = \frac{\eta_G(1 - \eta_D \eta_K)}{1 + \dfrac{\dot{Q}_Z}{\dot{Q}_{zuG}}} + \eta_D \eta_K$$

Gesamtwirkungsgrad

8.8 Kaltdampfprozess

Betrachtung als Kältemaschine

Zuzuführende Arbeit

$$w_N = |q_{ab}| - q_{zu} = (h_2 - h_4) - (h_1 - h_5)$$

Betrachtung als Wärmepumpe

$$w_N = |q_{ab}| - q_{zu} = (h_2 - h_4) - (h_1 - h_5)$$

Leistungszahl

$$\varepsilon_K = \frac{q_{zu}}{w_N} = \frac{h_1 - h_5}{(h_2 - h_4) - (h_1 - h_5)} \qquad \varepsilon_{WP} = \frac{|q_{ab}|}{w_N} = \frac{h_2 - h_4}{(h_2 - h_4) - (h_1 - h_5)}$$

q spezifische Wärme
h spezifische Enthalpie

$$q_{ab} = w_N + q_{zu}$$

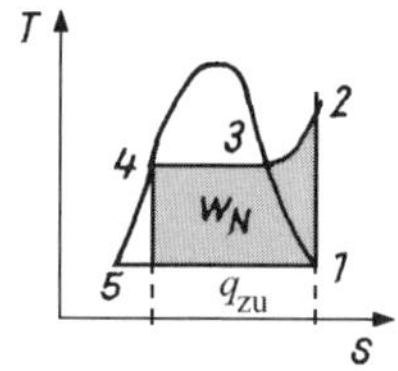

Die Enthalpiewerte sind einer Dampftafel zu entnehmen.

9 Gemische idealer Gase

9.1 Beschreibung von Gemischen

Aus der Massenbilanz

$$m_M = m_1 + m_2 + m_3 + \ldots$$

folgen durch Division die **Massenanteile** ζ

$$\zeta_1 = \frac{m_1}{m_M}, \quad \zeta_2 = \frac{m_2}{m_M}, \quad \ldots$$

$$\sum_{i=1}^{k} \zeta_i = 1$$

ζ Massenanteil
$1, 2, \ldots, k$ Komponenten
M Gemisch

Aus der Bilanz der Stoffmengen n oder der Volumina V

$$n_M = n_1 + n_2 + \ldots \quad \text{bzw.} \quad V_M = V_1 + V_2 + \ldots$$

folgen durch Division die **Stoffmengen-** oder **Volumenanteile** γ

$$\gamma_1 = \frac{n_1}{n_M} = \frac{V_1}{V_M},$$

$$\gamma_2 = \frac{n_2}{n_M} = \frac{V_2}{V_M}, \quad \ldots$$

$$\sum_{i=1}^{k} \gamma_i = 1$$

γ Stoffmengen- oder Volumenanteil
$1, 2, \ldots, k$ Komponenten
M Gemisch

$$M_M = \sum_{i=1}^{k} \gamma_i \cdot M_i \quad \text{oder}$$

M_M molare Masse des Gemisches

$$M_M = \frac{1}{\sum_{i=1}^{k} \frac{\zeta_i}{M_i}}$$

$$\zeta_i = \gamma_i \frac{M_i}{M_M}$$

Umrechnung der Anteile

9.2 Thermisches Verhalten von Gemischen idealer Gase

Für das thermische Verhalten von Gemischen idealer Gase gilt:

$$p_M V = m_M R_M T$$

m_M Masse des Gemisches
T absolute Temperatur

Gaskonstante des Gemisches

$$R_M = \sum_{i=1}^{k} \zeta_i R_i \quad \text{oder}$$

ζ_i Massenanteil
R_i Gaskonstante

$$R_M = \frac{R_m}{M_M}$$

R_m universelle Gaskonstante

Gesetz von Dalton

$$p_M = p_1 + p_2 + \ldots$$

p_M Gesamtdruck des Gemisches
p_1, p_2 Partialdrücke der Komponenten

$$p_i V = m_i R_i T$$

thermisches Verhalten einer Komponente

9.3 Kalorisches Verhalten von Gemischen idealer Gase

Innere Energie

$$u_M = \sum_{i=1}^{k} \zeta_i u_i \text{ und } U_M = m_M u_M$$

ζ_i Massenanteil
u_i spezifische innere Energie
m_M Masse des Gemisches
u_M spezifische innere Energie des Gemisches

Enthalpie

$$h_M = \sum_{i=1}^{k} \zeta_i h_i \text{ und } H_M = m_M h_M$$

ζ_i Massenanteil
h_i spezifische Enthalpie

Spezifische Wärmekapazitäten

$$c_{pM}^0 = \sum_{i=1}^{k} \zeta_i c_{pi}^0 = \sum_{i=1}^{k} \gamma_i \frac{M_i}{M_M} c_{pi}^0$$

$$c_{VM}^\infty = \sum_{i=1}^{k} \zeta_i c_{Vi}^\infty = \sum_{i=1}^{k} \gamma_i \frac{M_i}{M_M} c_V^\infty$$

ζ_i Massenanteil
γ_i Stoffmengenanteil
M molare Masse

Isentropenexponent

$$\varkappa_M = \frac{c_{pM}^0}{c_{VM}^\infty}$$

$\varkappa_M$ Isentropenexponent des Gemisches

Entropieänderung aufgrund einer Zustandsänderung

$$s_{2M} - s_{1M} = \Delta s_M = c^0_{pM} \ln \frac{T_2}{T_1} - R_M \ln \frac{p_2}{p_1}$$

$$s_{2M} - s_{1M} = \Delta s_M = c^\infty_{VM} \ln \frac{T_2}{T_1} + R_M \ln \frac{v_2}{v_1}$$

p Druck
c^0_p, c^∞_V spezifische Wärmekapazitäten
R_M Gaskonstante des Gemisches
v spezifisches Volumen

$$\Delta s_G = \sum_{i=1}^{k} \zeta_i R_i \ln \frac{p_{1i}}{p_i} + \zeta_i c^0_{pi} \ln \frac{T_M}{T_{1i}}$$

bei der Vermischung entstehende Entropie

9.4 Adiabate Mischungstemperaturen idealer Gase

Für das **geschlossene System**

$$T_M = \frac{\sum_{i=1}^{k} c^\infty_{Vi} m_i T_{i1}}{\sum_{i=1}^{k} c^\infty_{Vi} m_i}$$

T_{i1} Temperatur vor dem Mischen
c^∞_V spezifische Wärmekapazität
m Masse

Für das **durchströmte System**

$$T_M = \frac{\sum_{i=1}^{k} c^0_{pi} \dot{m}_i T_{i1}}{\sum_{i=1}^{k} c^0_{pi} \dot{m}_i}$$

c^0_p spezifische Wärmekapazität

bei Vernachlässigung der kinetischen und potenziellen Energien

10 Feuchte Luft

10.1 Bezeichnungen und Definitionen

m_L	Masse der trockenen Luft
m_D	Masse des Wassers
$m = m_L + m_D = m_L(1 + x)$	Masse der feuchten Luft
p_L	Partialdruck der trockenen Luft
p_D	Partialdruck des Wasserdampfes
$p_D < p_s \ (\varphi < 1)$	ungesättigtes Gemisch
$p_D = p_s \ (\varphi = 1)$	gesättigtes Gemisch
$p = p_L + p_D$	Gesamtdruck der feuchten Luft

$p_s(T)$	Sättigungsdampfdruck
$R_L = 0{,}2871\,\mathrm{J/(gK)}$	Gaskonstante der trockenen Luft
$R_D = 0{,}4615\,\mathrm{J/(gK)}$	Gaskonstante des Wassers
h_{1+x}	Enthalpie von 1 kg trockener Luft + x kg Wasser
$\varphi = \dfrac{p_D}{p_s}$	relative Feuchte
$x = \dfrac{m_D}{m_L}$	Feuchte- oder Wassergehalt

Umrechnungen:

$$x = \frac{R_L}{R_D}\frac{1}{\dfrac{p}{p_D}-1} = \frac{R_L}{R_D}\frac{1}{\dfrac{p}{\varphi p_s}-1}, \quad \varphi = \frac{1}{p_s}\frac{p}{1+\dfrac{1}{x}\dfrac{R_L}{R_D}}, \quad p_D = \frac{p}{1+\dfrac{1}{x}\dfrac{R_L}{R_D}}$$

Im Temperaturbereich von 0 °C bis ca. 60 °C gilt für den Sättigungsdampfdruck p_s:

$$\ln\frac{p_s}{0{,}006\,116\,6\,\mathrm{bar}} = 17{,}2799 - \frac{4102{,}99}{t(^\circ\mathrm{C}) + 237{,}431}$$

10.2 Thermisches Verhalten feuchter Luft

Gasgleichung der feuchten Luft

$$pV = mR_fT$$

p Gesamtdruck
V Volumen
m Masse der feuchten Luft
R_f Gaskonstante der feuchten Luft
T absolute Temperatur

Gaskonstante der feuchten Luft

$$R_f = \frac{R_L + xR_D}{1+x}$$

Bezeichnungen → 10.1

Dichte der feuchten Luft

$$\varrho = \frac{p}{R_LT}\left(\frac{1+x}{x\dfrac{R_D}{R_L}+1}\right)$$

Volumenzunahme aufgrund der Feuchte

$$\frac{V}{V_L} = 1 + x\frac{R_D}{R_L}$$

bei konstantem Druck

Massenzunahme aufgrund der Feuchte

$$m = m_L(1+x)$$

m_L, V_L gelten für trockene Luft

10.3 Taupunkttemperatur

Kühlt man ungesättigte, feuchte Luft mit dem Partialdruck p_D ab, dann bildet sich bei einer bestimmten Temperatur Kondensat. Diese Temperatur bezeichnet man als Taupunkttemperatur. Sie lässt sich zwischen 0 °C und ca. 60 °C mit folgender Formel berechnen:

$$t(^\circ\mathrm{C}) = \frac{4102{,}99}{17{,}2799 - \ln \dfrac{p_D}{0{,}006\,116\,6\,\mathrm{bar}}} - 237{,}431$$

10.4 Enthalpie der feuchten Luft

Es gelten folgende Vereinbarungen: $h = 0$ für trockene Luft von 0 °C und $h = 0$ für flüssiges Wasser bei 0 °C

Enthalpie des ungesättigten Gemisches ($\varphi < 1$)

$h_{1+x} = c_{pL}^0 t + x(\Delta h_{v0} + c_{pD}^0 t)$ und
$H = m_L h_{1+x}$

c_p^0 spezifische Wärmekapazität
t Temperatur in °C
Δh_{v0} Verdampfungsenthalpie bei 0 °C
x Feuchtegehalt
m_L Masse der trockenen Luft

Enthalpie des gesättigten Gemisches ($\varphi = 1, t \geqq 0$)

$h_{1+x} = c_{pL}^0 t + x_s(\Delta h_{v0} + c_{pD}^0 t) + (x - x_s) c_w t$ und
$H = m_L h_{1+x}$

x_s Feuchtegehalt, wenn $\varphi = 1$ (→ 10.1)

Stoffdaten (1 bar)

c_{pL}^0 (20 °C) = 1,007 J/(gK)
c_{pD}^0 (20 °C) = 1,865 J/(gK)
c_w (20 °C) = 4,185 J/(gK)
Δh_{v0} (0 °C) = 2501 J/g Verdampfungswärme bei 0 °C

10.5 Mischung von zwei feuchten Luftmengen

Mischt man zwei Luftmengen mit den Ausgangszuständen „1“ und „2“, so folgt für das Gemisch:

$$m_M = m_1 + m_2 = m_{L1}(1 + x_1) + m_{L2}(1 + x_2)$$

Bezeichnungen → 10.1

$$x_M = \frac{m_{L1}x_1 + m_{L2}x_2}{m_{L1} + m_{L2}}$$

Feuchtegehalt der Mischung

$$h_{(1+x)\mathrm{M}} = \frac{m_{\mathrm{L}1} h_{(1+x)1} + m_{\mathrm{L}2} h_{(1+x)2}}{m_{\mathrm{L}1} + m_{\mathrm{L}2}}$$ Enthalpie der Mischung

$$t_\mathrm{M} = \frac{h_{(1+x)\mathrm{M}} - 2501\,\dfrac{\mathrm{kJ}}{\mathrm{kg}} x_\mathrm{M}}{1{,}007\,\dfrac{\mathrm{kJ}}{\mathrm{kg}} + 1{,}865\,\dfrac{\mathrm{kJ}}{\mathrm{kg}} x_\mathrm{M}}$$ Temperatur der Mischung

Im h_{1+x}, x-Diagramm liegt der Mischungspunkt auf der Verbindungsgeraden, welche die beiden Zustandspunkte der Ausgangsgemische miteinander verbindet. Die Lage des Mischungspunktes auf der Verbindungsgeraden muss mit einer der obigen Gleichungen rechnerisch ermittelt werden.

Handelt es sich um die Mischung von Strömen feuchter Luft, sind alle Massen m durch Massenströme $\dot{m}$ zu ersetzen.

Wärmetechnik

1 Stationäre Wärmeleitung

1.1 Eindimensionale, stationäre Wärmeleitung

Temperaturverlauf in der Wand

$$t = \frac{t_{wa} - t_{wi}}{b} x + t_{wi}$$

$$0 \leqq x \leqq b$$

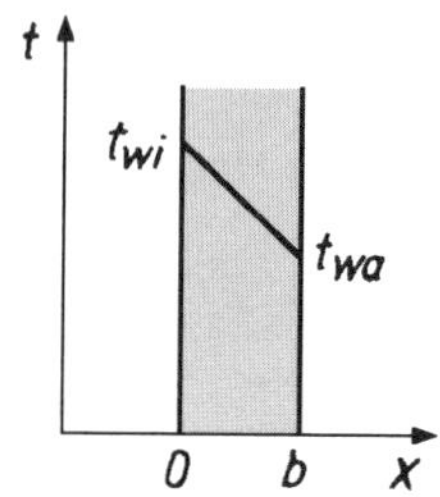

b Wanddicke

Wärmestrom durch die Wand

$$\dot{Q} = \frac{\lambda A}{b}(t_{wi} - t_{wa})$$

λ Wärmeleitfähigkeit
A Fläche

$$\dot{Q} = A(t_{wi} - t_{wa}) \frac{1}{\sum\limits_{j=1}^{n} \frac{b_j}{\lambda_j}}$$

Wand aus mehreren Schichten
n Anzahl der Schichten

$$\dot{Q}_{ges} = \sum_{j=1}^{n} \dot{Q}_j$$

Wand aus parallelen Elementen
n Anzahl der Elemente

1.2 Stationäre Wärmeleitung in einer Rohrwand

Temperaturverlauf in der Rohrwand

$$t = t_{wi} - \frac{t_{wi} - t_{wa}}{\ln \frac{r_a}{r_i}} \ln \frac{r}{r_i}$$

$$r_i \leqq r \leqq r_a$$

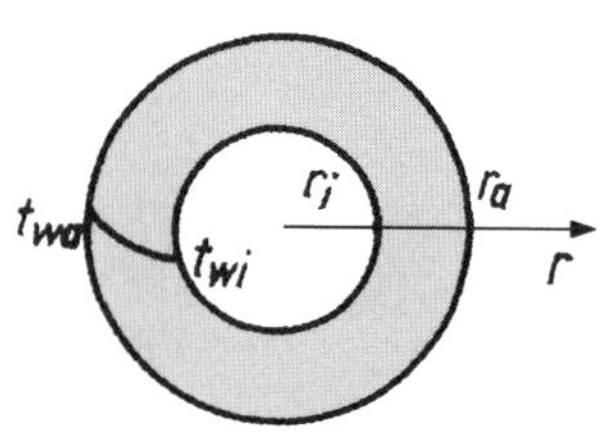

Wärmestrom durch die Rohrwand

$$\dot{Q} = \frac{2\pi\lambda L}{\ln \frac{r_a}{r_i}}(t_{wi} - t_{wa}) \text{ oder}$$

$$\dot{Q} = \frac{2\pi\lambda L r_m}{b}(t_{wi} - t_{wa}) = \frac{\lambda A_m}{b}(t_{wi} - t_{wa})$$

L Rohrlänge
λ Wärmeleitfähigkeit
$r_m = \frac{r_a - r_i}{\ln \frac{r_a}{r_i}}$, $b = r_a - r_i$
$A_m = 2r_m\pi L$

$$\dot{Q} = \frac{2\pi L(t_{wi} - t_{wa})}{\sum_{j=1}^{n} \frac{b_j}{\lambda_j r_{mj}}}$$

Wärmestrom durch eine Rohrwand aus n Schichten
Der Radius r_{mj} ist jeweils für die j-te Schicht zu bilden.

1.3 Stationäre Wärmeleitung in einer Kugelschale

Temperaturverlauf in der Kugelschale

$$t = t_{wi} - \frac{t_{wi} - t_{wa}}{\frac{1}{r_i} - \frac{1}{r_a}}\left(\frac{1}{r_i} - \frac{1}{r}\right)$$

$r_i \leqq r \leqq r_a$

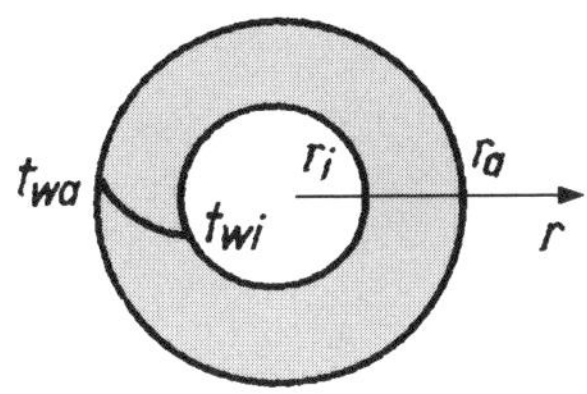

Wärmestrom durch die Kugelschale

$$\dot{Q} = \frac{4\pi\lambda(t_{wi} - t_{wa})}{\frac{1}{r_i} - \frac{1}{r_a}}$$

λ Wärmeleitfähigkeit
$\dot{Q}$ gilt für die Vollkugel

$$\dot{Q} = \frac{4\pi(t_{wi} - t_{wa})}{\sum_{j=1}^{n} \frac{1}{\lambda_j}\left(\frac{1}{r_{1j}} - \frac{1}{r_{2j}}\right)}$$

Wärmestrom durch eine Kugelschale aus n Schichten
r_{1j} Innenradius der j-ten Schale
r_{2j} Außenradius der j-ten Schale
$\dot{Q}$ gilt für die Vollkugel

2 Konvektive Wärmeübertragung

Für den Wärmestrom zwischen einer Wand (w) und einem Fluid (fl) gilt:

$$\dot{Q} = \alpha A(t_w - t_{fl})$$

α Wärmeübergangskoeffizient
A Fläche
t Temperatur

2.1 Erzwungene Konvektion

Bei der erzwungenen Konvektion wird die Strömung von außen aufgeprägt, z. B. durch eine Pumpe oder einen Verdichter.

Wärmeübergangskoeffizient α in Form der Nusselt-Zahl

$Nu = \frac{\alpha l}{\lambda}$ Nusselt-Zahl

$Re = \frac{cl}{\nu}$ Reynolds-Zahl

$Pr = \frac{\nu}{a}$ Prandtl-Zahl

$Nu = f(Re, Pr)$

λ Wärmeleitfähigkeit des Fluids

l charakteristische Länge

ν kinematische Zähigkeit

$a = \frac{\lambda}{c_p \varrho}$ Temperaturleitfähigkeit

2.2 Freie Konvektion

Bei der freien Konvektion wird der Strömungsvorgang durch die Wärmeübertragung ausgelöst (Heizkörper).

$Nu = \frac{\alpha l}{\lambda}$ Nusselt-Zahl

$Pr = \frac{\nu}{a}$ Prandtl-Zahl

$Gr = \frac{g \gamma_p \Delta T l^3}{\nu^2}$ Grashof-Zahl

$Nu = f(Gr, Pr)$

g Fallbeschleunigung

$\gamma_p = \frac{1}{v}\left(\frac{\partial v}{\partial T}\right)_p$ isobarer Volumenausdehnungskoeffizient

($\gamma_p = \frac{1}{T_\infty}$ beim idealen Gas)

T_∞ Fluidtemperatur in K

ΔT Temperaturdifferenz

3 Wärmedurchgang

Wärmedurchgang ist die Kombination von Wärmeleitung und Konvektion.

3.1 Ebenes, stationäres Problem

$$\dot{Q} = k_e A (t_{fli} - t_{fla}) = \frac{A(t_{fli} - t_{fla})}{\frac{1}{\alpha_i} + \frac{1}{\alpha_a} + \sum_{j=1}^{n} \frac{b_j}{\lambda_j}}$$

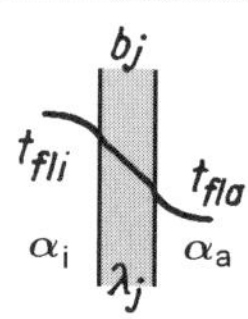

$\dot{Q}$ Wärmestrom

k_e Wärmedurchgangskoeffizient

A Fläche

λ Wärmeleitfähigkeit

n Anzahl der Schichten

3.2 Zylindrisches, stationäres Problem

$\dot{Q} = k_{zi} \cdot A_i \cdot (t_{fli} - t_{fla})$

$$k_{zi} = \frac{1}{\dfrac{1}{\alpha_i} + \dfrac{A_i}{\alpha_a \cdot A_a} + A_i \sum_{j=1}^{n} \dfrac{b_j}{\lambda_j \cdot A_{mj}}}$$

$\dot{Q}$ Wärmestrom
k_{zi} Wärmedurchgangskoeffizient
A_i Rohrinnenfläche
λ Wärmeleitfähigkeit
b Wanddicke
$A_m \rightarrow 1.2$

3.3 Kugelsymmetrisches, stationäres Problem

$$\dot{Q} = k_{Ki} \cdot A_i \cdot (t_{fli} - t_{fla}) = \frac{A_i \cdot (t_{fli} - t_{fla})}{\dfrac{1}{\alpha_i} + \dfrac{A_i}{\alpha_a \cdot A_a} + \sum_{j=1}^{n} \dfrac{b_j}{\lambda_j \cdot A_{mj}}}$$

$A_{mj} = 4\pi \sqrt{r_{2_j} \cdot r_{1_j}}$

A_i Innenfläche
k_{Ki} Wärmedurchgangskoeffizient
λ Wärmeleitfähigkeit
$\rightarrow 1.3$

3.4 Temperaturänderung in einer Rohrleitung

$$\ln \frac{t_{flL} - t_u}{t_{flo} - t_u} = -\frac{k_{zi} \cdot A_i}{\dot{m} \cdot c_p}$$

Temperaturänderung des Mediums im Rohr aufgrund eines Wärmedurchganges
t_{flo} Temperatur am Rohreintritt
t_{flL} Temperatur nach der Rohrlänge L
t_u Temperatur der Umgebung
c_p spezifische Wärmekapazität
$\dot{m}$ Massenstrom
k_{zi} Wärmedurchgangskoeffizient $\rightarrow 3.2$
A_i Rohrinnenfläche

4 Rippenberechnung

Von einer Rippe an die Umgebung abgegebener Wärmestrom

$\dot{Q} = \lambda BLM (t_F - t_u) \tanh(MH)$

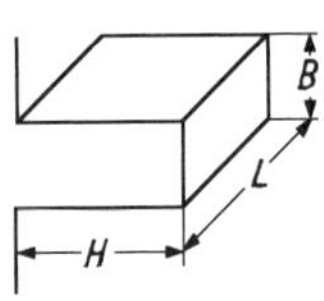

Temperatur an der Rippenspitze

$$t_H = t_u + \frac{t_F - t_u}{\cosh(MH)}$$

$$M = \sqrt{\frac{2(B+L)\alpha}{\lambda BL}}$$

B Breite der Rippe
L Länge der Rippe
H Höhe der Rippe
t_F Temperatur am Rippenfuß
t_u Umgebungstemperatur
α Wärmeübergangskoeffizient der Rippe
λ Wärmeleitfähigkeit

5 Wärmeübertrager

5.1 Gleichstromwärmeübertrager

$$\dot{Q} = \dot{m}_1 c_{p1}(t_1' - t_1'') = \dot{m}_2 c_{p2}(t_2'' - t_2')$$

Wärmestrom in dem nach außen adiabaten Wärmeübertrager
$\dot{m}$ Massenstrom
c_p spezifische Wärmekapazität
t Temperatur
A Wärmeübertragungsfläche

$$A\mu k = \ln\frac{\Delta t_0}{\Delta t_A} \text{ mit}$$

$$\mu = \frac{1}{\dot{m}_1 c_{p1}} + \frac{1}{\dot{m}_2 c_{p2}}$$

$$\Delta t_0 = t_1' - t_2'$$

$$\Delta t_A = t_1'' - t_2''$$

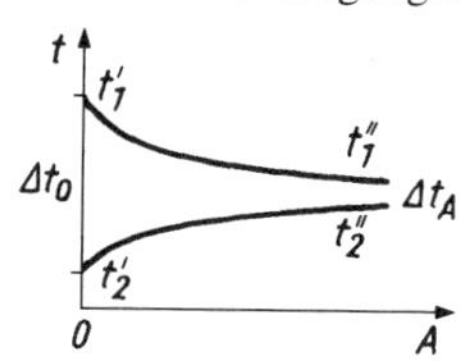

$$\dot{Q} = kA\Delta t_m = kA\frac{\Delta t_0 - \Delta t_A}{\ln\frac{\Delta t_0}{\Delta t_A}}$$

übertragener Wärmestrom
k Wärmedurchgangskoeffizient

5.2 Gegenstromwärmeübertrager

$$\dot{Q} = \dot{m}_1 c_{p1}(t_1' - t_1'') = \dot{m}_2 c_{p2}(t_2'' - t_2')$$

Wärmestrom in dem nach außen adiabaten Wärmeübertrager
$\dot{m}$ Massenstrom
c_p spezifische Wärmekapazität
t Temperatur
A Wärmeübertragungsfläche

$$A\overline{\mu}k = \ln\frac{\Delta t_0}{\Delta t_A} \text{ mit}$$

$$\overline{\mu} = \frac{1}{\dot{m}_1 c_{p1}} - \frac{1}{\dot{m}_2 c_{p2}}$$

$$\Delta t_0 = t_1' - t_2''$$

$$\Delta t_A = t_1'' - t_2'$$

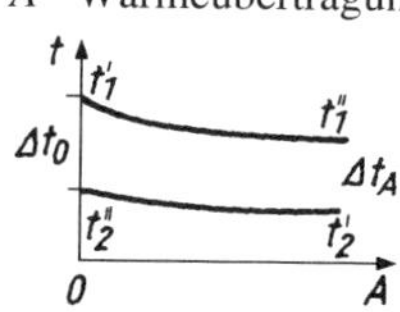

$$\dot{Q} = kA\Delta t_m = kA \frac{\Delta t_0 - \Delta t_A}{\ln \dfrac{\Delta t_0}{\Delta t_A}}$$

übertragener Wärmestrom
k Wärmedurchgangskoeffizient

6 Wärmestrahlung

6.1 Strahlung eines einzelnen Körpers

Ein Körper der Temperatur T strahlt folgenden Wärmestrom ab:

$$\dot{Q} = \varepsilon A C_s \left(\frac{T}{100}\right)^4$$

ε Emissionskoeffizient
$C_s = 5{,}67 \dfrac{\mathrm{W}}{\mathrm{m^2K^4}}$ Strahlungskonstante
T in Kelvin

6.2 Strahlungsaustausch

Strahlungsaustausch zwischen parallelen Flächen

$$\dot{Q} = C_{1/2} A \left[\left(\frac{T_1}{100}\right)^4 - \left(\frac{T_2}{100}\right)^4\right]$$

$$C_{1/2} = \frac{C_s}{\dfrac{1}{\varepsilon_1} + \dfrac{1}{\varepsilon_2} - 1}$$

zwischen zwei parallelen Flächen ausgetauschter Wärmestrom

A Fläche
ε Emissionskoeffizient

Strahlungsaustausch zwischen Körpern

$$\dot{Q} = C_{1/2} A_1 \left[\left(\frac{T_1}{100}\right)^4 - \left(\frac{T_2}{100}\right)^4\right]$$

$$C_{1/2} = \frac{C_s}{\dfrac{1}{\varepsilon_1} + \dfrac{A_1}{A_2}\left(\dfrac{1}{\varepsilon_2} - 1\right)}$$

ausgetauschter Wärmestrom zwischen einem Körper 1 und einem Körper 2, der den Körper 1 vollständig umschließt
A_1 ist die kleinere Fläche

ε Emissionskoeffizient

Fluidmechanik

1 Physikalisches Verhalten von Fluiden

Newton'sches Reibungsgesetz für laminare Strömungen

$$\tau = \eta \frac{\mathrm{d}c}{\mathrm{d}z} \quad \text{bzw.} \quad F = \eta A \frac{\mathrm{d}c}{\mathrm{d}z}$$

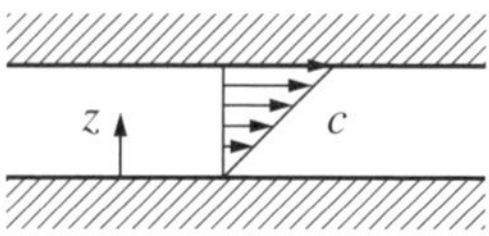

η dynamische Viskosität
F Kraft
A Fläche
τ Schubspannung
c Strömungsgeschwindigkeit
z Koordinate senkrecht zur Strömungsrichtung

Kapillarität

Steighöhe ($\varphi < 90°$) oder Depression ($\varphi > 90°$) eines Fluids in einer Kapillaren aufgrund der Grenzflächenspannung σ

$$h = \frac{2\sigma \cos \varphi}{r \varrho g}$$

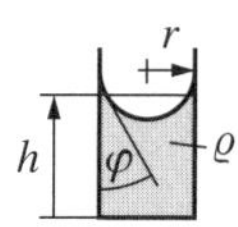

ϱ Dichte des Fluids
g Fallbeschleunigung

Kavitation

Zur Vermeidung von Kavitation muss gelten: $p > p_s(T)$. Für $p_s(T)$ gilt:

$$\ln \frac{p_s}{0{,}006\,116\,6\,\text{bar}} = 17{,}28 - \frac{4103}{T - 35{,}719} \qquad T \text{ in K}$$

2 Fluidstatik

2.1 Druck

$$p = \lim_{\Delta A \to 0} \frac{\Delta F}{\Delta A}, \quad p \geqq 0$$

$$p_{abs} = p_{amb} + p_ü$$

$$p_{abs} = p_{amb} - p_u$$

F Kraft
A Fläche
p_{amb} Umgebungsdruck
$p_ü$ Überdruck
p_u Unterdruck
p_{abs} Absolutdruck

2.2 Grundgleichung der Fluidstatik

$$\frac{\mathrm{d}p}{\mathrm{d}z} + \varrho g = 0$$

Grundgleichung der Fluidstatik
z Höhenkoordinate
ϱ Dichte
g Fallbeschleunigung

$$p_1 = p_2 + \varrho g \Delta z$$

bei inkompressiblen Fluiden

U-Rohr-Manometer

$$p_1 = p_2 + \varrho \cdot g \cdot \Delta h$$

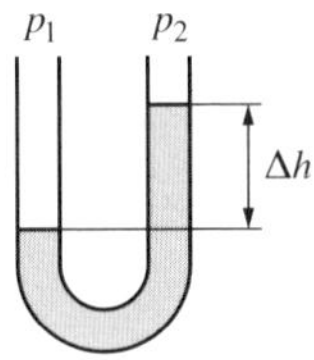

Barometer ($p_2 = 0$)

$$p_1 = p_{abs} = \varrho \cdot g \cdot \Delta h$$

2.3 Druckkräfte auf allgemeine Flächen

Druckkraft der Flüssigkeit in horizontaler Richtung

$$F_x = \varrho g \int_{A_x} z \, \mathrm{d}A_x = \varrho g z_s A_x$$

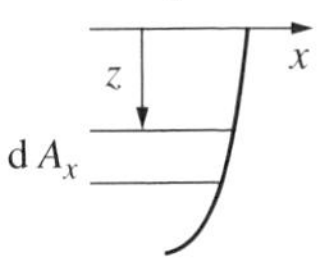

A_x Projektion der Fläche in x-Richtung
z_s Lage des Schwerpunktes der Fläche A_x

Druckkraft der Flüssigkeit in vertikaler Richtung

$$F_z = \varrho g V_{fl}$$

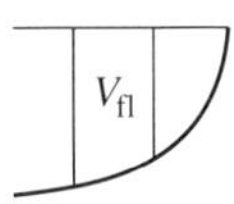

Die Druckkraft entspricht dem Gewicht der über der Fläche stehenden Flüssigkeit.

Auftrieb

$$F_A = \varrho_L g V_K$$

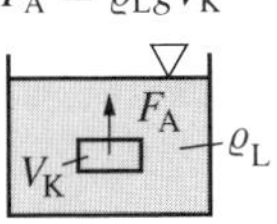

Auftriebskraft eines Körpers K in einem Fluid L

V_K vom Körper K verdrängtes Fluidvolumen
ϱ_L Dichte des Fluids
g Fallbeschleunigung

2.4 Normatmosphäre ($H = 0\,\text{km} - 11\,\text{km}$)

Bodenwerte ($H = 0$):

$p(0) = 1{,}0133\,\text{bar}, \quad T(0) = 288{,}15\,\text{K}, \quad \varrho(0) = 1{,}225\,\text{kg/m}^3$

$T = 288{,}15\,\text{K} - 6{,}5\,\text{K/km} \cdot H$

$p = 1{,}0133\,\text{bar} \cdot (1 - 0{,}02256 \cdot H)^{5{,}2559}$

$\varrho = 1{,}2250\,\text{kg/m}^3 \cdot (1 - 0{,}02256 \cdot H)^{4{,}2559} \qquad H$ in km

3 Fluidkinetik reibungsfreier Strömungen

Kontinuitätsgleichung

$\dot{m} = \varrho \dot{V} = \varrho A c = \text{const}$

A Querschnittsfläche
c Geschwindigkeit
ϱ Dichte

Bernoulli-Gleichung für stationäre Strömung

$c\,\mathrm{d}c + \frac{1}{\varrho}\mathrm{d}p + g\,\mathrm{d}z = 0$

p Druck
g Fallbeschleunigung
z Höhenkoordinate

3.1 Anwendung der Bernoulli-Gleichung auf inkompressible Fluide

$\varrho \frac{c^2}{2} + p + \varrho g z = \text{const}$

$\varrho \frac{c^2}{2}$ kinetischer Druck
p statischer Druck
$\varrho g h$ geodätischer Druck

$p_t = p + \varrho \frac{c^2}{2}$

p_t Totaldruck, $\Delta z = 0$

Messung des Totaldruckes und der Geschwindigkeit

$p_t = \varrho \frac{c_1^2}{2} + p_1$

Totaldruckmessung mit einem Staurohr
$z_1 = z_2$, $c_2 = 0$

Geschwindigkeitsbestimmung aus Totaldruck und statischem Druck

$c_1 = \sqrt{\frac{2}{\varrho}(p_t - p_1)}$

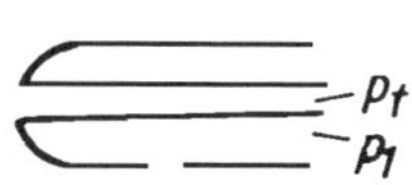

Ausflussgeschwindigkeit aus einem Gefäß

Formel von Torricelli

$$c_2 = \sqrt{\frac{\frac{2}{\varrho}(p_1 - p_2) + 2g(z_1 - z_2)}{1 - \left(\frac{A_2}{A_1}\right)^2}}$$

$z_1 - z_2$ Fluidhöhe über dem Ausfluss
p_1 Druck über dem Fluid
p_2 Umgebungsdruck
A_1 Fluidoberfläche
A_2 Ausflussquerschnitt

$$c_2 = \sqrt{2g(z_1 - z_2)}$$

gültig für $p_1 = p_2, A_1 \gg A_2$

Potenzialwirbel

$cr = \text{const}$ — Geschwindigkeit c als Funktion des Radius r

$$p = p_1 + \frac{\varrho}{2} r_1^2 c_1^2 \left(\frac{1}{r_1^2} - \frac{1}{r^2}\right)$$

Druck als Funktion des Radius

3.2 Anwendung der Bernoulli-Gleichung auf kompressible Fluide

$$\frac{c_2^2}{2} - \frac{c_1^2}{2} + \int_1^2 \frac{\mathrm{d}p}{\varrho} + g(z_2 - z_1) = 0$$

c Geschwindigkeit
z geodätische Höhe

Ausströmgeschwindigkeit aus einem Behälter (isentrop)

Gleichung von de Saint Venant

$$c_2 = \sqrt{2\frac{\varkappa}{\varkappa - 1} R T_1 \left[1 - \left(\frac{p_2}{p_1}\right)^{\frac{\varkappa - 1}{\varkappa}}\right]}$$

T_1 absolute Temperatur im Behälter
R Gaskonstante
$\varkappa$ Isentropenexponent
p_1 Druck im Behälter
p_2 Umgebungsdruck

Schallgeschwindigkeit

$$c_s = \sqrt{\frac{\mathrm{d}p}{\mathrm{d}\varrho}}$$

$$c_s = \sqrt{\varkappa R T}$$

Schallgeschwindigkeit für ein ideales Gas (isentrop)

Mach-Zahl

$$Ma = \frac{c}{c_s}$$

c Geschwindigkeit
c_s Schallgeschwindigkeit

4 Impulssätze

Impulssatz

$$\sum \vec{F} = \int_{O} \varrho c^2 \mathrm{d}\vec{A}$$

ϱ Dichte
c Geschwindigkeit

Der Impulsstrom über die Oberfläche O ist gleich der Summe aller äußeren Kräfte. Der Impuls ist ein Vektor, der in Richtung des Flächenvektors $\vec{A}$ zeigt. Der Flächenvektor ist immer nach außen gerichtet.

$$\Delta p = \varrho c_1^2 \frac{A_1}{A_2}\left(1 - \frac{A_1}{A_2}\right)$$

Druckänderung in einem Carnot-Diffusor
A_2 Austrittsquerschnitt

$$\Delta p = \frac{\varrho}{2} c_1^2 \left[1 - \left(\frac{A_1}{A_2}\right)^2\right]$$

Druckänderung bei stetiger Querschnittsänderung (Bernoulli)

$$Fs = \dot{m}(c_{\text{Düse}} - c_\infty)$$

Schub eines Strahltriebwerkes
c_∞ Fluggeschwindigkeit

Impulsmomentensatz

$$\vec{M} = \int_{O} \vec{r} \times \vec{c} \mathrm{d}\dot{m}$$

Beispiel: Die Euler'sche Turbinengleichung oder die Hauptgleichung der Turbinentheorie. Für ein rotierendes Flügelgitter (Laufrad einer radialen Turbomaschine) gilt unter der Annahme unendlich vieler und unendlich dünner Schaufeln:

$$M = \dot{m}(r_2 c_{2u} - r_1 c_{1u})$$

Für die Leistung folgt mit $P = M\omega$:

$$P = \dot{m}(c_{2u} u_2 - c_{1u} u_1)$$

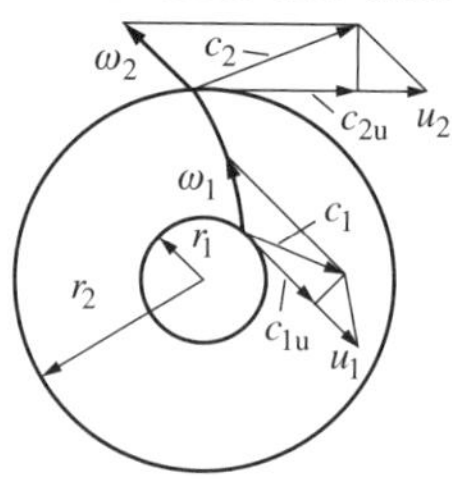

5 Reibungsbehaftete Rohrströmung

Laminare Strömung ($Re \leqq 2300$)

Gesetz von Hagen-Poisseuille/Volumenstrom durch ein Rohr

$$\dot{V} = \frac{\pi}{8} \frac{\Delta p}{L\eta} r^4$$

Δp Druckdifferenz
L Rohrlänge
η dynamische Viskosität
r Radius

Druckverlust reibungsbehafteter Strömung

$$\Delta p = \frac{1}{2}\varrho\bar{c}^2\frac{L}{d}\frac{64}{Re} = \frac{8\eta \cdot L}{r^2}\bar{c} \qquad Re = \frac{d\bar{c}}{\nu} \text{ und } \bar{c} = \frac{\dot{V}}{A};\ \nu = \frac{\eta}{\varrho}$$

Turbulente Strömung ($Re \geqq 2300$)

Druckverlust

$$\Delta p = \frac{1}{2}\varrho\bar{c}^2\frac{L}{d}\lambda_t \qquad \text{mit } \bar{c} = \frac{\dot{V}}{A}$$

$$\frac{1}{\sqrt{\lambda_t}} = 2 \cdot \lg(Re\sqrt{\lambda_t}) - 0{,}8 \qquad \text{glattes Rohr}$$

für $2300 \leqq Re \leqq 10^5$

$$\lambda_t = \left[1{,}14 - 2 \cdot \lg\left(\frac{k}{d}\right)\right]^{-2}$$

rauhes Rohr

k Rauigkeit

$Re = \dfrac{d \cdot \bar{c}}{r}$

d Rohrinnendurchmesser

Druckverlust in Rohrelementen

$$\Delta p = \zeta\frac{\varrho}{2}c^2$$

ϱ Dichte

Druckverlustbeiwerte ζ sind der Literatur zu entnehmen.

6 Widerstand eines umströmten Körpers

$$F_w = c_w A\frac{\varrho}{2}c_\infty^2$$

c_∞ ungestörte Ausströmgeschwindigkeit

A Projektionsfläche

Der Widerstandsbeiwert c_w ist von der Form des Körpers abhängig.

Elektrotechnik/Elektronik

1 Elektrostatisches Feld (Ruhende Ladung, Kapazität)

1.1 Feldgrößen im elektrostatischen Feld

Elementarladung

$e = \pm 1{,}602 \cdot 10^{-19}$ A s

Potenzial

$\varphi_1 = \dfrac{W_1}{Q}$ W_1 Energie, Q Ladung

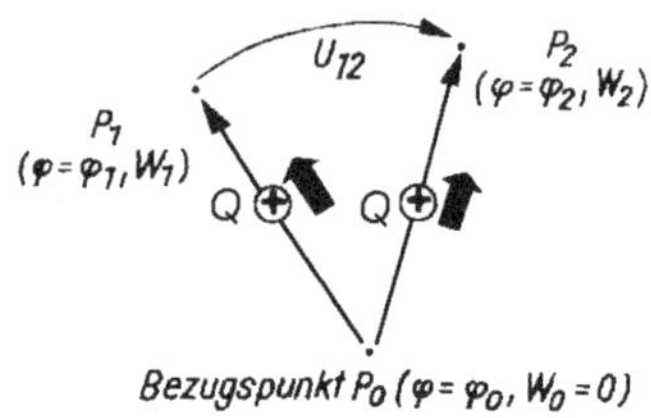

Spannung

$U_{12} = \varphi_1 - \varphi_2$

$U_{12} = \int_{P_2}^{P_1} \vec{E}\,\mathrm{d}\vec{l}$ allgemein

$U = El$ homogenes Feld
E elektrische Feldstärke

Ladung, Verschiebungsfluss

$Q = \Psi = \oint_A \vec{D}\,\mathrm{d}\vec{A}$ D elektrische Flussdichte

$Q = D \cdot 4\pi r^2$ speziell für Kugelanordnung

Elektrische Flussdichte

$\vec{D} = \varepsilon \vec{E}$

$\varepsilon = \varepsilon_0 \varepsilon_r$ ε Permittivität

$\varepsilon_0 = 8{,}854 \cdot 10^{-12}$ A s/(V m) ε_0 elektrische Feldkonstante (Permittivität des Vakuums)
ε_r Permittivitätszahl

1.2 Kräfte auf Ladungen im elektrischen Feld

Kraft auf Ladung im elektrischen Feld

$\vec{F} = Q\vec{E}$ — Definitionsgleichung für $\vec{E}$

Coulomb'sches Gesetz der Elektrostatik

$$F = \frac{Q_1 Q_2}{4\pi\varepsilon r^2}$$

Kraft zwischen zwei Ladungen im Abstand r (abstoßend bei gleichnamigen Ladungen, anziehend bei ungleichnamigen Ladungen)

1.3 Kondensator

Kapazität

$$C = \frac{Q}{U}$$

Definitionsgleichung

$$C = \frac{\varepsilon_0 \varepsilon_r A}{d}$$

Plattenkondensator
homogenes Feld

Kondensator mit geschichtetem Dielektrikum (Quergrenzfläche)

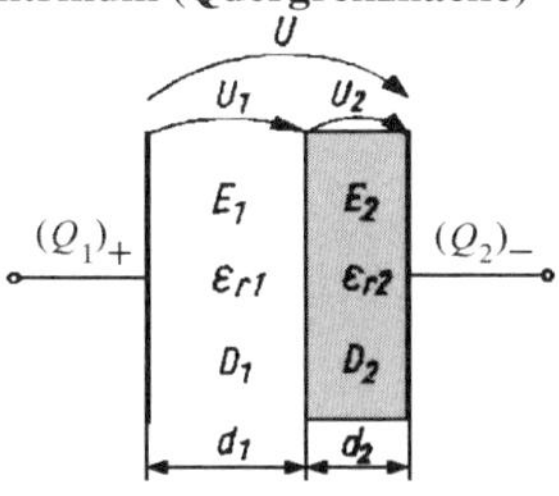

$$D_1 = D_2 = D \qquad Q_1 = Q_2 = Q$$

$$E_1 = \frac{D}{\varepsilon_0 \varepsilon_{r1}} \qquad E_2 = \frac{D}{\varepsilon_0 \varepsilon_{r2}}$$

$$\frac{E_1}{E_2} = \frac{\varepsilon_{r2}}{\varepsilon_{r1}}$$

$$E_1 = \frac{U_1}{d_1} = \frac{U}{d_1 + d_2 \dfrac{\varepsilon_{r1}}{\varepsilon_{r2}}} \qquad E_2 = \frac{U_2}{d_2} = \frac{U}{d_1 \dfrac{\varepsilon_{r2}}{\varepsilon_{r1}} + d_2}$$

$$\frac{U_1}{U_2} = \frac{\varepsilon_{r2} d_1}{\varepsilon_{r1} d_2} = \frac{C_2}{C_1}$$

$$\sigma = \frac{Q}{A}$$

σ Flächenladungsdichte

$$\varrho = \frac{Q}{V}$$

ϱ Raumladungsdichte

Elektrische Durchschlagfeldstärke $\hat{E}_d$

(homogenes, vorentladungsfreies Feld, ▶ Bestimmung nach DIN VDE 0432)

Medium	$\hat{E}_d$	Medium	$\hat{E}_d$
Luft	3 kV/mm	Polyäthylen	70 kV/mm
Isolieröl	11,5 kV/mm	Epoxidharz	100 kV/mm
Porzellan	40 kV/mm		

Parallelschaltung von Kondensatoren

$$C_{AB} = C_1 + C_2 + \ldots + C_n$$

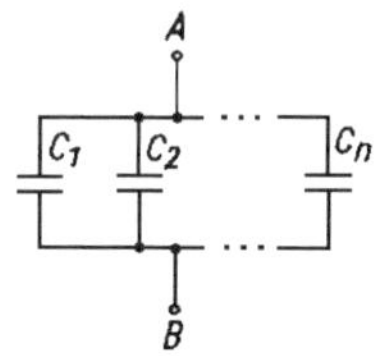

Reihenschaltung von Kondensatoren

n Kondensatoren

$$\frac{1}{C_{AB}} = \frac{1}{C_1} + \frac{1}{C_2} + \ldots + \frac{1}{C_n}$$

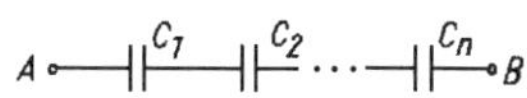

2 Kondensatoren

$$C_{AB} = \frac{C_1 C_2}{C_1 + C_2}$$

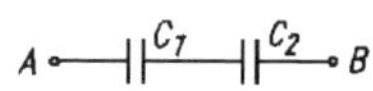

n gleiche Kondensatoren $C_{AB} = \dfrac{C}{n}$

Technisch bedeutsame Anordnungen

	Spannung U	max. Feldstärke E	Kapazität C
Homogenes Feld Plattenkondensator	$\frac{Qd}{\varepsilon A}$	$\frac{U}{d}$	$\frac{\varepsilon A}{d}$
Zylinder ineinander (Kabel)	$\frac{Q}{2\pi\varepsilon l}\ln\frac{r_a}{r_i}$	$\frac{U}{r_i \ln\frac{r_a}{r_i}}$	$\frac{2\pi\varepsilon l}{\ln\frac{r_a}{r_i}}$
Zylinder nebeneinander (Freileitung)	$\frac{Q}{\pi\varepsilon l}\ln\frac{s}{r}$ *)	$\frac{U}{2r\ln\frac{s}{r}}$	$\frac{\pi\varepsilon l}{\ln\frac{s}{r}}$
Kugeln ineinander (Kugelkondensator)	$\frac{Q}{4\pi\varepsilon}\left(\frac{1}{r_i}-\frac{1}{r_a}\right)$	$\frac{U r_a}{r_i(r_a - r_i)}$	$\frac{4\pi\varepsilon r_a r_i}{r_a - r_i}$
Kugel, frei im Raum	$\frac{Q}{4\pi\varepsilon r}$	$\frac{U}{r}$	$4\pi\varepsilon r$

*) s Abstand der parallelen Leiter

1.4 Energie im elektrostatischen Feld

Im Feld gespeicherte Energie

$$W = \frac{1}{2}DEV = \frac{1}{2}\varepsilon E^2 V$$

D elektrische Flussdichte
E elektrische Feldstärke

Energiedichte

$$w = \frac{1}{2}DE = \frac{1}{2}\varepsilon E^2$$

Energie auf einem Kondensator

$$W = C\int_0^U u\,\mathrm{d}u = \frac{CU^2}{2} = \frac{Q^2}{2C} = \frac{QU}{2}$$

1.5 Bewegung von Ladungen im elektrischen Feld

Geschwindigkeit eines Elektrons

$$v = \sqrt{\frac{2e}{m_e}\Delta U}$$

ΔU durchlaufene Potenzialdifferenz
e Elementarladung
m_e Elektronenmasse

Ablenkung eines Elektrons

$$s_{yl} = \frac{e}{2m_e}\frac{U_{AB}}{d}t^2 = \frac{e}{2m_e}\frac{U_{AB}}{d}(v_{x0}l)^2$$

s_{yl} Weg nach Durchlaufen des Plattenpaares der Länge l
v_{x0} Eintrittsgeschwindigkeit

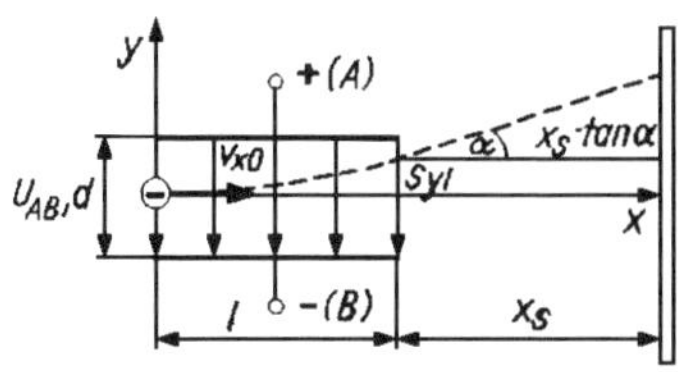

$$\alpha = \arctan\left(\frac{e}{m_e}\frac{U_{AB}}{d}v_{x0}l\right)$$

α Austrittswinkel

$$y = s_{yl} + x_s \tan\alpha$$

Ablenkweg auf einem Schirm im Abstand x_s

2 Elektrisches Strömungsfeld (bewegte Ladung, Gleichstrom, Widerstand)

2.1 Feldgrößen im elektrischen Strömungsfeld

$$I = \frac{Q}{t}, \quad Q = \int_{t_2}^{t_1} I \, \mathrm{d}t$$

I Stromstärke, Q Ladung

Elektrische Stromstärke

$$I = \int_A \vec{J} \mathrm{d}\vec{A}$$

Stromdichte, Leitfähigkeit

$$\vec{J} = \varkappa \vec{E}, \quad \varkappa = \frac{1}{\varrho}$$

$\varkappa$ elektrische Leitfähigkeit
ϱ spezifischer Widerstand

2.2 Elektrischer Widerstand

Ohm'sches Gesetz

$$U = RI$$

Widerstand $R = \text{konst.}$

$$R = \frac{l}{\varkappa A} = \frac{l \varrho}{A}$$

Bemessungsgleichung

Differenzieller Widerstand

$$r = \frac{\mathrm{d}U}{\mathrm{d}I}$$

Elektrischer Leitwert

$$G = \frac{I}{U} = \frac{1}{R}$$

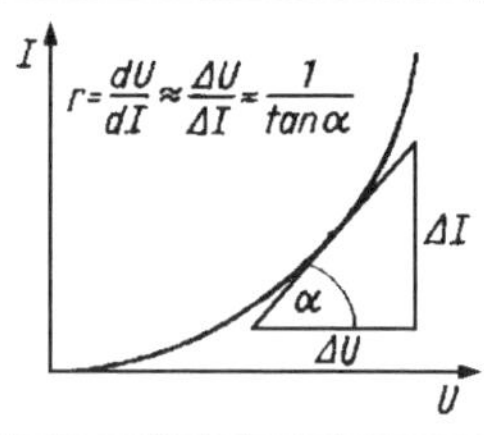

Widerstand bei Temperatur ϑ

$$R_\vartheta = R_{20} \, [1 + \alpha_{20}(\vartheta - 20\,°\mathrm{C})]$$

R_{20} Widerstand bei 20 °C
α_{20} Temperaturkoeffizient

Auswahl von Materialkenngrößen

	$\varkappa$ in 10^6 S/m	α_{20} in K^{-1}		$\varkappa$ in 10^6 S/m	α_{20} in K^{-1}
Aluminium	33,3	0,0038	Gold	45,2	0,0039
Kupfer	57,2	0,0039	Eisen	10,2	0,0066
Silber	62,5	0,0038	Platin	9,5	0,0030

Bestimmung der Temperatur ϑ einer Wicklung

$$\vartheta = \frac{R_\vartheta}{R_K}(T + \vartheta_K) - T$$

$$T = \frac{1}{\alpha_{20}} - 20\,^\circ\text{C}$$

R_K Widerstand bei Bezugstemperatur ϑ_K
R_ϑ Widerstand bei Temperatur ϑ
T Temperatur in K

Widerstand technisch bedeutsamer Anordnungen

	Widerstand R	Bemerkung
Homogenes Feld (Schichtwiderstand)	$\frac{d}{\varkappa A}$	d Schichtdicke
Zylinder ineinander (Kabel)	$\frac{1}{2\pi\varkappa l}\ln\frac{r_a}{r_i}$	$r_a > r_i$
Kugeln ineinander	$\frac{1}{4\pi\varkappa}\frac{r_a - r_i}{r_a r_i}$	$r_a > r_i$
Oberflächenerder (Halbkugel)	$\frac{1}{2\pi\varkappa r_0}$	Radius r_0
Tiefenerder (Kugel)	$\frac{1}{4\pi\varkappa r_0}\left(1 + \frac{r_0}{2h}\right)$	h Tiefe der Kugel
Rohrerder (senkrecht im Boden)	$\frac{1}{2\pi\varkappa l}\ln\frac{2l}{r}$	l Länge, r Radius des Rohres

Reihenschaltung von Widerständen

Bedingung

$I = I_1 = I_2 = \ldots = I_n$

Gesamtspannung

$U_{AB} = U_1 + U_2 + \ldots + U_n$

Gesamtwiderstand

$R_{AB} = R_1 + R_2 + \ldots + R_n$

für n gleiche Widerstände R

$R_{AB} = nR$

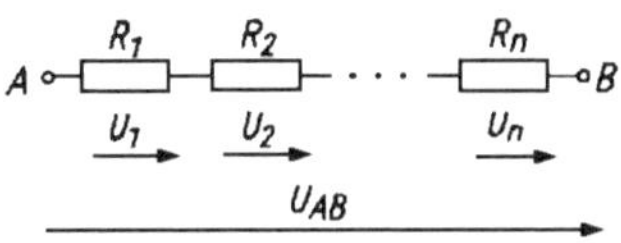

Parallelschaltung von Widerständen

Bedingung

$U = U_1 = U_2 = \ldots = U_n$

Gesamtstrom

$I_{AB} = I_1 + I_2 + \ldots + I_n$

Gesamtleitwert

$G_{AB} = G_1 + G_2 + \ldots + G_n$

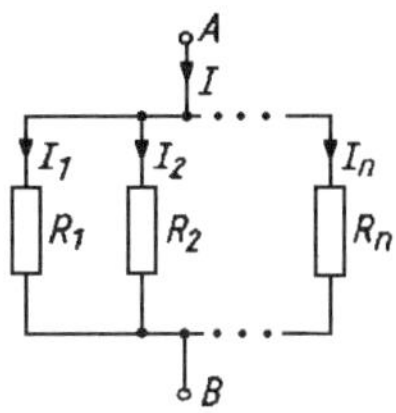

$$\frac{1}{R_{AB}} = \frac{1}{R_1} + \frac{1}{R_2} + \ldots + \frac{1}{R_n}$$ R_{AB} Gesamtwiderstand

$$R_{AB} = \frac{R_1 R_2}{R_1 + R_2}$$ 2 parallele Widerstände

$$R_{AB} = \frac{R}{n}$$ n parallele Widerstände R

Stern-Dreieck-Umwandlung

$$R_1 = \frac{R_A R_B + R_A R_C + R_B R_C}{R_A}$$
$$R_2 = \frac{R_A R_B + R_A R_C + R_B R_C}{R_B}$$
$$R_3 = \frac{R_A R_B + R_A R_C + R_B R_C}{R_C}$$

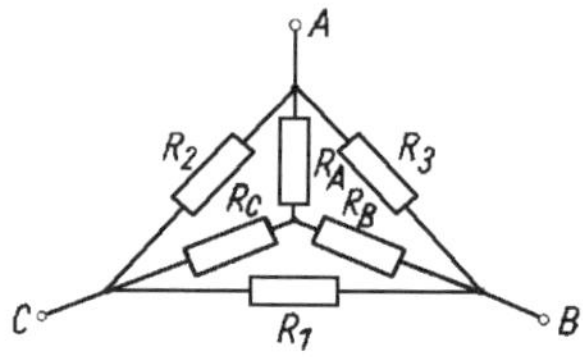

$$R_A = \frac{R_2 R_3}{R_1 + R_2 + R_3}, \quad R_B = \frac{R_1 R_3}{R_1 + R_2 + R_3}, \quad R_C = \frac{R_1 R_2}{R_1 + R_2 + R_3}$$

Berechnung von Gleichstromnetzwerken

Spannungsteilerregel ($I = I_1 = I_2$, Bedingung)

Unbelasteter Spannungsteiler

$$\frac{U_1}{U_2} = \frac{R_1}{R_2}, \quad \frac{U_2}{U} = \frac{R_2}{R_1 + R_2}$$

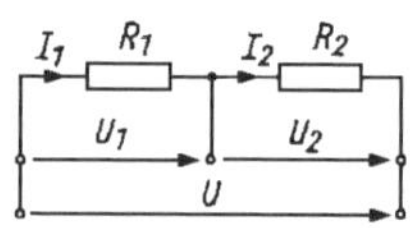

Belasteter Spannungsteiler

$$\frac{U_2}{U} = \frac{R_2 R_B}{R_1 R_2 + R_1 R_B + R_2 R_B}$$

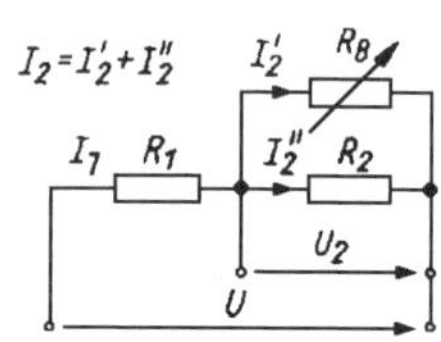

Stromteilerregel

($U = U_1 = U_2$, Bedingung)

$$\frac{I_1}{I_2} = \frac{R_2}{R_1}, \quad \frac{I_2}{I} = \frac{R_1}{R_1 + R_2}$$

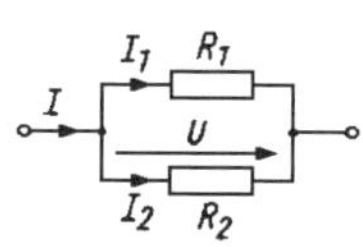

Kirchhoff'sche Sätze

a) **Knotenpunktsatz**: In einem Knotenpunkt ist die vorzeichenbehaftete Summe aller Ströme gleich null.

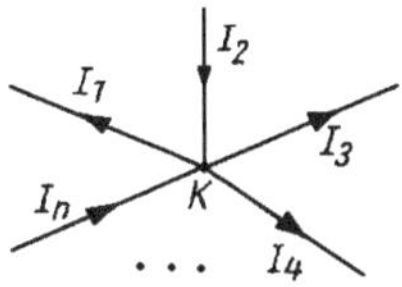

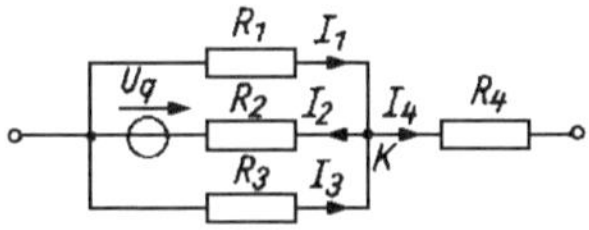

$$\sum_{\nu=1}^{n} I_\nu = 0$$

$$I_1 - I_2 + I_3 - I_4 = 0$$

b) **Maschensatz**: In einer Masche ist die vorzeichenbehaftete Summe aller Quellenspannungen und Spannungsabfälle gleich null.

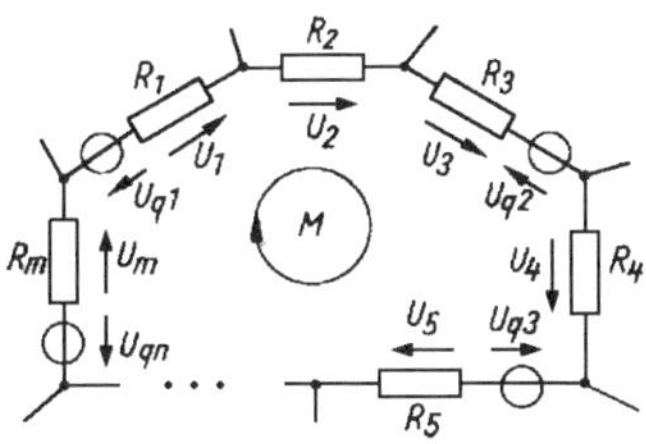

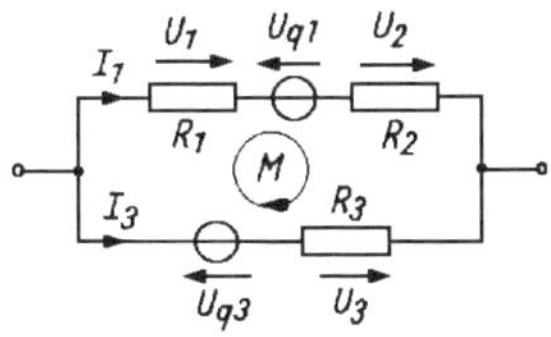

$$\sum_{\nu=1}^{n} U_{q\nu} + \sum_{\mu=1}^{m} U_\mu = 0$$

$$U_{q1} - U_{q3} = U_1 + U_2 - U_3 = I_1(R_1 + R_2) - I_3 R_3$$

Zweigstromverfahren – Lösungsschritte:

(Berechnung mithilfe der Kirchhoff'schen Sätze)

- Kennzeichnen der Richtung der z Zweigströme
- Aufstellen der $(k - 1)$ Knotenpunktgleichungen, wenn k die Zahl der Knotenpunkte ist
- Eintragen der Richtungspfeile für Quellenspannungen und der Spannungsabfälle über den Widerständen
- Aufstellen der $z - (k - 1)$ Maschengleichungen

Somit ergibt sich für die Schaltung:

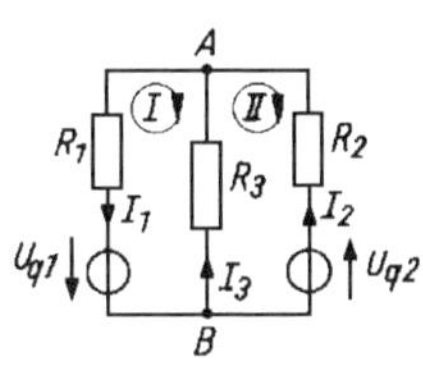

Knoten A: $0 = \quad -I_1 + I_2 \quad + I_3$

Masche I: $0 = -U_{q1} - I_1 R_1 \quad - I_3 R_3$

Masche II: $0 = -U_{q2} \quad - I_2 R_2 + I_3 R_3$

Ergebnis bei Berechnung von I_3

$$I_3 = \frac{U_{q2} R_1 - U_{q1} R_2}{R_1 R_2 + R_1 R_3 + R_2 R_3}$$

Knotenspannungsverfahren – Lösungsschritte:

- Kennzeichnen der n Knotenpunkte, wobei dem 1. Knotenpunkt das Potenzial φ_A zugeordnet wird
- Festlegen der Richtungen von Zweigströmen und Quellenspannungen
- Aufstellen der Knotenpunktgleichungen
- Aufstellen der Beziehungen für die Zweigströme aus Leitwerten, Potenzialdifferenzen und Quellenspannungen
- Einsetzen der Zweigstrombeziehungen in die Knotenpunktgleichungen

Womit sich für die Schaltung ergibt:

Knoten B: $0 = -I_1 + I_2 + I_3$

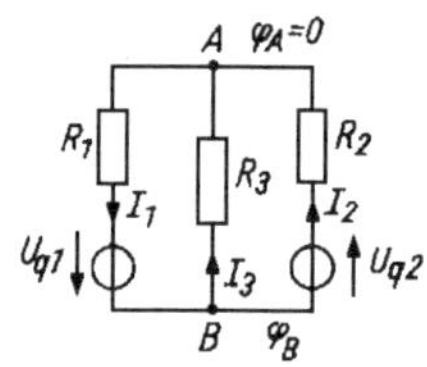

Zweigstrom 1:

$$I_1 = \frac{1}{R_1}(\varphi_A - \varphi_B - U_{q1})$$

Zweigstrom 2:

$$I_2 = \frac{1}{R_2}(\varphi_B - \varphi_A - U_{q2})$$

Zweigstrom 3:

$$I_3 = \frac{1}{R_3}(\varphi_B - \varphi_A)$$

Ergebnis für Strom I_3:

$$I_3 = \frac{U_{q2}R_1 - U_{q1}R_2}{R_1R_2 + R_1R_3 + R_2R_3}$$

Maschenstromverfahren – Lösungsschritte:

- Zuordnen eines Maschenstromes zu jeder der $z - (k - 1)$ unabhängigen Maschen
- Aufstellen der Maschenstromgleichungen, wobei durch einen Zweig mehrere Maschenströme fließen können
- Auflösen des Gleichungssystems und Berechnen des gesuchten Zweigstromes aus den Maschenströmen

Für die Schaltung ergibt sich:

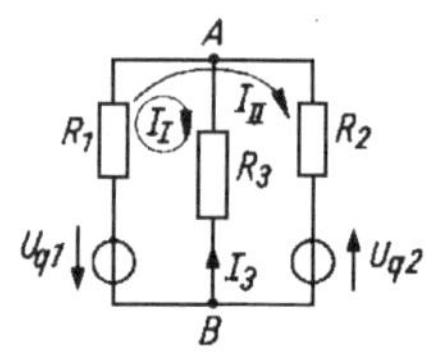

Masche I:

$$0 = -U_{q1} \qquad +I_I(R_1 + R_3) + I_{II}R_1$$

Masche II:

$$0 = -U_{q1} - U_{q2} + I_IR_1 \qquad + I_{II}(R_1 + R_2)$$

Ergebnis für Strom I_3

$$I_3 = -I_I = \frac{U_{q2}R_1 - U_{q1}R_2}{R_1R_2 + R_1R_3 + R_2R_3}$$

Überlagerungssatz – Lösungsschritte:

- Kennzeichnen der Richtung der Zweigströme
- Entfernen aller Quellenspannungen und Ersetzen durch Kurzschlüsse bis auf eine Ausnahme
- Berechnen des Teilstromes, der von der verbleibenden Quellenspannung im interessierenden Zweig hervorgerufen wird

- Berechnen der weiteren Teilströme auf analoge Weise
- die vorzeichenbehaftete Summe der Teilströme ergibt den Strom im Zweig

Bei der Berechnung der Schaltung ergibt sich:

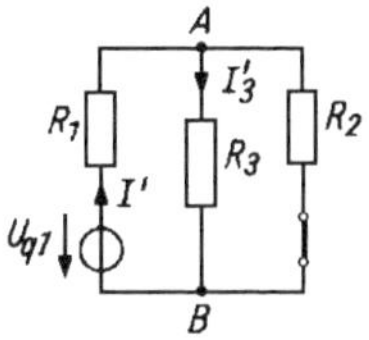

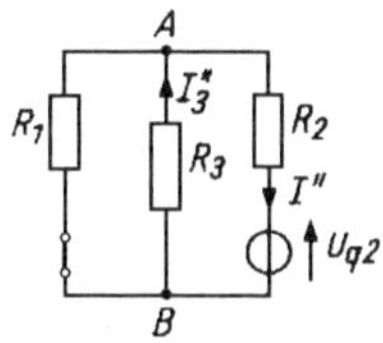

$$I_3' = \frac{U_{q1}R_2}{R_1R_2 + R_1R_3 + R_2R_3}$$
$$I_3'' = \frac{U_{q2}R_1}{R_1R_2 + R_1R_3 + R_2R_3}$$

Ergebnis für Strom I_3

$$I_3 = I_3'' - I_3' = \frac{U_{q2}R_1 - U_{q1}R_2}{R_1R_2 + R_1R_3 + R_2R_3}$$

Zweipoltheorie

Die Zweipoltheorie kann dann vorteilhaft angewendet werden, wenn in einem Netzwerk die Größen Strom oder Spannung nur an einem Bauelement von Interesse sind. Dazu wird das Netzwerk in einen aktiven und in einen passiven Zweipol unterteilt. Für den entstehenden Grundstromkreis sind die Ersatzspannung, der Ersatzinnen und der Ersatzaußenwiderstand zu bestimmen.

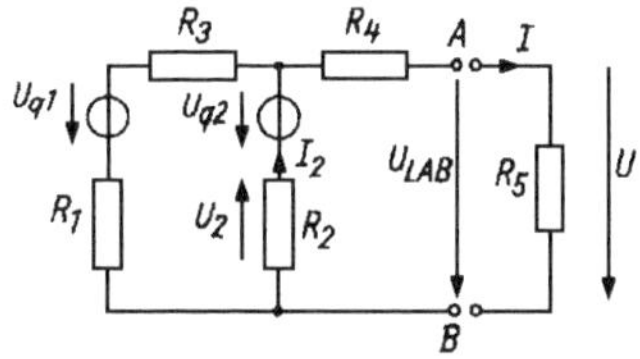

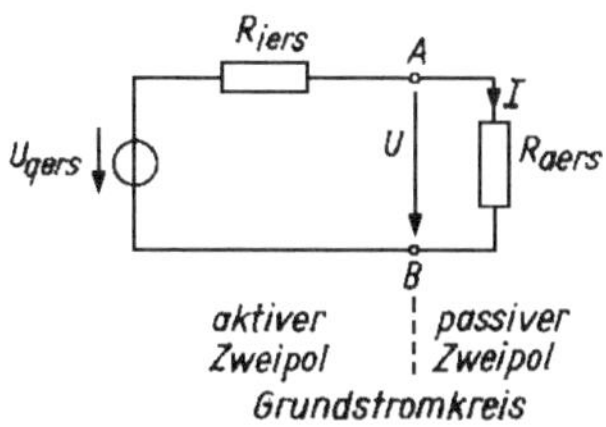

Ersatzspannung: $U_{qers} = U_{lAB}$ Leerlaufspannung des aktiven Zweipoles. In der Schaltung gelten:

$$U_{lAB} = U_{q2} - U_2 \quad U_2 = I_2R_2 = \frac{U_{q2} - U_{q1}}{R_1 + R_2 + R_3}R_2 \quad \text{und}$$
$$U_{qers} = U_{lAB} = \frac{U_{q2}(R_1 + R_3) + U_{q1}R_2}{R_1 + R_2 + R_3}$$

Ersatzinnenwiderstand: $R_{iers} = R_{AB}$ Innenwiderstand des aktiven Zweipoles (Spannungsquellen durch Kurzschlüsse ersetzt)

Für die Schaltung gilt:

$$R_{\text{iers}} = R_{\text{AB}} = R_4 + \frac{R_2(R_1 + R_3)}{R_1 + R_2 + R_3}$$

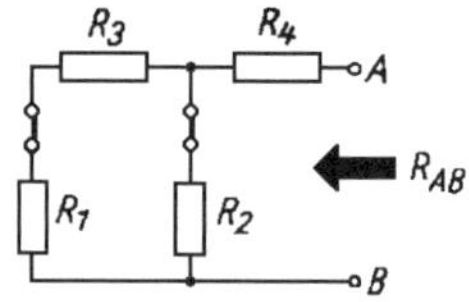

Ersatzkurzschlussstrom $I_{\text{kers}} = \dfrac{U_{\text{qers}}}{R_{\text{iers}}}$

Ersatzaußenwiderstand R_{aers} (Widerstand des passiven Zweipoles)

In der Schaltung: $R_{\text{aers}} = R_5$ (auch Widerstandskombination denkbar)

Die am Ersatzaußenwiderstand $R_{\text{aers}} = R_5$ interessierenden Größen ergeben sich aus dem Grundstromkreis.

Strom I:

$$I = \frac{U_{\text{qers}}}{R_{\text{iers}} + R_{\text{aers}}} \text{ bzw. } I = \frac{U_{\text{q2}}(R_1 + R_3) + U_{\text{q1}}R_2}{(R_4 + R_5)(R_1 + R_2 + R_3) + R_2(R_1 + R_3)}$$

Spannung U:

$$U = \frac{U_{\text{qers}}R_{\text{aers}}}{R_{\text{iers}} + R_{\text{aers}}} \text{ bzw. } U = IR_5$$

Ein analoges Verfahren zur Ersatzspannungsquelle ist die Berechnung mit Hilfe einer Ersatzstromquelle. Dabei ergibt sich die Struktur des aktiven Zweipoles aus der Parallelschaltung der Ersatzstromquelle I_{kers} mit dem Ersatzinnenwiderstand R_{iers}.

2.3 Energie und Leistung im Strömungsfeld

Umgesetzte Energie

$$W = UIt = I^2Rt = \frac{U^2}{R}t$$

Leistung eines Gleichstromes

$$P = \frac{W}{t} = UI = I^2R = \frac{U^2}{R}$$

Im Volumen umgesetzte Leistung

$$P = JEV = \varkappa E^2V = \frac{J^2}{\varkappa}V$$

J elektrische Stromdichte
E elektrische Feldstärke
$\varkappa$ elektrische Leitfähigkeit

Leistungsdichte

$$\frac{P}{V} = JE = \varkappa E^2 = \frac{J^2}{\varkappa}$$

3 Magnetostatisches Feld (Permanentmagnete)

3.1 Feldgrößen im magnetostatischen Feld

Magnetische Flussdichte

$B = \mu H$	H magnetische Feldstärke
$\mu = \mu_0 \mu_r$	μ Permeabilität
$\mu_0 = 1{,}257 \cdot 10^{-6}$ V s/(A m)	μ_0 magnetische Feldkonstante (Permeabilität des Vakuums) μ_r Permeabilitätszahl
$\mu_r = 10 \ldots 10^6$	ferromagnetische Stoffe (Fe, ...)
$\mu_r \leqq 3 \cdot 10^3$	ferrimagnetische Stoffe (Ferrite)

Magnetischer Fluss

$$\Phi = \int_A \vec{B}\,\mathrm{d}\vec{A}$$

Magnetischer Widerstand

$R_\mathrm{m} = \dfrac{V}{\Phi} = \dfrac{1}{\Lambda}$	V magnetischer Spannungsabfall Λ magnetischer Leitwert
$R_\mathrm{m} = \dfrac{l}{\mu A}$	Bemessungsgleichung, homogenes Feld

3.2 Magnetischer Kreis mit Permanentmagnet

Erforderliche Länge des Permanentmagneten

$$l_\mathrm{M} = \frac{\delta_\mathrm{L} B_\mathrm{L}}{\mu_0 H_\mathrm{M}}$$

B_L Flussdichte im Luftspalt
H_M Feldstärke des Magneten im Arbeitspunkt P

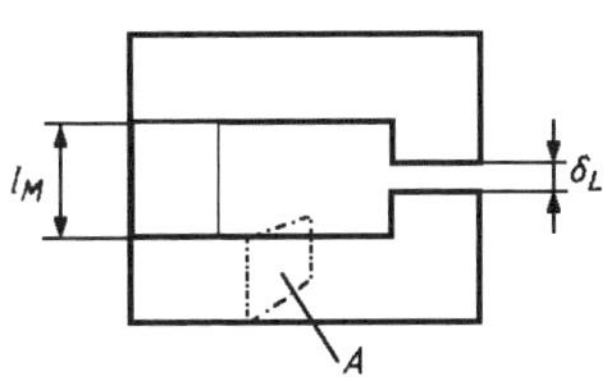

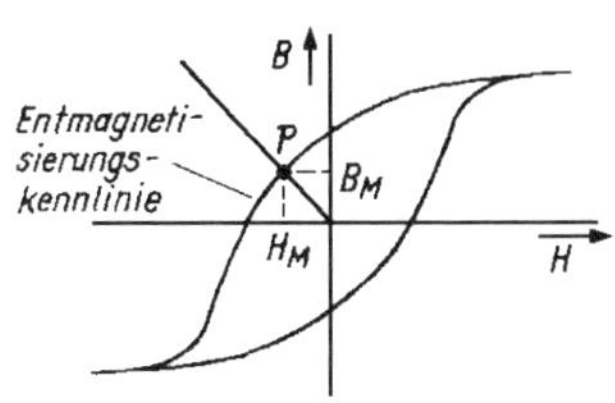

4 Magnetfeld konstanter Ströme (Gleichstrom, Induktivität)

4.1 Feldgrößen im Magnetfeld konstanter Ströme

Durchflutungsgesetz (1. Maxwell'sche Gleichung)

$$\sum_{\nu=1}^{n} I_\nu = \int_A \vec{J}\,\mathrm{d}\vec{A} = \oint_l \vec{H}\,\mathrm{d}\vec{l}$$

$\vec{J}$ elektrische Stromdichte

Durchflutung

$$\Theta = \oint_l H\,\mathrm{d}l = \sum_{\nu=1}^{n} I_\nu$$

l Länge der Magnetfeldlinie

Feldstärke und Fluss im homogenen Magnetfeld

$$H = \frac{\Theta}{l}, \quad \Phi = \frac{\Theta}{R_\mathrm{m}} = \frac{V\mu A}{l}$$

V magnetischer Spannungsabfall

Maschensatz für Magnetkreis

$$\Theta = \oint_l H\,\mathrm{d}l = \sum_{\nu=1}^{m} H_\nu l_\nu = H_1 l_1 + H_2 l_2 + \ldots + H_m l_m$$
$$= V_1 + V_2 + \ldots + V_m$$

Magnetfelder elementarer Anordnungen

Feldstärke um und in einem geradlinigen Leiter

$$H = \frac{I}{2\pi r}$$

Feldstärke im Abstand r von der Leiterachse ($r \geqq r_0$)

$$H = \frac{Ir}{2\pi r_0^2}$$

Feldstärke im Inneren des Leiters ($r \leqq r_0$)

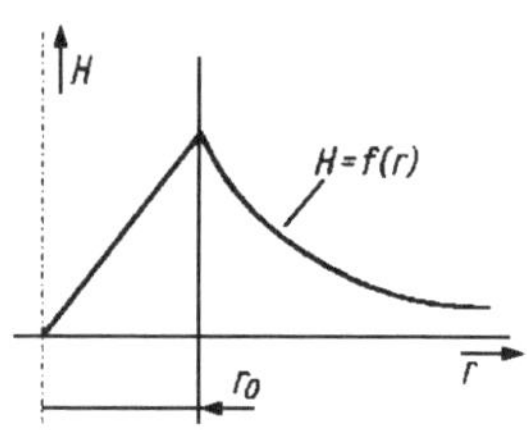

Feldstärke in einer langen Zylinderspule der Länge l

$$H = \frac{IN}{l}$$

N Windungszahl

Feldstärke im Mittelpunkt einer kreisförmigen Leiterschleife

$$H = \frac{I}{2R}$$

R Schleifenradius

Feldstärke in einer ringförmigen Zylinderspule (Toroid)

$$H = \frac{IN}{2\pi R}$$

R mittlerer Ringradius

Anmerkung: Elektrischer Strom und magnetische Feldstärke bilden ein Rechtssystem (Rechtsschraube).

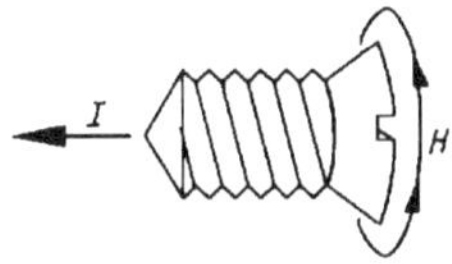

Biot-Savart'sches Gesetz

$$\vec{B} = \mu\vec{H} = \frac{\mu I}{4\pi}\int_l \frac{d\vec{l}\times\vec{r}}{\vec{r}^3}$$

4.2 Kräfte im Magnetfeld

Kraft auf ein Elektron im Magnetfeld

$$\vec{F} = e(\vec{v}\times\vec{B})$$

Die Vektoren $\vec{v}$, $\vec{B}$ und $\vec{F}$ bilden ein Rechtssystem. Im homogenen Magnetfeld ergeben sich Kreis oder Ellipse.

$F = evB\sin\alpha$ (Betrag)

α Winkel zwischen $\vec{v}$ und $\vec{B}$

Kraft auf stromdurchflossenen Leiter im Magnetfeld

$$\vec{F} = I\int_l (d\vec{l}\times\vec{B})$$

$F = IlB\sin\alpha$ (Betrag)

α Winkel zwischen $\vec{l}$ und $\vec{B}$

Kraft auf zwei parallele, stromdurchflossene Leiter

$$F_1 = F_2 = \frac{\mu l I_1 I_2}{2\pi r}$$

r Abstand der Leiter

l Leiterlänge (gleiche Stromrichtung – anziehend)

Kraft auf eine Grenzfläche im Magnetfeld

$$\vec{F} = \frac{1}{2}(\mu_2 - \mu_1)\vec{H}_1\vec{H}_2 A$$

Richtung zum Medium mit der kleineren Permeabilität (Elektromagnet)

4.3 Induktivität, Gegeninduktivität

Induktivität

$$L = \frac{\Phi}{I}$$ Definitionsgleichung

$$L = \frac{N\Phi}{I} = \frac{\Psi}{I}, \quad \Psi = N\Phi$$ Φ magnetischer Fluss, Ψ verketteter Fluss

$$L = \frac{N^2}{R_m} = \frac{N^2 \mu A}{l}$$ Bemessungsgleichung

Induktivität technisch bedeutsamer Anordnungen

	Induktivität L	Bemerkung
Einlagige lange Zylinderspule	$\frac{\mu A N^2}{l}$	$l \gg D$ D Spulendurchmesser
Einfacher Ring	$\mu R \left(\ln \frac{R}{r} + \frac{1}{4}\right)$	r Leiterradius R Ringradius
Konzentrisches Kabel	$\frac{\mu l}{2\pi} \ln \frac{r_a}{r_i}$	Näherung, da Induktivität des Leiters selbst nicht berücksichtigt wird
Doppelleitung ($r_1 = r_2 = r$)	$\frac{\mu l}{\pi} \left(\ln \frac{d}{r} + \frac{1}{4}\right)$	d Abstand der Leiter
Ringförmige Zylinderspule	$\frac{\mu N^2 r^2}{2R}$	R mittlerer Ringradius, $r \ll R$
Spule mit Eisenkern	$N^2 \frac{\mu A}{l + \mu_r \delta_L}$	δ_L Luftspalt l Eisenweglänge

Gegeninduktivität

Definitionsgleichungen

$$M_{12} = \frac{\Phi_{12}}{I_1}$$ und umgekehrt

$$M_{21} = \frac{\Phi_{21}}{I_2}$$

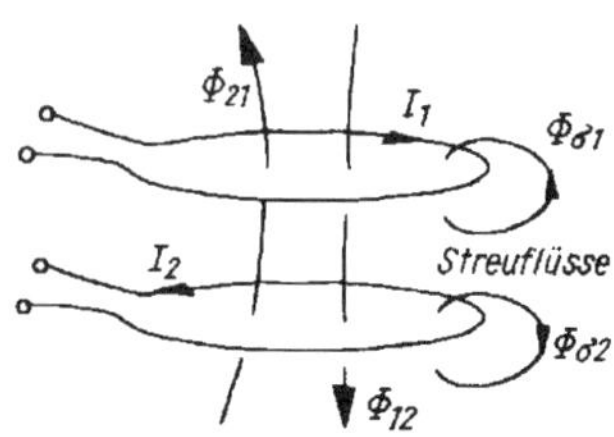

$$M_{12} = M_{21} = M$$ Umkehrungssatz

$$M = k\sqrt{L_1 L_2}$$ L_1, L_2 Induktivität der beiden Spulen

$$k = \sqrt{k_1 k_2}$$ k_1, k_2 Koppelfaktoren

Zusammenschaltung von Induktivitäten
(ohne magnetische Verkopplung untereinander)

Reihenschaltung

$L_{AB} = L_1 + L_2 + \ldots + L_n$ Gesamtinduktivität L_{AB}

Parallelschaltung

$\frac{1}{L_{AB}} = \frac{1}{L_1} + \frac{1}{L_2} + \cdots + \frac{1}{L_n}$ Gesamtinduktivität L_{AB}

4.4 Energie im magnetischen Feld

Im Feld gespeicherte Energie

$W = \frac{1}{2}BHV = \frac{1}{2}\mu H^2 V$

B magnetische Flussdichte
H magnetische Feldstärke

Energiedichte

$w = \frac{1}{2}BH = \frac{1}{2}\mu H^2$

Im Spulenfeld gespeicherte Energie

$W = L\int i\,\mathrm{d}i = \frac{LI^2}{2} = \frac{\Phi^2}{2L} = \frac{\Phi I}{2}$ Φ magnetischer Fluss

5 Quasistationäres, elektromagnetisches Feld (Wechselstrom)

5.1 Grundlegende Zusammenhänge bei periodischen Größen

Frequenz, Kreisfrequenz

$f = \frac{1}{T}, \quad \omega = 2\pi f$ T Periodendauer

Phasenverschiebung zwischen Spannung und Strom

$\varphi = \varphi_u - \varphi_i$

φ_u Phasenwinkel der Spannung
φ_i Phasenwinkel des Stromes

Mittelwert einer Spannung

$\overline{u} = \frac{1}{T}\int_0^T u(t)\,\mathrm{d}t$ auch U_{AV} (AV – Average)

Effektivwert einer Spannung (quadratischer Mittelwert)

$$U = \sqrt{\frac{1}{T}\int_0^T u^2(t)\,\mathrm{d}t}$$

auch U_{RMS} (RMS – Root Mean Square)

Gleichrichtwert einer Spannung

$$\overline{|u|} = \frac{1}{T}\int_0^T |u(t)|\,\mathrm{d}t$$

Scheitelfaktor

$$k_\mathrm{s} = \frac{\hat{u}}{U}$$

$\hat{u}$ Scheitelwert

Formfaktor

$$k_\mathrm{f} = \frac{U}{\overline{|u|}}$$

$k_\mathrm{s} = \sqrt{2}$ und $k_\mathrm{f} = 1{,}11$ für sinusförmige Größen

---

Strom-Spannungs-Beziehungen an den Grundschaltelementen

im Zeitbereich

$$u_\mathrm{R} = R i_\mathrm{R}, \qquad u_\mathrm{L} = L\frac{\mathrm{d}i_\mathrm{L}}{\mathrm{d}t}, \qquad u_\mathrm{C} = \frac{1}{C}\int i_\mathrm{C}\,\mathrm{d}t$$

im Bildbereich (ruhende Zeiger, komplexe Effektivwerte)

$$\underline{U}_\mathrm{R} = R\underline{I}_\mathrm{R}, \qquad \underline{U}_\mathrm{L} = \mathrm{j}\omega L\underline{I}_\mathrm{L} \qquad \underline{U}_\mathrm{C} = \frac{1}{\mathrm{j}\omega C}\underline{I}_\mathrm{C}$$

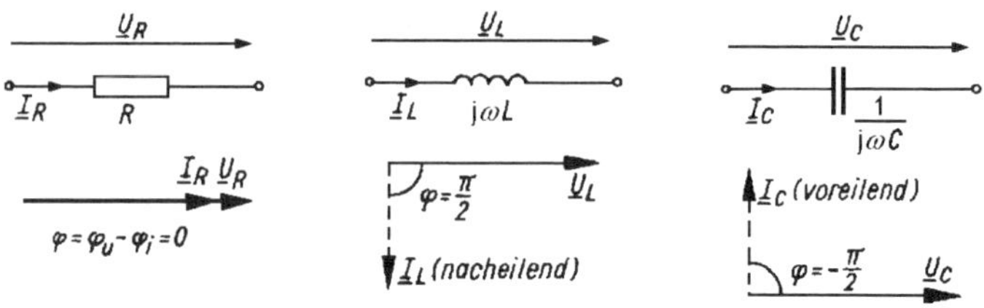

Impedanz (komplexer Widerstand)

$$\underline{Z} = \frac{\underline{U}}{\underline{I}} = \frac{U}{I}\,\mathrm{e}^{\mathrm{j}\varphi} = Z\,\mathrm{e}^{\mathrm{j}\varphi} = R + \mathrm{j}X$$

Wirkwiderstand R (Resistanz)
Blindwiderstand X (Reaktanz)

Scheinwiderstand

$$Z = \sqrt{R^2 + X^2} = \frac{U}{I} = \frac{\hat{u}}{\hat{i}}$$

Betrag der Impedanz

$$Z = R \qquad Z = \omega L = X_\mathrm{L} \qquad Z = \frac{1}{\omega C} = X_\mathrm{C}$$

Admittanz (komplexer Leitwert)

$$\underline{Y} = \frac{\underline{I}}{\underline{U}} = \frac{I}{U}\,\mathrm{e}^{-\mathrm{j}\varphi} = Y\,\mathrm{e}^{-\mathrm{j}\varphi} = G + \mathrm{j}B$$

Wirkleitwert G (Konduktanz)
Blindleitwert B (Suszeptanz)

Scheinleitwert

$$Y = \sqrt{G^2 + B^2} = \frac{I}{U} = \frac{\hat{i}}{\hat{u}}$$

$$Y = \frac{1}{R} = G \qquad Y = \frac{1}{\omega L} = B_{\mathrm{L}} \qquad Y = \omega C = B_{\mathrm{C}}$$

Phasenwinkel von Impedanz bzw. Admittanz

$$\varphi = \arctan\frac{X}{R} \text{ bzw. } \varphi = -\arctan\frac{B}{G}$$

5.2 Zusammenschaltung von Grundschaltelementen

Reale Spule (Reihenschaltung von *R* und *L*)

$$U_{\mathrm{RL}} = R_{\mathrm{L}} I, \quad U_{\mathrm{L}} = \omega L I$$
$$\underline{U}_{\mathrm{LR}} = \underline{U}_{\mathrm{RL}} + \underline{U}_{\mathrm{L}}$$
$$\underline{Z} = R_{\mathrm{L}} + \mathrm{j}\omega L$$

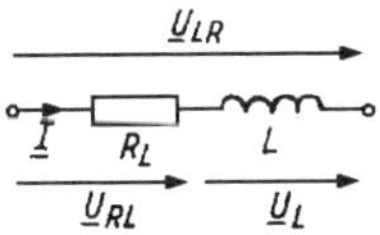

R_L ohmscher Widerstand der Wicklung
L Induktivität der Spule

Spannung über der Spule

$$U_{\mathrm{LR}} = \sqrt{U_{\mathrm{RL}}^2 + U_{\mathrm{L}}^2} = I\sqrt{R_{\mathrm{L}}^2 + (\omega L)^2} = IZ$$

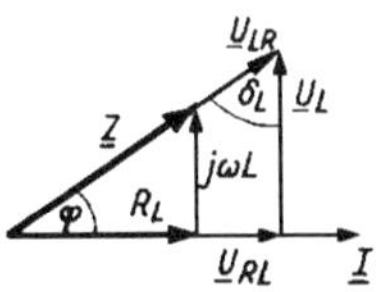

Phasenwinkel

$$\varphi = \arctan\frac{U_{\mathrm{L}}}{U_{\mathrm{RL}}} = \arctan\frac{\omega L I}{R_{\mathrm{L}} I} = \arctan\frac{\omega L}{R_{\mathrm{L}}}$$

Verlustwinkel einer Spule

$$\delta_{\mathrm{L}} = \arctan\frac{R_{\mathrm{L}}}{\omega L}$$

Verlustfaktor einer Spule

$$d_{\mathrm{L}} = \tan\delta_{\mathrm{L}}$$

Realer Kondensator (Parallelschaltung von R und C)

$$I_{RC} = \frac{U}{R_C} = G_C U, \, I_C = \omega C U$$
$$\underline{I}_{CR} = \underline{I}_{RC} + \underline{I}_C$$
$$\underline{Y} = G_C + j\omega C$$

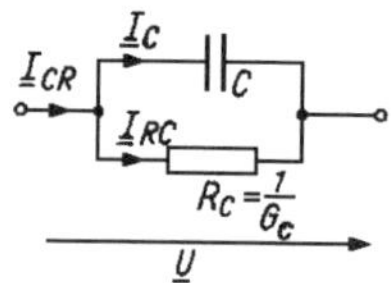

Strom durch den Kondensator

$$I_{CR} = \sqrt{I_{RC}^2 + I_C^2}$$
$$= U\sqrt{G_C^2 + (\omega C)^2} = UY$$

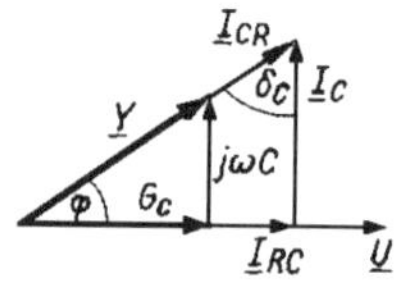

Phasenwinkel

$$\varphi = -\arctan\frac{I_C}{I_{RC}} = -\arctan\frac{\omega C U}{G_C U} = -\arctan\frac{\omega C}{G_C}$$

Verlustwinkel eines Kondensators

$$\delta_C = \arctan\frac{G_C}{\omega C}$$

Verlustfaktor eines Kondensators

$$d_C = \tan\delta_C$$

Gegenseitige Umrechnung Reihen- und Parallelschaltung

$$R_r = \frac{G_p}{G_p^2 + B_p^2}$$
$$X_r = -\frac{B_p}{G_p^2 + B_p^2}$$

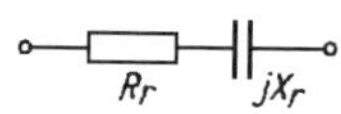

$$G_p = \frac{R_r}{R_r^2 + X_r^2}$$
$$B_p = -\frac{X_r}{R_r^2 + X_r^2}$$

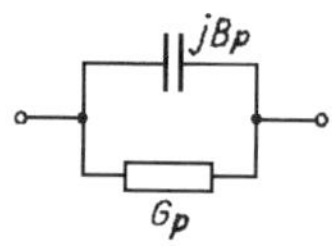

Komplexer Spannungsteiler

$$\frac{\underline{U}_1}{\underline{U}_2} = \frac{\underline{Z}_1}{\underline{Z}_2}, \quad \frac{\underline{U}_2}{\underline{U}} = \frac{\underline{Z}_2}{\underline{Z}_1 + \underline{Z}_2}$$

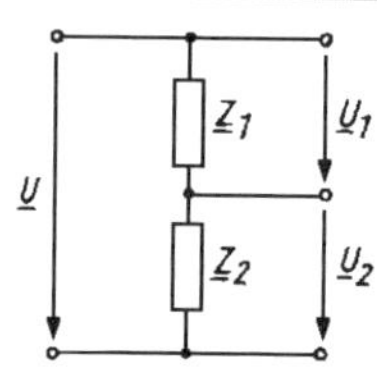

Komplexer Stromteiler

$$\frac{\underline{I}_1}{\underline{I}_2} = \frac{\underline{Z}_2}{\underline{Z}_1}, \quad \frac{\underline{I}_2}{\underline{I}} = \frac{\underline{Z}_1}{\underline{Z}_1 + \underline{Z}_2}$$

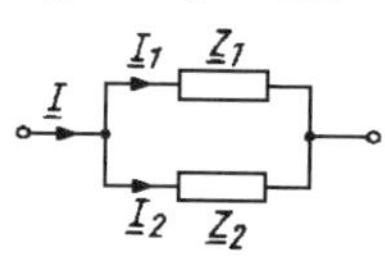

Frequenzunabhängiger Spannungsteiler

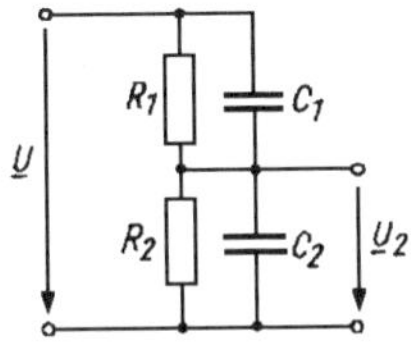

Bedingung: $R_1 C_1 = R_2 C_2$

$$\frac{\underline{U}_2}{\underline{U}} = \frac{R_2}{R_1 + R_2}, \quad \varphi_2 = 0$$

Wien'scher Teiler

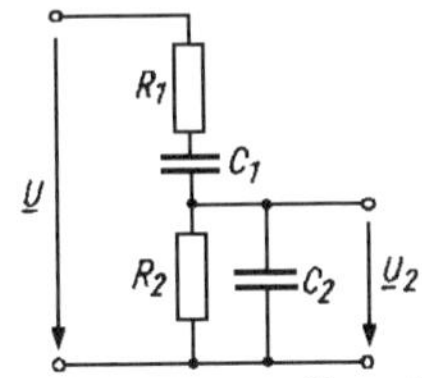

Maximales Teilungsverhältnis ergibt sich mit

$C_1 = C_2 = C, \quad R_1 = R_2 = R$

bei $\omega = \omega_0 = \dfrac{1}{RC}$ zu

$$\frac{U_2}{U} = \frac{1}{\sqrt{9 + \left(\dfrac{\omega}{\omega_0} - \dfrac{\omega_0}{\omega}\right)^2}}$$

$$\varphi_2 = -\arctan \frac{\dfrac{\omega}{\omega_0} - \dfrac{\omega_0}{\omega}}{3}$$

Mehrstufiger Spannungsteiler

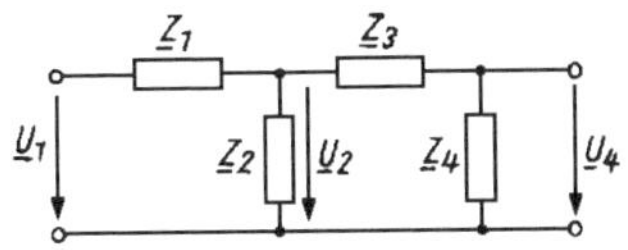

$$\frac{\underline{U}_4}{\underline{U}_1} = \frac{\underline{U}_4}{\underline{U}_2}\frac{\underline{U}_2}{\underline{U}_1}$$

$$= \frac{\underline{Z}_2 \underline{Z}_4}{\underline{Z}_1(\underline{Z}_2 + \underline{Z}_3 + \underline{Z}_4) + \underline{Z}_2(\underline{Z}_3 + \underline{Z}_4)}$$

Doppelte *RC*-Kombination zur 90°-Phasendrehung

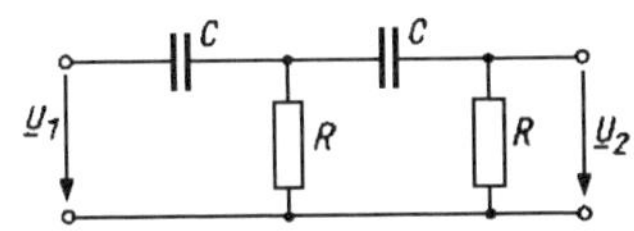

Allgemein

$$\frac{\underline{U}_2}{\underline{U}_1} = \mathrm{j}\frac{\omega C R^2}{3R + \mathrm{j}\left(\omega C R^2 - \dfrac{1}{\omega C}\right)}$$

und speziell für $\varphi = 90°$ mit

$\omega C R^2 - \dfrac{1}{\omega C} = 0 \rightarrow R = \dfrac{1}{\omega C}$ folgt

$$\frac{U_2}{U_1} = \frac{1}{3}, \ \varphi_{21} = \frac{\pi}{2}$$

Dreistufige *RC*-Kombination (180°-Phasendrehung)

Bedingung: $R = \dfrac{1}{\sqrt{6}\omega C}$

$$\frac{U_2}{U_1} = \frac{1}{29}, \ \varphi_{21} = \pi$$

Tiefpass

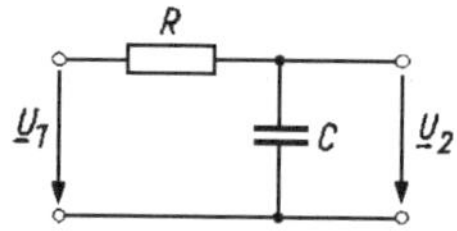

$$\frac{\underline{U}_2}{\underline{U}_1} = \frac{1}{1 + \mathrm{j}\omega CR}, \quad \frac{U_2}{U_1} = \frac{1}{\sqrt{1 + (\omega CR)^2}}$$

$$\varphi_{21} = -\arctan(\omega CR)$$

Bei $f_g = \dfrac{1}{2\pi CR}$ ist — f_g Grenzfrequenz

$$\frac{U_2}{U_1} = \frac{1}{\sqrt{2}}, \ \varphi_{21} = -\frac{\pi}{4}$$

Hochpass

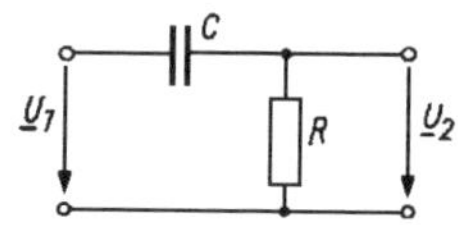

$$\frac{\underline{U}_2}{\underline{U}_1} = \frac{\mathrm{j}\omega CR}{1 + \mathrm{j}\omega CR}, \quad \frac{U_2}{U_1} = \frac{\omega CR}{\sqrt{1 + (\omega CR)^2}}$$

$$\varphi_{21} = \arctan \frac{1}{\omega CR}$$

Bei $f_g = \dfrac{1}{2\pi CR}$ ist $\dfrac{U_2}{U_1} = \dfrac{1}{\sqrt{2}}, \ \varphi_{21} = \dfrac{\pi}{4}$

Schwingkreise

Reihenschwingkreis	Resonanzfrequenz	**Parallelschwingkreis**
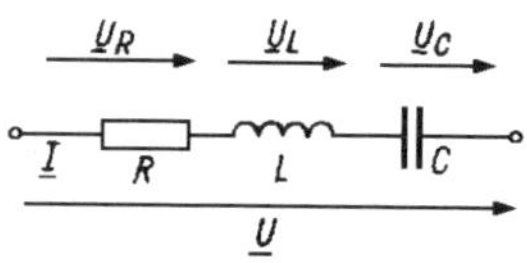	$f_0 = \dfrac{1}{2\pi\sqrt{LC}}$	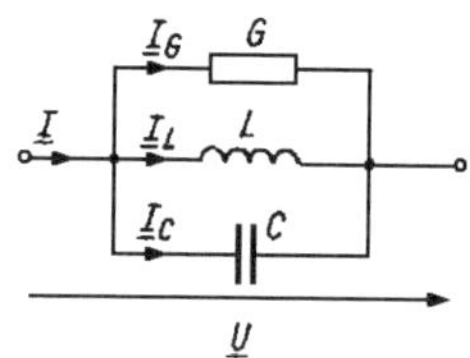
$\underline{Z} = R + \mathrm{j}\left(\omega L - \dfrac{1}{\omega C}\right)$	für $f = f_0$	$\underline{Y} = G + \mathrm{j}\left(\omega C - \dfrac{1}{\omega L}\right)$
$Z = \sqrt{R^2 + \left(\omega L - \dfrac{1}{\omega C}\right)^2}$	$Z_0 = R$, $Y_0 = G$	$Y = \sqrt{G^2 + \left(\omega C - \dfrac{1}{\omega L}\right)^2}$
$\varphi = \arctan \dfrac{\omega L - \frac{1}{\omega C}}{R}$	$\varphi = 0$	$\varphi = -\arctan \dfrac{\omega C - \frac{1}{\omega L}}{G}$
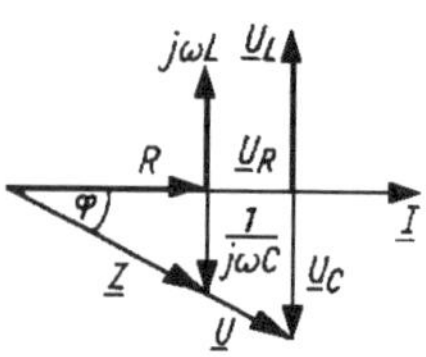		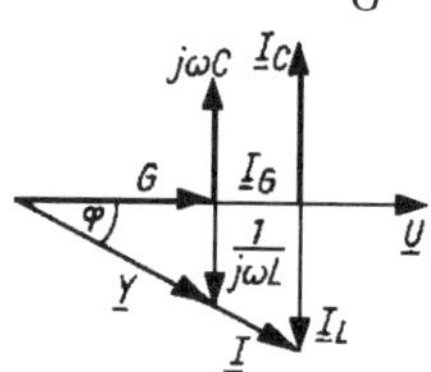

$\underline{U} = \underline{U}_R + \underline{U}_L + \underline{U}_C$

$\underline{U} = U_R$
$\underline{I} = I_G$

$\underline{I} = \underline{I}_G + \underline{I}_C + \underline{I}_L$

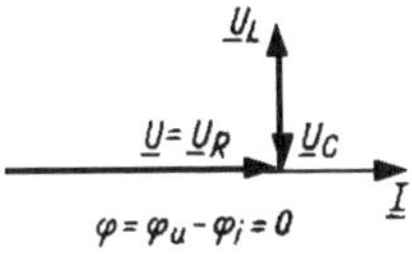

$\omega_0 = 2\pi f_0$

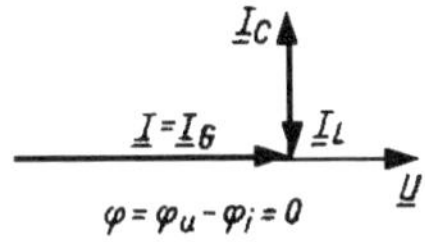

$\omega_{\pm 45} = \sqrt{\frac{1}{LC} + \left(\frac{R}{2L}\right)^2} \pm \frac{R}{2L}$	45°-Frequenz	$\omega_{\pm 45} = \sqrt{\frac{1}{LC} + \left(\frac{G}{2C}\right)^2} \pm \frac{G}{2C}$
$Q = \frac{\omega_0 L}{R} = \frac{1}{\omega_0 CR} = \frac{1}{R}\sqrt{\frac{L}{C}}$	Kreisgüte	$Q = \frac{\omega_0 C}{G} = \frac{1}{\omega_0 LG} = \frac{1}{G}\sqrt{\frac{C}{L}}$
$B = \frac{1}{2\pi}(\omega_{+45} - \omega_{-45}) = \frac{1}{2\pi}\frac{R}{L}$	Bandbreite	$B = \frac{1}{2\pi}\frac{G}{C}$
$\frac{B}{f_0} = \frac{\omega_{+45} - \omega_{-45}}{\omega_0} = \frac{R}{\omega_0 L}$	relative Bandbreite	$\frac{B}{f_0} = \frac{G}{\omega_0 C}$

Verstimmung im Reihen- bzw. Parallelschwingkreis

$$v = \frac{\omega}{\omega_0} - \frac{\omega_0}{\omega}$$

5.3 Drehstrom

Sternschaltung

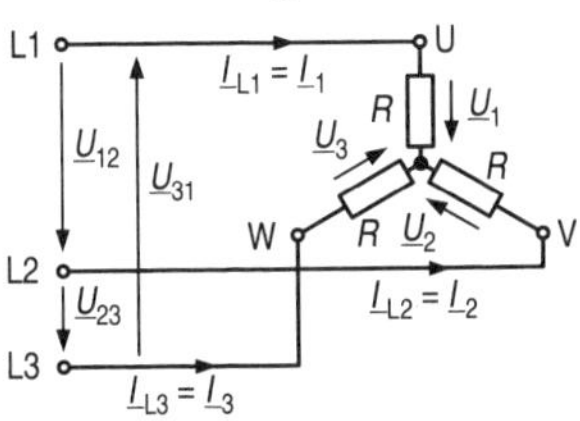

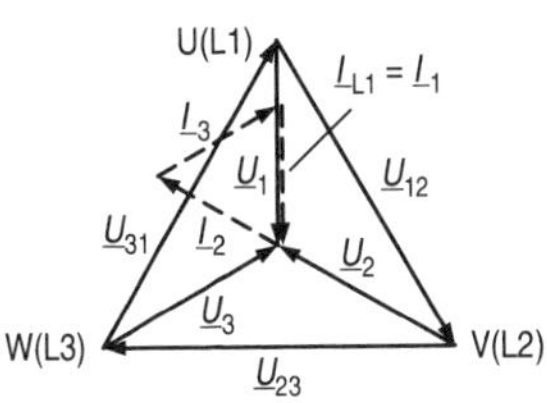

Dreieckschaltung

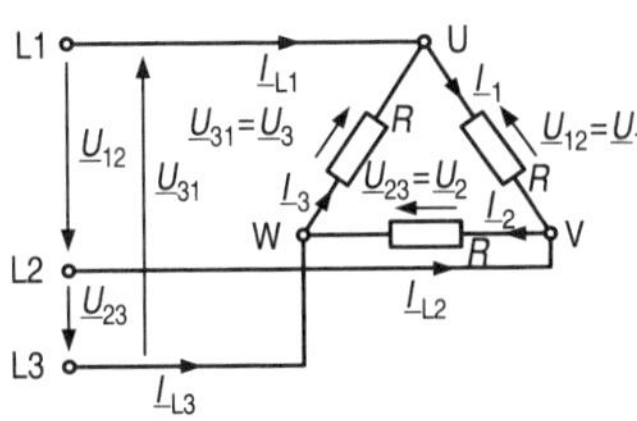

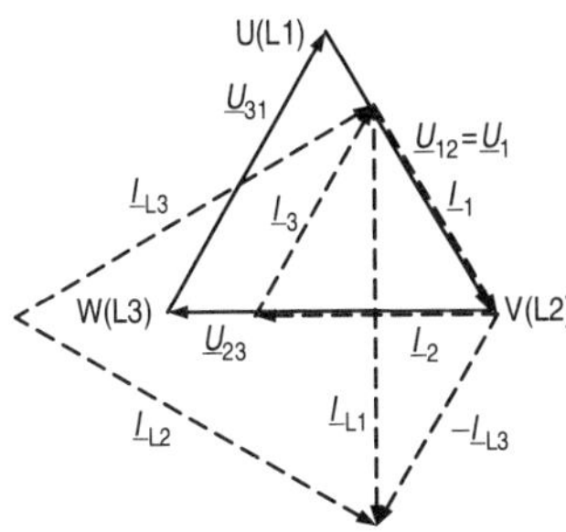

Außenleiterspannung zu Strangspannung

$U_{12} = \sqrt{3}U_1$ $U_{12} = U_1$

Außenleiterstrom zu Strangstrom

$I_{L1} = I_1$ $I_{L1} = \sqrt{3}I_{11}$

5.4 Leistung bei Wechsel- und Drehstrom

Wechselstrom

Wirkleistung

$P = UI\cos\varphi$ φ Phasenwinkel

Blindleistung

$Q = UI\sin\varphi$

Scheinleistung

$S = UI = \sqrt{P^2 + Q^2}$

Leistung an den Grundschaltelementen

	Widerstand	Induktivität	Kapazität
Wirkleistung	$P = I^2R = \frac{U^2}{R}$	$P = 0$	$P = 0$
Blindleistung	$Q = 0$	$Q = I^2\omega L = \frac{U^2}{\omega L}$	$Q = -\frac{I^2}{\omega C} = -U^2\omega C$
Scheinleistung	$S = P$	$S = Q$	$S = Q$

Drehstrom (symmetrisch)

Wirkleistung

$P = \sqrt{3}U_{12}I_{L1}\cos\varphi$

Blindleistung

$Q = \sqrt{3}U_{12}I_{L1}\sin\varphi$

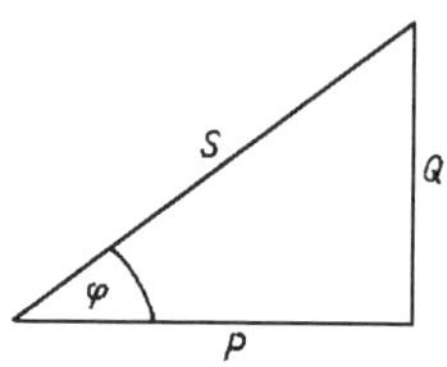

Scheinleistung

$S = \sqrt{3}U_{12}I_{L1} = \sqrt{P^2 + Q^2}$

Leistungsfaktor

$$\cos\varphi = \frac{P}{S}$$

Wirkungsgrad

$$\eta = \frac{P_{ab}}{P_{zu}}$$

P_{ab} abgegebene Wirkleistung
P_{zu} zugeführte Wirkleistung

Geleistete Arbeit

$W = Pt$

5.5 Induktionsgesetz

Ruheinduktion

$$e = u_q = -\int_A \frac{\partial \vec{B}}{\partial t}\,\mathrm{d}\vec{A}$$

$\vec{B}$ magnetische Flussdichte

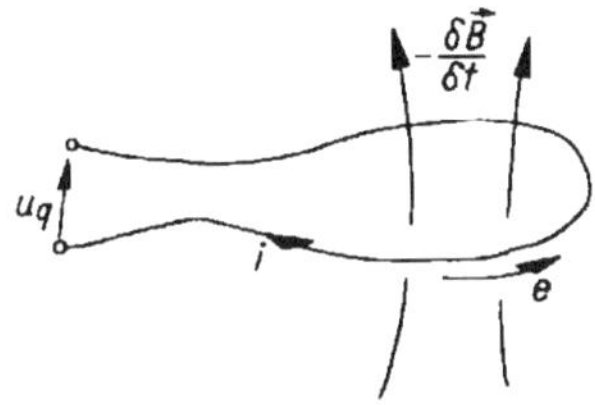

Bewegungsinduktion

$$e = u_q = \oint_l (\vec{v} \times \vec{B})\,\mathrm{d}\vec{l}$$

$\vec{v}$ Geschwindigkeit des Leiters

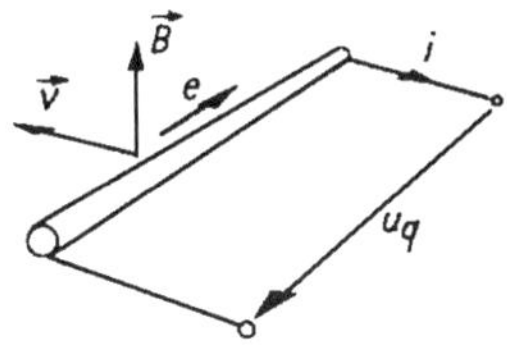

Induktionsgesetz (2. Maxwell'sche Gleichung)

$$e = u_q = -\int_A \frac{\partial \vec{B}}{\partial t}\,\mathrm{d}\vec{A} + \oint_l (\vec{v} \times \vec{B})\,\mathrm{d}\vec{l}$$

Induzierte Quellenspannung (Spule mit N Windungen)

$$u_q = N\frac{\mathrm{d}\Phi}{\mathrm{d}t}$$

Φ magnetischer Fluss

Induzierte Quellenspannung (Läuferstab im Magnetfeld)

$$u_q = vBl$$

l Stablänge

Induzierte Quellenspannung (drehende Leiterschleife)

$$u_q = 2vBl\sin\alpha = 2\omega rBl\sin\alpha$$

l Spulenlänge
r Spulenradius

Konzentrierte Elemente

Selbstinduktion im Kreis 1

$$u_1 = L\frac{\mathrm{d}i_1}{\mathrm{d}t}, \quad i_2 = 0$$

Gegeninduktion im Kreis 2

$$u_2 = M\frac{\mathrm{d}i_1}{\mathrm{d}t}$$

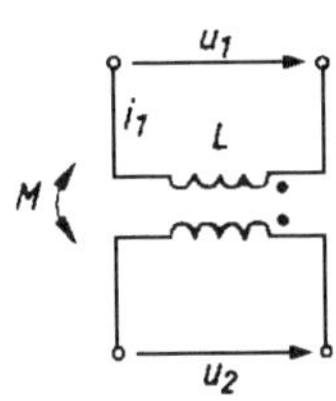

Selbst- und Gegeninduktion im Kreis 1

$$u_1 = L\frac{\mathrm{d}i_1}{\mathrm{d}t} - M\frac{\mathrm{d}i_2}{\mathrm{d}t}, \quad i_2 \neq 0$$

L Induktivität
M Gegeninduktivität

5.6 Schaltvorgänge

Aufladung von Kapazität C über seriellen Widerstand R

Spannung über der Kapazität C

$$u_C(t) = U_q\left(1 - e^{-\frac{t}{\tau}}\right)$$
mit $u_C(t = 0) = 0$

U_q Spannungssprung
$\tau = RC$ Zeitkonstante

$$u_C(t) = (U_q - U_0)\left(1 - e^{-\frac{t}{\tau}}\right)$$

U_0 Anfangsspannung von C

Aufladestrom

$$i_C(t) = \frac{U_q}{R}\,e^{-\frac{t}{\tau}}$$
$$i_R(t) = i_C(t)$$

R Innenwiderstände der Schaltungen, von den Klemmen der Kapazität gesehen

Entladung von Kapazität C über seriellen Widerstand R

Spannung über der Kapazität C

$$u_C(t) = U_0\,e^{-\frac{t}{\tau}}$$

U_0 Anfangsspannung über C

Entladestrom

$$i_C(t) = -\frac{U_0}{R}\,e^{-\frac{t}{\tau}}, \quad i_C(t) = i_R(t)$$

Einschaltvorgang mit Induktivität L und seriellem Widerstand R_E

Strom, Spannung, Zeitkonstante

$$i_L(t) = \frac{U_q}{R_E}\left(1 - e^{-\frac{t}{\tau}}\right)$$

U_q Spannungssprung

$$u_L(t) = U_q\,e^{-\frac{t}{\tau}}, \quad \tau = \frac{L}{R_E}$$

Ausschaltvorgang mit Induktivität L und seriellem Widerstand R_A

$$i_L(t) = \frac{U_q}{R_E}\,e^{-\frac{t}{\tau}}$$

$\frac{U_q}{R_E} = I_L$ Strom im Abschaltmoment

$$u_L(t) = -\frac{U_q R_A}{R_E}\,e^{-\frac{t}{\tau}}, \quad \tau = \frac{L}{R_A}$$

Maximale Spannung an einer Induktivität bei Stromunterbrechung

$$U_{max} = \frac{U_q R_A}{R_E} = I_L R_A$$

R_A, R_E Innenwiderstände der Schaltungen, von den Klemmen der Induktivität gesehen

5.7 Kenngrößen von periodischen Vorgängen mit Oberwellenanteil

Mittelwert (Gleichanteil)

$$C_0 = \frac{1}{T} \int_0^T f(t)\,\mathrm{d}t$$

Effektivwert der Mischgröße

$$C = \sqrt{\frac{1}{T} \int_0^T f^2(t)\,\mathrm{d}t} = \sqrt{C_0^2 + \sum_{v=1}^{\infty} C_v^2} = \sqrt{C_0^2 + C_\mathrm{w}^2}$$

C_v Effektivwerte existierender Oberwellen

C_w Effektivwert des Wechselanteils

Schwingungsgehalt der Mischgröße

$$S = \frac{C_\mathrm{w}}{C}$$

Grundschwingungsgehalt des Wechselanteils

$$g = \frac{C_1}{C_\mathrm{w}}$$

C_1 Effektivwert der Grundschwingung

Klirrfaktor – Oberschwingungsgehalt des Wechselanteils

$$k = \frac{\sqrt{\sum_{v=2}^{\infty} C_v^2}}{C_\mathrm{w}} = \sqrt{\sum_{v=2}^{\infty} k_v^2}$$

Klirrkoeffizient für die v-te Oberschwingung

$$k_v = \frac{C_v}{C_\mathrm{w}}$$

Welligkeit der Mischgröße

$$w = \frac{C_\mathrm{w}}{C_0}$$

Wirkleistung einer Mischgröße (Wirkleistung aller Anteile)

$$P = \frac{1}{T} \int_0^T ui\,\mathrm{d}t = U_0 I_0 + \sum_{v=1}^{\infty} U_v I_v \cos(\varphi_{uv} - \varphi_{iv})$$

6 Nichtstationäres elektromagnetisches Feld (Wellenfeld)

Lichtgeschwindigkeit im Vakuum

$$c_0 = 2{,}997\,924\,58 \cdot 10^8\ \frac{\mathrm{m}}{\mathrm{s}}$$

Wellenwiderstand im Vakuum

$$Z_0 = \sqrt{\frac{\mu_0}{\varepsilon_0}} = 376{,}73\ \Omega$$

Charakteristische Größen der ebenen Wellen

	Vakuum	Isolator	Leiter
Phasengeschwindigkeit v_{ph}	c_0	$\dfrac{c_0}{\sqrt{\varepsilon_r \mu_r}}$	$\sqrt{\dfrac{2\omega}{\varkappa\mu}}$
Wellenwiderstand Z	Z_0	$Z_0\sqrt{\dfrac{\mu_r}{\varepsilon_r}\left(1+\mathrm{j}\dfrac{\varkappa}{2\omega\varepsilon}\right)}$	$(1+\mathrm{j})\sqrt{\dfrac{\mu\,\omega}{2\varkappa}}$
Wellenlänge λ	$\dfrac{c_0}{f}$	$\dfrac{c_0}{f\sqrt{\varepsilon_r \mu_r}}$	$\dfrac{2\pi}{\sqrt{\omega\varkappa\mu/2}}$

7 Elektronik

7.1 Transistorgrundschaltungen

Charakteristische dynamische Eigenschaften am Beispiel des **Bipolartransistors**

	Basisschaltung	Emitterschaltung	Kollektorschaltung
Stromverstärkung	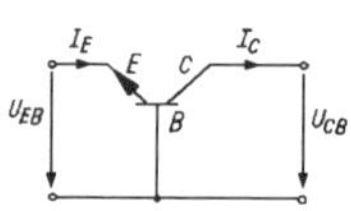	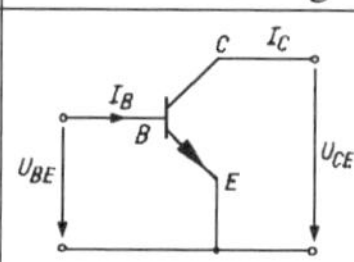	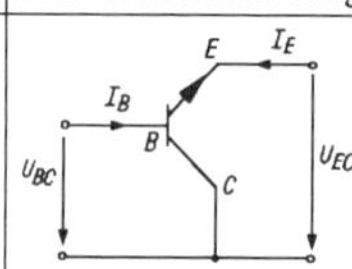
statisch	$A = I_{\mathrm{C}}/I_{\mathrm{E}}$	$B = I_{\mathrm{C}}/I_{\mathrm{B}}$	$C = I_{\mathrm{E}}/I_{\mathrm{B}}$
dynamisch	$\alpha = \mathrm{d}I_{\mathrm{C}}/\mathrm{d}I_{\mathrm{E}}$	$\beta = \mathrm{d}I_{\mathrm{C}}/\mathrm{d}I_{\mathrm{B}}$	$\gamma = \mathrm{d}I_{\mathrm{E}}/\mathrm{d}I_{\mathrm{B}}$

Bei Berücksichtigung von Generatorinnenwiderstand R_{G} am Eingang und Belastungswiderstand R_{L} am Ausgang ergeben sich folgende Richtwerte, die von weiteren Beschaltungen (z. B. Basisspannungsteiler) beeinflusst werden.

Eingangswiderstand	$Z_{1\mathrm{B}} \approx r_{\mathrm{BE}}/\beta$, klein $(50 \ldots 200\ \Omega)$	$Z_{1\mathrm{E}} = r_{\mathrm{BE}}$, mittel $(0{,}4 \ldots 5\ \mathrm{k\Omega})$	$Z_{1\mathrm{C}} \approx \beta R_{\mathrm{L}}$, groß $(0{,}1 \ldots 0{,}5\ \mathrm{M\Omega})$
Ausgangswiderstand	$Z_{2\mathrm{B}} \approx \beta\, r_{\mathrm{CE}}$, groß $(20 \ldots 200\ \mathrm{k\Omega})$	$Z_{2\mathrm{E}} = r_{\mathrm{CE}}$, mittel $(1 \ldots 10\ \mathrm{k\Omega})$	$Z_{2\mathrm{C}} \approx (r_{\mathrm{BE}} + R_{\mathrm{G}}/\beta)$ klein $(100 \ldots 500\ \Omega)$

Stromverstärkung V_i	$\alpha \approx \beta/(\beta+1)$ klein (≈ 1)	$V_i = \beta$ groß (20 ... 500)	$\gamma \approx \beta + 1$ groß (20 ... 500)
Spannungsverstärkung V_u	groß (10 ... 500)	groß (10 ... 500)	klein (≈ 1)
Leistungsverstärkung V_p	mittel	sehr groß	klein
Grenzfrequenz	hoch	niedrig	niedrig
Phasenverschiebung	0	180°	0

Feldeffekt- oder Unipolartransistoren (FET)

Die Ansteuerung erfolgt leistungslos mit einem elektrischen Feld. Damit ist der nahezu unendlich große Eingangswiderstand verbunden. Die Ansteuerung mit unterschiedlicher Spannung U_GS führt zu:

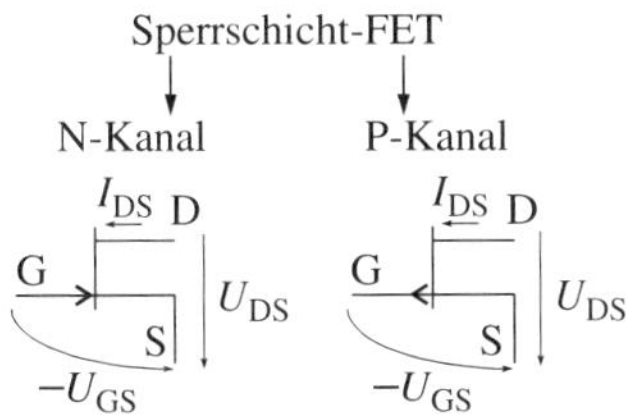

D Drain, G Gate, S Source

Linearer Bereich (ohmscher Bereich)	**Abschnürbereich (Sättigungsbereich)**

Ansteuerbedingung

$U_\mathrm{DS} < U_\mathrm{GS} - U_\mathrm{P}$

$U_\mathrm{DS} > U_\mathrm{GS} - U_\mathrm{P}$

U_P Abschnürspannung

Übertragungskennlinie

$$I_\mathrm{DS} = \frac{I_\mathrm{DSS}}{U_\mathrm{P}^2}\left[2(U_\mathrm{GS} - U_\mathrm{P})U_\mathrm{DS} - U_\mathrm{DS}^2\right]$$

$$I_\mathrm{DS} = I_\mathrm{DSS}\left(1 - \frac{U_\mathrm{GS}}{U_\mathrm{P}}\right)^2$$

I_DSS Drainstrom bei $U_\mathrm{GS} = 0$

Anwendung als steuerbarer Widerstand

$$R_\mathrm{DS} = \frac{U_\mathrm{P}^2}{2I_\mathrm{DSS}(U_\mathrm{GS} - U_\mathrm{P})} = f(U_\mathrm{GS})$$

Verstärkerschaltung

Steilheit

$$S = \frac{2I_\mathrm{DSS}}{U_\mathrm{P}^2}(U_\mathrm{GS} - U_\mathrm{P})$$

$U_\mathrm{DS} = \mathrm{const}$

Differenzieller Ausgangswiderstand

$r_\mathrm{DS} = \mathrm{d}U_\mathrm{DS}/\mathrm{d}I_\mathrm{D}, \quad U_\mathrm{GS} = \mathrm{const}$

Vorrangig genutzte Schaltungsvarianten

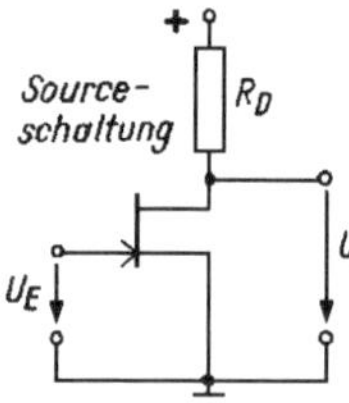

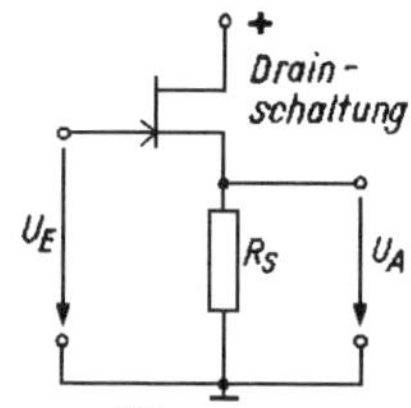

	Sourceschaltung	Drainschaltung
Spannungsverstärkung V_u	$-S(R_D \| r_{DS})$	$\approx \dfrac{SR_S}{1+SR_S}$
Eingangswiderstand r_E	$\approx \infty$	$\approx \infty$
Ausgangswiderstand r_A	$R_D \| r_{DS}$	$R_D \| 1/S$

Isolierschicht-FET

Wie beim Sperrschicht-Feldeffekttransistor besteht leistungslose Ansteuerung.

Isolierschicht-FET

- Anreicherungs-Typ (kein leitfähiger Kanal bei $U_{GS} = 0$)
  - N-Kanal
  - P-Kanal
- Verarmungs-Typ (leitfähiger Kanal bei $U_{GS} = 0$)
  - N-Kanal
  - P-Kanal

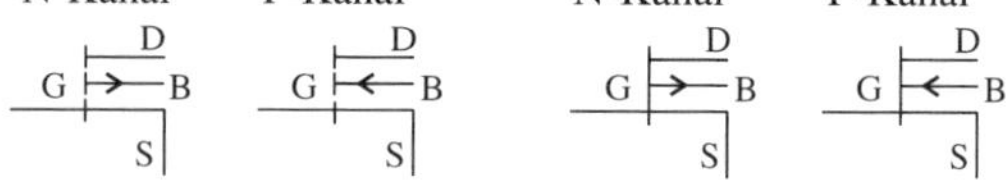

D Drain, G Gate, S Source, B Bulk

Sperrbereich

$U_{GS} < U_{GS(th)}$

$I_{DS} = 0$

$U_{GS(th)}$ Einsatzspannung (th threshold)

Ohm'scher Bereich

$U_{DS} < U_{GS} - U_{GS(th)}$

$I_{DS} = \beta U_{DS}(U_{GS} - U_{GS(th)} - U_{DS}/2)$

Transistorkonstante $\beta = \dfrac{\varepsilon_0 \varepsilon_1 h \mu_n}{dl}$

ε_1 Permitivitätszahl der Isolierschicht
h Kanalhöhe
μ_n Beweglichkeit der Ladungsträger
d Dicke der Isolierschicht
l Kanallänge

Sättigungsbereich

$U_{DS} > U_{GS} - U_{GS(th)}$ $I_{DS} = 1/2\beta(U_{GS} - U_{GS(th)})^2$

7.2 Vierpolparameter

Die Beschreibung ist in Widerstands- ($\underline{\boldsymbol{Z}}$), Leitwert- ($\underline{\boldsymbol{Y}}$), Ketten- ($\underline{\boldsymbol{A}}$) bzw. Hybridform ($\underline{\boldsymbol{H}}$) möglich. Letztere gibt die physikalischen Gegebenheiten am Vierpol wieder.

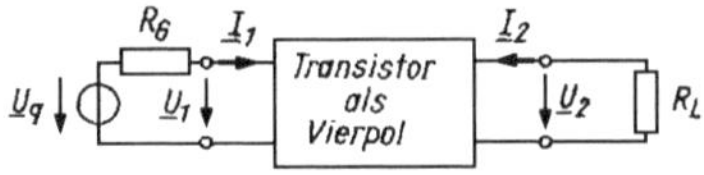

Vierpolgleichungen in Hybridform

$$\underline{U}_1 = \underline{H}_{11}\underline{I}_1 + \underline{H}_{12}\underline{U}_2$$
$$\underline{I}_2 = \underline{H}_{21}\underline{I}_1 + \underline{H}_{22}\underline{U}_2$$

Koeffizientendeterminante

$$\Delta\underline{H} = \underline{H}_{11}\underline{H}_{22} - \underline{H}_{12}\underline{H}_{21}$$

Eingangskurzschlusswiderstand

$$\underline{H}_{11} = \left(\frac{\underline{U}_1}{\underline{I}_1}\right)_{\underline{U}_2=0}$$

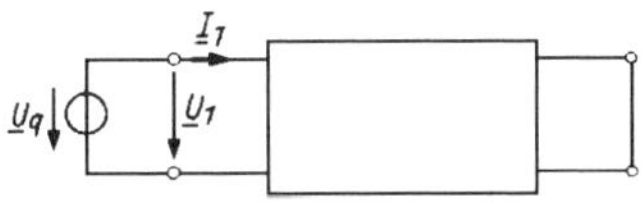

Leerlauf-Spannungsübersetzung, rückwärts

$$\underline{H}_{12} = \left(\frac{\underline{U}_1}{\underline{U}_2}\right)_{\underline{I}_1=0}$$

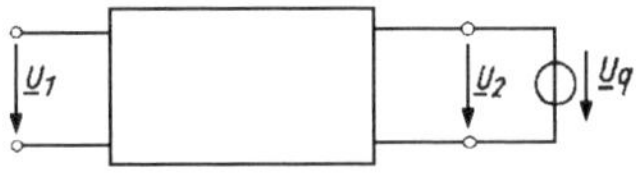

Kurzschluss-Stromübersetzung, vorwärts

$$\underline{H}_{21} = \left(\frac{\underline{I}_2}{\underline{I}_1}\right)_{\underline{U}_2=0}$$

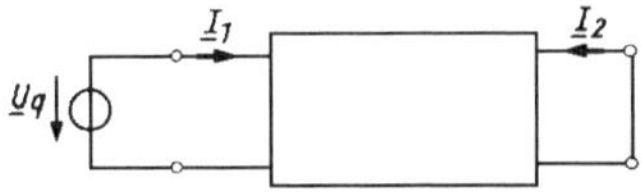

Ausgangsleerlaufleitwert

$$\underline{H}_{22} = \left(\frac{\underline{I}_2}{\underline{U}_2}\right)_{\underline{I}_1=0}$$

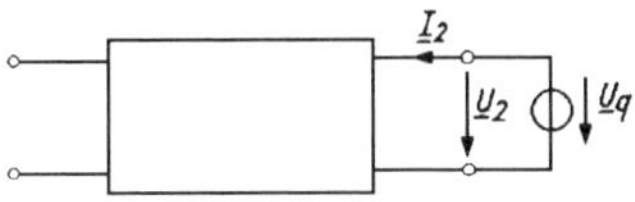

Statische Steilheit

$$S = \frac{\underline{H}_{21}}{\underline{H}_{11}} = \left.\frac{\underline{I}_2}{\underline{U}_1}\right|_{\underline{U}_2=0}$$

Einfluss der Eingangsspannung auf den Ausgangsstrom

Differenzieller Innenwiderstand

$$r_\mathrm{i} = \frac{\underline{H}_{11}}{\Delta\underline{H}} = \left.\frac{\underline{U}_2}{\underline{I}_2}\right|_{\underline{U}_1=0}$$

Technischer Durchgriff

$$D = \frac{\Delta\underline{H}}{\underline{H}_{21}} = -\left.\frac{\underline{U}_1}{\underline{U}_2}\right|_{\underline{I}_2=0}$$

Einfluss der Eingangsspannung auf die Spannung am Ausgang

Eingangswiderstand

$$\underline{Z}_1 = \frac{\underline{U}_1}{\underline{I}_1} = \frac{\underline{H}_{11} + \Delta\underline{H}R_\mathrm{L}}{1 + \underline{H}_{22}R_\mathrm{L}}$$

Ausgangswiderstand

$$\underline{Z}_2 = \frac{\underline{U}_2}{\underline{I}_2} = \frac{\underline{H}_{11} + R_\mathrm{G}}{\Delta\underline{H} + \underline{H}_{22}R_\mathrm{G}}$$

Spannungsverstärkung

$$V_\mathrm{u} = \frac{\underline{U}_2}{\underline{U}_1} = -\frac{\underline{H}_{21}R_\mathrm{L}}{\underline{H}_{11} + \Delta\underline{H}R_\mathrm{L}}$$

Stromverstärkung

$$V_\mathrm{i} = \frac{\underline{I}_2}{\underline{I}_1} = \frac{\underline{H}_{21}}{1 + \underline{H}_{22}R_\mathrm{L}}$$

Übertragungsfaktor

$$V_\mathrm{p} = \frac{\underline{U}_2\underline{I}_2}{\underline{U}_1\underline{I}_1} = \frac{|\underline{H}_{21}|^2R_\mathrm{L}}{(1 + \underline{H}_{22}R_\mathrm{L})(\underline{H}_{11} + \Delta\underline{H}R_\mathrm{L})}$$

Leistungsverstärkung bei Anpassung am Eingang

$$V_\mathrm{pmax} = \frac{4\underline{H}_{21}^2R_\mathrm{L}R_\mathrm{G}}{\left[(1 + \underline{H}_{22}R_\mathrm{L})R_\mathrm{G} + \underline{H}_{11} + \Delta\underline{H}R_\mathrm{L}\right]^2}$$

Leistungsverstärkung bei Anpassung an Ein- und Ausgang

$$V_\mathrm{popt} = \left(\frac{\underline{H}_{21}}{\sqrt{\Delta\underline{H}} + \sqrt{\underline{H}_{11}\underline{H}_{22}}}\right)^2$$

Anpassung am Eingang

$$R_\mathrm{G} = Z_1 = \sqrt{\frac{\underline{H}_{11}}{\underline{H}_{22}}\Delta\underline{H}}$$

Anpassung am Ausgang

$$R_\mathrm{L} = Z_2 = \sqrt{\frac{\underline{H}_{11}}{\underline{H}_{22}}\frac{1}{\Delta\underline{H}}}$$

7.3 Operationsverstärker

Unbeschalteter Operationsverstärker

Differenzverstärkung $10^4 \ldots 10^7$
Differenzeingangswiderstand
$10^6 \ldots 10^{12}\ \Omega$
Gleichtakteingangswiderstand
$10^9 \ldots 10^{12}\ \Omega$
Ausgangswiderstand
$50\ \Omega \ldots 1\ \mathrm{k}\Omega$

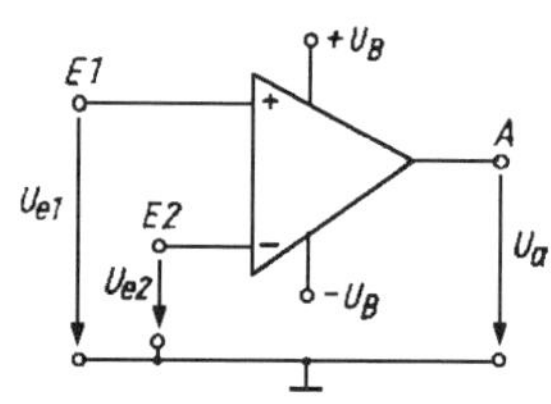

Analoge Applikationen

Nicht invertierender Verstärker (Elektrometerverstärker)

$$\frac{U_a}{U_e} = 1 + \frac{R_2}{R_1}$$

Sonderfall: $R_2 = 0$, Spannungsfolger und Impedanzwandler ($U_a/U_e = 1$, $R_e \to \infty$)

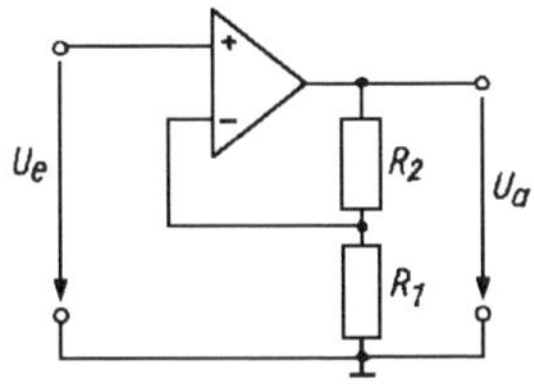

Invertierender Verstärker

$$\frac{U_a}{U_e} = -\frac{R_2}{R_1}$$

(Eingangswiderstand $R_e = R_1$)

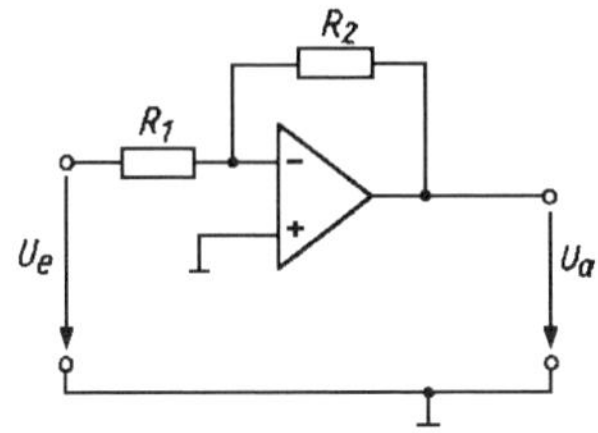

Subtrahierverstärker

$$\frac{U_a}{U_{e2} - U_{e1}} = \frac{R_2}{R_1} \text{ für } \frac{R_2}{R_1} = \frac{R_4}{R_3}$$

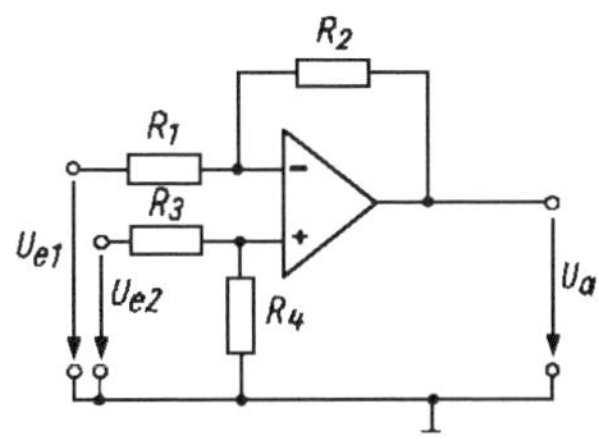

Summierverstärker

$$U_a = -R_2 \left(\frac{U_{e1}}{R_{11}} + \frac{U_{e2}}{R_{12}} + \frac{U_{e3}}{R_{13}} \right)$$

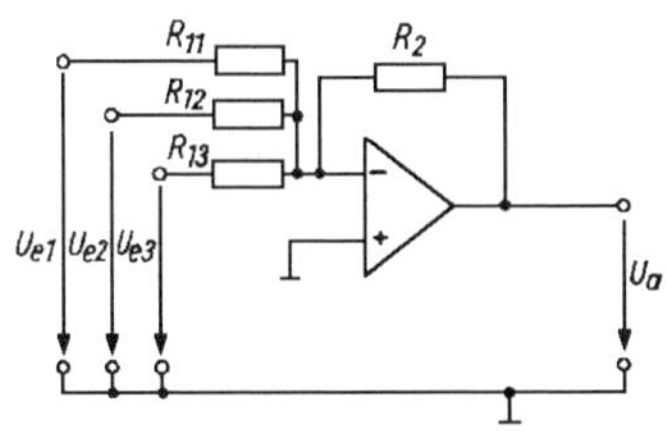

Integrierer

$$u_a = -\frac{1}{R_1 C_2} \int_0^t u_e \mathrm{d}t + U_{a0}$$

U_{a0} Anfangswert

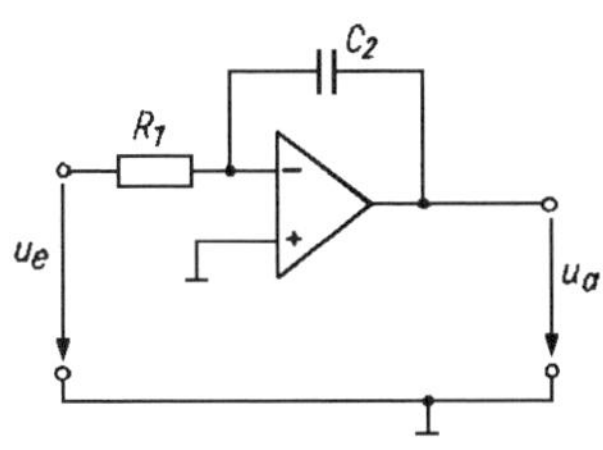

Differenzierer

$$u_a = -R_2 C_1 \frac{\mathrm{d}u_e}{\mathrm{d}t}$$

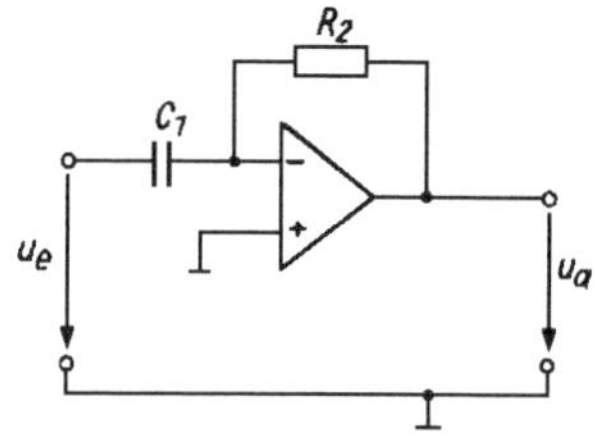

Applikationen mit frequenzabhängigem Verhalten

Tiefpass

$$\frac{\underline{U}_a}{\underline{U}_e} = -\frac{R_2}{R_1}\frac{1}{1 + \mathrm{j}\dfrac{\omega}{\omega_g}},\ \omega_g = \frac{1}{CR_2}$$

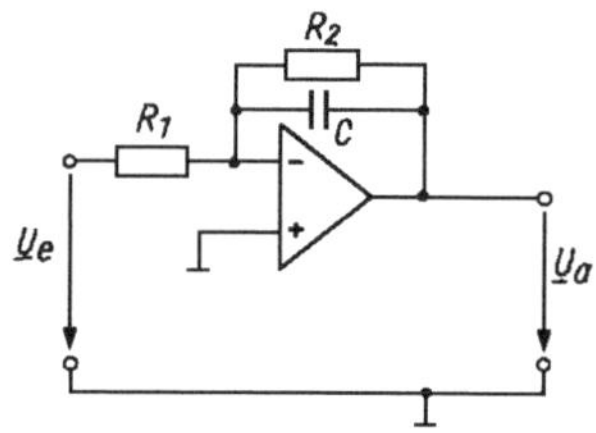

Hochpass (Wechselspannungsverstärker)

$$\frac{\underline{U}_a}{\underline{U}_e} = -\frac{R_2}{R_1}\frac{1}{1 + \mathrm{j}\dfrac{\omega_g}{\omega}},\ \omega_g = \frac{1}{CR_1}$$

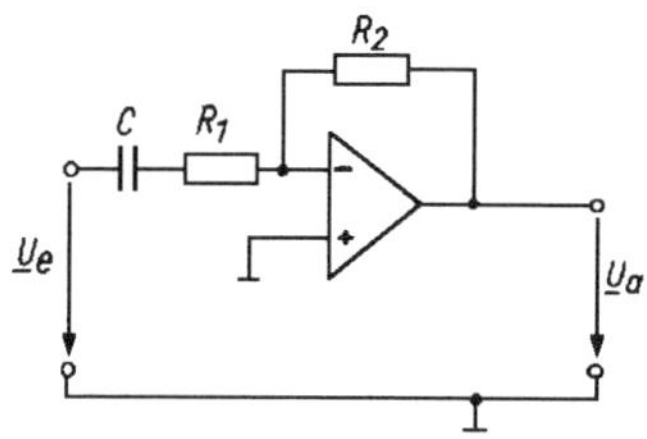

Bandpass

$$\frac{\underline{U}_a}{\underline{U}_e} = -\frac{R_2}{R_1}\frac{\mathrm{j}\omega T_1}{(1 + \mathrm{j}\omega T_1)(1 + \mathrm{j}\omega T_2)}$$

$T_1 = C_1 R_1,\ T_2 = C_2 R_2$

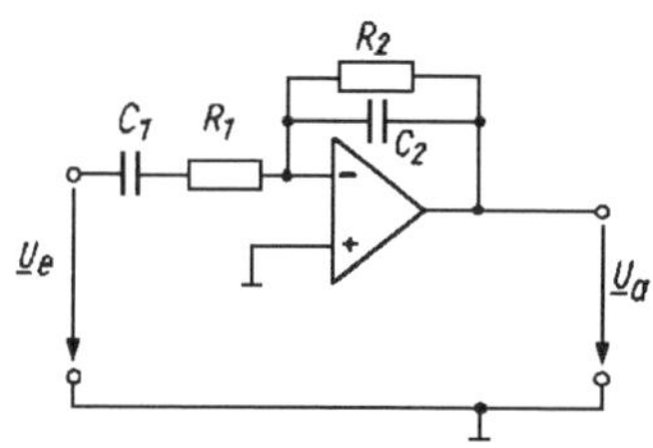

Applikation als PI-Regler

$$\frac{\underline{U}_a}{\underline{U}_e} = -\frac{R_2}{R_1}\left(1 + \frac{1}{\mathrm{j}\omega T_n}\right)$$

$T_n = CR_2$

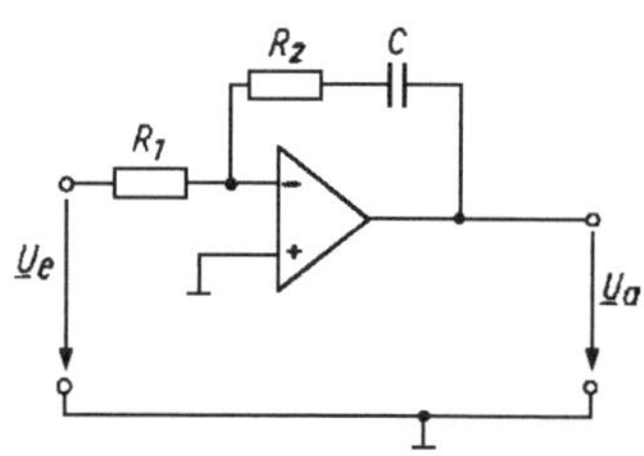

Applikation als PID-Regler

$$\frac{\underline{U}_a}{\underline{U}_e} = -\frac{R_2 + R_3}{R_1} \frac{(1 + j\omega T_n)(1 + j\omega T_v)}{j\omega T_n}$$

$T_n = (R_2 + R_3)C_2$

$T_v = (R_2 \| R_3)C_3$

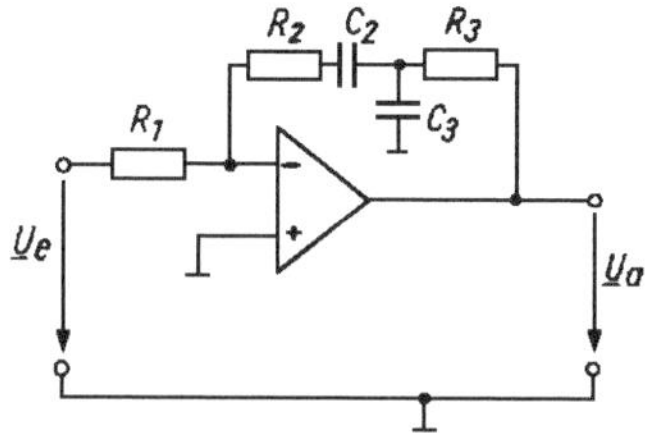

Applikation als Wandler

Strom-Spannungs-Wandler

$U_a = -RI_{qe}$

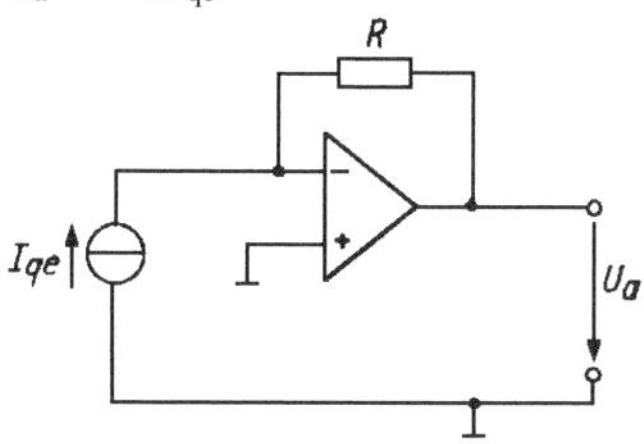

Spannungs-Strom-Wandler

$$I_a = \frac{U_{qe}}{R_1}$$

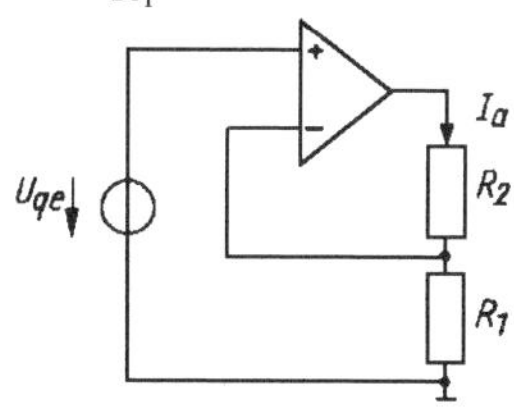

Applikation in binären Schaltungen

Komparator

$U_e > U_{ref} \rightarrow U_a = -U_B$

$U_e < U_{ref} \rightarrow U_a = +U_B$

$\pm U_B$ Versorgungsspannungen

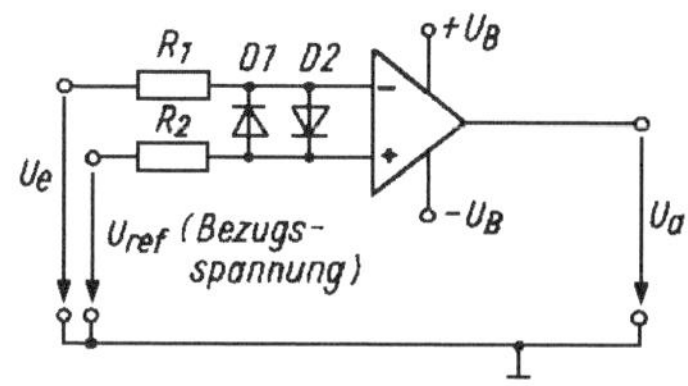

Astabiler Multivibrator
(symmetrisch)

Schwingungsfrequenz

$$f = \frac{1}{2CR_3 \ln\left(1 + \frac{2R_1}{R_2}\right)}$$

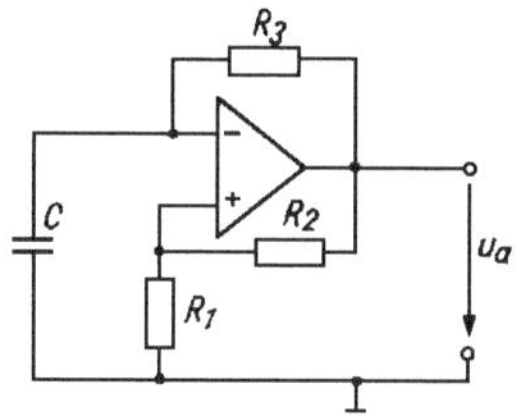

8 Elektrische Maschinen

► DIN VDE 0530 und 0532

8.1 Transformatoren

Transformatorformel (induzierte Spulenspannung)

$U = 4{,}44 f N \hat{\Phi}$

f Frequenz
N Windungszahl
$\hat{\Phi}$ Scheitelwert des Flusses

Idealer Transformator
Spannungsübersetzungsverhältnis

$$ü = \frac{U_1}{U_2} = \frac{N_1}{N_2}$$

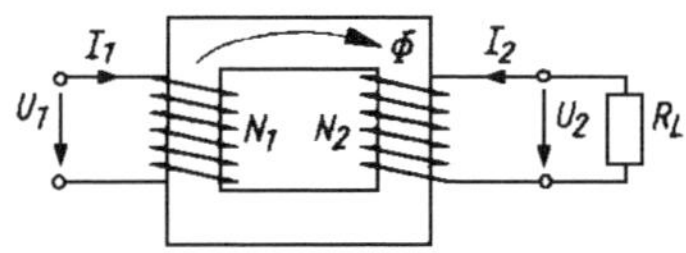

Stromübersetzungsverhältnis

$$\frac{1}{ü} = \frac{I_1}{I_2} = \frac{N_2}{N_1}$$

Realer Transformator

$U_2' = üU_2,\ I_2' = \frac{1}{ü} I_2$

$R_2' = ü^2 R_2,$

$X_{\sigma 2}' = ü^2 X_{\sigma 2}$

auf die Primärseite bezogene Sekundärgrößen

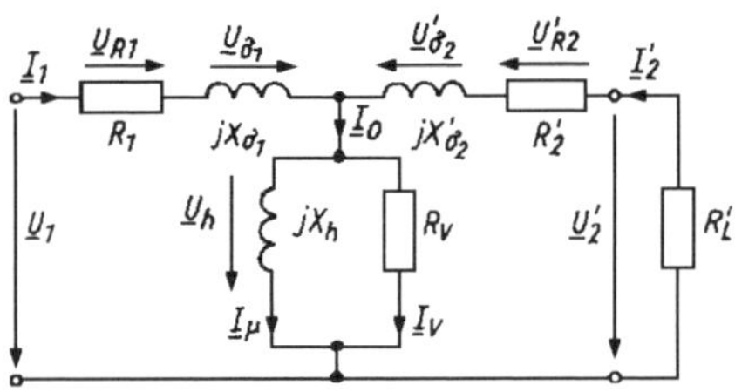

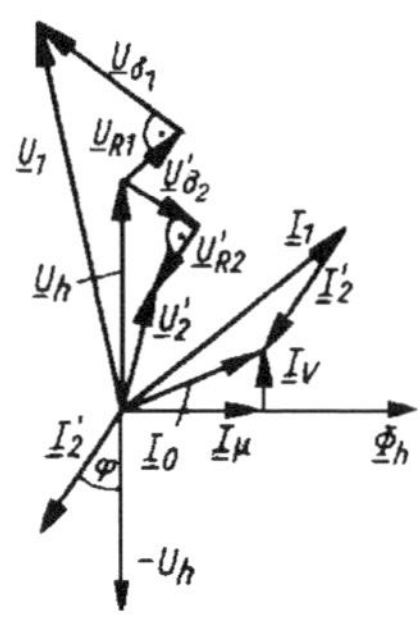

Es stehen im Ersatzschaltbild für

die Stromwärmeverluste R_1, R_2'
die Streuflüsse $X_{\sigma 1}$, $X_{\sigma 2}'$
den Hauptfluss X_h und
die Ummagnetisierungsverluste R_V

Transformator im Leerlauf

Leerlaufversuch bei Bemessungsspannung $U_{10} = U_{1N}$
(Index 0 – Leerlauf, Index N – Nennbedingungen, Bemessungsgrößen)

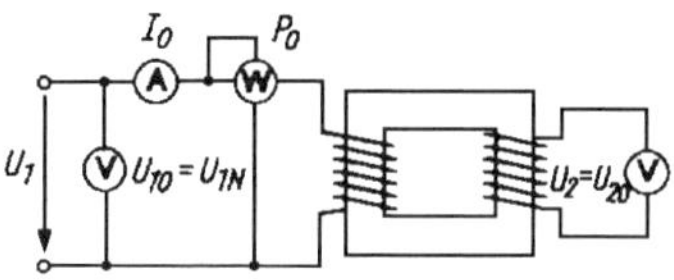

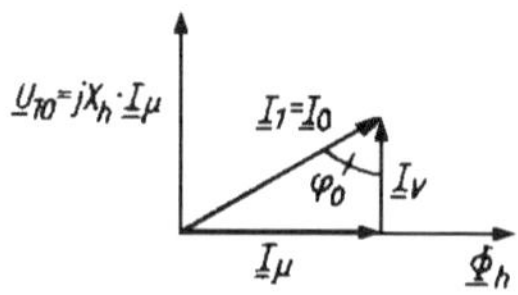

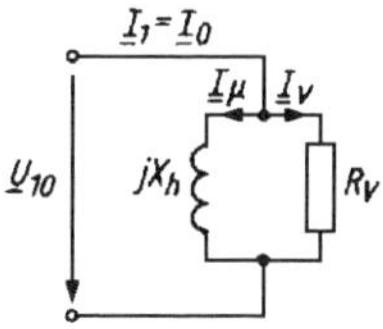

Messwerte im Leerlaufversuch

Leerlaufverluste $P_0 = P_{VFe}$
(Ummagnetisierungsverluste)
Leerlaufstrom I_0
Leerlaufspannungen U_{10} sowie U_{20}

Daraus berechenbare Werte

Widerstand der Ummagnetisierungsverluste

$$R_V = \frac{U_{10}^2}{P_0}$$

Verluststrom durch Ummagnetisierung

$$I_V = \frac{U_{10}}{R_V}$$

Magnetisierungsstrom des Transformators

$$I_\mu = \sqrt{I_0^2 - I_V^2}$$

Leerlaufleistungsfaktor

$$\cos\varphi_0 = \frac{P_0}{I_0 U_{10}} = \frac{I_V}{I_0}$$

Hauptreaktanz, Hauptinduktivität

$$X_h = \omega L_h = \frac{U_{10}}{I_\mu}$$

Blindleistung im Leerlauf

$$Q_\mu = I_\mu^2 X_h = \frac{U_{10}^2}{X_h} = P_V \tan\varphi_0$$

Relativer Leerlaufstrom

$$i_0 = \frac{I_0}{I_{1N}} 100\,\%,$$ I_{1N} Bemessungsstrom

Bemessungsübersetzungsverhältnis der Spannungen

$$ü = \frac{U_{10}}{U_{20}} = \frac{U_{1N}}{U_{20}} \approx \frac{U_{1N}}{U_{2N}}$$

Transformator im Kurzschluss

Kurzschlussversuch bei Bemessungsstrom $I_{1k} = I_{1N}$
(Index k – Kurzschluss)

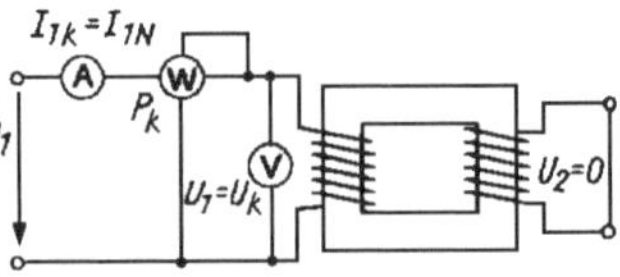

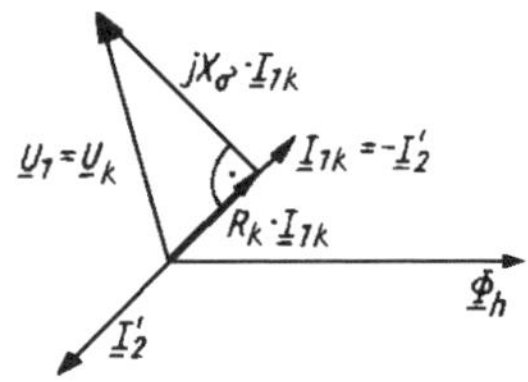

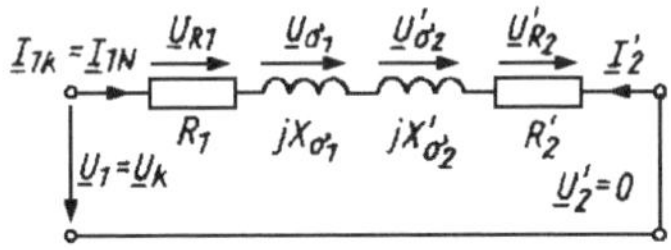

Messwerte im Kurzschlussversuch

Kurzschlussverluste $P_k = P_{VCu}$
(Stromwärmeverluste in den Wicklungen)
Kurzschlussspannung U_k bei Bemessungsstrom
Kurzschlussstrom $I_{1k} = I_{1N}$

Daraus berechenbare Werte

Relative Kurzschlussspannung

$$u_k\,\% = \frac{U_k}{U_{1N}} 100\,\%$$

Kurzschlussstrom bei Bemessungsspannung

$$I_k = I_{1k} \frac{U_{1N}}{U_k} = \frac{I_{1N}}{u_k\,\%} 100\,\%$$

Kurzschlussleistungsfaktor

$$\cos\varphi_k = \frac{P_k}{U_k I_{1k}}$$

Wirkanteil der Kurzschlussimpedanz

$$R_k = R_1 + R'_2 = \frac{U_k}{I_{1k}} \cos\varphi_k$$

Blindanteil der Kurzschlussimpedanz

$$X_\sigma = \omega L_\sigma = X_{\sigma 1} + X'_{\sigma 2} = \frac{U_k}{I_{1k}} \sin\varphi_k$$

Betrag der Kurzschlussimpedanz

$$\underline{Z}_k = R_k + jX_\sigma$$

$$Z_k = \sqrt{R_k^2 + X_\sigma^2} = \frac{U_k}{I_{1k}}$$

Bemessungsübersetzungsverhältnis der Ströme

$$ü = \frac{I_{2k}}{I_{1k}} = \frac{I_{2k}}{I_{1N}} \approx \frac{I_{2N}}{I_{1N}}$$

Transformator im Bemessungsbetrieb

Wirkungsgrad

$$\eta = \frac{P_2}{P_1} = \frac{P_2}{P_2 + P_{VFe} + P_{VCu} + P_{zus}}$$

P_2 abgegebene Wirkleistung

P_1 aufgenommene Wirkleistung

P_{zus} Zusatzverluste

Spannungsänderung bei Bemessungsbetrieb

$$U'_{2\varphi} = U_R \cos\varphi + U_X \sin\varphi$$

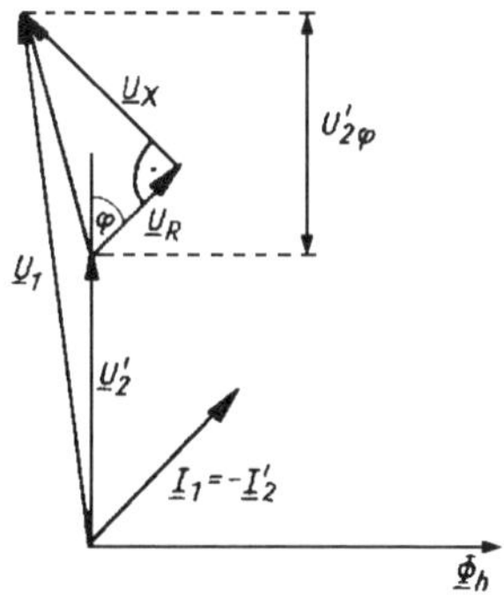

Drehstromtransformatoren

Nach Umrechnung auf Stranggrößen erfolgt die Rechnung strangbezogen wie beim Einphasentransformator.

Sternschaltung

$$S_{str} = \frac{S}{3},\ U_{12} = \sqrt{3}U_{str},\ I_{L1} = I_{str}$$

I_{L1} Netz- bzw. Leiterstrom

Dreieckschaltung

$$S_{str} = \frac{S}{3},\ U_{12} = U_{1str},\ I_{L1} = \sqrt{3}I_{12str}$$

U_{12} Netz- bzw. Außenleiterspannung

8.2 Gleichstrommaschinen

Quellenspannung

$$U_q = c\Phi\omega$$

c Maschinenkonstante

Φ Polfluss

ω Winkelgeschwindigkeit

Winkelgeschwindigkeit

$$\omega = 2\pi n$$

n Drehzahl

Moment

$$M = c\Phi I_A$$

I_A Ankerstrom

Ankerspannungsgleichung

$$U = U_q + I_A R_A$$

R_A Ankerkreiswiderstand (hier einschl. der Widerstände am Bürstenübergang, der Wendepolwicklung und der Kompensationswicklung)

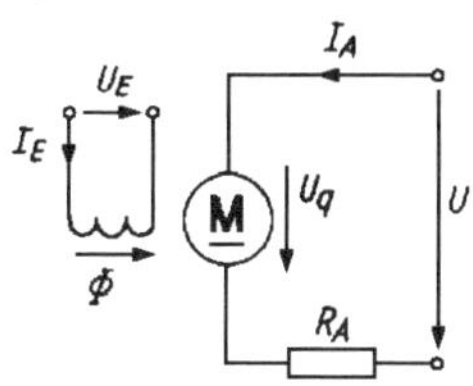

Nebenschlussmaschinen

Winkelgeschwindigkeit

$$\omega = \frac{U}{c\Phi} - \frac{R_A}{(c\Phi)^2}M$$

Winkelgeschwindigkeit im Leerlauf

$$\omega_0 = \frac{U}{c\Phi}$$

Ankerstrom

$$I_A = \frac{M}{c\Phi}$$

Auf das Nennmoment bezogenes Anlaufmoment

$$\frac{M_A}{M_N} = \frac{U}{I_A R_A}$$

Bezogene Winkelgeschwindigkeit

$$\frac{\omega}{\omega_0} = 1 - \frac{I_A R_A}{U}$$

Reihenschlussmaschinen

Winkelgeschwindigkeit

$$\omega = \frac{U}{\sqrt{ckM}} - \frac{R_A + R_E}{ck}$$

R_E Widerstand der Erregerwicklung
k Erregerkonstante
($\Phi = kI_E = kI_A$)

Ankerstrom

$$I_A = \sqrt{\frac{M}{ck}}$$

Veränderung des Momentes mit dem Ankerstrom

$$\frac{M_1}{M_2} = \left(\frac{I_{A1}}{I_{A2}}\right)^2$$

8.3 Drehfeldmaschinen

Asynchronmaschinen

Synchrondrehzahl

$$n_1 = \frac{f_1}{p}$$

f_1 Netzfrequenz
p Polpaarzahl

Zusammenhang von Polpaarzahl und Leerlaufdrehzahl ($f_1 = 50$ Hz)

p	1	2	3	4	5
n_1/min^{-1}	3000	1500	1000	750	600

Schlupf

$$s = \frac{n_1 - n}{n_1}$$

n_1 Synchrondrehzahl
n Drehzahl der Welle

Drehzahl der Welle

$$n = n_1(1 - s) = \frac{f_1}{p}(1 - s)$$

Frequenz des Läuferstromes

$$f_2 = s f_1 = s n_1 p$$

Zugeführte Wirkleistung

$$P_1 = \sqrt{3} U_{1L} I_{1L} \cos\varphi = 3 U_1 I_1 \cos\varphi$$

U_{1L}, I_{1L} Ständernetzgrößen
U_1, I_1 Ständerstranggrößen

Stromwärmeverluste des Ständers

$$P_{Cu1} = 3 I_1^2 R_1$$

R_1 Ständerwiderstand

Luftspaltleistung

$$P_L = P_1 - P_{Cu1} - P_{VFe} = 3 I_2^2 \frac{R_2}{s}$$

P_{VFe} Ummagnetisierungsverluste
I_2 Läuferstrom
R_2 Läuferwiderstand

Stromwärmeverluste des Läufers

$$P_{Cu2} = 3 I_2^2 R_2 = s P_L$$

Mechanische Leistung an der Welle (einschl. Reibungsverluste)

$$P_m = P_L - P_{Cu2} = P_L(1 - s)$$

Gesetz zur Aufspaltung der Luftspaltleistung

$$P_L = P_m + P_{Cu2} = P_L(1 - s) + P_L s$$

Mechanische Leistung an der Welle

$$P = \omega M = 2\pi n M$$

Wirkungsgrad

$$\eta = \frac{P}{P_1}$$

Kloß'sche Formel für stromverdrängungsfreien Läufer

$$\frac{M}{M_K} = \frac{2}{\dfrac{s}{s_K} + \dfrac{s_K}{s}}$$

M_K Kippmoment (Maximalmoment)

$$M_K = \frac{3}{4} \frac{U_1^2}{\pi n_1 X_\sigma}$$

für Phasenzahl $m = 3$ und vernachlässigten Ständerwiderstand R_1

Kippschlupf

$$s_K = \pm \frac{R_2'}{X_\sigma}$$

R_2' bezogener Läuferwiderstand
X_σ Streureaktanz der Maschine

Drehzahlstellung von Asynchronmaschinen

$$n = n_1 \left(1 - \frac{P_{Cu2}}{P_L}\right) = \frac{f_1}{p}\left(1 - \frac{P_{Cu2}}{P_L}\right)$$

- Änderung der Speisefrequenz f_1 des Ständers bzw. der Synchrondrehzahl n_1 über Frequenzumrichter – z. B. U/f – Steuerung
- Umschalten der Polpaarzahl p in bis zu 4 Stufen
- Schlupfsteuerung durch Zuführung oder Entnahme von Leistung im Läufer
- Änderung der zugeführten Leistung im Ständer durch Spannungssteuerung ($P_1 \sim P_L$)

Synchronmaschinen

Drehzahl

$$n = n_1 = \frac{f_1}{p}$$

f_1 Netzfrequenz
p Polpaarzahl

Moment an der Welle

$$M = \frac{3p}{2\pi f_1} U_1 I_1 \sin\beta$$

β Polradwinkel

Kippmoment (Maximalmoment)

$$M_K = \frac{3p}{2\pi f_1} U_1 I_1$$

Erregungsgrad

$$\varepsilon = \frac{U_P}{U_{1N}}$$

U_P Polradspannung
U_{1N} Nennspannung

9 Leistungselektronik

Parameter netzgeführter Stromrichter (Auswahl)

	Einphasenschaltung M1 (Widerstandslast)	Einphasenbrückenschaltung B2 (vollgesteuert, aktive Last)	Drehstrombrückenschaltung B6 (aktive Last)
Schaltung	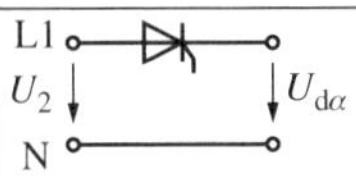	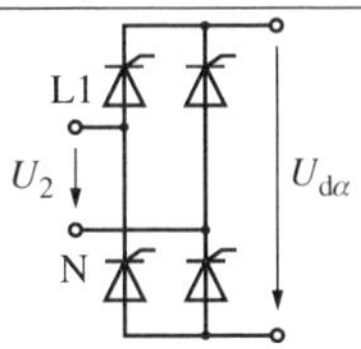	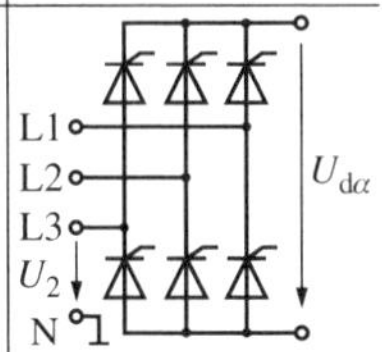
Potenzialdiagramm	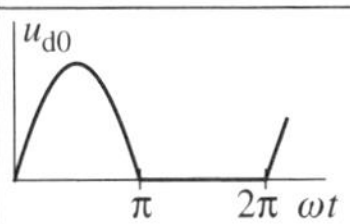	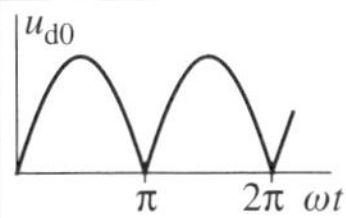	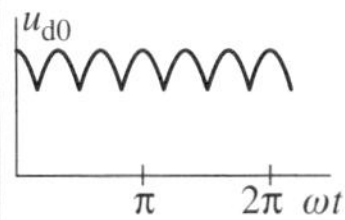
U_{d0}/U_2* U_2 Strang	0,45	0,9	2,34
$\hat{u}/U_{d0}$	3,14	1,87	2,09
Pulszahl	1	2	6
Welligkeit	1,21	0,48	0,042
Steuergesetz	$U_{d\alpha} = \frac{U_{d0}}{2}(1+\cos\alpha)$ $(0 \leqq \alpha \leqq \pi)$	$U_{d\alpha} = U_{d0}\cos\alpha$ $(0 \leqq \alpha \leqq \pi)$	$U_{d\alpha} = U_{d0}\cos\alpha$ $(0 \leqq \alpha \leqq \pi)$
Anwendung	sehr kleine Leistungen bis 0,5 kW	bis zu Leistungen im kW-Bereich	bis zu größten Leistungen

* U_{d0}/U_2 bezogener Mittelwert der maximalen Ausgangsspannung

Wechselstromsteller

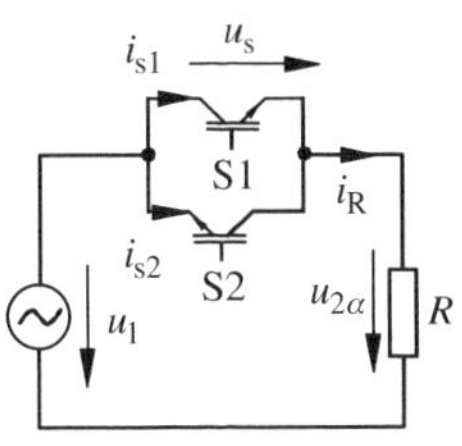

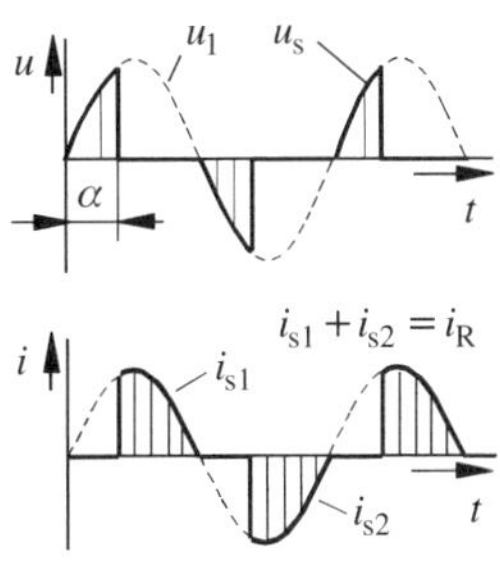

α Zündverzögerung

Steuergesetz:

$$U_{2\alpha} = U_1\sqrt{1 - \frac{\alpha}{\pi} + \frac{1}{2\pi}\sin 2\alpha}$$ bei Widerstandslast und $0 \leqq \alpha \leqq \pi$

Anwendung:

- Helligkeitssteuerung
- Drehzahlsteuerung von Wechselstrommotoren

Selbstgeführte Stromrichter

Gleichstromsteller

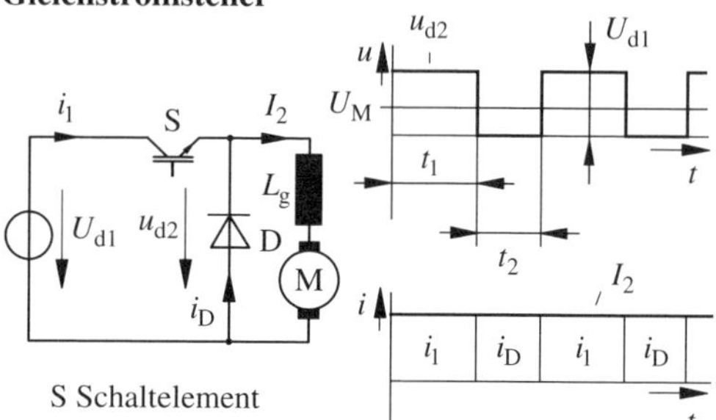

S Schaltelement

Verläufe idealisiert

Mittelwert der Ausgangsspannung $$U_{d2} = \frac{1}{T}\int_0^T u_{d2}\,dt = U_{d1}\frac{t_1}{T}$$

Strom aus der Spannungsquelle $$I_1 = \frac{1}{T}\int_0^T i_1\,dt = I_2\frac{t_1}{T}$$

Periodendauer

$T = t_1 + t_2$

t_1 Einschaltdauer des Schaltelementes

t_2 Ausschaltdauer des Schaltelementes

Wechselrichter (dreiphasig)

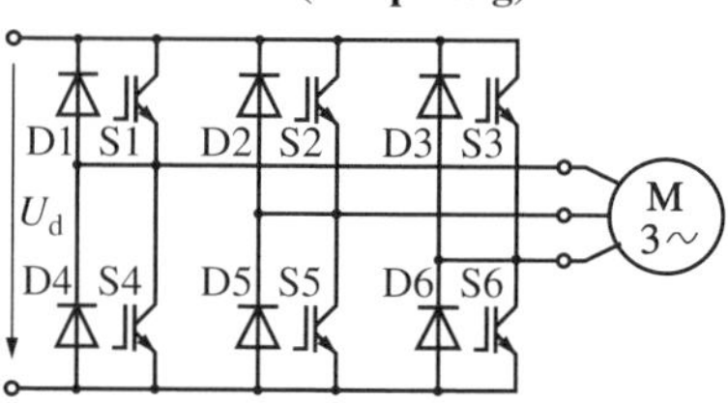

S1 bis S6 Löschbare Bauelemente bzw. Baugruppen

- Frequenz der Ausgangsspannung frei stellbar
- Grundschwingung U_2 der Ausgangsspannung durch Pulssteuerung frei stellbar
- übliches Steuerprinzip für Drehzahlstellung bis zur Bemessungsdrehzahl n_N ist $U_2/f_2 = \text{const}$
- darüber nur Frequenzerhöhung bei $U_2 = U_{2N} = \text{const}$
- Einsatz in Frequenzumrichtern zur Drehzahlsteuerung von Drehfeldmaschinen

Frequenzumrichter

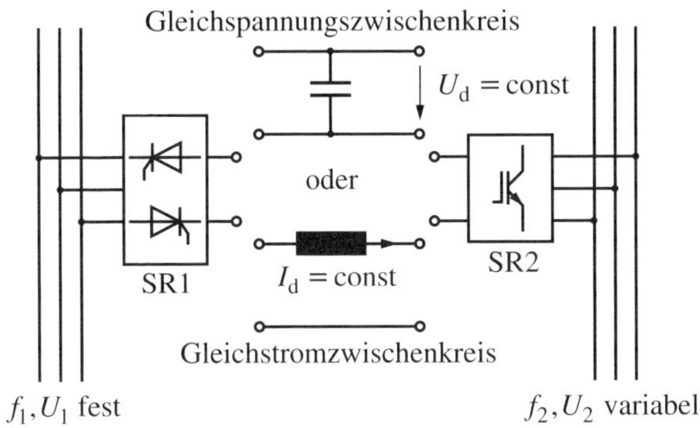

- ungesteuerter, gesteuerter oder rückspeisefähiger Stromrichter SR1
- Gleichspannungs- oder Gleichstromzwischenkreis
- selbstgeführter Drehstromwechselrichter SR2

10 Antriebstechnik

10.1 Physikalische Zusammenhänge und Antriebssystem

Dynamisches Grundgesetz für den Antrieb

$$M = M_{\text{Last}} + M_{\text{dyn}}$$

M Motormoment

$$M = M_{\text{Last}} + J\frac{d\omega}{dt} + \frac{\omega}{2}\frac{dJ}{dt}$$

für $J = J(\omega, t)$

$$M = M_{\text{Last}} + J\frac{d\omega}{dt}$$

für $J \neq J(\omega, t)$

M_{Last} Lastmoment an der Motorwelle
J Gesamtträgheitsmoment an der Motorwelle
ω Winkelgeschwindigkeit der Motorwelle

$$M = M_{\text{Last}}$$

stationärer Betrieb

Umrechnung auf die Motorwelle bei rotatorischer Bewegung und Übersetzung durch ein Getriebe mit dem Wirkungsgrad η_G

$$M_{Last} = M_A \frac{\omega_A}{\omega \eta_G}$$

$$J = J_A \left(\frac{\omega_A}{\omega}\right)^2 + J_M$$

Bedingung für mechanische Anpassung bei minimalem dynamischen Motormoment M_{dyn}

$$J_M = J_A \left(\frac{\omega_A}{\omega}\right)^2$$

M_A Moment an der Welle der Arbeitsmaschine
J_A Trägheitsmoment an der Welle der Arbeitsmaschine
J_M Trägheitsmoment des Motors
ω_A Winkelgeschwindigkeit der Welle der Arbeitsmaschine

Umrechnung auf die Motorwelle bei Umsetzung einer translatorischen in eine rotatorische Bewegung

$$M_{Last} = \frac{F_A v_A}{\omega \eta_G}$$

$$J = m_A \left(\frac{v_A}{\omega}\right)^2 + J_M$$

F_A Kraft an der Last
m_A Masse der Last
v_A Geschwindigkeit der Lastbewegung

Übergangszeit zwischen zwei stationären Zuständen

$$\Delta t = \frac{J(\omega_2 - \omega_1)}{M}$$

ω_1 Ausgangszustand
ω_2 Endzustand
M konstantes Beschleunigungsmoment

Anlaufzeit aus dem Stillstand

$$t_A = \frac{J\omega}{M}$$

Bedingungen für stabilen Arbeitspunkt

$$M + M_{Last} = 0 \qquad \frac{\mathrm{d}M}{\mathrm{d}\omega} + \frac{\mathrm{d}M_{Last}}{\mathrm{d}\omega} < 0$$

10.2 Betriebsarten

Entsprechend dem Einsatz des Antriebes treten unterschiedliche Belastungsspiele auf. Das wird durch die Festlegung von 10 Betriebsarten berücksichtigt (▶ DIN VDE 0530).

Betriebsart S1: Dauerbetrieb

Betrieb mit konstanter Belastung, so, dass der thermische Endzustand erreicht wird.

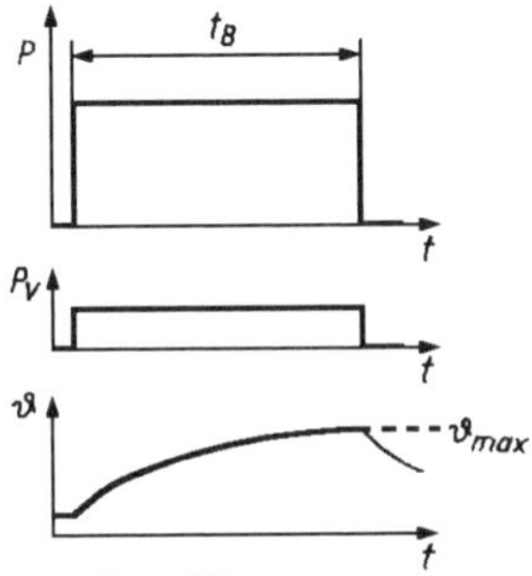

$t_B > 3 \ldots 4T$

t_B Betriebszeit

T thermische Zeitkonstante

Betriebsart S2: Kurzzeitbetrieb

Betrieb mit konstanter Belastung, die so kurz ist, dass der thermische Endzustand nicht erreicht wird. Die Pause ist so lang, dass sich die Temperatur der Maschine bis auf weniger als 2 K der des Kühlmediums nähert.

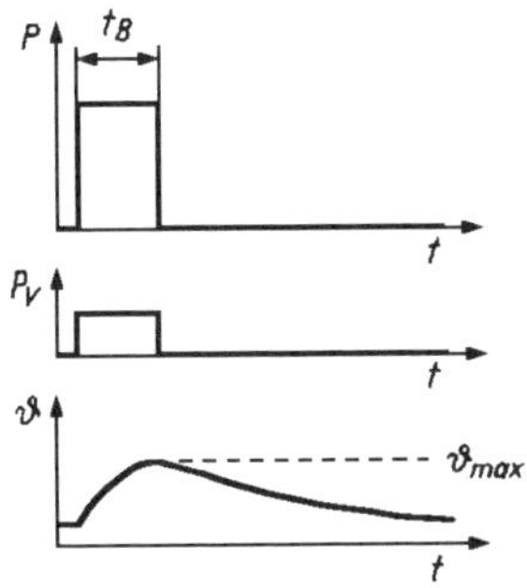

$t_B < 3T$, $t_p > 3 \ldots 4T_{St}$

t_p Pausenzeit

T_{St} thermische Zeitkonstante bei Stillstand

Betriebsart S3: Aussetzbetrieb

Folge gleichartiger Intervalle aus Belastung und Pause ohne Einfluss des Anlaufvorganges

relative Einschaltdauer

$$t_r = \frac{t_B}{t_B + t_{St}}$$

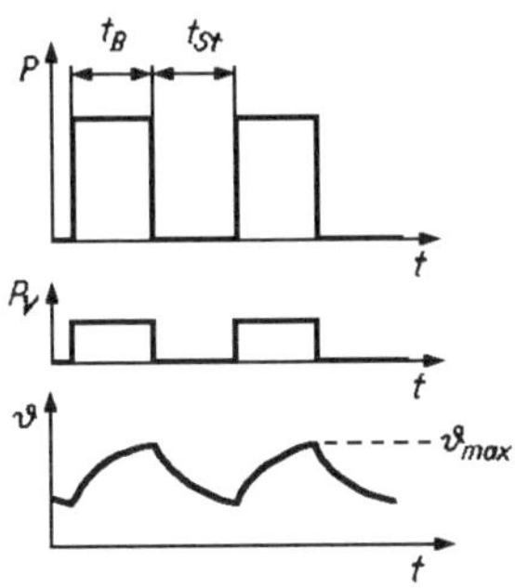

$t_B < 3T$, $t_{St} < 3T_{St}$

Betriebsart S4: Aussetzbetrieb mit Einfluss des Anlaufvorganges

Folge gleichartiger Intervalle aus merklicher Anlaufzeit, Belastung und Pause

relative Einschaltdauer

$$t_r = \frac{t_A + t_B}{t_A + t_B + t_{St}}$$

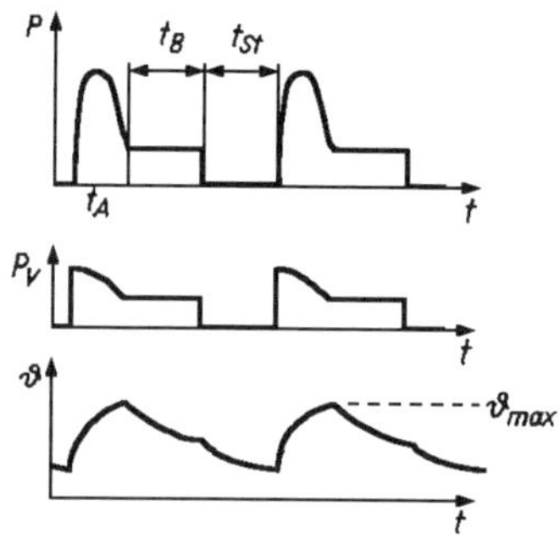

Weitere Betriebsarten

Betriebsart S5: Aussetzbetrieb mit elektrischer Bremsung

Anlaufzeit, konstante Belastung, elektrische Bremsung, Pause

Betriebsart S6: Ununterbrochener periodischer Betrieb mit Aussetzbelastung

Konstante Belastung, Leerlaufzeit, ohne Pause

Betriebsart S7: Ununterbrochener periodischer Betrieb mit elektrischer Bremsung

Anlaufzeit, konstante Belastung, Leerlaufzeit, ohne Pause

Betriebsart S8: Ununterbrochener periodischer Betrieb mit Drehzahländerung

Konstante Belastung und Drehzahl, weitere Zeiten mit anderer Belastung und Drehzahl, dazwischen Anlauf- und Bremsvorgänge, ohne Pause

Betriebsart S9: Ununterbrochener Betrieb mit nichtperiodischer Last- und Drehzahländerung

Nichtperiodische Änderung von Belastung und Drehzahl im zulässigen Betriebsbereich, Belastungsspitzen über dem Nennbetrieb

Betriebsart S10: Betrieb mit einzelnen konstanten Belastungen

Unterschiedlich lange Zeitintervalle mit unterschiedlicher, aber im Zeitintervall konstanter Belastung

Thermisches Kriterium

$M_N \geqq M_{eff}$

M_N Bemessungsmoment des Motors

Effektivmoment im Intervall

$$M_{\text{eff}} = \sqrt{\frac{1}{\Delta t}\int_{t_1}^{t_2} M^2\,\mathrm{d}t} \qquad \text{mit } \Delta t = t_2 - t_1$$

Effektiv- oder äquivalentes Moment für entsprechende Betriebsart über mehrere Intervalle

$$M_{\text{eff}} = \sqrt{\frac{1}{\sum\limits_{i=1}^{n}\Delta t_i}\sum_{i=1}^{n} M_i^2\Delta t_i}$$

Effektiv- oder äquivalente Leistung für entsprechende Betriebsart über mehrere Intervalle

$$P_{\text{eff}} = \sqrt{\frac{1}{\sum\limits_{i=1}^{n}\Delta t_i}\sum_{i=1}^{n} P_i^2\Delta t_i} \qquad \text{mit } P_i = M_i\omega_i$$

Die durch die Isolierstoffklasse festgelegte Grenztemperatur darf nicht überschritten werden.

Mechanische Kriterien

a) Maximales Drehmoment des Motors

$$\ddot{u}_{\text{zul}} \geqq \frac{M_{\max}}{M_{\text{N}}}$$

$M_{\max}$ auftretendes Maximalmoment

für Asynchronmaschinen: $\ddot{u}_{\text{zul}} = 1{,}6$
für Synchronmaschinen: $\ddot{u}_{\text{zul}} = 1{,}35$
für Gleichstrommaschinen: $\ddot{u}_{\text{zul}} = 1{,}6\ldots 2{,}2$
für Servomotoren: $\ddot{u}_{\text{zul}} = 5\ldots 10$

b) Maximale Drehzahl des Motors

$$n_{\text{N}} \geqq n_{\max}$$

n_{N} Bemessungsdrehzahl des Motors
$n_{\max}$ auftretende Maximaldrehzahl

Regelungstechnik

1 Grundbegriffe

1.1 Aufgabe der Regelung

Die Regeleinrichtung (Regler) hat die Aufgabe, eine Stellgröße zu erzeugen, die auf den Eingang der Regelstrecke wirkt, sodass die Sollwert-/Istwert-Abweichung $e = w - x$ zu null wird.

1.2 Blockschaltbild eines Regelkreises

Sollwert-/Istwert-Abweichung

$e = w - x$

x Regelgröße
y Stellgröße, allgemein
z Störgröße
w Führungsgröße, Sollwert
y_R Reglerausgangsgröße
y_S Streckeneingangsgröße

Einschleifiger Regelkreis

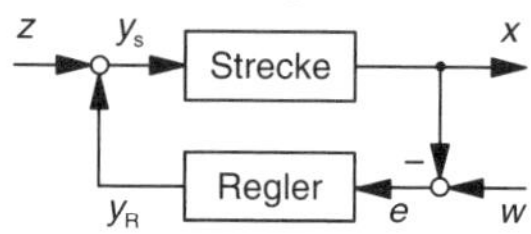

Kaskadenregelung

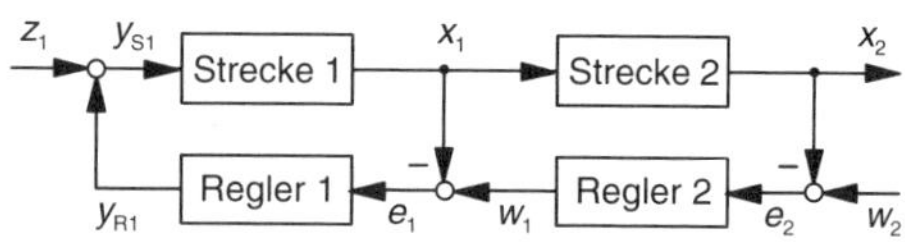

1.3 Testfunktionen

Sprungfunktion

$$x_e(t) = \begin{Bmatrix} 0 & \text{für } t < 0 \\ x_{e0} = \text{const} & \text{für } t \geqq 0 \end{Bmatrix}$$

$x_e(t)$ Sprungfunktion

Einheitssprung

$$\sigma(t) = \begin{Bmatrix} 0 \text{ für } t < 0 \\ 1 \text{ für } t \geqq 0 \end{Bmatrix}$$

Die auf den Wert eins normierte Sprungfunktion wird als Einheitssprung bezeichnet.

$$x_e(t) = x_{e0}\sigma(t)$$

Weitere Schreibweise für die Sprungfunktion

Die Reaktion einer Regelstrecke oder des gesamten Regelkreises auf einen Einheitssprung wird als Sprungantwort bzw. Übergangsfunktion $h(t)$ bezeichnet.

Impulsfunktion (δ-Funktion)

$$x_e(t) = \delta(t) = \begin{Bmatrix} 0 & \text{für } t \neq 0 \\ \infty & \text{für } t = 0 \end{Bmatrix}$$

mit $\int\limits_{-\infty}^{+\infty} \delta(t)\mathrm{d}t = 1$

Die ideale Impulsfunktion zeigt für $t = 0$ einen Impuls ins Unendliche und ist für $t \neq 0$ gleich null.

Beziehung zwischen Einheitssprung und δ-Funktion

$\delta(t) = \mathrm{d}\,\sigma(t)/\mathrm{d}t$

Die Antwort eines Regelkreisgliedes oder einer Übertragungsstrecke auf den δ-Impuls ist die Gewichtsfunktion $g(t)$.

Sinusförmige Eingangsgröße

$x_e(t) = \hat{x}_e\,\mathrm{e}^{\mathrm{j}\omega t}$

$\hat{x}_e$ Schwingungsamplitude
ω Kreisfrequenz ($\omega = 2\pi f$)
f Frequenz
e Exponentialfunktion
$\mathrm{j} = \sqrt{-1}$ imaginäre Einheit

Antwort der Übertragungsstrecke auf sinusförmige Eingangsgröße

$x_a(t) = \hat{x}_a\,\mathrm{e}^{\mathrm{j}(\omega t + \varphi)}$

$\hat{x}_a$ Schwingungsamplitude
φ Phasenverschiebung

Streckenverstärkung

$K_S = \dfrac{\hat{x}_a}{\hat{x}_e}$

K_S Übertragungskonstante

1.4 Darstellungsart

Darstellung von Regelkreisgliedern und Übertragungsstrecken durch Blocksymbole. Zu ihrer Kennzeichnung wird entweder die Übergangsfunktion eingezeichnet oder es wird die Übertragungsfunktion hineingeschrieben. Zur Verbindung der einzelnen Regelkreiselemente sind noch Summierungspunkte und Verzweigungspunkte erforderlich.

► DIN 19 221

Blocksymbol eines Regelkreisgliedes bzw. einer Übertragungsstrecke

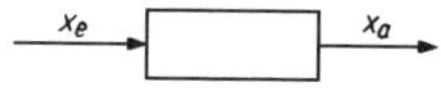

Verzweigungspunkt

Summierungspunkt

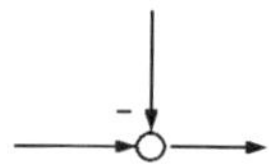

2 Mathematische Beschreibung von Regelkreisgliedern

Darstellung des Übertragungsverhaltens an einem wärmetechnischen Prozess (Strecke 1. Ordnung)

2.1 Wärmebilanz

$$mc_p \frac{\mathrm{d}T}{\mathrm{d}t} = Q - k(T - T_\mathrm{U})$$

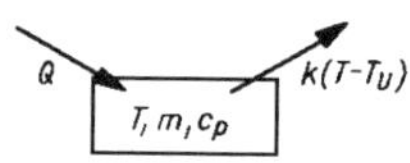

Die Differenzialgleichung (DGL) ist so umzuformen, dass die Variable T und ihre Ableitungen auf der einen Seite und die äußeren Einflussgrößen Q und T_U auf der anderen Seite stehen.

$$\frac{mc_p}{k} \frac{\mathrm{d}T}{\mathrm{d}t} + T = \frac{1}{k}(Q + kT_\mathrm{U})$$

m Masse
T Temperatur der Masse
k Wärmeübergangszahl
T_U Umgebungstemperatur
c_p spezifische Wärmekapazität
Q Wärmemengenstrom

2.2 Allgemeine Lösung der o. a. DGL für Aufheiz- und Abkühlvorgang

$$T = C_0 \frac{1}{k}(Q + kT_\mathrm{U}) + C_1\,\mathrm{e}^{-\frac{k}{mc_p}t}$$

C_0, C_1 Integrationskonstanten
Bestimmung von C_0 und C_1 aus den Randbedingungen

	Aufheizvorgang	**Abkühlvorgang**
	$t = 0 \to T = T_U$	$t = \infty \to T = T_U$
	$t = \infty \to T = \frac{Q}{k} + T_U$	$t = 0 \to T = T_U + \frac{Q}{k}$
Berechnete Integrationskonstanten	$C_0 = 1, C_1 = -\frac{Q}{k}$	$C_0 = \frac{kT_U}{Q + kT_U}, C_1 = \frac{Q}{k}$
Zeitlicher Verlauf	$T = T_U + \frac{Q}{k}\left(1 - e^{-\frac{k}{mc_p}t}\right)$	$T = T_U + \frac{Q}{k} e^{-\frac{k}{mc_p}t}$

2.3 Formelzeichen in der Regelungstechnik

$K_S = 1/k$	Übertragungskonstante
$y_R = Q$	Stellgröße
$z = kT_u$	Störgröße
$T_1 = mc_p/k$	Zeitkonstante
$x = T$	Regelgröße
$y_S = y_R + z$	Streckeneingangsgröße

2.4 *P-T*₁-Strecke mit üblichen Formelzeichen

Anwendung der in der analogen Regelungstechnik üblichen Formelzeichen auf die P-T_1-Strecke des wärmetechnischen Prozesses:

Differenzialgleichung

$$T_1\dot{x} + x = K_S(y_R + z) = K_S y_S$$

Übergangsfunktion

$$h(t) = K_S(1 - e^{-t/T_1})$$

Gewichtsfunktion

$$g(t) = K_S \frac{1}{T_1} e^{-t/T_1}$$

Beziehung zwischen Gewichts- und Übertragungsfunktion

$$g(t) = \frac{dh(t)}{dt}$$

Mit der Anwendung des Differenzialoperators $d/dt = s = j\omega$ folgt aus der DGL die Schreibweise mit dem Differenzialoperator.

Übertragungsfunktion

$$G(s) = \frac{x(s)}{y_S(s)} = \frac{K_S}{1 + sT_1}$$

Frequenzgang

$$G(j\omega) = \frac{x(j\omega)}{y_S(j\omega)} = \frac{K_S}{1 + j\omega T_1}$$

K_S Übertragungskonstante
T_1 Zeitkonstante
y_S Streckeneingangsgröße
ω Kreisfrequenz
x Regelgröße

Zerlegung des Frequenzganges in Real- und Imaginärteil

$$G(\mathrm{j}\omega) = \frac{K_\mathrm{S}}{1+\omega^2 T_1^2} - \mathrm{j}\frac{K_\mathrm{S}\omega T_1}{1+\omega^2 T_1^2}$$

$$\mathrm{Re}\,\{G(\mathrm{j}\omega)\} = \frac{K_\mathrm{S}}{1+\omega^2 T_1^2}$$ Realteil

$$\mathrm{Im}\,\{G(\mathrm{j}\omega)\} = -\frac{K_\mathrm{S}\omega T_1}{1+\omega^2 T_1^2}$$ Imaginärteil

2.5 Grafische Darstellungen

Ortskurve

$$\mathrm{Im}\,\{G(\mathrm{j}\omega)\} = f\left[\mathrm{Re}\,\{G(\mathrm{j}\omega)\}\right]$$

Bode-Diagramm mit Amplituden- und Phasengang

Amplitudengang

$$|G(\mathrm{j}\omega)| = \sqrt{\mathrm{Re}\{G(\mathrm{j}\omega)\}^2 + \mathrm{Im}\{G(\mathrm{j}\omega)\}^2}$$

$$= \sqrt{\frac{K_\mathrm{S}^2}{(1+\omega^2T_1^2)^2} + \frac{K_\mathrm{S}^2\omega^2T_1^2}{(1+\omega^2T_1^2)^2}} = \frac{K_\mathrm{S}}{\sqrt{1+\omega^2T_1^2}}$$

Phasenwinkel

$$\varphi = \arctan\frac{\mathrm{Im}\{G(\mathrm{j}\omega)\}}{\mathrm{Re}\{G(\mathrm{j}\omega)\}} = \arctan(-\omega T_1)$$

Die Aufzeichnung des Amplitudenganges und des Phasenwinkels über der Kreisfrequenz ist das Bode-Diagramm.

2.6 Zusammenschaltung von einzelnen Regelkreisgliedern

Reihenschaltung

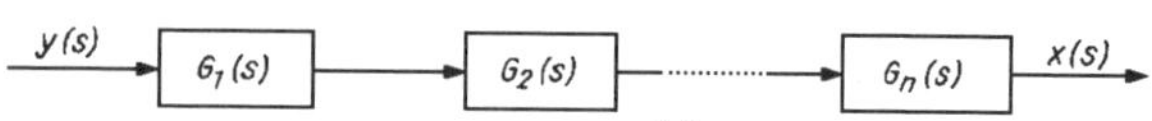

$$G(s) = G_1(s)G_2(s)\cdot\ldots\cdot G_n(s) = \frac{x(s)}{y(s)}$$

Amplitudengang

$$|G(\mathrm{j}\omega)| = |G_1(\mathrm{j}\omega)|\cdot|G_2(\mathrm{j}\omega)|\cdot\ldots\cdot|G_n(\mathrm{j}\omega)|$$

Phasenverschiebung

$$\varphi = \varphi_1 + \varphi_2 + \ldots + \varphi_n$$

Zusammenstellung von Ortskurven und Bode-Diagrammen einiger Regelkreiselemente

Regelkreisglied	Übertragungsfunktion	Amplitudengang Phasengang	Realteil Imaginärteil	Ortskurve	Bode-Diagramm
P-Glied	$G(s) = \frac{x(s)}{y(s)} = K_S$	$\lvert G(j\omega)\rvert = K_S$ $\varphi(\omega) = 0$	$\mathrm{Re}\{G(j\omega)\} = K_S$ $\mathrm{Im}\{G(j\omega)\} = 0$	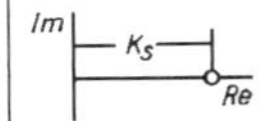	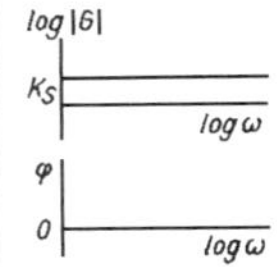
I-Glied	$G(s) = \frac{x(s)}{y(s)} = \frac{1}{sT_I}$	$\lvert G(j\omega)\rvert = \frac{1}{\omega T_I}$ $\varphi(\omega) = -90^\circ$	$\mathrm{Re}\{G(j\omega)\} = 0$ $\mathrm{Im}\{G(j\omega)\} = -\frac{1}{\omega T_I}$	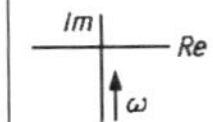	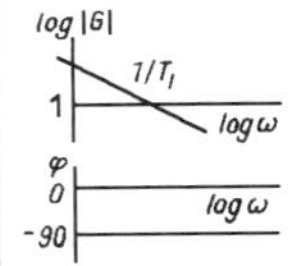
D-Glied	$G(s) = sT_D$	$\lvert G(j\omega)\rvert = \omega T_D$ $\varphi(\omega) = 90^\circ$	$\mathrm{Re}\{G(j\omega)\} = 0$ $\mathrm{Im}\{G(j\omega)\} = \omega T_D$	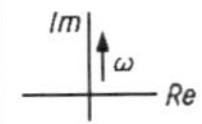	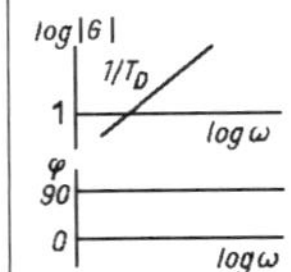
Totzeit-Glied	$G(s) = e^{-sT_t}$	$\lvert G(j\omega)\rvert = 1$ $\varphi(\omega) = -\omega T_t$	$\mathrm{Re}\{G(j\omega)\} = \cos(\omega T_t)$ $\mathrm{Im}\{G(j\omega)\} = -\sin(\omega T_t)$	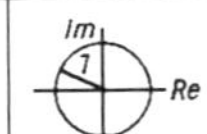	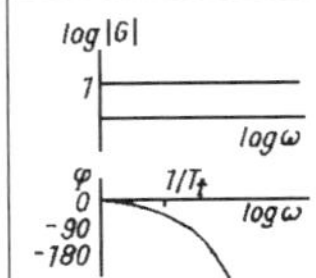

Zusammenstellung von Ortskurven und Bode-Diagrammen einiger Regelkreiselemente (Fortsetzung)

Regel-kreisglied	Übertragungs-funktion	Amplitudengang Phasengang	Realteil Imaginärteil	Ortskurve	Bode-Diagramm
P-T_1-Glied	$G(s) = \frac{K_S}{1 + sT_1}$	$\lvert G(j\omega)\rvert = \frac{K_S}{\sqrt{1+\omega^2 T_1^2}}$ $\varphi(\omega) = -\arctan(\omega T_1)$	$\mathrm{Re}\{G(j\omega)\} = \frac{K_S}{1+\omega^2 T_1^2}$ $\mathrm{Im}\{G(j\omega)\} = -\frac{\omega T_1 K_S}{1+\omega^2 T_1^2}$	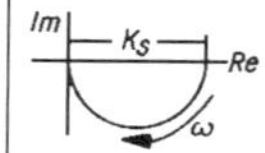	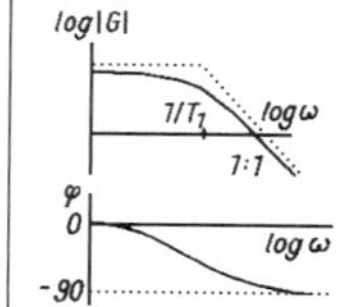
P-T_2-Strecke	$G(s) = \frac{K_S/(T_1T_2)}{(1/T_1+s)(1/T_2+s)}$	$\lvert G(j\omega)\rvert = \frac{K_S}{\sqrt{(1-\omega^2T_1T_2)^2+\omega^2(T_1+T_2)^2}}$ $\varphi(\omega) = \arctan\frac{-\omega(T_1+T_2)}{1-\omega^2T_1T_2}$	$\mathrm{Re}\{G(j\omega)\} = \frac{K_S(1-\omega^2T_1T_2)}{(1-\omega^2T_1T_2)^2+\omega^2(T_1+T_2)^2}$ $\mathrm{Im}\{G(j\omega)\} = \frac{-K_S\omega(T_1+T_2)}{(1-\omega^2T_1T_2)^2+\omega^2(T_1+T_2)^2}$	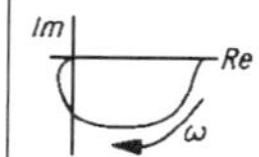	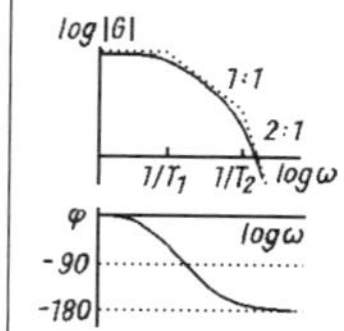
P-T_2-Strecke mit Schwing-verhalten	$G(s) = \frac{K_S}{1+sT_2+s^2T_1T_2} = \frac{K_S/T_1T_2}{1/T_1T_2+s/T_1+s^2}$ $2\alpha = 1/T_1$ $\beta = \sqrt{1/T_1T_2}$	$\lvert G(j\omega)\rvert = \frac{K_S}{\sqrt{(1-\omega^2T_1T_2)^2+\omega^2T_2^2}}$ $\varphi(\omega) = \arctan\frac{-\omega T_2}{1-\omega^2T_1T_2}$	$\mathrm{Re}\{G(j\omega)\} = \frac{K_S(1-\omega^2T_1T_2)}{(1-\omega^2T_1T_2)^2+\omega^2T_2^2}$ $\mathrm{Im}\{G(j\omega)\} = \frac{-K_S\omega T_2}{(1-\omega^2T_1T_{21})^2+\omega^2T_2^2}$	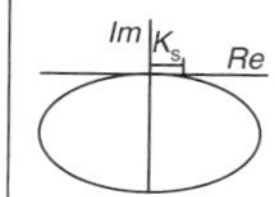	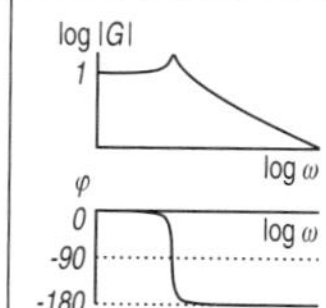

Zusammenstellung von Ortskurven und Bode-Diagrammen einiger Regelkreiselemente (Fortsetzung)

Regel-kreisglied	Übertragungs-funktion	Amplitudengang Phasengang	Realteil Imaginärteil	Ortskurve	Bode-Diagramm
D-T_1-Glied	$G(s) = \dfrac{sT_1}{1 + sT_1}$	$\lvert G(\mathrm{j}\omega)\rvert = \dfrac{\omega T_1}{\sqrt{1 + \omega^2 T_1^2}}$ $\varphi(\omega) = \arctan \dfrac{1}{\omega T_1}$	$\mathrm{Re}\{G(\mathrm{j}\omega)\} = \dfrac{\omega^2 T_1^2}{1 + \omega^2 T_1^2}$ $\mathrm{Im}\{G(\mathrm{j}\omega)\} = \dfrac{\omega T_1}{1 + \omega^2 T_1^2}$	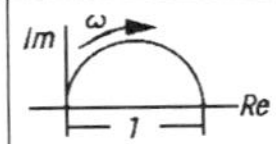	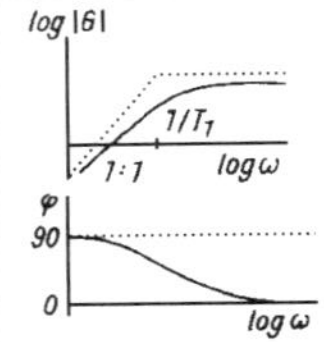
PI-Regler	$G(s) = K_\mathrm{R}\left(1 + \dfrac{1}{sT_\mathrm{n}}\right)$	$\lvert G(\mathrm{j}\omega)\rvert = K_\mathrm{R}\sqrt{1 + \dfrac{1}{\omega^2 T_\mathrm{n}^2}}$ $\varphi(\omega) = -\arctan \dfrac{1}{\omega T_\mathrm{n}}$	$\mathrm{Re}\{G(\mathrm{j}\omega)\} = K_\mathrm{R}$ $\mathrm{Im}\{G(\mathrm{j}\omega)\} = -\dfrac{K_\mathrm{R}}{\omega T_\mathrm{n}}$	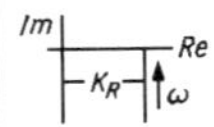	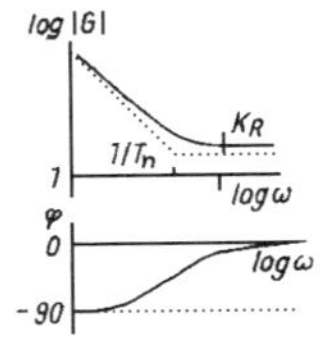
PID-Regler	$G(s) = K_\mathrm{R}\left(1 + \dfrac{1}{sT_\mathrm{n}} + sT_\mathrm{v}\right)$	$\lvert G(\mathrm{j}\omega)\rvert = K_\mathrm{R}\sqrt{1 + \dfrac{(\omega^2 T_\mathrm{n} T_\mathrm{v} - 1)^2}{\omega^2 T_\mathrm{n}^2}}$ $\varphi(\omega) = \arctan \dfrac{\omega^2 T_\mathrm{n} T_\mathrm{v} - 1}{\omega T_\mathrm{n}}$	$\mathrm{Re}\{G(\mathrm{j}\omega)\} = K_\mathrm{R}$ $\mathrm{Im}\{G(\mathrm{j}\omega)\} = K_\mathrm{R}\dfrac{\omega^2 T_\mathrm{n} T_\mathrm{v} - 1}{\omega T_\mathrm{n}}$	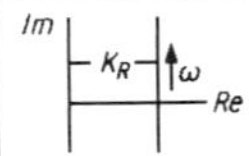	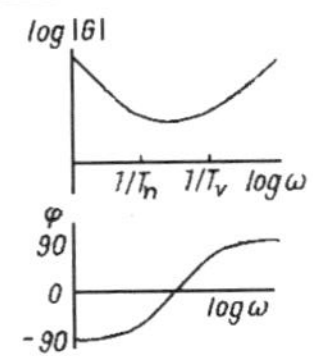

α Abklingkonstante, β Frequenz der ungedämpften Schwingung

Zusammenstellung der Übergangsfunktion einiger Regelkreiselemente

Regel-kreisglied	Übertragungs-funktion	Übergangs-funktion	Verlauf der Übergangs-funktion
P-Glied	$G(s) = K_S$	$h(t) = K_S$	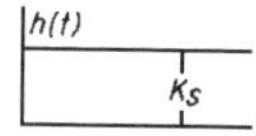
I-Glied	$G(s) = \dfrac{1}{sT_I}$	$h(t) = \dfrac{t}{T_I}$	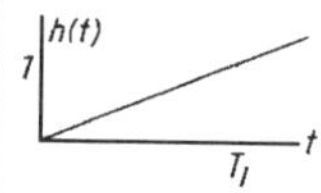
D-Glied	$\dfrac{G(s)}{s} = T_D$	$h(t) = \begin{cases} \infty & \text{für } t = 0 \\ 0 & \text{für } t \neq 0 \end{cases}$	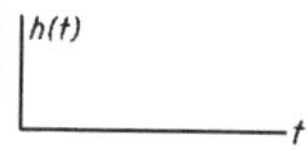
P-T_1-Glied	$G(s) = \dfrac{K_S/T_1}{1/T_1 + s}$	$h(t) = K_S\left(1 - e^{-t/T_1}\right)$	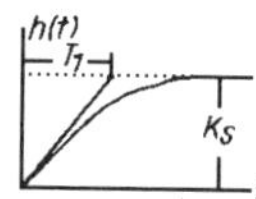
D-T_1-Glied	$G(s) = \dfrac{sT_D/T_1}{1/T_1 + s}$	$h(t) = \dfrac{T_D}{T_1}\,e^{-t/T_1}$	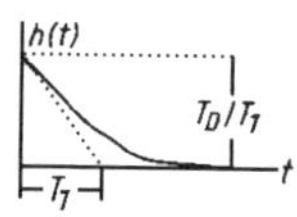
Totzeit-Glied	$G(s) = e^{-sT_t}$	$h(t) = \begin{cases} 0 & \text{für } t < T_t \\ 1 & \text{für } t \geqq T_t \end{cases}$	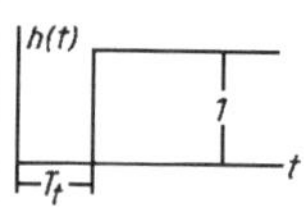
PI-Regler	$G(s) = \dfrac{K_R}{sT_n} + K_R$	$h(t) = K_R\left(1 + \dfrac{t}{T_n}\right)$	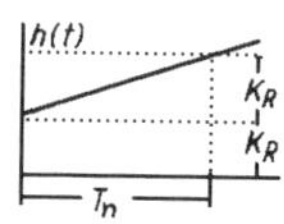

Parallelschaltung einzelner Regelkreisglieder

Übertragungsfunktion

$$G(s) = \frac{x(s)}{y(s)} = G_1(s) + G_2(s) + \ldots + G_n(s)$$

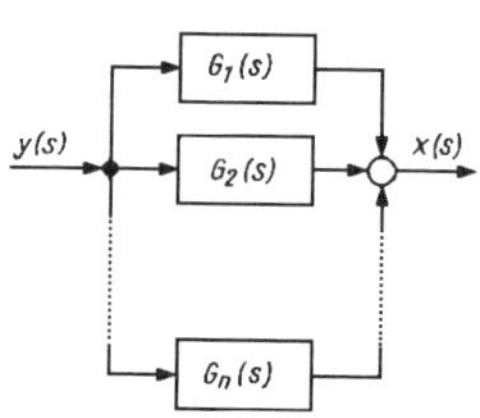

2.7 Übergang vom Frequenz- in den Zeitbereich mithilfe der Laplace-Transformation

Aus physikalischen Gesetzmäßigkeiten wird für das Übertragungsverhalten einer Strecke eine Dgl. aufgestellt. Daraus folgt mit dem Differenzialoperator die Übertragungsfunktion. Die Übergangsfunktion $h(t)$ entsteht durch Lösen der Dgl. (bei einfachen Strecken, 1. oder 2. Ordnung) oder durch die Laplace-Transformation.

Definition der Laplace-Transformation

$$L\{x(t)\} = x(s) = \int_0^\infty x(t)\,\mathrm{e}^{-st}\,\mathrm{d}t$$

$$\frac{1}{a+s} \quad \bullet\!\!-\!\!\circ \quad \mathrm{e}^{-at}$$

$$\frac{a}{s(a+s)} \quad \bullet\!\!-\!\!\circ \quad 1 - \mathrm{e}^{-at}$$

Anwendung der Laplace-Transformation auf zwei bekannte Zeitfunktionen (→ folgende Korrespondenztabelle)

Anwendung der Laplace-Transformation

1. Überführung einer mit $1/s$ multiplizierten Übertragungsfunktion der P-T_1-Strecke in den Zeitbereich.

$$\frac{G(s)}{s} = \frac{x(s)}{s \cdot y_S(s)} = \frac{K_S}{s(sT_1+1)} = \frac{\frac{K_S}{T_1}}{s\left(\frac{1}{T_1}+s\right)}$$

T_1 Zeitkonstante
x Regelgröße
y_S Streckeneingangsgröße
K_S Übertragungskonstante
$s = \mathrm{j}\omega$

2. Beziehung zwischen Übergangsfunktion und Übertragungsfunktion

$$h(t) = L^{-1}\left(\frac{G(s)}{s}\right) = L^{-1}\left\{\frac{\frac{K_S}{T_1}}{s\left(\frac{1}{T_1}+s\right)}\right\}$$

Mit $a = 1/T_1$ folgt mit der letzten Beziehung in der Korrespondenztabelle

$$\frac{x(t)}{y_S(t)} = K_S\left(1 - \mathrm{e}^{-t/T_1}\right) \quad \text{oder} \quad h(t) = K_S(1 - \mathrm{e}^{-t/T_1})$$

3. Beziehung zwischen Gewichtsfunktion und Übertragungsfunktion

$$g(t) = \frac{\mathrm{d}h(t)}{\mathrm{d}t} = L^{-1}\{G(s)\}$$

4. Ermittlung der Übergangsfunktion für eine P-T_2-Strecke

$$G(s) = \frac{K_S}{(1+sT_1)(1+sT_2)} = \frac{K_S/(T_1T_2)}{(1/T_1+s)(1/T_2+s)}$$

Partialbruchzerlegung der mit $1/s$ multiplizierten Übertragungsfunktion der P-T_2-Strecke

$$\frac{G(s)}{s} = \frac{\frac{K_S}{T_1T_2}}{s\left(\frac{1}{T_1}+s\right)\left(\frac{1}{T_2}+s\right)} = \frac{A_0}{s} + \frac{A_1}{\left(\frac{1}{T_1}+s\right)} + \frac{A_2}{\left(\frac{1}{T_2}+s\right)}$$

Werte für die Koeffizienten A_0, A_1 und A_2

$$A_0 = K_S \quad A_1 = -K_S\frac{T_1}{T_1-T_2} \quad A_2 = -K_S\frac{T_2}{T_2-T_1}$$

Anwendung der Beziehungen aus der Korrespondenztabelle

$$L^{-1}\left\{\frac{G(s)}{s}\right\} = h(t) = K_S\left(1 - \frac{T_1}{T_1-T_2}\,\mathrm{e}^{-t/T_1} - \frac{T_2}{T_2-T_1}\,\mathrm{e}^{-t/T_2}\right)$$

Korrespondenztabelle zur Laplace- und z-Transformation wichtiger Regelkreisglieder

$x(t)$	$x(s)$	$x(z)$
1	$\frac{1}{s}$	$\frac{z}{z-1}$
t	$\frac{1}{s^2}$	$\frac{T_0 z}{(z-1)^2}$
t^2	$\frac{2}{s^3}$	$\frac{T_0^2 z(z+1)}{(z-1)^3}$
e^{-at}	$\frac{1}{s+a}$	$\frac{z}{z-\mathrm{e}^{-aT_0}}$
$t\,\mathrm{e}^{-at}$	$\frac{1}{(s+a)^2}$	$\frac{T_0 z\,\mathrm{e}^{-aT_0}}{(z-\mathrm{e}^{-aT_0})^2}$
$t^2\,\mathrm{e}^{-at}$	$\frac{2}{(s+a)^3}$	$\frac{T_0^2 z\,\mathrm{e}^{-aT_0}(z+\mathrm{e}^{-aT_0})}{(z-\mathrm{e}^{-aT_0})^3}$
$1-\mathrm{e}^{-at}$	$\frac{a}{s(s+a)}$	$\frac{(1-\mathrm{e}^{-aT_0})z}{(z-1)(z-\mathrm{e}^{-aT_0})}$

T_0 Abtastzeit

2.8 Grenzwertsätze

$$\lim_{t\to 0} x(t) = \lim_{s\to\infty} sx(s)$$
$$\lim_{t\to\infty} x(t) = \lim_{s\to 0} sx(s)$$

Diese Beziehungen gelten zwischen den Darstellungen einer Übertragungsfunktion im Frequenzbereich bei $s = 0$ und bei $s = \infty$ und im Zeitbereich bei $t = 0$ und bei $t = \infty$.

3 Regeleinrichtungen

Der bekannteste Typ der stetigen Regler ist der PID-Regler, aus dem durch Fortlassen des D-Anteils der PI-Regler und durch Fortlassen von I- und D-Anteil der P-Regler entsteht. Zum unstetigen Regler, z. B. Zweipunktregler, → 8.2.

3.1 PID-Regler

Algorithmus des PID-Reglers (→ folgendes Schaltbild)

$y_0 = -(w - x)$ P-Anteil

$y_1 = -\frac{1}{R_I C_I} \int (w - x)\mathrm{d}t$ I-Anteil

$y_2 = -R_D C_D \frac{\mathrm{d}(w - x)}{\mathrm{d}t}$ D-Anteil

y_R Reglerausgangsgröße
w Sollwert
x Regelgröße
R_D Widerstand im Differenzierer
C_D Kapazität im Differenzierer
C_I Kapazität im Integrierer
R_I Widerstand im Integrierer

Ausgangsgröße

$$y_R = \frac{R_v}{R} \left[(w - x) + \frac{1}{R_I C_I} \int (w - x)\mathrm{d}t + R_D C_D \frac{\mathrm{d}(w - x)}{\mathrm{d}t} \right]$$

Vereinfachungen

$e = w - x$ Regeldifferenz
$K_R = R_v/R$ Reglerverstärkung
$T_n = R_I C_I$ Nachstellzeit
$T_v = R_D C_D$ Vorhaltezeit
$s = \mathrm{d}/\mathrm{d}t$ und $s^{-1} = \int \mathrm{d}t$ Differenzialoperator

Übertragungsfunktion des PID-Reglers

$$G_R(s) = \frac{y_R(s)}{e(s)} = K_R\left(1 + \frac{1}{sT_n} + sT_v\right)$$

Aus dieser Gleichung folgt die Übertragungsfunktion
1. für den PI-Regler durch Nullsetzen von T_v
2. für den P-Regler, wenn zusätzlich noch $T_n = \infty$ gesetzt wird.

Übertragungsfunktion des PI-Reglers

$$G_R(s) = \frac{y_R(s)}{e(s)} = K_R\left(1 + \frac{1}{sT_n}\right)$$

Übertragungsfunktion des P-Reglers

$$G_R(s) = \frac{y_R(s)}{e(s)} = K_R$$

Blockschaltbild eines PID-Reglers mit Operationsverstärkern

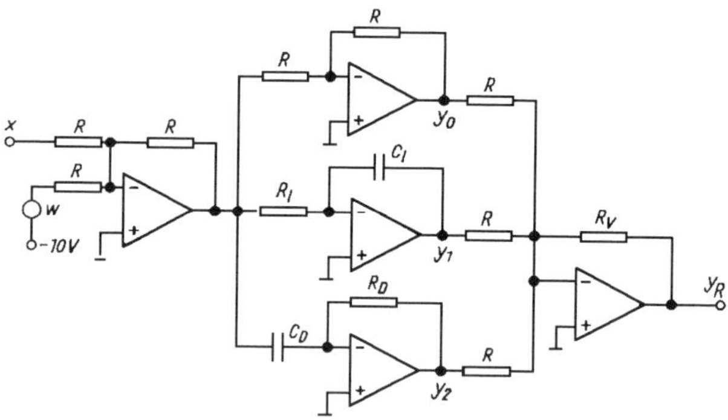

3.2 Wirkung einzelner Reglerbausteine (im Regelfalle)

P-Regler	schnell, es bleibt eine Regelabweichung
I-Regler	langsam, es bleibt keine Regelabweichung
D-Regler	reagiert nur auf Änderungen der Regelgröße bzw. der Führungsgröße

Der PI-Regler liefert für viele Anwendungen zufrieden stellende Ergebnisse. Bei häufig auftretenden Führungs- und Störgrößenänderungen, kann der PID-Regler das Regelverhalten verbessern, da durch den D-Anteil die Phasenverschiebung reduziert wird.

3.3 Führungs- und Störverhalten

Betrachtungen gelten für einschleifigen Regelkreis und Kaskadenregelung

Einschleifiger Regelkreis

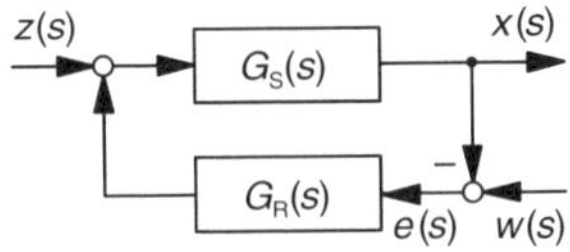

Führungsübertragungsfunktion

$$G_w(s) = \frac{x(s)}{w(s)} = \frac{G_S(s)G_R(s)}{1 + G_S(s)G_R(s)}$$

Störübertragungsfunktion

$$G_z(s) = \frac{x(s)}{z(s)} = \frac{G_S(s)}{1 + G_S(s)G_R(s)}$$

Charakteristische Gleichung

$$1 + G_S(s)G_R(s) = 0$$

Kaskadenregelung

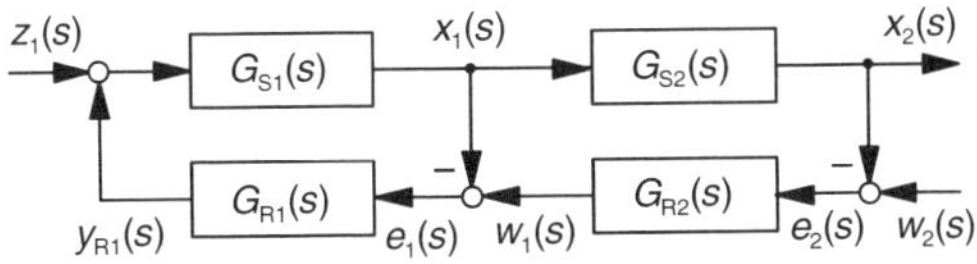

Führungsübertragungsfunktion

$$G_{w2}(s) = \frac{x_2(s)}{w_2(s)} = \frac{G_{S1}(s)G_{S2}(s)G_{R1}(s)G_{R2}(s)}{1 + G_{R1}(s)G_{S1}(s) + G_{S1}(s)G_{S2}(s)G_{R1}(s)G_{R2}(s)}$$

Störübertragungsfunktion

$$G_{z1}(s) = \frac{x_2(s)}{z_1(s)} = \frac{G_{S1}(s)G_{S2}(s)}{1 + G_{R1}(s)G_{S1}(s) + G_{S1}(s)G_{S2}(s)\,G_{R1}(s)G_{R2}(s)}$$

Charakteristische Gleichung

$$1 + G_{R1}(s)G_{S1}(s) + G_{S1}(s)G_{S2}(s)G_{R1}(s)G_{R2}(s) = 0$$

Optimales Führungsverhalten

$G_w(s) = 1$ bzw. $G_{w2}(s) = 1$

Optimales Störverhalten

$G_z(s) = 0$ bzw. $G_{z1}(s) = 0$

Führungsverhalten von P-T_1-Strecke mit P-Regler

Sollwertsprung

$$w(t) = w_0\sigma(t) \rightarrow w(s) = \frac{w_0}{s}$$

$\sigma(t)$ Einheitssprung
$w(t)$ Sollwertsprung
$w(t) = w_0\sigma(t)$

Führungsübertragungsfunktion mit dem Grenzwertsatz

$$\lim_{t\to\infty} x(t) = \lim_{s\to 0} sx(s) = s\frac{w_0}{s}\frac{\dfrac{K_\mathrm{R}K_\mathrm{S}}{1+sT_1}}{1+\dfrac{K_\mathrm{R}K_\mathrm{S}}{1+sT_1}} = w_0\frac{K_\mathrm{R}K_\mathrm{S}}{1+K_\mathrm{R}K_\mathrm{S}}$$

Bleibende Regeldifferenz

$$e(\infty) = [w_0 - x(\infty)] = w_0\left(1-\frac{K_\mathrm{R}K_\mathrm{S}}{1+K_\mathrm{R}K_\mathrm{S}}\right)$$

K_R Reglerverstärkung
K_S Übertragungskonstante
T_1 Zeitkonstante

Führungsverhalten von *P-T*$_1$-Strecke mit PI-Regler

Mit $w(s) = w_0/s$ und

$$G_\mathrm{R}(s) = \left(1+\frac{1}{sT_\mathrm{n}}\right) = K_\mathrm{R}\frac{sT_\mathrm{n}+1}{sT_\mathrm{n}}$$

T_n Nachstellzeit

folgt die Führungsübertragungsfunktion:

$$\lim_{t\to\infty} x(t) = \lim_{s\to 0} sx(s) = w_0\frac{K_\mathrm{R}K_\mathrm{S}(sT_\mathrm{n}+1)}{sT_\mathrm{n}(1+sT_1)+K_\mathrm{R}K_\mathrm{S}(1+sT_\mathrm{n})} = w_0$$

Es ergibt sich keine bleibende Regeldifferenz.

Störverhalten von *P-T*$_1$-Strecke mit PI-Regler

Mit $z(s) = z_0/s$ sowie $G_\mathrm{R}(s)$ und $G_\mathrm{S}(s)$ nach dem Führungsverhalten mit PI-Regler folgt für die Störübertragungsfunktion:

$$x(\infty) = \lim_{s\to 0} sx(s) = z_0\frac{sT_\mathrm{n}K_\mathrm{S}}{sT_\mathrm{n}(1+sT_1)+K_\mathrm{R}K_\mathrm{S}(1+sT_\mathrm{n})} = 0$$

Mit einem PI-Regler können Störungen vollständig ausgeregelt werden.

4 Dämpfung

Die Dämpfung hat einen wesentlichen Einfluss auf die Stabilität von Regelstrecken und Regelkreisen. Sie ist von der Polverteilung abhängig.

4.1 Polverteilung in der *s*-Ebene

Allgemein gültige Übertragungsfunktion für P-T$_2$-Strecken

$$G_\mathrm{S}(s) = K_\mathrm{S}\beta^2\frac{1}{\beta^2+2\alpha s+s^2}$$

Pole: $s_{1,2} = -\alpha \pm \sqrt{\alpha^2-\beta^2}$

$$\omega_\mathrm{e} = \sqrt{\beta^2-\alpha^2}$$

α Abklingkonstante
β Kreisrequenz der ungedämpften Schwingung
ω_e Kreisfrequenz der gedämpften Schwingung

4.2 Definition der Dämpfung

$D = \dfrac{\alpha}{\beta}$ D Dämpfung

Berechnung der Pole als Funktion der Dämpfung

$$s_{1,2} = -\alpha \pm \sqrt{\alpha^2 - \beta^2} = -\alpha \pm \beta\sqrt{D^2 - 1} = -\beta\left(D \pm \sqrt{D^2 - 1}\right)$$

In Abhängigkeit von D treten folgende Fälle auf:

a) $\alpha > \beta (D > 1)$
Beide Pole sind negativ und reell
(aperiodischer Fall)

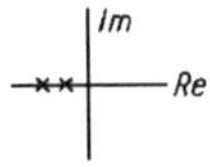

b) $\alpha = \beta (D = 1)$
Doppelte Polstelle
$s_1 = s_2 = -\alpha$
(aperiodischer Grenzfall)

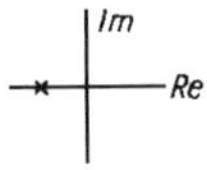

c) $\alpha < \beta (0 < D < 1)$
Beide Pole sind konjungiert komplex
(abklingende Schwingung)

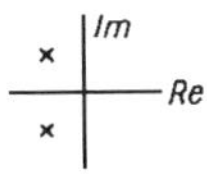

d) $\alpha = 0 (D = 0)$
Realteil der Pole wird null, die Pole werden rein imaginär
(ungedämpfte Schwingung)

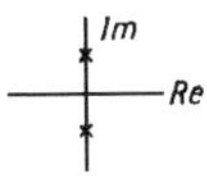

e) $\alpha < 0 (D < 0)$
Die Abklingkonstante ist negativ, die beiden Pole haben einen positiven Realteil
(aufklingende Schwingung)

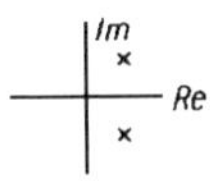

Die Abbildung zeigt die Sprungantworten für die verschiedenen Dämpfungen.

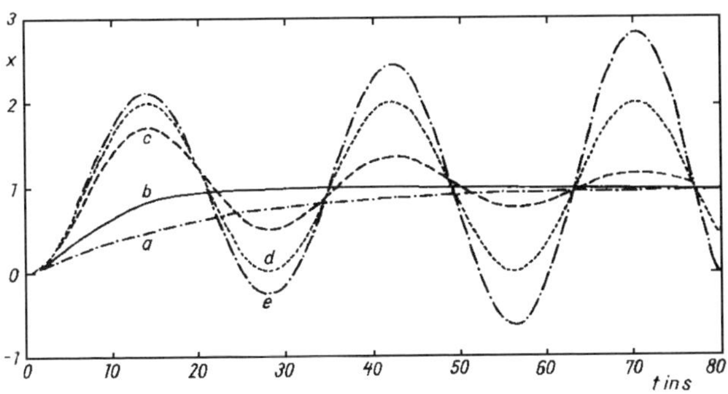

5 Stabilität

Durch Stabilitätsuntersuchungen von Regelkreisen sollen Instabilitäten erkannt und Reglerparameter so eingestellt werden, dass der Regelkreis ggf. stabil wird. Ein Regelkreis ist immer dann stabil, wenn $D > 0$ ist, d. h., wenn die Pole negativen Realteil haben (→ Polverteilung).

5.1 Beurteilung der Stabilität nach Polverteilung

Ein Regelkreis ist stabil, wenn alle Pole negativen Realteil haben. Die Pole werden berechnet aus den charakteristischen Gleichungen.

Einschleifiger Regelkreis

$$1 + G_\mathrm{S}(s)G_\mathrm{R}(s) = 0$$

Kaskadenregelung

$$1 + G_\mathrm{R1}(s)G_\mathrm{S1}(s) + G_\mathrm{S1}(s)G_\mathrm{S2}(s)G_\mathrm{R1}(s)G_\mathrm{R2}(s) = 0$$

Mit geeigneten Mathemathikprogrammen ist dies leicht möglich. Sollte sich bei den vorgegebenen Reglerparametern eine unbefriedigende Polverteilung ergeben, sind die Reglerparameter zu ändern und die Rechnung ist zu wiederholen.

5.2 Stabilitätsuntersuchung nach Nyquist

Liefert Aussage über Stabilität ohne Lösung der charakteristischen Gleichung.

Allgemeine Fassung des Nyquist-Kriteriums

Besitzt das Übertragungsverhalten des offenen Kreises $G_\mathrm{o}(s) = G_\mathrm{S}(s)G_\mathrm{R}(s)$ n_r Pole mit positivem Realteil und n_i Pole auf der imaginären Achse, dann ist der geschlossene Regelkreis genau dann stabil, wenn der vom kritischen Punkt $(-1/\mathrm{j}\cdot 0)$ an die Ortskurve $G_\mathrm{o}(\mathrm{j}\omega)$ gezogene Fahrstrahl beim Durchlaufen der Ortskurve im Bereich $0 \leqq \omega \leqq \infty$ eine Winkeländerung von $\Delta\varphi = (2n_\mathrm{r} + n_\mathrm{i})\pi/2$ beschreibt.

n_r Pole in der rechten Halbebene
n_l Pole in der linken Halbebene
n_i Pole auf der imaginären Achse

Stabilitätsbetrachtung an einer P-T_4-Strecke mit P-Regler

Beziehung für den offenen Regelkreis

$$G_o(s) = \frac{K_R K_S}{(1 + sT_1)(1 + sT_2)(1 + sT_3)(1 + sT_4)}$$

K_R Reglerverstärkung
K_S Streckenverstärkung
T_i Zeitkonstanten der Strecke
$s = j\omega$

Poleverteilung

$$s_1 = -\frac{1}{T_1}, \quad s_2 = -\frac{1}{T_2}, \quad s_3 = -\frac{1}{T_3}, \quad s_4 = -\frac{1}{T_4}$$

Alle Pole liegen in der linken Halbebene, also ist

$n_l = 4, \quad n_i = 0, \quad n_r = 0$

Winkeländerung

$\Delta\varphi = 0$

Ortskurvenverlauf

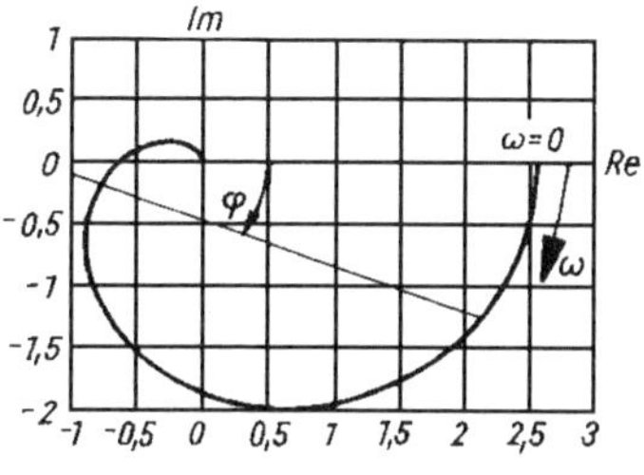

a) $\Delta\varphi = 0$ (stabil)

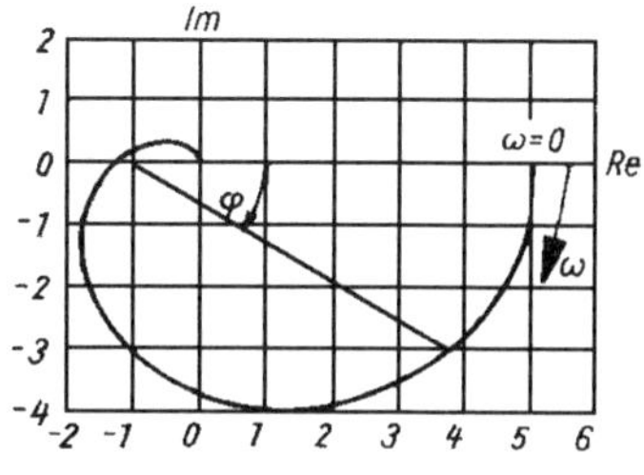

b) $\Delta\varphi = 360$ (instabil)

5.3 Vereinfachtes Nyquist-Kriterium

Zusammenhang zwischen Stabilität und $|G_o(j\omega)|$ bei $\varphi = -180°$ nach den Ortskurvenverläufen → 5.2:

$|G_o(j\omega)| < 1$ stabil
$|G_o(j\omega)| > 1$ instabil
$|G_o(j\omega)| = 1$ Stabilitätsgrenze

Dies gilt nur für Regelkreise, welche die in dem vereinfachten Nyquist-Kriterium formulierten Bedingungen erfüllen:

Besitzt eine Übertragungsfunktion $G_o(s)$ des aufgeschnittenen Regelkreises keine Pole mit positivem Realteil ($n_r = 0$) und höchstens zwei Pole auf der imaginären Achse, dann ist der geschlossene Regelkreis stabil, wenn bei der Durchtrittsfrequenz ω_d, d. h. bei $|G_o(j\omega)| = 1$, die Phasenverschiebung $\varphi_d(\omega) > -180°$ ist (→ Bode-Diagramm).

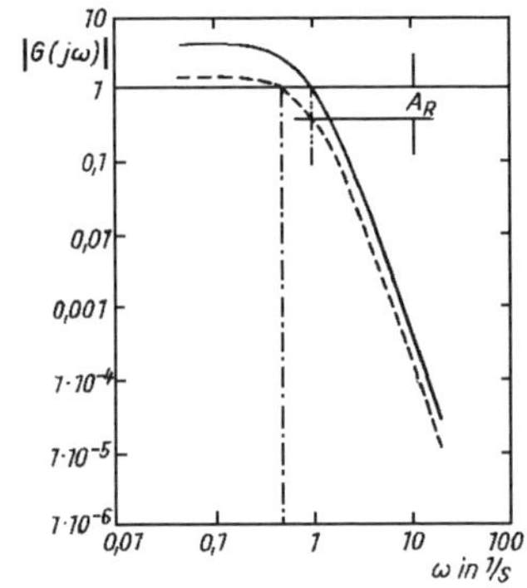

Bei dem gegebenen Phasengang ist für den durchgezogenen Amplitudengang der Regelkreis instabil und für den gestrichelten Amplitudengang ist der Regelkreis stabil.

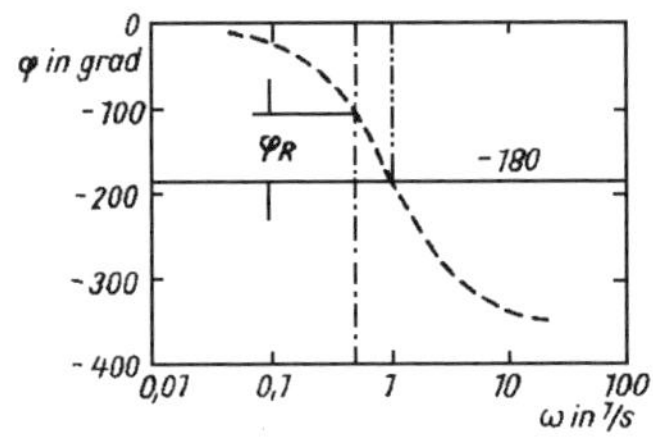

5.4 Phasenreserve, Stabilitätsgüte

Der Winkel φ_R im Bode-Diagramm wird als Phasenreserve bezeichnet. A_R ist die Amplitudenreserve.

$$\varphi_R = \varphi(\omega_d) - (-180°) = \varphi(\omega_d) + 180°$$

Der Winkel φ_R lässt sich auch aus der Ortskurve (→ Bild) ermitteln.

Die Dämpfung eines Regelkreises wird um so geringer, je mehr sich $\varphi(\omega_d)$ dem Wert $-180°$ nähert. Bei $\varphi(\omega_d) = -180°$ ist die Stabilitätsgrenze erreicht (Dauerschwingung). Erfahrungswerte für die Phasenreserve:

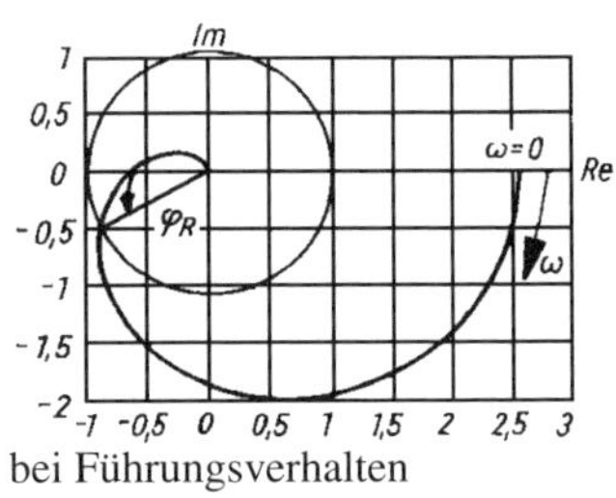

$\varphi_R > 40° \ldots 70°$ bei Führungsverhalten
$\varphi_R > 30°$ bei Störverhalten

6 Qualität einer Regelung

6.1 Beurteilung eines Regelvorganges nach Anregel-, Ausregelzeit und Überschwingungsweite

► Nach DIN 19 226 wird die Qualität einer Regelung nach Anregelzeit, die Zeit, nach der die Regelgröße nach einer Führungsgrößenänderung oder nach Auftreten einer Störung erstmals einen Toleranzbereich erreicht, und Ausregelzeit, die Zeit, nach der die Regelgröße den Toleranzbereich nicht mehr verlässt, sowie nach der Überschwingungsweite beurteilt (→ Bild).

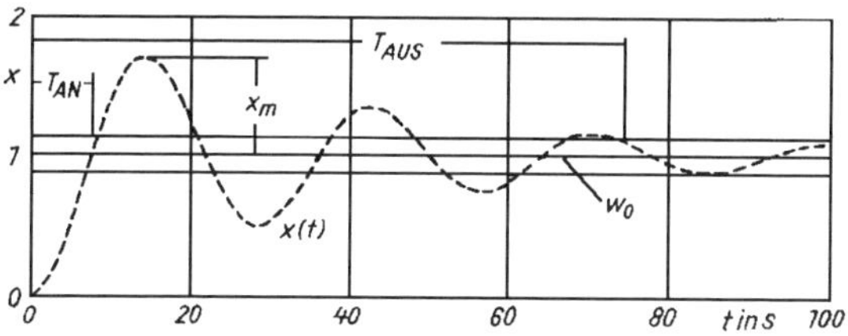

6.2 Lineare Regelfläche

Berechnung der linearen Regelfläche

$$Q_l = \int_0^\infty [w_0 - x(t)]\, dt$$

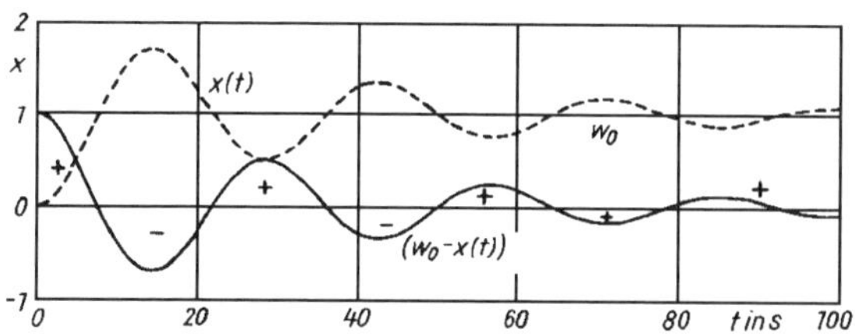

Da der Verlauf der linearen Regelfläche im Bild positive und negative Flächen aufweist und sich diese teilweise aufheben, lässt sich hieraus keine eindeutige Aussage über die Qualität der Regelung ableiten.

6.3 Quadratische Regelfläche

Quadratische Regelfläche

$$Q_q = \int_0^\infty [w_0 - x(t)]^2\, dt$$

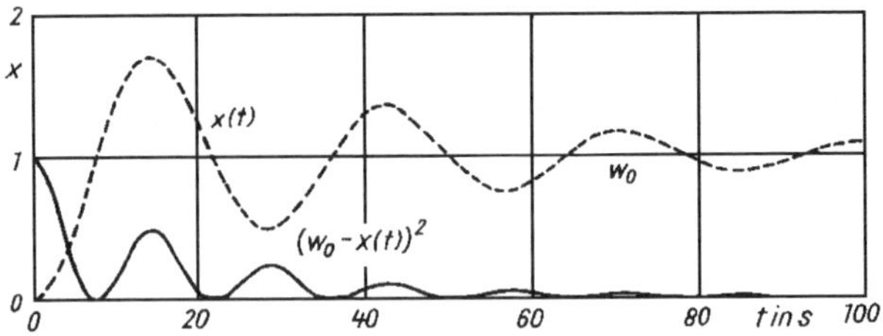

Hier werden alle Abweichungen (positive und negative) der Regelgröße von der Führungsgröße gleichermaßen berücksichtigt. Damit liefert dies Verfahren ein realistisches Abbild der Regelqualität. Kleinere Abweichungen haben für die Regelqualität auch geringere Bedeutung als größere, weil sie weniger stark gewichtet werden.

7 Reglereinstellkriterien

Die drei am häufigsten verwendeten Verfahren zur Ermittlung der Parameter eines PID-Reglers sind ein empirisches Verfahren und die Einstellkriterien von Ziegler/Nichols sowie von Chien/Hrones/Resswick.

7.1 Empirisches Verfahren

a) Regler als P-Regler schalten, K_R solange erhöhen, bis Regelkreis Dauerschwingungen ausführt $\rightarrow K_{R\,krit}$.
b) K_R auf $0{,}6 K_{R\,krit}$ einstellen und T_n solange reduzieren bis Regelkreis wieder Dauerschwingungen ausführt.
c) Jetzt T_v solange erhöhen, bis Regelkreis stabiles Verhalten zeigt.

7.2 Einstellregeln nach Ziegler/Nichols

Ein vorhandener Regelkreis wird mit einem reinen P-Regler betrieben ($T_n = \infty$, $T_v = 0$). Der Verstärkungsfaktor ist solange zu erhöhen, bis der Regelkreis Dauerschwingungen ausführt. Die dabei eingestellte Verstärkung K_R ist die kritische Verstärkung K_{Rkrit}. Die Periodendauer der zugehörigen Schwingung ist die kritische Schwingungsdauer T_{krit}. Gemäß der folgenden Tabelle lassen sich daraus die einzustellenden Parameter für P-, PI- und PID-Regler ermitteln.

P-Regler	$K_R = 0{,}5 K_{R\,krit}$
PI-Regler	$K_R = 0{,}45 K_{R\,krit}$ $T_n = 0{,}83 T_{krit}$

PID-Regler

$K_R = 0{,}6 K_{Rkrit}$
$T_n = 0{,}5 T_{krit}$
$T_v = 0{,}125 T_{krit}$

Bei bekannten Streckenparametern lassen sich K_{Rkrit} und T_{krit} aus dem Bode-Diagramm ermitteln. Dazu wird für die Übertragungsfunktion $G_o(j\omega)$ des offenen Regelkreises, der mit einem P-Regler mit $K_R = 1$ betrieben wird, das Bode-Diagramm gezeichnet.

Da der Regelkreis grenzstabil ist, wenn bei der Phasenverschiebung von $\varphi = -180°$ die Gesamtverstärkung des Regelkreises 1 ist, ist der Amplitudengang solange in vertikaler Richtung zu verschieben, bis die Verstärkung des gesamten Regelkreises bei $\varphi = -180°$ gleich 1 ist. Dies ist über eine Änderung der Reglerverstärkung möglich, da dadurch der Phasengang nicht verändert wird.

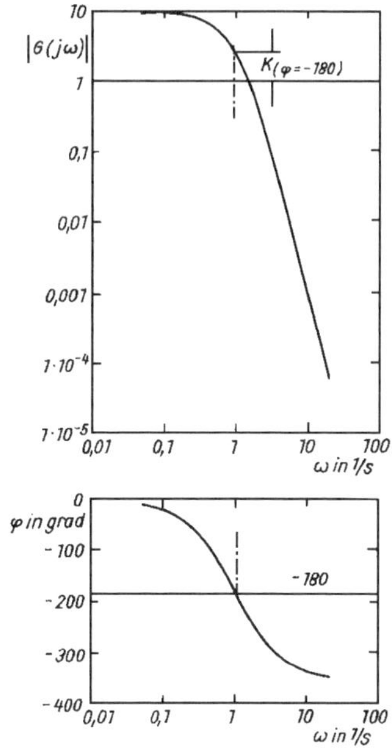

Berechnung von K_{Rkrit} und T_{krit}

$$K_{Rkrit} = \frac{1}{K_{(\varphi-180°)}} \qquad T_{krit} = \frac{2\pi}{\omega_{krit}}$$

7.3 Einstellregeln nach Chien/Hrones/Reswick

An einer vorhandenen Regelstrecke wird durch Aufschalten einer Sprungfunktion die Sprungantwort ermittelt, oder die Sprungantwort wird berechnet, wenn die Streckenparameter bekannt sind.

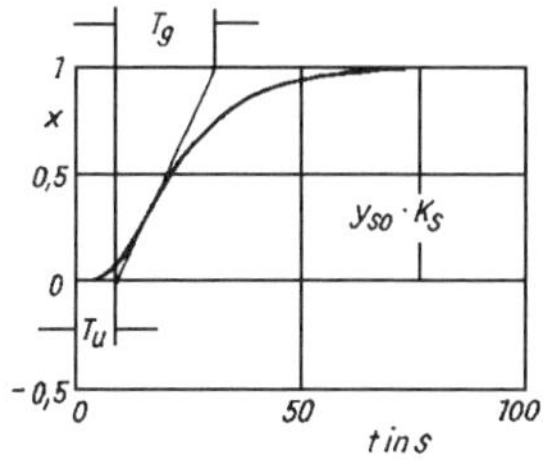

An der Sprungantwort werden durch Anlegen der Wendetangente die Verzugszeit T_u und die Ausgleichszeit T_g sowie die Streckenverstärkung K_S ermittelt (→ Bild). Aus diesen Größen werden nach der Tabelle Reglerparameter für unterschiedliches Regelverhalten ermittelt.

Berechnung der Reglerparameter nach Chien/Hrones/Reswick

Regler		Aperiodischer Regelverlauf		Regelverlauf mit 20 % Überschwingen	
		Störung	Führung	Störung	Führung
P-Regler	K_R	$0{,}3\frac{T_g}{T_u K_S}$	$0{,}3\frac{T_g}{T_u K_S}$	$0{,}7\frac{T_g}{T_u K_S}$	$0{,}7\frac{T_g}{T_u K_S}$
PI-Regler	K_R	$0{,}6\frac{T_g}{T_u K_S}$	$0{,}35\frac{T_g}{T_u K_S}$	$0{,}7\frac{T_g}{T_u K_S}$	$0{,}6\frac{T_g}{T_u K_S}$
	T_n	$4 \cdot T_u$	$1{,}2 \cdot T_g$	$2{,}3 \cdot T_u$	$1 \cdot T_g$
PID-Regler	K_R	$0{,}95\frac{T_g}{T_u K_S}$	$0{,}6\frac{T_g}{T_u K_S}$	$1{,}2\frac{T_g}{T_u K_S}$	$0{,}95\frac{T_g}{T_u K_S}$
	T_n	$2{,}4 \cdot T_u$	$1 \cdot T_g$	$2 \cdot T_u$	$1{,}35 \cdot T_g$
	T_v	$0{,}42 \cdot T_u$	$0{,}5 \cdot T_u$	$0{,}42 \cdot T_u$	$0{,}47 \cdot T_u$

8 Kaskadenregelung, unstetige Regler

8.1 Kaskadenregelung

Blockschaltbild einer einfachen Kaskadenregelung. Es lassen sich auch Mehrfachkaskaden aufbauen.

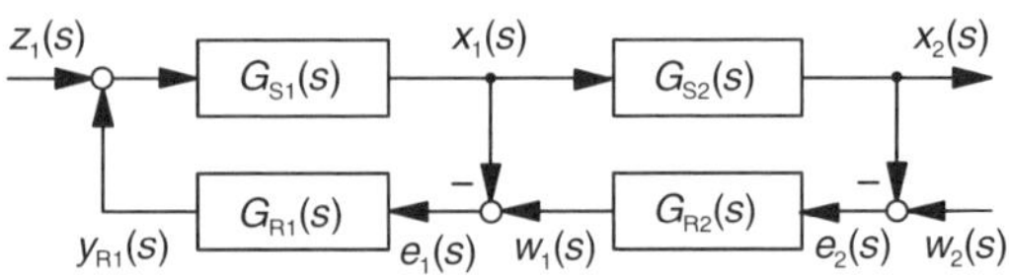

$x_2(s)$ Regelgröße
$y_{R1}(s)$ Ausgangsgröße des Hilfsreglers
$G_{S1}(s)$ Teilstrecke 1
$G_{R1}(s)$ Hilfsregler
$w_2(s)$ Führungsgröße
$z_1(s)$ Störgröße
$G_{S2}(s)$ Teilstrecke 2
$G_{R2}(s)$ Hauptregler

Die Regelstrecke ergibt sich als Reihenschaltung der Teilstrecken $G_{S1}(s)$ und $G_{S2}(s)$. Nur wenn man Zugriff auf Hilfsregelgrößen hat, lassen sich Kaskadenregelungen aufbauen.

Hinweise für Einstellung von Haupt- und Hilfsregler

1. Der Hilfsregler ist einzustellen für die Teilstrecke $G_{S1}(s)$ nach den angegebenen Kriterien
2. Der Hauptregler ist einzustellen unter Berücksichtigung des unterlagerten Regelkreises und unter Berücksichtigung der Strecke $G_{S2}(s)$, Einstellung nach den angegebenen Einstellkriterien

8.2 Unstetige Regler

Blockschaltbild eines unstetigen Reglers (schaltenden Reglers) mit Zweipunktverhalten und Totzeitstrecke

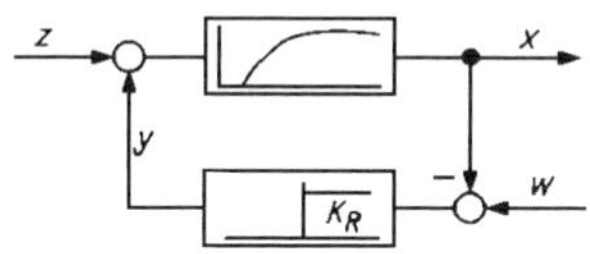

Verlauf von Regelgröße und Stellgröße an einem Zweipunktregler

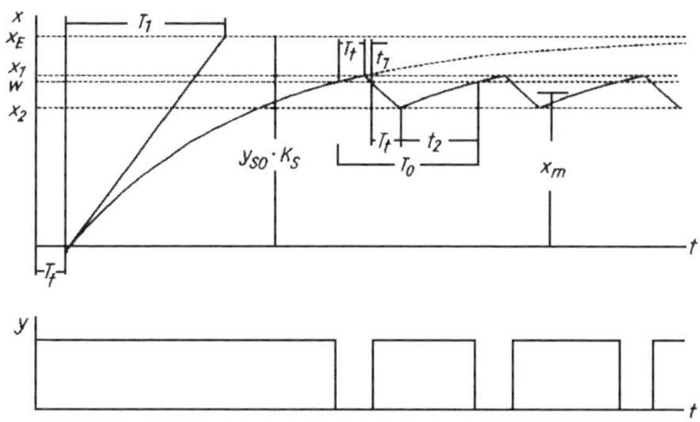

Im Regelgrößenverlauf angegebene Werte

$$x_1 = w + (x_E - w)\left(1 - e^{-T_t/T_1}\right) \qquad x_2 = w\,e^{-T_t/T_1}$$

$$2x_0 = x_1 - x_2 = x_E\left(1 - e^{-T_t/T_1}\right)$$

$$t_1 = T_1 \ln\left[\frac{x_E}{w} + \left(1 - \frac{x_E}{w}\right) e^{-T_t/T_1}\right]$$

$$t_2 = T_1 \ln \frac{x_E - w\,e^{-T_t/T_1}}{x_E - w}$$

$$T_0 = 2T_t + T_1 \ln\left[\left(\frac{1}{1 - w/x_E} - e^{-T_t/T_1}\right)\left(\frac{x_E}{w} - e^{-T_t/T_1}\right)\right]$$

9 Stellwert- und Messwertwandler

Da Regelstrecken sehr unterschiedliche Eingangs- und Ausgangsgrößen und auch Regler unterschiedliche Signale bei Eingangs- und Ausgangsgrößen aufweisen (0 ... 10 V, 0 ... 20 mA, 4 ... 20 mA), müssen die Regler über entsprechende Messwert- und Stellwertwandler an die zu regelnde Strecke angepasst werden. Das Blockschaltbild zeigt einen Drehzahlregelkreis.

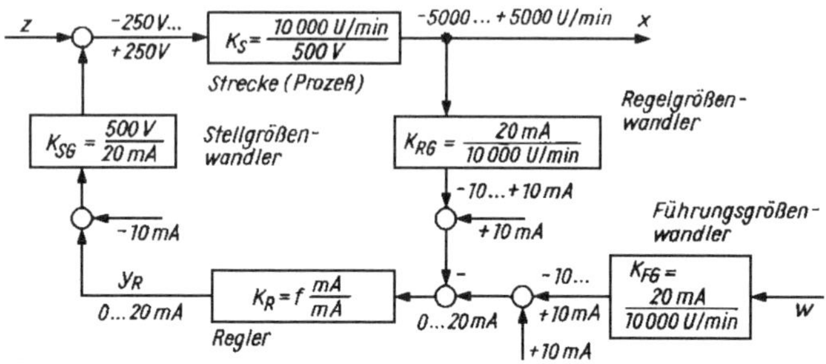

10 Abtastregelungen

Im Gegensatz zu den analogen Systemen, die eine Messgröße kontinuierlich erfassen, wird die Messgröße in der digitalen Signalverarbeitung abgetastet. Somit liegen von einer Messgröße nur diskrete Werte vor, die mit einer äquidistanten Abtastperiode von T_0 erfasst werden.

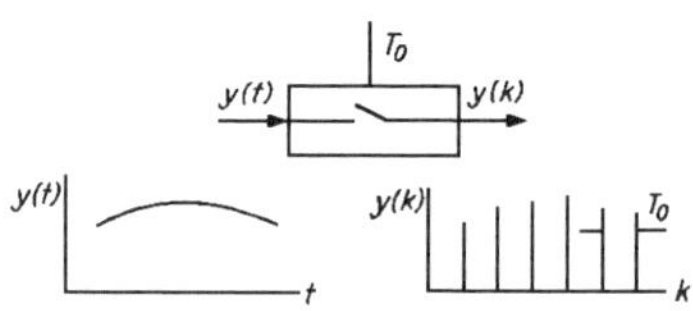

Beziehungen zwischen Eingangs- und Ausgangsgröße einer Regelstrecke (mit Differenzengleichung)

$$y(k) + a_1 y(k-1) + a_2 y(k-2) + \ldots + a_m y(k-m) =$$
$$b_0 u(k) + b_1 u(k-1) + b_2 u(k-2) + \ldots + b_m u(k-m)$$

$y(k)$	abgetastete Regelgröße
$u(k)$	diskrete Stellgröße
m	Ordnung der Strecke
a_i; b_i	Streckenparameter (für Differenzengleichung oder z-Übertragungsfunktion)

z-Übertragungsfunktion

folgt aus dem Rechtsverschiebungssatz der z-Transformation

$$G_S(z) = \frac{y(z)}{u(z)} = \frac{b_0 + b_1 z^{-1} + \ldots + b_m z^{-m}}{1 + a_1 z^{-1} + \ldots + a_m z^{-m}} = \frac{B(z^{-1})}{A(z^{-1})}$$

Blockschaltbild mit z-Übertragungsfunktion

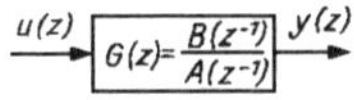

Die Parameter a_i und b_i der Differenzengleichung bzw. der z-Übertragungsfunktion können durch Diskretisierung der DGL oder durch die z-Transformation aus der Übertragungsfunktion ermittelt werden.

10.1 z-Transformation

Definition der z-Transformation

$$z = e^{sT_0}$$

$$Z\{x(kT_0)\} = x(z) = \sum_{k=0}^{\infty} x(kT_0) z^{-k} \cdot 1s$$

$$= \{x(0) + x(T_0)z^{-1} + x(2T_0)z^{-2} + x(3T_0)z^{-3} + \ldots\} \cdot 1s$$

Die z-Transformierte ist eine unendlich lange Reihe. Für viele Funktionen $f(kT_0)$ lassen sich die Reihen durch geschlossene Ausdrücke ersetzen. Diese sind der Korrespondenztabelle (→ 2.7) zu entnehmen.

10.2 Einführung eines Haltegliedes

Die diskreten Signale der Stellgröße $u(kT_0)$ oder kurz $u(k)$ müssen über die Abtastzeit durch ein Halteglied in eine Treppenfunktion überführt werden. Ein Halteglied 0. Ordnung wird durch die Funktion $1(t)$ für $0 \leqq t < T_0$ realisiert (→ Bild).

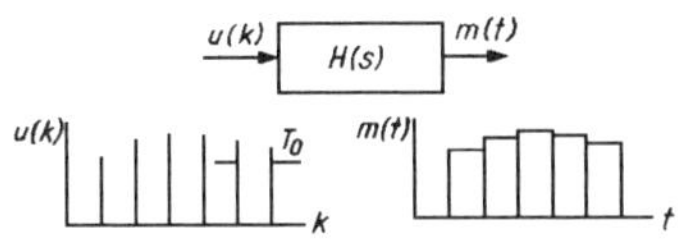

Übertragungsfunktion eines Haltegliedes 0. Ordnung

$$H(s) = \frac{1}{s}\left(1 - e^{-sT_0}\right)$$

$s = j\omega$
T_0 Abtastperiode

z-Übertragungsfunktion

folgt aus der s-Übertragungsfunktion unter Beachtung des notwendigen Haltegliedes

$$HG_S(z) = (1 - z^{-1}) Z\left\{\frac{G_S(s)}{s}\right\}$$

z wird auch als Verschiebeoperator bezeichnet. Seine Funktion verdeutlicht das Bild.

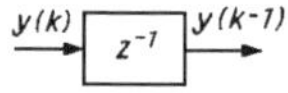

10.3 Anwendung der z-Transformation

Berechnung der Parameter a_i und b_i der Differenzengleichungen bzw. der z-Übertragungsfunktionen $HG_S(z)$ aus der Übertragungsfunktion.

Übertragungsfunktion der P-T_1-Strecke

$$G_S(s) = \frac{K_S}{1 + sT_1} = \frac{K_S/T_1}{1/T_1 + s}$$

K_S Streckenverstärkung
T_1 Zeitkonstante

Zugehörige gehaltene z-Übertragungsfunktion

$$HG_S(z) = \frac{y(z)}{u(z)} = \frac{b_0 + b_1 z^{-1}}{1 + a_1 z^{-1}} = \frac{B(z^{-1})}{A(z^{-1})}$$

$u(k)$ diskrete Stellgröße zum Zeitpunkt $t = kT_0$
$y(k)$ diskrete Regelgröße zum Zeitpunkt $t = kT_0$
T_0 Abtastperiode

Differenzengleichung

$$y(k) = -a_1 y(k-1) + b_0 u(k) + b_1 u(k-1) \text{ mit}$$
$$b_0 = 0, \quad b_1 = K_S\left(1 - \mathrm{e}^{-T_0/T_1}\right), \quad a_1 = -\,\mathrm{e}^{-T_0/T_1}$$

Übertragungsfunktion der P-T_2-Strecke mit aperiodischem Verhalten (→ 4.2)

$$G_S(s) = \frac{K_S}{(1 + sT_1)(1 + sT_2)}$$

Zugehörige gehaltene z-Übertragungsfunktion

$$HG_S(z) = \frac{y(z)}{u(z)} = \frac{b_0 + b_1 z^{-1} + b_2 z^{-2}}{1 + a_1 z^{-1} + a_2 z^{-2}} = \frac{B(z^{-1})}{A(z^{-1})}$$

Differenzengleichung

$$y(k) = -a_1 y(k-1) - a_2 y(k-2) + b_0 u(k) + b_1 u(k-1) + b_2 u(k-2)$$

Koeffizienten der Partialbruchzerlegung

$$A_1 = K_S, \quad A_2 = -K_S \frac{T_1}{T_1 - T_2}, \quad A_3 = -K_S \frac{T_2}{T_2 - T_1}$$

Parameter a_i und b_i

$$b_0 = A_1 + A_2 + A_3$$
$$b_1 = -\left[A_1(\mathrm{e}^{-T_0/T_1} + \mathrm{e}^{-T_0/T_2}) + A_2(1 + \mathrm{e}^{-T_0/T_2}) + A_3(1 + \mathrm{e}^{-T_0/T_1})\right]$$
$$b_2 = A_1\,\mathrm{e}^{-T_0/T_1 - T_0/T_2} + A_2\,\mathrm{e}^{-T_0/T_2} + A_3\,\mathrm{e}^{-T_0/T_1}$$
$$a_1 = -\left(\mathrm{e}^{-T_0/T_1} + \mathrm{e}^{-T_0/T_2}\right) \qquad a_2 = \mathrm{e}^{-T_0/T_1 - T_0/T_2}$$

10.4 Beschreibung von Strecken mit Totzeit

Totzeit

$T_t = dT_0$

Beziehung gilt, wenn einer linearen Regelstrecke eine Totzeit von T_t vor- oder nachgeschaltet und T_t ein Vielfaches der Abtastperiode T_0 ist.

z-Übertragungsfunktion mit Halteglied für diese Strecke

$$HG_S(z) = \frac{y(z)}{u(z)} = \frac{b_0 + b_1 z^{-1} + \ldots + b_m z^{-m}}{1 + a_1 z^{-1} + \ldots + a_m z^{-m}} z^{-d}$$

z Verschiebeoperator

$a_i; b_i$ Streckenparameter (für Differenzengleichung oder z-Übertragungsfunktion)

Zugehörige Differenzengleichung

$$y(k) + a_1 y(k-1) + \ldots + a_m y(k-m)$$
$$= b_0 u(k-d) + b_1 u(k-1-d) + \ldots + b_m u(k-m-d)$$

m Ordnung der Strecke

d Multiplikator für die Abtastzeit zur Totzeitberechnung

10.5 Wahl der Abtastperiode

Die Abtastperiode für die Diskretisierung der Messwerte ist abhängig von den Zeitkonstanten der zu regelnden Strecke. Dabei hat sich folgende Abtastperiode als günstig erwiesen:

$$T_0 = \left(\frac{1}{15} \cdots \frac{1}{4}\right) T_{95}$$

T_{95} Zeit, nach der die Sprungantwort für die betreffende Strecke 95 % ihres Endwertes erreicht hat

T_0 Abtastperiode

10.6 Digitale PID-Regler

Stellgröße $u(t)$ für analogen PID-Regler

mit Regeldifferenz $w(t) - y(t) = e(t)$

$$u(t) = K_R \left(e(t) + \frac{1}{T_n} \int_0^{\infty} e(t)\,dt + T_v \frac{de(t)}{dt} \right)$$

K_R Reglerverstärkung

$e(t)$ Regelabweichung

T_n Nachstellzeit

T_v Vorhaltezeit

Für kleine Abtastzeiten T_0 wird diese Gleichung durch Diskretisierung in eine Differenzengleichung für ein Stellwertinkrement überführt.

$$\Delta u(k) = u(k) - u(k-1) = q_0 e(k) + q_1 e(k-1) + q_2 e(k-2)$$

$e(k)$ diskrete Regeldifferenz zum Zeitpunkt $t = kT_0$

Parameter des digitalen Reglers

$$q_0 = K_R \left[1 + \frac{T_v}{T_0}\right], \quad q_1 = K_R \left[\frac{T_0}{T_n} - 1 - 2\frac{T_v}{T_0}\right], \quad q_2 = K_R \frac{T_v}{T_0}$$

T_0 Abtastperiode

Durch Anwendung des Rechtsverschiebungssatzes der z-Transformation ergibt sich aus der Differenzengleichung für das Stellwertinkrement die z-Übertragungsfunktion für einen PID-Regler.

---

z-Übertragungsfunktion für den PID-Regler

$$G_R(z) = \frac{u(z)}{e(z)} = \frac{q_0 + q_1 z^{-1} + q_2 z^{-2}}{1 - z^{-1}} = \frac{Q(z^{-1})}{P(z^{-1})}$$

10.7 Digitale PI-Regler

Stellwertinkrement für den PI-Regler (aus der Beziehung für den PID-Regler mit $T_v = 0$)

$$\Delta u(k) = K_R \left[e(k) + \left(\frac{T_0}{T_n} - 1\right) e(k-1)\right]$$

K_R Reglerverstärker
T_n Nachstellzeit
T_0 Abtastperiode

10.8 Digitale P-Regler

Stellwertinkrement für den P-Regler (aus der Beziehung für den PID-Regler mit $T_v = 0$ und $T_n = \infty$)

$$\Delta u(k) = K_R \left[e(k) - e(k-1)\right]$$

Berechnung der Parameter a_i und b_i für z-Übertragungsfunktionen verschiedener Strecken

Strecke	Übertragungsfunktion	z-Übertragungsfunktion mit Halteglied	Gleichungen zur Berechnung der Parameter der z-Übertragungsfunktion
P-T_1-Strecke	$G(s) = \frac{K_S}{1 + s \cdot T_1}$	$H \cdot G(z) = \frac{b_1 \cdot z^{-1}}{1 + a_1 \cdot z^{-1}}$	$b_1 = K_S \left(1 - e^{-\frac{T_0}{T_1}}\right), \quad a_1 = -e^{-\frac{T_0}{T_1}}$
P-T_2-Strecke mit aperiodischem Verhalten	$G(s) = \frac{K_S}{(1 + s \cdot T_1)(1 + s \cdot T_2)}$	$H \cdot G(z) = \frac{b_1 \cdot z^{-1} + b_2 \cdot z^{-2}}{1 + a_1 \cdot z^{-1} + a_2 \cdot z^{-2}}$	$A = K_S, \quad B = K_S \cdot \frac{T_1}{T_2 - T_1}, \quad C = K_S \cdot \frac{T_2}{T_1 - T_2},$ $b_1 = -\left[A\left(e^{-\frac{T_0}{T_1}} + e^{-\frac{T_0}{T_2}}\right) + B\left(1 + e^{-\frac{T_0}{T_2}}\right) + C\left(1 + e^{-\frac{T_0}{T_1}}\right)\right],$ $b_2 = A \cdot e^{-\frac{T_0}{T_1} - \frac{T_0}{T_2}} + B \cdot e^{-\frac{T_0}{T_2}} + C \cdot e^{-\frac{T_0}{T_1}},$ $a_1 = -\left(e^{-\frac{T_0}{T_1}} + e^{-\frac{T_0}{T_2}}\right), \quad a_2 = e^{-\frac{T_0}{T_1} - \frac{T_0}{T_2}}$
P-T_2-Strecke mit aperiodischem Grenzverhalten	$G(s) = \frac{K_S}{(1 + s \cdot T_1)^2}$	$H \cdot G(z) = \frac{b_1 \cdot z^{-1} + b_2 \cdot z^{-2}}{1 + a_1 \cdot z^{-1} + a_2 \cdot z^{-2}}$	$A = K_S, \quad B = -\frac{K_S}{T_1}, \quad C = -K_S$ $b_1 = B \cdot T_0 \cdot e^{-\frac{T_0}{T_1}} - A \cdot 2 \cdot e^{-\frac{T_0}{T_1}} - C\left(1 + e^{-\frac{T_0}{T_1}}\right),$ $b_2 = A \cdot e^{-2 \cdot \frac{T_0}{T_1}} - B \cdot T_0 \cdot e^{-\frac{T_0}{T_1}} + C \cdot e^{-\frac{T_0}{T_1}},$ $a_1 = -2 \cdot e^{-\frac{T_0}{T_1}}, \quad a_2 = e^{-2 \cdot \frac{T_0}{T_1}}$

Berechnung der Parameter a_i und b_i für z-Übertragungsfunktionen verschiedener Strecken

Strecke	Übertragungsfunktion	z-Übertragungsfunktion mit Halteglied	Gleichungen zur Berechnung der Parameter der z-Übertragungsfunktion
P-T_2-Strecke mit Schwingverhalten	$G(s) = \frac{u_a(s)}{u_e(s)} = \frac{1}{1 + s \cdot T_2 + s^2 \cdot T_1 \cdot T_2} = \frac{K_S \cdot \beta^2}{\beta^2 + 2 \cdot \alpha \cdot s + s^2}$ $\beta = \sqrt{\frac{1}{T_1 \cdot T_2}}, \quad \alpha = \frac{1}{2 \cdot T_1}$ $\omega_e = \sqrt{\beta^2 - \alpha^2}$	$H \cdot G(z) = \frac{b_1 \cdot z^{-1} + b_2 \cdot z^{-2}}{1 + a_1 \cdot z^{-1} + a_2 \cdot z^{-2}}$	$A = K_S, \quad B = -K_S, \quad C = -2 \cdot \alpha \cdot K_S$ $a_1 = -2 \cdot e^{-\alpha \cdot T_0} \cdot \cos(\omega_e \cdot T_0)$ $a_2 = e^{-2 \cdot \alpha \cdot T_0}$ $b_1 = K_S \left[1 - e^{-\alpha \cdot T_0} \left(\cos(\omega_e T_0) + \frac{\alpha}{\omega_e} \cdot \sin(\omega_e T_0)\right)\right]$ $b_2 = K_S \cdot e^{-\alpha \cdot T_0} \left(e^{-\alpha \cdot T_0} + \frac{\alpha}{\omega_e} \cdot \sin(\omega_e T_0) - \cos(\omega_e T_0)\right)$
I-Strecke	$G(s) = \frac{1}{s \cdot T_I}$	$H \cdot G(z) = \frac{b_1 \cdot z^{-1}}{1 + a_1 \cdot z^{-1}}$	$a_1 = -1, \quad b_1 = \frac{T_9}{T_I}$
PID-Regler	$G_R(s) = K_R \left(1 + \frac{1}{s \cdot T_n} + s \cdot T_v\right)$	$G_R(z) = \frac{q_0 + q_1 \cdot z^{-1} + q_2 \cdot z^{-2}}{1 - z^{-1}}$	$q_0 = K_R \left(1 + \frac{T_v}{T_0}\right)$ $q_1 = K_R \left(\frac{T_0}{T_n} - 1 - \frac{2 \cdot T_v}{T_0}\right), \quad q_2 = K_R \cdot \frac{T_v}{T_0}$

11 Pole, Nullstellen und Stabilität bei Abtastregelungen

Bei Abtastregelungen ist ein System stabil, wenn alle Pole innerhalb des Einheitskreises der z-Ebene liegen, und instabil, wenn ein Pol außerhalb des Einheitskreises liegt. Liegt ein Pol auf dem Einheitskreis, befindet sich das System an der Stabilitätsgrenze [2].

11.1 Transformation der Pole von der *s*- in die *z*-Ebene

Reeller Pol

$$z = \mathrm{e}^{sT_0}$$

Konjugiert komplexes Polpaar

$$z_{1,2} = \mathrm{e}^{(\alpha \pm \mathrm{j}\omega_\mathrm{e})T_0} = \mathrm{e}^{\alpha T_0}\left[\cos(\omega_\mathrm{e} T_0) \pm \mathrm{j}\sin(\omega_\mathrm{e} T_0)\right]$$

11.2 Stabilitätsuntersuchung von Regelkreisen bei Abtastregelungen

Führungs- und Störverhalten liefern die gleiche charakteristische Gleichung. Aus dieser lassen sich die Pole in der z-Ebene berechnen. Die Polverteilung liefert Aussagen über das Stabilitätsverhalten des Regelkreises.

Einschleifiger Regelkreis

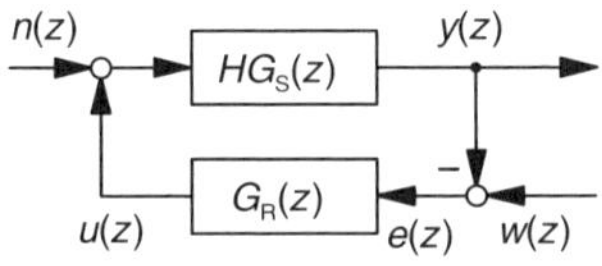

Charakteristische Gleichung

$$1 + HG_\mathrm{S}(z)G_\mathrm{R}(z) = 0$$

Kaskadenregelung

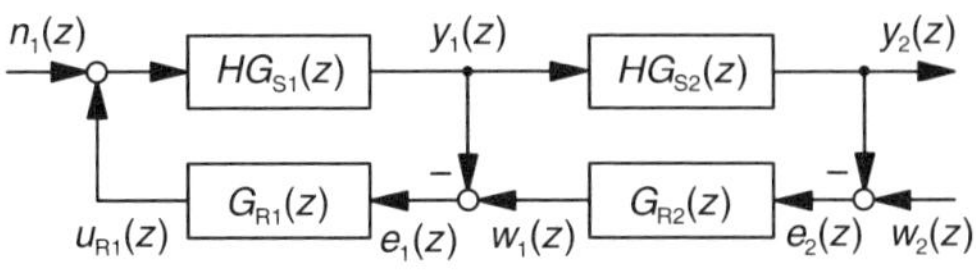

Charakteristische Gleichung

$$1 + G_\mathrm{R1}(z)HG_\mathrm{S1}(z) + HG_\mathrm{S1}(z)HG_\mathrm{S2}(z)G_\mathrm{R1}(z)G_\mathrm{R2}(z) = 0$$

Wenn alle Pole innerhalb des Einheitskreises in der z-Ebene liegen ist der Regelkreis stabil.

11.3 Bestimmung der Reglerparameter eines digitalen PID-Reglers durch Polvorgabe

P-T_1-Strecke mit PID-Regler

Gleichung für P-T_1-Strecke

$$HG_S(z) = \frac{b_1 z^{-1}}{1 + a_1 z^{-1}}$$

Gleichung für PID-Regler

$$G_R(z) = \frac{q_0 + q_1 z^{-1} + q_2 z^{-2}}{1 - z^{-1}}$$

In die charakteristische Gleichung eingesetzt:

$$1 + \frac{b_1 z^{-1}(q_0 + q_1 z^{-1} + q_2 z^{-2})}{(1 - z^{-1})(1 + a_1 z^{-1})} = 0$$

Diese Gleichung wird erfüllt, wenn sie auf einen gemeinsamen Nenner gebracht wird und der Zähler der so erhaltenen Beziehung null ist.

$$1 + (b_1 q_0 + a_1 - 1)z^{-1} + (b_1 q_1 - a_1)z^{-2} + b_1 q_2 z^{-3} = 0$$

$$(z - z_1)(z - z_2)(z - z_3) = 0$$

Für einen stabilen Regelkreis sind die Pole z_1, z_2 und z_3 so zu wählen, dass sie innerhalb des Einheitskreises in der komplexen z-Ebene liegen.

Gleichung ausmultipliziert und umgeformt:

$$1 - (z_1 + z_2 + z_3)z^{-1} + (z_1 z_2 + z_1 z_3 + z_2 z_3)z^{-2} - z_1 z_2 z_3 z^{-3} = 0$$

Parameter des PID-Reglers

$$q_2 = -\frac{z_1 z_2 z_3}{b_1}$$

$$q_1 = \frac{z_1 z_2 + z_1 z_3 + z_2 z_3 + a_1}{b_1}$$

$$q_0 = \frac{1 - a_1 - (z_1 + z_2 + z_3)}{b_1}$$

Der Vergleich der Koeffizienten vor den gleichen Potenzen von z aus dieser Gleichung und der Beziehung, die aus der charakteristischen Gleichung gewonnen wurde, liefert die Parameter des PID-Reglers.

11.4 Simulation von Regelstrecken

Sind für eine Regelstrecke (einen Prozess) die Parameter a_i und b_i der Differenzengleichung bekannt, so erfolgt die Simulation der Strecke mit der umgeformten Differenzengleichung

$$y(k) = -a_1 y(k-1) - a_2 y(k-2) - \ldots - a_m y(k-m) + b_0 u(k-d) + b_1 u(k-1-d) + \ldots + b_m u(k-m-d)$$

$$k = m + d \ldots \infty$$

m Ordnung der Strecke
d Multiplikator für die Abtastzeit zur Berechnung der Totzeit
k Laufvariable ($t = kT_0$)

Für $u(k)$ können beliebige Werte, entsprechend des Verlaufes der Eingangsgröße, eingesetzt werden. Beinhaltet die Strecke keine Totzeit, so ist $d = 0$ zu setzen.

12 Systemidentifikation

Sind für Regelstrecken die Parameter ihrer Differenzengleichungen nicht bekannt, so lassen sie sich aus den Eingangs- und Ausgangsgrößen der Strecken ermitteln. Hier wird ein nichtrekursives Verfahren angegeben, das nach dem quadratischen Gütekriterium arbeitet und für das Totzeit und Streckenordnung bekannt sein sollten. Andere Identifikationsverfahren und die Ermittlung von Totzeit und Streckenordnung → Literatur zur Regelungstechnik.

Gleichungen aus den Eingangs- und Ausgangsgrößen des Prozesses der vorhergehenden Abtastschritte

$$\begin{aligned}
y(k) &= -a_1 y(k-1) - a_2 y(k-2) - \ldots - a_m y(k-m) \\
&\quad + b_0 u(k-d) + b_1 u(k-1-d) + \ldots + b_m u(k-m-d) \\
y(k-1) &= -a_1 y(k-2) - a_2 y(k-3) - \ldots - a_m y(k-1-m) \\
&\quad + b_0 u(k-1-d) + b_1 u(k-2-d) + \ldots + b_m u(k-1-m-d) \\
&\quad \vdots \qquad\qquad \vdots \qquad\qquad \ldots \qquad \vdots \\
y(k-n) &= -a_1 y(k-1-n) - a_2 y(k-2-n) - \ldots - a_m y(k-m-n) \\
&\quad + b_0 u(k-n-d) + b_1 u(k-1-n-d) + \ldots + b_m u(k-m-n-d)
\end{aligned}$$

$$\text{mit} \quad \boldsymbol{y}(k) = \begin{vmatrix} y(k) \\ y(k-1) \\ \vdots \\ y(k-n) \end{vmatrix} \qquad \hat{\Theta} = \begin{vmatrix} a_1 \\ a_2 \\ \vdots \\ a_m \\ b_0 \\ b_1 \\ \vdots \\ b_m \end{vmatrix}$$

$$\boldsymbol{\Psi}_k = \begin{vmatrix} -y(k\text{-}1) & -y(k\text{-}2) & \cdots & -y(k\text{-}m) & u(k\text{-}d) & u(k\text{-}1\text{-}d) & \cdots & u(k\text{-}m\text{-}d) \\ -y(k\text{-}2) & -y(k\text{-}3) & \cdots & -y(k\text{-}1\text{-}m) & u(k\text{-}1\text{-}d) & u(k\text{-}2\text{-}d) & \cdots & u(k\text{-}1\text{-}m\text{-}d) \\ \vdots & \vdots & \vdots & \vdots & \vdots & \vdots & \vdots & \vdots \\ -y(k\text{-}1\text{-}n) & -y(k\text{-}2\text{-}n) & \cdots & -y(k\text{-}n\text{-}m) & u(k\text{-}n\text{-}d) & u(k\text{-}1\text{-}n\text{-}d) & \cdots & u(k\text{-}m\text{-}n\text{-}d) \end{vmatrix}$$

folgt $\boldsymbol{y}(k) = \boldsymbol{\Psi}_k \hat{\boldsymbol{\Theta}}$

Die Anzahl n der Gleichungen sollte größer sein als die Anzahl der Unbekannten $2m + 1$, um den Einfluss von Messfehlern herabzusetzen.

Schätzvektor für die Streckenparameter

$$\hat{\boldsymbol{\Theta}} = (\boldsymbol{\Psi}_k^{\mathrm{T}} \boldsymbol{\Psi}_k)^{-1} \boldsymbol{\Psi}_k^{\mathrm{T}} \boldsymbol{y}_k$$

Damit die Zeilen der Matrix $\boldsymbol{\Psi}_k$ linear unabhängig sind, müssen die Stellwerte $u(k)$ mit einem Störsignal (Pseudozufallszahlen, Summe harmonischer Funktionen mit verschiedenen Frequenzen o. a.) überlagert werden, wenn die Ein- und Ausgangsgrößen des Prozesses während einer stationären Betriebsphase gewonnen werden. Als Richtwert für die Amplitude der Störgröße kann ein Wert von 10 % des Stellbereiches angenommen werden. Der Mittelwert der Störgröße sollte null sein.

13 Adaptive Regelung

Bestimmung der Parameter des Prozesses nach Abschnitt 12, Bestimmung der Reglerparameter z. B. nach Ziegler/Nichols, Chien/Hrones/Reswick o. a.

Blockschaltbild einer adaptiven Regelung

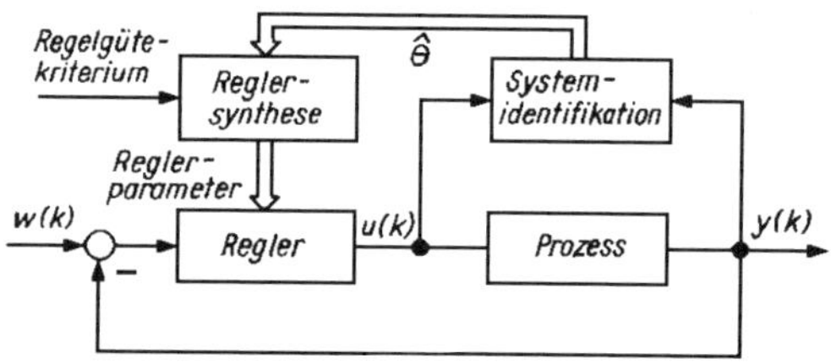

14 Zustandsdarstellung

Bei Regelstrecken höherer Ordnung ($m > 3$) und solchen mit großen Totzeiten sowie bei Prozessen mit mehreren Eingangs- und Ausgangsgrößen (wobei jede Eingangsgröße auf jede Ausgangsgröße wirken kann) werden häufig Zustandsregler eingesetzt, weil hier PID-Regler nicht immer befriedigende Ergebnisse liefern.

14.1 Strukturbild und Vektordifferenzengleichung eines Prozesses

Zustandsbeschreibung eines Prozesses durch eine Vektordifferenzengleichung in Regelungsnormalform am Beispiel einer Strecke m-ter Ordnung mit einer Eingangs- und einer Ausgangsgröße und der Totzeit T_0.

Strukturbild der Strecke m-ter Ordnung mit der Totzeit T_0 in Regelungsnormalform

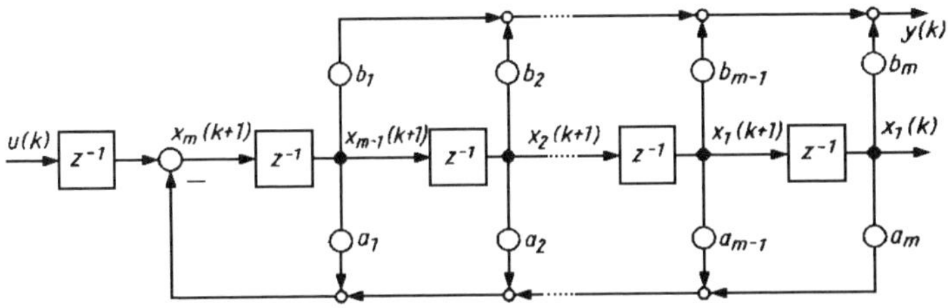

Ablesen aus dem Strukturbild:

$$
\begin{aligned}
x_1(k+1) &= x_2(k)\\
x_2(k+1) &= x_3(k)\\
\vdots \quad & \quad \vdots\\
x_{m-1}(k+1) &= x_m(k)\\
x_m(k+1) &= -a_m x_1(k) - a_{m-1} x_2(k) - \dots\\
&\quad - a_2 x_{m-1}(k) - a_1 x_m(k) + x_{m+1}(k)\\
x_{m+1}(k+1) &= u(k)
\end{aligned}
$$

$$y(k) = b_m x_1(k) + b_{m-1} x_2(k) + \dots + b_2 x_{m-1}(k) + b_1 x_m(k)$$

$\boldsymbol{x}(k)$ Zustandsvektor
$y(k)$ Regelgröße
$u(k)$ Stellgröße
$\boldsymbol{A}$ Systemmatrix
$\boldsymbol{E}$ Einheitsmatrix

$\boldsymbol{b}$ Steuervektor
$\boldsymbol{c}$ Ausgangsvektor
$\boldsymbol{k}$ Vektor der Zustandsrückführung
$\boldsymbol{h}$ Beobachtervektor

$$\boldsymbol{x}(k) = \begin{vmatrix} x_1(k) \\ x_2(k) \\ \vdots \\ x_{m-1}(k) \\ x_m(k) \\ x_{m+1}(k) \end{vmatrix} \qquad \boldsymbol{A} = \begin{vmatrix} 0 & 1 & \cdots & 0 & 0 & 0 \\ 0 & 0 & \cdots & 0 & 0 & 0 \\ \vdots & \vdots & \vdots & \vdots & \vdots & \vdots \\ 0 & 0 & \cdots & 0 & 1 & 0 \\ -a_m & -a_{m-1} & \cdots & -a_2 & -a_1 & 1 \\ 0 & 0 & \cdots & 0 & 0 & 0 \end{vmatrix}$$

$$\boldsymbol{b} = \begin{vmatrix} 0 \\ 0 \\ \vdots \\ 0 \\ 0 \\ 1 \end{vmatrix} \qquad \boldsymbol{c}^{\mathrm{T}} = \begin{vmatrix} b_m \; b_{m-1} \cdots b_2 \; b_1 \; 0 \end{vmatrix}$$

14.2 Nichtsprungfähiges System

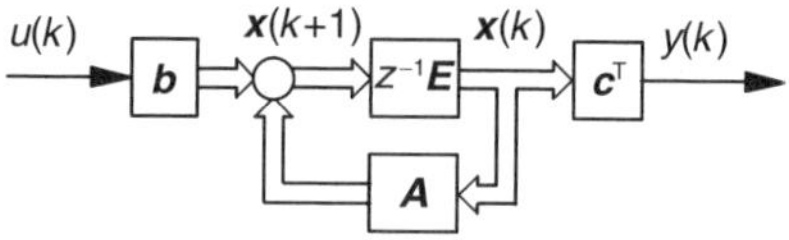

Systemgleichung

$\boldsymbol{x}(k+1) = \boldsymbol{A} \cdot \boldsymbol{x}(k) + \boldsymbol{b} \cdot u(k)$

Ausgangsgleichung

$y(k) = \boldsymbol{c}^{\mathrm{T}} \cdot \boldsymbol{x}(k)$

$x(k)$ Zustandsvektor
$u(k)$ Stellgröße
$y(k)$ Regelgröße
$\boldsymbol{A}$ Systemmatrix
$\boldsymbol{b}$ Steuervektor
$\boldsymbol{c}$ Ausgangsvektor

Für ein System beispielsweise 4. Ordnung in Regelungsnormalform gelten für die Matrizen und Vektoren:

$$\boldsymbol{x}(k) = \begin{vmatrix} x_1(k) \\ x_2(k) \\ x_3(k) \\ x_4(k) \end{vmatrix} \quad \boldsymbol{A} = \begin{vmatrix} 0 & 1 & 0 & 0 \\ 0 & 0 & 1 & 0 \\ 0 & 0 & 0 & 1 \\ -a_4 & -a_3 & -a_2 & -a_1 \end{vmatrix} \quad \boldsymbol{b} = \begin{vmatrix} 0 \\ 0 \\ 0 \\ 1 \end{vmatrix} \quad \boldsymbol{c} = \begin{vmatrix} b_4 \\ b_3 \\ b_2 \\ b_1 \end{vmatrix}$$

14.3 Sprungfähiges System

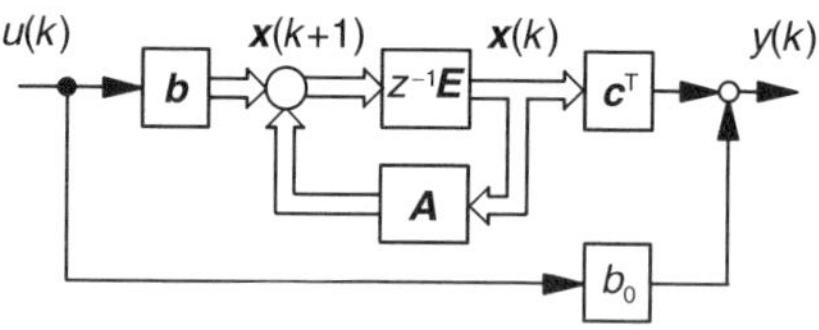

Systemgleichung

$\boldsymbol{x}\,(k+1) = \boldsymbol{A} \cdot \boldsymbol{x}\,(k) + \boldsymbol{b} \cdot u(k)$

Ausgangsgleichung

$y(k) = \boldsymbol{c}^{\mathrm{T}} \cdot \boldsymbol{x}(k) + b_0 \cdot u(k)$

b_0 Streckenverstärkung

Für ein System beispielsweise 4. Ordnung in Regelungsnormalform gelten für die Matrizen und Vektoren:

$$\boldsymbol{x}(k) = \begin{vmatrix} x_1(k) \\ x_2(k) \\ x_3(k) \\ x_4(k) \end{vmatrix} \quad \boldsymbol{A} = \begin{vmatrix} 0 & 1 & 0 & 0 \\ 0 & 0 & 1 & 0 \\ 0 & 0 & 0 & 1 \\ -a_4 & -a_3 & -a_2 & -a_1 \end{vmatrix} \quad \boldsymbol{b} = \begin{vmatrix} 0 \\ 0 \\ 0 \\ 1 \end{vmatrix} \quad \boldsymbol{c} = \begin{vmatrix} b_4 - b_0 \cdot a_4 \\ b_3 - b_0 \cdot a_3 \\ b_2 - b_0 \cdot a_2 \\ b_1 - b_0 \cdot a_1 \end{vmatrix}$$

14.4 Reihenschaltung

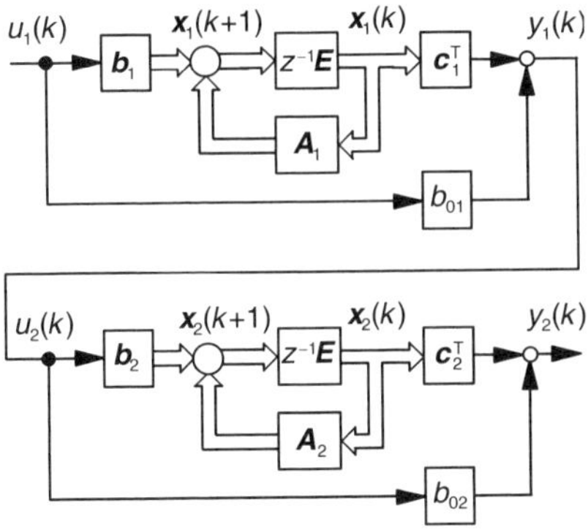

Aus dem Blockschaltbild lassen sich folgende Beziehungen ablesen

$\boldsymbol{x}_1(k+1) = \boldsymbol{A}_1 \cdot \boldsymbol{x}_1(k) + \boldsymbol{b}_1 \cdot u_1(k)$

$y_1(k) = \boldsymbol{c}_1^{\mathrm{T}} \cdot \boldsymbol{x}_1(k) + b_{01} \cdot u_1(k)$

$\boldsymbol{x}_2(k+1) = \boldsymbol{A}_2 \cdot \boldsymbol{x}_2(k) + \boldsymbol{b}_2 \cdot u_2(k)$

$y_2(k) = \boldsymbol{c}_2^{\mathrm{T}} \cdot \boldsymbol{x}_2(k) + b_{02} \cdot u_2(k)$

$u_2(k)$ und $y_1(k)$ sind zu eliminieren. Damit folgt in Matrixschreibweise für System- und Ausgangsgleichung

$$\begin{vmatrix} \boldsymbol{x}_1(k+1) \\ \boldsymbol{x}_2(k+1) \end{vmatrix} = \begin{vmatrix} \boldsymbol{A}_1 & \boldsymbol{0} \\ \boldsymbol{b}_2 \cdot \boldsymbol{c}_1^{\mathrm{T}} & \boldsymbol{A}_2 \end{vmatrix} \cdot \begin{vmatrix} \boldsymbol{x}_1(k) \\ \boldsymbol{x}_2(k) \end{vmatrix} + \begin{vmatrix} \boldsymbol{b}_1 \\ \boldsymbol{b}_2 \cdot b_{01} \end{vmatrix} \cdot u_1(k)$$

$$\begin{vmatrix} y_1(k) \\ y_2(k) \end{vmatrix} = \begin{vmatrix} \boldsymbol{c}_1^{\mathrm{T}} & \boldsymbol{o} \\ b_{02} \cdot \boldsymbol{c}_1^{\mathrm{T}} & \boldsymbol{c}_2^{\mathrm{T}} \end{vmatrix} \cdot \begin{vmatrix} \boldsymbol{x}_1(k) \\ \boldsymbol{x}_2(k) \end{vmatrix} + \begin{vmatrix} b_{01} \\ b_{01} \cdot b_{02} \end{vmatrix} \cdot u_1(k)$$

14.5 Parallelschaltung (Mehrgrößensystem)

Das System verfügt über mehrere Eingangs- und Ausgangsgrößen, wobei über Koppelstrecken jede Eingangsgröße auf jede Ausgangsgröße wirken kann.

Aus dem Blockschaltbild lassen sich folgende Beziehungen für System- und Ausganggleichungen ablesen:

$\boldsymbol{x}_{11}(k+1) = \boldsymbol{A}_{11} \cdot \boldsymbol{x}_{11}(k) + \boldsymbol{b}_{11} \cdot u_1(k)$

$y_{11}(k) = \boldsymbol{c}_{11}^{\mathrm{T}} \cdot \boldsymbol{x}_{11}(k) + b_{011} \cdot u_1(k)$

$\boldsymbol{x}_{12}(k+1) = \boldsymbol{A}_{12} \cdot \boldsymbol{x}_{12}(k) + \boldsymbol{b}_{12} \cdot u_1(k)$

$y_{12}(k) = \boldsymbol{c}_{12}^{\mathrm{T}} \cdot \boldsymbol{x}_{12}(k) + b_{012} \cdot u_1(k)$

$$\boldsymbol{x}_{21}(k+1) = \boldsymbol{A}_{21} \cdot \boldsymbol{x}_{21}(k) + \boldsymbol{b}_{21} \cdot u_2(k)$$

$$y_{21}(k) = \boldsymbol{c}_{21}^{\mathrm{T}} \cdot \boldsymbol{x}_{21}(k) + b_{021} \cdot u_2(k)$$

$$\boldsymbol{x}_{22}(k+1) = \boldsymbol{A}_{22} \cdot \boldsymbol{x}_{22}(k) + \boldsymbol{b}_{22} \cdot u_2(k)$$

$$y_{22}(k) = \boldsymbol{c}_{22}^{\mathrm{T}} \cdot \boldsymbol{x}_{22}(k) + b_{022} \cdot u_2(k)$$

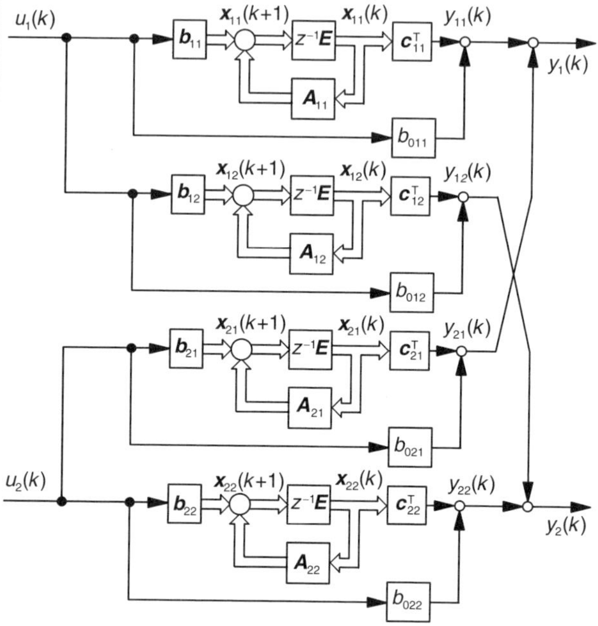

In Matrixschreibweise ergeben sich daraus folgende Beziehungen:

$$\begin{vmatrix} \boldsymbol{x}_{11}(k+1) \\ \boldsymbol{x}_{12}(k+1) \\ \boldsymbol{x}_{21}(k+1) \\ \boldsymbol{x}_{22}(k+1) \end{vmatrix} = \begin{vmatrix} \boldsymbol{A}_{11} & \boldsymbol{0} & \boldsymbol{0} & \boldsymbol{0} \\ \boldsymbol{0} & \boldsymbol{A}_{12} & \boldsymbol{0} & \boldsymbol{0} \\ \boldsymbol{0} & \boldsymbol{0} & \boldsymbol{A}_{21} & \boldsymbol{0} \\ \boldsymbol{0} & \boldsymbol{0} & \boldsymbol{0} & \boldsymbol{A}_{22} \end{vmatrix} \cdot \begin{vmatrix} \boldsymbol{x}_{11}(k) \\ \boldsymbol{x}_{12}(k) \\ \boldsymbol{x}_{21}(k) \\ \boldsymbol{x}_{22}(k) \end{vmatrix} + \begin{vmatrix} \boldsymbol{b}_{11} & 0 \\ \boldsymbol{b}_{12} & 0 \\ 0 & \boldsymbol{b}_{21} \\ 0 & \boldsymbol{b}_{22} \end{vmatrix} \cdot \begin{vmatrix} u_1(k) \\ u_2(k) \end{vmatrix}$$

$$\begin{vmatrix} y_1(k) \\ y_2(k) \end{vmatrix} = \begin{vmatrix} y_{11}(k)+y_{21}(k) \\ y_{12}(k)+y_{22}(k) \end{vmatrix} = \begin{vmatrix} \boldsymbol{c}_{11}^{\mathrm{T}} & \boldsymbol{o} & \boldsymbol{c}_{21}^{\mathrm{T}} & \boldsymbol{o} \\ \boldsymbol{o} & \boldsymbol{c}_{12}^{\mathrm{T}} & \boldsymbol{o} & \boldsymbol{c}_{22}^{\mathrm{T}} \end{vmatrix} \cdot \begin{vmatrix} \boldsymbol{x}_{11}(k) \\ \boldsymbol{x}_{12}(k) \\ \boldsymbol{x}_{21}(k) \\ \boldsymbol{x}_{22}(k) \end{vmatrix} + \begin{vmatrix} b_{011} & b_{021} \\ b_{012} & b_{022} \end{vmatrix} \cdot \begin{vmatrix} u_1(k) \\ u_2(k) \end{vmatrix}$$

Mit den Abkürzungen

$$\boldsymbol{x}(k) = \begin{vmatrix} \boldsymbol{x}_{11}(k) \\ \boldsymbol{x}_{12}(k) \\ \boldsymbol{x}_{21}(k) \\ \boldsymbol{x}_{22}(k) \end{vmatrix} \qquad \boldsymbol{A} = \begin{vmatrix} \boldsymbol{A}_{11} & \boldsymbol{0} & \boldsymbol{0} & \boldsymbol{0} \\ \boldsymbol{0} & \boldsymbol{A}_{12} & \boldsymbol{0} & \boldsymbol{0} \\ \boldsymbol{0} & \boldsymbol{0} & \boldsymbol{A}_{21} & \boldsymbol{0} \\ \boldsymbol{0} & \boldsymbol{0} & \boldsymbol{0} & \boldsymbol{A}_{22} \end{vmatrix} \qquad \boldsymbol{B} = \begin{vmatrix} \boldsymbol{b}_{11} & 0 \\ \boldsymbol{b}_{12} & 0 \\ 0 & \boldsymbol{b}_{21} \\ 0 & \boldsymbol{b}_{22} \end{vmatrix}$$

$$\boldsymbol{C} = \begin{vmatrix} \boldsymbol{c}_{11}^{\mathrm{T}} & \boldsymbol{o} & \boldsymbol{c}_{21}^{\mathrm{T}} & \boldsymbol{o} \\ \boldsymbol{o} & \boldsymbol{c}_{12}^{\mathrm{T}} & \boldsymbol{o} & \boldsymbol{c}_{221}^{\mathrm{T}} \end{vmatrix}$$

$$\boldsymbol{B}_0 = \begin{vmatrix} b_{011} & b_{021} \\ b_{012} & b_{022} \end{vmatrix} \qquad \boldsymbol{u}(k) = \begin{vmatrix} u_1(k) \\ u_3(k) \end{vmatrix} \qquad \boldsymbol{y}(k) = \begin{vmatrix} y_1(k) \\ y_3(k) \end{vmatrix}$$

folgt:

$$\boldsymbol{x}\,(k+1) = \boldsymbol{A} \cdot \boldsymbol{x}\,(k) + \boldsymbol{B} \cdot \boldsymbol{u}(k)$$

$$\boldsymbol{y}(k) = \boldsymbol{C} \cdot \boldsymbol{x}\,(k) + \boldsymbol{B}_0 \cdot \boldsymbol{u}(k)$$

14.6 Rückführung (Strecke mit PID-Regler in der Rückführung)

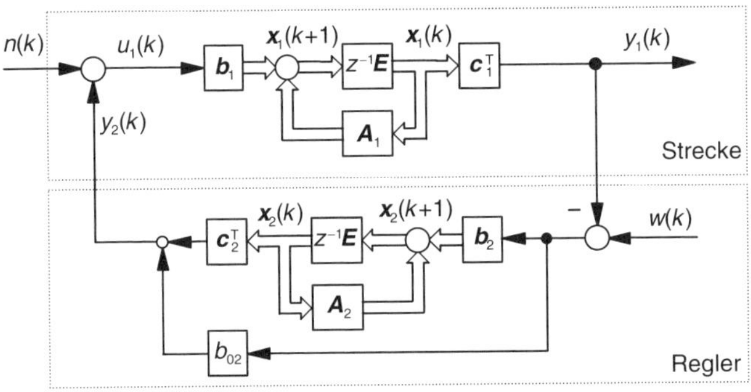

Aus dem Blockschaltbild lassen sich folgend Beziehungen ablesen:

$$\boldsymbol{x}_1\,(k+1) = \boldsymbol{A}_1 \cdot \boldsymbol{x}_1(k) + \boldsymbol{b}_1 \cdot u_1(k)$$

$$y_1(k) = \boldsymbol{c}_1^{\mathrm{T}} \cdot \boldsymbol{x}_1\,(k)$$

$$\boldsymbol{x}_2\,(k+1) = \boldsymbol{A}_2 \cdot \boldsymbol{x}_2(k) + \boldsymbol{b}_2 \cdot (w(k) - y_1\,(k))$$

$$y_2(k) = \boldsymbol{c}_2^{\mathrm{T}} \cdot \boldsymbol{x}_2\,(k) + b_{02} \cdot (w(k) - y_1(k))$$

Aus den Systemgleichungen sind $y_2(k)$ und $u_1(k)$ zu eliminieren.

$$\begin{vmatrix} \boldsymbol{x}_1\,(k+1) \\ \boldsymbol{x}_2\,(k+1) \end{vmatrix} = \begin{vmatrix} \boldsymbol{A}_1 - \boldsymbol{b}_1 \cdot b_{02} \cdot \boldsymbol{c}_1^{\mathrm{T}} & \boldsymbol{b}_1 \cdot \boldsymbol{c}_2^{\mathrm{T}} \\ -\boldsymbol{b}_2 \cdot \boldsymbol{c}_1^{\mathrm{T}} & \boldsymbol{A}_2 \end{vmatrix} \cdot \begin{vmatrix} \boldsymbol{x}_1(k) \\ \boldsymbol{x}_2(k) \end{vmatrix} + \begin{vmatrix} \boldsymbol{b}_1 \cdot b_{02} & \boldsymbol{b}_1 \\ \boldsymbol{b}_2 & 0 \end{vmatrix} \cdot \begin{vmatrix} w(k) \\ n(k) \end{vmatrix}$$

$$\begin{vmatrix} y_1(k) \\ y_2(k) \end{vmatrix} = \begin{vmatrix} \boldsymbol{c}_1^{\mathrm{T}} & \boldsymbol{o} \\ -b_{02} \cdot \boldsymbol{c}_1^{\mathrm{T}} & \boldsymbol{c}_2^{\mathrm{T}} \end{vmatrix} \cdot \begin{vmatrix} \boldsymbol{x}_1(k) \\ \boldsymbol{x}_2(k) \end{vmatrix} + \begin{vmatrix} 0 \\ b_{02} \end{vmatrix} \cdot w(k)$$

Damit lassen sich System- und Ausgangsgleichungen wieder schreiben in der Form:

$$\boldsymbol{x}\,(k+1) = \boldsymbol{A} \cdot \boldsymbol{x}\,(k) + \boldsymbol{B} \cdot \boldsymbol{u}(k)$$

$$\boldsymbol{y}(k) = \boldsymbol{C} \cdot \boldsymbol{x}\,(k) + \boldsymbol{b}_0 \cdot \boldsymbol{w}(k)$$

z-Übertragungsfunktion für den PID-Regler:

$$G_R(z) = \frac{y_2(z)}{w(z) - y_1(z)} = \frac{q_0 + q_1 \cdot z^{-1} + q_2 \cdot z^{-2}}{1 - z^{-1}}$$

Ein Vergleich mit der allgemeinen Form der z-Übertragungsfunktion

$$G_R(z) = \frac{y_2(z)}{w(z) - y_1(z)} = \frac{b_{02} + b_{12} \cdot z^{-1} + b_{22} \cdot z^{-2}}{1 + a_{12} \cdot z^{-1} + a_{22} \cdot z^{-2}}$$

liefert:

$$b_{02} = q_0, \quad b_{12} = q_1, \quad b_{22} = q_2, \quad a_{12} = -1, \quad a_{22} = 0$$

Damit ergeben sich für die Systemmatrix, den Steuervektor und den Ausgangsvektor des Reglers:

$$\boldsymbol{A}_2 = \begin{vmatrix} 0 & 1 \\ -a_{22} & -a_{12} \end{vmatrix} = \begin{vmatrix} 0 & 1 \\ 0 & 1 \end{vmatrix},$$

$$\boldsymbol{b}_2 = \begin{vmatrix} 0 \\ 1 \end{vmatrix}, \quad \boldsymbol{c}_2 = \begin{vmatrix} b_{22} - a_{22} \cdot b_{02} \\ b_{12} - a_{12} \cdot b_{02} \end{vmatrix} = \begin{vmatrix} q_2 - 0 \cdot q_0 \\ q_1 + 1 \cdot q_0 \end{vmatrix}$$

14.7 Zustandsregelung

Blochschaltbild eines Zustandsregelkreises für einen Prozess mit mehreren Ein- und Ausgangsgrößen und Zustandsgrößenbeobachter für bleibende Führungs- und Störgrößen. Der Zustansgrößenbeobachter ist erforderlich, wenn die für die Regelung erforderlichen Zustandsgrößen nicht oder nur mit großem Aufwand messbar sind.

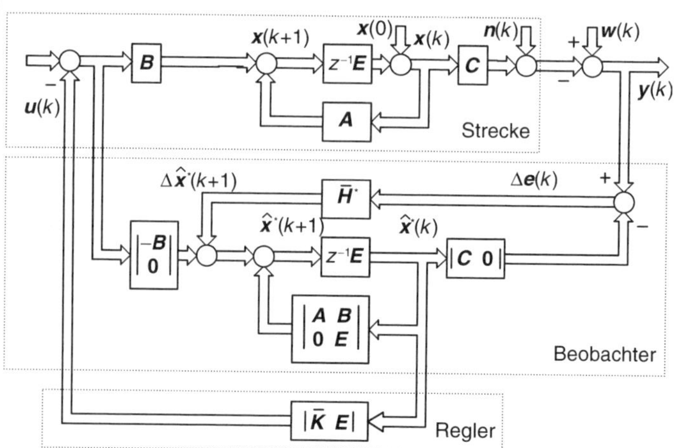

Für den Beobachter gilt

$$\boldsymbol{A}^* = \begin{vmatrix} \boldsymbol{A} & \boldsymbol{B} \\ \boldsymbol{0} & \boldsymbol{E} \end{vmatrix}, \quad \boldsymbol{B}^* = \begin{vmatrix} -\boldsymbol{B} \\ \boldsymbol{0} \end{vmatrix}, \quad \boldsymbol{C}^* = \begin{vmatrix} \boldsymbol{C} & \boldsymbol{0} \end{vmatrix}$$

Für den zu regelnden Prozess gilt in Zustandsdarstellung

$\boldsymbol{x}(k+1) = \boldsymbol{A}\boldsymbol{x}(k) + \boldsymbol{B}\boldsymbol{u}(k)$ Zustandsgleichung

$\boldsymbol{y}(k) = \boldsymbol{C}\boldsymbol{x}(k)$ Ausgangsgleichung

Das Gütefunktional

$$I = \boldsymbol{x}^{\mathrm{T}}(N)\,\boldsymbol{S}\boldsymbol{x}(N) + \sum_{k=0}^{N-1} \left(\boldsymbol{x}^{\mathrm{T}}(k)\,\boldsymbol{Q}\boldsymbol{x}(k) + \boldsymbol{u}^{\mathrm{T}}(k)\,\boldsymbol{R}\boldsymbol{u}(k)\right)$$

soll unter der Nebenbedingung der Systemgleichung

$\boldsymbol{x}(k+1) = \boldsymbol{A}\boldsymbol{x}(k) + \boldsymbol{B}\boldsymbol{u}(k)$

durch die Zustandsrückführung

$$\boldsymbol{u}(k) = -\begin{vmatrix} \overline{\boldsymbol{K}} & \boldsymbol{E} \end{vmatrix} \boldsymbol{x}(k)$$

zu einem Minimum gemacht werden.

$$\boldsymbol{K}_{N-j} = \left[\boldsymbol{B}^{\mathrm{T}}(\boldsymbol{Q} + \boldsymbol{P}_{N-j+1})\boldsymbol{B} + \boldsymbol{R}\right]^{-1} \boldsymbol{B}^{\mathrm{T}}(\boldsymbol{Q} + \boldsymbol{P}_{N-j+1})\boldsymbol{A}$$

$$\boldsymbol{P}_{N-j} = \boldsymbol{A}^{\mathrm{T}}(\boldsymbol{Q}+\boldsymbol{P}_{N-j+1})\left[\boldsymbol{E} - \boldsymbol{B}(\boldsymbol{B}^{\mathrm{T}}(\boldsymbol{Q} + \boldsymbol{P}_{N-j+1})\boldsymbol{B} + \boldsymbol{R})^{-1}\boldsymbol{B}^{\mathrm{T}}(\boldsymbol{Q} + \boldsymbol{P}_{N-j+1})\right]\boldsymbol{A}$$

$j = 1 \ldots N-1$

$$\overline{\boldsymbol{K}} = \lim_{N\to\infty} \boldsymbol{K}_{N-j}$$

$$\overline{\boldsymbol{K}} = \left[\boldsymbol{B}^{\mathrm{T}}\left(\boldsymbol{Q} + \overline{\boldsymbol{P}}\right)B + \boldsymbol{R}\right]^{-1} \boldsymbol{B}^{\mathrm{T}}\left(\boldsymbol{Q} + \overline{\boldsymbol{P}}\right)\boldsymbol{A}$$

$$\overline{\boldsymbol{P}} = \lim_{N\to\infty} \boldsymbol{P}_{N-j}$$

$\boldsymbol{S}$ Gewichtungsmatrix für Endwert des Zustandsvektors, positiv semidefinit, symmetrisch

$\boldsymbol{Q}$ Gewichtungsmatrix für Zustandsvektor, positiv semidefinit, symmetrisch

$\boldsymbol{R}$ Gewichtungsmatrix für Stellgrößenvektor, positiv definit, symmetrisch

Für den Zustandsgrößenbeobachter gilt

$\hat{\boldsymbol{x}}^*(k+1) = \boldsymbol{A}^*\hat{\boldsymbol{x}}^*(k) + \boldsymbol{B}^*\boldsymbol{u}(k)$ Zustandsgleichung für Zustandsgrößenbeobachter

$\hat{\boldsymbol{y}}(k) = \boldsymbol{C}^*\hat{\boldsymbol{x}}^*(k)$ Ausgangsgleichung für Zustandsgrößenbeobachter

Gütefunktional für Zustandgrößenbeobachter

$$I_B = \hat{\boldsymbol{x}}^{*\mathrm{T}}(N)S_B^*\hat{\boldsymbol{x}}^*(N) + \sum_{k=0}^{N-1} \left(\hat{\boldsymbol{x}}^{*\mathrm{T}}(k)Q_B^*\hat{\boldsymbol{x}}^*(k) + \boldsymbol{u}^{\mathrm{T}}(k)\boldsymbol{R}_B^*\boldsymbol{u}(k)\right)$$

$$\boldsymbol{P}^*_{N-j} = \boldsymbol{A}^*(\boldsymbol{Q}^*_B + \boldsymbol{P}^*_{N-j+1})\Big\{ \boldsymbol{E} - \boldsymbol{C}^{*\mathrm{T}} \left[\boldsymbol{C}^*(\boldsymbol{Q}^*_B + \boldsymbol{P}^*_{N-j+1})\boldsymbol{C}^{*\mathrm{T}} + \boldsymbol{R}^*_B\right]^{-1} \times \boldsymbol{C}^*(\boldsymbol{Q}^*_B + \boldsymbol{P}^*_{N-j+1})\Big\}\boldsymbol{A}^{*\mathrm{T}}$$

$$\overline{\boldsymbol{P}}^* = \lim_{N\to\infty} \boldsymbol{P}^*_{N-j}$$

$$\overline{\boldsymbol{H}}^{*\mathrm{T}} = \left[\boldsymbol{C}^*(\boldsymbol{Q}^*_B + \overline{\boldsymbol{P}}^*)\boldsymbol{C}^{*\mathrm{T}} + \boldsymbol{R}^*_B\right]^{-1} \boldsymbol{C}^* \left(\boldsymbol{Q}^*_B + \overline{\boldsymbol{P}}^*\right) \boldsymbol{A}^{*\mathrm{T}}$$

$$\Delta\hat{\boldsymbol{x}}^*(k) = \overline{\boldsymbol{H}}^* \Delta\boldsymbol{e}(k)$$

$\boldsymbol{S}^*_B$ Gewichtungsmatrix für Endwert des geschätzten Zustandsvektors, positiv semidefinit, symmetrisch

$\boldsymbol{Q}^*_B$ Gewichtungsmatrix für geschätzten Zustandsvektor, positiv semidefinit, symmetrisch

$\boldsymbol{R}^*_B$ Gewichtungsmatrix für Stellgrößenvektor des Zustandsgrößenbeobachters, positiv definit, symmetrisch

Messtechnik

1 Grundlagen

1.1 Einheiten

Messgeräte dienen zur quantitativen Bestimmung geometrischer oder physikalischer Größen. Die zu messende Größe wird auf eine bekannte Größe (oder Einheit) zurückgeführt und der Messwert besteht aus dem Produkt von Maßzahl (Zahlenwert) und Maßeinheit (Bezugsgröße).

Messgröße = (Maß-)zahl · (Maß-)Einheit

Eine Übersicht gibt das Kapitel Größen und Einheiten.

1.2 Strukturen

Das Verhalten eines Messgerätes (bzw. Messumformers, etc.) wird mit Funktionsblöcken (Modelle) beschrieben, die auch in der Regelungstechnik angewendet werden.

Kettenstruktur

Eine Kettenstruktur ist u. a. das Drehspulinstrument mit Messstrom (x_e), Kraft (x_1), Drehmoment (x_2), Zeigerposition (x_a).

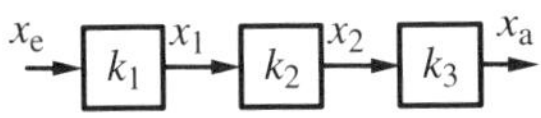

$x_a = k_1 \cdot k_2 \cdot k_3 \cdot x_e$

Parallelstruktur

Beispiel der Parallelstruktur ist die Aronschaltung (Zwei-Leistungsmesser-Methode)

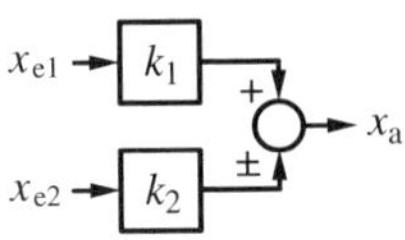

$x_a = k_1 \cdot x_{e1} \pm k_2 \cdot x_{e2}$

Kreisstruktur

Der (automatische) Abgleichvorgang bei einer Abgleich-Messbrücke entspricht der Kreisstruktur.

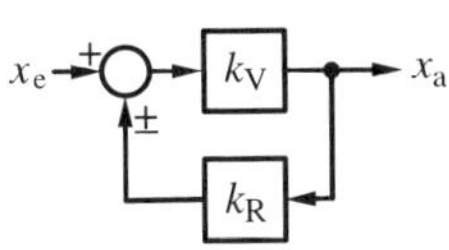

$$x_a = \frac{k_V}{1 \mp (k_V \cdot k_R)} \; x_e$$

Ausschlagverfahren und Kompensationsverfahren

Eine Federwaage (links) arbeitet nach dem **Ausschlagverfahren** (Kettenstruktur). Fehlereinflüsse der Übertragungsglieder überlagern sich.

Eine Balkenwaage (rechts) arbeitet nach dem **Kompensationsverfahren**. Das Verfahren benötigt prinzipiell mehr Zeit, kann jedoch Fehlereinflüsse eliminieren.

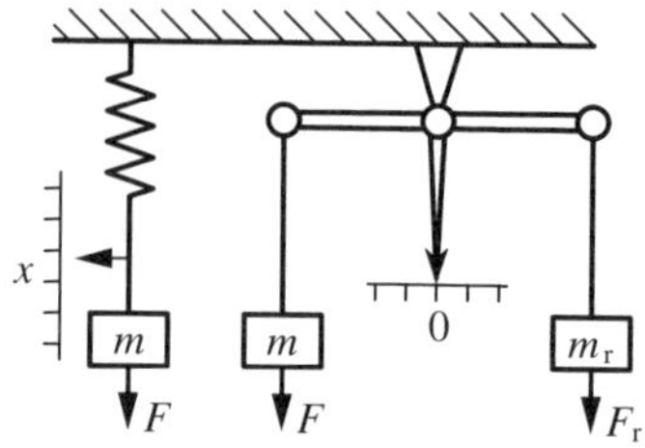

1.3 Statisches Verhalten

Das statische (Übertragungs-)Verhalten beschreibt die sich einstellende Ausgangsgröße x_a bei einer konstanten (stationären oder quasistationären) Eingangsgröße x_e. Einstellbare Parameter sind häufig Gain (Verstärkung) und Offset (Versatz).

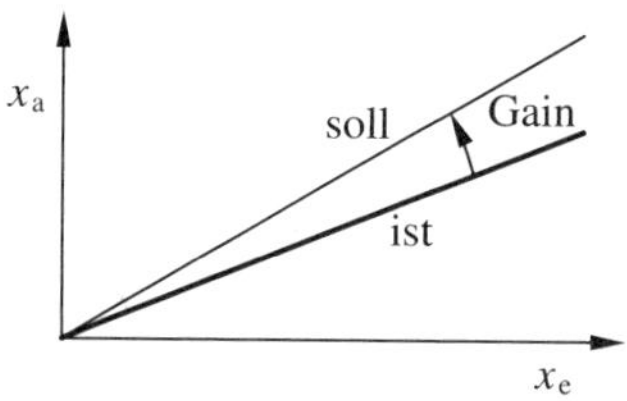

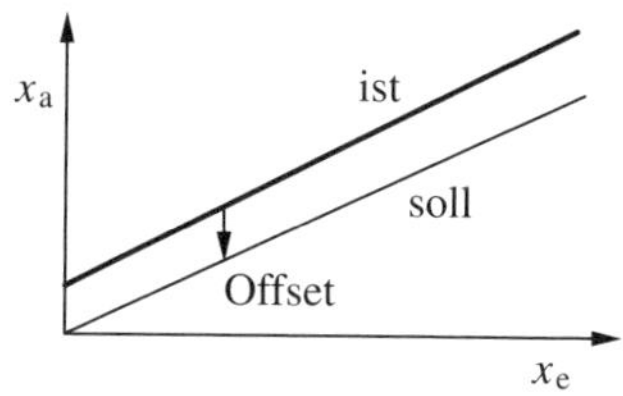

Übertragungsfehler sind u. a. Nichtlinearitäten (links) und Hysteresefehler (rechts, abweichende Ausgangswerte bei steigendem und bei fallendem Eingangswert).

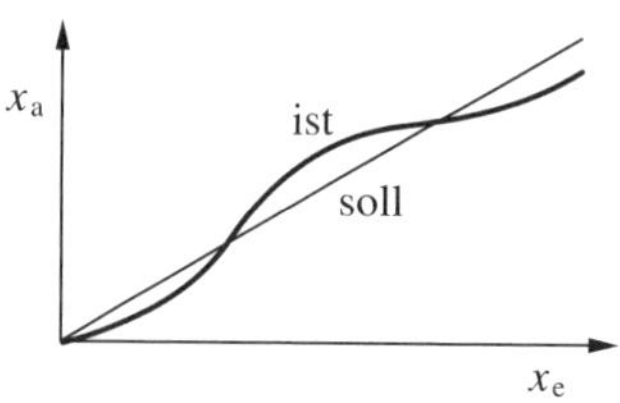

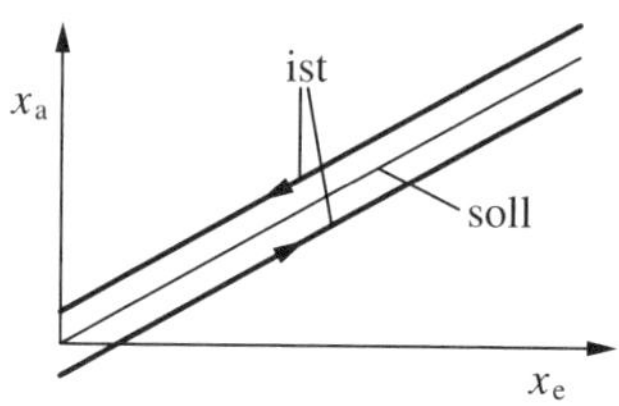

1.4 Dynamisches Verhalten

Das dynamische Verhalten beschreibt die Reaktion auf sich ändernde Eingangsgrößen. Es werden Beschreibungsmethoden der Regelungstechnik angewendet.

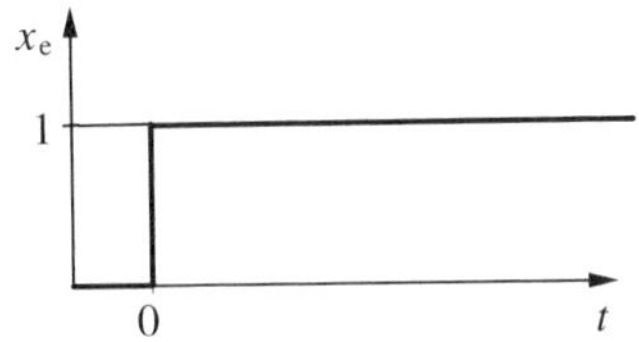

Eine typische Testfunktion ist der (Einheits-)Sprung (s. Skizze) und die Beschreibung des Einstellverhaltens bei nichtschwingfähigem und schwingfähigem Übertragungsverhalten (→ Regelungstechnik; 1.3).

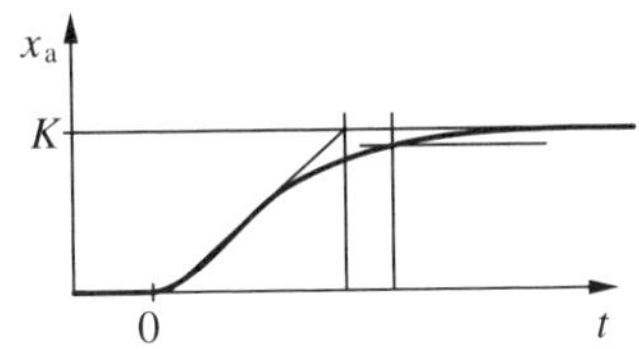

Eine weitere Testfunktion sind harmonische Schwingungen und die Darstellung des Übertragungsverhaltens im eingeschwungenen Zustand (Bode-Diagramm) (→ Regelungstechnik; 2.6).

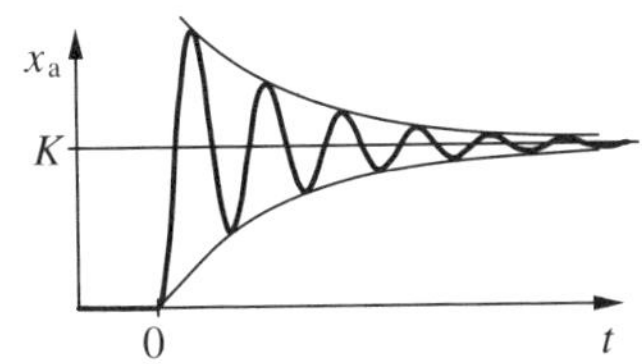

2 Messabweichung

Jede Messung ist eine Schätzung des wahren Wertes. Die Differenz zwischen Messwert (Schätzwert) und dem wahren Wert wird häufig als „Messfehler" bezeichnet (nicht normgerecht).

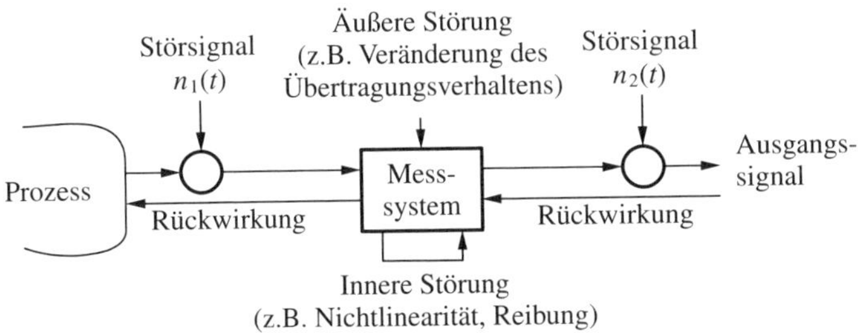

Jede Messung beeinflusst das Gemessene (Rückwirkung). Ungünstige Einflüsse verursachen Nichtlinearität, Reibung, Störsignale oder verändertes Übertragungsverhalten. Häufig ist die Rückwirkung vernachlässigbar oder kann, solange der Aufwand gerechtfertigt ist, korrigiert werden. Ähnliches trifft für die Vermeidung von Störeinflüssen etc. zu. Aus wirtschaftlichen Gründen sollte eine Messung nur so genau sein, wie es die Anwendung erfordert.

2.1 Absolute und relative Abweichung

Absolute Abweichung A

$$A = x - x_w$$

x gemessener bzw. angezeigter Messwert (Istwert)
x_w wahrer Wert (Sollwert)

Relative Abweichung a

$$a = \frac{x - x_w}{x_w} \approx \frac{x - x_w}{x}$$

für kleine Abweichungen gilt $x \approx x_w$

$$a_{vH} = a \cdot 100\,\%$$

relative Abweichung a in % (von Hundert)

Bei analogen Messinstrumenten (z. B. Zeigerinstrumente) wird die maximale Abweichung auf den Endwert der Skalierung bezogen.

$$\left|\frac{A_{max}}{x_E} \cdot 100\,\%\right| \leqq g$$

A_{max} maximale Abweichung
x_E Endwert der Skalierung
g Garantiefehlergrenze

Es gibt folgende Garantiefehlergrenzen (Angaben in %) die unter Einhaltung der Betriebsbedingungen (Versorgungsspannung, Einbaulage, Temperatur, ...) nicht überschritten werden:

Feinmessgeräte: 0,05; 0,1; 0,2; 0,5
Betriebsmessgeräte: 1,0; 1,5; 2,5; 5,0

$$|A_{max}| \leqq G = x_E \frac{g}{100\,\%}$$

G maximal mögliche betragsmäßige Abweichung

$$x - G \leqq x_w \leqq x + G$$

Der wahre Wert liegt innerhalb der Grenzwerte in der Nähe des angezeigten Wertes.

$$|a_{max}| \leqq x_E \frac{g}{x \cdot 100\,\%}$$

Für eine geringe relative Messabweichung muss x_E möglichst klein gewählt werden.

Bei digitalen Messinstrumenten (z. B. Digital-Multimeter) ergibt sich der Endwert durch die Anzeige. Hier wird zwischen vollen Stellen (Wertebereich 0 bis 9), halben Stellen (Wertebereich 0 [führendes Leerzeichen] und 1) und 3/4-Stellen (Wertebereich 0 [führendes Leerzeichen] bis 3) unterschieden. Ungeachtet der Kommastelle ergeben sich folgende Zifferndarstellungen:

$3\frac{1}{2}$-stellige Anzeige $\Rightarrow$ Zahlendarstellung von 0000 bis 1999, bei Werten unterhalb 200 wird bei automatischer Bereichswahl auf den kleineren Messbereich umgeschaltet.

$4\frac{3}{4}$-stellige Anzeige $\Rightarrow$ Zahlendarstellung von 00000 bis 39999, bei Werten unterhalb 4000 wird bei automatischer Bereichswahl auf den kleineren Messbereich umgeschaltet.

$$|A_{\mathrm{d\,ges}}| \leqq (x - x_{\mathrm{w}}) + n \cdot LSB$$

$A_{\mathrm{d\,ges}}$ absolute Messabweichung bei digitalen Messgeräten
n Toleranzbereich des Umsetzers in Anzahl der Quantisierungsstufen (Least Significant Bit, LSB)

$$|A_{\mathrm{d\,ges}}| \leqq \frac{a_{\mathrm{d\,vH}}}{100\,\%} \cdot x + n \cdot LSB$$

$a_{\mathrm{d\,vH}}$ prozentualer relativer Abweichungsanteil des Messwertes

$$|a_{\mathrm{d\,ges}}| \leqq \frac{\frac{a_{\mathrm{d\,vH}}}{100\,\%} \cdot x + n \cdot LSB}{x}$$

$a_{\mathrm{d\,ges}}$ relative Messabweichung bei digitalen Messgeräten

Die Fehlergrenze hängt zusätzlich vom Crest-Faktor (Scheitelfaktor) ab. Durch begrenzte Verstärkerkennlinien werden extreme Spannungsspitzen nicht vollständig berücksichtigt, was durch eine größere Abweichung angegeben wird.

2.2 Systematische Abweichungen

Der Messwert bei einer systematischen Abweichung ist unrichtig. Ist die systematische Abweichung nach Betrag und Vorzeichen bekannt, kann der Messwert korrigiert werden. Mögliche Ursachen können sein: fehlerhafter Nullpunktabgleich, falsche Skalierung, Temperaturabhängigkeit, …

Setzt sich ein Messergebnis aus mehreren Messwerten zusammen, lässt sich die resultierende Abweichung durch die Fortpflanzung systematischer Messabweichungen ermitteln:

$$y = f(x_1, x_2, \ldots, x_N)$$

y Messergebnis
$x_1, x_2, \ldots, x_N$ Messgrößen
N Anzahl der Messgrößen

Totales (Fehler-)Differenzial (partielle Ableitung, abbrechen nach dem linearen Glied der Taylor'schen Reihe)

$$A_y = \frac{\partial f}{\partial x_1} \cdot A_{x_1} + \frac{\partial f}{\partial x_2} \cdot A_{x_2} + \ldots + \frac{\partial f}{\partial x_N} \cdot A_{x_N}$$

A_{x_n} Absolute Abweichung der Messgröße x_n

A_y Absolute Abweichung des Messergebnisses y

Addition und Subtraktion von N Messwerten

$$y = c_1 x_1 + c_2 x_2 + \cdots + c_N x_N = \sum_{n=1}^{N} c_n x_n$$

c_n Faktor der n-ten Messgröße

Subtraktion: $x_1 - x_2 = x_1 + (-x_2)$ — Überführung in eine Addition

$$A_y = \sum_{n=1}^{N} \left(c_n \cdot A_{x_n}\right)$$

Addition der mit c_n gewichteten absoluten Abweichungen A_{x_n} der N Messgrößen

$$|A_{y\,\max}| = \sum_{n=1}^{N} |c_n \cdot A_{x_n\,\max}|$$

$A_{y\,\max}$ maximale absolute Abweichung

Multiplikation und Division von Messgrößen

$$y = c \cdot x_1^{k_1} \cdot x_2^{k_2} \cdot \ldots \cdot x_N^{k_N} = c \cdot \prod_{n=1}^{N} x_n^{k_n}$$

k_n Exponent der n-ten Messgröße

Division: $\dfrac{x_1}{x_2} = x_1 \cdot x_2^{-1}$ — Überführung in eine Multiplikation

$$a_y = \sum_{n=1}^{N} \left(k_n \cdot a_{x_n}\right)$$

Addition der mit k_n gewichteten relativen Abweichungen a_{x_n} der N Messgrößen

$$|a_{y\,\max}| = \sum_{n=1}^{N} |k_n \cdot a_{x_n\,\max}|$$

$a_{y\,\max}$ maximale relative Abweichung

2.3 Zufällige Abweichungen

Der Messwert bei einer zufälligen Abweichung ist unsicher. Zufällige Abweichungen sind nach Betrag und Vorzeichen unbekannt und der Messwert ist nicht korrigierbar. Mögliche Ursachen sind allgemeine Schwankungen (unbekannte Ursache, Rauschen, …). Die Genauigkeit kann nur durch statistische Methoden angegeben werden.

Mittelwert $\overline{x}$ und Erwartungswert μ

$$\overline{x} = \frac{1}{N} \sum_{n=1}^{N} x_n$$

x_n n-ter Messwert (der Grundgesamtheit)

N Anzahl unabhängiger Messwerte

$$\mu = \lim_{N\to\infty}\left(\frac{1}{N}\sum_{n=1}^{N} x_n\right)$$

μ Erwartungswert (Grenzübergang $N \to \infty$)

Standardabweichung s und Varianz σ^2

$$s = +\sqrt{\frac{1}{N}\sum_{n=1}^{N}(x_n-\mu)^2}$$

Schätzwert der Standardabweichung bei bekanntem Erwartungswert μ

$$s = +\sqrt{\frac{1}{N-1}\sum_{n=1}^{N}(x_n-\overline{x})^2}$$

Erwartungstreuer Schätzwert der Standardabweichung mit Mittelwert $\overline{x}$ als Ersatz des Erwartungswertes μ

$$s = +\sqrt{\frac{1}{N-1}\left[\sum_{n=1}^{N}x_n^2 - \frac{1}{N}\left(\sum_{n=1}^{N}x_n\right)^2\right]}$$

Erwartungstreuer Schätzwert der Standardabweichung (rechnergeeignete Form)

$$s^2 = \frac{1}{N-1}\sum_{n=1}^{N}(x_n-\overline{x})^2$$

Stichprobenvarianz

$$\sigma^2 = \lim_{N\to\infty}\left(\frac{1}{N}\sum_{n=1}^{N}(x_n-\mu)^2\right)$$

σ^2 Varianz (Grenzübergang $N \to \infty$)

In vielen Anwendungen nähert sich die Häufigkeitsverteilung (Histogramm) der Messwerte x einer Normalverteilung an.

$$p(x) = \frac{1}{\sigma\sqrt{2\pi}}\cdot e^{\frac{-(x-\mu)^2}{2\sigma^2}}$$

$p(x)$ Wahrscheinlichkeitsdichte, mit der ein Messwert x auftritt (Normalwahrscheinlichkeit vorausgesetzt)

Fortpflanzung zufälliger Messabweichungen

$$y = f(x_1, x_2, \cdots, x_N)$$

y (unsicheres) Messergebnis

$x_1, x_2, \ldots, x_N$ streuende (unsichere) Messgrößen

$$\overline{y} = f(\overline{x}_1, \overline{x}_2, \cdots, \overline{x}_N)$$

$\overline{y}$ Mittelwert des Messergebnisses

$\overline{x}_1, \overline{x}_2, \cdots, \overline{x}_N$ Mittelwerte der Messgrößen

$$s_y = \sqrt{\left(\frac{\partial f}{\partial x_1} \cdot s_{x_1}\right)^2 + \left(\frac{\partial f}{\partial x_2} \cdot s_{x_2}\right)^2 + \cdots + \left(\frac{\partial f}{\partial x_N} \cdot s_{x_N}\right)^2}$$

s_y Standardabweichung des Messergebnisses

$\frac{\partial f}{\partial x_n} \cdot s_{x_n}$ mit partieller Ableitung gewichtete Standardabweichung der n-ten Messgröße

3 Messgeräte

3.1 Analog arbeitende Messgeräte

Analog arbeitende Messgeräte werden immer häufiger durch digital arbeitende Messgeräte ersetzt, die das analoge Verhalten nachbilden.

Drehspulmesswerk

Zwischen den Polschuhen eines Dauermagneten befindet sich eine drehbar gelagerte Spule mit N Windungen. Rückstellfedern halten die Spule in der Grundposition. Die Federn dienen gleichzeitig als Stromzufuhr für die drehbar gelagerte Spule. Auf den mit I stromdurchflossenen Leitern wirkt im Magnetfeld mit der Flussdichte B auf der Länge l die Kraft F_e, welche mit dem Radius r der Spule ein Drehmoment M_e erzeugt und dadurch eine Bewegung des drehbaren Systems mit dem Trägheitsmoment J in Richtung α hervorruft (→ Elektrotechnik/Elektronik; 8.2).

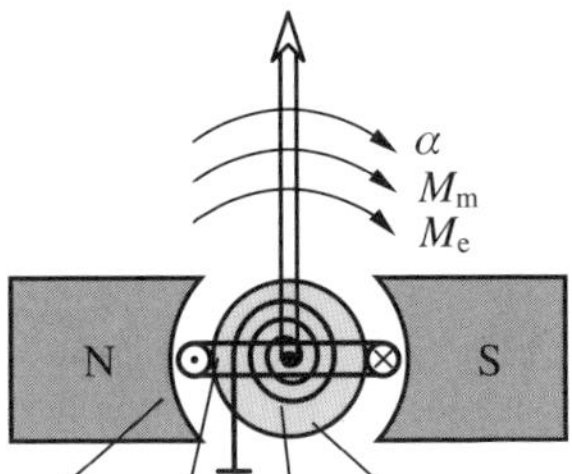

$\vec{F}_e = I\left(\vec{l} \times \vec{B}\right)$ mit

$l \perp B \perp F_e \Rightarrow F_e = I \cdot l \cdot B$

F_e Kraft (elektrisch)
I elektrischer Strom
l effektive Länge des einwirkenden Magnetfeldes
B magnetische Flussdichte

$M_e = 2 \cdot r \cdot N \cdot I \cdot l \cdot B$ $= N \cdot B \cdot A \cdot I = K' \cdot I$	M_e Drehmoment (elektrisch) r effektiver Radius der Drehspule N Windungszahl der Drehspule A effektive Fläche der Drehspule K' Gerätekonstante
$M_m = -D \cdot \alpha$	M_m Drehmoment (mechanisch) D Federkonstante (Rückstellfeder) α Drehwinkel des Zeigers
$M_t(t) = -J \dfrac{d^2\alpha(t)}{dt^2} = -J \cdot \ddot{\alpha}(t)$	M_t Beschleunigungsmoment J Trägheitsmoment des drehbaren Systems
$M_d(t) = -p \cdot \dot{\alpha}$	M_d Dämpfungsmoment p Dämpfungskonstante (durch abgestimmte Kurzschlusswicklung des Rähmchens, B = konst)
$M_e + M_m + M_t + M_d \pm M_r = 0$	M_r Reibmoment (richtungsabhängig, häufig vernachlässigbar)
$\alpha = \dfrac{N \cdot A \cdot B}{D} \cdot I = K \cdot I$	K bzw. E Gerätekonstante (statisch)
$\alpha = K \cdot \overline{i(t)}$	Anzeige des Mittelwertes des elektrischen Stroms durch Trägheit des Systems
$i(t) = \dfrac{u(t)}{R_i + R_V}$	u elektrische (Klemmen-)Spannung R_i Innenwiderstand des Messwerkes R_V Vorwiderstand für Spannungsmessung $(R_i + R_V)$ z. B. 20 kΩ/V (Skalenendwert)
Drehspulmesswerk mit Gleichrichter	
$\alpha = K_{AC} \cdot \overline{\lvert i(t) \rvert}$	K_{AC} Gerätekonstante für AC-Messung (beinhaltet Formfaktor $F_{sin} = 1{,}11$ für Sinussignale zur Anzeige der Effektivwerte)

Elektrodynamisches Messwerk

Beim elektrodynamischen Messwerk ersetzt ein Elektromagnet den Dauermagnet des Drehspulmesswerkes.

$$B(I_1) \approx \frac{\mu_0}{a} \cdot N_1 \cdot I_1$$

- $B(I_1)$ Flussdichte durch Stromfluss I_1
- μ_0 magnetische Feldkonstante (Luft)
- a effektive magnetische Länge ($a/2$ je Seite)
- N_1 Windungszahl der (Strom-)Spule
- I_1 Stromfluss in der (Strom-)Spule

$$M_e = \frac{\mu_0 \cdot A \cdot N_1 \cdot N_2}{a} \cdot I_1 \cdot I_2 = K' \cdot I_1 \cdot I_2$$

- M_e Drehmoment (elektrisch)
- A effektive Fläche der Drehspule
- N_2 Windungszahl der Drehspule
- I_2 Stromfluss in der Drehspule
- K' Gerätekonstante

Die Dämpfung des Zeigers muss aufgrund des nicht konstanten Magnetfeldes durch eine aufwändigere Luftdämpfung ersetzt werden und ist deshalb knapp bemessen.

$$\alpha = K \cdot I_1 \cdot I_2$$

- K Gerätekonstante
- I_2 elektrischer Strom in der (Spannungs-)Spule (Drehspule)

$$\alpha = K \cdot U \cdot I$$

- K Gerätekonstante
- U Spannung (von Klemme 1 nach 2)
- I Strom (von Klemme 3 nach 4)

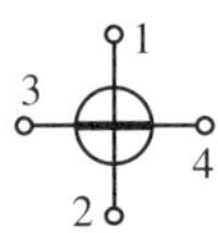

$$\alpha = K \cdot \overline{u(t) \cdot i(t)}$$

Anzeige des Mittelwertes der elektrischen Leistung durch Trägheit des Systems

für Sinusschwingung

$$\alpha = K \cdot U \cdot I \cdot \cos\varphi$$

- U Effektivwert der Spannung
- I Effektivwert des Stroms
- φ Phasenwinkel zwischen U und I

Dreheisenmesswerk

Es befinden sich zwei Weicheisenblättchen im Zentrum einer Spule. Wird die Spule vom zu messenden Strom I durchflossen, so werden die Eisenblättchen in gleicher Richtung magnetisiert und stoßen sich ab. Die Kraftwirkung ist proportional I^2 und entspricht dem Quadrat des Effektivwertes.

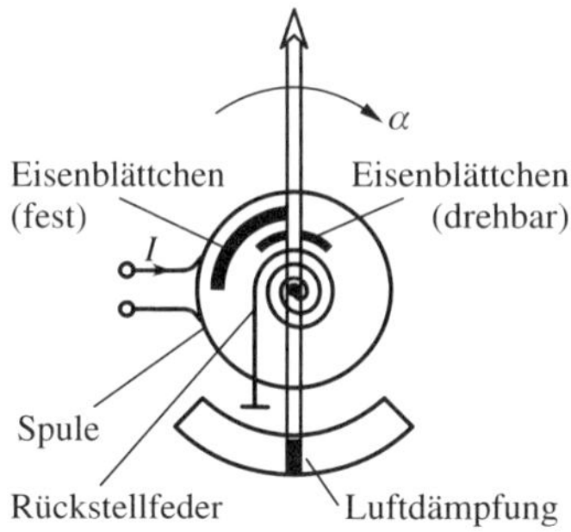

$\alpha = K \cdot I^2$

K Gerätekonstante
I Effektivwert des Stroms

Geeignete Formgebung der Eisenblättchen linearisiert den Winkelausschlag, sodass im Arbeitsbereich eine nahezu lineare Skalierung entsteht.

3.2 Digital arbeitende Messgeräte

Zähler

Zähler werden zur Messung von Zeitdauer (Zählung eines Referenztaktes mit z. B. Referenztakt u_1, Eingangssignal u_2 und Zähltakt u_z) oder Ereignissen (Frequenzmessung mit z. B. Eingangssignal u_1, Zählzeitfenster u_2 und Zählimpulse u_z) eingesetzt. Je nach Ansteuerung können Frequenzen, Puls- bzw. Pausenzeiten und mit geringer Signalaufbereitung Periodendauer und Zeitdifferenzen bestimmt werden.

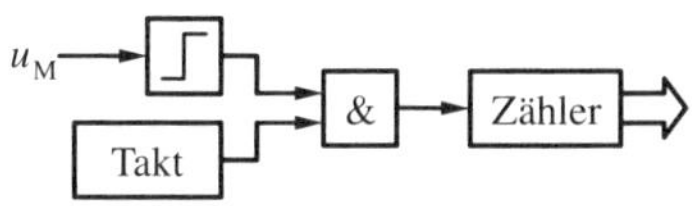

Zu Beginn und Ende der Zählung beeinflussen Synchronisationen die Genauigkeit (→ Bild). Hierdurch ergibt sich eine Unsicherheit von ±1 Zählimpuls.

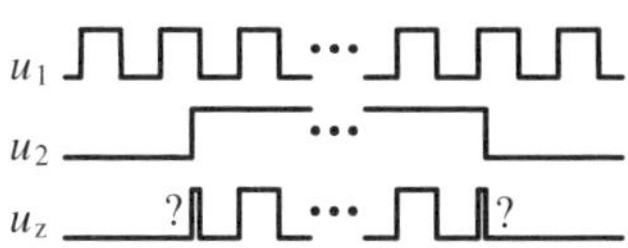

Digital-/Analog-Umsetzer (DAU)

Digitalwerte werden in Analogspannungen umgesetzt. Aufgrund der Quantisierung sind nur diskrete Werte bei einer Digital-/Analog-Umsetzung möglich. Der Amplitudenbereich X_{min} bis X_{max} ergibt sich durch die jeweilige Schaltung. Bei n Bit ergibt sich ein Analogbereich von

$$X_{min} \cdots (X_{max} - Q)$$

in Schritten von

$$Q = \frac{X_{max} - X_{min}}{2^n}$$

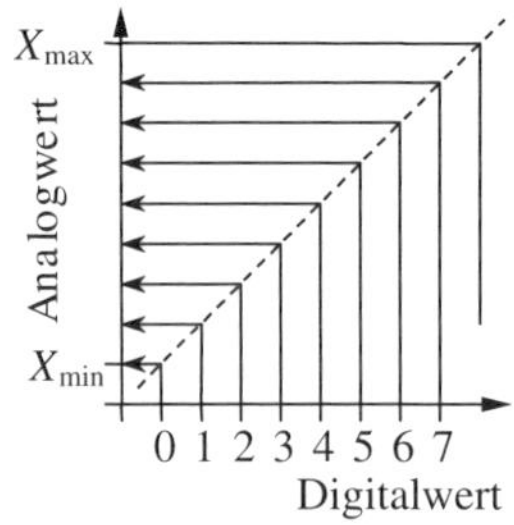

Pulsweitenmodulation

Ein über Zähler erzeugtes Rechtecksignal mit diskret einstellbarer Pulsbreite (T_p/T) und den festen Amplitudenwerten U_{min} und U_{max} wird über Tiefpassfilter gemittelt. Der Mittelwert $\overline{u}$ ist der jeweilige Analogwert (z. B. einstellbare LED-Instrumentenbeleuchtung).

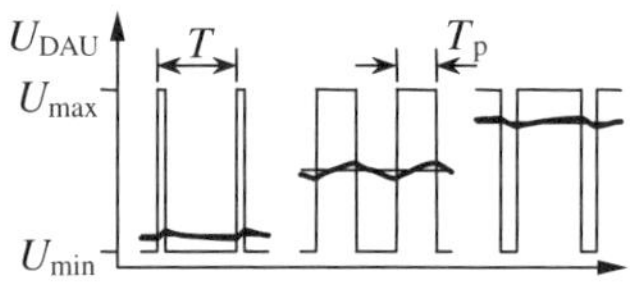

R/2*R*-Netzwerk

Bei dem $R/2R$-Netzwerk (Netzwerk mit den Widerstandswerten R und $2R$) wird die Referenzspannung $-U_{Ref}$ entlang der Widerstandskette in Richtung LSB bei jedem Verzweigungsknoten auf den halben Wert reduziert. Die unteren Anschlüsse der $2R$-Widerstände liegen auf Massepotenzial (Masse bzw. virtuelle Masse der OP-Schaltung).

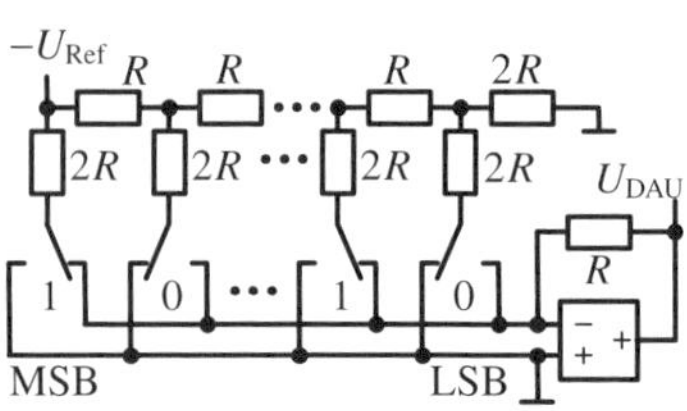

Die Strombeiträge werden je nach Stellung der Analogschalter nach Masse abgeleitet (Bitwert 0) oder auf die Stromsammelleitung (Bitwert 1) geführt. Der Operationsverstärker (OP) stellt die Ausgangsspannung U_{DAU} so ein, dass über den Rückführungswiderstand R das Potenzial am invertierenden Eingang auf Massepotenzial (virtuelle Masse) gehalten wird.

$U_{\mathrm{DAU}} = U_{\mathrm{Ref}}\frac{k}{2^n}$ für $k = 0, 1, \ldots, (2^n - 1)$ bei n Bit Auflösung

Analog-/Digital-Umsetzer (ADU)

Einem analogen Messwert wird ein digitaler Wert (Zahlenwert) zugeordnet. Innerhalb des Messbereichs X_{min} bis X_{max} ist die Abweichung $\Delta x = x_{\mathrm{ist}} - x_{\mathrm{soll}}$ innerhalb der Quantisierungsstufe Q bzw. $\pm Q/2$. Üblicherweise wird in den Dualcode mit z.B n-Bit umgesetzt. Hierdurch ergeben sich $2^n - 1$ Sprünge im Treppenverlauf.

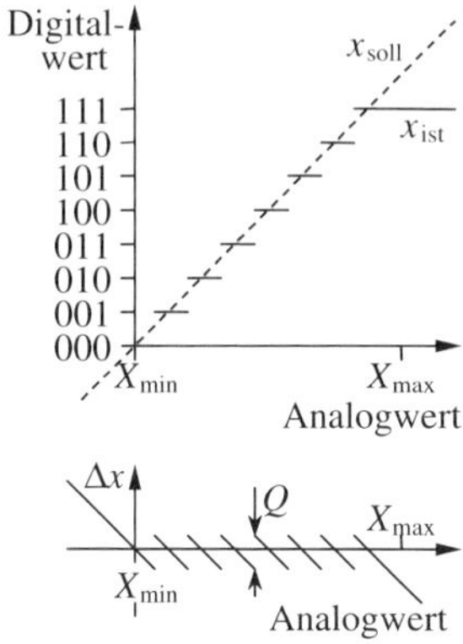

Dual-Slope

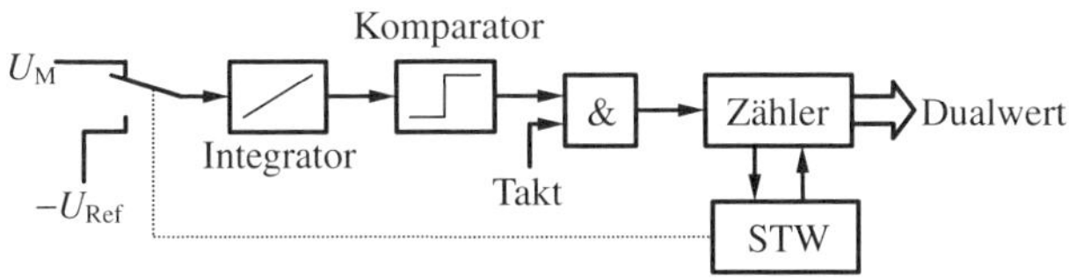

Der Ablauf wird über ein Steuerwerk (STW) kontrolliert. Während der Messzeit (Integrationszeit T_1) steigt die Integrator-Ausgangsspannung U_{I}. Danach wird auf eine Referenzspannung $-U_{\mathrm{Ref}}$ umgeschaltet. Die proportionale Zeitdauer für das Integrieren in die andere Richtung entspricht dem Mittelwert der Messspannung.

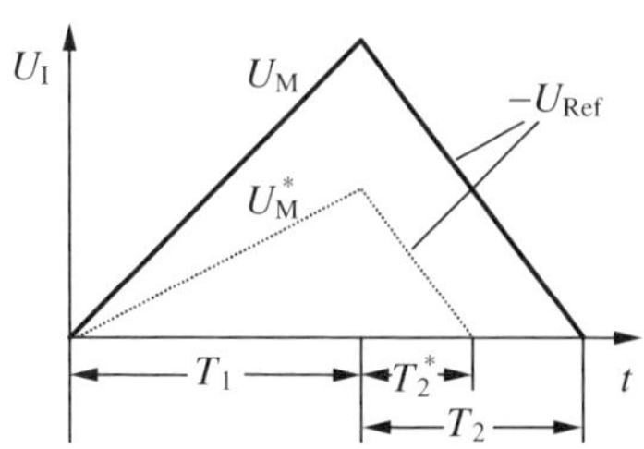

$\overline{U}_{\mathrm{M}} = U_{\mathrm{Ref}}\frac{T_2}{T_1}$

Maximale Störsignalunterdrückung wenn $T_1 = k \cdot T_{\mathrm{S}}$, $k \in \mathbb{N}$ (Natürliche Zahlen) (T_{S}: Periodendauer des mittelwertfreien Störsignals, z. B. 50 Hz Brummspannung)

Delta-Sigma-Modulator

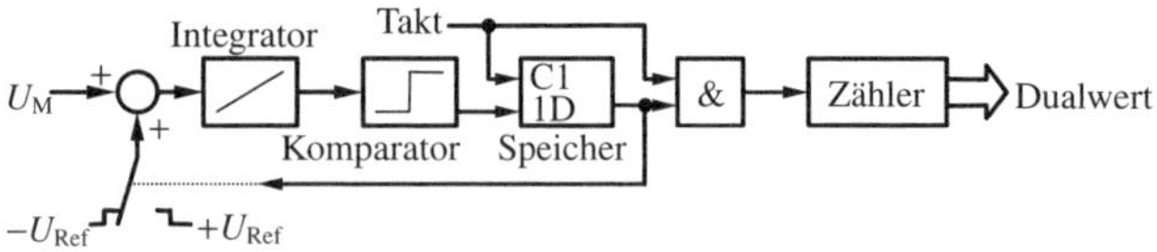

Durch die Rückkopplung pendelt die Integrator-Ausgangsspannung u_I um den Schwellwert des Komparators. Messzeit umfasst für n Bit Auflösung 2^n Zählimpulse. Ausgangswert (Messwert) k Impulse.

$$\overline{U}_M \approx \frac{k \cdot U_{Ref} + (2^n - k) \cdot (-U_{Ref})}{2^n} \qquad \text{für } u_I \to 0\,\text{V}$$

Sukzessive Approximation (schrittweise Annäherung)

Ein Komparator vergleicht den Schätzwert U_{DAU} des Steuerwerkes (STW) mit der Messspannung U_M. Ein optimiertes Suchverfahren benötigt n Vergleiche für n Bit (Most Significant Bit (MSB) bis Least Significant Bit (LSB)).

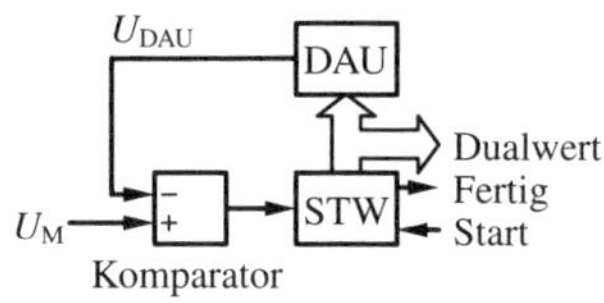

Problematisch sind sich ändernde Eingangsspannungen. Hierfür wird ein Abtast-/Halte-Baustein (Sample-/Hold) benötigt, der die umzusetzende Spannung für die Dauer der Umsetzung (Start bis fertig) konstant hält.

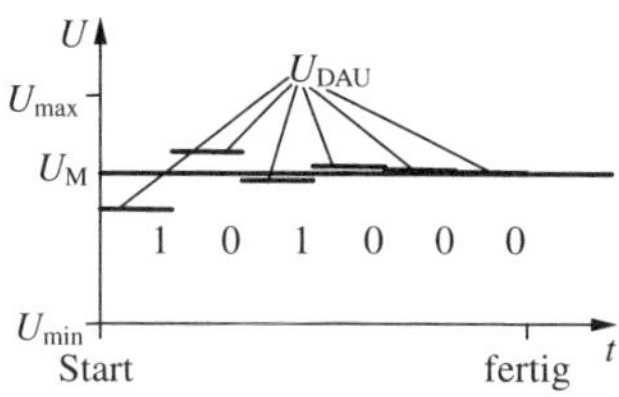

Flash-Konverter (Parallelumsetzer)

Ein Widerstandsnetzwerk teilt die Referenzspannung in Schwellwertspannungen ($2^n - 1$ Schwellwerte für n Bit). Die Widerstandswerte $0{,}5R$ und $1{,}5R$ reduzieren den Offsetfehler. Parallel arbeitende Komparatoren vergleichen ständig die Eingangsspannung U_M mit den Schwellwerten. Das Ergebnis (00...0011...11, 255 Bit lang für $n = 8$) wird in die Dualdarstellung umcodiert.

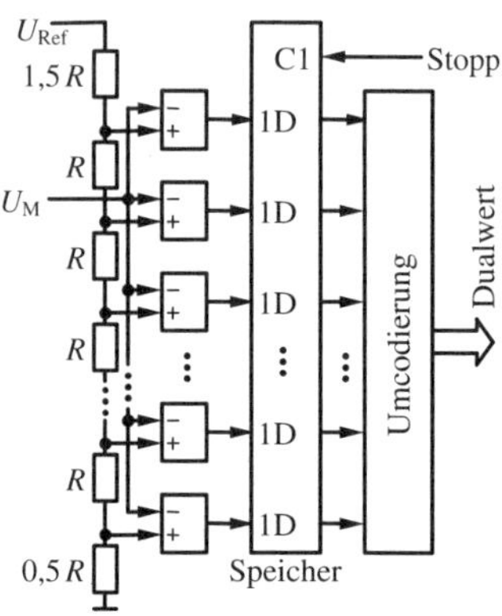

Lesefehler werden durch Speichern des einschrittigen Bitmusters eliminiert, indem das umzucodierende Bitmuster für den Lesevorgang konstant gehalten wird.

4 Widerstandsmessung

4.1 Gleichzeitige Spannungs- und Strommessung

Stromrichtige Messung

(Spannungsfehlerschaltung, Voltmeter misst $U_{Rx} + U_{MA}$)

$$R_x = \frac{U_{Rx}}{I} = \frac{U - I \cdot R_{MA}}{I} = \frac{U}{I} - R_{MA}$$

Effekt ist vernachlässigbar bei $R_{MA} \ll R_x$.

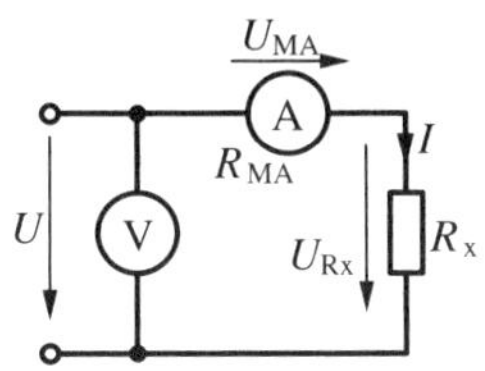

Spannungsrichtige Messung

(Stromfehlerschaltung, Amperemeter misst $I_{Rx} + I_{MV}$)

$$\frac{1}{R_x} = \frac{I_{Rx}}{U} = \frac{I - \frac{U}{R_{MV}}}{U} = \frac{I}{U} - \frac{1}{R_{MV}}$$

Effekt ist vernachlässigbar bei $R_{MV} \gg R_x$.

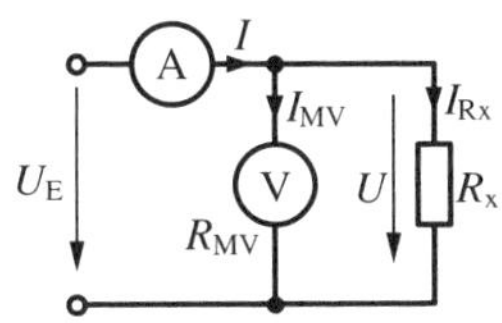

4.2 Widerstandsmessung mit Multimeter

Analoges Multimeter

Widerstand R_V wird mit $R_x = 0$ (Kurzschluss) für den jeweils entsprechenden Messbereich justiert. Widerstandswert R ist reziprok zum Stromwert I (nichtlineare Skalenteilung von ∞ bis $0\,\Omega$).

$$R_x \sim \frac{1}{I}$$

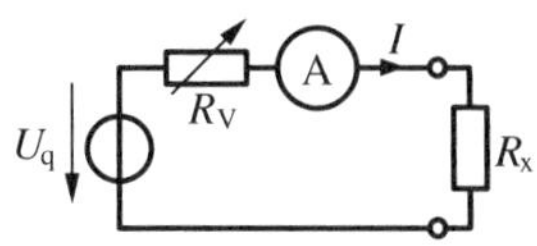

Digitales Multimeter

Durch eine vom Multimeter einstellbare Konstantstromquelle (je nach Messbereich) mit dem Strom I_q wird die Widerstandsmessung auf eine Spannungsmessung zurückgeführt.

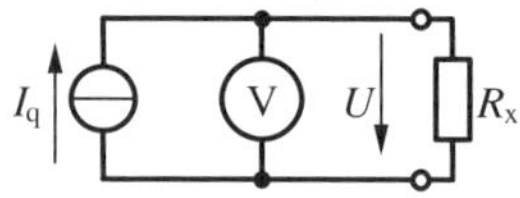

$$R_x = U \frac{1}{I_q}$$

4.3 Widerstandsmessung durch Vergleich

Spannungsvergleich

Es wird die Spannung am Referenzwiderstand R_r und am unbekannten Widerstand R_x nacheinander mit dem gleichen Instrument gemessen. Bei konstantem Innenwiderstand des Voltmeters R_{MV} kompensiert sich die Rückwirkung durch das Voltmeter.

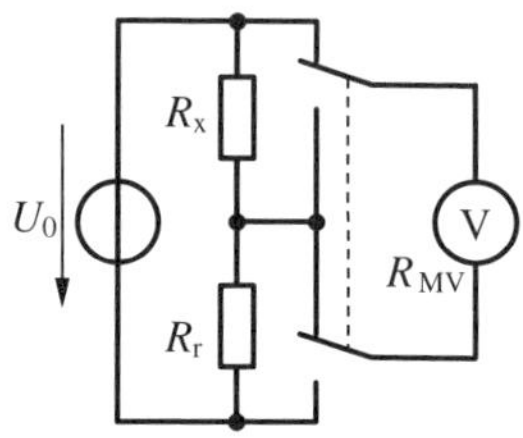

$$R_x = R_r \frac{U_{Rx}}{U_{Rr}}$$

4.4 Widerstandsmessbrücke

Gleichstrom-Abgleichmessbrücke

Wheatstone'sche Messbrücke (für Widerstände $> 1\,\Omega$, Leitungs-, Kontakt- bzw. Übergangswiderstände sind vernachlässigbar)

Abgeglichene Brückendiagonalspannung (bzw. -strom) $\rightarrow$ zwei parallele Spannungsteiler mit $U_d = 0\,\text{V}$. Referenzwiderstand R_2 dient zur Bereichswahl für R_1 und einstellbarer R_3 (in Bezug auf R_4) zum Abgleich.

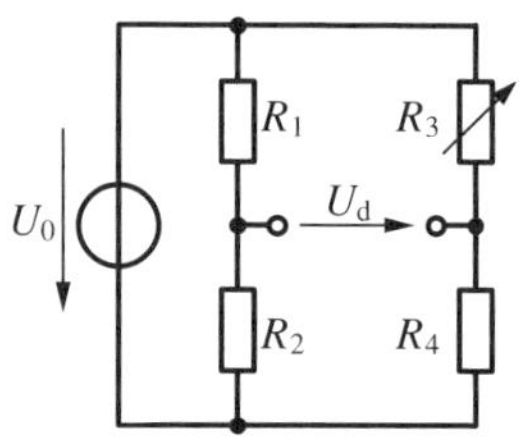

$$R_1 = R_2 \frac{R_3}{R_4}$$

Thomson'sche Messbrücke (für Widerstände R_x, $R_r < 1\,\Omega$, Leitungs-, Kontakt- bzw. Übergangswiderstände werden kompensiert, Widerstände R_1 und R_3 sowie R_2 und R_4 sind mechanisch gekoppelt). Zu bestimmender Widerstand R_x, Ergänzungswiderstand R und Referenzwiderstand R_r sind über die F-Anschlüsse (Force) stark strombelastet (inkl. Klemmen, etc.). Die Messbrücke wird über die S-Anschlüsse (Sense) betrieben. Aufgrund des geringen Stroms können hier die Leitungs-, Kontakt- und Übergangswiderstände vernachlässigt werden.

$$R_x = R_r \frac{R_1}{R_2} = R_r \frac{R_3}{R_4}$$

$R_x, R_r \ll R_1, R_2, R_3, R_4$

Häufig $R_1 = R_3$ und $R_2 = R_4$

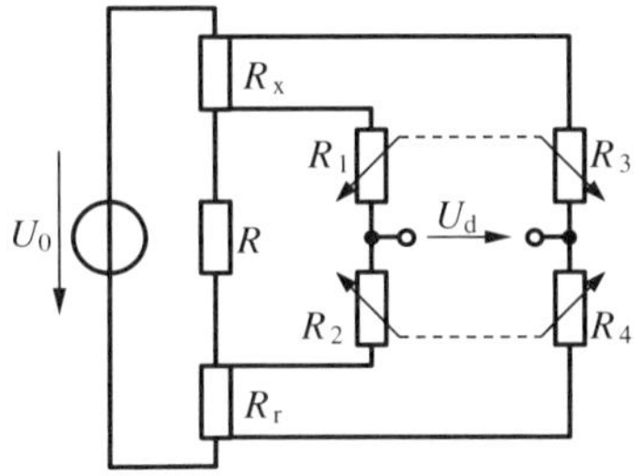

Abgleich-Wechselstrommessbrücken

Grundschaltung

Abgleichbedingung $\underline{U}_d \to 0\,\text{V}$:

$\underline{U}_{Z1} = \underline{U}_{Z3}$

(Betrag und Phase)

$$\frac{\underline{Z}_1}{\underline{Z}_2} = \frac{\underline{Z}_3}{\underline{Z}_4} \Rightarrow \frac{Z_1}{Z_2} = \frac{Z_3}{Z_4} \quad \text{und}$$

$$\varphi_1 - \varphi_2 = \varphi_3 - \varphi_4$$

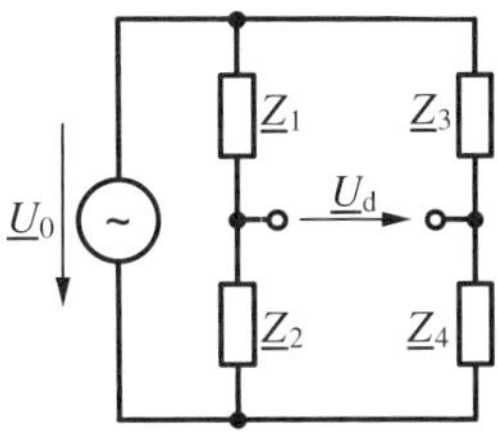

Wien-Brücke

Unbekannte Größen: R_1, C_1 im Parallel-Ersatzschaltbild (verlustbehafteter Kondensator)

$$R_1 = R_2 \frac{R_3}{R_4}$$

$$C_1 = C_2 + \frac{R_4}{R_3}$$

Alternativ kann der Abgleich auch mit R_2 und R_4 (C_2 und R_3 zur Bereichswahl) durchgeführt werden.

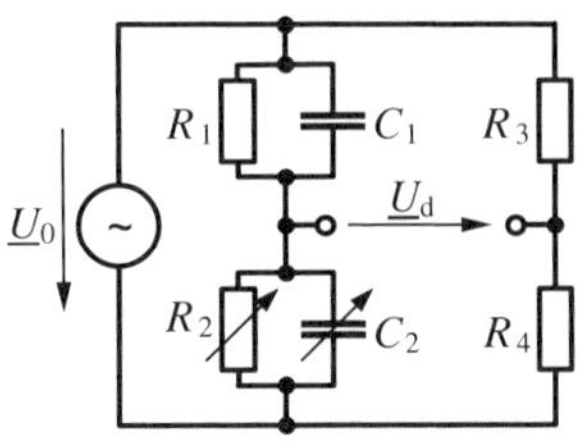

Wien-Robinson-Brücke

Die Wien-Robinson-Brücke arbeitet als Sperrfilter und eignet sich zur Frequenzmessung.

$$\omega = \frac{1}{RC} \quad \text{bzw.} \quad f = \frac{1}{2\pi RC}$$

mit

$$C_1 = C_2 = C$$
$$R_1 = R_2 = R$$
$$R_4 = 2R_3$$

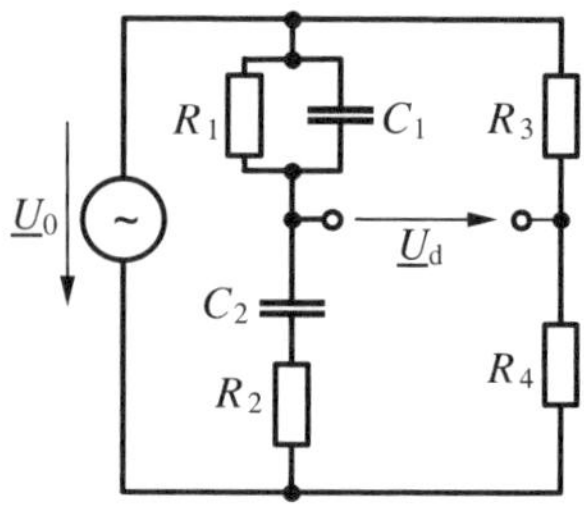

Maxwell-Wien-Brücke

(Induktivitätsmessbrücke)

$$L_1 = R_2 R_3 C_4$$
$$R_1 = R_2 \frac{R_3}{R_4}$$

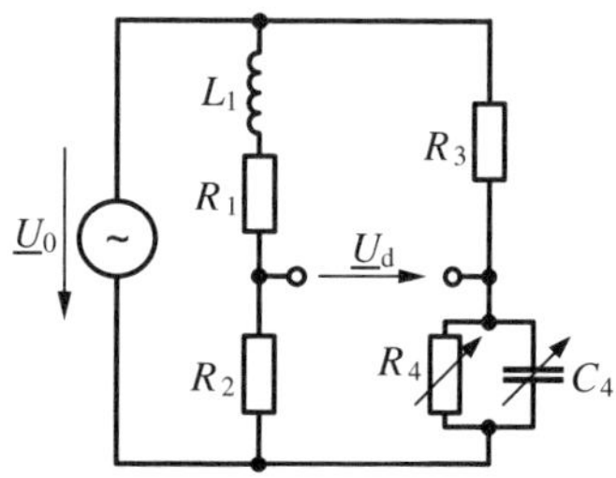

Phasenschieberbrücke

Die Phasenschieberbrücke ist keine Abgleichbrücke. Sie dient zur Einstellung eines Phasenwinkels zwischen U_d und U_0 von theoretisch 0° bis −180° (0 ... − π) bei einer Amplitude von $U_0/2$.

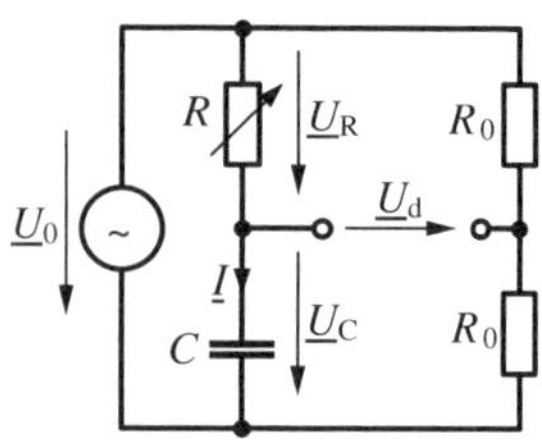

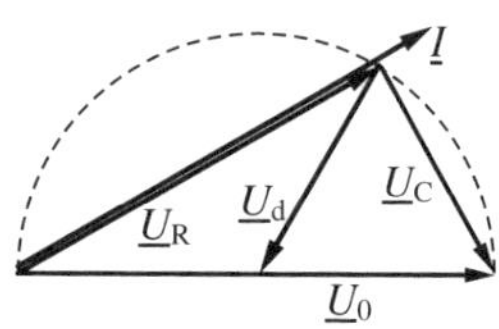

4.5 Ausschlagbrückenschaltung

Messung einer relativen Widerstandsänderung $\Delta R/R$ (z. B. Sensorelement).

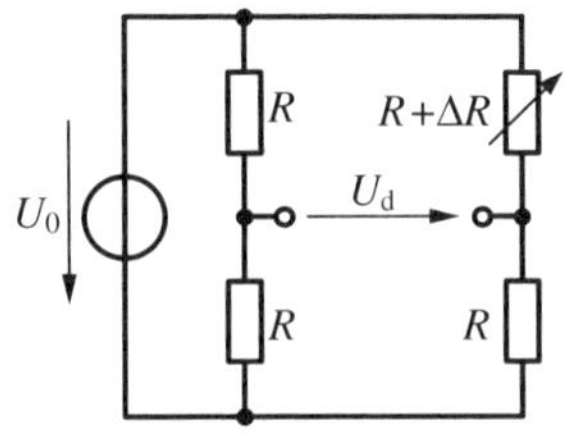

Extremwerte:

$R + \Delta R = 0 \quad \Rightarrow U_d = -U_0/2$

$R + \Delta R = R \quad \Rightarrow U_d = 0$

$R + \Delta R \to \infty \Rightarrow U_d = +U_0/2$

Innerhalb kleiner Widerstandsänderungen ΔR um den Widerstandswert R wird die Tangente als Übertragungsfunktion verwendet.

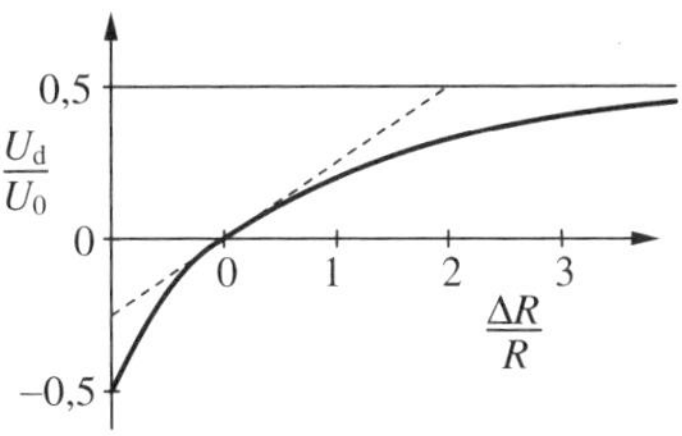

Viertelbrücke

$$U_d \approx \frac{U_0}{4} \cdot \frac{\Delta R}{R}$$

Bei räumlich getrenntem Sensorelement beeinflussen die Leitungswiderstände R_{Ltg} das Messergebnis, da Hin- und Rückleiter einem Brückenwiderstand zugeordnet werden. Bei der 3-Leiter-Schaltung kompensieren sich die Effekte, da die Leitungswiderstände R_{Ltg} gegenüberliegenden Brückenwiderständen eines Zweiges zugeordnet werden. Der Leitungswiderstand im Spannungsmesspfad kann aufgrund des geringen Stromflusses vernachlässigt werden.

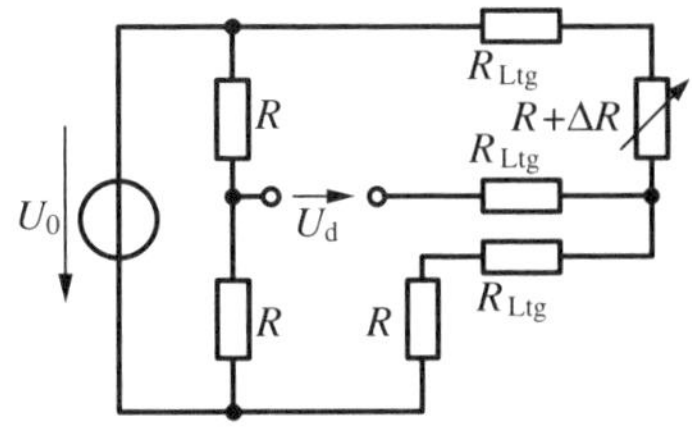

Halbbrücke

$$U_d \approx \frac{U_0}{2} \cdot \frac{\Delta R}{R}$$

Bei der Verwendung mehrerer Widerstandssensoren kann die Empfindlichkeit der Messbrücke erhöht werden. Die jeweiligen Änderungen U_d/U_0 müssen sich hierbei additiv überlagern.

Schaltung bei gleichsinnig beeinflussten Sensorelementen $R + \Delta R$.

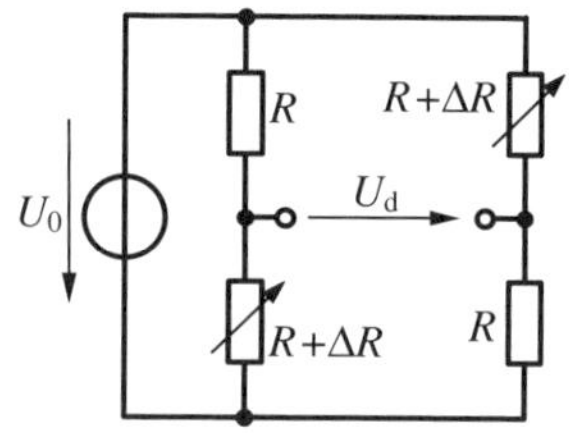

Schaltung bei gegensinnig beeinflussten Sensorelementen $R+\Delta R$ und $R-\Delta R$. Eine gleichsinnig einwirkende Störgröße wird hierbei eliminiert (z. B. Temperaturkompensation).

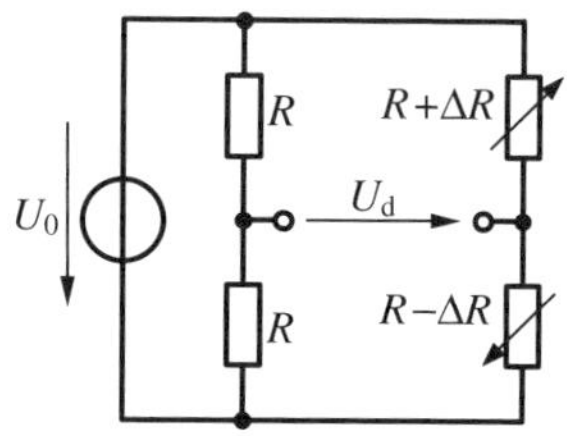

Vollbrücke

$$U_d \approx U_0 \cdot \frac{\Delta R}{R}$$

Lässt sich nur bei gegensinnig beeinflussten Sensorelementen $R+\Delta R$ und $R - \Delta R$ realisieren. Eine gleichsinnig einwirkende Störgröße wird eliminiert (z. B. Temperaturkompensation).

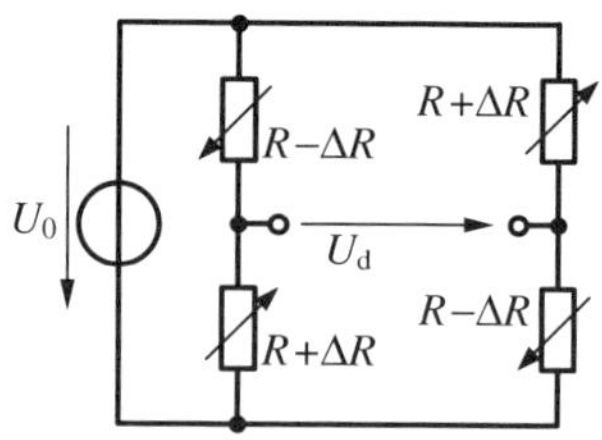

5 Messung elektrischer Größen

5.1 Messung von Gleichgrößen

Äquivalente Quellen

$U_0 = I_k \cdot R_i$

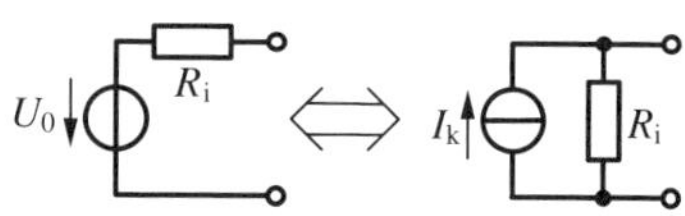

Spannungsquelle Stromquelle

Spannungsmessung

$$U_0 - U = U_{\mathrm{Ri}} = U \frac{R_\mathrm{i}}{R_\mathrm{MV}}$$

Abweichung der gemessenen Leerlaufspannung mit Innenwiderstand R_i. Effekt vernachlässigbar bei $R_\mathrm{MV} \gg R_\mathrm{i}$.

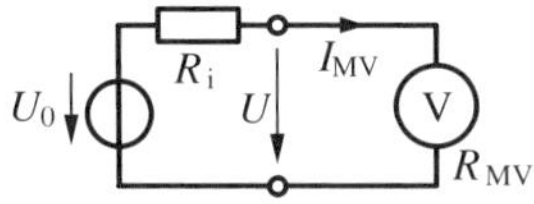

$$U = U_0 \frac{1}{1 + \frac{R_\mathrm{i}}{R_\mathrm{L}} + \frac{R_\mathrm{i}}{R_\mathrm{MV}}}$$

Angezeigter Spannungswert U

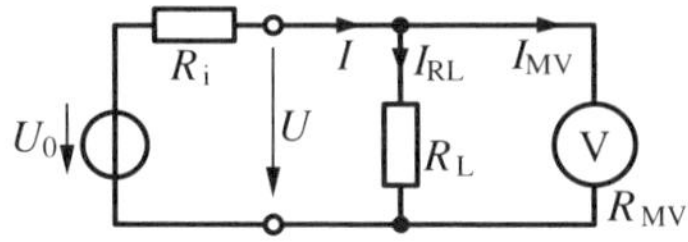

$$a = \frac{-1}{1 + \frac{R_\mathrm{MV}}{R_\mathrm{i}} + \frac{R_\mathrm{MV}}{R_\mathrm{L}}}$$

Relative Abweichung der gemessenen Spannung einer mit R_L belasteten Spannungsquelle mit Innenwiderstand R_i. Effekt vernachlässigbar bei $R_\mathrm{MV} \gg R_\mathrm{i}, R_\mathrm{L}$.

Messbereichserweiterung von Spannungsmessern

$$I_\mathrm{MV} = \frac{U_\mathrm{MV}}{R_\mathrm{MV}} = \frac{U - U_\mathrm{MV}}{R_\mathrm{V}}$$

Die Anzeigewerte sind abhängig vom Messgerätestrom I_MV.

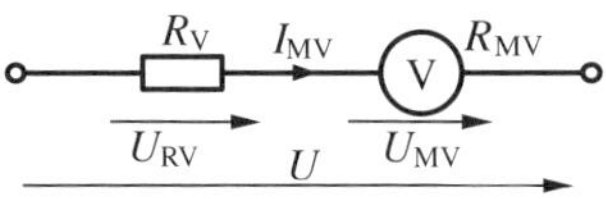

$$R_\mathrm{V} = R_\mathrm{MV} \left(\frac{U}{U_\mathrm{MV}} - 1 \right)$$

Der Messbereich U_M des Basisgerätes wird für einen erhöhten Spannungsbereich U durch einen Vorwiderstand (Serienwiderstand) R_V erweitert.

Strommessung

$$I_\mathrm{k} - I = I_\mathrm{Ri} = I \frac{R_\mathrm{MA}}{R_\mathrm{i}}$$

Abweichung des gemessenen Kurzschlussstroms mit Innenwiderstand R_i. Effekt vernachlässigbar bei $R_\mathrm{MA} \ll R_\mathrm{i}$.

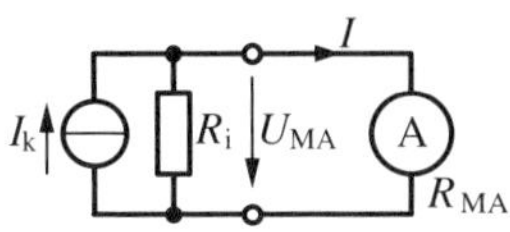

$$I = I_\mathrm{k} \frac{1}{1 + \frac{R_\mathrm{L}}{R_\mathrm{i}} + \frac{R_\mathrm{MA}}{R_\mathrm{i}}}$$

Angezeigter Stromwert I

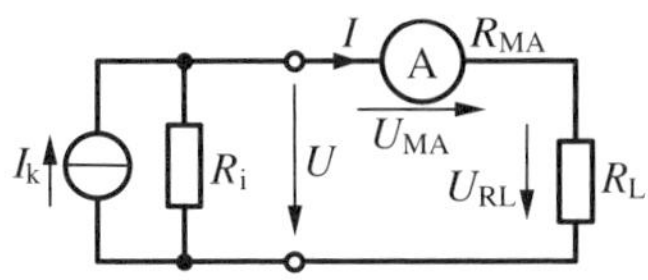

$$a = \frac{-1}{1 + \frac{R_i}{R_{MA}} + \frac{R_L}{R_{MA}}}$$

Relative Abweichung des gemessenen Stroms einer mit R_L belasteten Stromquelle mit Innenwiderstand R_i. Effekt vernachlässigbar bei $R_{MA} \ll R_i, R_L$.

Messbereichserweiterung von Strommessern

$$U_{MA} = R_{MA} \cdot I_{MA} = R_N (I - I_{MA})$$

Die Anzeigewerte sind abhängig von der Messgerätespannung U_{MA} (proportional I_{MA}).

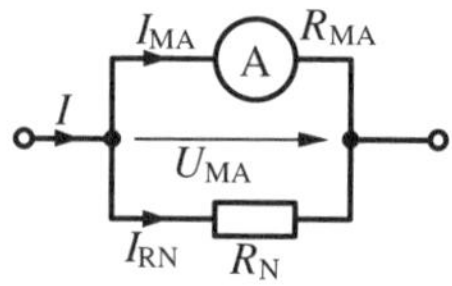

$$R_N = R_{MA} \frac{1}{\frac{I}{I_{MA}} - 1}$$

Der Messbereich I_M des Basisgerätes wird für einen erhöhten Strombereich I durch einen Nebenwiderstand (Parallelwiderstand) R_N erweitert. Bei umschaltbaren Nebenwiderständen erst den neuen Widerstand verbinden und danach den alten trennen.

5.2 Messung von Wechselgrößen

Zur Charakterisierung von Wechselgrößen gibt es eine Vielzahl an beschreibenden Parametern (→ Elektrotechnik/Elektronik: 5.1). Folgende mit $x(t)$, X angegebene Zusammenhänge beziehen sich gleichfalls auf Spannung $u(t)$, U und Strom $i(t)$, I.

Mittelwert

$$\bar{x} = X_{DC} = \frac{1}{T} \int_0^T x(t)\,\mathrm{d}t$$

T Periodendauer (bei nicht periodischen Signalen $T \to \infty$)

Der Mittelwert wird von allen Multimetern gemessen.

$$x(t) = X_{DC} + x_{AC}(t)$$

Eine Mischgröße setzt sich aus dem Gleichanteil (DC-Anteil) und dem Wechselanteil (AC-Anteil) zusammen.

Gleichricht(mittel)wert

$$\overline{|x|} = \frac{1}{T} \int_0^T |x_{AC}(t)| \, dt$$

Der Gleichrichtwert ist eine einfach zu bestimmende Größe von Wechselsignalen (mit Gleichrichter und Tiefpassfilter). Sie wird bei „einfachen" Multimetern zum Schätzen des Effektivwertes verwendet.

Effektivwert

$$X = +\sqrt{\frac{1}{T} \int_0^T (x(t))^2 \, dt}$$

Der Effektivwert repräsentiert eine Gleichgröße, die an einem ohmschen Widerstand die gleiche Leistung hervorruft wie die betrachtete Mischgröße.

$$X_{AC} = +\sqrt{\frac{1}{T} \int_0^T (x(t) - \overline{x})^2 \, dt}$$

Die Wechselgröße wird von Multimetern gemessen, die mit RMS (Root Mean Square) gekennzeichnet sind.

$$X = +\sqrt{(X_{DC})^2 + (X_{AC})^2}$$

Der Effektivwert einer Mischgröße ist die geometrische Summe des Gleichanteils $X_{DC} = \overline{x}$ und des Effektivwertes des Wechselanteils X_{AC}.

Scheitelfaktor

$$k_s = \frac{|\hat{X}_{AC}|}{X_{AC}}$$

Der Scheitelfaktor bezieht sich auf den Wechselanteil und ist das Verhältnis zwischen Maximalwert und Effektivwert. Bei einem hohen Scheitelfaktor sind häufig die Eingangsverstärker übersteuert und die Messabweichung erhöht sich aufgrund der gekappten Amplituden des Wechselanteils.

Formfaktor

$$k_f = \frac{X_{AC}}{\overline{|x|}}$$

Der Formfaktor bezieht sich auf den Wechselanteil und ist das Verhältnis zwischen Effektivwert und Gleichrichtwert.

$X_{\mathrm{AC}} = \overline{|x|} \cdot k_{\mathrm{f\,sin}} \approx \overline{|x|} \cdot 1{,}11$

Bei „einfachen“ Multimetern wird der Effektivwert der Wechselgröße durch den relativ einfach zu bestimmenden Gleichrichtwert unter Berücksichtigung des Formfaktors für Sinussignale ermittelt. Die Anzeige ist nur für reine Sinussignale verwendbar.

Gleichung	Einstellung	Geräte
$\bar{x} = X_{\mathrm{DC}} = \frac{1}{T} \int\limits_0^T x(t)\mathrm{d}t$	DC	Analoges Multimeter, Digitalmultimeter ohne RMS, Digitalmultimeter mit RMS
$X \approx 1{,}11 \cdot \frac{1}{T} \int\limits_0^T \lvert x(t)\rvert \,\mathrm{d}t$	AC	Analoges Multimeter (gilt nur für mittelwertfreie Sinussignale)
$X_{\mathrm{AC}} = 1{,}11 \cdot \frac{1}{T} \int\limits_0^T \lvert x(t) - \bar{x}\rvert \,\mathrm{d}t$	AC	Digitalmultimeter ohne RMS (gilt nur für Sinussignale)
$X_{\mathrm{AC}} = \sqrt{\frac{1}{T} \int\limits_0^T (x(t) - \bar{x})^2 \,\mathrm{d}t}$	AC	Digitalmultimeter mit RMS
$X = \sqrt{\frac{1}{T} \int\limits_0^T (x(t))^2 \,\mathrm{d}t} = \sqrt{X_{\mathrm{DC}}^2 + X_{\mathrm{AC}}^2}$	DC+AC	Dreheiseninstrument, einige Digitalmultimeter mit (T)RMS

Bereichserweiterung mit Messwandlern

Bei reinen Wechselgrößen kann eine potenzialgetrennte Erweiterung der Messbereiche auch mit Messwandlern erfolgen.

Der Spannungswert wird entsprechend dem Verhältnis der Windungszahlen (2 : 5 im Bild) übertragen. Der Transformator arbeitet im Leerlaufbetrieb ($i_2 \to 0$).

$$u_2 = u_1 \frac{N_2}{N_1}$$

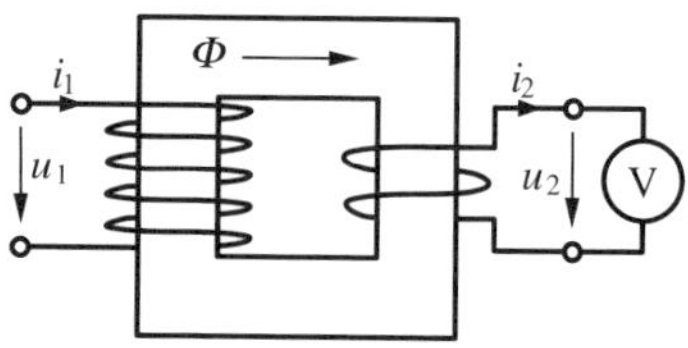

Der Stromwert wird entsprechend dem reziproken Verhältnis der Windungszahlen (2 : 5 im Bild) übertragen. Der Transformator arbeitet im Kurzschlussbetrieb ($u_2 \to 0$). Stromwandler nie im Leerlauf betreiben!

$$i_2 = i_1 \frac{N_1}{N_2}$$

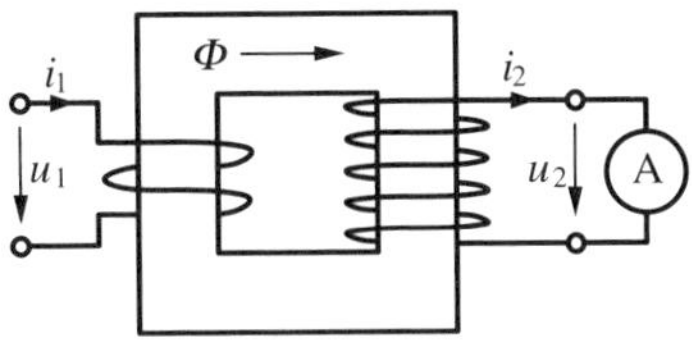

5.3 Leistungsmessung

$$P = U \cdot I$$

Die Leistung P bei Gleichgrößen ist das Produkt aus Spannung U und Strom I in der Einheit W (Watt).

$$S = U \cdot I$$

Das Produkt aus den Effektivwerten von Spannung U und Strom I entspricht der Scheinleistung S in der Einheit V · A (Voltampere).

$$P = U \cdot I \cdot \cos \varphi$$

Die (Wirk-)Leistung monofrequenter (Sinus-)Signale ist das Produkt aus Spannung U, Strom I und dem Kosinus des Phasenwinkels φ zwischen Spannung und Strom (Leistungsfaktor) in der Einheit W (Watt). Bei rein ohmscher Belastung ist $\cos(\varphi) = 1$.

$$Q = U \cdot I \cdot \sin \varphi$$

Die Blindleistung monofrequenter (Sinus-) Signale ist das Produkt aus Spannung U, Strom I und dem Sinus des Phasenwinkels φ zwischen Spannung und Strom in der Einheit var (Voltampere reaktiv). Bei rein ohmscher Belastung ist $Q = 0$.

Die Scheinleistung S ist die geometrische Addition aus Wirkleistung P und Blindleistung Q. Bei monofrequenten Signalen ergibt sich die Aufteilung gemäß des Phasenwinkels φ. Die Leistung $\underline{S}$ kann als komplexer Wert $P + \mathrm{j}Q$ angegeben werden.

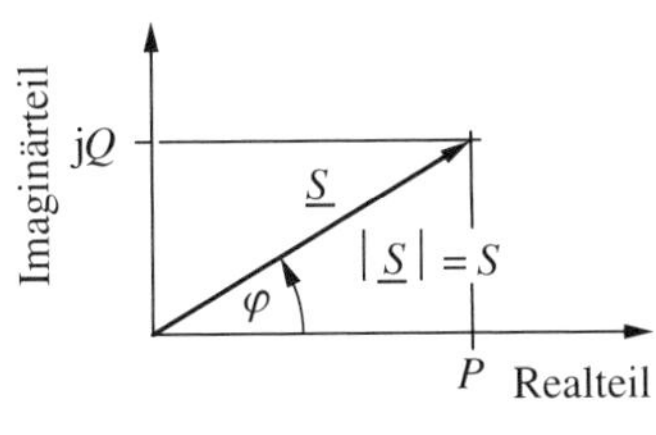

$$P = \frac{1}{T} \int_0^T u(t) \cdot i(t) \, \mathrm{d}t$$

für beliebige periodische Signale mit Periodendauer T

$$P = \frac{U^2}{R} = \frac{1}{T} \int_0^T \frac{u(t)^2}{R} \, \mathrm{d}t$$
$$= \frac{1}{T} \int_0^T R \cdot i(t)^2 \, \mathrm{d}t = R \cdot I^2$$

für beliebige periodische Signale mit Periodendauer T und ohmschen Belastungswiderstand R

$$P = P_{\mathrm{DC}} + P_{\mathrm{AC}} = \frac{U_{\mathrm{DC}}^2}{R} + \frac{U_{\mathrm{AC}}^2}{R} = \frac{U^2}{R}$$

Bei Mischgrößen mit DC- (Gleichspannung) und AC-Anteil (Wechselspannung) sind beide Leistungswerte zu addieren.

Stromrichtige Schaltung

$$P_{\mathrm{RL}} = U_{\mathrm{L}} \cdot I_{\mathrm{L}} = U \cdot I_{\mathrm{L}} - R_{\mathrm{WA}} \cdot I_{\mathrm{L}}^2$$

für $R_{\mathrm{WA}} \ll R_{\mathrm{L}}$

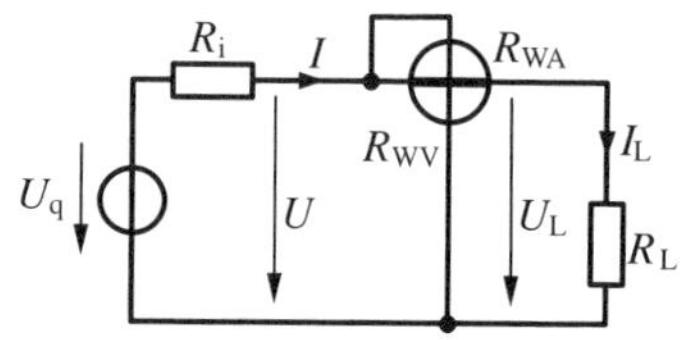

R_{WA} Widerstand des Strompfades im Leistungsmesser

Spannungsrichtige Schaltung

$$P_{\mathrm{RL}} = U_{\mathrm{L}} \cdot I_{\mathrm{L}} = U_{\mathrm{L}} \cdot I - \frac{U_{\mathrm{L}}^2}{R_{\mathrm{WV}}}$$

für $R_{\mathrm{WU}} \gg R$

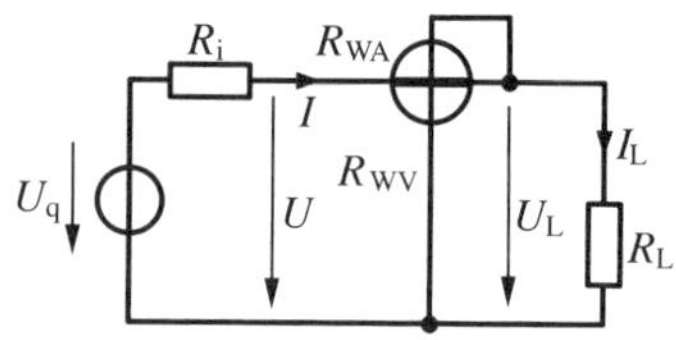

R_{WV} Widerstand des Spannungspfades im Leistungsmesser

Blindleistungsmessung

Für die Blindleistungsmessung muss der Spannungsvektor um $-\pi/2$ bzw. -90° gedreht werden. Eine induktive Belastung (Strom ist verzögert) liefert einen positiven Wert.

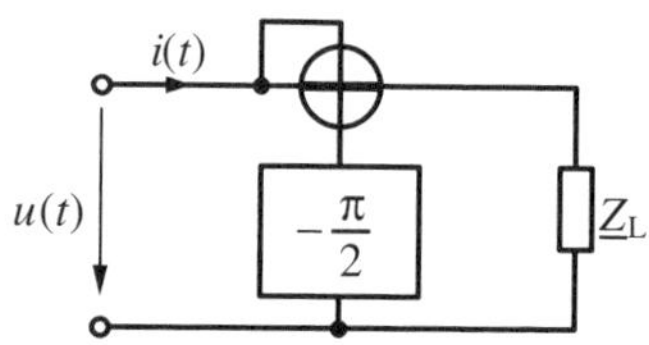

Leistungsmessung bei Drehstrom und symmetrischer Belastung

4-Leiter-System

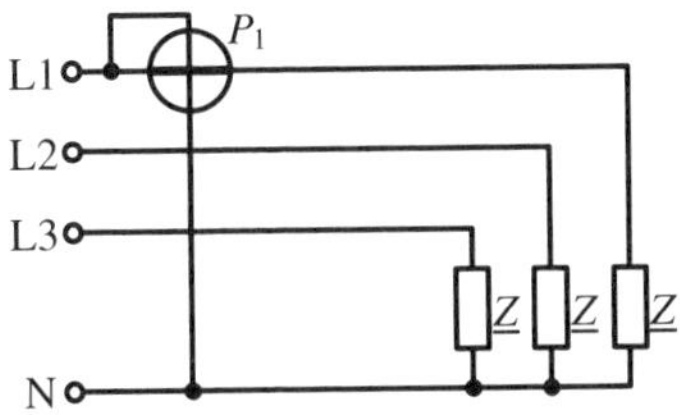

$P = 3 \cdot P_1 = 3 \cdot U_{eff} \cdot I_{eff} \cdot \cos\varphi$

3-Leiter-System

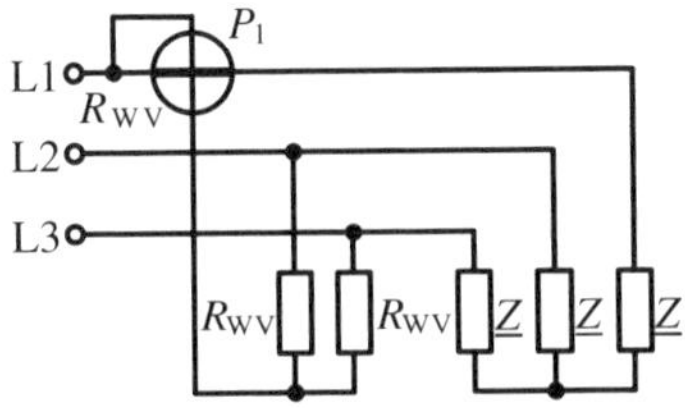

„künstlicher Nullpunkt“ bei 3-Leiter-System

Leistungsmessung bei Drehstrom und unsymmetrischer Belastung

4-Leiter-System

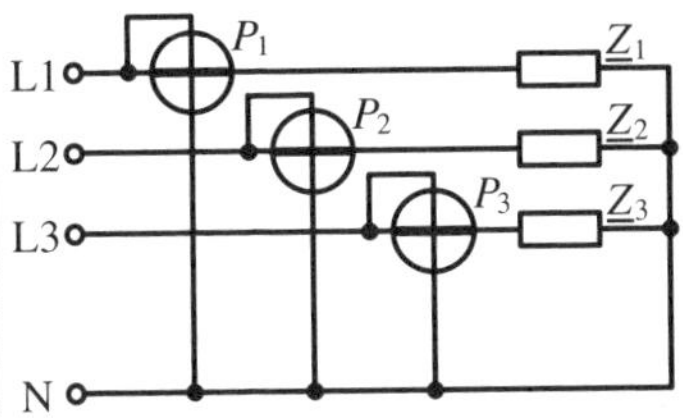

$P = P_1 + P_2 + P_3$

3-Leiter-System

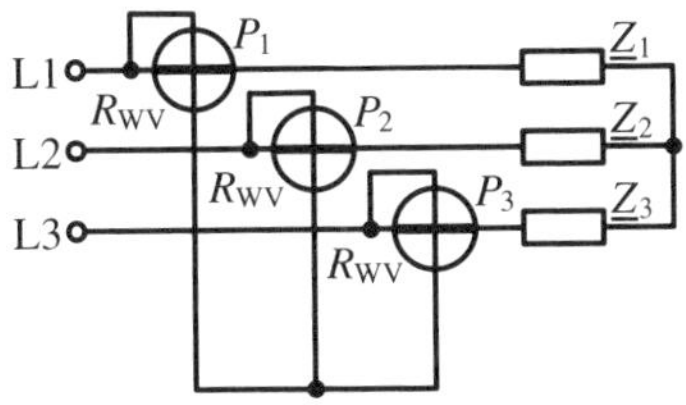

„künstlicher Nullpunkt“ bei 3-Leiter-System

Wirkleistungsmessung bei unsymmetrischer Belastung im 3-Leiter-System (Aronschaltung)

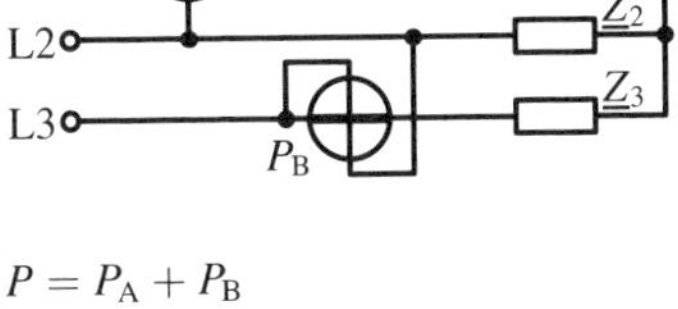

$P = P_A + P_B$

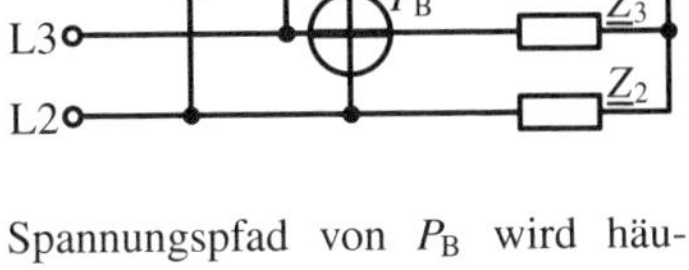

Spannungspfad von P_B wird häufig negiert verwendet. Schaltung entspricht einem 2-Leiter-System mit z. B. L2 als Bezugspotenzial.

Blindleistungsmessung bei Drehstrom und symmetrischer Belastung

Bei einem symmetrischen 3-Leiter-System ist die Spannung U_{23} gegenüber der Spannung U_1 um $-\pi/2$ bzw. $-90°$ verschoben (nacheilend), jedoch um den Wert $\sqrt{3}$ größer.

$$Q_1 = \left(\sqrt{3} \cdot U_1\right) \cdot I_1 \cdot \sin\varphi$$

$$Q = 3 \cdot U_1 \cdot I_1 \cdot \sin\varphi = \sqrt{3} \cdot Q_1$$

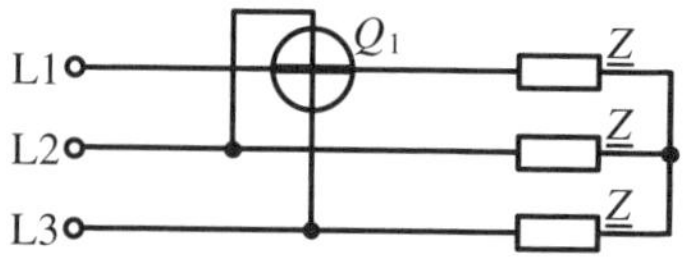

6 Messung nichtelektrischer Größen

6.1 Temperatur

Widerstandsthermometer

PT-100 (−200 bis 850 °C)

für 0 ... 850 °C:

$$R(T) = R_0\left(1 + A\vartheta + B'\vartheta^2\right)$$

für −200 ... 0 °C:

$$R(T) = R_0\left[1 + A\vartheta + B\vartheta^2 + C\vartheta^3(\vartheta - 100\,°\mathrm{C})\right]$$

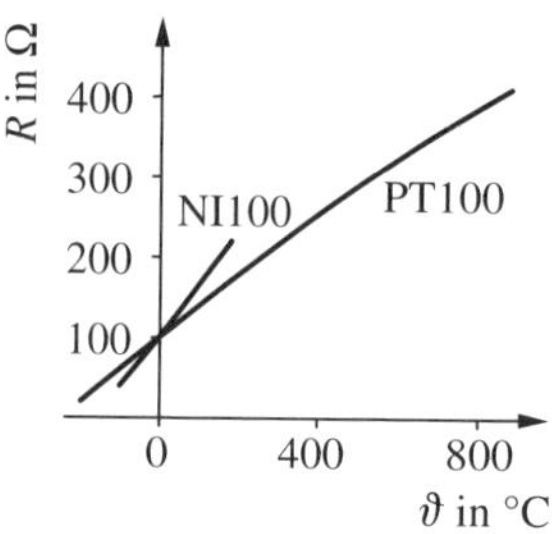

R_0 Bezugswiderstand bei 0 °C (273,15 K)

ϑ Temperatur in °C (T − 273,15 K)

A $3{,}908\,02 \cdot 10^{-3}\,°\mathrm{C}^{-1}$

B' $-0{,}580\,195 \cdot 10^{-6}\,°\mathrm{C}^{-2}$

B $-0{,}580\,295 \cdot 10^{-6}\,°\mathrm{C}^{-2}$

C $-4{,}273\,50 \cdot 10^{-12}\,°\mathrm{C}^{-4}$

Ni-100 (−60 bis 180 °C)

$$R(T) = R_0\left(1 + A\vartheta + B\vartheta^2 + C\vartheta^4\right)$$

R_0 Bezugswiderstand bei 0 °C (273,15 K)

ϑ Temperatur in °C (T − 273,15 K)

A $5{,}485 \cdot 10^{-3}\,°\mathrm{C}^{-1}$

B $6{,}650 \cdot 10^{-6}\,°\mathrm{C}^{-2}$

C $28{,}05 \cdot 10^{-12}\,°\mathrm{C}^{-4}$

Heißleiter (Thermistor, NTC)

$$R(T) = R_0 \cdot e^{b\left(\frac{1}{T} - \frac{1}{T_0}\right)} = K_0 \cdot e^{\frac{b}{T}}$$

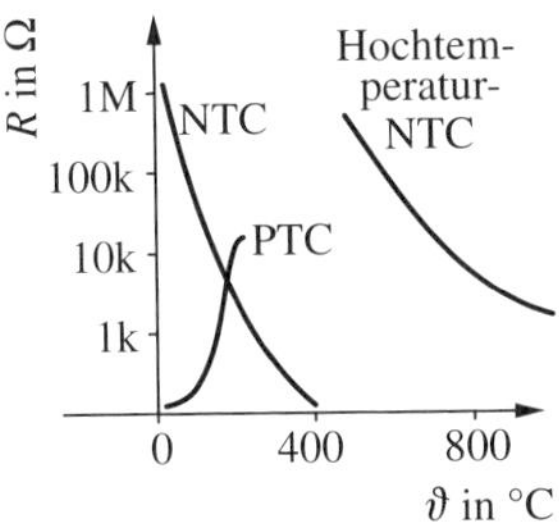

R_0 Bezugswiderstand bei Temperatur T_0
T_0 Bezugstemperatur in K
K_0 Materialkonstante in Ω
b Materialkonstante in K (2000 K bis 6000 K)

Kaltleiter (PTC)

für den linearen Anstieg:

$$R(T) = R_0 \cdot e^{b(T-T_0)}$$

R_0 Bezugswiderstand bei Temperatur T_0
T_0 Bezugstemperatur in K
b Materialkonstante in K^{-1}

Thermoelement (Thermoelektrische Spannung)

$$U_{th} = (\alpha_A - \alpha_B) \cdot (T_M - T_V) = k_{AB}\,(T_M - T_V)$$

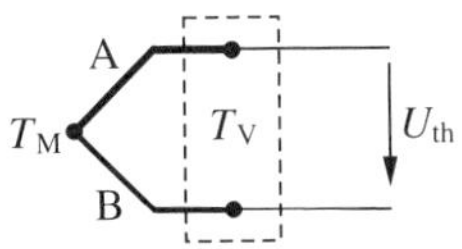

U_{th} Thermospannung
A, B thermoelektrisches Material
α_A, α_B Seebeck-Koeffizienten
k_{AB} Thermoempfindlichkeit des Thermopaares A/B
T_M Temperatur der Messstelle
T_V Temperatur der Vergleichsstelle

Koeffizienten für $\vartheta = 0 \ldots 100\,°C$

Material X	$(\alpha_X - \alpha_{Pt})$ in mV/100 K
Konstantan (CuNi)	−3,47 … − 3,04
Nickel (Ni)	−1,9
Platin (Pt)	0,0 (Bezugswert)
Wolfram (W)	0,7
Kupfer (Cu)	0,7
Eisen (Fe)	1,9
Nickel-Chrom (NiCr)	2,2
Silicium (Si)	44

6.2 Magnetfeld

Hall-Sensor

$U_H = c_H \cdot \frac{B \cdot I}{d}$ mit $U_H \perp B \perp I$

U_H Hall-Spannung
c_H Hall-Konstante
d Dicke des Sensors
B magnetische Flussdichte
I Strom durch den Sensor

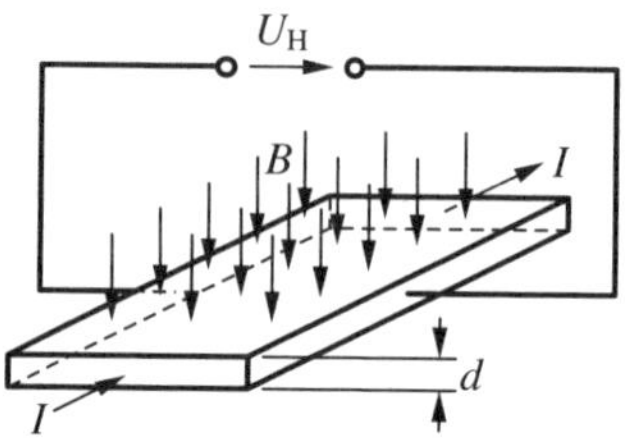

Feldplatte (Magnetowiderstandseffekt)

$R_B = R_0 \left[1 + (\mu B)^2\right]$

R_0 Widerstand ohne Magnetfeld
μ Beweglichkeit der Ladungsträger
B magnetische Flussdichte

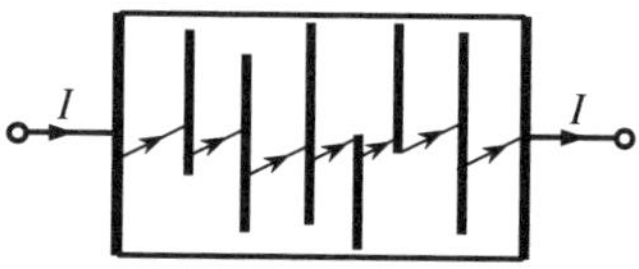

6.3 Längen- und Wegmessung

Potenziometrischer Wegsensor

$x = \frac{R_x}{R_0} x_{max}$ bzw. $x = \frac{U_x}{U_0} x_{max}$

R_0 Widerstand
R_x Widerstandanteil bis zum Abgriff
x aktuelle Position
x_{max} maximale Strecke

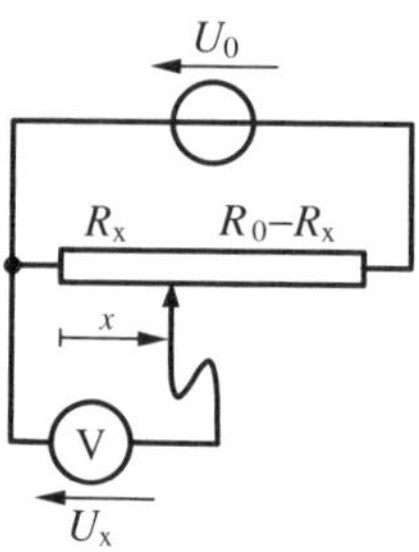

Tauchanker-Aufnehmer

$$L(s) \approx \frac{\mu_0 \cdot A \cdot N^2}{s} \sim \frac{1}{s}$$

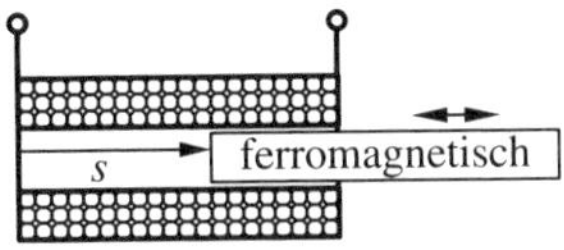

μ_0 Permeabilität des Vakuums
A effektive (Luft-)Querschnittsfläche in der Spule
N Windungszahl der Spule
s Luftlänge innerhalb der Spule

Differenzial-Tauchankergeber

$$X_{L1}(s) = \omega \cdot L_1(s) \approx \frac{\omega \cdot \mu_0 \cdot A \cdot N^2}{s_0 - s}$$

$$X_{L2}(s) = \omega \cdot L_2(s) \approx \frac{\omega \cdot \mu_0 \cdot A \cdot N^2}{s_0 + s}$$

ω Kreisfrequenz $(2\pi \cdot f)$

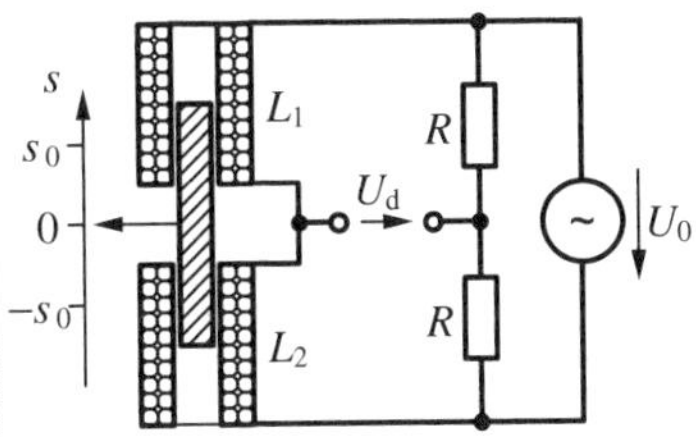

In einer Brückenschaltung (Halbbrücke)

$$U_d = U_0 \cdot \frac{1}{2} \cdot \frac{s}{s_0}$$

Kapazitiver Wegaufnehmer

Kapazitätsänderung bei Änderung des Plattenabstandes

$$C(\Delta d) = \varepsilon \cdot \frac{A}{d_0 + \Delta d}$$

ε Permittivitätszahl
A effektive Plattengröße
d_0 Plattenabstand (Arbeitspunkt)
Δd Änderung des Plattenabstandes

$$X_C = \frac{-1}{\omega \cdot C} = \frac{-(d_0 + \Delta d)}{\omega \cdot \varepsilon \cdot A}$$

$\omega = 2\pi \cdot f$ Kreisfrequenz

In Brückenschaltung (Viertelbrücke):

$$U_d = \frac{U_0}{4} \cdot \frac{\Delta X}{X} \Longrightarrow \frac{U_0}{4} \cdot \frac{\Delta d}{d_0}$$

für $\Delta X \ll X$ bzw. $\Delta d \ll d_0$

Kapazitive Dickenmessung

$$\frac{\Delta C}{C_0} = \frac{\varepsilon_r - 1}{1 + \varepsilon_r \left(\frac{D}{d} - 1 \right)}$$

ΔC Kapazitätsanteil durch d
C_0 Grundkapazität bei $d = 0$

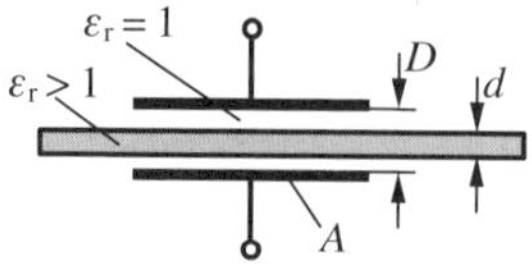

Kapazitive Füllstandsmessung

$$\frac{\Delta C}{C_0} = \frac{h}{H} (\varepsilon_r - 1)$$

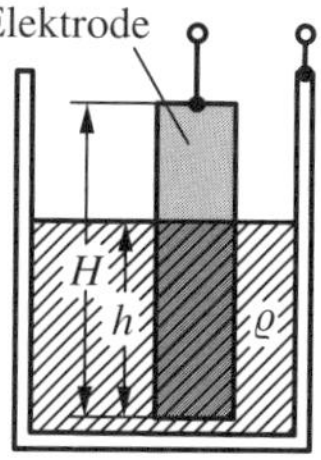

ε_r relative Permittivität der Isolierung (leitende Flüssigkeit) bzw. der Flüssigkeit
ΔC Kapazitätsanteil durch h
C_0 Grundkapazität bei $h = 0$

Bei nichtleitenden Flüssigkeiten wird ein (gelochtes) Rohr um die Elektrode als Gegenpol verwendet und die Flüssigkeit selbst als Isolierung.

Kraftmessung/Druckmessung

Die Kraftmessung (Druckmessung über Kraftwirkung auf eine Membran) erfolgt häufig über die Messung der Verformung eines Verformkörpers. Das Bild bietet die Möglichkeit mit Dehnungsmessstreifen (DMS) eine temperaturkompensierte Vollbrückenschaltung als Messkette aufzubauen:

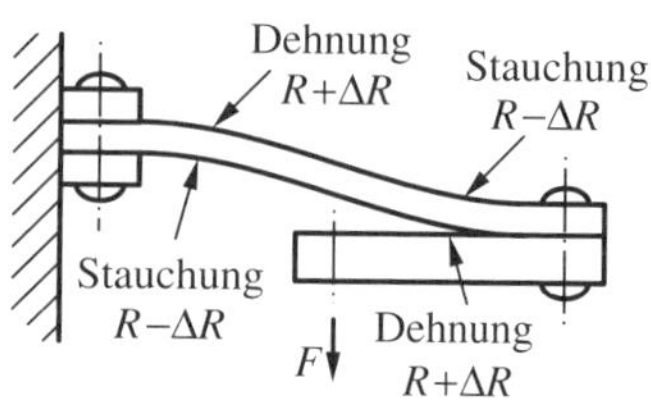

Beschleunigungsmessungen werden häufig durch eine Kraftmessung für eine zu beschleunigende seismische Referenzmasse realisiert. Hierzu eigen sich Piezokristalle.

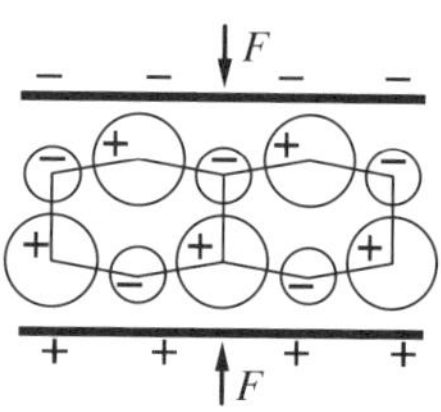

$Q = k_p \cdot F = k_p \cdot m_S \cdot a$	Q influenzierte Ladung k_p piezoelektrische Konstante (Piezomodul) F Krafteinwirkung m_S seismische Masse a Beschleunigung
Kraftsensor (Piezokristall) mit Ladungsverstärker (stark idealisiert)	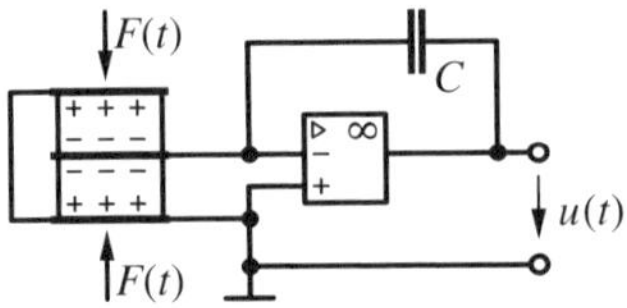
$u(t) = \frac{2 \cdot Q(t)}{C} = \frac{2 \cdot k_p \cdot F(t)}{C}$	$F(t)$ Krafteinwirkung (dynamisch) C Kapazität des Ladungsverstärkers (Verstärkung)

Maschinenelemente

1 Sicherheitsberechnung

Definition der Sicherheit als Verhältniswert

$$\text{Sicherheit} = \frac{\text{Festigkeit des Werkstücks}}{\text{Nennspannung}} \geqq 1$$

Schematischer Ablauf der Sicherheitsberechnung

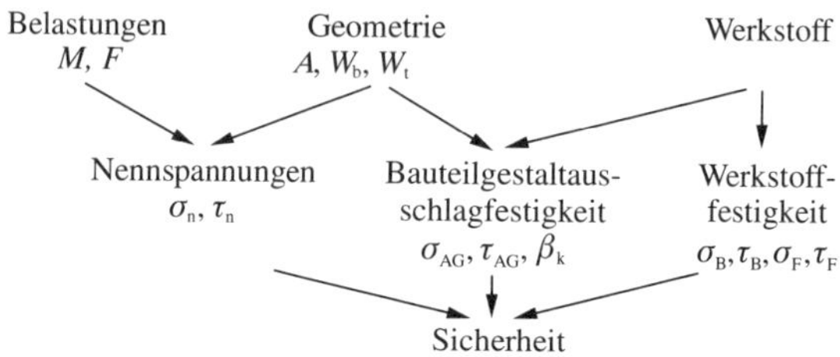

1.1 Einzelbeanspruchungen

Sicherheitsberechnung für zähe Werkstoffe gegen Fließen, für spröde Werkstoffe gegen Bruch

$$S_F = \frac{\sigma_F}{\sigma_n} \quad \text{bzw.} \quad S_F = \frac{\tau_F}{\tau_n}$$

- S_F Sicherheit gegen Fließen, $S_F \geqq 1 \ldots 2$
- σ_F Fließgrenze für Normalbeanspruchungen
- τ_F Fließgrenze für Schubbeanspruchungen

$$S_B = \frac{\sigma_B}{\sigma_n} \quad \text{bzw.} \quad S_B = \frac{\tau_B}{\tau_n}$$

- S_B Sicherheit gegen Bruch, $S_B \geqq 2 \ldots 4$
- σ_B Bruchfestigkeit für Normalbeanspruchungen
- τ_B Bruchfestigkeit für Schubbeanspruchungen

Die Nennspannungen σ_n bzw. τ_n ergeben sich nach den Regeln der Technischen Mechanik (s. folgende Übersicht).

Die benötigten materialabhängigen Festigkeitswerte σ_F, σ_B bzw. τ_F, τ_B können den entsprechenden Werkstoffnormen entnommen werden.

Normalspannungen

Zugspannung $\sigma_z = \dfrac{F_z}{A}$

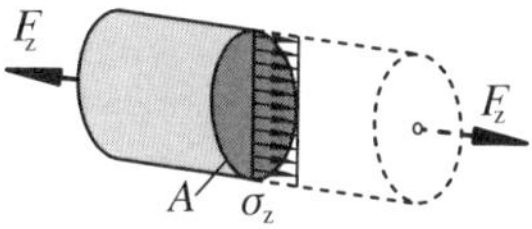

Festigkeit $\sigma_F = R_e$ bzw. $R_{p0.2}$
$\sigma_B = R_m$

R_e Streckgrenze
$R_{p0.2}$ Dehngrenze
R_m Zugfestigkeit

Druckspannung $\sigma_d = \dfrac{F_d}{A}$

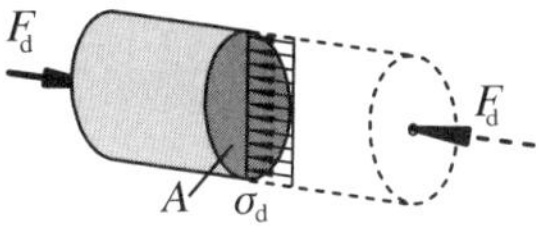

Festigkeit $\sigma_F = \sigma_{dF}$
$\sigma_B = \sigma_{dB}$

σ_{dF} Druckfließgrenze
σ_{dB} Druckfestigkeit

Biegespannung $\sigma_b = \dfrac{M_b}{W_b}$

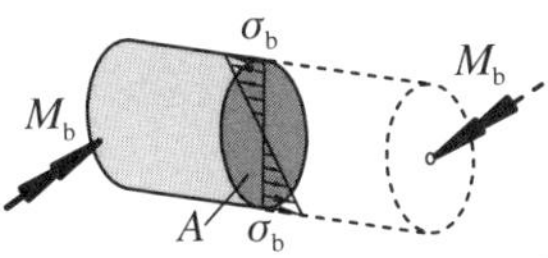

Festigkeit $\sigma_F = \sigma_{bF}$
$\sigma_B = \sigma_{bB}$

σ_{bF} Biegefließgrenze
σ_{bB} Biegefestigkeit
W_b Widerstandsmoment

Schubspannungen

Scherspannung $\tau_s = \dfrac{F_Q}{A}$

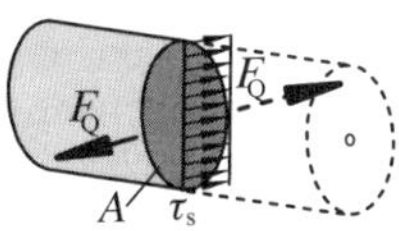

Festigkeit $\tau_F = \tau_{sF}$
$\tau_B = \tau_{sB}$

τ_{sF} Scherfließgrenze
τ_{sB} Abscherfestigkeit

Torsionsspannung $\tau_t = \dfrac{M_t}{W_t}$

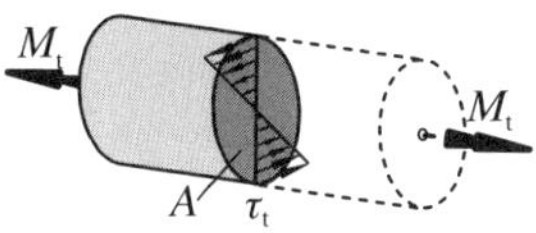

Festigkeit $\tau_F = \tau_{tF}$
$\tau_B = \tau_{tB}$

τ_{tF} Torsionsfließgrenze
τ_{tB} Torsionsfestigkeit
W_t Torsionswiderstandsmoment

1.2 Dynamische Beanspruchungen

Realer Belastungsverlauf

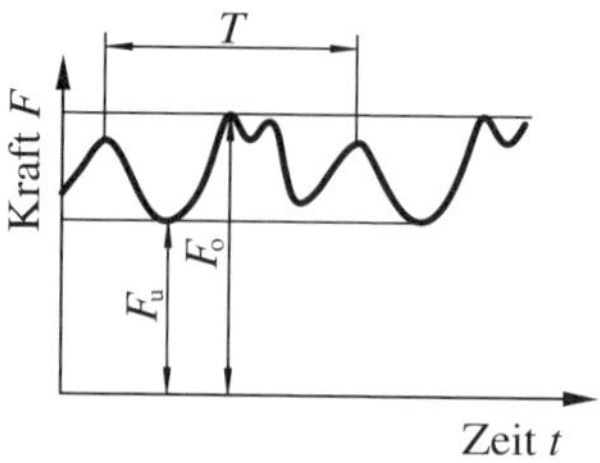

Vereinfachter Belastungsverlauf

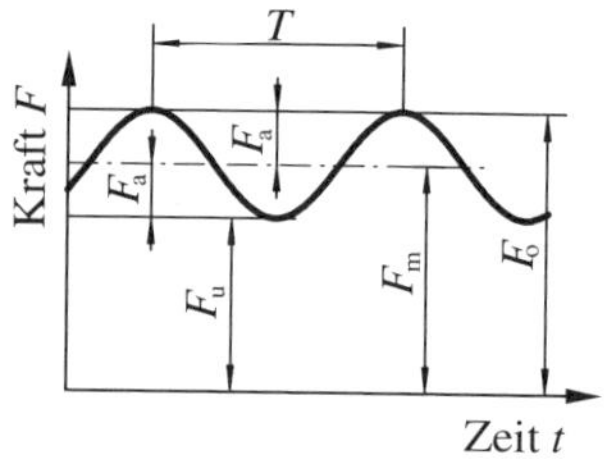

$$F_m = \frac{F_o + F_u}{2}$$

F_m mittlere Kraft

$$F_a = \frac{F_o - F_u}{2}$$

F_a Kraftamplitude

$$\sigma_m = \frac{\sigma_o + \sigma_u}{2}$$

σ_m Mittelspannung (analog für τ)

$$\sigma_a = \frac{\sigma_o - \sigma_u}{2}$$

σ_a Ausschlagspannung (analog für τ)

$$\sigma_o = \sigma_m + \sigma_a$$

σ_o Oberspannung (analog für τ)

$$\sigma_u = \sigma_m - \sigma_a$$

σ_u Unterspannung (analog für τ)

$$\kappa = \frac{\sigma_u}{\sigma_o} = \frac{\tau_u}{\tau_o} = \frac{F_u}{F_o}$$

κ Spannungsverhältnis

Spezialfälle:

$\kappa = 1$ statische Beanspruchung
$\kappa = 0$ schwellende Beanspruchung
$\kappa = -1$ Wechselbeanspruchung

Dauerschwingfestigkeit

Dauerfestigkeitsdiagramm (Smith-Diagramm) für S235JRG2 (St37-2) für Biege-, Zug- und Torsionsbeanspruchung

σ_{zO} Oberfestigkeit bei Zugbeanspruchung
σ_{bO} Oberfestigkeit bei Biegebeanspruchung
τ_{tO} Oberfestigkeit bei Torsionsbeanspruchung
$\tau_{tW} = \tau_{tO}$ ($\kappa = -1$) Torsionswechselfestigkeit (analog für σ_z bzw. σ_b)
$\tau_{tSch} = \tau_{tO}$ ($\kappa = 0$) Torsionsschwellfestigkeit (analog für σ_z bzw. σ_b)

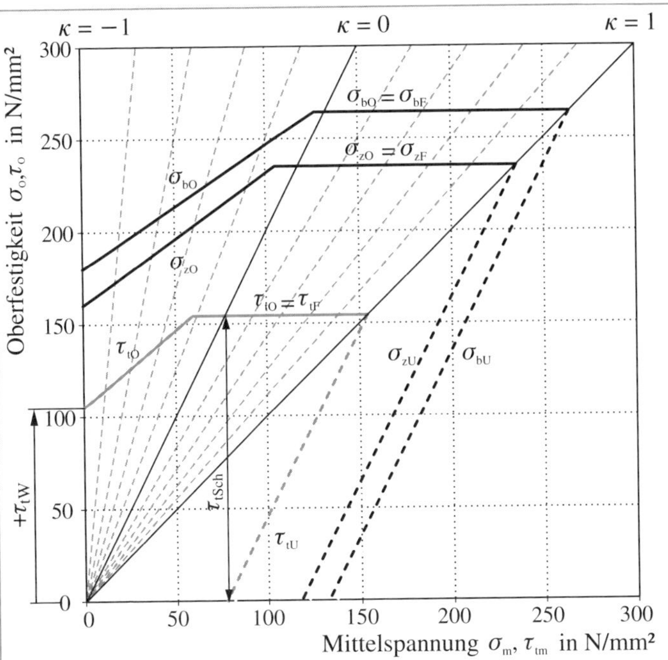

$\sigma_A = \sigma_O - \sigma_m$

$\sigma_A = \dfrac{1-\kappa}{2}\sigma_O$

σ_O Oberfestigkeit

σ_A Ausschlagfestigkeit

► DIN 50 100 Werkstoffprüfung; Dauerschwingversuch, Begriffe, Zeichen, Durchführung, Auswertung

Größenfaktor b für Baustahl

$d \leqq 10\,\text{mm}$	$b = 1$
$d = 20\,\text{mm}$	$b \approx 0{,}8\ldots0{,}9$
$d = 50\,\text{mm}$	$b \approx 0{,}7\ldots0{,}8$
$d > 100\,\text{mm}$	$b \approx 0{,}6\ldots0{,}8$

Kerbwirkung

$\alpha_k = \dfrac{\sigma_{max}}{\sigma_n} \geqq 1$

α_k Formziffer, abhängig von der Geometrie (→ Neuber)

$\beta_k = \dfrac{\sigma_A}{\sigma_{A\,gekerbt}}$

β_k Kerbwirkungszahl

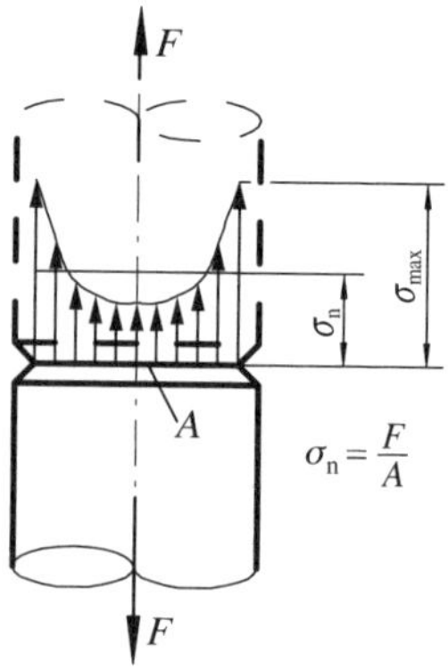

Ohne makroskopische Kerbe $\beta_k = \beta_O$

β_O Kerbwirkung der Oberflächenrauheit, z. B. für S235JRG2 (St37-2) $\beta_O \approx 1 \ldots 1{,}25$ für $R_z = 0 \ldots 100\,\mu m$

Mit Kerbe $1 \leqq \beta_k \leqq \alpha_k$.

β_k Kerbwirkungszahl abhängig von Geometrie und Material; β_k steigt mit Kerbtiefe und Werkstofffestigkeit, z. B. Kerbwirkung einer Passfedernut, Welle aus S235JRG2 (St37-2), für Torsion $\beta_k \approx 1{,}4$, für Biegung $\beta_k \approx 1{,}7$ (andere Fälle siehe Neuber)

$$\sigma_{AG} = \frac{b\,\sigma_A}{\beta_k}$$

$$S_D = \frac{\sigma_{AG}}{\sigma_a}$$

σ_{AG} Bauteilgestaltausschlagfestigkeit

S_D Sicherheit, $S_D \geqq 1{,}5 \ldots 2$

σ_a vorhandener Nennspannungsausschlag

1.3 Zusammengesetzte Beanspruchungen

Gesamtsicherheit bei gemeinsamem Auftreten verschiedener Spannungskomponenten

$$S \geqq \left[\sqrt{\left(\frac{1}{S_{z/d}} + \frac{1}{S_b}\right)^2 + \left(\frac{1}{S_s} + \frac{1}{S_t}\right)^2}\,\right]^{-1}$$

S Gesamtsicherheit gegen Fließen, Gewalt- oder Dauerbruch aus allen Teilsicherheiten; $S \geqq 1$

Achtung: Teilsicherheiten können unter Umständen zu fehlerhaft kleinen Gesamtsicherheiten führen, z. B. wenn σ_z und σ_b in entgegengesetzte Richtungen wirken.

Ansatz über Vergleichsspannung (Sonderfall: Ebener Spannungszustand mit $\sigma_1 = \sigma$, $\sigma_2 = 0$)

$$\sigma_v = \sqrt{\sigma^2 + \alpha_0^2 \tau^2}$$

σ_v Vergleichsspannung
α_0 Anstrengungsverhältnis nach C. Bach

$$\alpha_0 = \frac{\sigma_F}{\tau_F}$$

$\alpha_0 = 1$ für spröde Werkstoffe (Normalspannungshypothese)
$\alpha_0 = \sqrt{3}$ für duktile Werkstoffe (Gestaltänderungsenergiehypothese)

$$S_F = \frac{\sigma_F}{\sigma_v}$$

S_F Sicherheit gegen Fließen

2 Schweißverbindungen

2.1 Geometrische Kenngrößen

Schweißnahtquerschnitt

Stumpfnaht

Kehlnaht

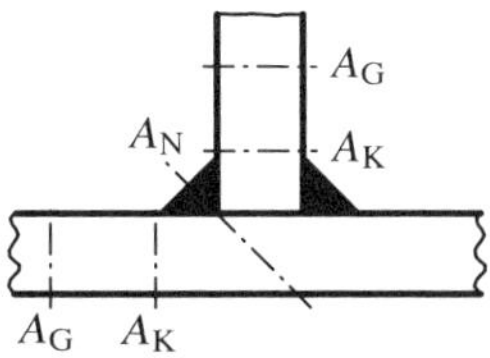

A_G Querschnitt des Grundwerkstoffs, bleibt durch den Schweißvorgang unbeeinflusst (→ 1.1, allgemeine Festigkeitsberechnung)
A_K Anschlussquerschnitt (Konstruktionsquerschnitt), wird durch den Schweißvorgang thermisch beeinflusst (Gefügeänderungen, Bindefehler, Einschlüsse sowie Kerbwirkung)
A_N Nahtquerschnitt (sprödes Gussgefüge), wird durch die Nahtdicke und die tragende Nahtlänge charakterisiert

$$A_N = \sum_i a_i \, l_{1,i}$$

a Schweißnahtdicke
l_1 rechnerische (tragende) Nahtlänge, z. B. ohne Schweißkrater
l_2 ausgeführte Nahtlänge
i Nahtabschnitt

Schweißnahtdicke

Stumpfnaht

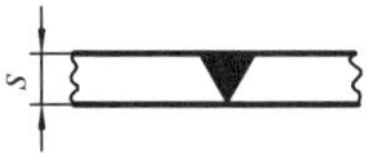

$a = s$

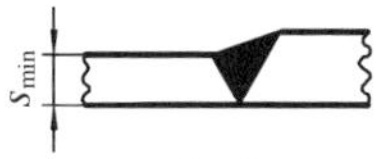

$a = s_{min}$

Kehlnaht

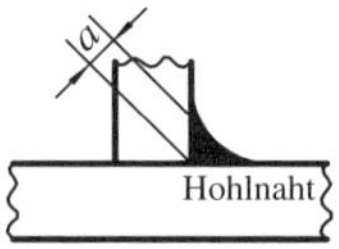

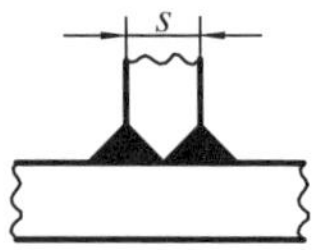

$a = s$

a Höhe des einbeschriebenen gleichschenkligen Dreiecks

Nahtlänge

Stumpfnaht

ohne Endkraterblech

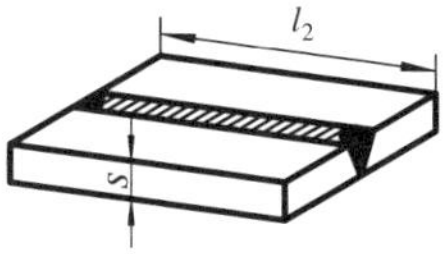

$l_1 = l_2 - 2a$

mit Endkraterblech als Schweißhilfe

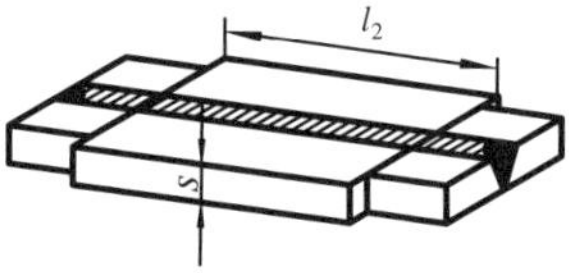

$l_1 = l_2$

Kehlnaht

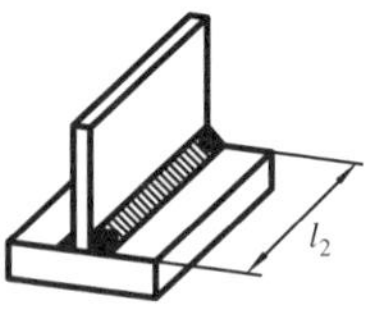

$l_1 = l_2 - 2a$

umlaufende Nähte

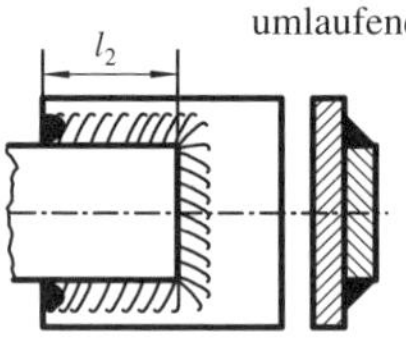

$l_1 = l_2 - a$

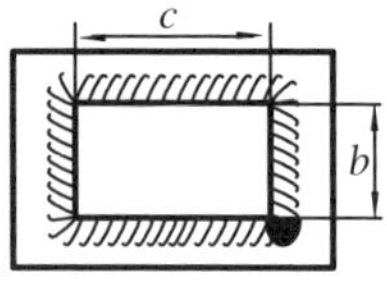

$l_{1,ges} = 2b + 2c$

2.2 Nahtbeanspruchungen

Bezeichnungen

F, F_L, F_Q	Kräfte, Längskräfte, Querkräfte
M_b, M_t	Biege- bzw. Torsionsmoment
W_b, W_t	Widerstandsmoment gegen Biegung bzw. gegen Torsion
$\sigma_{z/d}$	Zug- bzw. Druckspannung
σ_b	Biegespannung
τ_s, τ_t	Scher- bzw. Torsionsspannung

Beanspruchungsfälle

Schweißverbindung	Beanspruchungsfall	Querschnittskenngröße
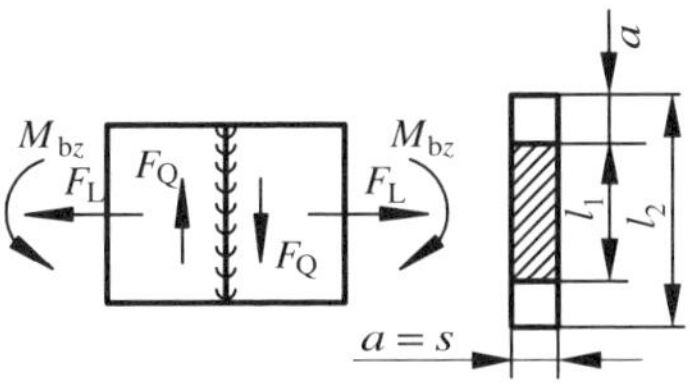	1.1) $\sigma_z = \dfrac{F_L}{A_N}$	$A_N = a\,l_1$
	1.2) $\tau_s = \dfrac{F_Q}{A_N}$	
	1.3) $\sigma_b = \dfrac{M_{bz}}{W_{bz}}$	$W_{bz} = \dfrac{a\,l_1^2}{6}$
	1.4) $\sigma_b = \dfrac{M_{by}}{W_{by}}$	$W_{by} = \dfrac{a^2\,l_1}{6}$
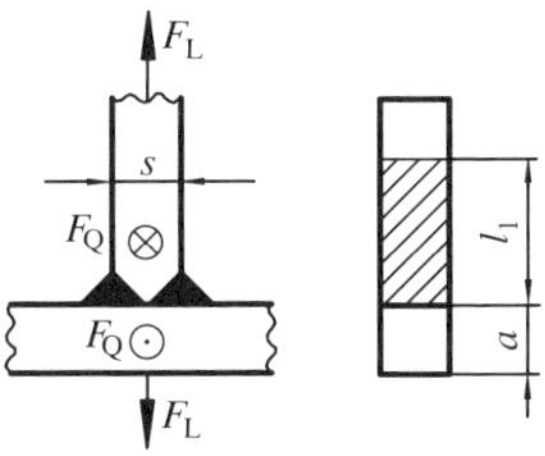	2.1) $\sigma_z = \dfrac{F_L}{A_N}$	$A_N = s\,l_1$
	2.2) $\tau_s = \dfrac{F_Q}{A_N}$	
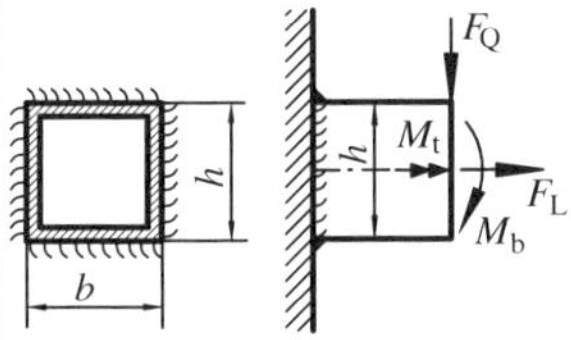	3.1) $\sigma_z = \dfrac{F_L}{A_N}$	$A_N = 2a(h + b)$
	3.2) $\tau_s = \dfrac{F_Q}{A_N}$	$A_N = 2a\,h$ nur Längsnähte
$H = h + 2a$ a Schweißnahtdicke, → 2.1	3.3) $\sigma_b = \dfrac{M_b}{W_b}$	
	$W_b = \dfrac{4}{H}\left[\dfrac{ba^3}{12} + ba\left(\dfrac{h+a}{2}\right)^2 + \dfrac{ah^3}{12}\right]$	
	3.4) $\tau_t = \dfrac{M_t}{W_t}$	$W_t = 2a(h+a)(b+a)$ Bredt'sche Formel

Schweißverbindung	Beanspruchungsfall	Querschnittskenngröße
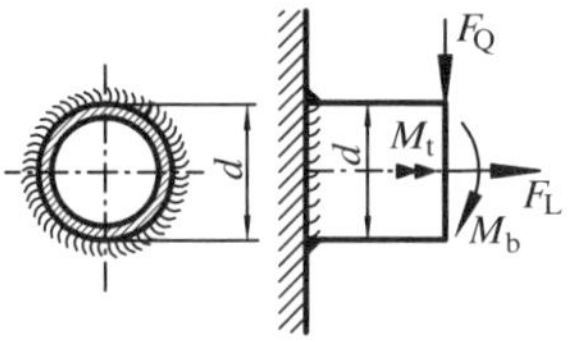	4.1) $\sigma_z = \dfrac{F_L}{A_N}$	$A_N = \pi a d$
	4.2) $\tau_s = \dfrac{F_Q}{A_N}$	$A_N = \dfrac{\pi a d}{2}$ entspricht Längsnahtanteil
$D = d + 2a$ a Schweißnahtdicke, → 2.1	4.3) $\sigma_b = \dfrac{M_b}{W_b}$	$W_b = \dfrac{\pi\left(D^4 - d^4\right)}{32D}$
	4.4) $\tau_t = \dfrac{M_t}{W_t}$	$W_t = \dfrac{\pi\left(D^4 - d^4\right)}{16D}$

2.3 Nahtfestigkeiten und Sicherheitsnachweis

Erläuterungen für Bauteile aus S235JRG2 (St37-2) und einige ausgewählte Bewertungsgruppen von Schweißverbindungen:

Die Bewertung der Schweißnähte (Kerbfall, Bearbeitung, Prüfung) ermöglicht eine Zuordnung der Verbindung zu den dargestellten Festigkeitskennlinien.

Linie A gilt für auf Biegung oder durch Normalkraft beanspruchte, nicht geschweißte Bauteile; Linie G für auf Torsion beanspruchte, nicht geschweißte Bauteile.

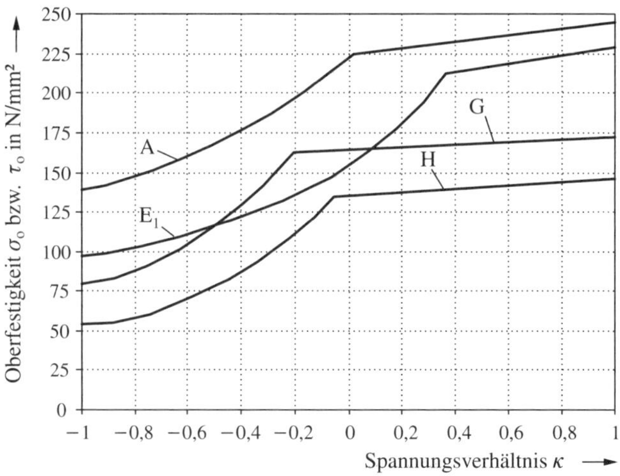

Ertragbare Spannungen von Schweißverbindungen aus S235JRG2 (St37-2) für Bauteildicken $\leqq$ 10 mm in Abhängigkeit des Spannungsverhältnis $\kappa = \sigma_u/\sigma_o$ bzw. τ_u/τ_o (in Anlehnung an DS 95 201)

Beispiele

Beanspruchungsfall 1.1 Wurzelgeschweißt, Naht nicht bearbeitet	Linie E_1
Beanspruchungsfall 2.2 Doppel-HV-Naht wie im Fall 2.2 gezeigt	Linie H

Höhere Festigkeitswerte können durch Schweißnahtnachbearbeitung oder -prüfung erreicht werden, bleiben aber niedriger als die Festigkeitswerte der Linien A bzw. G (ungeschweißte Bauteile).

Spannungsverhältnis: $\kappa = \dfrac{\sigma_u}{\sigma_o}$ bzw. $\dfrac{\tau_u}{\tau_o}$

$\kappa = 1$: statische Belastung, ermittelte Festigkeit ist die Fließfestigkeit.
$-1 \leqq \kappa < 1$: dynamische Belastung, ermittelte Festigkeit ist die Dauerfestigkeit (Oberfestigkeit σ_o).

Für Bauteildicken > 10 mm muss die aus dem Bild ermittelte Festigkeit mit dem Dickenbeiwert b multipliziert werden.

Dickenbeiwert für Schweißverbindungen nach DS 95 201

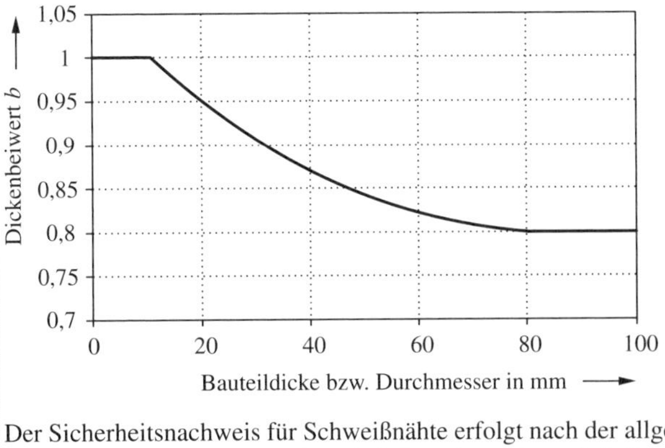

Der Sicherheitsnachweis für Schweißnähte erfolgt nach der allgemeinen Festigkeitsberechnung (→ 1, Sicherheitsberechnung), wobei die Kerbwirkung hier schon in der Oberfestigkeit berücksichtigt ist.

- ▶ DIN EN ISO 5817 Schweißen
- ▶ DIN 18 800 Stahlbauten
- ▶ DS 95 201

3 Schraubenverbindungen

3.1 Allgemeines

Geometrie (metrisches ISO-Gewinde DIN 13)

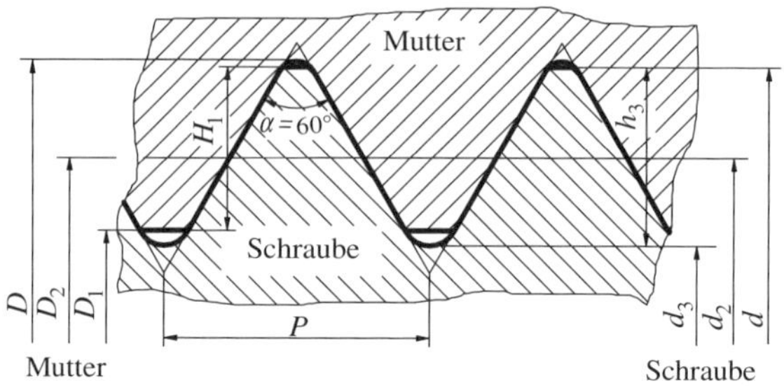

$D = d$	D, d Nenndurchmesser (Mutter/Schraube)
$D_2 = d_2 = d - 0{,}6495 \cdot P$	D_2, d_2 Flankendurchmesser (Mutter/Schraube)
	P Steigung
$D_1 = D - 2H_1$	D_1 Kerndurchmesser (Mutter)
$d_3 = d - 2h_3$	d_3 Kerndurchmesser (Schraube)
$H_1 = 0{,}5413 \cdot P$	H_1 Gewindetiefe (Mutter)
$h_3 = 0{,}6134 \cdot P$	h_3 Gewindetiefe (Schraube)
$A_S = \frac{\pi}{4}\left(\frac{d_2 + d_3}{2}\right)^2$	A_S Spannungsquerschnitt

Beispiele

	D, d in mm	P in mm	D_2, d_2 in mm	d_3 in mm	D_1 in mm	A_S in mm^2
M6	6	1,0	5,350	4,773	4,917	20,121
M8	8	1,25	7,188	6,467	6,647	36,608
M10	10	1,5	9,026	8,160	8,376	57,994
M16	16	2,0	14,701	13,546	13,835	156,666

Festigkeitsklassen

Schraube: Erste Zahl: $\sigma_B / 100\,\mathrm{N\,mm^{-2}}$
Zweite Zahl: $10\sigma_F/\sigma_B$

Mutter: $\sigma_B / 100\,\mathrm{N\,mm^{-2}}$

Schraube	4.6 4.8	5.6 5.8	6.8	8.8	10.9	12.9	14.9
Mutter	4	5	6	8	10	12	14

► DIN EN ISO 898 Festigkeitsklassen von Schrauben

► DIN EN 20 898 Mechanische Eigenschaften von Verbindungselementen

3.2 Kräfte im Gewinde

Flachgewinde ($\alpha = 0$) ohne Reibung ($\mu = 0$)

$$\mathrm{d}F_\mathrm{n} = \frac{\mathrm{d}F}{\cos\varphi}$$

$$\mathrm{d}F_\mathrm{u} = \tan\varphi\,\mathrm{d}F$$

φ Steigungswinkel

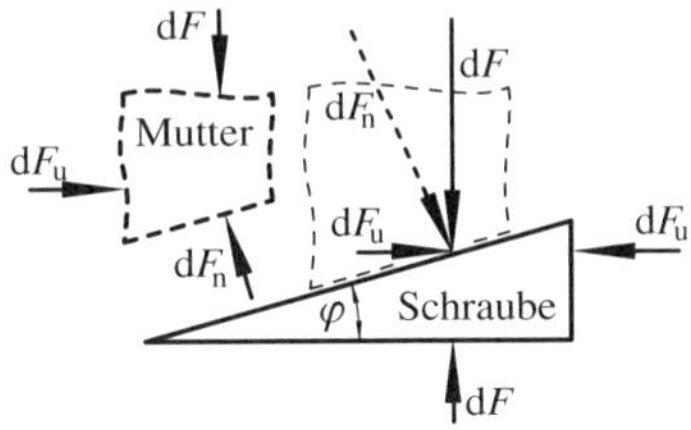

Lokale Kräfte:

$\mathrm{d}F$ Kraft in Längsrichtung
$\mathrm{d}F_\mathrm{u}$ Kraft in Umfangsrichtung
$\mathrm{d}F_\mathrm{n}$ Normalkraft

Flachgewinde mit Reibung

Umfangskraft beim Heben

$$\mathrm{d}F_\mathrm{n} = \frac{\cos\rho}{\cos(\rho+\varphi)}\cdot\mathrm{d}F$$

$$\mathrm{d}F_\mathrm{r} = \mu\cdot\mathrm{d}F_\mathrm{n}$$

$$\mathrm{d}F_\mathrm{u} = \tan(\rho+\varphi)\cdot\mathrm{d}F$$

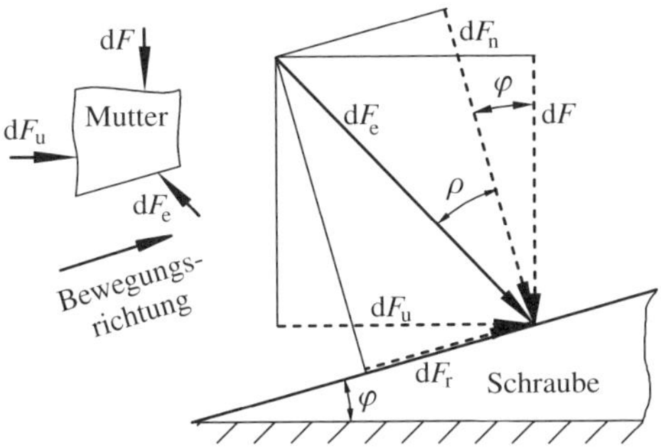

Umfangskraft beim Senken mit Selbsthemmung ($\rho > \varphi$)

$$\mathrm{d}F_\mathrm{n} = \frac{\cos\rho}{\cos(\rho-\varphi)}\cdot\mathrm{d}F$$

$$\mathrm{d}F_\mathrm{r} = \mu\cdot\mathrm{d}F_\mathrm{n}$$

$$\mathrm{d}F_\mathrm{u} = \tan(\rho-\varphi)\cdot\mathrm{d}F$$

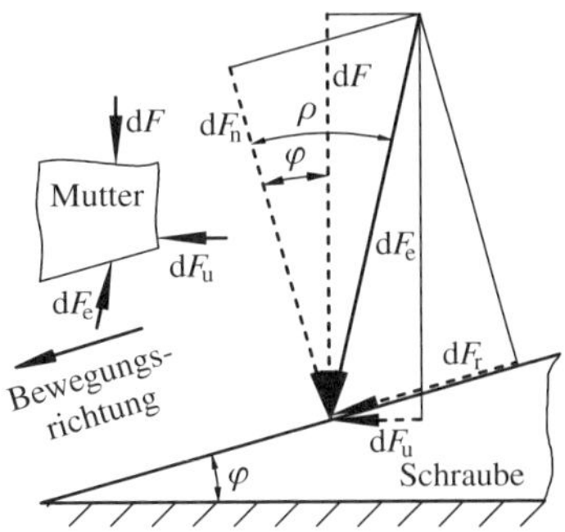

ρ Reibwinkel ($\rho = \arctan\mu$)
μ Reibwert
$\mathrm{d}F_\mathrm{r}$ Reibkraft
$\mathrm{d}F_\mathrm{e}$ resultierende Kontaktkraft

Spitzgewinde (Befestigungsschrauben mit Reibung)

$$\mathrm{d}F_\mathrm{u} = \tan(\rho' + \varphi)\,\mathrm{d}F$$

$\mathrm{d}F_\mathrm{u}$ Umfangskraft beim Anziehen

M_tGA Torsionsmoment im Gewinde beim Anziehen

$$M_\mathrm{tGA} = \int_{\text{Kontaktfläche}} \frac{d_2}{2}\,\mathrm{d}F_\mathrm{u}$$

$$M_\mathrm{tGA} = \tan(\rho' + \varphi)\,F\frac{d_2}{2}$$

$$\mathrm{d}F_\mathrm{u} = \tan(\rho' - \varphi)\,\mathrm{d}F$$

$\mathrm{d}F_\mathrm{u}$ Umfangskraft beim Lösen

$$M_\mathrm{tGL} = \tan(\rho' - \varphi)\,F\frac{d_2}{2}$$

M_tGL Torsionsmoment im Gewinde beim Lösen

Der Winkel α des Spitzgewindes erhöht die auftretenden Normal- und Reibkräfte. Dies ist vereinfacht im erhöhten Reibwinkel ρ' berücksichtigt.

$$\rho' = \arctan\mu\sqrt{1+\cos^2\varphi\tan^2\frac{\alpha}{2}} \approx \arctan\mu\sqrt{1+\tan^2\frac{\alpha}{2}}$$

3.3 Momente in der Schraubenverbindung beim Schrauben der Mutter

$$D_\mathrm{m} = \frac{(D_\mathrm{K} + D_\mathrm{B})}{2}$$

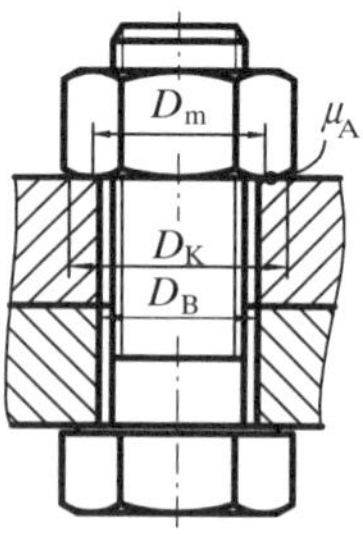

d_2 Flankendurchmesser Gewinde

D_K Auflagedurchmesser Mutter

D_B Durchmesser Durchgangsbohrung

D_m mittlerer Auflagedurchmesser

$$M_\mathrm{t} = M_\mathrm{tG} + M_\mathrm{R}$$

$$M_\mathrm{R} = \mu_\mathrm{A} \cdot F_\mathrm{v} \cdot \frac{D_\mathrm{m}}{2}$$

M_t Gesamttorsionsmoment

M_tG Torsionsmoment im Gewinde

M_R Reibmoment an der Mutter

F_v Vorspannkraft in der Schraube

μ_A Reibwert an der Auflagefläche der Mutter

$$M_{tA} = F_v \left[\tan(\rho' + \varphi)\,\frac{d_2}{2} + \mu_A \left(\frac{D_K + D_B}{4}\right)\right]$$

M_{tA} Anziehmoment

$$M_{tL} = F_v \left[\tan(\rho' - \varphi)\,\frac{d_2}{2} + \mu_A \left(\frac{D_K + D_B}{4}\right)\right]$$

M_{tL} Losdrehmoment

3.4 Tragfähigkeit von Schraubenverbindungen

Querbelastete, reibschlüssige Schraubenverbindung

$$F_{B,lim} = \mu\, n\, i\, F_S$$

$$S_R = \frac{F_{B,lim}}{F_B}$$

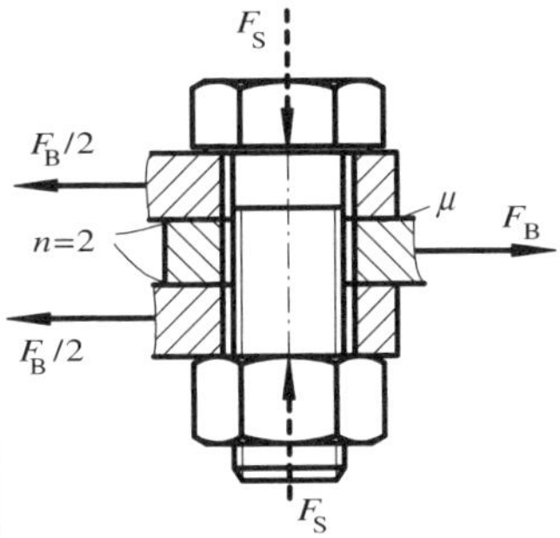

$F_{B,lim}$ maximal übertragbare Betriebskraft
F_S Schraubenkraft
F_B Betriebskraft
S_R Sicherheit gegen Rutschen
μ Reibwert
i Anzahl der Schrauben
n Anzahl der Reibfugen

Querbelastete, formschlüssige Schraubenverbindung ($F_S \approx 0$)

$$\tau_s = \frac{F_B}{n\, i\, A}$$

$$S_s = \frac{\tau_{sF}}{\tau_s}$$

Passschraube Bolzen

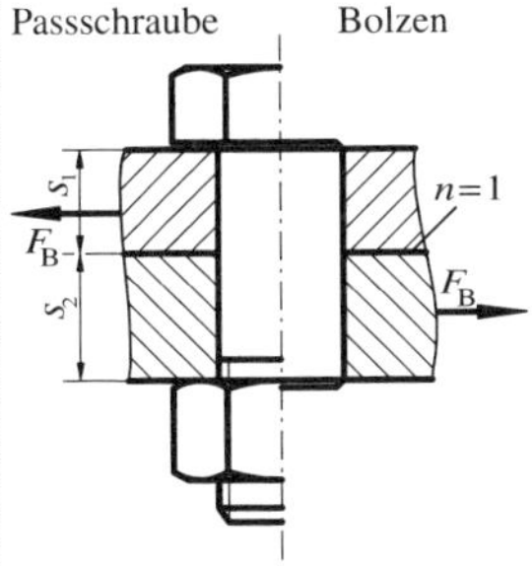

τ_S Scherspannung
F_B Betriebskraft
i Anzahl der Schrauben bzw. Bolzen
n Anzahl der Scherflächen
A Querschnitt $A = \pi d^2/4$
S_s Sicherheit gegen Abscherung
τ_{sF} Scherfließgrenze

$$p = \frac{F_B}{i\, d\, s_{min}}$$

$$S_d = \frac{\sigma_{dF}}{p}$$

p Flächenpressung zwischen Bohrung und Passschraube bzw. Bolzen
d Durchmesser Passschraube bzw. Bolzen
s_{min} $\min\{s_1, s_2\}$
σ_{dF} Druckfließgrenze
S_d Sicherheit gegen Fließen

Längsbelastete Schraubenverbindungen

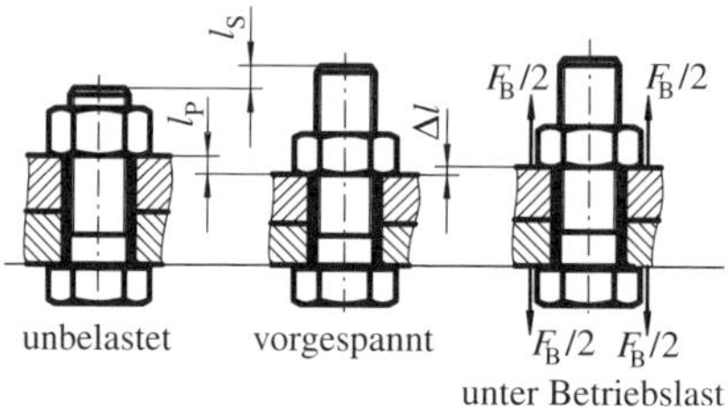

$$\Delta l = \frac{F_B}{c_S + c_P}$$

$$F_S = F_V + \Delta F_S$$

$$\Delta F_S = c_S \Delta l = \frac{F_B}{1 + \dfrac{c_P}{c_S}}$$

$$F_P = F_V - \Delta F_P$$

$$\Delta F_P = c_P \Delta l = \frac{F_B}{1 + \dfrac{c_S}{c_P}}$$

l_P, l_S Längenänderung beim Vorspannen
Δl Längenänderung unter Betriebslast
c_S Federsteifigkeit der Schraube
c_P Federsteifigkeit des verspannten Bauteiles
F_V Vorspannkraft
F_P Kraft im verspannten Bauteil

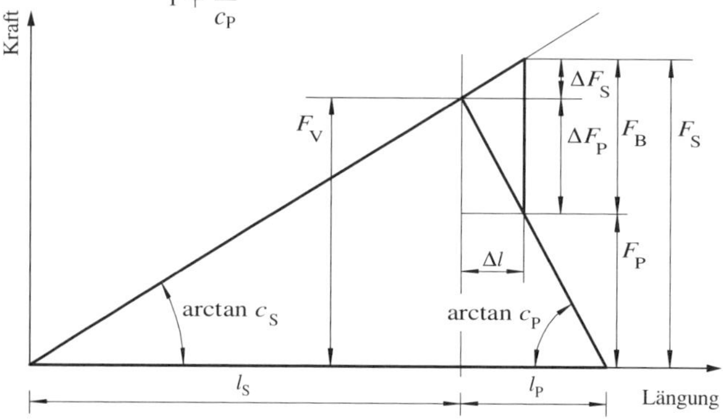

Federsteifigkeiten von Schraubenverbindungen

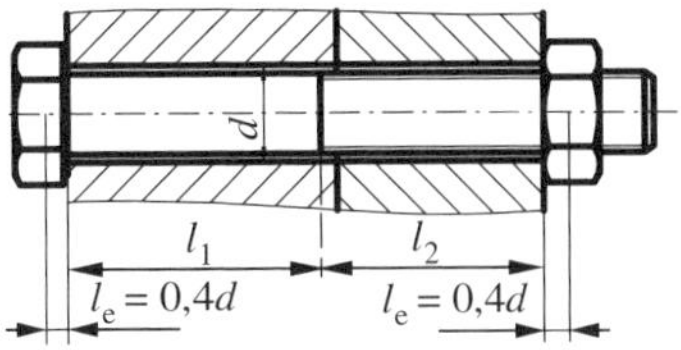

$$c_S = E_S \cdot \frac{1}{\frac{l_e}{A} + \frac{l_1}{A} + \frac{l_2}{A_S} + \frac{l_e}{A}}$$

$$A = \frac{\pi}{4} d^2$$

c_S Federsteifigkeit der Schraube
E_S Elastizitätsmodul der Schraube
A Nennquerschnitt
A_S Spannungsquerschnitt des Gewindes
l_e federnder Anteil in Kopf und Mutter $l_e = 0{,}4\,d$
l_i Länge der Teilabschnitte

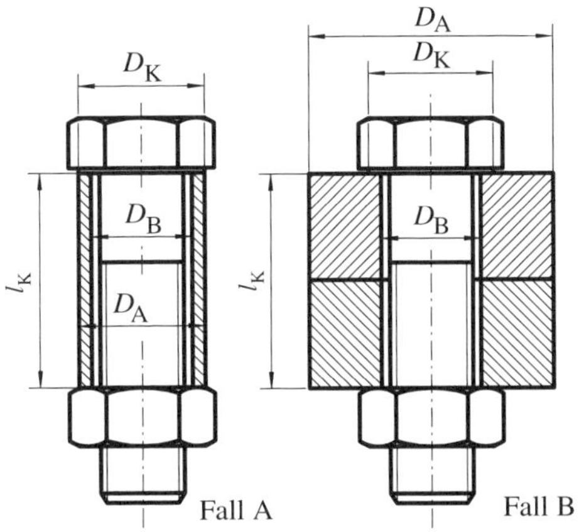

$$c_P = \frac{A_{ers} E_P}{l_K}$$

D_K Auflagedurchmesser
D_A Durchmesser des verspannten Bauteils
c_P Steifigkeit des verspannten Bauteils
A_{ers} Ersatzquerschnitt
E_P Elastizitätsmodul des verspannten Bauteils
l_K Klemmlänge

Ersatzquerschnitt Fall A: dünnwandige Hülse ($D_K \geqq D_A$)

$$A_{ers} = \frac{\pi}{4}(D_A^2 - D_B^2)$$

Ersatzquerschnitt Fall B: dickwandige Hülse ($D_K < D_A < D_K + l_K$)

$$A_{ers} \approx \frac{\pi}{4}\left(D_K^2 - D_B^2\right) + \frac{\pi}{8} D_K \left(D_A - D_K\right)\left[\left(\sqrt[3]{\frac{l_K \cdot D_K}{D_A^2}} + 1\right)^2 - 1\right]$$

Ersatzquerschnitt Fall B: Platte beliebiger Ausdehnung ($D_A \geqq D_K + l_K$)

$$A_{ers} \approx \frac{\pi}{4}\left(D_K^2 - D_B^2\right) + \frac{\pi}{8} D_K l_K \left[\left(\sqrt[3]{\frac{l_K \cdot D_K}{(D_K + l_K)^2}} + 1\right)^2 - 1\right]$$

Spannungen in Schraubverbindungen

Spannungen in der Auflagefläche des Schraubenkopfs

$$p = \frac{F_S}{\frac{\pi}{4}\left(D_K^2 - D_B^2\right)}$$

$$S_d = \frac{\sigma_{dF}}{p}$$

p Flächenpressung in der Auflagefläche
F_S Schraubenkraft
S_d Sicherheit gegen Fließen
σ_{dF} Druckfließgrenze

Vergleichsspannungen im Schraubenschaft

$$\sigma = \frac{F_S}{A_S}$$

σ Zugspannung in der Schraube
A_S Spannungsquerschnitt des Gewindes

$$\tau_t = \frac{M_{tA}}{W_t}$$

$$W_t \approx \frac{A_s^{1,5}}{2\sqrt{\pi}}$$

τ_t Torsionsspannung beim Anziehen
M_{tA} Anziehmoment
W_t Widerstandsmoment des Schraubenschaftes gegen Torsion

$$\sigma_V = \sqrt{\sigma^2 + 3\tau_t^2}$$

σ_V Vergleichsspannung

$$S_F = \frac{\sigma_F}{\sigma_V}$$

S_F Sicherheit gegen Fließen ($S_F \approx 1$ noch zulässig)

► VDI-Richtlinie 2230

4 Welle-Nabe-Verbindungen

4.1 Passfedern

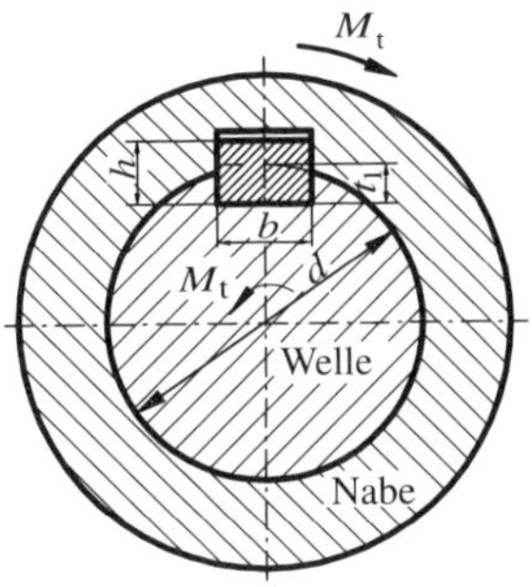

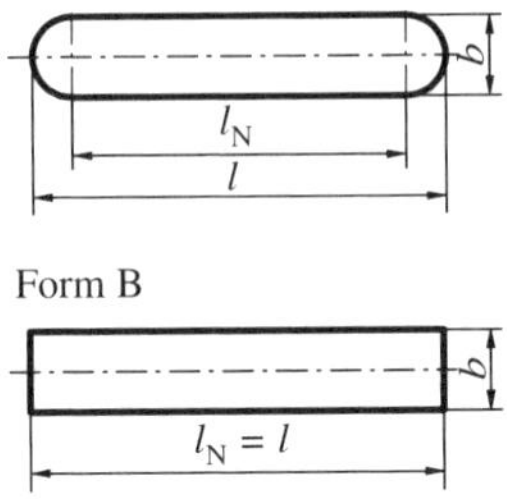

$$p_W = \frac{2M_t}{d\,t_1\,l_N\,\varphi\,i}$$

$$p_N = \frac{2M_t}{d\,(h - t_1)\,l_N\,\varphi\,i}$$

p_W Flächenpressung Passfeder–Welle

p_N Flächenpressung Passfeder–Nabe

M_t zu übertragendes Torsionsmoment

φ Lastverteilungsfaktor ($\varphi = 1$ für $i = 1$; $\varphi = 0{,}75$ für $i = 2$)

i Anzahl der Passfedern (max. 2)

$$S_{dF} = \frac{\sigma_{dF}}{p_N} \quad \text{bzw.} \quad S_{dF} = \frac{\sigma_{dF}}{p_W}$$

S_{dF} Sicherheit gegen Fließen $S_{dF} = 1{,}1\ldots1{,}5$

σ_{dF} Druckfließgrenze des weicheren Werkstoffes

l_N tragende Länge der Passfeder: $l_N = l - b$ für Form A; $l_N = l$ für Form B (als tragende Länge ist wegen Verdrillung maximal $l_N = 1{,}3d$ ansetzbar)

► DIN 6885 Mitnehmerverbindungen ohne Anzug; Passfedern, Nuten, hohe Form

4.2 Keilwellenverbindungen

$$p = \frac{2M_t}{d_m l h \varphi i}$$

$$d_m = \frac{D+d}{2}$$

$$h = \frac{D-d}{2} - 2f \approx 0{,}4(D-d)$$

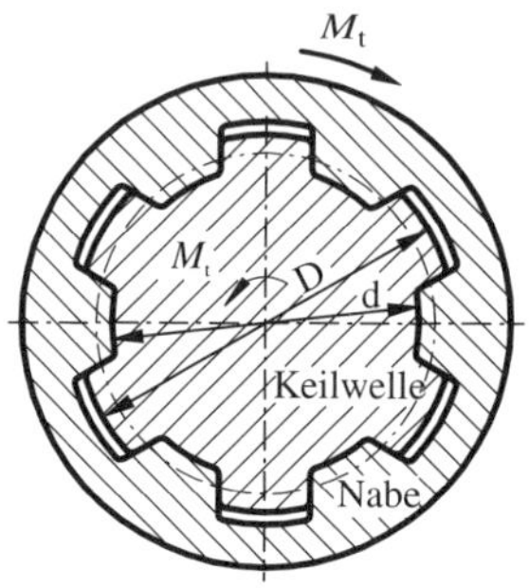

- p Flächenpressung
- M_t zu übertragendes Torsionsmoment
- d_m mittlerer Flankendurchmesser
- h Höhe eines Keiles
- f Höhe der Fase
- φ Lastverteilungsfaktor ($\varphi \approx 0{,}75$)
- i Anzahl der Keile
- l Länge der Keilverbindung (als tragende Länge ist wegen Verdrillung maximal $l = 1{,}3 d_m$ ansetzbar)

$$S_{dF} = \frac{\sigma_{dF}}{pV}$$

- S_{dF} Sicherheit gegen Fließen $S_{dF} = 1{,}3 \ldots 1{,}5$
- σ_{dF} Druckfließgrenze des weicheren Werkstoffes

Berücksichtigung tribologischer Zusatzbeanspruchungen

$V = 1$ Festsitz
$V = 3$ unbelastet verschiebbar
$V = 6$ unter Last verschiebbar St/St
$V = 12$ unter Last verschiebbar St/GG

► DIN 5464 Keilwellen-Verbindungen mit geraden Flanken
► DIN 5466 Tragfähigkeitsberechnung von Zahn- und Keilwellen-Verbindungen

4.3 Klemmverbindungen

Klemmverbindungen mit geteilter Nabe

$$p = \frac{i\,F_S}{Dl}$$

$$M_R = \mu_0 p A \frac{D}{2} = \frac{\pi}{2}\mu_0\, i\, F_S D$$

p Fugenpressung
i Anzahl der Schrauben
F_S Schraubenkraft
l Länge der Nabe
M_R maximal übertragbares Reibmoment
μ_0 Haftreibwert
A Kontaktfläche

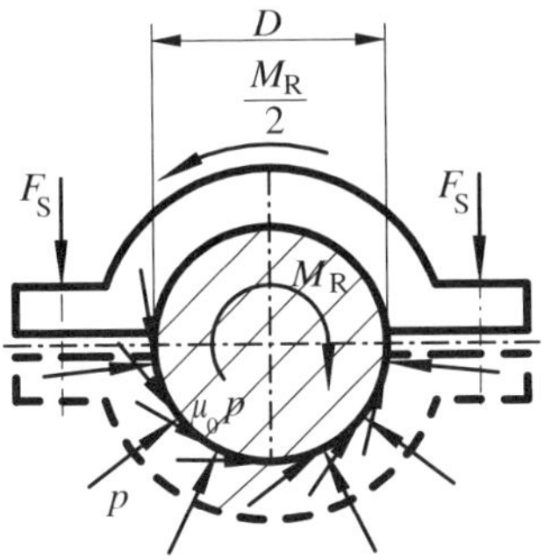

$$M_R = 4\mu_0 F_N \frac{D}{2}$$

$$F_N = \frac{iF_S}{2\sin\alpha}$$

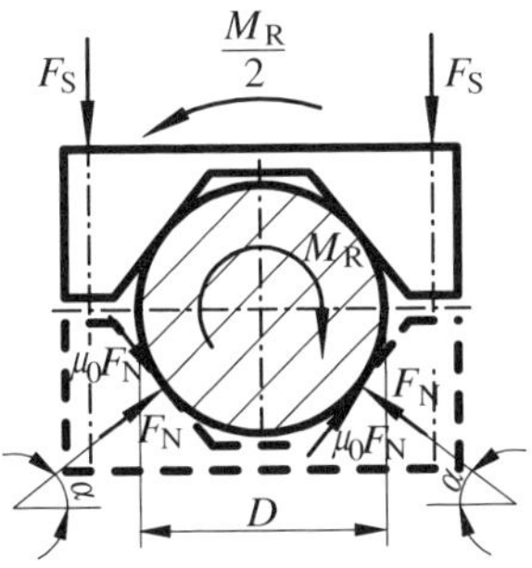

$$S_R = \frac{M_R}{M_t}$$

S_R Sicherheit gegen Rutschen $S_R \geqq 1{,}5$
M_t zu übertragendes Torsionsmoment

4.4 Kegelpressverbindung

$$p = \frac{F_S \cos\rho}{D_m \pi l \sin\left(\frac{\alpha}{2} + \rho\right)}$$

$$M_R = \frac{\mu_0 F_S D_m \cos\rho}{2 \sin\left(\frac{\alpha}{2} + \rho\right)}$$

$$D_m = \frac{D + d}{2}$$

$$\alpha = 2 \arctan \frac{D - d}{2l}$$

$$\mu = \tan\rho$$

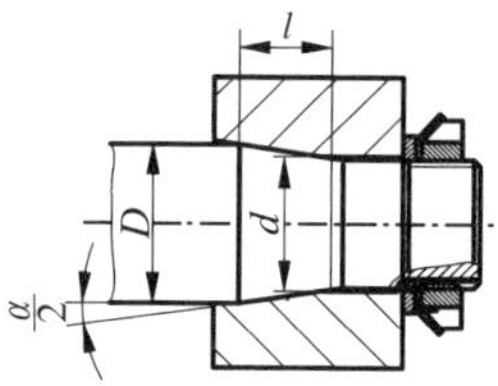

p Fugenpressung
D_m mittlerer Kegeldurchmesser
l axiale Länge der Kontaktfläche
M_R maximal übertragbares Reibmoment
D Durchmesser am Kegelanfang
d Durchmesser am Kegelende
μ Gleitreibwert
μ_0 Haftreibwert
α Kegelwinkel, z. B. Kegel 1 : 10 mit $\alpha = 5{,}724°$ nach DIN 254
F_S Axialkraft der Mutter (muss nach erstmaliger Belastung überprüft werden)

$$S_R = \frac{M_R}{M_t}$$

S_R Sicherheit gegen Rutschen
M_t zu übertragendes Torsionsmoment

► DIN 1448 Kegelige Wellenenden mit Außengewinde
► DIN 254 Kegel- und Kegelwinkel

4.5 Zylindrische Pressverbindungen

- Fugenpressung entscheidend für Reibmoment
- Die Innenränder weisen stets die höchste Beanspruchung auf
- Zweiachsiger Spannungszustand

Torsionsbelastung

$$p_{min} = \frac{2M_t}{\pi D_F^2 l \mu_0}$$

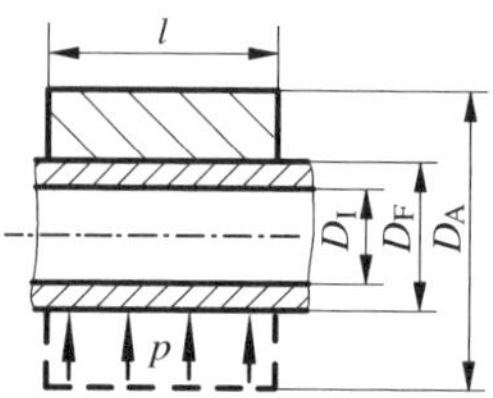

p_{min} kleinste erforderliche Pressung
M_t zu übertragendes Torsionsmoment
μ_0 Haftreibwert Umfangsrichtung

Axialbelastung

$$p_{\min} = \frac{F_L}{\pi D_F l \mu_0}$$

F_L zu übertragende Längskraft
μ_0 Haftreibwert Längsrichtung

Wirksames Übermaß

- Beim Fügen der Bauteile kommt es zu einer Glättung der Oberflächenrauheiten.
- Für den Sicherheitsnachweis ist die Kenntnis des genauen Übermaßes notwendig.
- Die Fertigung garantiert jedoch nur Toleranzfelder (üblich sind Einheitsbohrung H7 und Welle it6).

$$U_W = U - U_v$$

$$U_v \approx 0{,}8\,(Rz_N + Rz_W)$$

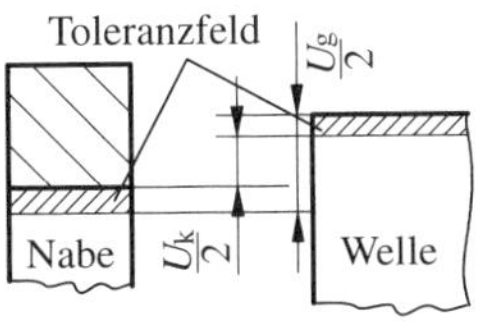

U Übermaß
U_W wirksames Übermaß
U_v Übermaßverlust
U_g größtes Übermaß
U_k kleinstes Übermaß
Rz_N, Rz_W gemittelte Rautiefen von Nabe bzw. Welle (z. B.: $Rz_N = 10\,\mu m$, $Rz_W = 4\,\mu m$)

Querpressverbindung

$$\Delta\vartheta_N = \frac{U_g + s_e}{\alpha_N D_F}$$

$\Delta\vartheta_N$ erforderliche Erwärmungstemperatur für die Nabe
α_N Wärmeausdehnungskoeffizient der Nabe (St, GS: $\alpha_N = 11 \cdot 10^{-6}\,K^{-1}$)

Erwärmungstemperaturen:
Baustahl, GS, GGG: $\vartheta \leqq 350\,°C$
Stahl (vergütet): $\vartheta \leqq 300\,°C$

$$\Delta\vartheta_W = \frac{U_g + s_e}{\alpha_W D_F}$$

$\Delta\vartheta_W$ erforderliche Abkühlungstemperatur für die Welle
α_W Wärmeausdehnungskoeffizient der Welle (St, GS: $\alpha_W = 8{,}5 \cdot 10^{-6}\,K^{-1}$)
s_e Fügespiel $s_e = 0{,}001\,D_F$

Längspressverbindung

$$F_e = p_g l D_F \pi \mu$$

F_e erforderliche Einpresskraft
p_g größtmögliche auftretende Fugenpressung

Fugenpressung

$$p = \frac{U_W E_N}{D_F k}$$

$$k = \frac{E_N}{E_W}\left(\frac{1+Q_W^2}{1-Q_W^2} - \nu_W\right) + \frac{1+Q_N^2}{1-Q_N^2} + \nu_N$$

$$Q_N = \frac{D_F}{D_A}; \quad Q_W = \frac{D_I}{D_F}$$

E_N Elastizitätsmodul der Nabe
E_W Elastizitätsmodul der Welle
k Hilfsgröße
ν_N, ν_W Querkontraktionszahl von Nabe und Welle
Q_N Durchmesserverhältnis der Nabe
Q_W Durchmesserverhältnis der Hohlwelle

Sonderfall: Vollwelle ($Q_W = 0$) und gleiche Werkstoffe

$$p = \frac{U_W E_N}{2D_F}\left(1 - Q_N^2\right)$$

Überlastfälle von Pressverbindungen

- Rutschen bei Belastung $M_t, F_L \rightarrow$ Kontrolle beim kleinsten wirksamen Übermaß U_{Wk} und damit kleinster Pressung p_k
- Fließen der Nabe oder Welle bereits bei Montage $\rightarrow$ Kontrolle beim größten wirksamen Übermaß U_{Wg} und damit größter Pressung p_g

---

Sicherheit gegenüber Rutschen

$$M_R = \frac{\mu \cdot p_k \pi D_F^2 l}{2}$$

$$S_{Rt} = \frac{M_R}{M_t}$$

$$S_{Rl} = \frac{2M_R}{F_L D_F}$$

$$S_R = \frac{2M_R}{D_F\sqrt{\left(\frac{2M_t}{D_F}\right)^2 + F_L^2}}$$

M_R Reibmoment
S_{Rt} Sicherheit gegen Rutschen bei Torsionsbelastung
S_{Rl} Sicherheit gegen Rutschen bei Axialbelastung
S_R Sicherheit gegen Rutschen bei kombinierter Belastung

Sicherheit gegenüber Fließen

$$S_{FN} = \frac{\sigma_{FN}}{\sigma_{vN}}, \quad S_{FW} = \frac{\sigma_{FW}}{\sigma_{vW}}$$

S_{FN}, S_{FW} Sicherheit gegen Fließen der Nabe bzw. Welle (bei duktilen Werkstoffen ist leichtes Fließen erlaubt $S_F \approx 1$)
σ_{FN}, σ_{FW} Fließgrenzen der Nabe bzw. Welle

$$\sigma_{vN} = \frac{\sqrt{3} \cdot p_g}{1 - Q_N^2}$$

σ_{vN} Vergleichsspannung für die Nabe

$$\sigma_{vW} = \frac{\sqrt{3} \cdot p_g}{1 - Q_W^2}$$

σ_{vW} Vergleichsspannung für die Welle

Pressungsreduktion durch Zentripetalkraft

Bei rein elastischer Verformung und gleichem Werkstoff für Welle und Nabe gilt:

$$\frac{p(\omega)}{p_0} = 1 - \left(\frac{v}{v_{ab}}\right)^2$$

$$v = \omega \frac{D_F}{2} = \pi n D_F$$

$$v_{ab} = 2\sqrt{\frac{E}{(3+\nu)\,D_F\,\varrho}}$$

- $p(\omega)$ Pressung bei ω
- p_0 Pressung bei $\omega = 0$
- v Umfangsgeschwindigkeit bei D_F
- v_{ab} Umfangsgeschwindigkeit bei Separation der Kontaktflächen ($p = 0$)
- ω Winkelgeschwindigkeit
- n Drehzahl
- D_F Fugendurchmesser
- ν Querkontraktionszahl
- ϱ Dichte
- E Elastitzitätsmodul

► DIN 7190 Pressverbände – Berechnungsgrundlagen und Gestaltungsregeln

5 Federn

Federkennlinien

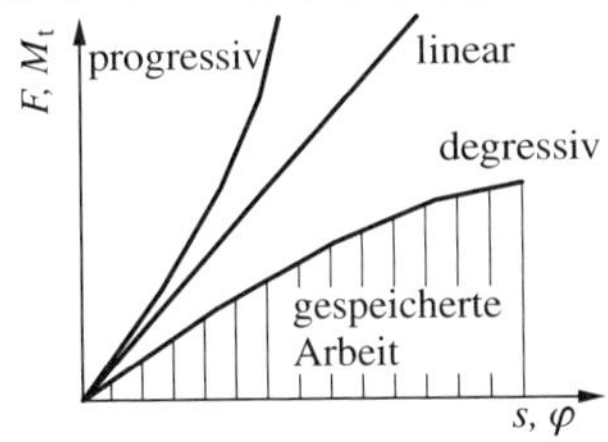

Federschaltungen linearer Federn

Parallelschaltung

$$c_{ges} = \sum_i c_i$$

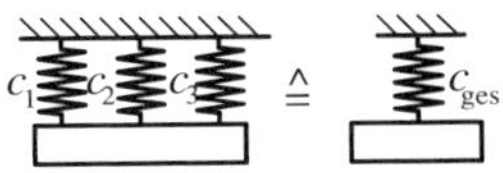

Reihenschaltung

$$\frac{1}{c_{ges}} = \sum_i \frac{1}{c_i}$$

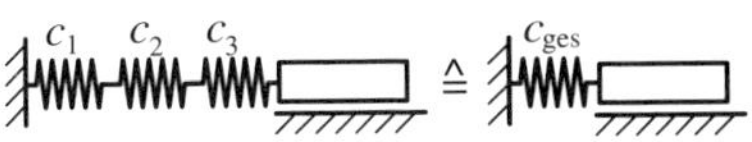

5.1 Zylindrische Schraubenfeder

Druckfeder

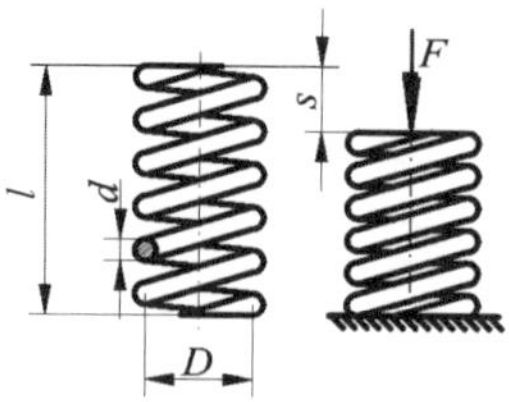

Torsionsfeder (Schenkelfeder)

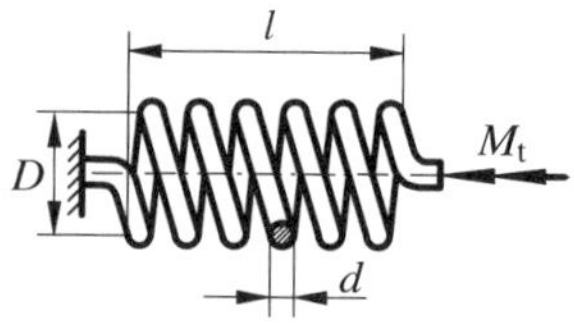

Zug-Druckfeder

$$\tau_t = \frac{M_t}{W_t} = \frac{8\,F\,D}{\pi d^3}$$

$$s = \frac{8F\,i\,D^3}{Gd^4}$$

$$c = \frac{F}{s}$$

$$\eta = \frac{W_{real}}{W_{ideal}} = \frac{1}{2}$$

- τ_t Torsionsspannung
- M_t Torsionsmoment
- W_t Torsionswiderstandmoment
- s Federweg
- G Schubmodul
- i Anzahl der federnden Windungen
- c Federsteifigkeit (Federrate)
- η Ausnutzungsgrad
- W_{real} tatsächlich gespeicherte Energie
- W_{ideal} ideal speicherbare Energie bei $\tau_t = \text{const.}$

Torsionsfeder (Schenkelfeder)

$$\sigma_b = \frac{M_b}{W_b} = \frac{M_t}{W_b} = \frac{32\,M_t}{\pi\,d^3}$$

$$\varphi = \frac{M_t l_w}{EI} = \frac{64\,M_t l_w}{\pi\,d^4 E}$$

$$c_t = \frac{M_t}{\varphi}$$

$$\eta = \frac{W_{real}}{W_{ideal}} = \frac{1}{4}$$

- σ_b Normalspannung
- M_t Torsionsmoment
- W_b Widerstandsmoment
- φ Drehwinkel
- l_W Länge der federnden Windungen mit $l_W \approx i\pi D$
- E Elastizitätsmodul
- I Flächenträgheitsmoment
- c_t Torsionsfedersteifigkeit
- η Ausnutzungsgrad

► DIN 2097 und DIN 2098 Zylindrische Schraubenfedern aus runden Drähten

5.2 Drehstabfeder

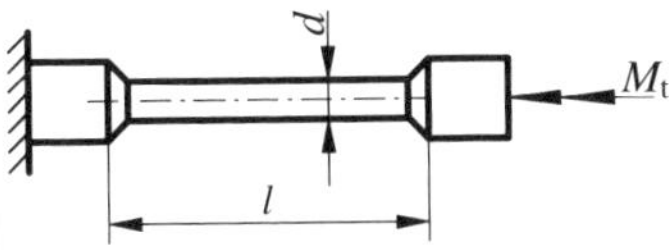

$$\tau_t = \frac{M_t}{W_t} = \frac{16\,M_t}{\pi\,d^3}$$

$$\varphi = \frac{M_t l}{E I_t} = \frac{32\,M_t l}{\pi\,d^4 E}$$

$$c_t = \frac{M_t}{\varphi}$$

$$\eta = \frac{W_{real}}{W_{ideal}} = \frac{1}{2}$$

τ_t Torsionsspannung
M_t Torsionsmoment
W_t Torsionswiderstandmoment
φ Drehwinkel
I_t Torsionsflächenträgheitsmoment
l federnde Schaftlänge
c_t Torsionsfedersteifigkeit (Federrate)
η Ausnutzungsgrad

► DIN 2091 Drehstabfedern mit rundem Querschnitt; Berechnung und Konstruktion

5.3 Rechteck- und Dreieckfeder

Rechteckfeder

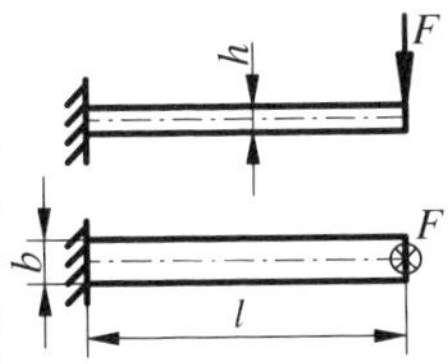

Dreieckfeder

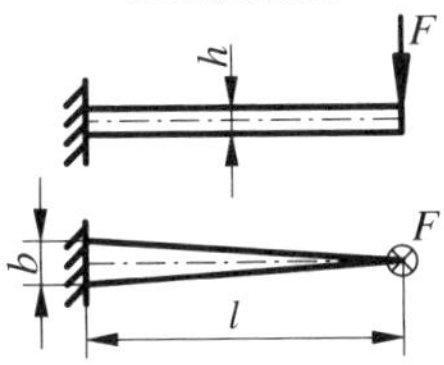

$$\sigma_b = \frac{M_b}{W_b} = \frac{6\,F l}{b h^2}$$

σ_b Biegespannung
M_b Biegemoment
W_b Widerstandsmoment

$$s_{Rechteck} = \frac{F l^3}{3\,E I} = \frac{4\,F l^3}{E b h^3}$$

$$s_{Dreieck} = \frac{6\,F l^3}{E b h^3}$$

s Federweg
I Flächenträgheitsmoment

$$c_{Rechteck} = \frac{F}{s_{Rechteck}}$$

$$c_{Dreieck} = \frac{F}{s_{Dreieck}}$$

c Federsteifigkeit (Federrate)

$$\eta_{\text{Rechteck}} = \frac{W_{\text{real}}}{W_{\text{ideal}}} = \frac{1}{9}$$

$$\eta_{\text{Dreieck}} = \frac{W_{\text{real}}}{W_{\text{ideal}}} = \frac{1}{3}$$

η Ausnutzungsgrad

5.4 Blattfeder

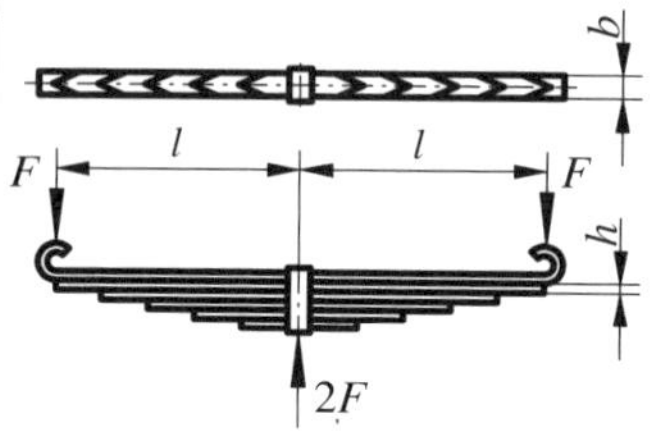

$$\sigma = \frac{6\,F\,l}{ibh^2}$$

σ Normalspannung
i Anzahl der Federblätter

$$s = q\frac{F\,l^3}{3\,EI} = q\frac{4\,F\,l^3}{Eibh^3}$$

s Federweg
q Faktor zur Berücksichtigung der Wechselwirkungen zwischen den einzelnen Federblättern

$$c = \frac{F}{s}$$

c Federsteifigkeit

i	1	2	3	4	5	6
q	1	1,16	1,24	1,28	1,31	1,34

$$\eta = \frac{W_{\text{real}}}{W_{\text{ideal}}} = \frac{1}{9} \dots \frac{1}{3}$$

η Ausnutzungsgrad

5.5 Knicksicherheit

Federweg s_k, bei dem für Druckfedern Ausknicken auftritt

$$\frac{s_k}{l_0} \approx 0{,}81\left[1-\sqrt{1-6{,}87\left(\frac{D}{\eta_L\,l_0}\right)^2}\right]$$

s_k/l_0 relativer Federweg bis zum Ausknicken
η_L Lagerungsbeiwert
l_0 Federlänge im unbelasteten Zustand

$$S_k = \frac{s_k}{s}$$

S_k Knicksicherheit
$S_k > 1{,}5$
s realer Federweg
s_k Federweg bis zum Ausknicken

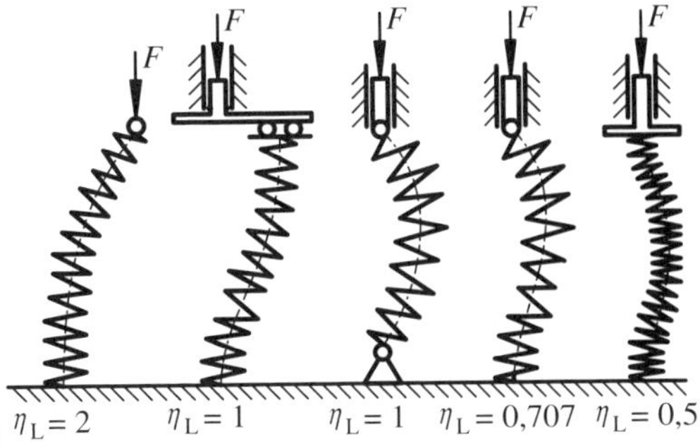

6 Stirnradgetriebe

6.1 Zahnkräfte für Schräg- und Geradverzahnungen (ohne Reibkräfte)

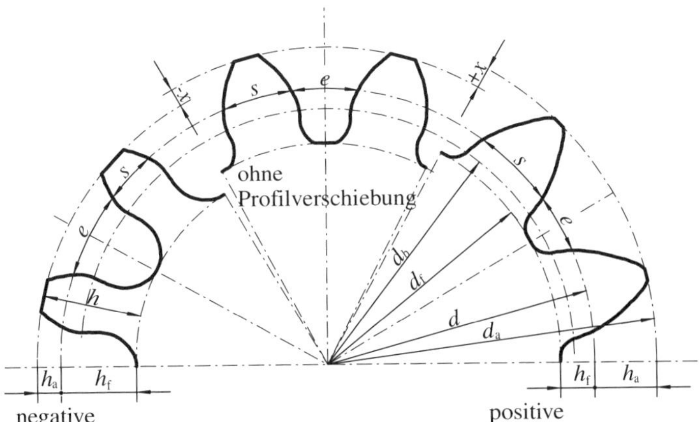

$$F_u = \frac{2M_t}{d}$$

F_u Umfangskraft, tangential am Zahnrad angreifend
M_t Torsionsmoment
d Teilkreisdurchmesser

$F_r = F_u \dfrac{\tan \alpha_n}{\cos \beta}$

F_r Radialkraft, zum Zahnradmittelpunkt wirkend

α_n Eingriffswinkel am Teilkreis, im Allg. $\alpha_n = 20°$

β Schrägungswinkel, bei Geradverzahnung $\beta = 0°$

$F_a = F_u \tan \beta$

F_a Axialkraft, parallel zur Wellenachse verlaufend

6.2 Zahnraddimensionierung – Grobentwurf

$$i = \frac{n_{an}}{n_{ab}} = \frac{\omega_{an}}{\omega_{ab}} = \frac{d_{ab}}{d_{an}} = \frac{z_{ab}}{z_{an}} \approx \frac{M_{ab}}{M_{an}}$$

$$u = \frac{z_{Rad}}{z_{Ritzel}} = \max\left\{\frac{z_{ab}}{z_{an}}, \frac{z_{an}}{z_{ab}}\right\}$$

i Übersetzungsverhältnis einer Zahnradstufe (immer in Richtung Kraftfluss)
Index an: angetriebenes Rad
Index ab: abtreibendes Rad

n Drehzahl

ω Winkelgeschwindigkeit $\omega = 2\pi n$

z Zähnezahl

u Zähnezahlverhältnis

Zweistufiges Getriebe:

$i_{ges} = i_1 \, i_2$

$i_{1,opt} \approx 0{,}7 \, i_{ges}^{0{,}7}$

i_{ges} Gesamtübersetzung

$i_{1,opt}$ massenoptimierte Übersetzung mit $i_{ges} > 1$

$$d_W \geqq \sqrt[3]{\frac{16\,M_t}{\pi\ \tau_{t,zul}}}$$

d_W überschlägiger Wellendurchmesser, für E295 (St50) beträgt $\tau_{t,zul} = 20\,\text{N/mm}^2$

$$d_{Ritzel} \geqq d' \sqrt[3]{\frac{M_t}{M'}}$$

d_{Ritzel} Teilkreisdurchmesser des Ritzels

$d_{Rad} = d_{Ritzel} \cdot i$

$M' = 1\,\text{N mm}$

$d' = 0{,}9$ mm für gehärtete Zähne und
$d' = 1{,}2$ mm für ungehärtete Zähne

d_{Rad} Teilkreisdurchmesser des Großrads

$$a = \frac{d_{Ritzel} + d_{Rad}}{2}$$

a Achsabstand

Für Auslegung Vorzugsmaße nach DIN 323 für a verwenden. Auszug Reihe 1 in mm: … 50; 56; 63; 71; 80; 90; 100; 112; 125; 140; 160; 180; 200; 224; 250 …

$$m_n = \frac{d_{Ritzel}}{z_{Ritzel}}$$

m_n Normalmodul
z_{Ritzel} Zähnezahl Ritzel

Modul der Modulreihe 1 oder 2 nach DIN 780 verwenden. Auszug Reihe 1 in mm: ... 1; 1,25; 1,5; 2; 2,5; 3; 4; 5; 6; 8; 10; 12; 16; 20 ...
Der Modul gilt im Normalschnitt.

$z_{Ritzel} = 20 \ldots 25$ ohne Profilverschiebung; Grenzzähnezahl 17 (14), bei positiver Profilverschiebung oder Schrägverzahnung auch kleiner

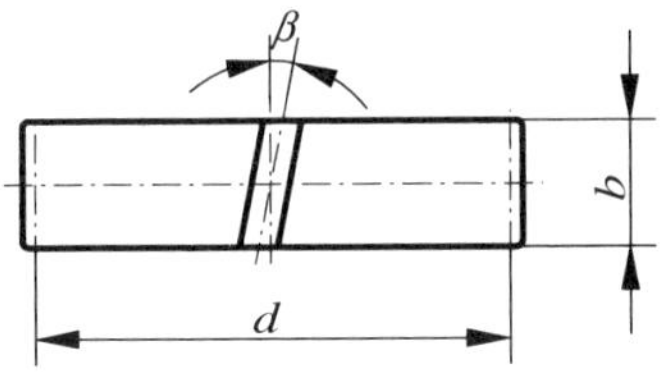

$$m_t = \frac{m_n}{\cos\beta}$$

m_t Stirnmodul
β Schrägungswinkel üblich 0°, 10° ... 30°

$$z_{an} = \frac{2a}{(i+1)m_t}$$

$$z_{ab} = z_{an} \cdot i$$

Zähnezahlkorrektur von z_{an}, z_{ab} auf ganzzahlige Werte (Abrunden führt zu positiver Profilverschiebung)

$$i_{ist} = \frac{z_{ab}}{z_{an}}$$

i_{ist} reales Übersetzungsverhältnis

6.3 Zahnradgeometrie

Hilfsgrößen der Zahnradgeometrie

$$\alpha_t = \arctan\left(\frac{\tan\alpha_n}{\cos\beta}\right)$$

$$\alpha_{tW} = \arccos\left[\frac{(z_{an} + z_{ab})\, m_n}{2a\cos\beta}\cos\alpha_t\right]$$

$$\beta_b = \arctan(\tan\beta\,\cos\alpha_t)$$

α_t Stirneingriffswinkel
α_{tW} Betriebseingriffswinkel
β_b Schrägungswinkel am Grundzylinder
x Profilverschiebungsfaktoren, üblich $-0{,}5 \leqq x \leqq 1{,}2$. So wählen, dass $x_{Ritzel} \geqq x_{Rad}$

$$x_{Ritzel} + x_{Rad} = \frac{(z_{an} + z_{ab})\,[(\tan\alpha_{tW} - \alpha_{tW}) - (\tan\alpha_t - \alpha_t)]}{2 \cdot \tan\alpha_n}$$

$$\varepsilon_\alpha = \frac{\sqrt{d_{a,an}^2 - d_{b,an}^2} + \sqrt{d_{a,ab}^2 - d_{b,ab}^2} - 2a\sin\alpha_{tW}}{2\pi\, m_n \dfrac{\cos\alpha_t}{\cos\beta}}$$

$$\varepsilon_\beta = \frac{b \sin\beta}{\pi\, m_\mathrm{n}}$$

ε_α Profilüberdeckung, Zähnezahl im Eingriff; $\varepsilon_\alpha \geqq 1{,}15$
ε_β Sprungüberdeckung

Zahnradabmessungen

$$h_\mathrm{a} = m_\mathrm{n}\,(1 + x)$$

$$h_\mathrm{f} = m_\mathrm{n}\,(1 - x) + c$$

$$h = h_\mathrm{a} + h_\mathrm{f}$$

h_a Zahnkopfhöhe auf Teilkreis bezogen
h_f Zahnfußhöhe auf Teilkreis bezogen
c Kopfspiel des Verzahnungswerkzeugs (DIN 867: $c = 0{,}25\, m_n$)
h Zahnhöhe

$$p = \pi\, m_\mathrm{n} = s + e$$

p Normalteilung
s Zahndicke auf dem Teilkreis
e Zahnlücke auf dem Teilkreis

$$d = z \frac{m_\mathrm{n}}{\cos\beta}$$

$$d_\mathrm{a} = d + 2h_\mathrm{a}$$

$$d_\mathrm{f} = d - 2h_\mathrm{f}$$

$$d_\mathrm{b} = z\, m_\mathrm{n} \frac{\cos\alpha_\mathrm{t}}{\cos\beta}$$

d Teilkreisdurchmesser
d_a Kopfkreisdurchmesser
d_f Fußkreisdurchmesser
d_b Grundkreisdurchmesser

$$b = \frac{b}{d} d_\mathrm{Ritzel}$$

b Breite Zahnräder, auf geraden Wert aufrunden
b/d Breite-Durchmesserverhältnis, üblich $b/d_\mathrm{Ritzel} \approx 0{,}5$ für gehärtete Zähne und $b/d_\mathrm{Ritzel} \approx 1$ für ungehärtete Zähne

6.4 Sicherheitsberechnung

Bestimmung der Biege- und Zahnbruchsicherheit

$$Y_\mathrm{F} = 2 + \left(18{,}4 - 35{,}7x + 16{,}4x^2\right) \frac{\cos^3\beta}{z}$$

$$Y_\varepsilon = 0{,}25 + 0{,}75 \frac{\cos^2\beta_\mathrm{b}}{\varepsilon_\alpha}$$

$$Y_\beta = 1 - \frac{\beta}{120^\circ}$$

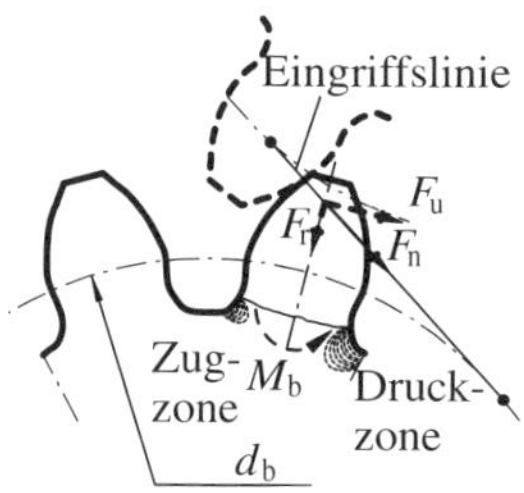

$$\sigma_b = \frac{F_u}{b \cdot m_n} Y_F Y_\varepsilon Y_\beta K_{F\alpha}$$

$$K_{F\alpha} = \varepsilon_\alpha$$

$$S_{bD} = \frac{\sigma_{F,lim}}{\sigma_b} \geqq 1{,}5$$

Y_F Zahnformfaktor
Y_ε Lastanteilfaktor
$\varepsilon_\alpha > 2$: $Y_\varepsilon = 0{,}63$
Y_β Schrägungswinkelfaktor
$\beta \geqq 30°$: $Y_\beta = 0{,}75$
σ_b Biegespannung
$K_{F\alpha}$ Stirnlastverteilungsfaktor für grobe Verzahnungsqualität, für gute Verzahnungsqualität: $K_{F\alpha} = 1$
S_{bD} Sicherheit gegen Dauerbruch (Biegung) für Ritzel und Großrad unterschiedlich
$\sigma_{F,lim}$ Zahnfußschwellfestigkeit, z. B. St60: 200 N/mm^2
16MnCr5: 460 N/mm^2

► DIN 3990 Tragfähigkeitsberechnung von Stirnrädern

Überprüfung der Wälzsicherheit

$$Z_H = \frac{1}{\cos\alpha_t}\sqrt{\frac{\cos\beta_b}{\tan\alpha_{tW}}}$$

$$Z_\varepsilon = \sqrt{\frac{\cos\beta_b}{\varepsilon_\alpha}}, \text{ falls } \varepsilon_\beta \geqq 1, \text{ sonst}$$

$$Z_\varepsilon = \sqrt{\left[\frac{4-\varepsilon_\alpha}{3}(1-\varepsilon_\beta) + \frac{\varepsilon_\beta}{\varepsilon_\alpha}\right]\cos\beta_b}$$

$$K_{H\alpha} = 1 + 2\left(\frac{1}{\varepsilon_\alpha} - 0{,}5\right)\left(\frac{1}{Z_\varepsilon^2} - 1\right)$$

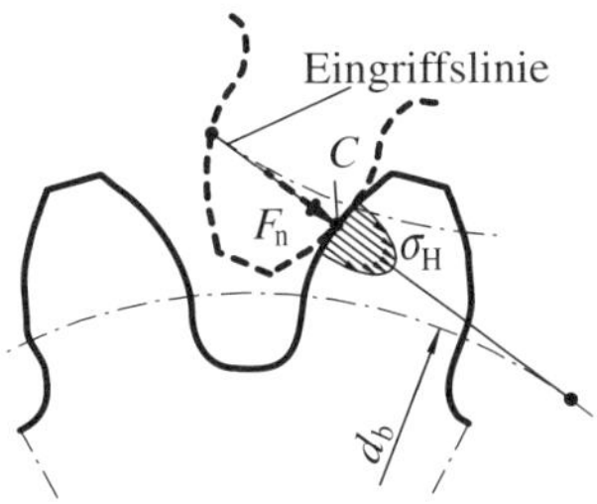

Z_M Materialfaktor, z. B. für Stahl auf Stahl

$$Z_M = 268\sqrt{\frac{N}{mm^2}}$$

Z_H Flankenformfaktor
Z_ε Überdeckungsfaktor
$K_{H\alpha}$ Stirnlastverteilung für gute Fertigungsqualität, für grobe Fertigungsqualität:

$$K_{H\alpha} = \frac{1}{Z_\varepsilon^2}$$

$$\sigma_\mathrm{h} = Z_\mathrm{M} Z_\mathrm{H} Z_\varepsilon \sqrt{\frac{u+1}{u} \frac{F_\mathrm{u}}{b\, d_\mathrm{Ritzel}} K_{\mathrm{H}\alpha}}$$

$$S_\mathrm{H} = \frac{\sigma_\mathrm{H,lim}}{\sigma_\mathrm{h}} \geqq 1{,}5$$

σ_h Hertz'sche Pressung im Wälzpunkt C

S_H Wälzsicherheit, gilt für Ritzel und Großrad, $S_\mathrm{H} \geqq 1{,}5$

$\sigma_\mathrm{H,lim}$ Dauerfestigkeit für Hertz'sche Pressung
z. B. St60: $400\,\mathrm{N/mm^2}$
16MnCr5: $1630\,\mathrm{N/mm^2}$

► DIN 3990 Tragfähigkeitsberechnung von Stirnrädern

7 Wälzlager

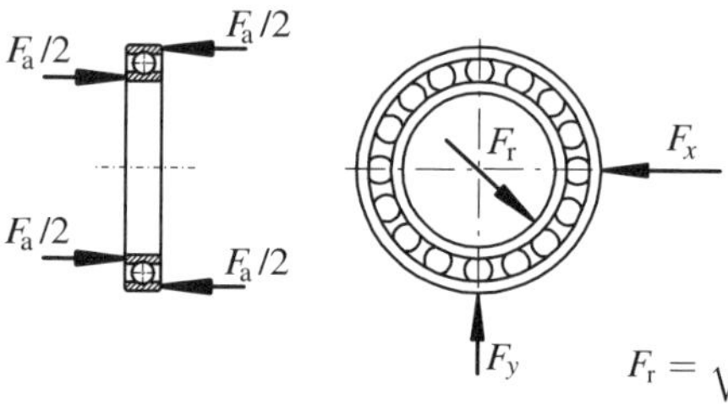

$$F_\mathrm{r} = \sqrt{F_x^2 + F_y^2}$$

7.1 Statisch beanspruchte Lager

$$S_0 = \frac{C_0}{F_0}$$

S_0 statische Sicherheit gegen zu große statische Eindrückung der Wälzkörper in die Rollbahn; je nach Anforderung: $S_0 = 0{,}5 \ldots 3{,}5$

C_0 statische Tragzahl (lagerspezifisch)

F_0 statisch äquivalente Lagerlast

$$F_0 = \max\{X_0 F_\mathrm{r} + Y_0 F_\mathrm{a}, F_\mathrm{r}\}$$

F_r Radialkraft

F_a Axialkraft

X_0 Radialfaktor, z. B. Rillenkugellager $X_0 = 0{,}6$

Y_0 Axialfaktor, z. B. Rillenkugellager $Y_0 = 0{,}5$

7.2 Dynamisch beanspruchte Lager

Nominelle Lebensdauerberechnung

$$N = \left(\frac{C}{F}\right)^p \cdot 10^6$$

N nominelle Lebensdauer in Umdrehungen, die 90 % der Lager erreichen (L_{10})
C dynamische Tragzahl (lagerspezifisch)
F dynamische äquivalente Lagerlast
p Lebensdauerexponent, Kugellager: $p = 3$, Nadel- und Rollenlager: $p = 10/3$

$$F = \max\{XF_r + YF_a, F_r\}$$

F äquivalente Lagerlast bei konstanter Drehzahl und Belastungsgröße
F_r Radialkraft
F_a Axialkraft
X Radialfaktor, Rillenkugellager 0,56
Y Axialfaktor, Rillenkugellager 1-2,3

Äquivalente Lagerlast bei veränderlichen Bedingungen

$$F = \sqrt[p]{\frac{\sum_i t_i n_i F_i^p}{\sum_i t_i n_i}}$$

F äquivalente Lagerlast bei veränderlicher Drehzahl und Belastungsgröße
t_i Wirkungsdauer der Kraft F_i bei der Drehzahl n_i

$$t_L = \frac{N}{n}$$

t_L zeitliche Lebensdauer
n Drehzahl

Modifizierte Lebensdauerberechnung

$$N_{mod} = a_1\, a_{23II}\, s\, N$$

N_{mod} modifizierte Lebensdauer
a_1 Faktor für Erlebniswahrscheinlichkeit
a_{23II} Faktor für Werkstoff und Schmierzustand, Normalzustand $a_{23II} = 1$
s Faktor für Sauberkeit, Normalzustand $s = 1$

$$a_1 = \left(\frac{\ln(P_ü)}{\ln(0{,}9)}\right)^{\frac{2}{3}}$$

$P_ü$ gewünschte Lagerüberlebenswahrscheinlichkeit

► DIN ISO 281 Wälzlager – Dynamische Tragzahlen und nominelle Lebensdauer

8 Tribologie

Reibungs- und Schmierzustände

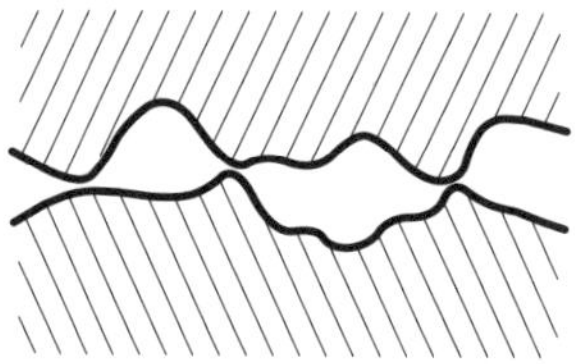

1. Festkörperreibung:
- keine Schmierung, z. B. metallisch reine Oberflächen ohne Oxidschicht
- hoher Verschleiß
- Reibwert $\mu_{Metall} \approx 0{,}3 \ldots 1\ (1{,}5)$

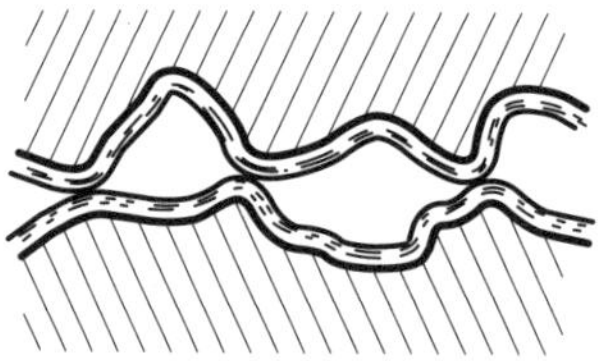

2. Grenzreibung/Grenzschmierung:
- dünne Randschicht, z. B. Oxidschicht
- Reibwert $\mu_{Metall} \approx 0{,}1 \ldots 0{,}2$

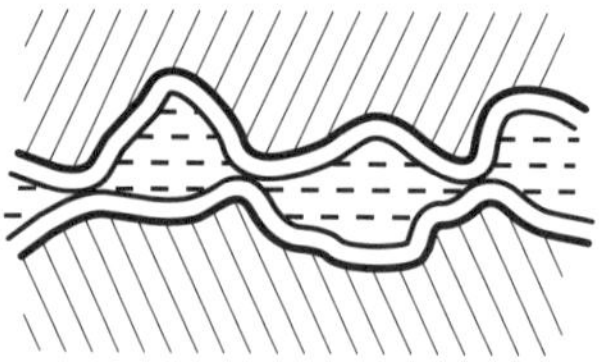

3. Mischreibung/Teilschmierung:
- Oberflächenkontakt an Rauheitsspitzen
- Mischformen von Grenz- und Flüssigkeitsreibung
- Reibwert $\mu_{Metall} \approx 0{,}01 \ldots 0{,}1$

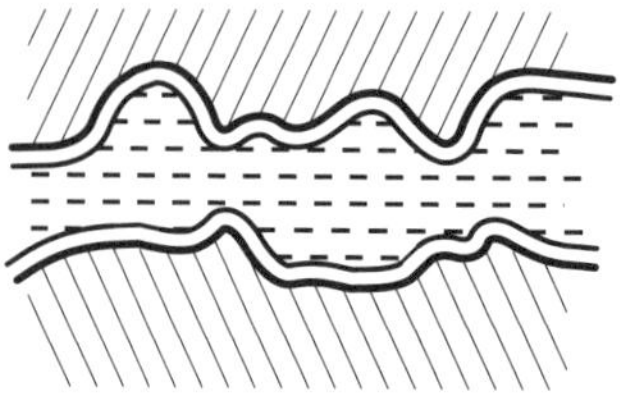

4. Flüssigkeitsreibung/Vollschmierung:
- vollständiger Schmierfilm zwischen den Reibpartnern
- hydrodynamische oder hydrostatische Trennung der Reibpartner
- Reibwert $\mu_{Metall} \approx 0{,}001 \ldots 0{,}01$

8.1 Reibkräfte

$F_R = f(F_N, v_{rel}, \ldots)$

Coulombsches Reibgesetz

$F_R = \mu F_N$, für $v_{rel} \neq 0$

$|F_R| \leqq \mu_0 F_N$, für $v_{rel} = 0$

F_R Reibkraft
F_N Normalkraft
μ Gleitreibwert
μ_0 Haftreibwert
v_{rel} Relativgeschwindigkeit im Kontakt

Überlagerte Bewegung

$F_{Rx} = F_R \sin\beta = \mu F_N \sin\beta$

$v_y = \omega r$

$\tan\beta = \dfrac{v_x}{v_y}$

$\sin\beta \approx \tan\beta = \dfrac{v_x}{v_y}$, für $\dfrac{v_x}{v_y} \ll 1$

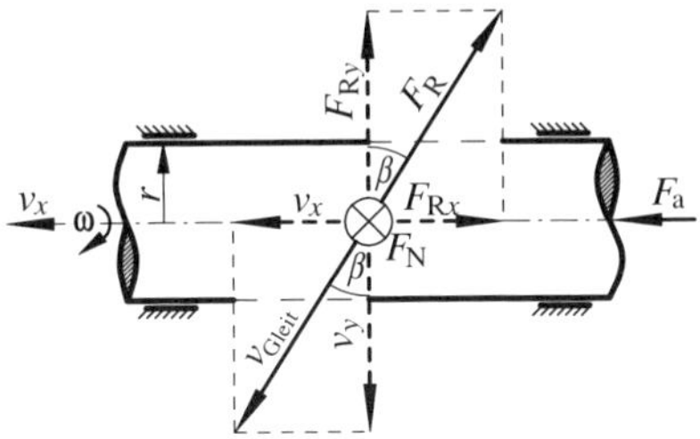

v_{Gleit} Gleitgeschwindigkeit aus überlagerter Dreh- und Axialbewegung

8.2 Kontaktflächen

Bezüglich der Kontaktflächen muss zwischen der makroskopischen bzw. nominellen und der mikroskopischen bzw. realen Kontaktfläche, d. h. der Flächensumme der Mikrokontaktflächen, unterschieden werden.

$A_{nom} = a \cdot b$

$A_{real} = \sum_{i=1}^{n} A_{r,i}$

$\lambda = \dfrac{h_{min}}{\sqrt{0{,}5\,(\mathrm{Ra}_1 + \mathrm{Ra}_2)}}$

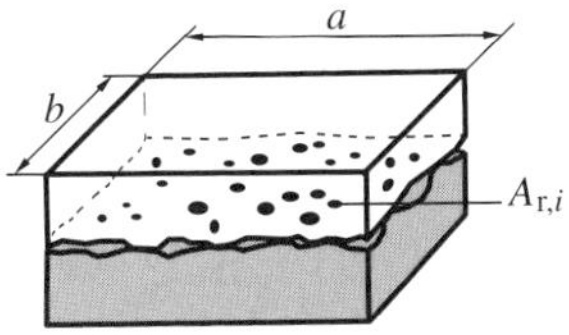

A_{nom} nominelle Kontaktfläche, z. B. Hertz'sche Kontaktfläche
A_{real} reale Kontaktfläche $A_{real} \approx 10^{-1} \ldots 10^{-5} A_{nom}$
$A_{r,i}$ lokale Kontaktfläche
λ Schmierspalthöhen-Rauheits-Verhältnis

Grenzreibung für $\lambda < 0{,}2$
Mischreibung für $0{,}2 < \lambda < 3$
Flüssigkeitsreibung für $\lambda > 3$

n Anzahl der Mikrokontaktstellen
h_{min} minimale Schmierspalthöhe
Ra_1, Ra_2 arithmetischer Mittenrauwert von Grund- bzw. Gegenkörper

8.3 Hertz'sche Theorie

Räumliche Krümmung

$$\frac{1}{R} = \frac{1}{r} + \frac{1}{r'} = \frac{1}{r_1} + \frac{1}{r_2} + \frac{1}{r_1'} + \frac{1}{r_2'}$$

$$\frac{1}{R^*} = \frac{1}{r} - \frac{1}{r'}$$

r, r' Ersatzkrümmungsradien für äquivalenten Kontakt: gekrümmter Körper gegen Ebene (negative Radien bei konkaven Flächen)

$$\frac{1}{R^*} = \sqrt{\left(\frac{1}{r_1'} - \frac{1}{r_1}\right)^2 + \left(\frac{1}{r_2'} - \frac{1}{r_2}\right)^2 + 2\left(\frac{1}{r_1'} - \frac{1}{r_1}\right)\left(\frac{1}{r_2'} - \frac{1}{r_2}\right)\cos 2\varphi}$$

Sonderfall: parallele Achsen ($\varphi = 0$)

$$\frac{1}{R^*} = \left|\left(\frac{1}{r_1'} + \frac{1}{r_2'}\right) - \left(\frac{1}{r_1} + \frac{1}{r_2}\right)\right|$$

$$\frac{1}{E_\nu} = \frac{1}{2}\left(\frac{1 - \nu_1^2}{E_1} + \frac{1 - \nu_2^2}{E_2}\right)$$

R, R^* Hilfsgrößen

E_ν reduzierter Ersatzelastizitätsmodul

E_1, E_2 Elastizitätsmoduln beider Kontaktpartner

ν_1, ν_2 Querkontraktionszahlen beider Kontaktpartner z. B. $\nu = 0{,}3$ für Metalle

$$p = p_{\text{max}}\sqrt{1 - \left(\frac{x}{a}\right)^2 - \left(\frac{z}{b}\right)^2}$$

p Flächenpressung

$$p_{\text{max}} = \frac{1}{2\pi}\frac{1}{\xi\,\eta}\sqrt[3]{\frac{3F_N E_\nu^2}{R^2}}$$

Modell

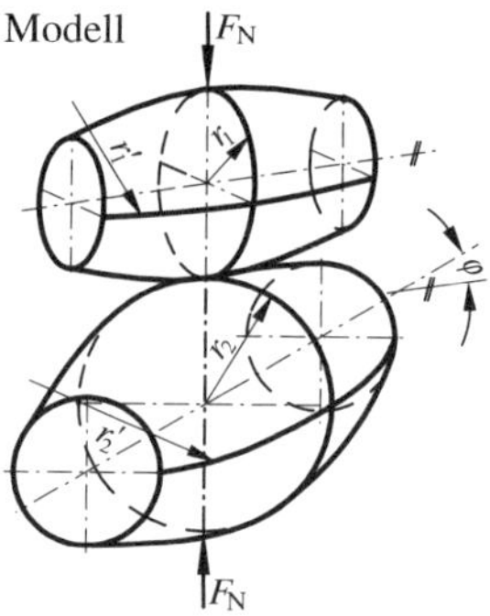

$$a = \xi\sqrt[3]{\frac{3F_N R}{E_\nu}}, \quad b = \eta\sqrt[3]{\frac{3F_N R}{E_\nu}}$$

a, b Halbachsen der Kontaktellipse

Kontaktfläche (vergrößert)

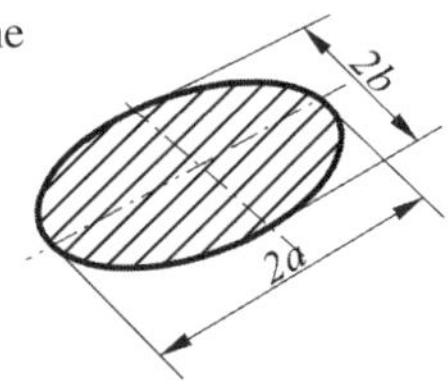

$$U = \frac{3}{2}\frac{\psi}{\xi}\sqrt[3]{\frac{F_N^2}{3\,E_\nu^2 R}}$$

U Annäherung beider Körper (Summe beider Abplattungen)

Ellipsoidisches Druckfeld

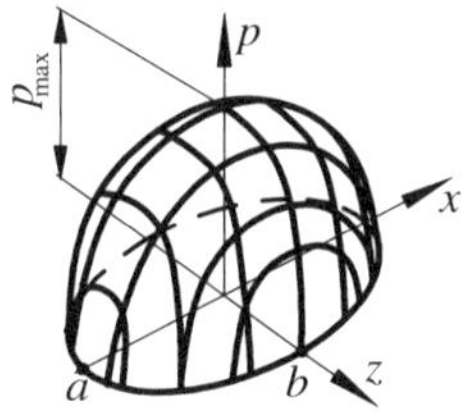

Hilfswerte ξ, η und Ψ in Abhängigkeit von R/R^*

$\|R/R^*\|$	0	0,20	0,40	0,60	0,80	0,90	0,95	1
ξ	1	1,15	1,35	1,66	2,30	3,09	4,12	∞
η	1	0,88	0,77	0,66	0,54	0,46	0,40	0
Ψ	1	1,14	1,30	1,50	1,82	2,10	2,38	∞

Linienberührung

$$p_{max} = \sqrt{\frac{F_N E_\nu}{2\pi R l}}$$

$$R = r = \frac{r_1 \cdot r_2}{r_1 + r_2}$$

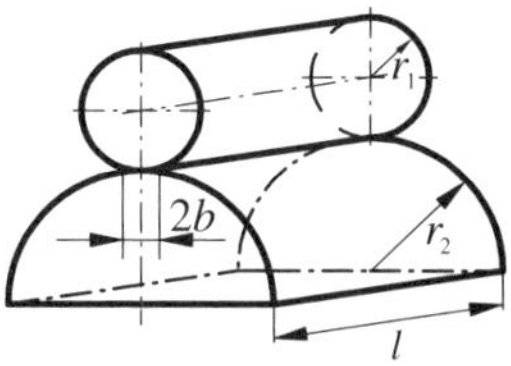

$$b = \sqrt{\frac{8 F_N R}{\pi l E_\nu}}$$

$2b$ Breite des Kontaktes

9 Flanschdichtungen

$$F_{DV} = \pi d_D \frac{b_M p_{DV}}{b_D} b_D$$

F_{DV} Dichtungskraft zum Vorverformen
d_D mittlerer Dichtungsdurchmesser
b_M Montagewirkbreite der Dichtung
p_{DV} notwendige Formänderungspressung
b_D Breite der Dichtung

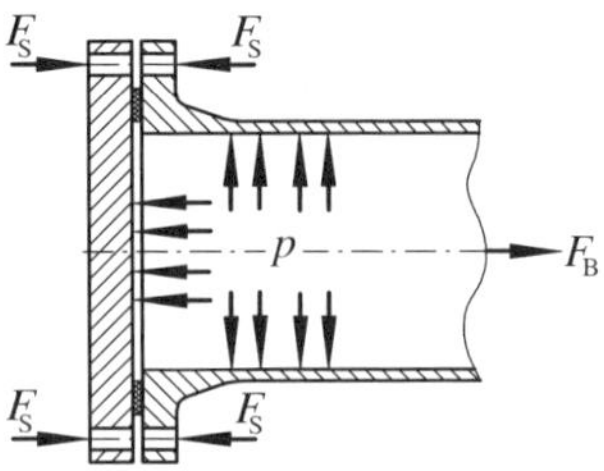

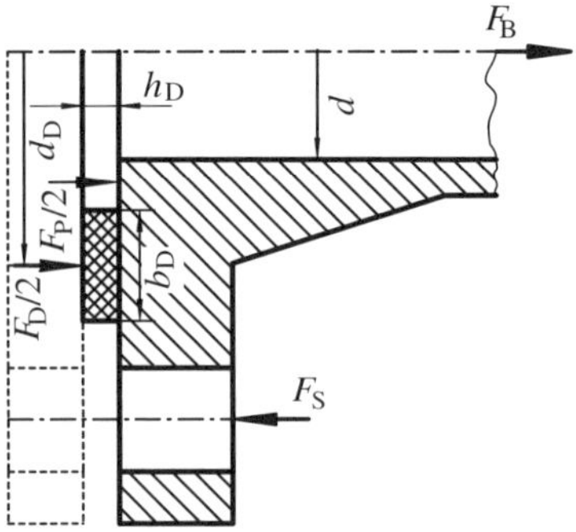

$$F_{D,min} = p_{max}\pi d_D \frac{b_B}{b_D} b_D$$

$$F_B = \frac{\pi}{4} d^2 p_{max}$$

$$F_P = \frac{\pi}{4}(d_D^2 - d^2)p_{max}$$

$$F_D = iF_S - F_B - F_P$$

$$S_D = \frac{F_D}{F_{D,min}}$$

$F_{D,min}$ Mindestanpresskraft der Dichtung im Betrieb

b_B Betriebswirkbreite der Dichtung

F_B Rohrkraft infolge Innendruck

F_P Ringflächenenkraft infolge Innendruck

F_D Presskraft der Dichtung im Betrieb

F_S Schraubenkraft

i Schraubenanzahl

S_D Sicherheitsfaktor $S_D \approx 1{,}3\ldots1{,}5$

Dichtungskennwerte:

Dichtungsform	Werkstoff	für Flüssigkeiten		für Gase und Dämpfe	
		$b_M p_{DV}/b_D$ in N/mm^2	b_B/b_D	$b_M p_{DV}/b_D$ in N/mm^2	b_B/b_D
Weichstoff-Flachdichtung	Gummi	1	0,5	2	0,5
	Teflon	20	1,1	25	1,1
Blechummantelte Weichstoffdichtung	Al	10	1	50	1,4
	Cu, Ms	20	1	60	1,6
	Stahl (weich)	40	1	70	1,8

10 Riemen- und Kettentriebe

10.1 Flachriementriebe

Ohne Berücksichtigung von Schlupf und Fliehkräften

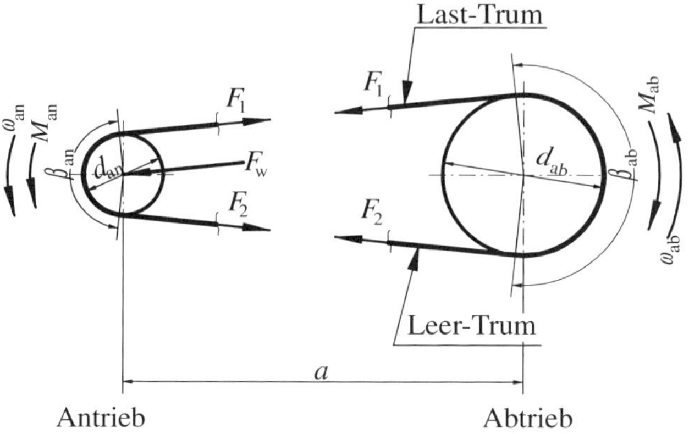

Riemenauswahl

$$i = \frac{\omega_{an}}{\omega_{ab}} = \frac{n_{an}}{n_{ab}} \approx \frac{d_{ab}}{d_{an}} \approx \frac{M_{ab}}{M_{an}}$$

$$v = \pi d_{an} n_{an} = \pi d_{ab} n_{ab}$$

$$b = \frac{P c_2}{P_N c_1 c_3}$$

i Übersetzung
v Riemengeschwindigkeit
b Riemenbreite
P zu übertragende Leistung
P_N übertragbare Leistung pro mm Riemenbreite (Abhängig von Profil, Wirkdurchmesser und Drehzahl der kleinen Scheibe und Übersetzung)
c_1 Winkelfaktor ($c_1 = 0{,}95 \ldots 1$ für $\beta_k = 160° \ldots 180°$)
c_2 Betriebsfaktor ($c_2 = 1{,}1 \ldots 1{,}3$) für mittelschwere Antriebe von Arbeitsmaschinen und Drehstrommotoren mit normalem Anlaufmoment)
c_3 Längenfaktor (abhängig von Wirklänge und Profil des Riemens, Herstellerangabe)

Geometrie des Riementriebes

$$\beta_k = 2 \arccos \frac{d_g - d_k}{2a}$$

β_k Umschlingungswinkel an der kleinen Scheibe

$$L = \pi \cdot d_g - \frac{\beta_k}{2}\left(d_g - d_k\right) + 2a \cdot \cos \frac{180^\circ - \beta_k}{2}$$

d_k, d_g Durchmesser der kleinen bzw. großen Scheibe

L Riemenlänge

$$a \approx \frac{1}{4}\left[L - \frac{\pi}{2}\left(d_g + d_k\right) + \sqrt{\left(L - \frac{\pi}{2}\left(d_g + d_k\right)\right)^2 - 2\left(d_g - d_k\right)^2}\right]$$

a Achsabstand; Empfehlung: $0{,}7\left(d_k + d_g\right) < a < 2\left(d_k + d_g\right)$

Δa Verstellweg
zum Spannen: $\Delta a \geqq 0{,}03L$
zum Auflegen: $\Delta a \leqq -0{,}015L$

Sicherheitsnachweis

$$F_u = F_1 - F_2 = 2\frac{M_{an}}{d_{an}} = 2\frac{M_{ab}}{d_{ab}}$$

F_u Nutzkraft (Umfangskraft)

$$F_{W,min} = F_u \frac{\sqrt{e^{2\mu\beta_k} + 1 - 2\,e^{\mu\beta_k}\cos\beta_k}}{e^{\mu\beta_k} - 1}$$

$F_{W,min}$ minimale notwendige Spannkraft der kleinen Scheibe ohne Riemenspanner zur Übertragung von F_u

F_W eingestellte Spannkraft der kleinen Scheibe, üblich: $F_W \approx (1{,}5 \ldots 2) \cdot F_{u\,max}$

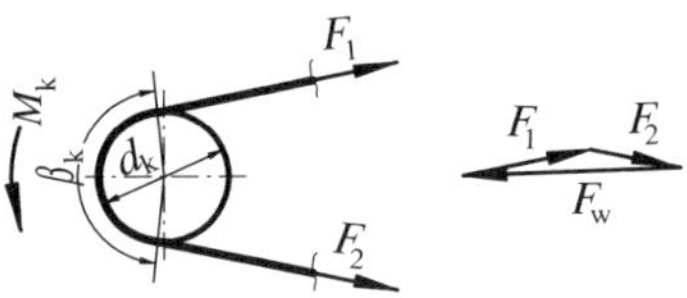

$$F_{1,min} = F_{2,min}\,e^{\mu\beta_k} = F_u\left(\frac{e^{\mu\beta_k}}{e^{\mu\beta_k} - 1}\right)$$

$$F_{2,min} = \frac{F_u}{e^{\mu\beta_k} - 1}$$

$F_{1,min}$, $F_{2,min}$ minimal notwendige Kräfte zur Übertragung von F_u

$$S_R = \frac{F_W}{F_{W,min}}$$

S_R Sicherheit gegen Rutschen

$$f_B = \frac{v \cdot n_s}{L}$$

f_B Biegefrequenz des Riemens durch Scheibenüberläufe

n_s Anzahl der Scheiben

$$S = \frac{f_{lim}}{f_B}$$

S Sicherheit

f_{lim} Grenzbiegefrequenz (Herstellerangabe)

► DIN 111 Antriebselemente; Flachriemenscheiben; Maße, Nenndrehmomente

10.2 Synchronriementriebe (Zahnriemengetriebe)

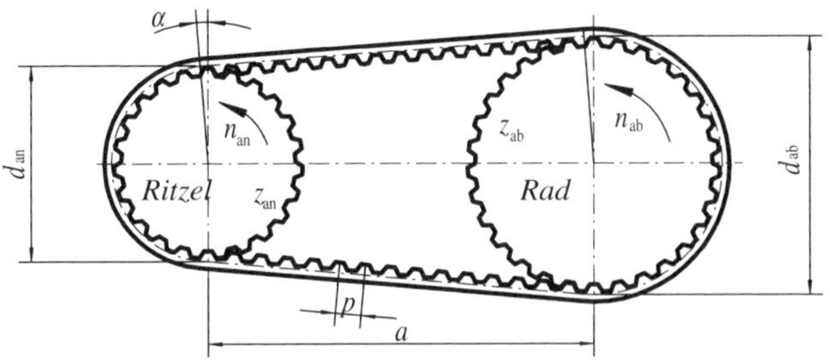

Riemenauswahl

$$i = \frac{n_{an}}{n_{ab}} = \frac{z_{ab}}{z_{an}} = \frac{d_{ab}}{d_{an}}$$

i Übersetzung, üblich: $0{,}1 \leqq i \leqq 10$

d_{an}, d_{ab} Teilkreisdurchmesser bis Zuglitze des Riemens gemessen

$$v = p z_{an} n_{an} = p z_{ab} n_{ab}$$

v Riemengeschwindigkeit

p Riementeilung (nach DIN 7721 wählen)

z_{an}, z_{ab} Zähnezahlen der Antriebs- bzw. Abtriebsscheibe ($z_{Ritzel} \geqq z_{min} = 10\ldots15$, nach DIN 7721)

$$PK_a \leqq P_{max}$$

P_{max} maximal übertragbare Leistung (Herstellerangabe)

K_A Betriebsfaktor, z. B. für Elektromotorantrieb, mittlere Anlaufverhältnisse, Volllast, mäßige Stöße, 8 h/Tag Laufzeit: $K_A = 1{,}6$

Geometrie des Synchronriementriebes

$$d_{an} = \frac{p}{\pi} z_{an}; \quad d_{ab} = \frac{p}{\pi} z_{ab}$$

$$L = 2a\cos\alpha + \frac{\pi}{2}(d_{Rad} + d_{Ritzel}) + \alpha(d_{Rad} - d_{Ritzel})$$

L Riemenlänge (nach DIN 7721 wählen)

$$a \approx \frac{1}{4}\left[L - \frac{p}{2}(z_{an} + z_{ab})\right] + \frac{1}{4}\sqrt{\left[L - \frac{p}{2}(z_{an} + z_{ab})\right]^2 - 2\left[\frac{p}{\pi}(z_{ab} - z_{an})\right]^2}$$

a Achsabstand, Richtwert: $a \approx (1\ldots2)\cdot(d_{an} + d_{ab})$

Δa Verstellweg zum Spannen: $\Delta a \geqq (0{,}005\ldots0{,}01)L$ Auflegen: $\Delta a \leqq -(1\ldots2{,}5)p$

$$\beta_{Ritzel} = 2\arccos\left[\frac{p\cdot(z_{ab} - z_{an})}{2\pi\cdot a}\right]$$

β_{Ritzel} Umschlingungswinkel am Ritzel

$$z_e = z_{Ritzel}\frac{\beta_{Ritzel}}{360^\circ}$$

z_e Eingriffszähnezahl am Ritzel (für Auslegung: maximal $z_e = 15$ berücksichtigen)

$$b_{min} \geqq \frac{PK_A}{P_{spez}z_e}$$

b_{min} erforderliche Riemenbreite

P Nennleistung

P_{spez} übertragbare Leistung pro Zahn und mm Riemenbreite (Herstellerangabe)

Sicherheitsnachweis

$$F = \frac{PK_A}{v}$$

$$S = \frac{F_{lim}b}{F}$$

F Zugkraft im Riemen

F_{lim} Übertragbare Kraft pro mm Riemenbreite

S Sicherheit

► DIN ISO 5296 Synchronriementriebe; Riemen

► DIN 7721 Synchronriementriebe, metrische Teilung; Synchronriemen

10.3 Rollenkettentriebe

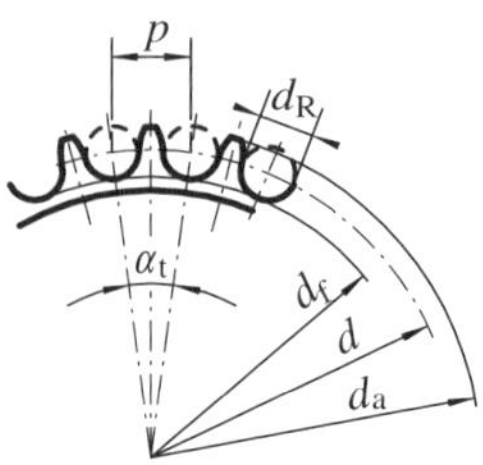

Kettenauswahl

$$i = \frac{n_{an}}{n_{ab}} = \frac{z_{ab}}{z_{an}} = \frac{d_{ab}}{d_{an}}$$

i mittlere Übersetzung ($i_{max} \approx 10$)
n_{an}, n_{ab} Antriebs-, Abtriebsdrehzahl
z_{an}, z_{ab} Antriebs-, Abtriebszähnezahl

$$P_c = f_1 f_2 P_{an}$$

P_c Korrigierte Leistung zur Kettenauswahl
P_{an} Antriebsleistung

$$f_2 = \left(\frac{19}{z_{an}}\right)^{1{,}08}$$

f_1 Faktor zur Berücksichtigung zusätzlicher dynamischer Belastungen nach DIN ISO 10 823, z. B. bei Lauf unter mäßigen Stößen der angetriebenen Maschine; $f_1 = 1{,}4 \ldots 1{,}7$
f_2 Faktor zur Berücksichtigung der Ritzelzähnezahl

Geometrie des Rollenkettentriebes

$$d_{an} = \frac{p}{\sin\left(\frac{\alpha_{t,an}}{2}\right)}$$

$$d_{ab} = \frac{p}{\sin\left(\frac{\alpha_{t,ab}}{2}\right)}$$

d_{an}, d_{ab} Teilkreisdurchmesser
p Kettenteilung aus Kettenauswahl
α_t Teilungswinkel

$$\alpha_{t,an} = \frac{360^\circ}{z_{an}}; \quad \alpha_{t,ab} = \frac{360^\circ}{z_{ab}}$$

$$X = 2\frac{a}{p} + \frac{z_{an} + z_{ab}}{2} + \left(\frac{z_{ab} - z_{an}}{2\pi}\right)^2 \frac{p}{a}$$

X Anzahl der Kettenglieder (geradzahlige Anzahl wählen)

$$L_K = X\,p$$

L_K Kettenlänge

$$a = \frac{p}{4}\left(X - \frac{z_{an} + z_{ab}}{2}\right) + \frac{p}{4}\sqrt{\left(X - \frac{z_{an} + z_{ab}}{2}\right)^2 - 2\left(\frac{z_{ab} - z_{an}}{\pi}\right)^2}$$

a Achsabstand, Richtwert: $a = (30 \ldots 50)p$

Sicherheitsnachweis

$$F_d = F_u f_1 = \frac{P_{an}}{v} f_1 f_2$$

$$v = z_{an} p n_{an}$$

$$F_f = q v^2$$

$$F_{ges} = F_d + F_f$$

F_d dynamische Zuglast
F_u Umfangskraft
v Kettengeschwindigkeit
F_f Fliehkraft
q Kettengewicht pro Länge
F_{ges} Gesamtzugkraft

$$S = \frac{F_B}{F_{ges}}$$

S Sicherheit
F_B Bruchkraft der Kette (DIN 8187 bzw. DIN 8188)

$$p_g = \frac{F_{ges}}{A_g}$$

p_g Gelenkpressung (führt zu Gelenkverschleiß)
A_g gepresste Gelenkfläche (DIN 8187 bzw. 8188)

► DIN 8187 Rollenketten, Europäische Bauart
► DIN 8188 Rollenketten, Amerikanische Bauart
► DIN 8196 Verzahnung der Kettenräder für Rollenketten nach DIN 8187 und DIN 8188; Profilabmessungen
► DIN ISO 10823 Hinweise zur Auswahl von Rollenkettentrieben

11 Kupplungen und Bremsen

11.1 Kupplungstorsionsmoment

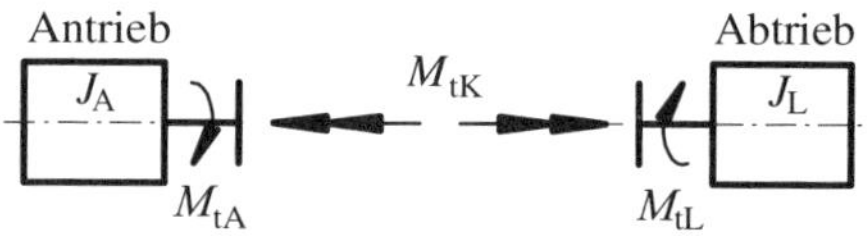

Kupplungstorsionsmoment für das stoßfreie Anfahren ohne Last

$$M_{tK} = \frac{J_L}{J_A + J_L} \cdot M_{tA}$$

M_{tA} Torsionsmoment der Antriebsmaschine
J_A, J_L Trägheitsmoment der Antriebs- bzw. Arbeitsmaschine

Kupplungstorsionsmoment für das stoßfreie Anfahren unter Last

$$M_{tKL} = \frac{J_L}{J_A + J_L} M_{tA} + \frac{J_A}{J_A + J_L} M_{tL}$$

M_{tL} Bremsmoment der Arbeitsmaschine

Kupplungstorsionsmoment für das Anfahren unter Last mit Stoßtorsionsmomenten

$$M_{tKS} = \frac{J_L}{J_A + J_L} M_{tAS} \cdot S_A + \frac{J_A}{J_A + J_L} M_{tLS} \cdot S_L$$

S_A, S_L Stoßfaktor der Antriebs- bzw. Lastseite, üblich: $S_A = S_L = 1{,}8$
M_{tAS}, M_{tLS} Spitzenwert der Torsionsmomentstöße auf der Antriebs- bzw. Lastseite

11.2 Nichtschaltbare Kupplungen

Schalenkupplung

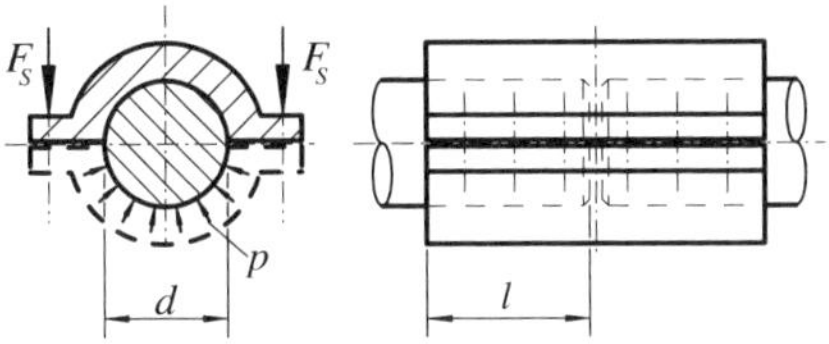

$$M_R = \frac{\pi \mu_0 p l d^2}{2} = \frac{\pi \mu_0 i F_s d}{2}$$

M_R übertragbares Reibmoment
μ_0 Haftreibwert (bei glatten Wellen $\mu_0 \approx 0{,}15\ldots0{,}25$)
l Klemmlänge auf einer Kupplungsseite
i Anzahl der Schrauben auf der An- bzw. Abtriebsseite der Kupplung
F_S von jeder Schraube aufgebrachte Schraubenkraft

$$S_R = \frac{M_R}{M_t}$$

S_R Sicherheit gegen Rutschen, üblich $S_R \geqq 1{,}5$
M_t zu übertragendes Torsionsmoment, z. B. M_{tK}

► DIN 115-1 Antriebselemente; Schalenkupplungen, Maße, Drehmomente, Drehzahlen

---

Scheibenkupplung

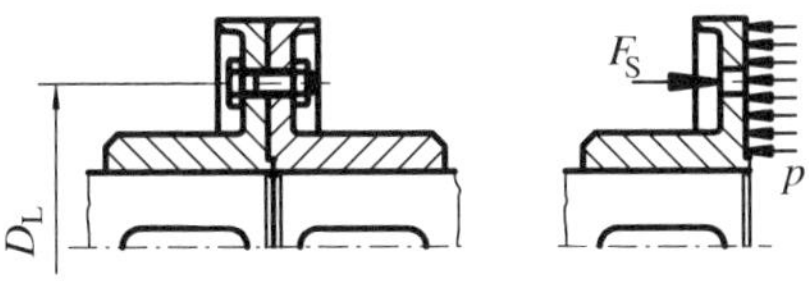

$$M_R = \frac{\mu_0 i F_s D_m}{2}$$

M_R übertragbares Reibmoment
μ_0 Haftreibwert
F_S Schraubenkraft
D_m mittlerer Durchmesser der Reibfläche beider Kupplungshälften, $D_m \approx D_L$
D_L Lochkreisdurchmesser
i Anzahl der Schrauben auf dem Lochkreis

$$S_R = \frac{M_R}{M_t}$$

S_R Sicherheit gegen Rutschen
M_t zu übertragendes Torsionsmoment, z. B. M_{tK}

► DIN 116 Antriebselemente, Scheibenkupplungen, Maße, Drehmomente, Drehzahlen

---

Elastische Kupplung

$$f_0 = \frac{1}{2\pi}\sqrt{c_t \frac{J_A + J_L}{J_A \cdot J_L}}$$

$$n_R = \frac{f_0}{i}$$

f_0 Eigenfrequenz
c_t Torsionsfedersteifigkeit der elastischen Kupplung
J_A Trägheitsmoment der Antriebsseite
J_L Trägheitsmoment der Lastseite
n_R Resonanzdrehzahl
i Anzahl der Momentschwankungen pro Umdrehung

Maximaltorsionsmoment bei periodischem Wechseltorsionsmoment

$$M_{tK,max} = \frac{J_L}{J_A + J_L} M_{tAi} V$$

für antriebsseitige Schwingungserregung

$$M_{tK,max} = \frac{J_A}{J_A + J_L} M_{tLi} V$$

für abtriebsseitige Schwingungserregung

$M_{tk,max}$ maximales Torsionsmoment bei reiner Wechselbelastung (Vergleich mit Herstellerangabe)
M_{tAi}, M_{tLi} Amplitude des erregenden Wechseltorsionsmomentes auf der Antriebs- bzw. Lastseite

$$V = \frac{1}{\sqrt{\left[1 - \left(\frac{n}{n_R}\right)^2\right]^2 + \left(2 \cdot D \frac{n}{n_R}\right)^2}}$$

V Vergrößerungsfunktion
n Drehzahl
D Dämpfungsgrad (ohne Dämpfung: $D = 0$)

► DIN 740-2 Antriebstechnik; Nachgiebige Wellenkupplungen; Begriffe und Berechnungsgrundlagen

11.3 Schaltbare Kupplungen

Lamellenkupplung

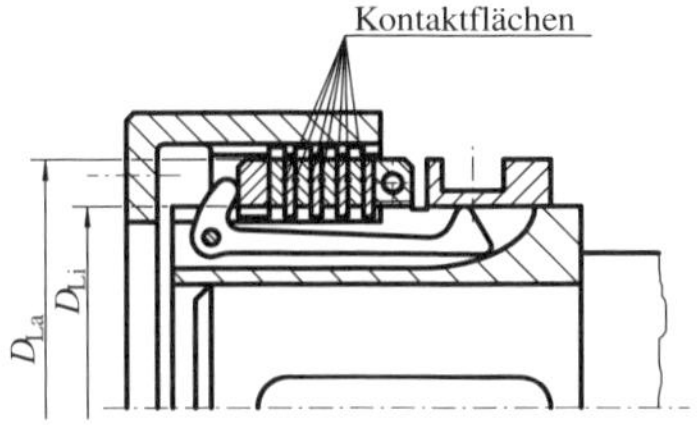

$A_R = \frac{\pi}{4}\left(D_{La}^2 - D_{Li}^2\right)$	A_R Reibfläche
$D_m = \frac{2\left(D_{La}^3 - D_{Li}^3\right)}{3\left(D_{La}^2 - D_{Li}^2\right)} \approx \frac{D_{La} + D_{Li}}{2}$	D_m mittlerer Reibungsdurchmesser
$p = \frac{F_N}{A_R}$	p Pressung, üblich $p_{zul} = 0{,}2\ldots1\ \mathrm{N/mm^2}$ F_N Normalkraft durch Hebel
$M_R = \mu\, p A_R \frac{D_m}{2} i_R = \mu F_N \frac{D_m}{2} i_R$	M_R übertragbares Reibmoment μ Reibwert, üblich $\mu = 0{,}15\ldots0{,}4$ i_R Anzahl der Reibflächen
$t_R = \frac{J_L\left(\omega_A - \omega_{L0}\right)}{M_R - M_L}$	t_R Schaltzeit ω_A Winkelgeschwindigkeit Antriebsseite (konst.) ω_{L0} Winkelgeschwindigkeit Abtriebs-(Last-)seite vor dem Schalten M_L Lasttorsionsmoment bezogen auf die Kupplungswelle
$W = M_R t_R \frac{\omega_A - \omega_{L0}}{2}$	W Schaltarbeit
$S_\vartheta = \frac{W_{max}}{W}$	S_ϑ Sicherheit gegen thermische Überlastung W_{max} maximale einmalige Schaltarbeit der Kupplung (Herstellerangabe) W bei einmaliger Schaltung anfallende Schaltarbeit

► VDI 2241 Schaltbare fremdbetätigte Reibkupplungen und -bremsen; Begriffe, Bauarten, Kennwerte, Berechnungen

Energietechnik

1 Dampferzeuger

1.1 Vereinfachte Energiebilanz am Dampferzeuger

Dampferzeugerwirkungsgrad

$$\eta_{DE}(\dot{m}_{Br}H_u + \dot{m}_L h_L) = \dot{m}_D(h_D - h_{Sp})$$

$$\dot{m}_{Sp} = \dot{m}_D$$

$$\eta_{DE} = \frac{\dot{m}_D(h_D - h_{Sp})}{\dot{m}_{Br}H_u + \dot{m}_L h_L}$$

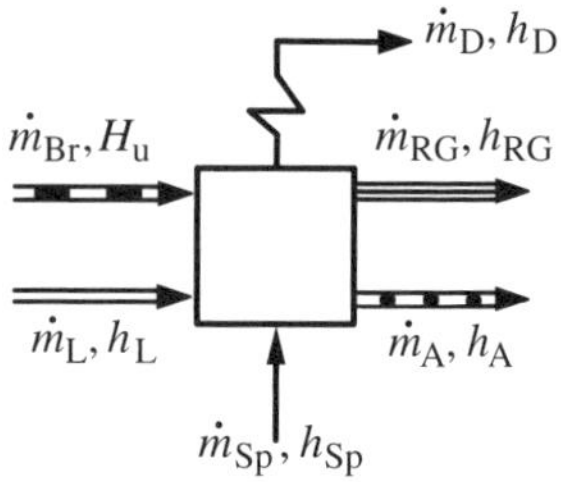

Näherungswerte η_{DE} für verschiedene Dampferzeuger

	η_{DE}
Braunkohlenfeuerung	0,89
Steinkohlen-Trockenfeuerung	0,92
Steinkohlen-Schmelzfeuerung	0,93
Gas- und Ölfeuerungen	0,92...0,96
Rostfeuerungen	0,88
Wirbelschichtfeuerungen	0,92

$\dot{m}_{Br}$ Brennstoffmassenstrom
H_u Heizwert des Brennstoffs
$\dot{m}_L$ Luftmassenstrom zur Verbrennung
h_L Enthalpie der Verbrennungsluft
$\dot{m}_D$ Dampfmassenstrom
h_D Enthalpie des Dampfes
$\dot{m}_{Sp}$ Speisewassermassenstrom
h_{Sp} Enthalpie des Speisewassers
$\dot{m}_{RG}$ Rauchgasmassenstrom
h_{RG} Enthalpie des Rauchgases
$\dot{m}_A$ Aschemassenstrom
h_A Enthalpie der Asche

Wärmeleistung des Dampferzeugers

$Q_{th,DE} = \dot{m}_{Br}H_u$ (mit Brennstoff zugeführt)

1.2 Feuerungssysteme für feste Brennstoffe

Das Feuerungssystem muss den Besonderheiten des Brennstoffs Rechnung tragen, um einen hohen Wirkungsgrad und geringe Schadstoffemissionen zu erzielen. Der geforderte Dampfmassenstrom $\dot{m}_D$ und der maximale Dampfdruck p_D bestimmen die Feuerungsart.

Charakteristische Parameter der am häufigsten ausgeführten Feuerungssysteme für feste Brennstoffe

	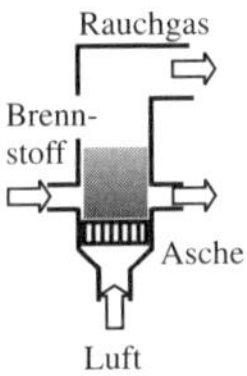	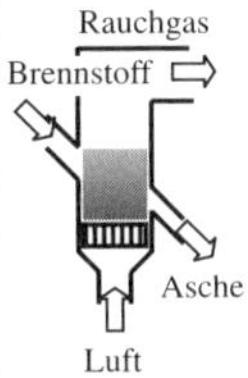	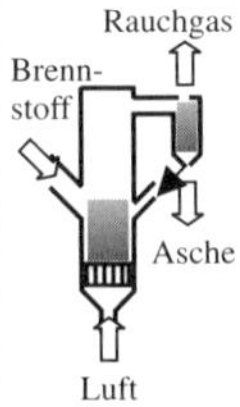	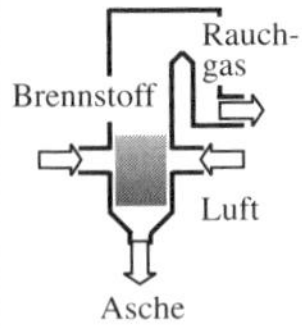
Feuerungsart für feste Brennstoffe	Rostfeuerung	Stationäre Wirbelschicht-feuerung)	Zirkulierende Wirbelschicht-feuerung	Staubfeuerung
Querschnitts-belastung in MW/m^2	0,8 ... 1,6	1,0 ... 2,0	2,0 ... 8,0	3,0 ... 8,0
Gasgeschwin-digkeit in m/s	0,3 ... 8,0[1)]	1,5 ... 2,5	4,0 ... 10,0	5,0 ... 8,0
Aschegehalt der Kohle/Trocken-substanz	$\leqq$ 0,15	$\leqq$ 0,30	$\leqq$ 0,30	$\leqq$ 0,30
Schichthöhe in m	0,15 ... 0,40	1,0 ... 1,5	0,3 ... 1,0	—
BK-Temperatur in °C[2)]	1200 ... 1400	800 ... 900	800 ... 950	1200 ... 1400
Thermische Leistung in MW	5 ... 200	5 ... 200	30 ... 500	max. 2000
Umweltschutz	zusätzliche Rauchgas-reinigung	durch Steue-rung des Ver-brennungs-prozesses	integriert in den Verbren-nungsprozess	zusätzliche Rauchgas-reinigung
Kohlequalität	grobkörnig, kein hoher Feinkornanteil	aschereiche zündunwillige Kohle möglich	aschereiche Kohle, zündunwillig	kein zu hoher Ascheanteil, Aufbereitung durch Mahlen
Partikelgröße in mm	15 ... 40 max. 25 % Feinkornanteil	1 max. 10	0,1 ... 5	0,05 ... 1,0

1) Gasgeschwindigkeit in der Schüttung

2) BK Brennkammer

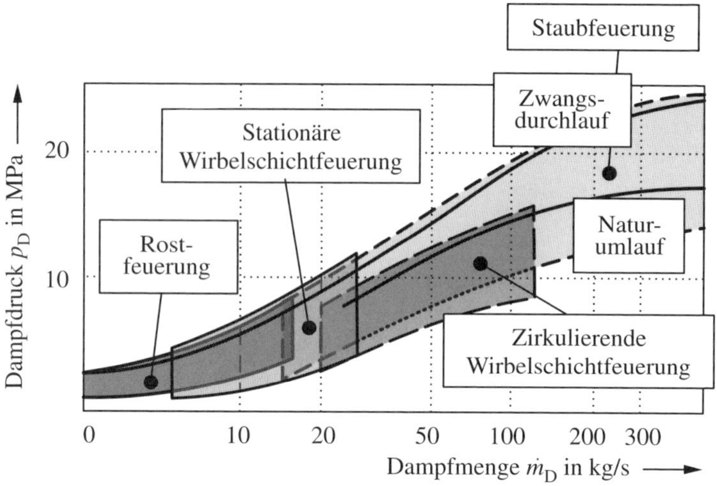

1.3 Dimensionierung der Brennkammer von Dampferzeugern

Die Brennkammerauslegung ist ein Optimierungsproblem unter Berücksichtigung der folgenden wichtigen Einflussfaktoren:

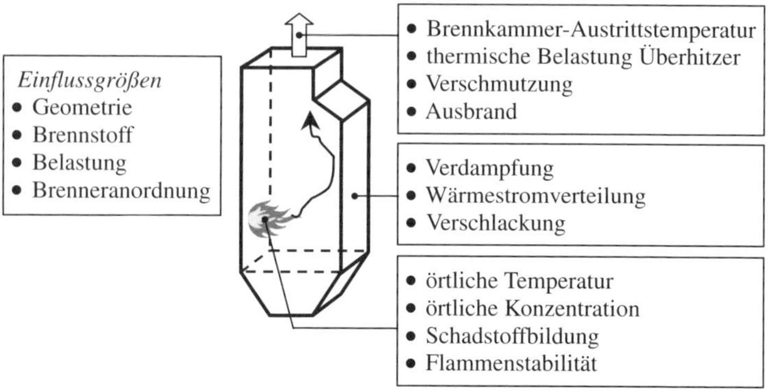

Der Konstrukteur der Brennkammer eines Dampferzeugers muss davon ausgehen, dass das notwendige Volumen für den ungestörten Reaktionsablauf gewährleistet wird.

Für die Dimensionierung ist deshalb eine Reihe von Kriterien zu beachten:

- die thermische (Volumen- und Flächen-)Belastung darf die vorgegebenen Erfahrungswerte (an ausgeführten Anlagen gestützte globale Kenngrößen) nicht überschreiten
- die Brennkammeraustrittstemperatur sollte einen Wert von 1100 °C nicht überschreiten (Materialbeanspruchung, Verschmutzung!)
- Brennstoffart, Feuerungssystem, Geometrie, Brenneranordnung
- Brennkammerquerschnittsbelastung.

Die Brennkammer umschließt die Flamme, führt Wärme zur Aufbereitung und Zündung des Brennstoffs zurück, mischt die Verbrennungsgase und sichert die Übertragung der Wärme an die Verdampferheizflächen.

Brennkammer-Volumenbelastung q_V

$$q_V = \frac{\dot{Q}_{th,DE}}{V_{BK}} \quad \text{in } \frac{MW}{m^3}$$

Maß für den zu erwartenden Ausbrand und für die Neigung zur Verschlackung

Brennkammer-Querschnittsbelastung q_A

$$q_A = \frac{\dot{Q}_{th,DE}}{A_{BK}} \quad \text{in } \frac{MW}{m^2}$$

hat Auswirkungen auf die Zündstabilität der Flamme und beeinflusst über die Flammenlänge die Verschlackungsneigung sowie die rauchgasseitige Korrosion der Wandberohrung

Brenner-Gürtelbelastung q_G

$$q_G = \frac{\dot{Q}_{th,DE}}{2(T_{BK} + B_{BK})H_{Br}} \quad \text{in } \frac{MW}{m^2}$$

umfasst die thermische Belastung der Brennkammerwände im Bereich der Brenner

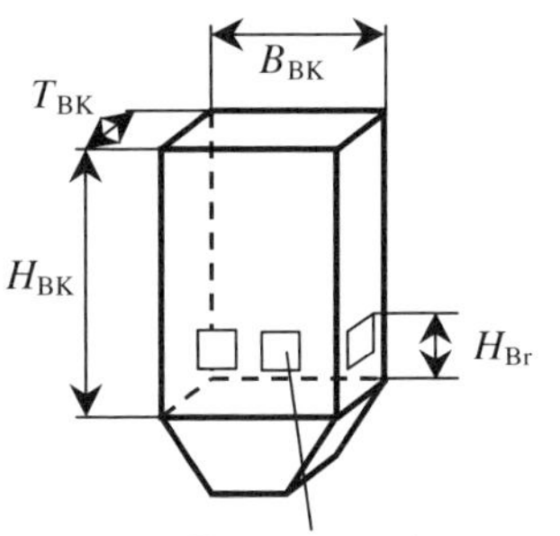

$\dot{Q}_{th,DE}$	der Brennkammer zugeführter Wärmestrom in MW
V_{BK}	Brennkammervolumen in m^3
A_{BK}	Brennkammerquerschnitt in m^2
B_{BK}, T_{BK}	Brennkammerseitenlängen in m
H_{Br}	gesamte Brennerhöhe in m

Höhe der Brennkammer

$$H_{\mathrm{BK}} = \frac{V_{\mathrm{BK}}}{A_{\mathrm{BK}}}$$

Seitenlängen bei quadratischem Querschnitt

$$B_{\mathrm{BK}} = T_{\mathrm{BK}} = \sqrt{A_{\mathrm{BK}}}$$

Das Verhältnis von Breite (B_{BK}) und Tiefe (T_{BK}) sollte 1 : 1,5 nicht überschreiten. Die Brennkammerauslegung unter Verwendung der vorgenannten Größen verspricht nur solange Erfolg, wie die Feuerraumgeometrie die Ähnlichkeitsbedingungen erfüllt. Bei Abweichungen führt die formale Anwendung zu Fehlentscheidungen.

Brennkammer-Volumenbelastung und -Querschnittsbelastung in Abhängigkeit vom Dampferzeugermassenstrom:

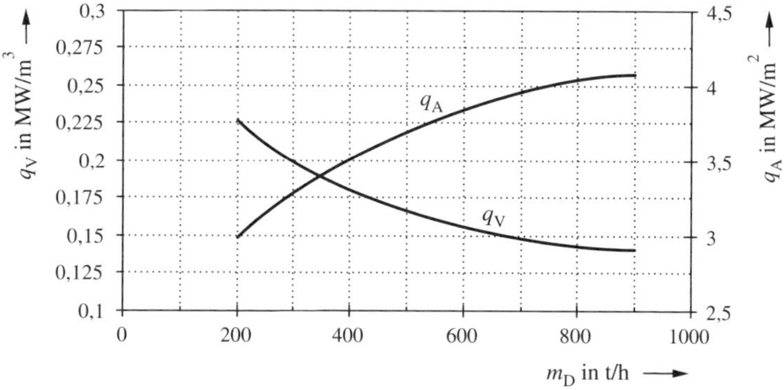

1.4 Energieumwandlung im Feuerraum des Dampferzeugers

Massenanteile ζ_i der einzelnen Brennstoffbestandteile für die Verbrennungsrechnung fester und flüssiger Brennstoffe

$$\Sigma_i = \zeta_{\mathrm{C}} + \zeta_{\mathrm{H}} + \zeta_{\mathrm{S}} + \zeta_{\mathrm{O}} + \zeta_{\mathrm{N}} + \zeta_{\mathrm{W}} + \zeta_{\mathrm{A}} = 1$$

				ξ_i	Stoffanteil
roh	wasserfrei	wasseraschefrei	brennbar	C	Kohlenstoffgehalt
↓	↓	↓	↓	H	Wasserstoffgehalt
↓	↓	↓	↓	S	Schwefelgehalt
↓	↓	↓		O	Sauerstoffgehalt
↓	↓	↓		N	Stickstoffgehalt
↓	↓			A	Aschegehalt
↓				W	Wassergehalt

Mindestsauerstoffbedarf $O_{2,\text{min}}$ zur vollständigen Verbrennung

$$O_{2,\text{min}} = \frac{c}{12} + \frac{h}{4} + \frac{s}{32} - \frac{o}{32} \quad \text{in } \frac{\text{kmol}}{\text{kg}}$$

Sauerstoffbedarf zur Verbrennung der Einzelbestandteile mithilfe der Reaktionsgleichungen errechnen und aufsummieren

$$L_{\text{min}} = \frac{O_{2,\text{min}}}{0{,}21} \quad \text{in } \frac{\text{m}^3}{\text{kg}}$$

Trockener Luftbedarf bei vollständiger Verbrennung ($\lambda = 1$)

Unter realen Bedingungen ist noch der Wasserdampfanteil in der Luft (feuchte Luft) zu berücksichtigen.

Vollständige Verbrennung:

$$L_{\text{min,feucht}} = \frac{L_{\text{min}}}{x_{\text{L,tr}}}$$

$$x_{\text{L,tr}} = \frac{V_{\text{L,tr}}}{V_{\text{ges}}} = \frac{p - \varphi \cdot p_{\text{s}}(t)}{p}$$

Volumenanteil der trockenen Luft am Gesamtvolumen

Feuchtes Rauchgasvolumen (Abgasvolumen) V_{f} aus den Volumina der Einzelkomponenten

$$V_{\text{f}} = 22{,}4\left(\frac{c}{12} + \frac{h}{2} + \frac{s}{32} + \frac{n}{28} + \frac{w}{18}\right) + \lambda \cdot L_{\text{min}}\left(1 - \frac{0{,}21}{\lambda} + \frac{\varphi \cdot p_{\text{s}}}{p - \varphi \cdot p_{\text{s}}}\right)$$

Beim trockenen Rauchgasvolumen fallen die Wasserdampfvolumina weg:

$$V_{\text{tr}} = 22{,}4\left(\frac{c}{12} + \frac{s}{32} + \frac{n}{28}\right) + L_{\text{min}}(\lambda - 0{,}21)$$

Um eine möglichst vollkommene Verbrennung zu erreichen, müssen Feuerungen in der Praxis mit Luftüberschuss λ (Richtwerte siehe Tabelle) betrieben werden.

Feuerungsart	Brennstoff	λ	
Kohlefeuerung	Braunkohle	1,15...1,4	$\lambda = \frac{L}{L_{\text{th}}}$
Ölfeuerung	Schweröl	1,05...1,25	
Gasfeuerung	Erdgas	1,02...1,10	

Verbrennungstechnische Daten für feste und flüssige Brennstoffe

Brennstoff		Stein-kohle	Roh-braun-kohle	Braun-kohlen-Brikett	Holz (luftge-trocknet)	Heizöl (S)
Rohzu-sammen-setzung in %	C	73...83	26,6	54	44	84
	H	3,4...5,3	2,4	4	5	11
	O	1,8...6,5	12,4	21	35	1,1
	N	1,1	0,4	0,7	0,5	0,4
	S	0,9	0,2	0,3	—	3,5
	A	4...7	3	6	0,5	—
	W	3...5	55	14	15	—
Heizwert in MJ/kg		30...33	9,6	20	15,5	39,7
$\mu_{L,feucht,min}$ in m^3/kg [1)]		7,7...8,3	2,6	5,2	4,1	10,6
$\mu_{RG,feucht}$ in m^3/kg [1)]		8,2...8,6	3,5	5,7	4,8	11,4

[1)] im Normzustand ($T_0 = 273{,}15$ K und $p_0 = 101\,325$ Pa) des Stoffes

Verbrennungstechnische Daten für gasförmige Brennstoffe (Erdgas/trocken)

	Rohzusammensetzung in %						Heizwert in MJ/kg	$\mu_{L,feucht,min}$ in m^3 Luft/m^3 Gas [1)]	$\mu_{RG,feucht}$ in m^3 Luft/m^3 Gas [1)]
	CH_4	C_2H_6	C_3H_8	C_4H_{10}	CO_2	N_2			
L	81,8	2,8	0,4	0,2	0,8	14,0	33,5	8,9	9,9
H	93	3,0	1,3	0,6	1,0	1,1			

[1)] im Normzustand ($T_0 = 273{,}15$ K und $p_0 = 101\,325$ Pa) des Stoffes

2 Dampfturbinen

2.1 Energieumwandlung in der Turbinenstufe (Mittelschnittrechnung)

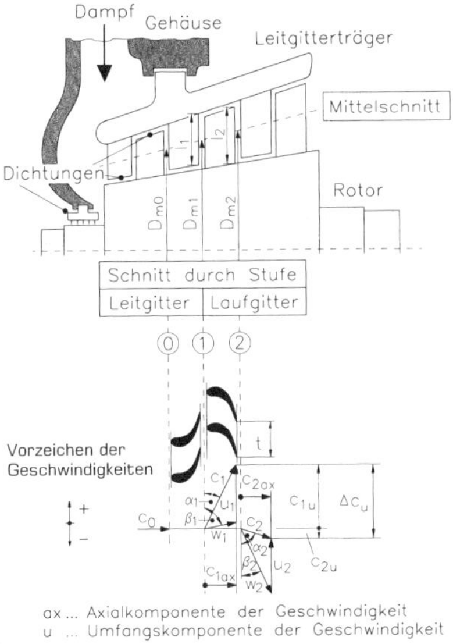

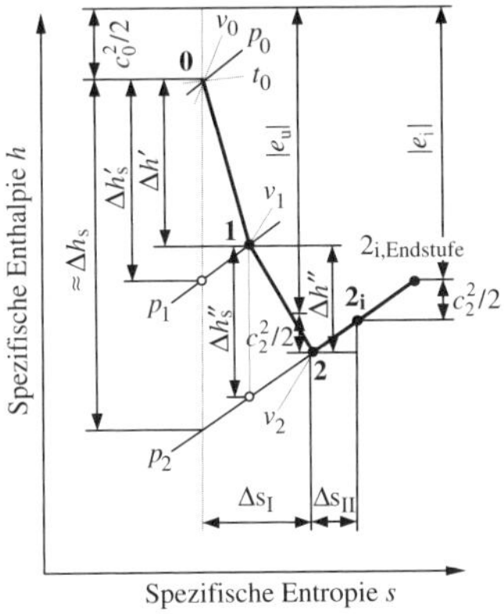

Anwendungsgrenzen der Mittelschnittrechnung

$$\lambda = \frac{D_m}{l} \geqq 10$$

Mittelschnittrechnung ist repräsentativ für Energieumwandlung über gesamter Schaufellänge der Stufe

$$\lambda < 10$$

Stufenauslegung mit Berücksichtigung der räumlichen Strömung erforderlich (Grund: Änderung der Fluidparameter und der Umfangsgeschwindigkeit über der Schaufellänge)

Reaktionsgrad der Stufe

$$\tilde{r} = \frac{\Delta h_s''}{\Delta h_s' + \Delta h_s''} \approx \frac{\Delta h_s''}{\Delta h_s}$$

$\Delta h_s'$ isentrope spezifische Enthalpiedifferenz des Leitgitters

$\Delta h_s''$ isentrope spezifische Enthalpiedifferenz des Laufgitters

Strömungsgeschwindigkeiten

Leitgitter-Austrittsgeschwindigkeit (Absolutgeschwindigkeit in Ebene 1), Energiegleichung für Ebenen 0 und 1

$$c_1 = \sqrt{2(h_0 - h_1) + c_0^2} = \sqrt{2\Delta h' + c_0^2} = \sqrt{\eta'}\sqrt{2\Delta h'_s + c_0^2}$$

$\Delta h'_s$ isentrope spezifische Enthalpiedifferenz des Leitgitters
$\Delta h'$ verlustbehaftete spezifische Enthalpiedifferenz des Leitgitters
η' Leitgitterwirkungsgrad
c_0 Leitgitter-Eintrittsgeschwindigkeit

Laufgitter-Eintrittsgeschwindigkeit (Relativgeschwindigkeit in Ebene 1)

$$w_1 = \sqrt{w_{1ax}^2 + w_{1u}^2} = \sqrt{c_{1ax}^2 + (c_{1u} - u_1)^2} = \sqrt{c_1^2 \sin^2 \alpha_1 + (c_1 \cos \alpha_1 - u_1)^2}$$

$u_1 = D_{m1}\pi n$ Umfangsgeschwindigkeit am Laufgittereintritt
n Turbinendrehzahl
α_1 Leitgitter-Austrittswinkel (Richtwert: $\alpha_1 = 14 \ldots 28°$)

Laufgitter-Austrittsgeschwindigkeit (Relativgeschwindigkeit in Ebene 2), Energiegleichung für Ebenen 1 und 2

$$w_2 = \sqrt{2(h_1 - h_2) + w_1^2 + u_2^2 - u_1^2} = \sqrt{2\Delta h'' + w_1^2 + u_2^2 - u_1^2} = \sqrt{\eta''}\sqrt{2\Delta h''_s + w_1^2 + u_2^2 - u_1^2}$$

$\Delta h''_s$ isentrope spezifische Enthalpiedifferenz des Laufgitters
$\Delta h''$ verlustbehaftete spezifische Enthalpiedifferenz des Laufgitters
η'' Laufgitterwirkungsgrad
$u_2 = D_{m2}\pi n$ Umfangsgeschwindigkeit am Laufgitteraustritt

Stufen-Austrittsgeschwindigkeit (Absolutgeschwindigkeit in Ebene 2) (Vorzeichen s. S. 467)

$$c_2 = \sqrt{c_{2ax}^2 + c_{2u}^2} = \sqrt{w_{2ax}^2 + (u_2 + w_{2u})^2} = \sqrt{w_2^2 \sin^2 \beta_2 + (u_2 + w_2 \cos \beta_2)^2}$$

$$\sin \beta_2 = \frac{\dot{m}_2 v_2}{\pi D_{m2} l_2 w_2}$$

β_2 Laufgitter-Austrittswinkel
$\dot{m}_2$ Massenstrom im Leitgitter
v_2 spezifisches Dampfvolumen am Laufgitteraustritt
D_{m2} mittlerer Stufendurchmesser am Laufgitteraustritt
l_2 Schaufellänge am Laufgitteraustritt

Energieumwandlungsverluste

Strömungsverluste (Gruppe I)

$$\eta' = \frac{c_1^2/2}{c_{1s}^2/2}$$

$$\frac{c_{1s}^2}{2} = h_0 - h_{1s} + \frac{c_0^2}{2}$$

$$\eta'' = \frac{w_2^2/2}{w_{2s}^2/2}$$

$$\frac{w_{2s}^2}{2} = h_1 - h_{2s} + \frac{w_1^2}{2} - \frac{u_1^2}{2} + \frac{u_2^2}{2}$$

η', η'' Leit(′)- bzw. Laufgitterwirkungsgrad(″) zur Berücksichtigung der Strömungsverluste (Richtwert: $\eta'^{('')} \leqq 0{,}97$)

$$\eta'^{('')} = 1 - \zeta_{\text{Str}}$$

$$\zeta_{\text{Str}} = \zeta_{\text{P}} + \zeta_{\text{R}}$$

ζ_{Str} mittlerer Strömungsverlustbeiwert

ζ_{P} mittlerer Profilverlustbeiwert

ζ_{P} Randverlustbeiwert

(zur Ermittlung der Verlustbeiwerte siehe z. B. Lit. Traupel)

Zusätzliche innere Verluste (Gruppe II)

$$\Delta e_{\text{Sp}} = \zeta_{\text{Sp}} \Delta h_{\text{sSt}}$$

Δe_{Sp} Arbeitsminderung durch Spaltverluste bei Abdichtung ohne Deckband

Δh_{sSt} isentrope Enthalpiedifferenz der Stufe

ζ_{Sp} Spaltverlustbeiwert (→ z. B. Literatur Traupel)

$$\Delta e_{\text{Rad}} = \zeta_{\text{Rad}} \Delta h_{\text{sSt}}$$

Δe_{Rad} Arbeitsminderung durch Radreibungsverluste bei Stufen in Kammerbauweise

ζ_{Rad} Radreibungsverlustbeiwert (→ z. B. Literatur Traupel)

$$\Delta e_{\text{V}} = \zeta_{\text{V}} \Delta h_{\text{sSt}}$$

Δe_{V} Arbeitsminderung durch Ventilationsverluste bei teilbeaufschlagten Stufen

ζ_{V} Ventilationsverlustbeiwert (→ z. B. Literatur Traupel)

$$\Delta e_{\text{F}} = \zeta_{\text{F}} \Delta h_{\text{sSt}}$$

Δe_{F} Arbeitsminderung durch Feuchteverluste in Nassdampfstufen

ζ_{F} Feuchteverlustbeiwert (→ z. B. Literatur Traupel)

Spezifische Arbeit, Leistung und Wirkungsgrad

$$e_u = \left(h_2 + \frac{c_2^2}{2}\right) - \left(h_1 + \frac{c_1^2}{2}\right)$$
$$= \left(h_2 + \frac{c_2^2}{2}\right) - \left(h_0 + \frac{c_0^2}{2}\right)$$
$$= u_2 c_{2u} - u_1 c_{1u}$$

$$e_i = e_u + \sum \Delta e_{II}$$

Turbinenstufe: $|e_{iT}| < |e_{uT}|$ siehe h-s-Diagramm

e_u spezifische Umfangsarbeit (Laufradarbeit), nur Strömungsverluste berücksichtigt

e_i spezifische innere Arbeit der Turbinenstufe (sämtliche Verluste berücksichtigt)

Δe_{II} zu berücksichtigende zusätzliche innere Verluste der Gruppe II

$$P_{uSt} = \dot{m}_{St} e_u$$

P_{uSt} Umfangsleistung der Stufe

$\dot{m}_{St}$ Massenstrom am Stufeneintritt

$$P_{iSt} = \dot{m}_{St} e_i$$

P_{iSt} innere Leistung der Stufe

$$\eta_u = \frac{|e_u|}{\Delta h_{sSt} + \frac{c_0^2}{2} - \frac{c_2^2}{2}}$$

η_u Umfangswirkungsgrad der Stufe bei Nutzung der Abströmenergie $c_2^2/2$ in der folgenden Stufe (erste und mittlere Stufen einer Stufengruppe)

$$\eta_u^* = \frac{|e_u|}{\Delta h_{sSt} + \frac{c_0^2}{2}}$$

η_u^* Umfangswirkungsgrad der Stufe ohne Nutzung der Abströmenergie (Endstufe einer Stufengruppe oder Einzelstufe)

$$\eta_i = \frac{|e_i|}{\Delta h_{sSt} + \frac{c_0^2}{2} - \frac{c_2^2}{2}}$$

η_i innerer Wirkungsgrad bei Nutzung von $c_2^2/2$ in der folgenden Stufe

$$\eta_i^* = \frac{|e_i|}{\Delta h_{sSt} + \frac{c_0^2}{2}}$$

η_i^* innerer Wirkungsgrad ohne Nutzung von $c_2^2/2$ in der folgenden Stufe

Kennzahlen der Stufe

Laufzahl

$$\frac{u_2}{c_\Delta} = \frac{u_2}{\sqrt{2\Delta h_{sSt}}} = \frac{1}{\sqrt{\psi}}$$

c_Δ theoretisch erreichbare Strömungsgeschwindigkeit bei isentroper Zustandsänderung

Druckzahl

$$\Psi = \frac{2\Delta h_{sSt}}{u_2^2}$$

Durchflusszahl

$$\varphi = \frac{c_{2ax}}{u_2}$$

Kriterium für günstige Energieumwandlung

$$\psi = (4{,}5 \ldots 7) \cdot (1 - \tilde{r})$$

(→ Literatur Wolf)

Hauptabmessungen D_m und l

Aus Kontinuitätsgleichung $\dot{V} = \dot{m}v = D_m \pi l c_{ax}$ folgt für

Leitgitteraustritt (Ebene 1): $\dot{m}_1 v_1 = D_{m1} \pi l_1 c_1 \sin \alpha_1$

Laufgitteraustritt (Ebene 2): $\dot{m}_2 v_2 = D_{m2} \pi l_2 w_2 \sin \beta_2$

2.2 Kennwerte der Dampfturbine

Leistungen und Wirkungsgrade

Innere Turbinenleistung

$$P_{iT} = \sum P_{iSt}$$

$$P_{iT} = \eta_{iHD} \dot{m}_{HD} \Delta h_{sHD} + \eta_{iMD} \dot{m}_{MD} \Delta h_{sMD} + \eta_{iND} \dot{m}_{ND} \Delta h_{sND}$$

Index HD,MD,ND Hochdruck-, Mitteldruck-, Niederdruckteil der Turbine

$\dot{m}_{HD,MD,ND}$ mittlere Dampfmassenströme in HD-, MD- und ND-Teil unter Berücksichtigung von Dampfentnahme (geregelt und ungeregelt)

Innerer Turbinenwirkungsgrad

$$\eta_{iT} = \frac{\sum P_{iSt}}{\sum(\dot{m}_{St} \Delta h_{sSt})} \approx \frac{P_{iT}}{\sum(\dot{m} \Delta h_s)_{HD,MD,ND}}$$

Effektive Turbinenleistung (Kupplungsleistung)

$$P_{eT} = \eta_m P_{iT}$$

η_m mechanischer Wirkungsgrad

Leistung an Generatorklemmen (Klemmenleistung) bei Kraftwerksturbinen

$$P_{Kl} = \eta_G P_{eT}$$

η_G Generatorwirkungsgrad

Dampfeintrittsparameter

$p_E/t_E \leqq 24\ldots30\,\text{MPa}/540\ldots600\,°\text{C}$	für Heißdampfturbinen
$p_E/x_E = 6\ldots7\,\text{MPa}/x \approx 1{,}0$	für Sattdampfturbinen (x Dampfmassenanteil im Nassdampf)

Abdampfdrücke bei Kondensationsturbinen

$p_A \approx 3{,}5\,\text{kPa}$	für Frischwasserkühlung
$p_A \approx 4\ldots7\,\text{kPa}$	für nasse Rückkühlung (Verdunstungskühlturm)
$p_A \approx 9\ldots12\,\text{kPa}$	für Luftkühlung (Trockenkühlturm)

2.3 Kennwerte des Dampfturbinen-Kraftwerksblockes

Kraftwerksblock:

Einheit von Dampferzeuger, Turbosatz (Turbine mit Generator), Kondensator, Speisewasservorwärmer und Hilfsaggregaten

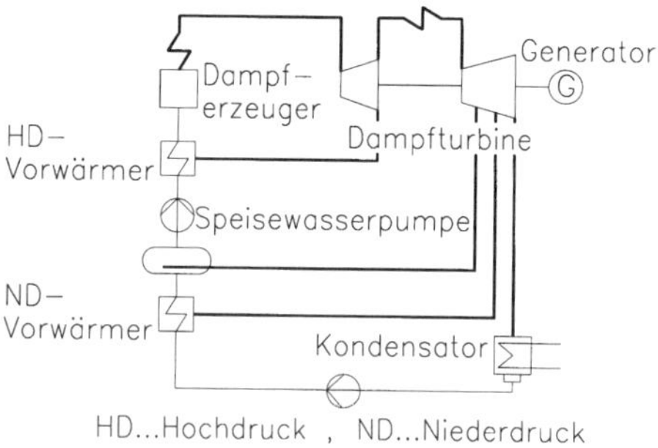

Wirkungsgrade

Bruttowirkungsgrad des Kraftwerksblockes

$$\eta_{\text{brutto}} = \eta_{\text{Kl}} = \frac{P_{\text{Kl}}}{\dot{Q}_{\text{zu}}}$$

P_{Kl} Leistung am Generatorausgang

$\dot{Q}_{\text{zu}} = \dot{m}_B H_u$ bei konventionellen Kraftwerksblöcken ($\dot{m}_B$ Brennstoffmassenstrom, H_u Heizwert des fossilen Brennstoffes)

$\dot{Q}_{\text{zu}}$ Wärmeleistung des Reaktors bei Kernkraftwerksblöcken

Nettowirkungsgrad des Kraftwerksblockes

$$\eta_{\text{netto}} = \eta_{\text{brutto}}\eta_{\text{Eig}} \approx \eta_{\text{th}}\eta_{\text{DE}}\eta_{\text{iT}}\eta_{\text{m}}\eta_{\text{V}}\eta_{\text{G}}\eta_{\text{Eig}}$$

Vereinfachung: Vernachlässigung Speisewasserpumpe

$$\eta_{\mathrm{th}} = \frac{a}{q_{\mathrm{zu}}} = 1 - \frac{q_{\mathrm{ab}}}{q_{\mathrm{zu}}}$$

η_{th} thermischer Wirkungsgrad des reversiblen Kreisprozesses

a spezifische Kreisprozessarbeit

q_{ab}, q_{zu} abgeführte/zugeführte spezifische Wärme

Richtwerte für Teilwirkungsgrade:

$\eta_{\mathrm{th}} \leqq 0{,}54 \ldots 0{,}60$

$\eta_{\mathrm{DE}} \approx 0{,}90 \ldots 0{,}94$ — η_{DE} Dampferzeugerwirkungsgrad

bei konventionellen KW-Blöcken

$\eta_{\mathrm{iT}} \approx 0{,}86 \ldots 0{,}90$ — η_{iT} innerer Turbinenwirkungsgrad

$\eta_{\mathrm{m}} > 0{,}99$ — η_{m} mechanischer Turbosatzwirkungsgrad

$\eta_{\mathrm{V}} \approx 0{,}99$ — η_{V} Wirkungsgrad zur Berücksichtigung der Strömungs- und Wärmeverluste in Rohrleitungen

$\eta_{\mathrm{G}} > 0{,}98$ — η_{G} Generatorwirkungsgrad

$\eta_{\mathrm{Eig}} \approx 0{,}92 \ldots 0{,}94$ — η_{Eig} Wirkungsgrad zur Berücksichtigung des Eigenbedarfs des Kraftwerksblockes

---

Spezifischer Wärmeverbrauch

$$w_{\mathrm{eB}} = \frac{\dot{m}_{\mathrm{B}} H_{\mathrm{u}}}{P_{\mathrm{Kl}}} = \frac{1}{\eta_{\mathrm{brutto}}} \text{ in } \frac{\mathrm{kJ}}{\mathrm{kWs}} = \frac{3600}{\eta_{\mathrm{brutto}}} \text{ in } \frac{\mathrm{kJ}}{\mathrm{kWh}}$$

w_{eB} spezifischer Bruttowärmeverbrauch des Kraftwerkblockes

$$w_{\mathrm{eN}} = \frac{1}{\eta_{\mathrm{netto}}} = \frac{1}{\eta_{\mathrm{brutto}}\,\eta_{\mathrm{Eig}}}$$

w_{eN} spezifischer Nettowärmeverbrauch des Kraftwerksblockes

3 Gasturbinen- und Gas-Dampf-Anlagen

3.1 Aufbau einer Gasturbinenanlage (GTA)

Einheit von Verdichter, Brennkammer oder Wärmeübertrager, Gasturbine, Starteinrichtung, Arbeitsmaschine, (z. B. Generator), Hilfs- und Nebenanlagen

Offene Gasturbinenanlage: Luftansaugung aus Atmosphäre, Abgasabführung in Atmosphäre

Geschlossene Gasturbinenanlage: geschlossener Fluidkreislauf ohne Brennkammer, Wärmezu- und -abführung über Wärmeübertrager

3.2 Kennwerte des Gasturbinenprozesses

Realer, einstufiger, offener Gasturbinenprozess

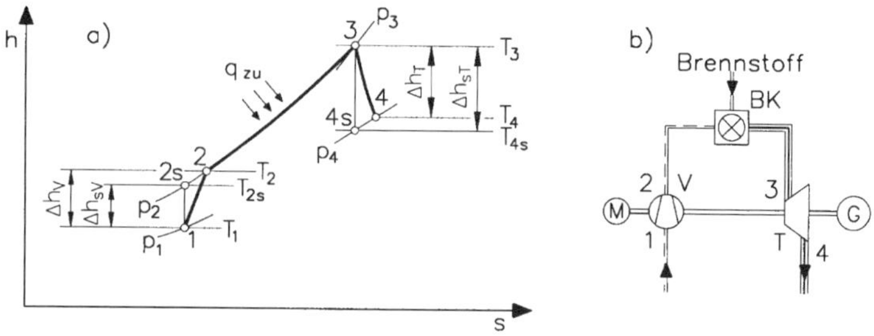

V Verdichter
T Turbine
G Generator
BK Brennkammer
M Starteinrichtung
q_{zu} Energiezufuhr in der Brennkammer

$$\pi_V = \frac{p_2}{p_1}$$ π_V Verdichterdruckverhältnis

$$\pi_T = \frac{p_3}{p_4}$$ π_T Turbinendruckverhältnis

$$\tau = \frac{T_3}{T_1}$$ τ Temperaturverhältnis

Nutzleistung der GTA (Generatorausgang)

$$P_N = P_{iT} - P_V - \Delta P_m - \Delta P_G$$

$$P_{iT} = \dot{m}_T \Delta h_T = \dot{m}_T \Delta h_{sT} \eta_{iT}$$

$$P_{iV} = \dot{m}_V \Delta h_V = \dot{m}_V \frac{\Delta h_{sV}}{\eta_{iV}}$$

$P_{iT(V)}$ innere Leistung von Turbine (T)/Verdichter (V)
ΔP_m mechanischer Leistungsverlust
ΔP_G Leistungsverlust des Generators
$\eta_{iT(V)}$ innerer Wirkungsgrad von Turbine (T)/Verdichter (V)
$\dot{m}_{T(V)}$ Turbinen-/Verdichtermassenstrom

Energieflussdiagramm (Beispiel)

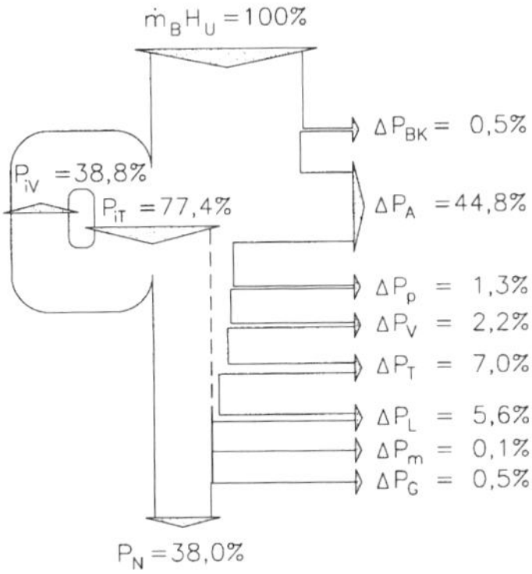

$\dot{m}_B H_U$ in der Brennkammer (BK) zugeführte Wärmeleistung

Leistungsverluste:

ΔP_{BK} BK-Verlust
ΔP_P Druckverluste in der GTA
ΔP_V Verluste im Verdichter
ΔP_T Verluste in der Turbine
ΔP_L Kühl-, Leck- und Wärmeverluste
ΔP_m mechanischer Verlust
ΔP_G Generatorverlust
ΔP_A Abgasverlust

Spezifische Kreisprozessarbeit *a* und Wirkungsgrad η_J des realen Gasturbinenprozesses (Kreisprozesscharakteristik)

$$a = \frac{P}{\dot{m}} = \Delta h_T - \Delta h_V = f(\pi_V, T_3) \qquad \eta_J = \frac{\eta_{iT}\Delta h_{sT} - \dfrac{1}{\eta_{iV}}\Delta h_{sV}}{h_3 - h_2} = f(\pi_V, T_3)$$

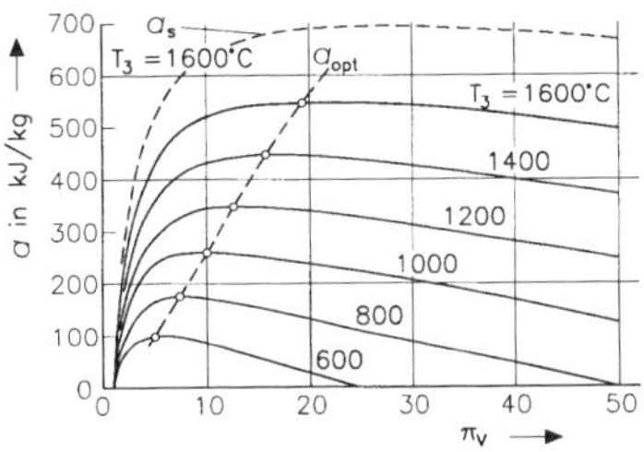

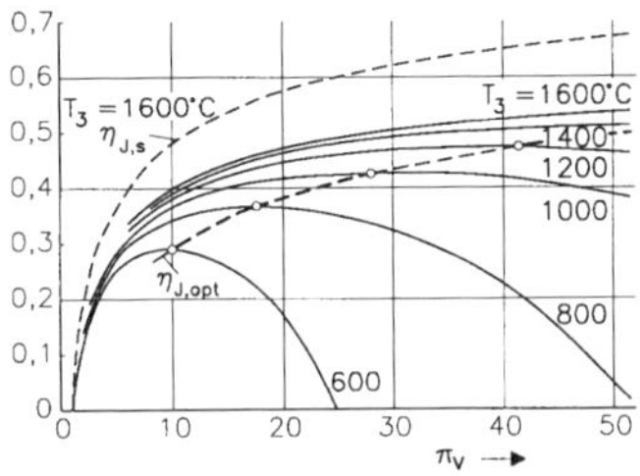

innerer Wirkungsgrad des Verdichters $\eta_{iV} = 0,90$
innerer Wirkungsgrad der Turbine $\eta_{iT} = 0,92$

π_V Verdichterdruckverhältnis $\pi_V = p_2/p_1$
T_3 Temperatur am Turbineneintritt

Bruttowirkungsgrad

$$\eta_{brutto} = \eta_{el} = \frac{P_N}{\dot{Q}_{BK}}$$

$$\dot{Q}_{BK} = \dot{m}_B H_u$$

$\dot{Q}_{BK}$ Feuerungswärmeleistung der Brennkammer
$\dot{m}_B$ Brennstoffmassenstrom
H_u unterer Heizwert des Brennstoffes

$$\eta_{\text{brutto}} = \frac{\dot{m}_{\text{T}} \Delta h_{\text{sT}} \eta_{\text{iT}} - \dot{m}_{\text{V}} \dfrac{\Delta h_{\text{sV}}}{\eta_{\text{iV}}}}{\dot{m}_{\text{BK}}(h_3 - h_2)} \eta_{\text{A}} \eta_{\text{m}} \eta_{\text{G}}$$

$$\eta_{\text{brutto}} = \eta_{\text{J}} \eta_{\text{Z}} \eta_{\text{A}} \eta_{\text{m}} \eta_{\text{G}}$$

$\dot{m}_{\text{BK}}$ mittlerer Massenstrom in der Brennkammer
η_{A} Ausbrand in der Brennkammer
η_{Z} Wirkungsgrad zur Berücksichtigung der Änderung der Massenströme, der Fluidzusammensetzung und der Kühlverluste
η_{m} mechanischer Wirkungsgrad
η_{G} Generatorwirkungsgrad
η_{J} Wirkungsgrad des realen Gasturbinenprozesses (→ S. 475)

3.3 Kennwerte des Verdichters

Es gelten die Gln. des Abschnitts Turboverdichter.

Stufenzahl

$$z \geqq \frac{\Delta h_{\text{sV}}}{\Delta h_{\text{sSt}}} = \frac{2\Delta h_{\text{sV}}}{\psi u^2}$$

ψ Druckzahl (z. B. $\psi = 0{,}4\ldots1{,}0$ für subsonische Axialverdichterstufen)

Stufendruckverhältnis

$$\pi_{\text{VSt}} = \pi_{\text{V}}^{1/z}$$

Richtwerte für π_{VSt}:
Axialverdichter 1,20…1,35
Radialverdichter 1,5…5,0

π_{V} Verdichterdruckverhältnis

3.4 Kennwerte der Gasturbine

Es gelten prinzipiell die Gleichungen des Abschnitts Dampfturbinen.

In der gekühlten Beschaufelung werden Profilumströmung und Entspannungsverlauf jedoch durch die austretende Kühlluft beeinflusst.

Stufenzahl

$$z \geqq \frac{\Delta h_{\text{sT}}}{\Delta h_{\text{sSt}}} = \frac{2\Delta h_{\text{sT}}}{\psi u^2}$$

ψ Druckzahl (→ 2.1, S. 471)

Turbineneintrittstemperatur nach ISO 2314

$$T_{ISO} = \frac{(\dot{m}_L + \dot{m}_B)\,h_3 + \sum_i \dot{m}_{K,i}\,h_{K,i}}{\left(\dot{m}_L + \dot{m}_B + \sum_i \dot{m}_{K,i}\right)\bar{c}_p} \quad \text{in K}$$

$\dot{m}_L$ Luftmassenstrom am Brennkammereintritt
$\dot{m}_B$ Brennstoffmassenstrom
$\dot{m}_{K,i}$ Kühlluftmassenstrom der i-ten Stufe
h_3 spezifische Enthalpie des Heißgases am Turbineneintritt
$h_{K,i}$ spezifische Enthalpie der Kühlluft der i-ten Stufe
$\bar{c}_p$ mittlere spezifische Wärmekapazität des Gemisches aller in die Turbine eintretenden Stoffströme bei ISO-Turbineneintrittstemperatur

3.5 Kennwerte der Brennkammer

Brennstoffmassenstrom

$$\dot{m}_B = \frac{\dot{m}_L(h_3 - h_2)}{\eta_A H_u + h_B - h_3}$$

h_B spezifische Enthalpie des Brennstoffs
h_2 spezifische Enthalpie der Luft am Brennkammereintritt

Ausbrand

$$\eta_A = \frac{\dot{m}_L(h_3 - h_2) + \dot{m}_B(h_3 - h_B)}{\dot{m}_B H_u}$$

Luftüberschusszahl

$$\lambda = \frac{\dot{m}_L}{\dot{m}_{L,min}}$$

$\dot{m}_{L,min}$ Mindestluftbedarf für stöchiometrische Verbrennung

---

Brennraumbelastung

$$q = \frac{\dot{m}_B H_u}{V_{BK}\,p_{BK}}$$

H_u Heizwert des Brennstoffs
V_{BK} Brennkammervolumen
p_{BK} Druck in Brennkammer

$q \approx 1 \ldots 15\,\text{MW}/(\text{m}^3\,\text{MPa})$ für Silo- und Rohrbrennkammern

$q \approx 60 \ldots 100\,\text{MW}/(\text{m}^3\,\text{MPa})$ für Ringbrennkammern

3.6 Kombinierter Gas-Dampf-Prozess (GuD-Prozess)

Nutzung der Abwärme des GT-Prozesses durch Nachschalten eines DT-Prozesses

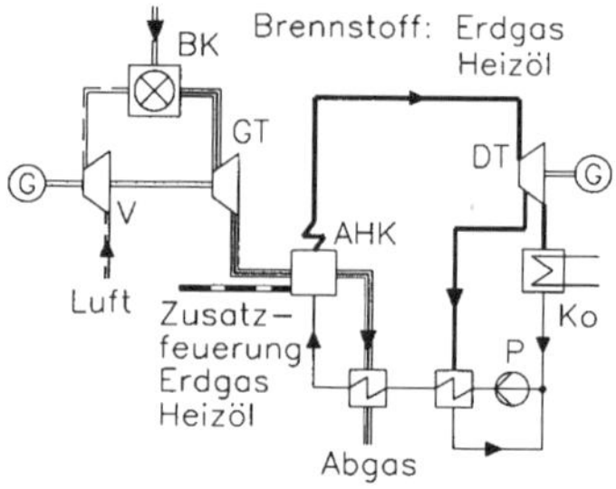

GT	Gasturbine
DT	Dampfturbine
G	Generator
AHK	Abhitze-Dampferzeuger
V	Verdichter
Ko	Kondensator
BK	Brennkammer
P	Speisewasserpumpe

Wirkungsgrad des gekoppelten Prozesses

$$\eta_{\text{GuD}} = \frac{P_{\text{GTA}} + P_{\text{DTA}}}{\dot{Q}_{\text{BK}} + \dot{Q}_{\text{ZF}}}$$

$\dot{Q}_{\text{ZF}}$ Wärmeleistung der Zusatzfeuerung

$\eta_{\text{GuD}} > \eta_{\text{GTA}}$

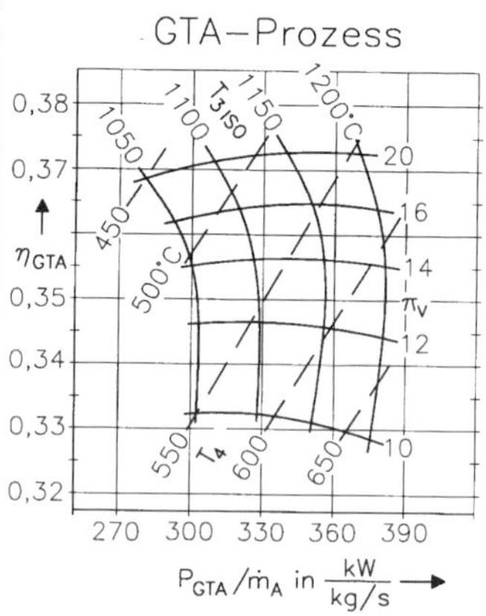

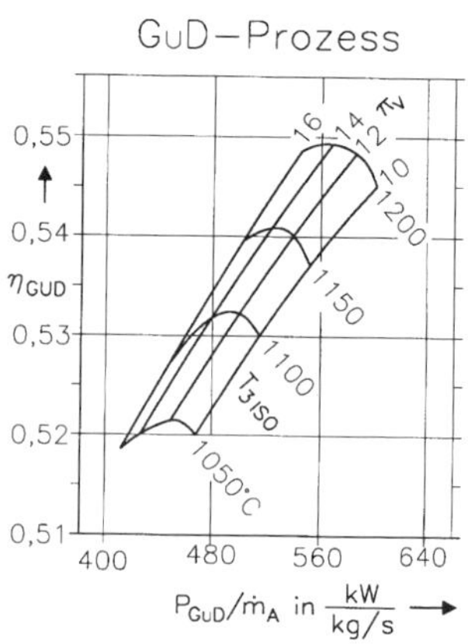

$T_{3,\text{ISO}}$ ISO-Turbineneintrittstemperatur
T_4 Turbinenaustrittstemperatur
$\dot{m}_{\text{A}}$ Abgasmassenstrom der GTA

ISO-Turbineneintrittstemperatur $T_{3,\text{ISO}}$:

Mittlere Temperatur des Heißgasmassenstroms und der Kühlluftmassenströme vor der Turbine, d. h. Annahme einer vollständigen Vermischung des gesamten verfügbaren Kühlluftmassenstroms und des Verbrennungsgases vor der Turbine

4 Wasserturbinen

Geodätische Fallhöhe

H_{geo} in m

Nutzfallhöhe für Energieumwandlung in der Turbine

$$H_n = \frac{p_{ges\,D} - p_{ges\,S}}{\varrho g}$$

$p_{ges\,D(S)}$ Gesamtdruck am Druckstutzen (D)/Saugstutzen (S)
ϱ Dichte

$$H_n = H_{geo} - H_V$$
$$H_V = \zeta_D \frac{c_D^2}{2g} + \zeta_S \frac{c_S^2}{2g}$$

$\zeta_{D,S}$ Druckverlustbeiwert der Druck- bzw. Saugleitung
$c_{D,S}$ Strömungsgeschwindigkeit in Druck- bzw. Saugleitung
g Fallbeschleunigung

Theoretische Turbinenleistung

$$P_{th} = \dot{m} g H_n = \varrho \dot{V} g H_n$$

$\dot{m}$ Massenstrom in der Turbine
$\dot{V}$ Volumenstrom in der Turbine
ϱ Dichte des Wassers

Erreichbare Turbinenleistung

$$P_T = \eta_T \varrho \dot{V} g H_n$$

Turbinenwirkungsgrad

$$\eta_T = \eta_h \eta_v \eta_m$$

Hydraulischer Wirkungsgrad

$$\eta_h = 1 - \frac{\sum H_{vh}}{H_n}$$

$\sum H_{vh}$ Summe der hydraulischen Verluste in der Turbine

Volumetrischer Wirkungsgrad

$$\eta_v = 1 - \frac{\Delta \dot{V}}{\dot{V}}$$

$\Delta \dot{V}$ Spaltverluste, nicht an der Energieumwandlung beteiligter Volumenstrom

Mechanischer Wirkungsgrad

$$\eta_m = 1 - \frac{\Delta P_m}{P_{th}}$$

ΔP_m mechanische Verlustleistung

Spezifische Drehzahl

$$n_q = n \frac{(\dot{V}/\dot{V}_M)^{\frac{1}{2}}}{(H_n/H_{nM})^{\frac{3}{4}}}$$

Drehzahl eines geometrisch ähnlichen Modellrades (M) mit Volumenstrom $\dot{V}_M = 1\ m^3/s$ und Nutzfallhöhe $H_{nM} = 1\ m$

Einteilung der Wasserturbinen nach spezifischer Drehzahl n_q

$n_q \leqq 30\ min^{-1}$	Langsamläufer
$30 < n_q \leqq 70\ min^{-1}$	Normalläufer
$n_q > 70\ min^{-1}$	Schnellläufer

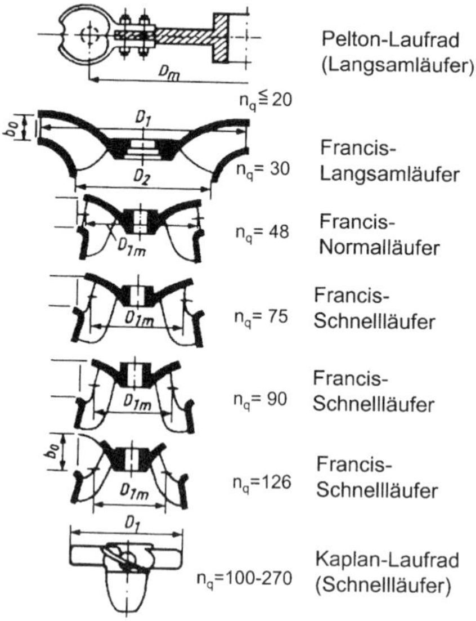

Bauarten, Laufradformen und Einsatzbereiche

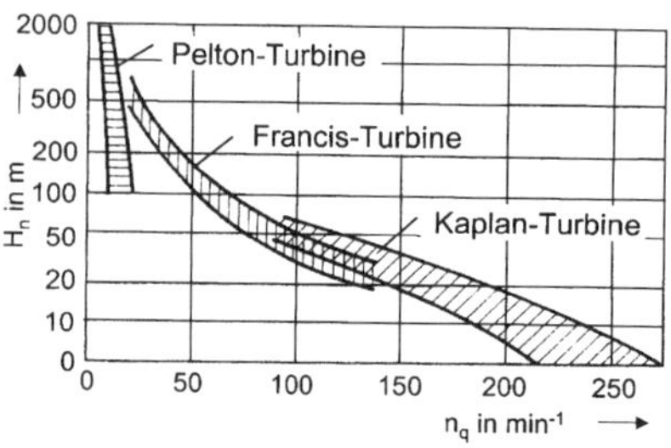

5 Windturbinen

5.1 Kennwerte der Windturbine

Durch Energieumwandlung im Windrad erfolgen eine Änderung der Strömungsgeschwindigkeit und eine Aufweitung der Stromlinien.

Geschwindigkeitsabminderungsbeiwert

$$\zeta = \frac{c_{ab}}{c_{zu}}$$

c_{zu} Zuströmgeschwindigkeit zum Windrad

c_{ab} Abströmgeschwindigkeit weit hinter dem Windrad

Mittlere (axiale) Strömungsgeschwindigkeit in der Windradebene

$$c_e = \frac{c_{zu} + c_{ab}}{2} = \frac{1+\zeta}{2} c_{zu}$$

Im optimalen Fall gilt:

$$\zeta_{opt} = \frac{1}{3} \rightarrow c_{ab} = \frac{1}{3} c_{zu}, \; c_e = \frac{2}{3} c_{zu}$$

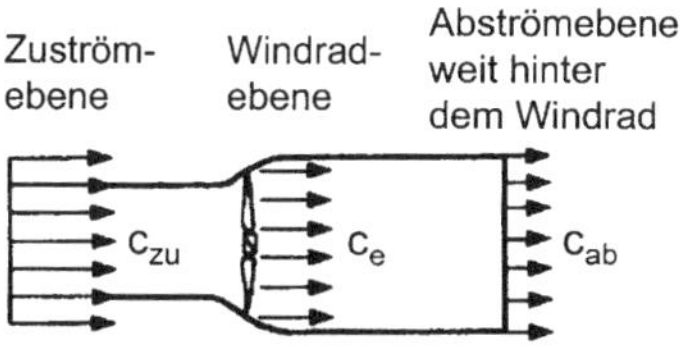

Schnelllaufzahl

$$\lambda_A = \frac{u}{c_{zu}}$$

u Umfangsgeschwindigkeit am Außenradius des Windrades

$\lambda_A < 2$	Langsamläufer
$\lambda_A \approx 2 \ldots 4$	Mittelschnellläufer
$\lambda_A > 4$	Schnellläufer

Luftvolumenstrom durch die Windradfläche

$$\dot{V}_L = \frac{\dot{m}_L}{\varrho_L} = c_e A = \frac{c_{zu} + c_{ab}}{2} A = \frac{1+\zeta}{2} c_{zu} A$$

$\dot{m}_L$ Luftmassenstrom durch die Windradfläche

ϱ_L Dichte der Luft

Durchströmte Windradfläche

$$A = \frac{\pi}{4} D^2$$

D Außendurchmesser des Windrades

Zuströmende Windleistung

$$P_W = \dot{m}_{L,A} \frac{c_{zu}^2}{2} = \varrho_L A c_{zu} \frac{c_{zu}^2}{2} = \frac{\varrho_L}{2} A c_{zu}^3$$

Theoretische Windturbinenleistung

$$P_{T,th} = \dot{m}_L \frac{c_{zu}^2 - c_{ab}^2}{2} = \varrho_L \dot{V}_L \frac{c_{zu}^2 - c_{ab}^2}{2} = \varrho_L A c_e \frac{c_{zu}^2 - c_{ab}^2}{2} = \varrho_L A \frac{c_{zu} + c_{ab}}{2} \frac{c_{zu}^2 - c_{ab}^2}{2} = \frac{\varrho_L}{4} A c_{zu}^3 (1+\zeta)(1-\zeta^2) = \frac{1}{2} P_W (1+\zeta)(1-\zeta^2)$$

aus der zuströmenden Windleistung P_W theoretisch, d. h. reibungsfrei bzw. verlustlos, an das Windrad übertragbare Leistung unter Berücksichtigung der Abströmgeschwindigkeit $c_{ab} > 0$

Maximale theoretische Windturbinenleistung

$$P_{T,th,max} = \frac{1}{2} P_W (1+\zeta_{opt})(1-\zeta_{opt}^2) = \frac{16}{27} P_W = 0{,}593 P_W \text{ mit } \zeta_{opt} = \frac{1}{3}$$

Effektive Windturbinenleistung

$$P_T = \eta_e P_{T,th} = c_p P_W$$

η_e effektiver Wirkungsgrad der Windturbine ($\eta_e \approx 0{,}7 \ldots 0{,}9$)

Leistungsbeiwert bzw. aerodynamischer Gesamtwirkungsgrad der Windturbine

$$c_P = \frac{P_T}{P_W}$$

$$c_{P,max} = \frac{P_{T,th,max}}{P_W} = \frac{16}{27} = 0{,}593$$

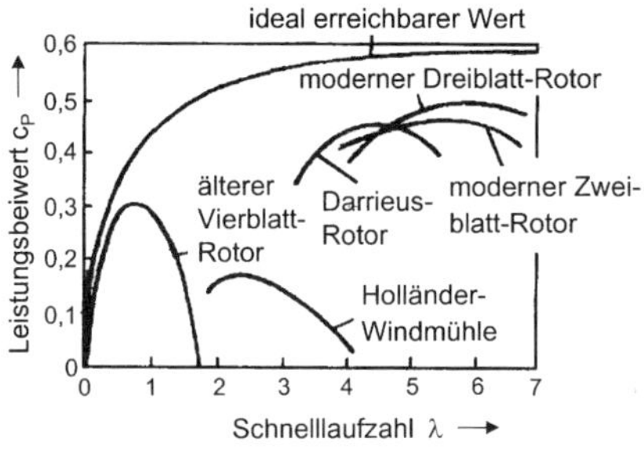

Achsschub (vom Wind auf Windrad ausgeübte Axialkraft)

$$F_{ax} = \dot{m}_L (c_{zu} - c_{ab}) = \varrho_L A c_e (c_{zu} - c_{ab}) = \frac{\varrho_L}{2} A (c_{zu}^2 - c_{ab}^2) = \frac{\varrho_L}{2} A c_{zu}^2 (1-\zeta^2)$$

5.2 Bauarten und Einsatzbereiche

Windturbinenbauart	Propellerturbine mit axialer Durchströmung des Flügelgitters			Darrieus-Turbine mit radialer Durchströmung des Flügelgitters
Technische Daten				
Achsanordnung	horizontal	horizontal	horizontal	vertikal
Anzahl der Flügel	1	2	3	2…3
Leistungsbeiwert c_P	0,40	0,45	0,48	0,48
Rotordurchmesser in m	15…56	12…100	$\leqq$ 126	12…65
Nutzbarer Windgeschwindigkeitsbereich in m/s	5…20	4…24	3…34	4…22
Nennleistung in kW	15…1000	30…3000	25…$\approx$ 6000	30…4000
Windanpassung	Blattverstellung	Blattverstellung	variable Drehzahl, Blattverstellung	Anfahrmotor

6 Turboverdichter (Kreiselverdichter)

6.1 Zur Auslegung der Verdichterstufe

Förderstrom

$$\dot V = \frac{\dot m}{\varrho_{R1}} = \frac{\lambda_d \dot m_i}{\varrho_{R1}} = \varphi \frac{\pi}{4} D_2^2 u_2$$

λ_d Dichtheitsgrad
$\dot m$ Gesamtmassenstrom
$\dot m_i$ innerer Massenstrom
ϱ_{R1} Dichte (Ruhezustand) des Fluids am Laufradeintritt
$D_2 = 2r_2$ Laufradaußendurchmesser
φ Lieferzahl

Spezifische Laufradarbeit

$\tilde Y = u_2 c_{u2} - u_1 c_{u1}$

Euler'sche Turbinengleichung $\widehat{=}$ Drehimpulssatz für Kontrollraum zwischen Laufradeintritt 1 und Laufradaustritt 2

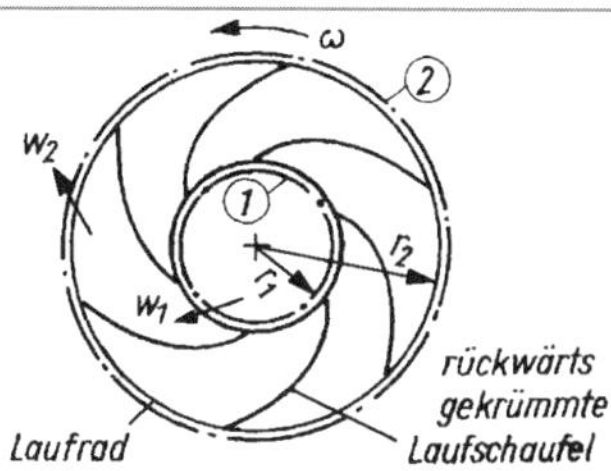

Kinematische Grundgleichung

$\vec{c} = \vec{u} + \vec{w}$

verbindet
- Absolutgeschwindigkeit c
- Umfangsgeschwindigkeit $u = r\omega$
- Relativgeschwindigkeit w

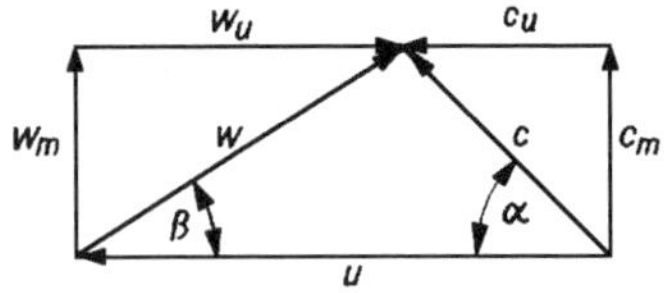

Indizes:
m Meridiankomponente
u Umfangskomponente

Spezifische Förderarbeit

$$Y = \tilde{Y}\eta_{\mathrm{h}} = \Delta h_{\mathrm{s}} = \psi \frac{u_2^2}{2}$$
$$= \psi \frac{Ma_{\mathrm{u}}^2}{2} \varkappa R T_{\mathrm{R1}}$$

η_{h} hydraulischer Wirkungsgrad
Δh_{s} isentrope Enthalpiedifferenz der Verdichterstufe
Ma_{u} Umfangs-Machzahl (auf Umfangsgeschwindigkeit bezogen)
$\varkappa$ Isentropenexponent des Fluids
R Gaskonstante des Fluids
T_{R1} Fluidtemperatur (Ruhezustand) am Laufradeintritt
ψ Druckzahl

Grenzwerte von Druckzahl ψ, Lieferzahl φ, Umfangs-Machzahl Ma_{u} und Umfangsgeschwindigkeit u_2

Bauart	ψ	φ	Ma_{u}	u_2
radial	$< 1{,}5$	$0{,}005 \dots 0{,}1$	$< 1 \dots 1{,}5$	< 450 m/s
axial	$< 0{,}3 \dots 1$	$0{,}01 \dots 0{,}2$	$< 0{,}65 \dots 1{,}2$	

Laufradleistung

$\tilde{P} = \dot{m}_{\mathrm{i}}\tilde{Y} \mathrel{\hat{=}} P_{\mathrm{i}}$

Radseitenreibungsleistung für Radialräder

$$P_{\mathrm{r}} = \frac{C_{\mathrm{m}}}{32} \varrho \omega^3 D_2^5$$

C_{m} Reibungsbeiwert ($C_{\mathrm{m}} = 0{,}002 \dots 0{,}02$)

Wärmestrom im Kühler

$$\dot{Q} = \sum_{l=1}^{L} P_{\mathrm{i},l}$$

nach L ungekühlten Stufen bei vollständiger Rückkühlung

6.2 Kennwerte des Verdichters

Förderstrom

$\dot{V} = \frac{\dot{m}}{\varrho_{Rs}}$ — Index s Saugseite des Verdichters

Ruhedruckverhältnis

$\pi_R = p_{Rd}/p_{Rs}$ — Index d Druckseite des Verdichters

Vergleichsleistung

$P_V = \dot{m} Y_V$ — Y_V spezifische Vergleichsarbeit

$Y_V = R T_{Rs} \frac{\varkappa}{\varkappa - 1} \left(\pi_R^{\frac{\varkappa - 1}{\varkappa}} - 1 \right)$ — für ungekühlte

$Y_V = R T_{Rs} \ln(\pi_R)$ — für gekühlte

Verdichter und ideales Gas

Kupplungsleistung bei *J* Stufen

$P_K = \sum_{j=1}^{J} (\dot{m}_{i,j} \tilde{Y}_j + P_{r,j}) + P_m$ — P_m mechanische Verlustleistung

Verdichterwirkungsgrad

$\eta = P_V / P_K$

7 Kreiselpumpen (Turbopumpen)

7.1 Zur Auslegung der Pumpenstufe

Für die Stufe einer Kreiselpumpe gelten sinngemäß die gleichen Beziehungen wie für Turboverdichter. Darüber hinaus werden für Kreiselpumpen verwendet:

$$n_q = n \frac{\left(\frac{\dot{V}}{\mathrm{m^3/s}} \right)^{1/2}}{\left(\frac{H}{\mathrm{m}} \right)^{3/4}}$$

spezifische Drehzahl

Richtwerte für n_q, ψ:

Bauart	n_q in min^{-1}	ψ
radial	10 ... 50	1,3 ... 0,7
diagonal	50 ... 150	0,7 ... 0,25
axial	150 ... 400	0,4 ... 0,1

Förderhöhe der Pumpenstufe

$H = Y/g$ — g Fallbeschleunigung

Erforderliche Gesamthaltedruckhöhe

$NPSHR = \sigma H$

$$\sigma = \frac{7{,}5 \cdot 10^{-4}}{\eta_h^3} \left(\frac{n_q}{\text{min}^{-1}} \right)^{4/3}$$

σ Kavitationsempfindlichkeit

7.2 Kennwerte der Pumpe

Spezifische Förderarbeit

$$Y = \frac{p_{d,ges} - p_{s,ges}}{\varrho}$$

Förderhöhe der Pumpe

$$H = \frac{p_{d,ges} - p_{s,ges}}{g\varrho} = \frac{Y}{g}$$

Förderleistung

$$P = \dot{m}Y = \dot{V}\varrho g H = \dot{V}(p_{d,ges} - p_{s,ges})$$

Kupplungsleistung

$P_K = J\tilde{P} + P_m$ — bei J gleichen Stufen

P_m mechanische Verlustleistung

Pumpenwirkungsgrad

$\eta = P/P_K$

Veränderung der Förderparameter mit der Drehzahl bei ähnlichen Strömungszuständen:

$$\dot{V}_2 = \dot{V}_1 \frac{n_2}{n_1}, \quad H_2 = H_1 \left(\frac{n_2}{n_1}\right)^2, \quad 1 - \eta_2 = (1 - \eta_1)\left(\frac{n_1}{n_2}\right)^{0,1}$$

7.3 Kennwerte der Pumpenanlage

Anlagenförderhöhe

$H_a = H_{stat} + H_{dyn}$

Statische Förderhöhe

$$H_{stat} = \frac{p_a - p_e}{\varrho} + z_a - z_e$$

Dynamische Förderhöhe

$$H_{dyn} = \frac{c_a^2 - c_e^2}{2g} + \bar{\zeta}\frac{\bar{c}^2}{2g}$$

$\bar{c}$ Bezugsgeschwindigkeit

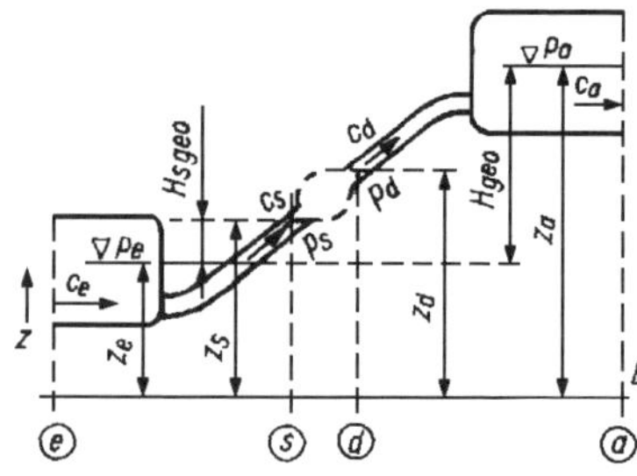

e Eintritt in Pumpenanlage
s Saugstutzen der Pumpe
d Druckstutzen der Pumpe
a Austritt aus Pumpenanlage
BN Bezugsniveau

Gesamtwiderstandsbeiwert

$$\bar{\zeta} = \sum_i \lambda_i (l_i/d_i) \left(\frac{c_i}{\bar{c}}\right)^2 + \sum_j \zeta_j \left(\frac{c_j}{\bar{c}}\right)^2$$

Index i Rohrleitungsabschnitt
Index j Einzelwiderstand
λ Reibungsbeiwert
d Rohrdurchmesser
l Länge des Rohrleitungsabschnittes

Vorhandene Gesamthaltedruckhöhe

$$NPSHA = \frac{p_{\text{s,ges}} - p_{\text{t}}}{g\varrho}$$ p_t Dampfdruck der Förderflüssigkeit

$$NPSHA \geqq NPSHR$$ Kavitationsvermeidung

8 Verbrennungsmotoren

8.1 Kreisprozesse der Verbrennungsmotoren

Ideale Kreisprozesse der Verbrennungsmotoren im p, v-Diagramm:

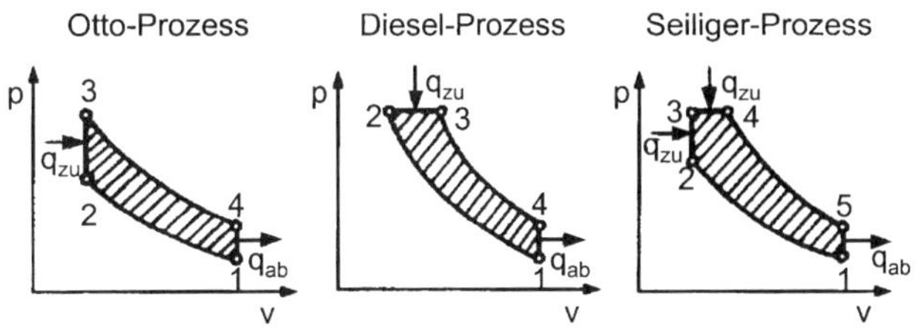

Otto-Prozess	Diesel-Prozess	Seiliger-Prozess
1-2 isentrope Verdichtung	1-2 isentrope Verdichtung	1-2 isentrope Verdichtung
2-3 isochore Wärmezufuhr	2-3 isobare Wärmezufuhr	2-3 isochore Wärmezufuhr
3-4 isentrope Entspannung	3-4 isentrope Entspannung	3-4 isobare Wärmezufuhr
4-1 isochore Wärmeabfuhr	4-1 isochore Wärmeabfuhr	4-5 isentrope Entspannung
		5-1 isochore Wärmeabfuhr

Thermischer Wirkungsgrad des idealen Kreisprozesses

$$\eta_{\text{th}} = 1 - \frac{q_{\text{ab}}}{q_{\text{zu}}}$$

$$\eta_{\text{th}} = 1 - \frac{1}{\varepsilon^{\varkappa-1}}$$ für Otto-Prozess

$$\eta_{\text{th}} = 1 - \frac{1}{\varkappa\varepsilon^{\varkappa-1}} \frac{\varphi^{\varkappa} - 1}{\varphi - 1}$$ für Diesel-Prozess

$$\eta_{\text{th}} = 1 - \frac{1}{\varepsilon^{\varkappa-1}} \frac{\psi\varrho^{\varkappa} - 1}{\psi - 1 + \varkappa\psi(\varrho - 1)}$$ für Seiliger-Prozess
$\varkappa$ Isentropenexponent

$$\varepsilon = \frac{v_1}{v_2}$$ ε Verdichtungsverhältnis

$$\varphi = \frac{v_3}{v_2}$$

φ Füllungsgrad beim Diesel-Prozess

$$\psi = \frac{p_3}{p_2}$$

ψ Drucksteigerungsverhältnis ($\psi = 1$ bei Diesel-Prozess)

$$\varrho = \frac{v_4}{v_3}$$

ϱ Volldruckverhältnis beim Seiliger-Prozess

Mitteldruck des nach dem Idealprozess arbeitenden Motors

$$p_{\text{th}} = \frac{\varepsilon}{\varepsilon - 1} \frac{q_{\text{zu}} \eta_{\text{th}}}{v_1}$$

v_1 spezifisches Ansaugvolumen

8.2 Kennwerte des vollkommenen Motors

Wirkungsgrad des vollkommenen Motors

$$\eta_{\text{v}} = 1 - \frac{q_{\text{ab}}}{q_{\text{zu}}} = \frac{w_{\text{v}}}{H_{\text{u}}} = \frac{P_{\text{v}}}{\dot{m}_{\text{B}} H_{\text{u}}}$$

q_{ab} abgeführte Wärme pro kg Frischladung
q_{zu} zugeführte Wärme pro kg Frischladung
w_{v} Arbeit des vollkommenen Motors pro Brennstoffeinheit
$\dot{m}_{\text{B}}$ Brennstoffmassenstrom
H_{u} Heizwert des Brennstoffs pro Brennstoffeinheit

Frischladungsmenge pro Brennstoffeinheit

$$m_{\text{G}} = \lambda_{\text{v}} m_{\text{L,min}} + k$$

$$\lambda_{\text{v}} = \frac{m_{\text{L}}}{m_{\text{L,min}}}$$

λ_{v} Luftverhältnis
$m_{\text{L,min}}$ theoretischer (stöchiometrischer) Luftbedarf pro Brennstoffeinheit
m_{L} tatsächlicher Luftbedarf pro Brennstoffeinheit
$k = 0$ für Diesel- und Ottomotoren mit Kraftstoffeinspritzung
$k = 1\,\text{kg/kg}$ für Ottomotoren mit Ansaugen des Kraftstoff-Luft-Gemischs

Mitteldruck des vollkommenen Motors

$$p_{\text{v}} = \frac{\varepsilon}{\varepsilon - 1} \varrho_1 q_{\text{zu}} \eta_{\text{v}}$$

ϱ_1 Dichte der Zylinderfüllung bei Beginn der Kompression

Leistung des vollkommenen Motors

$$P_\mathrm{v} = \frac{2p_\mathrm{v}V_\mathrm{H}n}{T}$$

V_H Hubvolumen des Motors
n Motordrehzahl
T Taktzahl pro Arbeitsspiel ($T = 4$ für Viertaktmotoren, $T = 2$ für Zweitaktmotoren)

8.3 Kennwerte des realen Motors

Hubvolumen des Motors

$$V_\mathrm{H} = zV_\mathrm{h} = z\frac{\pi}{4}D^2 s$$

D Durchmesser eines Zylinders
V_h Hubvolumen eines Zylinders
z Zylinderzahl
s Kolbenhub

Hubverhältnis

$$x_\mathrm{h} = \frac{s}{D}$$

Mittlere Kolbengeschwindigkeit

$$c_\mathrm{m} = 2sn$$

Verdichtungsverhältnis

$$\varepsilon = \frac{V_\mathrm{h} + V_\mathrm{c}}{V_\mathrm{c}}$$

V_c Verdichtungsraum eines Zylinders

Liefergrad

$$\lambda_l = \frac{m_\mathrm{z}}{\varrho_\mathrm{F}V_\mathrm{h}}$$

m_z Frischladungsmasse eines Zylinders
ϱ_F Dichte der Frischladung im Zustand vor den Einlassorganen

Mittlerer Nutzdruck

$$p_\mathrm{e} = \frac{H_\mathrm{u}}{\lambda_\mathrm{v}m_\mathrm{L,min} + k}\lambda_l\varrho_\mathrm{F}\eta_\mathrm{e} = p_\mathrm{i}\eta_\mathrm{m}$$

$$\frac{p_\mathrm{e}}{\lambda_l\eta_\mathrm{e}} = \frac{p_\mathrm{i}}{\lambda_l\eta_\mathrm{i}} = \frac{\varepsilon - 1}{\varepsilon}\frac{p_\mathrm{v}}{\eta_\mathrm{v}}$$

η_e Nutzwirkungsgrad
η_m mechanischer Wirkungsgrad
p_i mittlerer Innendruck
η_i innerer (indizierter) Wirkungsgrad

Nutzdrehmoment

$$M_\mathrm{d} = \frac{V_\mathrm{H}}{\pi T}p_\mathrm{e}$$

Innere Leistung

$$P_i = \frac{2V_H n}{T} p_i = \frac{\pi D^2 snz}{2T} p_i$$

Nutzleistung

$$P_e = \frac{2V_H n}{T} p_e = \frac{\pi D^2 snz}{2T} p_e$$

Mechanischer Wirkungsgrad

$$\eta_m = \frac{P_e}{P_i} = \frac{P_e}{P_e + P_r}$$

P_r Reibleistung und Leistungen für Hilfseinrichtungen

Innerer (indizierter) Wirkungsgrad

$$\eta_i = \frac{P_i}{\dot{m}_B H_u} = \eta_g \eta_v$$

$\dot{m}_B$ Brennstoffmassenstrom

Gütegrad

$$\eta_g = \frac{P_i}{P_v} = \frac{p_i}{p_v} = \frac{\eta_i}{\eta_v}$$

Nutzwirkungsgrad

$$\eta_e = \frac{P_e}{\dot{m}_B H_u} = \eta_i \eta_m = \eta_g \eta_v \eta_m = \frac{1}{b_e H_u}$$

Spezifischer Kraftstoffverbrauch

$$b_e = \frac{\dot{m}_B}{P_e} = \frac{1}{\eta_e h_u}$$

9 Kolbenverdichter (Verdrängerverdichter)

9.1 Kennwerte der Stufen von Hubkolbenverdichtern

Förderstrom

$$\dot{V} = \frac{\dot{m}}{\varrho_s} = V_h n \lambda_h$$

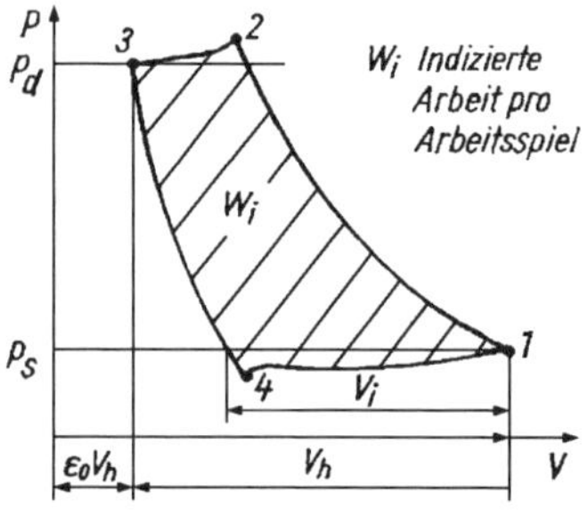

$\dot{m}$ Massenstrom am Stufenaustritt

ϱ_s Dichte des Fluids im Ansaugzustand

n Verdichterdrehzahl

Hubvolumen

$V_h = sA_k$

s Kolbenhub
A_k wirksame Kolbenfläche

Ausnutzungsgrad

$\lambda_h = \lambda_i \lambda_T \lambda_d$

Indizierter Liefergrad

$$\lambda_i = V_i/V_h = 1 - \varepsilon_0 \left[\left(\frac{p_3}{p_4} \right)^{\frac{1}{n_r}} - 1 \right]$$

ε_0 Schadraumverhältnis
n_r Polytropenexponent der Rückexpansion

Aufheizungsgrad

$\lambda_T = T_s/T_1$

Dichtheitsgrad

$\lambda_d = \dot{m}/\dot{m}_i$

$\dot{m}_i$ innerer Massenstrom

Ausschubtemperatur

$$T_2 = T_1 \left(\frac{p_2}{p_1} \right)^{\frac{n_c - 1}{n_c}}$$

n_c Polytropexponent der Kompression
bei gekühlten Verdichtern:
$n_c, n_r <$ Isentropenexponent $\varkappa$

Innenleistung

$P_i = n \oint p \mathrm{d}V = nW_i$

$\dot{Q} = P_i$

Wärmestrom im Zwischenkühler bei vollständiger Rückkühlung

Mittlerer indizierter Kolbendruck

$$p_{mi} = \frac{P_i}{nV_h}$$

9.2 Kennwerte der Stufen von Umlaufkolbenverdichtern

Förderstrom

$$\dot{V} = \frac{\dot{m}}{\varrho_s} = V_u n \lambda_u$$

V_u Umlaufvolumen (bauartspezifisch)

$V_u < 2\pi bDe$ für Zellenverdichter

b Gehäusebreite
D Gehäusedurchmesser
e Exzentrizität

$V_u < A_L h$ für Schraubenverdichter

A_L Querschnitt der Zahnlücken
h Steigung

Ausnutzungsgrad

$\lambda_u \approx \lambda_d$

9.3 Kennwerte des Kolbenverdichters

Kupplungsleistung bei *J* Stufen

$$P_K = \sum_{j=1}^{J} P_{i,j} + P_m$$

Wirkungsgrad

$\eta = P_V / P_K$

Vergleichsleistung

$P_V = \dot{m} Y_V$

Y_V spezifische Vergleichsarbeit wie bei Turboverdichter, wobei $\pi_R \approx \pi = p_d/p_s$, weil in der Regel die Unterschiede zwischen Mitstrom- und Ruhewerten der Zustandsgrößen vernachlässigt werden können

10 Kolbenpumpen (Verdrängerpumpen)

Für Verdrängerpumpen aller Bauarten gelten bezüglich Förderhöhe H, Förderleistung P und Wirkungsgrad η die gleichen Beziehungen wie für Kreiselpumpen mit $p_{ges} \approx p$.

10.1 Kennwerte der Hubkolbenpumpen

Förderstrom

$$\dot{V} = \frac{\dot{m}}{\varrho} = V_h n \lambda_h$$

$\dot{m}$ Massenstrom durch Pumpe
ϱ Dichte des Fluids
n Pumpendrehzahl

Hubvolumen

$V_h = s A_k z$

s Kolbenhub
A_k wirksame Kolbenfläche
z Zahl der Arbeitsräume

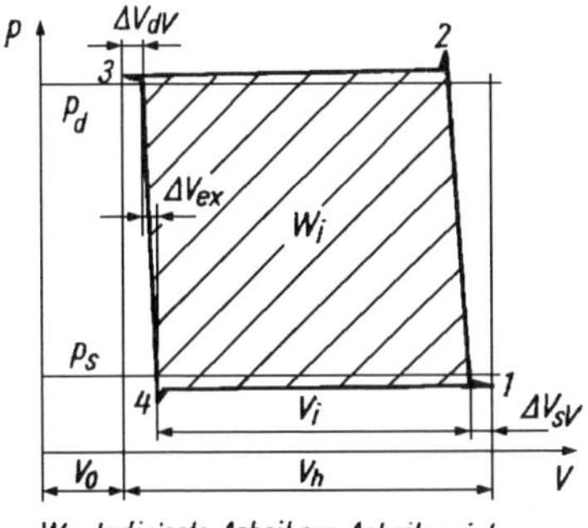

W_i Indizierte Arbeit pro Arbeitsspiel

Ausnutzungsgrad

$\lambda_h = \lambda_i \lambda_d$

Indizierter Liefergrad

$$\lambda_i = V_i/V_h = 1 - \frac{\Delta V_{sV} + \Delta V_{dV} + \Delta V_{ex}}{V_h}$$

Dichtheitsgrad

$\lambda_d = \dot{m}/\dot{m}_i$ — $\dot{m}_i$ innerer Massenstrom

---

Innenleistung

$P_i = n \oint p\mathrm{d}V = nW_i$

Kupplungsleistung

$P_K = P_i + P_m$ — P_m mechanische Verlustleistung

Erforderliche Gesamthaltedruckhöhe

$$NPSHR = \frac{\Delta p_{as} + \Delta p_{Vs}}{g\varrho}$$

Δp_{as} maximaler Beschleunigungsdruckabfall vor Saugventil

Δp_{Vs} maximale Druckabsenkung im Saugventil

Erforderliches Windkesselvolumen

$V_w = V_{w\,stat} + V_{w\,res}$

Statisches Windkesselvolumen

$$V_{w\,stat} = \frac{\nu A_k s}{\delta_p}$$

ν Kennzahl für fluktuierendes Flüssigkeitsvolumen ($\nu = 0{,}55 \ldots 0{,}01$ bauartspezifisch)

δ_p zulässige bezogene Schwankung des Druckes ($\delta_p = 0{,}02 \ldots 0{,}1$)

Resonanzwindkesselvolumen

$$V_{\mathrm{w\,res}} = \frac{p_\mathrm{w}/\varrho}{(k\omega_\mathrm{p})^2} \sum_i A_i/l_i$$

p_w mittlerer Druck im Windkessel
$k\omega_\mathrm{p}$ Erregerkreisfrequenz der Pumpe
Index i Rohrleitungsabschnitt
A_i Querschnitt des Rohrleitungsabschnitts i
l_i Länge des Rohrleitungsabschnitts i

10.2 Kennwerte der Umlaufkolbenpumpen

Förderstrom

$$\dot{V} = \frac{\dot{m}}{\varrho} = V_\mathrm{u} n \lambda_\mathrm{u}$$

λ_u Ausnutzungsgrad ($\lambda_\mathrm{u} \approx \lambda_\mathrm{d}$)

Umlaufvolumen (bauartspezifisch)

$$V_\mathrm{u} \approx 2\pi b m^2 (z + 0{,}256)$$

für Zahnradpumpe mit unkorrigierter Außenverzahnung
$\alpha = 20^\circ$
α Profilwinkel
b Zahnradbreite
m Modul
z Zähnezahl

$$V_\mathrm{u} \approx A_\mathrm{L} h$$

für Spindelpumpe
A_L Querschnitt der Zahnlücken
h Steigung

10.3 Kennwerte der Pumpenanlagen

Für Pumpenanlagen mit Verdrängerpumpen gelten bezüglich Anlagenförderhöhe, vorhandener Gesamthaltedruckhöhe und Kavitationsvermeidung analoge Beziehungen wie für Kreiselpumpen.

11 Kältemaschinen und Wärmepumpen

11.1 Kennwerte von Kältemaschinen und Wärmepumpen

Energiestrombilanz für Kältemaschinen (KM) und Wärmepumpen (WP)

$\dot{Q}_{zu} + P = \dot{Q}_{ab}$ — P Antriebsleistung

Für KM: $\dot{Q}_{zu} \equiv \dot{Q}_0$ (Kälteleistung); $T_{zu} \equiv T_0$

Für WP: $\dot{Q}_{ab} \equiv \dot{Q}_W$ (Wärmeleistung); $T_{ab} \equiv T_W$

$T_H \gg T_{ab}$ (bei Wärme Q_H als Antriebsenergie)

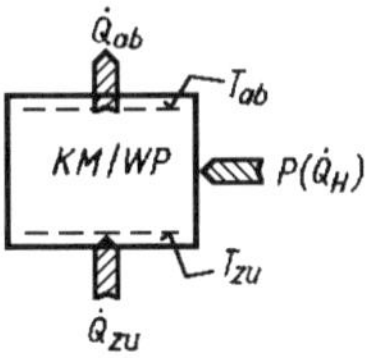

Leistungszahl

$$\varepsilon = \frac{\text{gewollter Nutzen}}{\text{notwendiger Aufwand}}$$

bei Zuführung von Antriebsleistung P

$$\varepsilon_{KM} = \frac{\dot{Q}_0}{P}, \quad \varepsilon_{WP} = \frac{\dot{Q}_W}{P}$$

Wärmeverhältnis

$$\zeta = \frac{\text{gewollter Nutzen}}{\text{notwendiger Aufwand}}$$

bei Zuführung von Heizwärme $\dot{Q}_H \rightarrow$ wärmeangetriebene KM und WP

$$\rightarrow \zeta_{KM} = \frac{\dot{Q}_0}{\dot{Q}_H}, \quad \zeta_{WP} = \frac{\dot{Q}_W}{\dot{Q}_H} = \frac{\dot{Q}_{zu} + \dot{Q}_H}{\dot{Q}_H}$$

$$\varepsilon_{C,KM} = \frac{T_{zu}}{T_{ab} - T_{zu}}$$

$\varepsilon_{C,KM}$ mit Carnot-Kreisprozess erreichbare ideale Leistungszahl der Kältemaschine

$T_{zu} \equiv T_0$ (tiefe Temperatur)

$$\varepsilon_{C,WP} = \frac{T_{ab}}{T_{ab} - T_{zu}}$$

$\varepsilon_{C,WP}$ mit Carnot-Kreisprozess erreichbare ideale Leistungszahl der Wärmepumpe

$T_{ab} \equiv T_W$ (hohe bzw. Heiztemperatur)

T_{zu}, T_{ab} Prozesstemperaturen, z. B. T_0, T_c

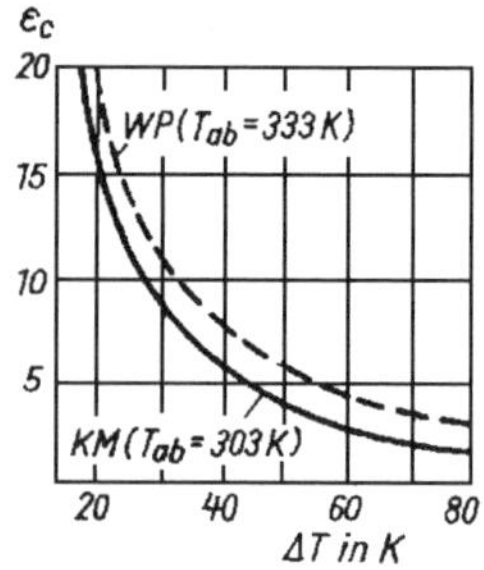

Praktisch erreichbare Leistungszahl

$\varepsilon \approx \nu_C \varepsilon_C$

ν_C Gütegrad
$\nu_C \approx 0{,}45 \ldots 0{,}60$ bei
$\Delta T = T_{ab} - T_{zu} \approx 30 \ldots 70$ K

11.2 Hauptparameter unterschiedlicher Kältemaschinen(KM)- und Wärmepumpen(WP)-Bauarten

Einsatzbereiche, Grenzwerte, erreichbare Kälteleistungen $\dot{Q}_0$ der wesentlichen KM-Bauarten

KM	t_0	Kälteleistung $\dot{Q}_0$ (Typ, Einsatz)
VKM	10 . . . − 30 °C	10 W (Haushaltkühlschränke) bis 40 MW (Kaltwassersätze zur Klimatisierung)
	−100 . . . − 150 °C	100 W bis 3 kW („Kaskaden“ für Laborzwecke)
	−162 °C	1 MW bis 100 MW (Erdgasverflüssigung)
EKA	10 . . . − 40 °C	1 W bis 1 kW
GKM	−80 . . . − 200 °C	1 W bis 100 kW (Stirling-Maschinen)
	−253 °C	1 W bis 1200 kW (H_2 flüssig)
	−269 °C	1 W bis 12 kW (He flüssig)
DSKM	10 . . . 0 °C	30 kW bis 3000 kW (Kältemittel H_2O)
AKM	0 . . . − 20 °C	10 W bis 200 W (Absorberaggregat mit $NH_3/H_2O/H_2$ für Haushaltkühlschränke)
	10 . . . − 65 °C	10 kW bis 10 MW

VKM Verdichter-Kältemaschine
EKA Elektrothermisches Kälteaggregat
GKM Gaskältemaschine
DSKM Dampfstrahlkältemaschine (wärmeangetrieben)
AKM Absorptionskältemaschine (wärmeangetrieben)

Spezifischer Energiebedarf $l = 1/\varepsilon = P/\dot{Q}_0$ in W/W (Verhältnis von notwendiger Antriebsleistung zu erreichbarer Kälteleistung) für unterschiedliche VKM, EKA und GKM

t_0 in °C	$l = P/\dot{Q}_0$ in W/W [1]	Anlage, Schaltung
0	0,18 ... 0,27	VKM; einstufig
– 10	0,23 ... 0,36	VKM; einstufig
– 20	0,33 ... 0,53	VKM; einstufig
– 30	0,45 ... 0,75	VKM; ein-/zweistufig
– 40	0,52 ... 1,25	VKM; ein-/zweistufig
– 60	0,92 ... 1,95	VKM; zweistufig
– 80	1,70 ... 2,65	VKM; Kaskade
– 100	3,45 ... 7,0	VKM; Kaskade
– 162	4,10 ... 5,5(10)	VKM; Kaskade/Erdgasverflüssigung

t_0 in °C	$l = P/\dot{Q}_0$ in W/W [1]	Anlage, Schaltung
0	1 ... 2	EKA
– 20	4 ... 8	EKA
– 20	1,3	GKM; Kaltluft-Maschine
– 120	2,5 ... 4	GKM; Stirling-Maschine
– 150	3,5 ... 5	GKM; Stirling-Maschine
– 180	6 ... 8	GKM; Stirling-Maschine
– 196	8 ... 80	GKM; Flüssig-N_2
– 253	50 ... 400	GKM; Flüssig-H_2
– 269	200 ... 2000	GKM; Flüssig-He

[1] Basis der Angaben $t_{ab} \approx 30$ °C

Spezifischer Heizwärmebedarf $\dot{Q}_H/\dot{Q}_0 = 1/\zeta$ für AKM

t_0 in °C	$\dot{Q}_H/\dot{Q}_0$ in W/W [2]
5	1,3 ... 1,6 [3]
0	1,5 ... 1,8
–10	1,7 ... 2,2
–20	1,9 ... 2,4
–30	2,1 ... 2,9
–40	2,5 ... 3,6
–50	2,7 ... 4,6

[2] Parameter $t_{ab} \approx 25 \dots 35$ °C

[3] Doppeleffekt-AKM 0,8 ... 1,1

Spezifischer Energieeinsatz $l = P/\dot{Q}_W$ für Elektro-WP

Δt in K [4]	$P/\dot{Q}_W$ in W/W [5]
30	0,14 ... 0,23
40	0,18 ... 0,29
50	0,22 ... 0,34
60	0,27 ... 0,43
70	0,35 ... 0,55

[4] $\Delta t = t_W - t_{zu}$; mit Bereichen $t_W \approx 45 \dots 80$ °C und $t_{zu} \mathrel{\hat{=}} t_0 \approx -20 \dots 20$ °C

[5] P elektrische Antriebsleistung

VWP Verdichter-Wärmepumpe

11.3 Zur Auslegung von Verdichter-Kältemaschinen (VKM)

Verfahrensfließbild bzw. Schaltschema, theoretischer Kreisprozess in Zustandsdiagrammen für VKM (am häufigsten eingesetzte Kältemaschine)

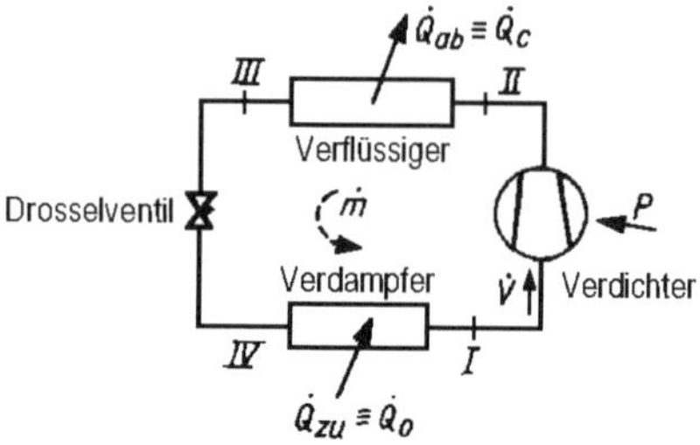

Einfachstes Fließbild einer VKM

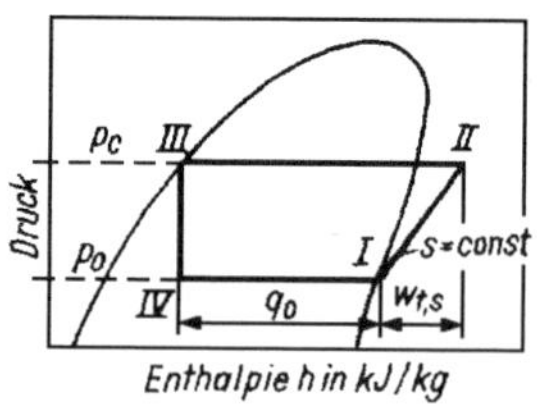

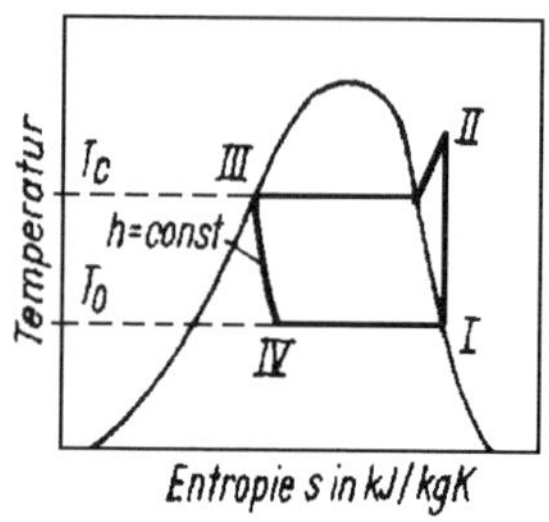

Kälteleistung

$$\dot{Q}_0 = \dot{m} q_0 = \frac{\dot{V} q_0}{v}$$

$$\dot{Q}_0 = \dot{m}(h_{\mathrm{I}} - h_{\mathrm{IV}})$$

q_0 spezifische Kälteleistung in kJ/kg
v spezifisches Volumen im Ansaugzustand
$\dot{V}$ Volumenstrom (Ansaugzustand)

Theoretische (isentrope) **Antriebsleistung des Verdichters**

$$P_{\mathrm{th}} = \dot{m} w_{\mathrm{t,s}} = \dot{m}(h_{\mathrm{II}} - h_{\mathrm{I}})$$

$$P_{\mathrm{th}} = \frac{\dot{V} w_{\mathrm{t,s}}}{v}$$

$w_{\mathrm{t,s}}$ spezifische isentrope technische Arbeit

Theoretische Leistungszahl

$$\varepsilon_{\mathrm{th}} = \frac{q_0}{w_{\mathrm{t,s}}} = \frac{\dot{Q}_0}{P_{\mathrm{th}}}$$

Theoretischer Förderstrom des Kolbenverdichters

$$\dot V_{th} = z A_K s n = \frac{\dot V}{\lambda}$$

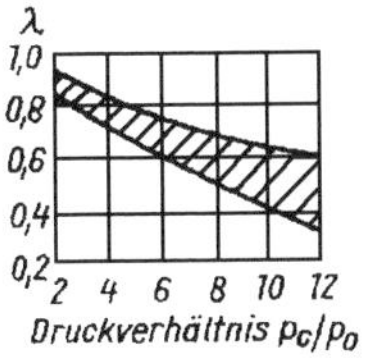

z Zylinderzahl
A_K Kolbenfläche
s Kolbenhub
n Drehzahl
$\lambda = f(p_c/p_0)$ Liefergrad
p_c Kompressionsenddruck (Verflüssiger)
p_0 Ansaugdruck (Verdampfer)

Drücke p_c und p_0 vom Kältemittel abhängig

Erforderliche Verdichtergröße

$$\dot V_{th} = \frac{\dot Q_0 v}{q_0 \lambda}$$

Umlaufender Massenstrom

$$\dot m = \frac{\lambda \dot V_{th}}{v} = \frac{\dot Q_0}{q_0}$$

Effektive Antriebsleistung
an Verdichterwelle bzw. Kupplung

$$P_e = \frac{\lambda \dot V_{th} w_{t,s}}{v \eta_e}$$

Leistung des Elektromotors
(an Motorklemmen)

$$P_{Kl} = \frac{\lambda \dot V_{th} w_{t,s}}{v \eta_e \eta_{el}}$$

Effektiver Wirkungsgrad

$$\eta_e = \frac{P_{th}}{P_e}$$

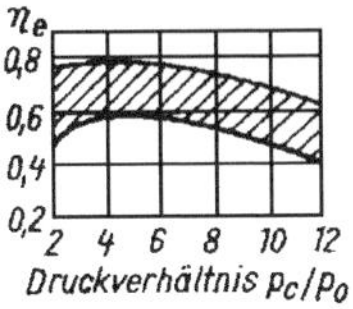

Weitere Wirkungsgrade, Leistungszahlen

$\eta_{el} = \dfrac{P_e}{P_{Kl}} \approx 0{,}70 \ldots 0{,}95$ — Wirkungsgrad des Elektromotors

$\eta_{Kl} = \eta_e \eta_{el} = \dfrac{P_{th}}{P_{Kl}}$ — Klemmen- bzw. Gesamtwirkungsgrad des Verdichters

$\varepsilon_e = \dot Q_0 / P_e = \eta_e q_0 / w_{t,s}$ — auf P_e bezogene Leistungszahl

$\varepsilon_{Kl} = \dot Q_0 / P_{Kl} = \eta_{Kl} q_0 / w_{t,s}$ — auf P_{Kl} bezogene Leistungszahl

Etwa 99 % sämtlicher Kältemaschinen werden durch Verdichter angetrieben (VKM, GKM), davon rund 3/4 mit einem Elektromotor. Es werden Hubkolben-, Scroll-, Schrauben- und Turboverdichter eingesetzt. Bei ungefähr $2 \cdot 10^9$ KM weltweit liegen zahlenmäßig folgende Anwendungssektoren an der Spitze: Haushalts- und Gewerbekältegeräte ca. 60 %, Pkw-Klimakälteanlagen ca. 24 %, stationäre Klimageräte und -anlagen ca. 15 %.

▶ Wichtige Normen enthält das DIN-Taschenbuch 156: Kältetechnik.

Fertigungstechnik

Der Weg vom Rohstoff bis zum Fertigteil kann mehrere Verfahren umfassen. DIN 8580 unterteilt sie in Hauptgruppen (Beispiele in Klammern). Form und Zusammenhalt des Werkstoffes können bei den einzelnen Hauptgruppen beinflusst werden.

1. Urformen (Gießen, Sintern)
2. Umformen (Walzen, Schmieden, Pressen, Ziehen, Biegen)
3. Trennen (Zerteilen, Spanen, Abtragen)
4. Fügen (Schweißen, Löten, Kleben, Nieten, Schrauben)
5. Beschichten (Lackieren, Galvanisieren, Emaillieren)
6. Stoffeigenschaft ändern (Aufkohlen, Tempern, Magnetisieren, Härten, Anlassen, Nitrieren)

Fertigungsverfahren nach DIN 8580

1. Urformen	**2. Umformen**	**3. Trennen**	**4. Fügen**	**5. Beschichten**	**6. Ändern**
Schaffen	Beibehalten	Zusammenhang vermindern oder aufheben	Vermehren	Vermehren	von Stoffeigenschaften

1 Urformen

1.1 Gießen (allgemein)

Zum Sättigungsgrad S_C von Gusseisen → Werkstofftechnik, 4.1

Schwindung (Volumenkontraktion)

$$V_{Ges} = V_{fl} + V_e + V_k$$

V_{fl} flüssige Schwindung
V_e Erstarrungsschwindung
V_k kubische Schwindung/Schrumpfung

Das folgende Bild zeigt die Abhängigkeit des spezifischen Volumens V von Gusswerkstoffen von der Temperatur T.

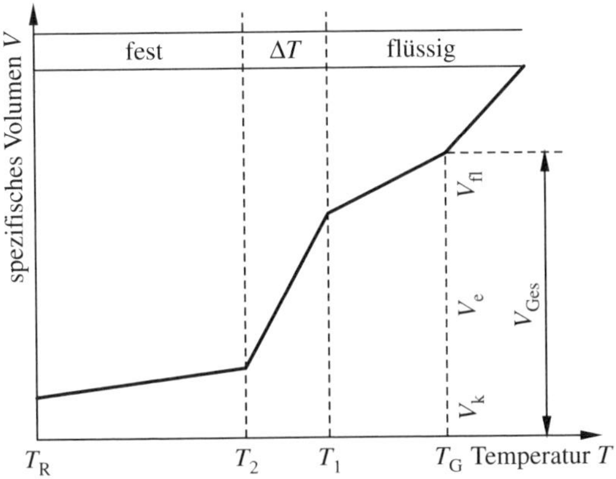

Maß für Gussrohmodell

$M_{roh} = N_{roh} \cdot (S + 1)$

N_{roh} Nenn-/Fertigmaß des Gussrohteils

S Schwindmaß (materialabhängig, siehe auch folgende Tabelle mit den linearen Schwindmaßen von Gusswerkstoffen nach DIN 1511 in %, nach Fritz et al.)

Werkstoff	lineares Schwindmaß in %		
	Sand	Kokille	Druckguss
Stahlguss		1,5 ... 2,5	
Temperguss, weiß		0,0 ... 1,0	
Gusseisen, lamellar		0,7 ... 1,3	
Gusseisen, globular		0,8 ... 1,6	
Al-Legierungen		1,5 ... 2,0	
AlSi	0,9 ... 1,1	0,6 ... 0,8	0,5 ... 0,7
AlMg	1,0 ... 1,5	0,5 ... 0,9	0,6 ... 1,0
MgAl-Legierungen	1,0 ... 1,4	0,8 ... 1,2	0,8 ... 1,2
Cu-Legierungen	1,8 ... 2,2	1,5 ... 1,9	
CuSn	1,2 ... 1,8	1,0 ... 1,4	
CuZn	0,8 ... 1,6	0,8 ... 1,2	0,7 ... 1,2
CuAl	1,8 ... 2,2	1,4 ... 2,0	
ZnAl	1,0 ... 1,5	0,6 ... 1,0	0,4 ... 0,6

Maße für das Gussfertigmodell

$M_{\text{fertig}} = N_{\text{fertig}} \cdot (S + 1) + B$

N_{fertig} Nenn-/Fertigmaß des Gussfertigteils
B Bearbeitungszugabe

Erstarrungsmodul

$$M = \frac{V}{A}$$

Erstarrungszeit (nach Chvorinov)

$$t = k_{\text{ch}} \cdot M^2 = k_{\text{ch}} \cdot \left(\frac{V}{A}\right)^2$$

V Volumen des Gussstücks
A Oberfläche des Gussstücks
k_{ch} Chvorinovsche Konstante (werkstoff-, temperatur- und formstoffabhängig)

1.2 Schwerkraftgießen (z. B. Sandformgießen)

Gesamtauftriebskraft

$F_G = F_{OK} + F_A - F_K$

Oberkastenauftriebskraft

$F_{OK} = A_G \cdot h_{OK} \cdot \varrho_S \cdot g$

Kerngewichtskraft

$F_K = V_K \cdot \varrho_K \cdot g$

Kernauftriebskraft

$F_A = V_G \cdot \varrho_S \cdot g$

Bodenkraft

$F_B = A_B \cdot h_B \cdot \varrho_S \cdot g$

Bodendruck

$p_B = h_B \cdot \varrho_S \cdot g$

A_G gegen Oberkasten in Teilungsebene projezierte Fläche des Gussstücks
A_B (projezierte) Bodenfläche des Gussstücks
g Fallbeschleunigung (9,81 m/s^2)
h_B Druckhöhe (Abstand zwischen Eingussoberkante und Boden)
h_{OK} Höhe des Oberkastens
ϱ_K Dichte des Kernmaterials
ϱ_S Dichte der Schmelze
V_G vom Kern verdrängtes Schmelzvolumen (vom Metall unterspülter Bereich)
V_K Volumen des gesamten Kerns

1.3 Schleudergießverfahren

Theoretisch kritische Drehzahl (nach Hurst)

$$n = \frac{7200}{\varrho_S \cdot \sqrt{D}}$$

Gießdruck (nach Väth)

$$p \approx \frac{\varrho_S \cdot \omega^2}{3000 \cdot g} \cdot \left(R^2 - \frac{r^2}{R^2}\right)$$

ϱ_S Dichte der Schmelze
D Außendurchmesser des Hohlzylinders
ω Winkelgeschwindigkeit in rad/s
g Fallbeschleunigung (9,81 m/s^2)
R Außenradius
r Innenradius

1.4 Sintern (Pulvermetallurgie)

Füllfaktor q

$$q = \frac{h_{\text{roh}}}{h_{\text{fertig}}} = \frac{\varrho_{\text{fertig}}}{\varrho_{\text{roh}}}$$

Pressbarkeit κ

$$\kappa = \frac{\varrho_{\text{roh}}}{p}$$

Sintertemperatur T_{sint}

$$T_{\text{sint}} \approx \frac{2}{3} \cdot T_s \ldots \frac{3}{4} \cdot T_s$$

h_{roh} ungepresste Höhe (Füllhöhe)
h_{fertig} gepresste Höhe
p Pressdruck
ϱ_{roh} Dichte des Pulvers (Scheindichte)
ϱ_{fertig} Dichte des gepressten Körpers
T_s Schmelztemperatur

2 Umformen

2.1 Grundlagen

Volumenkonstanz

$$V_0 = l_0 \cdot b_0 \cdot h_0 = l_1 \cdot b_1 \cdot h_1 = \text{const.}$$

$$\frac{V_1}{V_0} = \frac{l_1}{l_0} \cdot \frac{b_1}{b_0} \cdot \frac{h_1}{h_0} = 1 = \lambda_l \cdot \lambda_b \cdot \lambda_h$$

l Länge
b Breite
h Höhe
Index 0 Zustand vor Umformung
Index 1 Zustand nach Umformung

Mit Streckgrad

$$\lambda_l = \frac{l_1}{l_0}$$

Relative Formänderung

$$\varepsilon_l = \frac{l_1 - l_0}{l_0}$$

Mit Breitungsgrad

$$\lambda_b = \frac{b_1}{b_0}$$

Relative Formänderung

$$\varepsilon_b = \frac{b_1 - b_0}{b_0}$$

Mit Stauchungsgrad

$$\lambda_h = \frac{h_1}{h_0}$$

Relative Formänderung

$$\varepsilon_h = \frac{h_1 - h_0}{h_0}$$

Absolute Formänderungen

$$\Delta l = l_1 - l_0 \qquad \Delta b = b_1 - b_0 \qquad \Delta h = h_1 - h_0$$

Umformgrade und logarithmische Formänderung

$$\varphi_1 = \int_{h_0}^{h_1} \frac{\mathrm{d}h}{h} = \ln \frac{h_1}{h_0} \qquad \varphi_2 = \int_{b_0}^{b_1} \frac{\mathrm{d}b}{b} = \ln \frac{b_1}{b_0} \qquad \varphi_3 = \int_{l_0}^{l_1} \frac{\mathrm{d}l}{l} = \ln \frac{l_1}{l_0}$$

Bezug zur Volumenkonstanz

$$\varphi_1 + \varphi_2 + \varphi_3 = 0$$

Die größte Formänderung, welche gleich der Summe der zwei anderen Formänderungen ist, wird als Hauptformänderung ϕ_g bezeichnet.

Beispiel: $\varphi_1 = -(\varphi_2 + \varphi_3) = \varphi_g$

Mit Wissen um die Hauptformänderung kann die Umformkraft berechnet werden. Diese ist einfach zu ermitteln, da ihre Richtung entgegengesetzt der beiden anderen ist. Beispielsweise beim Stauchen eines rechteckigen Körpers (Abmessungen: $l \cdot b \cdot h$) resultiert die Zunahme (= positives Vorzeichen) der Breite b ($b_1 > b_0$) und Länge l ($l_1 > l_0$) aus der Abnahme (= negatives Vorzeichen) der Höhe h ($h_1 < h_0$). Die größte Formänderung φ_g ist hiermit φ_1.

Analog zu den Formänderungen verhält sich die Summe der Formänderungsgeschwindigkeiten $\dot{\varphi}$, welche auch immer gleich null ist.

$$\dot{\varphi}_1 + \dot{\varphi}_2 + \dot{\varphi}_3 = 0 \quad \text{mit}$$

$$\dot{\varphi} = \frac{\mathrm{d}\varphi}{\mathrm{d}t}$$

und für Stauchen

$$\dot{\varphi} = \frac{v}{h}$$

v Werkzeuggeschwindigkeit
h Höhe des Werkstücks

Umformkräfte

Ideelle Umformkraft bei unmittelbarer Krafteinwirkung (z. B. Stauchen, Walzen)

$F_{\text{id}} = A \cdot k_{\text{f}}$

A gedrückte Fläche entspricht augenblicklicher Querschnittsfläche (unmittelbar) bzw. Querschnittsfläche nach Umformung (mittelbar)

k_{f} augenblickliche Fließspannung des Werkstoffs (aus Fliesskurven)

Ideelle Umformkraft bei unmittelbarer Krafteinwirkung (z. B. Tiefziehen, Fliesspressen)

$F_{\text{id}} = A \cdot k_{\text{fm}} \cdot \varphi$

k_{fm} mittlere Fliessspannung (näherungsweise: $k_{\text{fm}} = (k_{\text{f1}} + k_{\text{f0}})/2$; d. h. Fliessspannung vor (0) und nach (1) dem Umformvorgang

φ Umformgrad des Vorgangs

Für die tatsächlichen Kräfte wird k_{f} bzw. k_{fm} durch k_{w} (= *Formänderungswiderstand*) bzw. k_{wm} ersetzt, welcher die auftretenden Verluste (z. B. Reibung) berücksichtigt, wobei η_{F} der Formänderungswirkungsgrad ist:

$$k_{\text{w}} = \frac{k_{\text{f}}}{\eta_{\text{F}}}$$

Spezifische Umformarbeit

Arbeit, die notwendig ist, um ein Volumenelement von 1 mm³ um einen bestimmten Betrag umzuformen

$$W_{\text{id}} = \int_0^{\varphi} k_{\text{f}} \cdot \mathrm{d}\varphi = k_{\text{fm}} \cdot \varphi_{\text{g}}$$

Tatsächliche Arbeit

$$W_{\text{tat}} = \frac{W_{\text{id}}}{\eta_{\text{F}}}$$

2.2 Walzen

Greifbedingungen für das Walzgut

$F_{\text{NW}} \leqq F_{\text{RW}} \quad \alpha_0 \leqq \rho = \arctan \mu$

F_{NW} Waagrechtkomponente der Normalkraft zu Beginn des Walzvorgangs

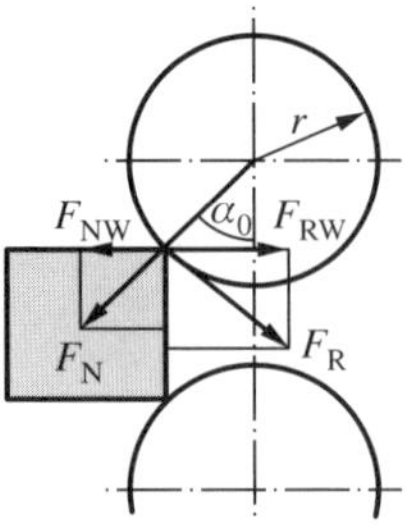

F_{RW} Waagrechtkomponente der Reibkraft
α_0 Eingriffswinkel
ρ Reibungswinkel
μ Reibungszahl beim Walzen; $f(v, T)$
r Walzenradius

Durchwalzbedingungen (Normaldrücke gleichverteilt auf Eintrittsbogen)

$$F_{NW} = F_N \cdot \sin\frac{\alpha_0}{2} \leqq F_{RW} = F_R \cdot \cos\frac{\alpha_0}{2}$$

Mit dieser Gleichgewichtsbedingung ergibt sich mit $F_R = \mu F_N$

$$\tan\frac{\alpha_0}{2} \leqq \mu = \tan\varrho \quad \text{oder} \quad \alpha_0 \leqq 2 \cdot \varrho$$

Abhängigkeit zwischen Dickenabnahme Δh und Eingriffswinkel α_0

$$\Delta h = h_0 - h_1 = 2 \cdot r \cdot (1 - \cos\alpha_0) = 4 \cdot r \cdot \sin^2\frac{\alpha_0}{2}$$

Für kleine Winkel $\sin\alpha_0/2 \approx \alpha_0/2$

$$\Delta h \approx r \cdot \alpha_0^2$$

Länge l je Walzumdrehung

$$l = 2 \cdot \pi \cdot r$$

Umformarbeit je Walzenpaar (Umformkraft F_{tid} wirkt tangential)

$$W_{id} = 2 \cdot F_{tid} \cdot l = k_{fm} \cdot V \cdot \varphi \quad \text{mit} \quad \varphi = \ln\frac{h_1}{h_0}$$

Umformkraft je Walze

Ideelle Umformkraft

$$F_{tid} = \frac{1}{2} \cdot k_{fm} \cdot V \cdot \ln\frac{h_1}{h_0} \quad \text{mit}$$

$$V = A \cdot l = b \cdot d \cdot l$$

b Breite des Walzgutes
d Dicke des Walzgutes

Tatsächliche Umformkraft

$$F_t = \frac{F_{tid}}{\eta_F}$$

η_F Formänderungswirkungsgrad, $f(T)$, $0{,}4 \leqq \eta_F \leqq 0{,}7$

Übertragenes Drehmoment je Walze (Hebelarm = r)

$$M = F_t \cdot r = \frac{r}{2 \cdot \eta_F} \cdot k_{fm} \cdot A \cdot \ln\frac{h_1}{h_0} \quad \text{mit}$$

$$\omega = \frac{\pi \cdot n}{30} = \frac{v}{r}$$

r Walzenradius
n Drehzahl der Walze(n)
v Umfangsgeschwindigkeit der Walze(n)

Notwendige Leistung (am Walzenpaar)

$$P = 2 \cdot M \cdot \omega = 2 \cdot F_t \cdot v = \frac{1}{\eta_F} \cdot k_{fm} \cdot A \cdot \ln \frac{h_1}{h_0} \cdot v$$

Reibungszahl beim Warmwalzen (nach Ekelund und Geleji, 700°C bis 1200°C)

$$\mu = 1{,}05 - 0{,}5 \cdot 10^3 \cdot \delta - 0{,}056 \cdot v$$

2.3 Schmieden

Umformkraft

$$F = A_d \cdot k_{we}$$

A_d Projektionsfläche des Schmiedeteils inkl. Gratbahn
k_{we} Formänderungswiderstand am Ende des Umformens

Umformgeschwindigkeit bei $t = 0$

$$w_0 = \frac{v_w}{h_0}$$

v_w Geschwindigkeit des Werkzeugs
h_0 Anfangshöhe des Schmiedeteils

Richtwerte für mittlere Umformgeschwindigkeit w_m

1. Arbeitsgebundene Maschinen (Hammer und Reibspindelpresse)

   $w_m = (0{,}85 \ldots 0{,}9) \cdot w_0$

   für Hammer $v_w = 5 \ldots 7\,\text{m/s}$ und $w_0 = 40 \ldots 160\,\text{s}^{-1}$
   für Spindelpresse $v_w = 0{,}3 \ldots 0{,}4\,\text{m/s}$ und $w_0 = 4 \ldots 25\,\text{s}^{-1}$

2. Kraftgebundene Maschinen (hydraulische Presse)

   $w_m = (1{,}3 \ldots 1{,}6) \cdot w_0$

   für hydraulische Presse $v_w = 0{,}2 \ldots 0{,}5\,\text{m/s}$ und $w_0 = 0{,}01 \ldots 10\,\text{s}^{-1}$

3. Weggebundene Maschinen (Kurbel- und Exzenterpressen)

   $w_m = (0{,}3 \ldots 0{,}4) \cdot w_0$

   für beide Pressen $v_w = 0{,}4 \ldots 0{,}6\,\text{m/s}$ und $w_0 = 4 \ldots 25\,\text{s}^{-1}$

Mittlere Formänderung

$$\varphi_m = \ln \frac{V}{A_d \cdot h_0} = \ln \frac{A_{d0}}{A_{d1}}$$

A_d Projektionsfläche des Schmiedeteils inkl.Gratbahn
Index 0 Zustand vor Umformung
Index 1 Zustand nach der Umformung

Formänderungsarbeit (nur gültig für Stauchen zwischen zwei ebenen Bahnen)

$$W = V \cdot \varphi_h \cdot \frac{k_{fm}}{\eta_F} \qquad \text{mit } 0{,}6 \leqq \eta_F \leqq 0{,}95$$

2.4 Strangpressen

Umformkraft

$$F = A_0 \cdot \frac{k_f}{\eta_F} \cdot \varphi_{ges} \quad \text{mit}$$

$$\varphi_{ges} = \ln \frac{z \cdot A_1}{A_0}$$

A_0 aufgestauchter Blockquerschnitt (eingangsseitig)
A_1 Austrittsquerschnitt
z Anzahl der Stränge
k_f augenblickliche Fliessspannung
η_F Formänderungswirkungsgrad

Reibkraft

$$F_R = \mu \cdot \frac{k_f}{\eta_F} \cdot D_0 \cdot \pi \cdot \left[h - \frac{1}{2} \cdot (D_0 - d_1)\right]$$

D_0 Zylinderdurchmesser des Blockaufnehmers
d_1 Durchmesser des Stranges nach dem Umformen
h Blockhöhe

Gesamtkraft

$$F_{ges} = F + F_R$$

Pressdruck (auf Querschnitt bezogen)

$$p = A_0 \cdot \frac{k_f}{\eta_F} + \mu \cdot \frac{k_f}{\eta_F} \cdot 4 \cdot \left[\frac{h}{D_0} - \frac{1}{2} \cdot \left(1 - \frac{d_1}{D_0}\right)\right]$$

2.5 Fließpressen

Vorwärtsfließpressen (von Voll- und Hohlkörpern)

Gesamtkraft

$$F_{ges} = F_{id} + F_{sch} + F_R + F_R'$$

Reibungsfreie Umformkraft

$F_{\text{id}} = A_0 \cdot k_{\text{fm}} \cdot \varphi_{\text{g}}$

A_0 Ausgangsquerschnitt (bezogen auf Rohteildurchmesser)
A_1 Austrittsquerschnitt (bezogen auf Fertigteildurchmesser)
φ_{g} größte Formänderung
k_{fm} mittlere Fomänderungsfestigkeit $k_{\text{fm}} = \alpha / \varphi_{\text{g}}$

Schubspannungen (nach Siebel in Umformzone)

Für Hohlkörper (Napf)

$$F_{\text{sch}} = \frac{1}{2} \cdot \frac{\alpha}{\varphi_{\text{g}}} \cdot F_{\text{id}} \quad \text{mit}$$

$$\varphi_{\text{g}} = \ln \frac{D_0^2 - d_0^2}{D_1^2 - d_1^2}$$

Für Vollkörper

$$F_{\text{sch}} = \frac{2}{3} \cdot \frac{\alpha}{\varphi_{\text{g}}} \cdot F_{\text{id}} \quad \text{mit}$$

$$\varphi_{\text{g}} = \ln \frac{D_0^2}{D_1^2}$$

D_0 Ausgangs-Außendurchmesser
D_1 End-Außendurchmesser
d_0 Ausgangs-Innendurchmesser (Napfinnendurchmesser bei Hohlkörper)
d_1 End-Innendurchmesser (Napfinnendurchmesser bei Hohlkörpern)
α Neigungswinkel der Matrize

Reibkräfte an der Matrizenöffnung (an Stempel und Matrize)

$$F_{\text{R}} = F_{\text{id}} \cdot \frac{\mu}{\cos\alpha \cdot \sin\alpha}$$

Reibkräfte an der Wandung (zylindrischer Teil) der Matrize

$$F_{\text{R}}' = \pi \cdot D_0 \cdot l \cdot k_{\text{f0}} \cdot \mu$$

Gesamtkraft (Hohlkörper) unter Vernachlässigung der (sehr geringen) Wandungsreibung

$$F_{\text{ges}} = A_0 \cdot k_{\text{fm}} \cdot \varphi_{\text{g}} \cdot \left[1 + \frac{1}{2} \cdot \frac{\alpha}{\varphi_{\text{g}}} + \frac{\mu}{\cos\alpha \cdot \sin\alpha}\right] = A_0 \cdot k_{\text{wm}} \cdot \varphi_{\text{g}}$$

Formänderungsarbeit (Hohlkörper)

$$W_{\text{ges}} = V \cdot k_{\text{wm}} \cdot \varphi_{\text{g}} = V \cdot k_{\text{fm}} \cdot \varphi_{\text{g}} \cdot \left[1 + \frac{1}{2} \cdot \frac{\alpha}{\varphi_{\text{g}}} + \frac{\mu}{\cos\alpha \cdot \sin\alpha}\right]$$

Gesamtkraft (Vollkörper) unter Vernachlässigung der (sehr geringen) Wandungsreibung

$$F_{\text{ges}} = A_0 \cdot k_{\text{fm}} \cdot \varphi_{\text{g}} \cdot \left[1 + \frac{2}{3} \cdot \frac{\alpha}{\varphi_{\text{g}}} + \frac{\mu}{\cos\alpha \cdot \sin\alpha}\right] = A_0 \cdot k_{\text{wm}} \cdot \varphi_{\text{g}}$$

Formänderungsarbeit (Vollkörper)

$$W_{ges} = V \cdot k_{wm} \cdot \varphi_g = V \cdot k_{fm} \cdot \varphi_g \cdot \left[1 + \frac{2}{3} \cdot \frac{\alpha}{\varphi_g} + \frac{\mu}{\cos\alpha \cdot \sin\alpha}\right]$$

Formänderungswirkungsgrad (Hohl-/Vollkörper)

$$W_{ges} = V \cdot k_{wm} \cdot \varphi_g = V \cdot \frac{k_{fm}}{\eta_F} \cdot \varphi_g$$

Rückwärtsfließpressen

Gesamtkraft (axiales Stauchen von Dicke h_0 auf h_1; radiales Umformen)

$$F_{ges} = F_{stauch} + F_{zyl}$$

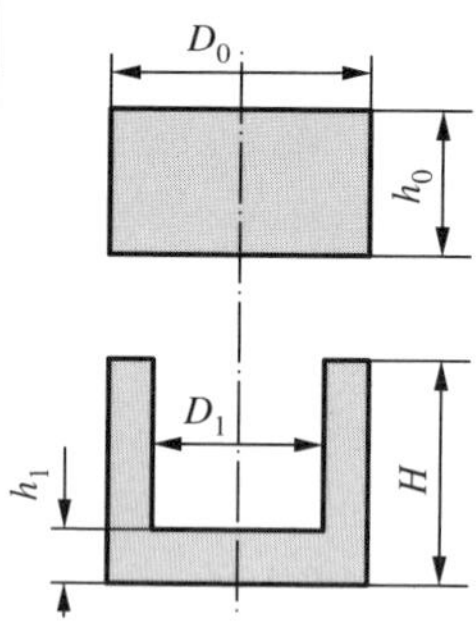

D_0 Rondendurchmesser (Rohlingdurchmesser)
D_1 Napfdurchmesser (Stempeldurchmesser)
H Napfhöhe
h_0 Höhe des Rohlings
h_1 Bodendicke des Napfes
μ Reibbeiwert

Formänderungsverhältnis beim axialen Stauchen (Formänderung unter Stempelboden)

$$\varphi_1 = \ln \frac{h_1}{h_0}$$

Umformkraft für axiales Stauchen (zylindrische Formen)

$$F_{stauch} = F_1 = A \cdot p_1 = \frac{\pi}{4} \cdot D_1^2 \cdot k_{f1} \cdot \left[1 + \frac{1}{3} \cdot \mu \cdot \frac{D_1}{h_1}\right]$$

Axialer Stauchdruck

$$p_1 = k_{f1} \cdot \left[1 + \frac{1}{3} \cdot \mu \cdot \frac{D_1}{h_1}\right]$$

Formänderungsverhältnis für radiales Umformen (Umformen des Ring- oder Hohlzylinders auf Wanddicke s)

$$\varphi_1 = \ln \frac{h_0}{h_1} \cdot \left(1 + \frac{d_1}{8 \cdot s}\right) = \varphi_1 \cdot \left(1 + \frac{d_1}{8 \cdot s}\right) \text{ mit } s = D_0 - D_1$$

Umformkraft für radiales Umformen

$$F_{\text{zyl}} = F_2 = A \cdot p_2 = \frac{\pi}{4} \cdot D_1^2 \cdot k_{\text{f2}} \cdot \left[1 + \frac{h_1}{s} \cdot \left(0{,}25 + \frac{\mu}{2}\right)\right]$$

Radialer Stauchdruck

$$p_2 = k_{\text{f2}} \cdot \left[1 + \frac{h_1}{s} \cdot \left(0{,}25 + \frac{\mu}{2}\right)\right]$$

2.6 Tiefziehen

Ziehverhältnisse

Erstzug

$$\beta_1 = \frac{D_0}{d_1}$$

Folgezug

$$\beta_2 = \frac{d_1}{d_2}$$

Gesamtziehverhältnis

$$\beta_{\text{ges}} = \beta_1 \cdot \beta_2 \ldots \beta_n = \frac{D_0}{d_n}$$

D_0 Durchmesser der Ronde (Ausgangsplatine)

d_1 Enddurchmesser nach 1. Tiefziehvorgang

d_n Enddurchmesser nach n-tem Tiefziehvorgang

Ausgewählte Zuschnittsdurchmesser D (für Gefäße mit kleinen (Boden-) Radien $r < 10\,\text{mm}$)

Becher mit Bodendurchmesser d_1 und senkrechter Zarge der Höhe h ohne Flansch:

$$D = \sqrt{d_1^2 + 4 \cdot d_1 \cdot h}$$

Becher mit Bodendurchmesser d_1, senkrechter Zarge der Höhe h und Flansch mit Durchmesser d_3:

$$D = \sqrt{d_3^2 + 4 \cdot d_1 \cdot h}$$

Becher mit Bodendurchmesser d_1, oberem Durchmesser d_2 und konischer Zarge der Länge s ohne Flansch:

$$D = \sqrt{d_1^2 + 2 \cdot s \cdot (d_1 + d_2)}$$

Becher mit Bodendurchmesser d_1, oberem Durchmesser d_2, konischer Zarge der Länge s und Flansch mit Durchmesser d_3:

$$D = \sqrt{d_1^2 + 2 \cdot s \cdot (d_1 + d_2) + d_3^2 - d_2^2}$$

Stempelkraft (Ziehkraft < Bodenreißkraft F_B)

$$F_{stempel} = F_z < F_B = \pi \cdot (d_1 + s) \cdot s \cdot R_m$$

d_1 Stempeldurchmesser
s Materialdicke
R_m Zugfestigkeit (teilweise auch mit σ_B bezeichnet)

Gesamtstempelkraft (nach Schmöckel)

$$F_z = F_{id} + F_{RN} + F_{RZ} + F_B$$

Überschlägig

$$F_z = \frac{F_{id}}{\eta_F}$$

F_{id} reine Umformkraft (reibungsfrei)
F_{RN} Reibungsverluste durch Niederhalter
F_{RZ} Reibungskraft an der Ziehringkante
F_B Rückbiegekraft
η_F Formänderungswirkungsgrad

Gesamtstempelkraft (nach Panknin)

$$F_z = \pi \cdot d_m \cdot s_0 \cdot \left[1{,}1 \cdot \frac{k_{fm}}{\eta_F} \left(\ln \frac{D_0}{d_0} - 0{,}25\right)\right]$$

d_m mittlerer Napfdurchmesser (unter Berücksichtigung der Wanddicke s_0)
k_{fm} Fließspannung im Flansch (näherungsweise $k_{fm} = 1{,}3\, R_m$)
D_0 Ausgangsdurchmesser der Ronde
d_0 Stempeldurchmesser

Notwendige Presskraft der Tiefziehpresse

$$F = F_z + F_N$$

F_N Niederhalterkraft

Niederhalterkraft (nach Siebel)

$$F_N = \frac{\pi}{4} \cdot \left(D_0^2 - d_N^2\right) \cdot p$$

d_N Innendurchmesser des Niederhalters (normalerweise $d_N = d_0 + 2r_z$; r_z Ziehkantenradius)
p Niederhalterdruck

Niederhalterdruck (nach Siebel)

$$p = \left[(\beta_1 - 1)^3 + \frac{d_1}{200 \cdot s_0}\right] \cdot \frac{R_m}{400}$$

β_1 Ziehverhältnis (D_0/d_1)
D_0 Ausgangsdurchmesser der Ronde
d_1 Napf- oder Stempeldurchmesser
s_0 Blechdicke
R_m Zugfestigkeit

Rundungs- oder Ziehkantenradius (nach Oehler und Kaiser)

$$r_z = 0{,}0035 \cdot [50 + (D_0 - d_1)] \cdot \sqrt{s_0}$$

Ziehspalte für das Tiefziehen kreisrunder Teile (nach Oehler und Kaiser)

$u_z = s_0 + 0{,}07 \cdot \sqrt{10 \cdot s_0}$ für Stahlblech

$u_z = s_0 + 0{,}02 \cdot \sqrt{10 \cdot s_0}$ für Aluminiumblech

$u_z = s_0 + 0{,}04 \cdot \sqrt{10 \cdot s_0}$ für sonstige NE-Metalle

$u_z = s_0 + 0{,}2 \cdot \sqrt{10 \cdot s_0}$ für hochwarmfeste Legierungen

2.7 Biegen

Zuschnittermittlung

$$L_z = l_1 + l_2 + \frac{\pi \cdot \alpha}{180^\circ} \cdot \left(r_i + \xi \cdot \frac{s}{\alpha}\right)$$

l_1 Länge des geraden Stücks vor Kreisbogen
l_2 Länge des geraden Stücks nach Kreisbogen
α Biegewinkel des Kreisbogens
r_i Innenradius des Kreisbogens
r_m mittlere Faser $r_m = r_i + s/2$
ξ winkelabhängiger Korrekturfaktor zur Berücksichtigung der Verlagerung der neutralen Faser (siehe folgendes Bild zur Ermittlung der gestreckten Länge nach K. Grüning)
s Blechdicke

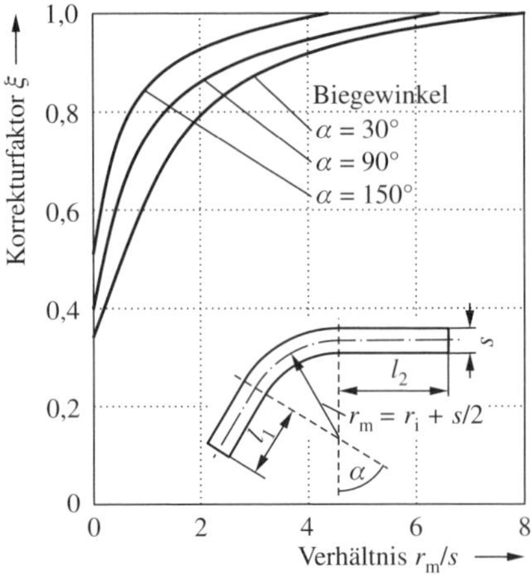

Dehnung am äußeren Rand

$$\varepsilon = \frac{s}{2 \cdot r_i + s}$$

$$\varepsilon = \frac{s}{2 \cdot r_i} \quad \text{mit} \quad \varepsilon \geqq \frac{\sigma_s}{E}$$

Für große Radien (Überschreiten der Streckgrenze in Randzone notwendig für haltbare Biegung)

Größter Biegeradius für haltbare Biegung

$$r_{\mathrm{i\,max}} = \frac{s \cdot E}{2 \cdot \sigma_s}$$

σ_s Streckgrenze

Minimaler Biegeradius (nach Oehler) ohne Reißen der Randfaser

$$r_{\mathrm{i\,min}} = c \cdot s$$

Stahl: $0{,}5 \leqq c \leqq 0{,}8$
Kupfer: 0,25
Messing: $0{,}3 \leqq c \leqq 0{,}35$
Alu-Werkstoffe: $0{,}6 \leqq c \leqq 6{,}0$

c Mindestrundungsfaktor für Blechdicke s und Biegeachse quer zur Walzrichtung

Rückfederungsfaktor

$$k = \frac{\alpha_2}{\alpha_1} = \frac{r_{i1} + 0{,}5 \cdot s}{r_{i2} + 0{,}5 \cdot s} < 1$$

α_1 Winkel am Werkzeug
α_2 Winkel am Werkstück
r_{i1} Innenradius am Werkzeug
r_{i2} Innenradius am Werkstück
s Blechdicke
R_m Zugfestigkeit
E Elastizitätsmodul in $\mathrm{N/mm^2}$

Erforderlicher Innenradius

$$r_{i1} = \frac{r_{i2}}{1 + \dfrac{r_{i2} \cdot R_m}{s \cdot E}}$$

Widerstandsmoment (für rechteckigen Querschnitt)

$$W = \frac{s^2 \cdot b}{6}$$

b Blechbreite

Biegemoment

$$M_b = \frac{F \cdot l}{4} = R_m \cdot W$$

l Gesenkweite der beiden Auflagepunkte in V-Gesenk

Umformkraft für freies Biegen (allgemein; im Gesenk)

$$F_b = \frac{2}{3} \cdot \frac{s^2 \cdot b}{l} \cdot R_m \approx 0{,}7 \cdot \frac{s^2 \cdot b \cdot R_m}{l}$$

Umformkraft für $s < 3$ mm (nach Grüning)

$$F_b = \frac{2{,}2}{\sqrt{l}} \cdot \frac{s^2 \cdot b \cdot R_m}{l}$$

Umformkraft für $s \geqq 3$ mm (nach Grüning)

$$F_b = \frac{3}{4} \cdot \frac{s^2 \cdot b \cdot R_m}{l}$$

Umformkraft (Oehler) für große Gesenkweiten $l/s \geqq 10$

$$F_b = b \cdot s^2 \cdot \frac{R_m}{l}$$

Umformkraft (Oehler) für kleine Gesenkweiten $l/s \leqq 10$

$$F_b = \left(1 + \frac{4 \cdot s}{l}\right) \cdot b \cdot s^2 \cdot \frac{R_m}{l}$$

2.8 Innenhochdruckumformen (IHU)

Innendruck

$$p_i = \frac{k_f \cdot s}{R_m}$$

s Wanddicke
R_m Zugfestigkeit (siehe Bild; nach Fritz, Schulze)

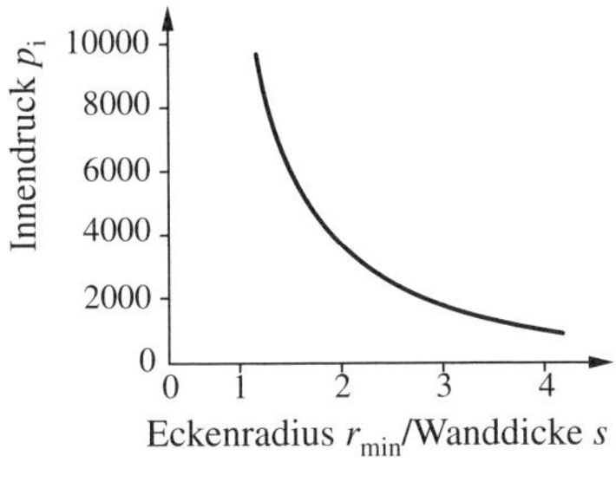

Nachschiebefläche

$$A_N = A_1 - A_0$$

A_1 Gesamtmantelfläche nach IHU-Vorgang (bestehend aus einer/mehrerer Teilflächen)
A_0 Mantelfläche des Vormaterials

Gesamtnachschiebeweg

$$l_N = \frac{A_N}{\pi \cdot d_0}$$

d_0 Durchmesser des Vormaterials (= Rohr)

3 Trennen

3.1 Zerteilen

Scherschneiden (Stanzen)

Schneidkraft (in N)

$$F_s = l_s \cdot s_0 \cdot k_s = A_s \cdot k_s$$

scharfes Werkzeug:

$$k_{s_{wirk}} \geqq k_s$$

abgestumpftes Werkzeug:

$$k_{s_{wirk}} \text{ bis } 1{,}6 \cdot k_s$$

l_s Länge der Schnittlinie (entspricht Umfang $U = 2 \cdot \pi \cdot r$ bei kreisförmiger Schnittlinie; r Radius beispielsweise des Lochstempels)
s_0 Blechdicke
A_s Scherfläche
k_s Schneidwiderstand; näherungsweise aus Zugfestigkeit $k_s \approx 0{,}8\, R_m$
$k_{s\,wirk}$ wirklicher Schneidwiderstand k_s für scharfes bzw. abgestumpftes Werkzeug

Schneidkraft beim Schrägschnitt

$$F_s = 0{,}5 \cdot \frac{s_0^2}{\tan \varphi} \cdot 0{,}8 \cdot R_m$$

φ Schrägschnittwinkel

Knicksicherheit bei runden Schnittstempen (Vollmaterial)

Maximale Länge ohne Ausbrechen/Knicken

$$l_{max} = \sqrt{\frac{\pi^2 \cdot E \cdot J}{F_k \cdot S}}$$

Mit äquatorialem Trägheitsmonent (Vollkreis)

$$J = \frac{\pi \cdot d^4}{64}$$

Knickkraft

$$F_k = \frac{E \cdot J \cdot \pi^2}{l_k^2 \cdot S}$$

E Elastizitätsmodul (z. B. bei Stahl 210 000 N/mm²)
d Durchmesser (z. B. des Lochstempels)
S Sicherheitsfaktor
l_k Knicklänge

→ Technische Mechanik – Knicken von Stäben

Es gilt dabei zu berücksichtigen, dass der freie Stempel einen Knicklängenbeiwert β ($\beta = l_k/S$ mit s Länge des Schnittstempels) von 2, hingegen der sich noch in der Führungsmatrize befindliche Schnittstempel einen Wert $\beta = 0{,}5$ aufweist.

Schneidspaltberechnung

$u = 0{,}5 \cdot (a - a_1)$

(näherungsweise 5 % der Blechdicke)

a Matrizenabmessung
a_1 Stempelabmessung

Feinschneiden

Gesamtkraft

$F_{ges} = F_S \cdot F_R \cdot F_G$

F_S Schneidkraft
F_R Ringzackenkraft
F_G Gegenkraft

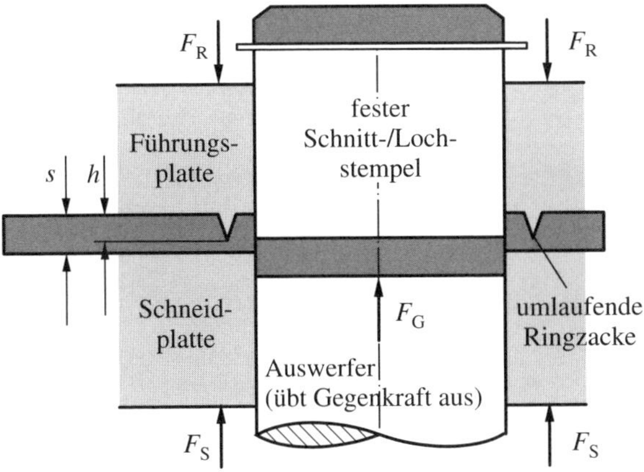

Schneidkraft

$F_S = l_s \cdot s_0 \cdot R_m \cdot f_1$

- l_s Länge der Schnittlinie (Innen- bzw. Aussenform des Schnittteils)
- s_0 Blechdicke
- R_m Zugfestigkeit
- f_1 Faktor (0,6 ... 0,9); überwiegend wird in der Praxis mit $f \approx 0{,}9$ gerechnet

Ringzackenkraft (verhindert Abfließen des Werkstoffs)

$F_R = l_R \cdot h \cdot R_m \cdot f_2$

- l_R Länge der Ringzacke (entweder an Innen- oder Aussenform des Schnittteils abhängig von der Abfallseite)
- h Höhe der Ringzacken (es wird die Summe der Höhen aller Ringzacken verwendet)
- f_2 Faktor (≈ 4; jedoch abhängig von der Ringzackenform)

Gegenkraft (klemmt Werkstück zur Vermeidung von Biegekräften)

$F_G = A_S \cdot q_G$

- A_S vom Auswerfer mit Druck beaufschlagte Oberfläche am Schnittteil
- q_G spezifische Gegenkraft; Praxiswert: $20\,\mathrm{N/mm^2}$ (bei dünnen und kleinflächigen Schnittteilen); bis $70\,\mathrm{N/mm^2}$ (bei dicken, großflächigen Teilen)

Auswerferkraft (gleich gerichtet wie Gegenkraft, folgt nach Schneidvorgang)

$F_A = F_S \cdot f_3$

- f_3 Faktor (0,1 ... 0,5)

Abhängigkeit der Scherfestigkeit vom Verhältnis s/d

Im Bereich der Dehn-/Stauchgrenze $R_{p0,2}$; wichtig für eine Berechnung des kleinsten Lochdurchmessers ohne Überschreiten einer zulässigen Druckbeanspruchung

$$\frac{s}{d} = \frac{R_{p0,2}}{4{,}4 \cdot k_s}$$

Ergebnis: bei einem Gleichgewicht des „Schneiddrucks“ durch die Aktivelemente (z. B. Lochstempel) sowie der Stauchgrenze $R_{p0,2}$ nimmt mit zunehmendem Verhältnis s/d die Scherfestigkeit ab.

Schneidspaltberechnung

$u = 0{,}05 \cdot (a - a_1)$

(näherungsweise 0,5 % der Blechdicke)

a Matrizenabmessung
a_1 Stempelabmessung

3.2 Spanen mit geometrisch bestimmter Schneide

Grundlagen

Winkel am Schneidkeil

$\alpha + \beta + \gamma = 90°$

(Bild zeigt die schematische Darstellung der Spanbildung; nach König, Klocke)

$\gamma > 0$ (positive Spanwinkel)
$\gamma < 0$ (negative Spanwinkel)

h Spandicke
h_{ch} Spandicke nach Spanabnahme
α Freiwinkel
β Keilwinkel
γ Spanwinkel

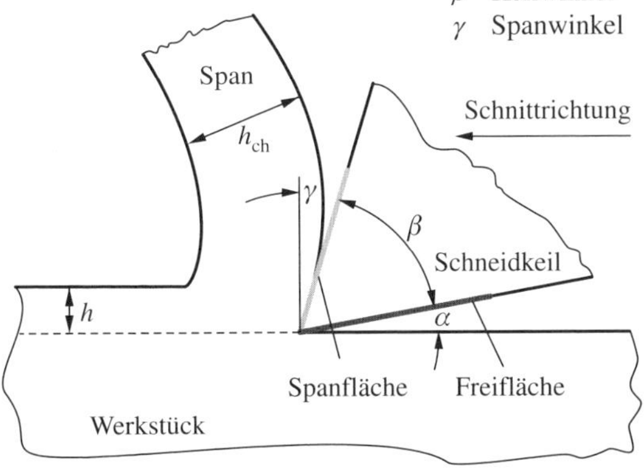

Spanquerschnitt

$A = a_p \cdot f = b \cdot h$

a_p Schnitttiefe
f Vorschub
b Spanungsbreite
h Spanungsdicke
κ Einstellwinkel der Hauptschneide

Im Bild sind die Spanungsgrößen am Beispiel eines Außendrehmeißels dargestellt.

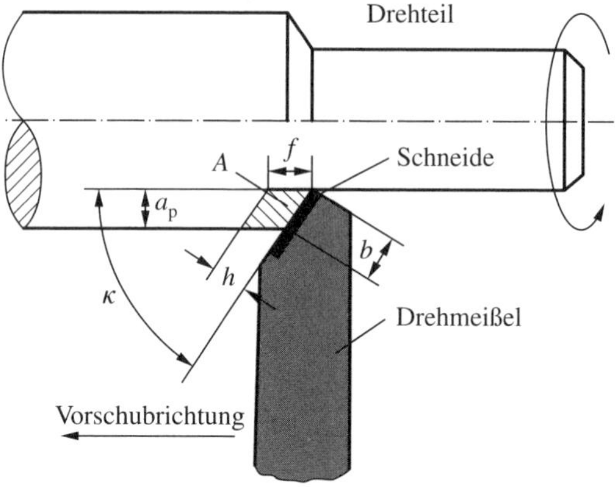

Spanungsbreite

$$b = \frac{a_p}{\sin \kappa}$$

Spanungsdicke

$$h = f \cdot \sin \kappa$$

Vorschub

$$f_z = \frac{f}{z}$$

Vorschubgeschwindigkeit

$$v_f = f_z \cdot n$$

Schnittgeschwindigkeit

$$v_c = \frac{D \cdot \pi \cdot n}{1000}$$

- z Anzahl der Zähne bzw. Schneiden am Werkzeug
- n Drehzahl
- D bestimmender Durchmesser (beim Drehen) des Werkstücks; (beim Fräsen und Bohren) des Werkzeugs

Kräfte und Leistungen

Zerspankraft

$$F = \sqrt{F_c^2 + F_f^2 + F_p^2}$$

- F Zerspankraft
- F_c Schnittkraft
- F_f Vorschubkraft
- F_p Passivkraft

Die Skizze zeigt die Kraftkomponenten der Zerspankraft, wobei F_c die leistungsführende Komponente ist.

Mit Aktivkraft

$$F_a = \sqrt{F_c^2 + F_f^2}$$

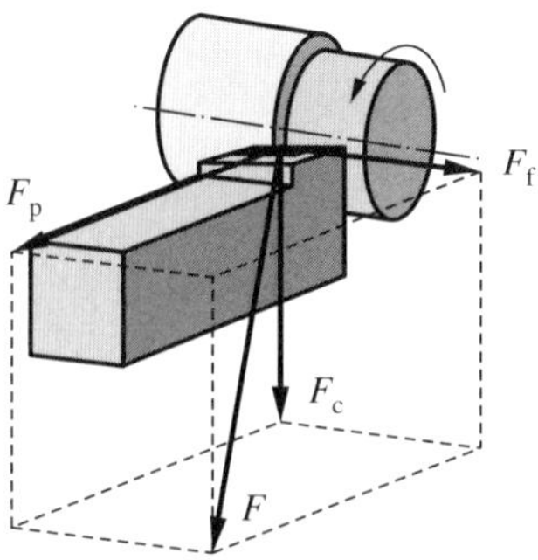

Schnittkraftberechnung (nach Kienzle)

$$F_c = A \cdot k_c = b \cdot h \cdot k_c$$

k_c spezifische Schnittkraft (gültig für Hartmetallschneidstoffe, $v_c = \text{const.} = 100\,\text{m/min}$, Spanwinkel $\gamma = 6°$ bzw. $\gamma = -6°$ bei Gusswerkstoffen, Einstellwinkel $\kappa = 45°$, arbeitsscharfe Schneide)

$$k_c = \frac{k_{c1,1}}{h^m} \quad \text{in N/mm}^2$$

sodass

$$F_c = b \cdot h^{(1-m)} \cdot k_{c1,1}$$

m Anstieg der Tangente des Steigungswinkels ξ

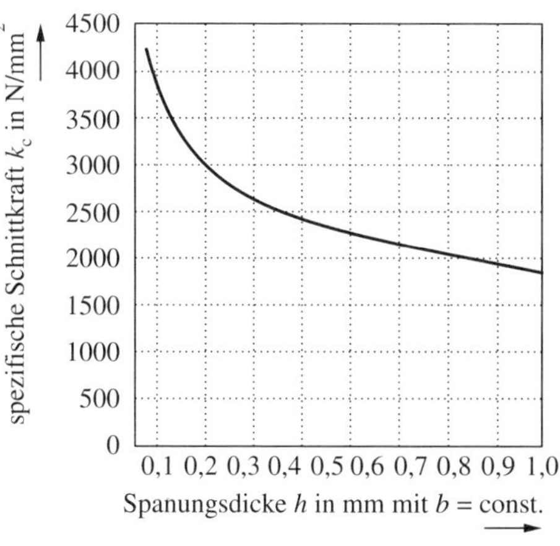

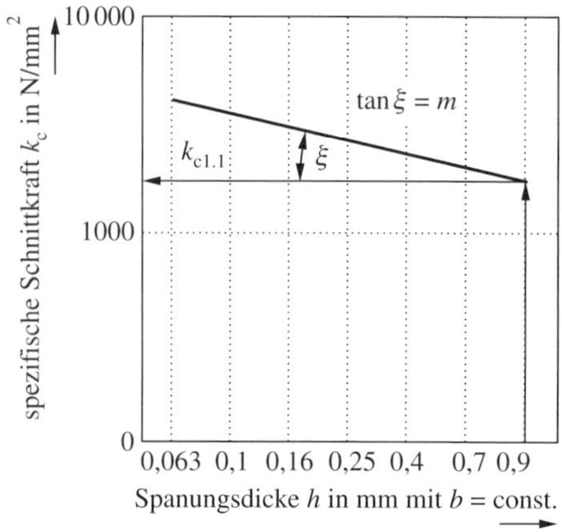

Schnittkraft k_c bei abweichenden Schnittkraftbedingungen

$F_c = b \cdot h \cdot k_c \cdot K_\gamma \cdot K_v \cdot K_{Sch} \cdot K_{Ver}$

Spanwinkelkorrektur

$K_\gamma = 1 - \frac{\gamma - \gamma_k}{66{,}7^\circ}$

γ vorliegender Spanwinkel

γ_k 6° für Stahlbearbeitung; 2° für Gussbearbeitung

Schnittgeschwindigkeitskorrektur

K_v

= 1 für Hartmetallschneiden ($v_c > 80\,\text{m/min}$)

= 1,15 für HSS-Schneiden

Schneidstoffkorrektur

K_{Sch}

= 1 für Hartmetallschneiden

= 0,9...0,95 bei Schneidkeramiken

= 0,8 bei CBN-Werkzeugen

Verschleißkorrektur

K_{Ver}

= 1 bei arbeitsscharfem Werkzeug

= 1,3...1,5 bei verschlissenem Werkzeug

Wirkleistung

$P_e = P_c + P_f$

mit $v_c \gg v_f$ folgt:

$P_e \approx P_c$

P_c Schnittleistung

P_f Vorschubleistung

P_p Passivleistung=0, da $v_p = 0$ (kein Ausweichen des Werkstücks durch Einwirken der Passivkraft während Zerspanvorgang)

Schnittleistung

$$P_e \approx P_c = \frac{F_c \cdot v_c}{60\,000}$$ mit v_c in m/min

Antriebsleistung

$$P_a = \frac{P_c}{\eta}$$

η Wirkungsgrad

Spanvolumen

Zeitspanvolumen

$$Q = A \cdot v_c$$

Zeitspanvolumen

$$Q_c = \frac{Q}{P_c} = \frac{A \cdot v_c}{F_c \cdot v_c} = \frac{1}{k_c}$$

Theoretische Rautiefe

$$R_t = \frac{f^2}{8 \cdot r_s}$$

f Vorschub
r_s Eckenradius der Werkzeugschneide

Hauptzeiten und Gesamtwege

Hauptzeiten

Allgemein gilt

$$t_h = \frac{L \cdot i}{f \cdot n} = \frac{L \cdot i}{v_f}$$

Beim Gewindedrehen

$$t_h = \frac{L \cdot i \cdot g}{p \cdot n}$$

Beim Kurzgewindefräsen

$$t_h = \frac{7 \cdot D \cdot \pi}{6 \cdot f \cdot n}$$

i Anzahl der Schnitte
f Vorschub
n Drehzahl
D Durchmesser des Vollzylinders bzw. Gewindeaussendurchmesser
L Gesamtweg des Werkzeugs inkl. Anfahrweg
p Gewindesteigung in mm
g Gangzahl des Gewindes

Gesamtweg beim Drehen

Längsdrehen

$$L = l + l_a + l_u$$

Plandrehen (mit $l = D/2$)

$$L = l + l_a = l_a + \frac{D}{2}$$

Planringdrehen (mit $l = (D - d)/2$)

$$L = l + l_a + l_u = l_a + \frac{D - d}{2} + l_u$$

l Werkstücklänge
l_a Anfahrweg
l_u Überfahrweg bzw. Auslauf
d Innendurchmesser des Hohlzylinders

Gewindedrehen (mit $l = (D - d)/2$)

$$L = l + l_a + l_u = l_a + \frac{D-d}{2} + l_u$$

Gesamtweg beim Fräsen

$$L = l + 2 \cdot z + l_a + l_u$$

z Bearbeitungszugabe

Gesamtweg beim Bohren

$$L = l + l_a + l_u$$

$$= l + \left(1 + \frac{D}{2 \cdot \tan\left(\frac{\sigma}{2}\right)}\right) + l_u$$

D Bohrerdurchmesser
σ Spitzenwinkel des Bohrers

Verfahrensspezifische Besonderheiten

Bohren ins Volle

Schnitttiefe

$$a_p = \frac{D}{2}$$

Spanungsquerschnitt für 2-schneidigen Spiralbohrer ($z = 2$)

$$A = \frac{D \cdot f_z}{2} = \frac{D \cdot f}{4}$$

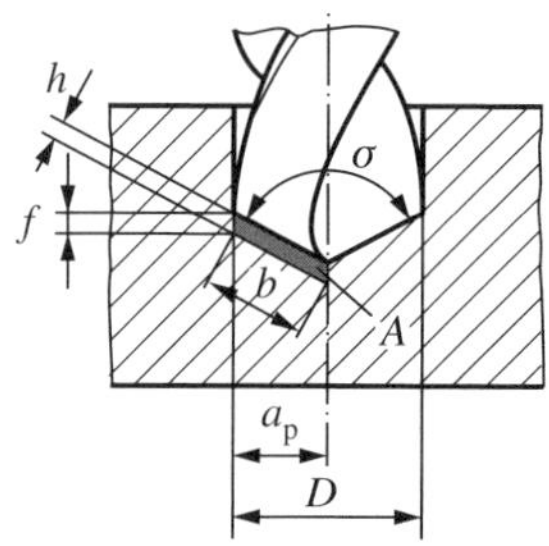

Schnittkraftberechnung/Schneide

$$F_{cz} = A \cdot k_c \cdot f_B = \frac{D \cdot f_z \cdot k_c \cdot f_B}{2}$$

k_c spezifische Schnittkraft
f_B Verfahrensfaktor Bohren
$f_B = 1{,}0$ für Bohren ins Volle
$f_B = 0{,}95$ für das Aufbohren
$f_B = 1{,}0$ für das Senken
f_z Vorschub/Schneide

Aufbohren

Schnitttiefe

$$a_p = \frac{D-d}{2}$$

Spanungsquerschnitt (allg. Form)

$$A = \frac{(D-d) \cdot f_z}{2}$$

Schnittkraftberechnung/Schneide

$$F_{cz} = \frac{(D-d) \cdot f_z \cdot k_c \cdot f_B}{2}$$

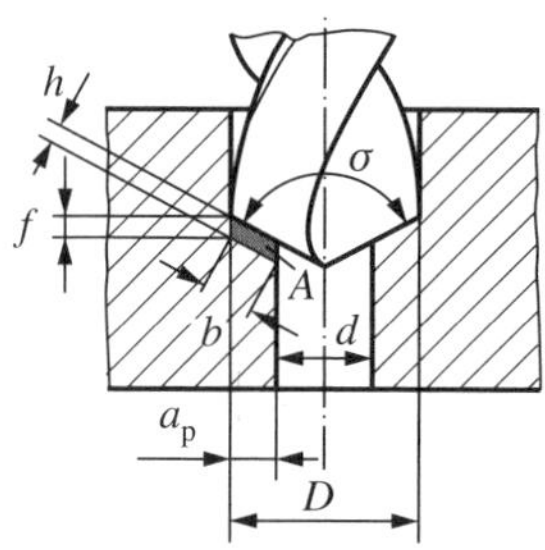

Umfangsfräsen

Schnittwinkel

$$\cos \Phi_s = 1 - \frac{2 \cdot a_e}{D}$$

D Fräserdurchmesser
a_e Schnitttiefe

Mittenspandicke (wird wegen sich verändernder Spandicke für die Berechnung von Kräften und Leistungen verwendet)

$$h_m = \frac{360^\circ \cdot a_e}{\pi \cdot \phi_s \cdot D} \cdot f_z \cdot \sin \kappa$$

f_z Vorschub/Zahn
κ Einstellwinkel ($\kappa = 90^\circ - \lambda$ bei Fräsern mit Drallwinkel; bei Scheibenfräsern ist $\sin \kappa = 1$ und $360^\circ/\pi = 114{,}6^\circ$)

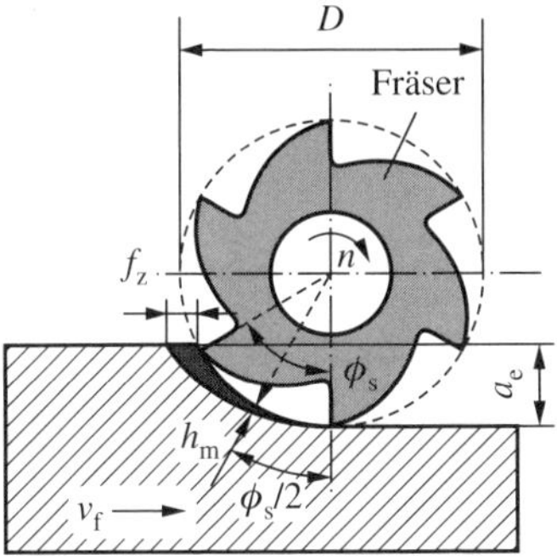

Stirnfräsen

Eingriffswinkel allgemein

$$\phi_S = \phi_E - \phi_A$$

Mittenspandicke

$$h_m = \frac{360^\circ \cdot B}{\pi \cdot \phi_S \cdot D} \cdot f_z \cdot \sin \kappa$$

Mittiges Stirnfräsen

Eingriffswinkel

$$\sin \frac{\phi_S}{2} = \frac{B}{D}$$

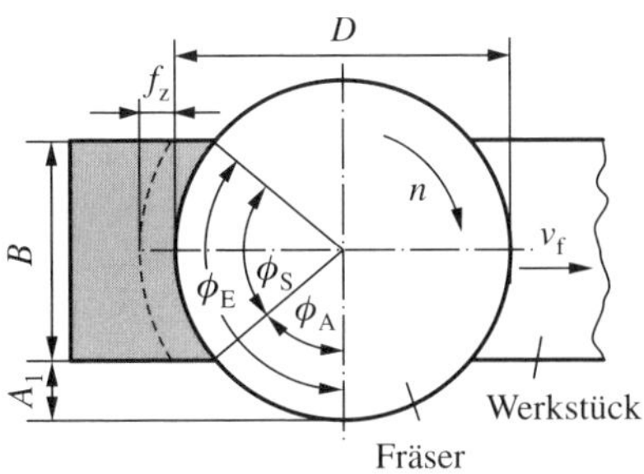

B Werkstückbreite
A_1 Abstand vom Fräserdurchmesser bis zum Werkstückanfang
A_2 Abstand vom Fräserdurchmesser bis zum Werkstückende
D Fräserdurchmesser
E Abstand vom Werkstückende bis zum Fräserdurchmesser

ϕ_A Schnittbogenwinkel am Schnittanfang
ϕ_E Schnittbogenwinkel am Schnittende
ϕ_S Eingriffswinkel der Schneide

Außermittiges Stirnfräsen

Eingriffswinkel

$$\cos\phi_A = 1 - \frac{2 \cdot A_1}{D}$$

$$\cos\phi_E = 1 - \frac{2 \cdot A_2}{D}$$

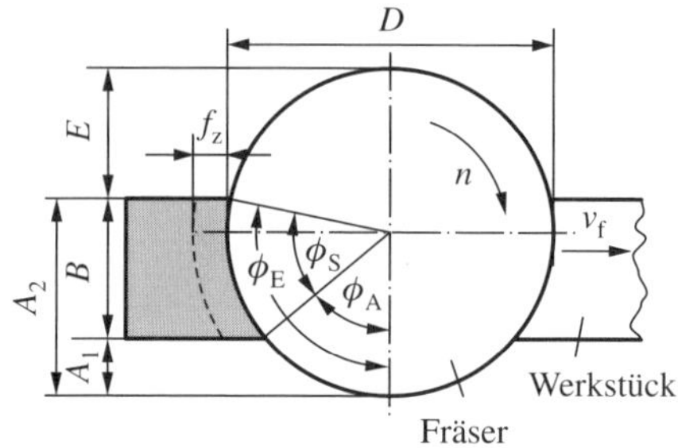

Sägen

Schnitt- und Spanungsgrößen (mit Eingriffswinkel $\kappa = 90°$)

$h = f_z \qquad b = a_p$

h Spanungsdicke
b Spanungsbreite
f_z Vorschub/Zahn
a_p Schnitttiefe

Zahnvorschub

Kreissägen

$$f_z = \frac{A_{s1} \cdot D \cdot \pi}{l_{sä} \cdot v_c \cdot z \cdot 1000}$$

Bandsägen

$$f_z = \frac{A_{s1} \cdot T_z}{l_{sä} \cdot v_c \cdot 1000}$$

A Querschnittfläche in der Schnittebene des Werkstücks
A_s spezifische Schnittfläche in mm^2/min
$l_{sä}$ Schnittlänge (entspr. Eingrifflänge im zu sägenden Werkstück)
v_c Schnittgeschwindigkeit
z Zähnezahl des Sägeblattes
D Durchmesser des Sägeblattes
T Zahnteilung in mm

Eingriffszähnezahl

Kreissägen

$$Z_{Eingriff} = \frac{\varphi_s \cdot \pi}{360°}$$

φ_s Eingriffswinkel

Bandsägen

$$Z_{Eingriff} = \frac{l_{sä}}{T}$$

Gesamtschnittkraft

$$F_c = a_p \cdot f_z \cdot k_c \cdot Z_{\text{Eingriff}} \cdot f_{\text{Sägen}} \cdot K_{\text{Ver}}$$

$f_{\text{Sägen}}$ Verfahrensfaktor Sägen (= 1,15)

K_{Ver} Verschleißkorrekturfaktor; ansonsten = 1

Hauptzeit

$$t_h = \frac{A}{A_s}$$

Richtwerte für A_s (Quelle: Zerspanungshandbuch)

	A_s			
	Stahl	Guss	Messing	Aluminium
Kreissägen	8...20	8...12	48...70	80...200
Bandsägen (Werkzeugstahlbänder)	4...6	3...4	25...30	40...70
Bandsägen (HSS-Bi-Metall-Bänder)	5...8	4...6	35...40	50...80

3.3 Spanen mit geometrisch unbestimmter Schneide

Schleifen

Drehzahl bei Flach- und Rundschleifen

Für Schleifscheibe

$$n_{\text{sch}} = \frac{v_c \cdot 60\,000}{D \cdot \pi}$$

Für Werkstück (beim Rundschleifen)

$$n_{\text{wst}} = \frac{v_w \cdot 60\,000}{D \cdot \pi}$$

v_c Schnitt-/Umfangsgeschwindigkeit der Schleifscheibe

v_w Umfangsgeschwindigkeit des Werkstücks

D Schleifscheibendurchmesser

mit $v_c/v_w = 125$ für Stahl; 100 für Grauguss; 60 für Aluminium

Mittenspandicke

Für Flachscheiben

$$h_m = f_z \cdot \sqrt{\frac{a_e}{D}}$$

Für Rundschleifen

$$h_m = \frac{\lambda_{\text{Ke}} \cdot v_w}{v_c} \cdot \sqrt{e \cdot \left(\frac{1}{D} \pm \frac{1}{d}\right)}$$

a_e Zustellung beim Schleifen

λ_{Ke} effektiver Kornabstand; abhängig von Zustellung und Körnung der Schleifscheibe

$\pm$ + für Außenrundschleifen, − für Innenrundschleifen

d Werkstückdurchmesser

Mittlere Gesamthauptschnittkraft

$$F_\mathrm{m} = z_\mathrm{E} \cdot F_\mathrm{cm} = \left(\frac{D \cdot \pi \cdot \varphi}{\lambda_\mathrm{Ke} \cdot 360^\circ}\right) \cdot (b \cdot h_\mathrm{m} \cdot k_\mathrm{c1.1} \cdot f_\mathrm{h} \cdot f_\mathrm{K})$$

z_E Anzahl der sich im Eingriff befindlichen Schneiden
φ Eingriffswinkel beim Rundschleifen
b Spanungsbreite (= wirksame Schleifbreite)
f_h Korrekturfaktor der Spanungstiefe
f_K Korrekturfaktor für den Einfluss der Korngröße

4 Fügen

Schweißen

Kohlenstoffäquivalent für die Schweißbarkeit von Werkstoffen

$$K = \mathrm{C} + \frac{\mathrm{Mn}}{6} + \frac{\mathrm{Cu} + \mathrm{Ni}}{15} + \frac{\mathrm{Cr} + \mathrm{Mo} + \mathrm{V}}{5} \quad \text{in \%}$$

C Kohlenstoff, Mn Mangan, Cu Kupfer, Ni Nickel, Cr Chrom, Mo Molybdän, V Vanadium

$K < 0{,}4$	gute Schweißeignung
$0{,}4 < K < 0{,}6$	bedingte Schweißeignung
$K > 0{,}6$	Schweißeignung nicht gewährleistet

Gasverbrauch

Für Gase (komprimierte Medien)

$$\Delta V = \frac{V_\mathrm{G} \cdot (p_\mathrm{a} - p_\mathrm{e})}{p_\mathrm{umg}}$$

Für Acetylen (gelöste Medien)

$$\Delta V = \frac{V_\mathrm{F} \cdot (p_\mathrm{a} - p_\mathrm{e})}{p_\mathrm{f}}$$

p_a Druck zu Beginn des Schweißens
p_e Druck am Ende des Schweißens
p_umg Umgebungsdruck (in Annäherung: 1 bar)
p_f Fülldruck der Gasflasche (bei gelösten Medien)
V_G Volumen der Gasflasche
V_F Füllvolumen der Gasflasche (bei gelösten Medien)

Literaturverzeichnis

Größen und Einheiten

Gesetz über Einheiten im Meßwesen vom 2. Juli 1969 (BGBl. I, S. 709) in der Fassung der Bekanntmachung vom 22. Februar 1985 (BGBl. I, S. 408)

Ausführungsverordnung zum Gesetz über Einheiten im Meßwesen vom 13. Dezember 1985 (BGBl. I, S. 2272) und Änderungsverordnung vom 22. März 1991

Mathematik

Bartsch, H.-J.: Taschenbuch mathematischer Formeln. – 21. Auflage. – Leipzig: Fachbuchverlag, 2007

Burg, K.; Haf, H.; Wille, F.: Höhere Mathematik für Ingenieure. Band I: Analysis. 2008. – Band II: Lineare Algebra. 2008. – Leipzig; Stuttgart: B. G. Teubner

Preuß, W.; Wenisch, G.: Lehr- und Übungsbuch Mathematik. Band 1: Grundlagen – Funktionen – Trigonometrie. – 2. Auflage 2003. – Band 2: Analysis. – 3. Auflage 2003. – Band 3: Lineare Algebra – Stochastik. – 2. Auflage 2001. – Leipzig: Fachbuchverlag

Storm, R.: Wahrscheinlichkeitsrechnung, mathematische Statistik und statistische Qualitätskontrolle. – 12. Auflage. – Leipzig: Fachbuchverlag, 2007

Völkel, S.; Bach, H.; Nickel, H.; Schäfer, J.: Mathematik für Techniker. 5. Auflage. – Leipzig: Fachbuchverlag, 2007

Zeidler, E.; Grosche, G.; Bronstein, I. N.: Teubner-Taschenbuch der Mathematik. – Leipzig; Stuttgart: B. G. Teubner, 2003

Physik

Kuchling, H.: Taschenbuch der Physik. – 19. Auflage. – Leipzig: Fachbuchverlag, 2007

Leute, U.: Physik und ihre Anwendung in Technik und Umwelt. – 2. Auflage. – München: Carl Hanser Verlag, 2004

Lindner, H. : Physik für Ingenieure. – 17. Auflage. – Leipzig: Fachbuchverlag, 2006

Technische Mechanik

DUBBEL – Taschenbuch für den Maschinenbau. – *Grote, K.-H.; Feldhusen, J.* (Hrsg.) – 22. Auflage. – Berlin: Springer-Verlag, 2007

Fischer, K.-F.; Günther, W.: Technische Mechanik. – Stuttgart; Leipzig: Wiley-VCH Verlag, 2003

Gabbert, U.; Raecke, I.: Technische Mechanik für Wirtschaftsingenieure. – 3. Auflage. – Leipzig: Fachbuchverlag, 2008

Gross, D.; Hauger, W.; Schnell, W.: Technische Mechanik. – Bd. 1: Statik; Bd. 2: Elastostatik; Bd. 3: Kinetik. – Berlin: Springer-Verlag, 2008/2009/2008

HÜTTE – Die Grundlagen der Ingenieurwissenschaften. – *Czichos, H.* (Hrsg.). – 33. Auflage. – Berlin: Springer-Verlag, 2007

Magnus, K.; Müller, H.: Grundlagen der Technischen Mechanik. – 7. Auflage. – Wiesbaden: Vieweg+Teubner Verlag, 2005

Müller, W. H.; Ferber , F.: Technische Mechanik für Ingenieure. – 3. Auflage. – Leipzig: Fachbuchverlag, 2008

Sähn, S.; Göldner, H.: Bruch- und Beurteilungskriterien in der Festigkeitslehre. – Leipzig: Fachbuchverlag, 1993

Ziegler, F.: Technische Mechanik der festen und flüssigen Körper. – Wien: Springer-Verlag, 1998

Werkstofftechnik

Bargel, H.-J.; Schulze, G.: Werkstoffkunde. – 8. Auflage. – Berlin; Heidelberg; New York: Springer-Verlag, 2003

Bergmann, W.: Werkstofftechnik – Teil 1: Grundlagen. – 6. Auflage, 2008. – Teil 2: Anwendung. – 4. Auflage. – München; Wien: Carl Hanser Verlag, 2009

Blumenauer, H.: Werkstoffprüfung. – 6. Auflage. – Deutscher Verlag für Grundstoffindustrie, 1994

Hornbogen,E.; Warlimont, H.: Metallkunde. – 4. Auflage. – Berlin; Heidelberg; New York: Springer-Verlag, 2001

Merkel, M.; Thomas, K.-H.: Taschenbuch der Werkstoffe. – 7. Auflage. – Leipzig: Fachbuchverlag, 2008

Roos, E.; Maile, K.: Werkstoffkunde für Ingenieure. – 2. Auflage – Berlin; Heidelberg; New York: Springer Verlag, 2005

Rösler, J.; Harders, H.; Bäker, M.: Mechanisches Verhalten der Werkstoffe. – Stuttgart: B. G. Teubner Verlag, 2003

Schatt, W.; Worch, H.: Werkstoffwissenschaft. – 8. Auflage. – Deutscher Verlag für Grundstoffindustrie, 1996

Seidel, W.: Werkstofftechnik. – 7. Auflage. – München; Wien: Carl Hanser Verlag, 2006

Weißbach, W.: Werkstoffkunde und Werkstoffprüfung. – 16. Auflage. – Wiesbaden: Vieweg Verlag, 2007

Technische Thermodynamik/Wärmetechnik/Fluidmechanik

Baehr, H.-D.: Thermodynamik. – 11. Auflage. – Berlin; Heidelberg; New York: Springer-Verlag, 2006

Berties, W.: Übungsbeispiele aus der Wärmelehre. – 20. Auflage – Leipzig: Fachbuchverlag, 1996

Böswirth, L.: Technische Strömungslehre. – 7. Auflage – Wiesbaden: Vieweg+Teubner Verlag, 2007

Cerbe, G.; Hoffmann, H.-J.: Einführung in die Thermodynamik. – 15. Auflage. – München: Carl Hanser Verlag, 2008

Elsner, N.: Grundlagen der Technischen Thermodynamik. – Berlin: Akademie-Verlag, 1993

Geller, W.: Thermodynamik für Maschinenbauer. – 4. Auflage. – Berlin; Heidelberg; New York: Springer-Verlag, 2006

Grigull, U., Sandner, H.: Wärmeleitung. – Berlin; Heidelberg; New York: Springer-Verlag, 1990

Hahne, E.: Technische Thermodynamik. – 4. Auflage. – München: Oldenburg-Verlag, 2004

Krause, E.: Strömungslehre, Gasdynamik. – Stuttgart: Teubner-Verlag, 2003

Kümmel, W.: Technische Strömungsmechanik. – 2. Auflage – Wiesbaden: Vieweg+Teubner Verlag, 2004

Langeheinecke, K.; Jany, P.; Sapper, E.: Thermodynamik für Ingenieure. – 7. Auflage. – Wiesbaden: Vieweg+Teubner Verlag, 2008

Merker, G. P.: Konvektive Wärmeübertragung. – Berlin; Heidelberg; New York: Springer-Verlag, 1987

Siegel, R., Howell, J. R., Lohrengel, J.: Wärmeübertragung durch Strahlung. – Berlin; Heidelberg; New York: Springer-Verlag, 1990
Siekmann, H., E.: Strömungslehre. – 2. Auflage. – Berlin; Heidelberg; New York: Springer-Verlag, 2007
Stephan, K.; Mayinger, F.: Thermodynamik. – 17./14. Auflage. – Berlin; Heidelberg; New York: Springer-Verlag, 2007/1999
Windisch, H.: Thermodynamik. – 3. Auflage. – München: Oldenburg-Verlag, 2008
Zierep, J.: Grundzüge der Strömungslehre. – 7. Auflage. – Wiesbaden: Vieweg+ Teubner Verlag, 2007

Elektrotechnik/Elektronik

Brosch, P. F.: Moderne Stromrichterantriebe. – Würzburg: Vogel Buchverlag, 2008
Busch, R.: Elektrotechnik und Elektronik. – Stuttgart: B. G. Teubner, 2008
Fischer, R.: Elektrische Maschinen. – 13. Auflage. – München; Wien: Carl Hanser Verlag, 2006
Flegel, G.; Birnstiel, K.; Nerreter, W.: Elektrotechnik für Maschinenbau und Mechatronik. – 9. Auflage. – München; Wien: Carl Hanser Verlag, 2009
Lindner, H.; Brauer, H.; Lehmann, C.: Taschenbuch der Elektrotechnik und Elektronik. – 9. Auflage. – Leipzig: Fachbuchverlag, 2008
Lindner, H.: Elektro-Aufgaben. – Band I: Gleichstrom. – 28. Auflage. Band II: Wechselstrom. – 22. Auflage. – Leipzig: Fachbuchverlag, 2006
Linse, H.: Elektrotechnik für Maschinenbauer. – 12. Auflage. – Stuttgart: B. G. Teubner, 2005
Lunze, K.: Berechnung elektrischer Stromkreise. – 15. Auflage. – Berlin:Verlag Technik GmbH, 1990
Weißgerber, W.: Elektrotechnik für Ingenieure. – Band 1: Gleichstromtechnik und elektromagnetisches Feld. – 6. Auflage. – 2007. – Band 2: Wechselstromtechnik, Ortskurven, Transformator, Mehrphasensysteme. – 6. Auflage. – 2007. – Wiesbaden: Vieweg

Regelungstechnik

Garbrecht, F. W.: Digitale Regelungstechnik. – Berlin: vde Verlag, 1991
Horn, M.; Dourdoumas, N.: Regelungstechnik. – München: Pearson Studium, 2006
Isermann, R.: Digitale Regelsysteme. – Band 1 – Berlin; Heidelberg; New York: Springer-Verlag, 1995
Lutz, H.; Wendt, W.: Taschenbuch der Regelungstechnik – 7. Auflage. – Frankfurt a. M.: Verlag Harri Deutsch, 2007
Mann, H.; Schiffelgen, H.; Froriep, M.: Einführung in die Regelungstechnik – 11. Auflage. – München: Carl Hanser Verlag, 2009
Orlowski, P. F.: Praktische Regelungstechnik – 7. Auflage. – Berlin: Springer-Verlag, 2008
Reuter, M.: Regelungstechnik für Ingenieure – Wiesbaden: Vieweg Verlag, 2008
Tröster, F.: Steuerungs- und Regelungstechnik für Ingenieure. – München: Oldenbourg-Verlag, 2007

Messtechnik

Becker, W.; Bonfig, K.; Höing, K.: Handbuch elektrische Meßtechnik. – 2. Auflage. – Heidelberg: Hüthig, 2000

Hering, E.; Steinhart, H.: Taschenbuch der Mechatronik. München: Carl Hanser Verlag, 2005
Hoffmann, J.: Taschenbuch der Messtechnik. – 4. Auflage. – München: Carl Hanser Verlag, 2004
Schrüfer, E.: Elektrische Messtechnik. – 9. Auflage. – München: Carl Hanser Verlag, 2007

Maschinenelemente

Decker, K.-H.; Kabus, K.: Decker Maschinenelemente – Funktion, Gestaltung und Berechnung. – 17. Auflage. – München: Carl Hanser Verlag, 2009
Gnilke, W.: Lebensdauerberechnung der Maschinenelemente. – 2. Auflage. – München: Carl Hanser Verlag, 1982
Grote, K.-H.; Feldhusen, J. (Hrsg.): Dubbel – Taschenbuch für den Maschinenbau. – 22. Auflage. – Berlin; Heidelberg; New York; Tokyo: Springer-Verlag, 2007
Haberhauer, H.; Bodenstein, F.: Maschinenelemente: Gestaltung Berechnung Anwendung. – 15. Auflage. – Berlin; Heidelberg; New York; Tokyo: Springer-Verlag, 2009
Hoischen, H.; Hesser, W.: Technisches Zeichnen. – 31. Auflage. Berlin: Cornelsen, 2007
Künne, B.: Köhler/Rögnitz Maschinenelemente 1. – 10. Auflage. – Wiesbaden: Vieweg+Teubner, 2007
Künne, B.: Köhler/Rögnitz Maschinenelemente 2. – 10. Auflage. – Wiesbaden: Vieweg+Teubner, 2007
Muhs, D.; Wittel, H.; Jannasch, D.; Voßiek, J.: Roloff/Matek Maschinenelemente: Normung Berechnung Gestaltung. – 18. Auflage. – Wiesbaden: Vieweg+Teubner, 2007
Neuber, H.: Kerbspannungslehre. – 4. Auflage. – Berlin; Heidelberg; New York; Tokyo: Springer-Verlag, 1999
Niemann, G.; Winter, H.; Höhn, B.-R.: Maschinenelemente. Band 1. – 4. Auflage. – Berlin; Heidelberg; New York; Tokyo: Springer-Verlag, 2005
Wächter, K.: Konstruktionslehre für Maschineningenieure. – 2. Auflage. – Berlin: Verlag Technik, 1989

Energietechnik

Adrian, F. u. a.: Handbuchreihe Energie. – Band 6: Fossil beheizte Dampfkraftwerke. – Gräfelfing: Technischer Verlag Resch/Köln: Verlag TÜV Rheinland, 1986
Altmann, W.: Kraftwerke – Lehrbriefe für das Hochschulfernstudium. – Dresden: TU Dresden, 1982
Bernstein, W.: Energietechnik. – S. 579–618. – In: *Hering, E., Modler, K.-H.* (Hrsg.) Grundwissen des Ingenieurs. – Leipzig: Fachbuchverlag, 2002
Bohl, W. u. a.: Strömungsmaschinen 1 – Aufbau und Wirkungsweise. – 9. Auflage. – Würzburg: Vogel Buchverlag, 2004
Boie, W.: Vom Brennstoff zum Rauchgas. – Leipzig: B. G. Teubner Verlagsgesellschaft, 1957
DUBBEL – Taschenbuch für den Maschinenbau. – *Grote, K.-H.; Feldhusen, J.* (Hrsg.) – 22. Auflage. – Berlin: Springer-Verlag, 2007
Effenberger, H.: Dampferzeugung. – Berlin: Springer-Verlag, 2000
Görner, K.: Technische Verbrennungssysteme – Grundlagen, Modellbildung, Simulation. – Berlin: Springer-Verlag, 1991

Hering, E. u. a.: Grundwissen des Ingenieurs. – 14. Auflage – Leipzig: Fachbuchverlag, 2004

ISO/DIS 2314 Gas turbines – Acceptance tests. – Ausgabe 2007-08

Jungnickel, H.; Agsten, R.; Kraus, W. E.: Grundlagen der Kältetechnik. – 3. Auflage. – Berlin: Verlag Technik, 1990

Kehlhofer, R. u. a.: Handbuchreihe Energie. – Band 7: Gasturbinenwerke, Kombikraftwerke, Heizkraftwerke und Industriekraftwerke. – München: Technischer Verlag Resch/Köln: Verlag TÜV Rheinland, 1984

Küttner, K.-M.: Kolbenmaschinen, Kolbenverdichter, Brennkraftmaschinen. – 7. Auflage. – Wiesbaden: Vieweg+Teubner Verlag, 2008

Pischinger, R. u. a.: Thermodynamik de Verbrennungskraftmaschinen. – 2. überarbeitete Auflage. – Berlin; Wien; New York: Springer-Verlag, 2002

Pohlmann, W.: Pohlmann Taschenbuch der Kältetechnik (Grundlagen, Anwendungen, Arbeitstabellen und Vorschriften). – IKET (Hrsg.). – 19. Auflage. – Heidelberg: C. F. Müller Verlag, 2008

Sigloch, H.: Strömungsmaschinen – Grundlagen und Anwendungen. – 3. neu bearbeitete Auflage. – München; Wien: Carl Hanser Verlag, 2006

Sulzer: Kreiselpumpenhandbuch – Sulzer Pumpen (Hrsg.). – 4. Auflage. – Essen: Vulkan-Verlag, 1997

Traupel, W.: Thermische Turbomaschinen. – Band 1. – 4. Auflage. – Berlin; Heidelberg; New York: Springer-Verlag, 2001

Wagner, H. Th. u. a.: Strömungs- und Kolbenmaschinen. – 4. Auflage. – Braunschweig; Wiesbaden: Friedr. Vieweg & Sohn, 1993

Wolf, H.: Thermische Turbomaschinen/Grundlagen – Aerodynamische Auslegung und Berechnung. – DRL-Mitteilung 2004-03. – Köln: Deutsches Zentrum für Luft- und Raumfahrt e. V., 2004

Fertigungstechnik

DUBBEL – Taschenbuch für den Maschinenbau. – *Grote K.-H.; Feldhusen, J.* (Hrsg.) – 22. Auflage – Berlin; Heidelberg; New York: Springer-Verlag, 2007

Fritz, A.-H.; Schulze, G. (Hrsg.): Fertigungstechnik. – 8. Auflage – Berlin; Heidelberg; New York: Springer-Verlag, 2009

Degner, W. (Hrsg.); Lutze, H.; Smejkal, E. - Spanende Formung. – 16. Auflage – München: Carl Hanser Verlag, 2009

Grüning, K.: Umformtechnik. – 4. Auflage – Wiesbaden: Vieweg+Teubner Verlag 1995

König, W.; Klocke, F. – Fertigungsverfahren. Drehen, Fräsen, Bohren. – 8. Auflage – Berlin; Heidelberg; New York: Springer-Verlag, 2008

König, W.; Klocke, F. – Fertigungsverfahren. Schleifen, Honen, Läppen. – 4. Auflage – Berlin; Heidelberg; New York: Springer-Verlag, 2005

Lange, K.; Birzer, F.; Höfel, P.; Mukhoty, A.; Singer, H. – Umformen und Feinschneiden – Handbuch für Verfahren, Werkstoffe, Teilegestaltung. – Edelstahlwerke Buderus AG; Feintool AG Lyss; Hoesch Hohenlimburg GmbH; Kaltwalzwerk Brockhaus (Hrsg.) – Bern: Verlag Hallwag AG, 1997

SCHULER – Handbuch der Umformtechnik. – Berlin; Heidelberg; New York: Springer-Verlag, 1996

Sachwortverzeichnis

A

E

F

L

Q

R

S

Z

ISBN 978-3-446-41458-7